全国注册结构工程师继续教育必修教材（之十）

建筑抗震设计·概念与规定

Seismic Design of Buildings: Concepts and Provisions

罗开海　唐曹明　编著

中国建筑工业出版社

图书在版编目（CIP）数据

建筑抗震设计：概念与规定 ＝ Seismic Design of
Buildings：Concepts and Provisions / 罗开海，唐曹
明编著. -- 北京：中国建筑工业出版社，2025.5.（2025.9重印）
(全国注册结构工程师继续教育必修教材). -- ISBN 978-
7-112-31117-0

　Ⅰ. TU352.104

中国国家版本馆 CIP 数据核字第 2025W3R607 号

责任编辑：刘瑞霞　梁瀛元
责任校对：张　颖

全国注册结构工程师继续教育必修教材（之十）
建筑抗震设计·概念与规定
Seismic Design of Buildings: Concepts and Provisions
罗开海　唐曹明　编著
*
中国建筑工业出版社出版、发行（北京海淀三里河路9号）
各地新华书店、建筑书店经销
国排高科（北京）人工智能科技有限公司制版
河北京平诚乾印刷有限公司印刷
*
开本：787毫米×1092毫米　1/16　印张：25½　字数：632千字
2025年5月第一版　　2025年9月第二次印刷
定价：**98.00**元
ISBN 978-7-112-31117-0
（44848）

序　一

　　《建筑抗震设计·概念与规定》一书由中国建筑科学研究院研究员罗开海、唐曹明编著，中国建筑工业出版社出版。作为全国注册结构工程师继续教育培训教材之一，在我国建筑结构设计标准陆续修订之际具有现实意义和重要价值。

　　本书作者在高校本科和研究生期间学习建筑结构专业，学风严谨，基础理论扎实。毕业后就职于中国建筑科学研究院。从业三十多年来，致力于建筑结构抗震科研、设计、标准规范编制和大型公共建筑加固改造工程实践，积累了丰富的经验，对标准规范的理解全面完整，善于解决工程实践中的疑难问题。

　　本书全面论述建筑抗震设计基本要求，内容涵盖设计原则、地基基础抗震、地震作用计算与抗震验算、各类建筑结构抗震措施以及非结构系统抗震设计等。总结了大量建筑震害经验，强调建筑抗震设计基本概念、抗震标准规范技术条文的背景及执行注意事项等。该书既可作为工程师教育培训教材，也可作为从事建筑结构抗震科研、教学、设计和管理工作人员的技术参考书。

全国工程勘察设计大师
中国建筑科学研究院研究员

2025 年 4 月

序 二

地震是自然界最具破坏力的灾害之一，其突发性和巨大的能量释放往往对人类社会造成难以估量的损失。我国地处环太平洋地震带与欧亚地震带之间，地震活动频繁，历史上曾多次遭受强震袭击，给人民生命财产和社会经济发展带来严峻挑战。在科学技术日新月异的今天，建筑抗震设防仍是减轻地震灾害最根本、最有效的途径。抗震标准作为保障建筑工程质量与安全的技术法规，其重要性不言而喻。然而，工程抗震涉及多学科，知识体系复杂，加之地震本身的不可预测性和建筑结构响应的不确定性，使得抗震设计不仅是技术问题，更是一门需要深厚理论支撑与实践经验积累的艺术。

《建筑抗震设计·概念与规定》一书的编写，正是基于这样的背景。本书由中国建筑科学研究院工程抗震研究所研究员罗开海、唐曹明编著，凝聚了多位行业专家的智慧与心血。书中内容全面覆盖了建筑抗震设计的核心领域，从基本原则到具体技术措施，从理论分析到实践应用，旨在为工程技术人员提供一套系统、权威的学习资料。本书不仅可作为注册结构工程师继续教育培训的教材，也可为科研工作者和大专院校师生提供重要参考。

建筑抗震设计是一门不断发展的学科。随着科技进步和工程实践的积累，新的理论、方法和技术将不断涌现，本书作为两位作者多年实践和研究成果的总结，反映了当前建筑抗震设计的最新成果。希望本书能为提升我国建筑抗震设计水平、减轻地震灾害风险贡献一份力量，也期待与业界同仁共同探索抗震技术的未来发展方向。

全国工程勘察设计大师
中国建筑科学研究院研究员

2025 年 4 月

前　言

在当前科学技术条件下，建筑抗震设防仍然是减轻地震灾害的根本途径。抗震标准作为保障建筑工程抗震质量与安全的技术法规，从业工程技术人员均应能够准确掌握并合理应用。然而，工程抗震涉及的学科知识极为复杂，工程技术人员应具备广泛的专业知识体系。此外，由于地震的复杂性和不确定性，以及建筑结构在地震响应分析中的多种不确定性，工程抗震标准的很多技术要求是基于宏观震害启示和工程经验的概念性与原则性规定。因此，对于普通工程技术人员而言，全面理解和掌握抗震相关技术标准并非易事。

本书对建筑抗震设计涉及的专门知识进行了全面论述，内容涵盖建筑抗震防灾的基本原则、地基基础抗震、地震作用计算与抗震验算、各类结构抗震设计的基本要求与抗震措施以及非结构系统抗震设计等，在编写过程中着重强调对建筑抗震设计的基本概念与原则以及抗震标准中相关技术条文的背景与实施注意事项的论述。本书内容翔实、丰富，可作为专业技术人员全面了解与学习建筑抗震设计专门知识的教材使用，也可作为科研工作者和大专院校师生研究与学习的参考资料。各章内容梗概如下：

第 1 章　总论，首先简要阐述了地震工程基础，包括地震成因、测量、分布等，并着重强调了中国地震特点及灾害损失特点；其次，介绍了地震作用特点与抗震概念设计原则，如地震作用具有间接性、复杂性等，抗震设计应遵循建筑师与各专业工程师配合等原则；第三，阐述了设防依据与地震区划，包括危险性分析方法和中国地震区划图的发展；最后，对建筑抗震设防分类及标准的历史沿革，以及建筑抗震设计方法的发展演化进行简要的介绍。

第 2 章　场地、地基与基础，围绕建筑场地、地基与基础在抗震设计中的关键内容展开论述。首先阐述了场地地基典型震害，如地表断裂、山体崩塌等，强调选址时应避开危险地段；接着介绍了场址选择原则、断裂影响及局部地形效应；然后，阐述了建筑场地类别划分依据及相关参数确定方法、地基基础抗震概念设计要点、天然地基基础抗震验算规则等；最后，详细介绍了液化地基判别、处理及桩基抗震设计等内容。本章为建筑抗震设计提供全面的场地、地基与基础方面的指导。

第 3 章　地震作用计算与抗震验算，围绕建筑抗震设计中地震作用计算与抗震验算展开论述。首先介绍了三水准设防目标的形成与演化，包括单一目标、三水准三目标、三水准设防＋动态多目标阶段；其次，阐述了两阶段抗震设计方法的概念、发展历程、地震动参数取值及基本步骤；然后，详细说明了抗震分析的主要内容与要求，如抗震分析任务、结构模型、P-Δ 效应等；最后，介绍了地震作用计算的原则、方法与参数，以及水平地震作用的调整与控制；本章还涉及竖向地震作用计算、截面承载力抗震验算和抗震变形验算等内容，为建筑抗震设计提供了全面的理论和方法指导。

第 4 章　砌体结构房屋，分析总结了砌体房屋的震害规律，如极震区倒塌、结构布局不合理导致的破坏等，全面阐述、解析了多层砌体房屋抗震概念设计的技术规定，包括控制层数和高度、合理布置墙体与构造柱等措施；对于底部框架-抗震墙砌体房屋，给出了相应的抗震设计与控制要点。

第5章　多层和高层钢筋混凝土房屋，围绕多层和高层钢筋混凝土房屋抗震设计展开论述。先介绍历次地震中混凝土房屋震害，如框架结构整体倒塌、竖向不规则导致的薄弱层倒塌等，总结了房屋体形、结构体系等方面的震害规律；接着阐述抗震设计一般概念，包括合适的房屋高度、高宽比、抗震等级等规定及注意事项；然后分别针对框架结构、抗震墙结构、框架-抗震墙结构、筒体结构、板柱-抗震墙结构，介绍其结构特点、适用范围、布置原则和设计要点等内容。

第6章　钢结构房屋，围绕钢结构房屋抗震设计展开论述，先介绍钢结构的发展历程及震害，包括从早期到现代的演变和不同地震中的震害表现；接着阐述抗震设计基本概念与原则，如结构体系选型、最大适用高度与高宽比、抗震等级等规定；然后讲述地震作用计算的补充规定、抗震分析的主要内容；之后从变形和承载力方面对构件抗震验算进行说明；最后介绍抗震构造措施，如构件长细比、板件宽厚比的控制及节点连接的构造要求等。

第7章　大跨屋盖建筑，结合《建筑抗震设计标准》GB/T 50011—2010（2024年版）的规定，对大跨屋盖的常用结构形式、结构选型和布置原则进行了介绍，然后阐述了大跨屋盖结构的抗震计算要点，包括确定地震作用计算范围、合理选取结构分析模型以及不同体系计算方向和效应组合方式等；最后对抗震验算和构造方面的要求进行全面阐述。

第8章　房屋建筑隔震设计，围绕房屋建筑隔震设计展开深入探讨。本章先追溯隔震技术的起源与发展，介绍了从概念萌芽到广泛应用的历程，并对比分析了国际和国内发展的差异。接着介绍隔震设计的基本概念，如方案确定需综合考量多种因素，设防目标高于传统设计，适用范围有一定限制等。然后重点阐述了基于水平向减震系数的分部设计法，涵盖上部结构、隔震层、隔震层以下结构的设计要点，包括地震作用计算、抗震措施规定、承载力与位移验算等内容。

第9章　房屋建筑消能减震设计，详细阐述了房屋建筑消能减震设计的相关知识。本章先介绍消能减震设计的概念、特点及适用范围，强调其通过设置消能部件减小结构地震响应的机理。接着讲解了消能部件的类型与特征参数，如黏弹性、黏滞消能器等。然后深入探讨了设计与分析流程，包括确定目标、设计主体结构等步骤，并针对速度和位移相关型消能器分别介绍设计要点。此外，还阐述了消能减震结构的构造要求和消能器性能检验标准，为房屋消能减震设计提供了全面的理论和实践指导。

第10章　非结构构件抗震设计，首先介绍了房屋建筑非结构系统的概念，并指出非结构系统涵盖了建筑非结构构件与附属机电设备系统，对建筑功能实现至关重要，但在长期的工程实践中被轻视。其次，列举了圣费尔南多、汶川等地震中非结构构件破坏造成巨大损失的案例，并剖析其破坏的原因，介绍非结构构件抗震设防的概念与对策。最后，梳理了中国规范有关非结构构件抗震的发展脉络，并详细解读 GB/T 50011—2010 中相关技术措施，包括抗震设防目标、计算要求、各类非结构构件和附属机电设备支架的抗震措施等，为提升非结构构件抗震能力提供参考。

本书由中国建筑科学研究院工程抗震研究所研究员罗开海、唐曹明编著。北京清华同衡规划设计研究院有限公司的教授级高工王昌兴在本书的选题、策划和编写过程中给予了热心帮助和大力支持；王亚勇、任庆英、娄宇等几位全国勘察设计大师对本书的编写给出大量指导性意见；中国建筑科学研究院的律帅驰博士在文字编排上提供了大力帮助。在此，对他们致以衷心的感谢！同时，还要特别感谢住房和城乡建设部执业资格注册中心继续教育与国际交流合作处对本书策划的指导，以及中国建筑工业出版社刘瑞霞、梁瀛元在出版、编辑方面的帮助！另外，由于篇幅等原因，本书仅列出了部分主要参考文献，未能一一列出所有参考文献，在此对各位文献作者表示真挚的敬意！

　　限于作者的知识水平，书中难免有不妥之处，请广大读者批评指正。

2025 年 3 月于北京

Preface

Under contemporary scientific and technological conditions, seismic fortification of buildings remains the fundamental approach to mitigating earthquake disasters. As technical regulations that ensure seismic quality and safety in construction engineering, seismic standards must be accurately comprehended and properly applied by all practicing engineers and technical professionals. However, seismic engineering involves extremely complex interdisciplinary knowledge, requiring practitioners to possess an extensive system of specialized expertise. Furthermore, due to the inherent complexity and unpredictability of seismic events, coupled with multiple uncertainties in seismic response analysis of building structures, many technical requirements in seismic standards are often derived from conceptual and principle-based stipulations informed by macro-level seismic damage observations and engineering experience. Consequently, for the average engineering professional, achieving comprehensive understanding and mastery of seismic-related technical standards presents considerable challenges.

This book provides exhaustive discourse on specialized knowledge pertaining to seismic building design, encompassing fundamental principles of seismic disaster prevention, seismic considerations for foundations, calculation and verification of seismic action effects, essential requirements and seismic measures for various structural types, as well as seismic design for non-structural systems. Particular emphasis has been placed on elucidating the fundamental concepts and principles of seismic design, along with thorough explanations of the technical rationale behind relevant code provisions and their practical implementation considerations.

With its detailed and comprehensive content, this book serves as a valuable resource for professionals seeking to deepen their understanding of seismic design, as well as a reference for researchers, academics, and students. A summary of each chapter is provided below:

Chapter 1: General Introduction

This chapter begins with a brief overview of earthquake engineering fundamentals, including seismic causes, measurement, and distribution, with particular emphasis on the characteristics of earthquakes in China and associated disaster patterns. Next, it discusses the nature of seismic actions and the principles of conceptual seismic design, highlighting features such as indirectness and complexity, as well as design principles requiring collaboration between architects and engineers. The chapter then explores seismic hazard assessment and zoning, covering risk analysis methods and the evolution of China's seismic zoning maps. Finally, it provides a concise introduction to the historical development of seismic fortification classifications and standards, as well as the evolution of seismic design methodologies.

Chapter 2: Site, Soil, and Foundation

This chapter focuses on key aspects of site selection, soil, and foundation in seismic design. It first examines typical earthquake-induced damage, such as surface ruptures and slope failures, emphasizing the importance of avoiding hazardous sites. Next, it introduces site selection principles, fault zone impacts, and local topographic effects. The chapter then explains the classification criteria for site categories, determination of relevant parameters, conceptual design principles for foundations, and seismic verification rules for natural foundations. Finally, it provides a detailed discussion on liquefaction assessment, mitigation measures, and seismic design considerations for pile foundations, offering comprehensive guidance for seismic-resistant foundation design.

Chapter 3: Seismic Action Calculation and Verification

This chapter addresses seismic action calculation and verification in building design. It begins by outlining the development of the three-level seismic fortification framework, from single-objective approaches to dynamic multi-objective strategies. Next, it explains the two-stage seismic design method, including its conceptual basis, historical development, ground motion parameter selection, and implementation steps. The chapter then details the main tasks and requirements of seismic analysis, such as structural modeling and $P\text{-}\Delta$ effects. Additionally, it covers principles, methods, and parameters for seismic action calculation, along with adjustments and controls for horizontal seismic forces. The chapter also includes discussions on vertical seismic action calculation, seismic capacity verification for structural sections, and deformation checks, providing a robust theoretical and methodological foundation for seismic design.

Chapter 4: Masonry Structures

This chapter analyzes seismic damage patterns in masonry buildings, such as collapse in extreme seismic zones and failures due to poor structural layout. It thoroughly explains the technical provisions for conceptual seismic design of multi-story masonry buildings, including height and story control, rational wall arrangement, and structural column detailing. For masonry buildings with bottom frames and seismic walls, corresponding design and control measures are provided.

Chapter 5: Concrete Structures

Focusing on seismic design for multi-story and high-rise reinforced concrete buildings, this chapter first reviews earthquake-induced damage, such as global collapse of frame structures and weak-story failures due to vertical irregularities. It summarizes damage patterns related to building form and structural systems. The chapter then presents general seismic design concepts, including height-to-width ratio limits, seismic grade classifications, and key considerations. Subsequent sections discuss design principles for frame structures, shear wall structures, frame-shear wall structures, tube structures, and slab-column shear wall structures, covering their characteristics, applications, layout strategies, and design specifics.

Chapter 6: Steel Structures

This chapter explores seismic design for steel structures, beginning with their historical development and observed seismic damage in past earthquakes. It then introduces fundamental design concepts and principles, such as structural system selection, maximum height and aspect ratio limits, and seismic grade classifications. The chapter also addresses supplementary provisions for seismic action calculation and key aspects of seismic analysis. Further, it explains seismic verification for structural members in terms of deformation and load-bearing capacity. Finally, it details seismic detailing requirements, including slenderness ratios, width-to-thickness limits for plate elements, and connection design criteria.

Chapter 7: Long-Span Roof Structures

Aligned with the provisions of GB/T 50011—2010, this chapter introduces common structural forms, selection criteria, and layout principles for long-span roofs. It then elaborates on seismic calculation methods, including determining seismic action ranges, selecting appropriate analytical models, and combining directional effects for different systems. The chapter concludes with comprehensive requirements for seismic verification and detailing.

Chapter 8: Seismic Isolation Design for Buildings

This chapter provides an in-depth discussion of seismic isolation design. It traces the origins and evolution of isolation technology, comparing international and domestic developments. Key concepts, such as multi-factor design considerations, higher fortification objectives compared to conventional design, and application limitations, are introduced. The chapter emphasizes the component-based design method using horizontal seismic reduction coefficients, covering design aspects for superstructures, isolation layers, and substructures, including seismic action calculations, detailing requirements, and displacement verification.

Chapter 9: Energy-Dissipating Seismic Design for Buildings

This chapter details energy-dissipating seismic design for buildings. It introduces the concept, characteristics, and applications of energy dissipation, highlighting its mechanism of reducing seismic response through damping components. The chapter categorizes energy dissipaters (e.g., viscoelastic and viscous dampers) and their key parameters. It then outlines the design and analysis process, including objective setting and main structural design, with specific guidelines for velocity- and displacement-dependent dampers. Additionally, it discusses detailing requirements and performance testing standards for energy-dissipating components, offering a comprehensive guide for practical implementation.

Chapter 10: Seismic Design for Non-Structural Components

This chapter first defines non-structural systems in buildings, noting their critical role in functionality despite being historically overlooked. Case studies from earthquakes such as San Fernando and Wenchuan illustrate the severe consequences of non-structural damage. The chapter analyzes failure causes and presents seismic fortification strategies. It also reviews the evolution of Chinese codes related to non-structural components, with a detailed interpretation of technical measures in GB/T 50011—2010, including fortification objectives, calculation requirements, and seismic detailing for various non-structural elements and mechanical/electrical equipment supports.

This book is co-authored by Dr. Luo Kaihai and Dr. Tang Caoming, researchers at the Institute of Earthquake Engineering, China Academy of Building Research. Prof. Wang Changxing, Senior Engineer at Beijing Tsinghua Tongheng Urban Planning & Design Institute, provided invaluable support in topic selection, planning, and compilation. Renowned experts, including Prof. Wang Yayong, Prof. Ren Qingying, and Prof. Lou Yu, offered extensive guidance during the writing process. Dr. Lü Shuaichi from China Academy of Building Research contributed significantly to text editing. The authors extend their sincere gratitude to all of them. Special thanks are also due to the Continuing Education and International Cooperation Division of the Center of Housing and Urban-Rural Development Professional Qualification Registration for their guidance, as well as to Ms. Liu Ruixia and the team at China Architecture & Building Press for their editorial assistance. Due to space constraints, only key references are listed; the authors express their deepest respect to all cited researchers.

Given the authors' limited expertise, any inadvertent errors are solely their responsibility. Constructive feedback from readers is highly appreciated.

Authors:

Luo Kaihai, Research Professor | Ph.D. Supervisor

Tang Caoming, Research Professor | Ph.D. Supervisor

March 2025
Beijing

目　录

第1章　总　论

【简介与导读】

地震工程基础
　　地震成因：由板块运动引发，板块间应变能积累导致断层错动
　　地震测量：通过震级、烈度等指标计量，介绍多种测量概念
　　地震分布：全球集中于两大地震带，中国地震具有多方面特点

地震作用特点与抗震概念设计原则
　　地震作用特点：具有间接性、复杂性、不确定性等特点
　　抗震概念设计：涵盖多原则，保障建筑抗震性能

设防依据与地震区划
　　危险性分析：包括确定性和概率性分析方法
　　区划图沿革：我国历经5个版本，不断完善

设防分类与标准
　　设防分类沿革：经历多个阶段，逐步细化分类标准
　　分类标准解读：以GB 50223—2008为例，明确分类依据和标准

抗震设计方法
　　设计方法简介：介绍多种设计方法及其发展阶段
　　我国设计沿革：从TJ11—74到GB 50011—2010，体现思想传承与发展

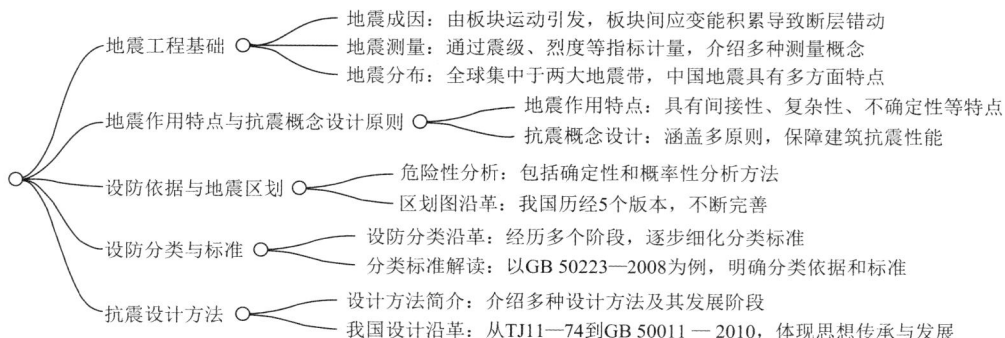

　　本章全面介绍了围绕建筑抗震设计相关的基础概念、规定及设计方法。开篇阐述地震工程基础，包括地震成因、测量、分布等知识，让读者了解地震的基本特性。接着深入探讨地震作用特点与抗震概念设计原则，明确抗震设计需考虑地震作用的复杂性和不确定性，遵循多方面原则保障建筑抗震性能。随后介绍设防依据与地震区划，梳理中国地震区划图的发展历程。在设防分类与设防标准方面，详述我国建筑抗震设防分类的历史沿革及相关标准。最后，对建筑抗震设计方法进行概述，呈现其从静力法到基于性能的抗震设计方法的发展脉络，以及我国各阶段规范的特点。文章内容丰富，为深入理解建筑抗震设计提供了全面的知识框架。

1.1　地震工程基础

　　地震是一种宽带强地面运动，由构造活动、火山活动、滑坡、岩爆和人为爆炸等多种原因引起。其中，影响最大、最重要的是自然发生的、与地质构造相关的地震，即地壳内断层破裂或滑动引起的地震。地震诱发的一系列现象称为地震危害（seismic hazards），会对建筑环境造成重大破坏，如断层破裂、强烈地面运动（即震动）、洪水（如海啸、湖涌、大坝坍塌）、各种永久性地面破坏（如液化）、火灾或有害物质泄漏等。在地震中，任何一种灾害都可能会占主导地位，从历史上看，每种灾害也都造成了重大破坏和巨大的生命损失。

　　对于大多数地震来说，强烈震动是最主要的破坏因素。实际地震中，破裂附近的震动一般只会持续几秒钟、最多几分钟的时间。然而，破裂产生的地震波在断层运动停止后的很长一段时间内会持续传播，大约20分钟内即可跨越全球。通常，强地震地面运动仅在近场区（即地震断层几十公里以内）造成灾害（damage）；极少数情况下，长周期地面运动会导致远场区低阻尼结构产生显著震害，比如1985年的墨西哥8.1级地震，距离震中约400公里的墨西哥城大量中高层建筑倒塌。

1.1.1　地震成因

从全球看，构造地震是由构成地壳或岩石圈的板块运动产生的。这些板块由地幔中物质对流驱动，而地幔又由地核产生的热量驱动。断层界面处板块的相对运动受摩擦和/或凹凸互锁约束处于稳定状态。然而，随着板块中应变能的不断积累，最终会达到并超过板块间的约束极限，导致断层两侧块体间产生相对运动。这种突然启动的相对运动，Reid 等人（1910）称之为弹性回跳（elastic rebound），会释放出大量能量，进而产生地震。地震波初始传播的位置（即动态破裂的第一个位置）称为震源（hypocenter），其正上方地表投影位置称为震中（epicenter）。此外，以下几个地震工程比较常用和关键的术语，结构工程师也应有所了解：近场（near-field），即震中周围一个震源尺度的范围，其中，震源尺度是指断层的宽度或长度的较小值；远场（far-field），近场以外的区域；极震区（meizoseismal），强烈震动和震害集中的区域。地震产生的能量以体波（body waves）和面波（surface wave）的形式在地球内部传播。体波有两种类型：P 波（通过推拉运动传递能量）和较慢的 S 波（通过与运动方向正交的剪切运动传递能量）。面波也有两种类型：水平振动的 Love 波（类似于 S 波）和垂直振动的 Rayleigh 波。

虽然板块内的应变能量累积可以在任意位置的断层处产生运动，并伴随巨大的能量释放，但发生在构造板块边界处的地震还是最为频繁。太平洋板块的边界，聚集了全世界近50%的大地震，它环绕太平洋周长 40000 公里，包括日本、北美西海岸和其他人口稠密的地区，被称为火环（Ring of Fire）。板块内部，如海盆和大陆地盾（continental shields），是地震活动度低的区域，但并非不活跃，也会发生中等强度的破坏性地震。构造板块移动相对缓慢（5 厘米每年是相对较快的速度）且不规则，因此，小地震频繁发生，大地震偶尔发生。板块交界处的应力经数十年乃至数百年的不断累积，直到板块产生大运动而突然释放。这些突然、剧烈的运动会产生震动，对建筑物、道路、桥梁和其他工程结构造成直接破坏，并引发山体滑坡、火灾、海啸和其他破坏性现象。

断层是相邻构造板块间边界的物理表象，因此，可长达数百公里。此外，还可能伴随大量平行于主断层带的次生断裂或分支断裂。除主要构造板块之外，还有许多较小的亚板块、小板块和简单的地壳块，由于相邻板块和主板块的"推挤"作用，它们会偶尔运动或移动。正是由于这些子板块的存在，任何地方都可能会发生破坏性地震。

断层通常根据其运动状态进行分类，包括走滑断层（断层相对运动平行于断层的走向）、倾滑断层（沿断层面倾斜向下滑动）、正断层（倾滑断层中两侧处于张力状态、彼此远离的断层）、逆断层（倾滑断层中两侧处于挤压状态、相互靠近的断层）和逆冲断层（角度很小的逆断层）等（图 1.1-1）。

一般来说，地震会集中在断层附近。移动速率越快，断层的地震活动越大；断层越大，产生大地震的可能性越大。但现实中，经常会有一些破坏性地震发生在事前未知的断层或非活跃断层上。1980 年以来的几次大地震，如 1980 年阿尔及利亚的艾尔阿斯南（El Asnam）地震 $M_W 7.3$、1988 年亚美尼亚的斯皮塔克（Spitak）地震 $M_W 6.8$ 和 1994 年美国加利福尼亚的北岭（Northridge）地震 $M_W 6.7$ 等，均没有伴随的地表断裂，这让人们意识到盲冲断层（blind thrust faults）的存在。盲冲断层是发生在背斜褶皱

（anticlinal folds）下的深部断层，由于其隐藏于褶皱地形的深部，地震活动度低且不频繁，造成此类地震的预测预防难度极大，一旦发生，灾害后果往往极其严重。我国大陆地区的地震，多数属于板内地震（intraplate earthquakes），其中，相当一部分地震与盲冲断层有关。

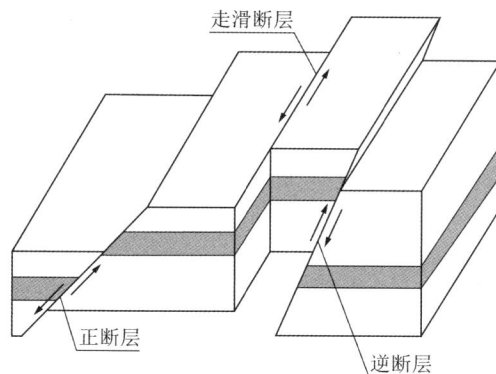

图 1.1-1　断层类型

由于地震发生机理的复杂性，人们对地震的产生过程了解得不够充分，无法可靠地精确预测地震的时间、地点和大小，目前可资的手段主要是运用概率危险性分析（probabilistic seismic hazard analysis，PSHA）方法对地震发生的可能性进行量化标定。因此，面对地震发生的不确定性，做好预测预防工作，努力提高工程设施抵御地震灾害的能力，十分必要。

1.1.2　地震测量

地震是一种复杂的多维度自然现象，要对其进行科学分析就需要进行必要的计量或测量。在现代科学仪器发明之前，地震主要是通过其效应或烈度（Intensity）定性计量的，但这些地震效应或烈度往往是因地点而异的。随着地震仪的部署，使得采用单一震级（Magnitude）对地震进行仪器量化成为可能。烈度和震级，仍然是目前使用最广泛的两种地震计量方法，尽管每种方法都进行了不同程度的细化和发展，但有时还会让人感到困惑和不解。另一方面，工程设计中往往需要以力或位移等为单位对地震进行计量。本节将对震级、烈度、加速度时程、反应谱等概念进行介绍和讨论。

1.1.2.1　震级

一般来说，一次地震释放的应变能量是一定的，对这种能量进行量化就构成了地震计量的基础。

（1）局部震级，M_L

1935 年，美国人里克特（Richter）首先定义了地震震级的概念，并给出了计算公式：

$$M_L = \lg A - \lg A_0 \tag{1.1-1}$$

式中：M_L——局部震级（local magnitude），系里克特专门针对南加利福尼亚地区定义的震级；

    A——标准的伍德·安德森（Wood Anderson）短周期扭转地震仪在距离震中100km的场地上记录的最大振幅，以 μm 为单位；

    $\lg A_0$——另一台仪器震中距函数的标准值，按要求，该仪器需安装于 100km 以外、600km 以内。

（2）面波震级，M_S

由于全世界地震台站的分布不都像南加州那样密集，所以采用上述局部震级来确定地震的大小往往是较难实现的，而必须依靠远距离的地震台记录。为此，古登堡仿照上述公式的定义，提出了面波震级（surface wave magnitude）M_S 的概念：

$$M_S = \lg A - \lg A_0 \tag{1.1-2}$$

式中：A——远程地震观测面波的 20s 周期水平分量最大振幅（两个水平分量矢量和的最大值）；

    $\lg A_0$——经验方法确定的修正值。

由于 20s 周期面波的衰减规律在全球各地大致相近，因此，面波震级 M_S 被广泛应用于浅源强震的震级测定，而且不同机构的面波震级测定结果也比较一致。我国地震部门发布的地震震级就是面波震级 M_S，即通常所说的里氏震级。下文如无特别说明，震级 $M = M_S$。

由于震级 M_S 是根据地震地面位移的幅度定义的，与地震释放的总能量有关，因此，震级 M_S 与总释放能量 E_S 有如下经验关系：

$$\lg E_S = 11.8 + 1.5 M_S \tag{1.1-3}$$

式中：E_S——总能量。需要注意的是，$10^{1.5} = 31.6$，所以，震级 M_S 增大一个单位，相当于地震释放能量增大 31.6 倍，震级增大两个单位，释放能量增大到 998.6 倍，即约 1000 倍。

（3）体波震级，m_b

由于面波震级 M_S 的计算需要用到 20s 周期面波的振幅，对于深源地震来说并不适用。为此，古登堡（Gutenberg）、里克特（Richter）等定义了体波震级（body wave magnitude）m_b：

$$m_b = \lg\left(\frac{A}{T}\right)_{\max} - \overline{Q}(R, h) \tag{1.1-4}$$

式中：$\overline{Q}(R, h)$——标定函数，是震中距 R 和震源深度 h 的函数，可根据经验确定；

    A——地震记录中某一分量，可以是 P 波或 S 波的竖向或水平分量，单位：μm；

    T——地震记录中与 A 对应周期值（s），实践中，多数采用 1s 周期 P 波的竖向分量来确定体波震级 m_b。

一般情况下，体波震级 m_b 与面波震级 M_S 有如下关系：

$$m_b = 2.5 + 0.63 M_S \tag{1.1-5}$$

体波震级 m_b 主要用于深源地震震级的测量与计量，比如北美洲东部、我国长白山地区、西藏的林芝、墨脱等地区的地震。

（4）矩震级，M_W

除上述几个常用的震级概念外，研究者还提出了不少其他震级计量的概念。然而，这些震级的计量或测量方法，都存在一个不可回避的问题，即震级饱和（saturation）的问题。所谓震级饱和，就是指按上述各震级的概念与计算公式，均存在上限值，比如，M_S 的饱和值约为 7.5，当实际地震震级大于 7.5 时，M_S 的测量结果还是 7.5，这样就不能很好地反映地震强烈程度。

鉴于上述情况，汉克斯（Hanks）与金森博雄（Kanamori）1979 年提出了矩震级的概念：

$$\lg M_0 = 1.5 M_W + 16.0 \text{ 或 } M_W = \frac{2}{3}\lg M_0 - 10.7 \tag{1.1-6}$$

式中：M_0——地震矩，按下式计算：

$$M_0 = \mu A \bar{u} \tag{1.1-7}$$

式中：μ——材料剪切模量；

A——断层面的破裂面积；

$\bar{u}$——断层两侧的平均相对位移（平均断层滑移）。图 1.1-2 为矩震级与各震级之间的关系，从中可知，当 $M_W = 3 \sim 7$ 时，$M_W = M_L$；当 $M_W = 5 \sim 7.5$ 时，$M_W = M_S$；当 $M_W > 7.5$ 时，M_W 大于 M_S 和 M_L。

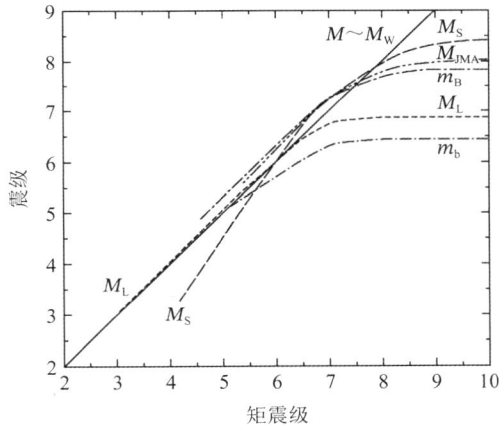

图 1.1-2 矩震级与各震级之间的关系

1.1.2.2 烈度

（1）地震烈度

一般来说，烈度（intensity）是衡量特定位置地震灾害影响程度或强度的指标。影响烈度的因素有震级、距震源的距离、地面状况和地层构造等。地面震动的强弱直接影响到人的感觉的强弱，器物反应的程度，房屋的损坏或破坏程度，地面景观的变化情况等。因此，地震发生后，根据建筑物破坏的程度和地表面变化的状况，评定距震中不同地区的地震烈度，绘出等烈度线，作为对该次地震破坏程度的描述。通常，地震烈度用大写英文字母 I 表示，I_0 表示震中烈度，烈度值则用罗马数字标注。

对于一次地震，地震震级的大小只有一个，对于同一次地震，不同地点的地震烈度是随着与震中距离的变化而变化的。一般来说，距震中愈远，烈度愈低；反之，距震中愈近，烈度就愈高。对于浅源地震，1981 年国家地震局中国地震烈度区划工作报告给出了震中烈度 I_0 和震级 M 的大致关系如下式：

$$M = 1 + \frac{2}{3}I_0 \tag{1.1-8}$$

（2）基本烈度

以地震烈度为指标按照某一原则对全国进行区划，编制成地震烈度区划图，并作为工程抗震设防依据。此时，区划图中标识的、作为一个地区可能遭遇地震影响基本表征的烈度值，便被称为"地震基本烈度"，其数值用罗马数字标识。

我国从 20 世纪 50 年代开始，先后编制了五次地震区划图，其中，前三次为烈度区划图，后两次为地震动参数区划图。由于各代区划图的编图原则不同，基本烈度的定义也不尽相同。

1956 年李善邦先生主持编制的第一代地震烈度区划图《中国地震区域划分图》，采用历史地震烈度的重复原则和相同发震构造发生相同地震烈度的类比原则，因此，此时的基本烈度指的是未来（无时限）可能遭遇历史上曾发生的最大地震烈度。该版区划图未正式发布，但对当时的一些重要工程（如苏联援建的 156 项工程）的抗震设防决策起到基础支撑作用。

1977 年发布的第二代区划图《中国地震烈度区划图》仍然采用确定性方法，但其基本烈度指的是未来一百年、一般场地土条件下可能遭遇的最大地震烈度。对具体建设工程进行抗震设防时，需要对基本烈度进行政策性调整。

1990 年发布的第三代区划图《中国地震烈度区划图》，采用概率地震危险性分析方法，并直接考虑了一般建设工程应遵循的抗震设防标准，以 50 年超越概率 10% 的地震危险水准编制而成。因此，第三代区划图的基本烈度指的是未来 50 年、一般场地条件下超越概率 10% 的地震烈度。

2001 年发布的第四代区划图《中国地震动参数区划图》GB 18306—2001，采用概率危险性分析方法，以地震动参数即峰值加速度和反应谱特征周期为指标进行编图，给出地震动峰值加速度区划图、反应谱特征周期区划图，不再给出烈度区划图。但为配合工程中仍然采用烈度的实际需要，给出了基本烈度与峰值加速度的对照表（表 1.1-1）。

2015 年发布的第五代区划图《中国地震动参数区划图》GB 18306—2015 沿用了第四代区划图的做法。

地震动峰值加速度分区与基本烈度对照表（摘自 GB 18306—2001）　表 1.1-1

地震动峰值加速度分区（g）	< 0.05	0.05	0.1	0.15	0.2	0.4	≥ 0.4
地震基本烈度值	< Ⅵ	Ⅵ	Ⅶ	Ⅶ	Ⅷ	Ⅷ	≥ Ⅸ

（3）设防烈度

所谓设防烈度，是指国家规定的作为一个地区抗震设防依据的地震烈度。一般来说，设防烈度是一个关乎国家或地区抗震设防决策的技术政策问题。在我国，房屋建筑要不要进行设防，设防到什么程度，主要取决于经济承受能力和技术实现能力，因此，在不同历史时期，我国抗震设防政策是不同的，抗震设防烈度的取值也存在着明显的差异。

在 20 世纪 50 年代，由于国家的社会经济百废待兴，没有经济能力进行房屋建筑的抗震设防，当时，除了苏联援建的 156 项重点工程按当时苏联规范进行抗震设计外，一般的工程和房屋建筑都是不设防的。

1974 年我国发布了第一本全国性的抗震设计规范，即《工业与民用建筑抗震设计规范（试行）》TJ 11—74，其中建筑物抗震设计采用的烈度称为设计烈度，相当于目前的设防烈度，是根据建筑的重要性对基本烈度进行调整得到的（表 1.1-2），采用阿拉伯数字予以标识。此后的《工业与民用建筑抗震设计规范》TJ 11—78 继续保持了设计烈度的概念，但对各类建筑的分类和设计烈度取值作了较大调整。

TJ 11—74 和 TJ 11—78 规范的设计烈度取值　　　　　　　　　　表 1.1-2

TJ 11—74 的设计烈度		TJ 11—78 的设计烈度	
特别重要的建筑物	经过国家批准，比基本烈度提高一度	特别重要的建筑物	如必须提高一度设防时，应按国家规定的批准权限报请批准后，比基本烈度提高一度
重要建筑 [1]	按基本烈度采用	一般建筑	按基本烈度采用
一般建筑	比基本烈度降低一度采用，但不得低于 7 度		
临时建筑	不设防	次要建筑 [2]	比基本烈度降低一度，不得低于 7 度

注：1. 地震时不能中断使用的建筑物，地震时易产生次生灾害的建筑物，重要企业中的主要生产厂房，极重要的物资贮备仓库，重要的公共建筑，高层建筑等。
2. 如一般仓库、人员较少的辅助建筑物等。

自《建筑抗震设计规范》GBJ 11—89 开始，正式采用设防烈度的概念。GBJ 11—89 第 1.0.3 条规定：抗震设防烈度应按国家规定的权限审批、颁发的文件（图件）确定，一般情况下可采用基本烈度；对做过抗震防灾规划的城市，可按批准的抗震设防区划（设防烈度或设计地震动参数）进行抗震设防。这表明，①设防烈度是作为一个地区抗震设防依据的地震烈度，与 TJ 11—78 单个建筑的设计烈度存在本质的不同；②设防烈度确定的依据，必须是具有法律法规效应的文件（图件）或成果文件（即城市小区划成果）；③实行双轨制设防，一般情况下，设防烈度的取值与本地区基本烈度保持一致，但对于做过小区划且依法获得批准的城市，可按小区划的成果取值。

《建筑抗震设计规范》GB 50011—2001 沿用了 GBJ 11—89 的设防烈度概念，并继续保持双轨制的设防规定：一般情况下，抗震设防烈度可采用中国地震动参数区划图的地震基本烈度，对已编制抗震设防区划的城市，可按批准的抗震设防烈度进行抗震设防。《建筑抗震设计规范》GB 50011—2010 保留了 GB 50011—2001 的主要规定，考虑国家层面已经取消了城市小区划工作，删除了按批准的小区划成果进行设防的规定，回归单轨制设防。

（4）三个烈度概念的逻辑关系

如前所述，地震烈度，指的是表征一次地震中不同场点地面运动强弱程度的自然科学指标，其数值一般用罗马数字表示。

基本烈度，指的是代表一个地区未来一段时间可能（一般以超越概率表示，如 50 年超越概率 10% 等）遭遇的地震影响烈度。它是在综合考虑各潜在震源影响（地震烈度或地震动参数）的基础上，采用地震危险性分析方法（概率性方法或确定性方法）确定本地区可能遭遇的烈度值或地震动参数值，经归并处理后以区划图的形式予以成果固定，并由地震部门按规定权限批准发布，其数值通常用罗马数字表示。

设防烈度，是在基本烈度（或区划图）的基础上，综合考虑一个地区或国家的技术、经济能力而采取的、作为本地区抗震设防依据的烈度值。因此，设防烈度是基于基本烈度调整得到的，由工程建设部门综合决策确定，其数值通常采用阿拉伯数字表示。在我国，由于不同历史时期国家的经济、技术能力差异显著，因此，设防烈度的取值也不断变化。对于一般建筑物，在新中国成立初期是不设防的，1970 年代 TJ 11—74 规范的设计烈度（相当于设防烈度）比基本烈度低 1 度；GBJ 11—89 及以后的规范，设防烈度在数值上均与基本烈度保持一致。

1.1.2.3 地震记录

自 1930 年代强震地震仪问世以来，已经得到了大量实际地震动记录（图 1.1-3）。过去很长一段时间，地震地面运动记录以模拟信号的形式记录于胶片之上（称之为加速度图，accelerograms）；最近一段时间，地震记录多以数组信号的形式直接存储。模拟记录，由于基线漂移的原因，一般需要校正处理后方可使用。

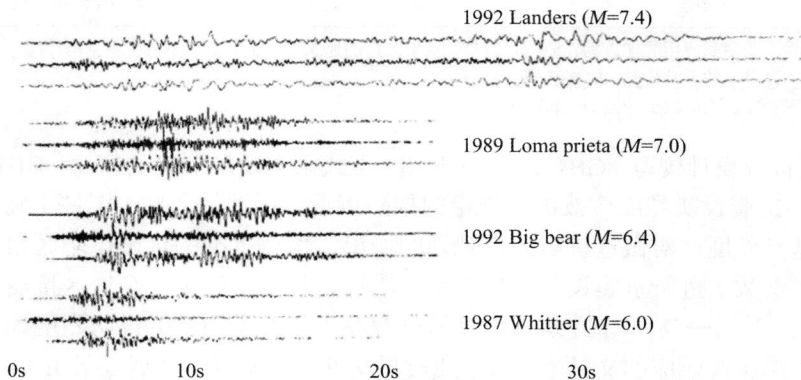

图 1.1-3　典型的地震记录

地震记录（时程），一般由三条记录迹线（模拟信号曲线）或三条相互正交的记录（两条水平向、一条竖向）构成，理论上包含了地震台站位置处地面运动的全部信息，因此，不同场地的地震记录（时程）之间在持时、频谱成分和幅值等方面差异显著。

通常，地震记录中加速度的最大幅值称为峰值地面加速度（Peak Ground Acceleration，PGA），也称为零周期加速度（Zero Period Acceleration，ZPA），而峰值地面速度（Peak Ground Velocity，PGV）和峰值地面位移（Peak Ground Displacement，PGD）则是速度和位移的最大幅值。一般情况下，加速度由地震记录直接得到，速度和位移由加速度记录进行数值积分确定。

地震记录中，加速度的单位通常是 cm/s² (gal)，或采用重力加速度 g（$1g = 980.66$ gal）的分数或百分比表示。速度的单位一般为 cm/s (kine)。

1.1.2.4 反应谱

由结构动力学可知，当地面以加速度 $\ddot{y}(t)$ 运动时，固定于地面上的单质点系统的运动方程为：

$$m(\ddot{x} + \ddot{y}) + c\dot{x} + kx = 0 \tag{1.1-9}$$

即

$$m\ddot{x} + c\dot{x} + kx = -m\ddot{y} \tag{1.1-10}$$

根据 Duhamel 积分，可得到式(1.1-10)的解为：

$$x(t) = -\frac{1}{\omega_{\mathrm{d}}} \int_0^t \ddot{y}(\tau) \mathrm{e}^{-\xi\omega(t-\tau)} \sin \omega_{\mathrm{d}}(t-\tau) \mathrm{d}\tau \tag{1.1-11}$$

对式(1.1-11)进行求导运算，可得：

$$\dot{x}(t) = -\int_0^t \ddot{y}(\tau) \mathrm{e}^{-\xi\omega(t-\tau)} \left[\cos \omega_{\mathrm{d}}(t-\tau) - \frac{\xi}{\sqrt{1-\xi^2}} \sin \omega_{\mathrm{d}}(t-\tau) \right] \mathrm{d}\tau \tag{1.1-12}$$

将(1.1-11)和式(1.1-12)代入式(1.1-9)可得：

$$\ddot{x}(t) + \ddot{y}(t) = \omega_{\mathrm{d}} \left| \int_0^t \ddot{y}(\tau) \mathrm{e}^{-\xi\omega(t-\tau)} \left[\frac{1-2\xi^2}{1-\xi^2} \sin \omega_{\mathrm{d}}(t-\tau) + \right. \right.$$
$$\left. \left. \frac{2\xi}{\sqrt{1-\xi^2}} \cos \omega_{\mathrm{d}}(t-\tau) \right] \mathrm{d}\tau \right. \tag{1.1-13}$$

在上述各式中，

$$\omega = \sqrt{\frac{k}{m}}, \xi = \frac{c}{2m\omega}, \omega_{\mathrm{d}} = \omega\sqrt{1-\xi^2} \tag{1.1-14}$$

式(1.1-11)～式(1.1-13)就是典型的单自由度体系对地面运动$\ddot{y}(t)$的反应。但是，从实际工程结构设计的角度来说，人们更为关心的不是反应的时程，而是反应的最大值，即最大相对位移S_{d}、最大相对速度S_{v}以及最大绝对加速度S_{a}：

$$S_{\mathrm{d}} = \frac{1}{\omega_{\mathrm{d}}} \left| \int_0^t \ddot{y}(\tau) \mathrm{e}^{-\xi\omega(t-\tau)} \sin \omega_{\mathrm{d}}(t-\tau) \mathrm{d}\tau \right|_{\max} \tag{1.1-15}$$

$$S_{\mathrm{v}} = \left| \int_0^t \ddot{y}(\tau) \mathrm{e}^{-\xi\omega(t-\tau)} \left[\cos \omega_{\mathrm{d}}(t-\tau) - \frac{\xi}{\sqrt{1-\xi^2}} \sin \omega_{\mathrm{d}}(t-\tau) \right] \mathrm{d}\tau \right|_{\max} \tag{1.1-16}$$

$$S_{\mathrm{a}} = \omega_{\mathrm{d}} \left| \int_0^t \ddot{y}(\tau) \mathrm{e}^{-\xi\omega(t-\tau)} \left[\frac{1-2\xi^2}{1-\xi^2} \sin \omega_{\mathrm{d}}(t-\tau) + \right. \right.$$
$$\left. \left. \frac{2\xi}{\sqrt{1-\xi^2}} \cos \omega_{\mathrm{d}}(t-\tau) \right] \mathrm{d}\tau \right|_{\max} \tag{1.1-17}$$

对于给定的地面运动加速度时程$\ddot{y}(t)$，上述各反应的物理量就是结构的阻尼比ξ和自振圆频率ω（或自振周期T）的函数，即$S_{\mathrm{d}}(\xi,T)$、$S_{\mathrm{v}}(\xi,T)$、$S_{\mathrm{a}}(\xi,T)$，则这些物理量随结构自振周期T的变化曲线分别称为相对位移反应谱、相对速度反应谱以及绝对加速度反应谱，总称地震反应谱（图 1.1-4）。分别以地震地面运动的峰值位移$y_{\max}$、峰值速度$\dot{y}_{\max}$和峰值加速度$\ddot{y}_{\max}$对S_{d}、S_{v}和S_{a}进行标准化可得相应的标准化反应谱，亦即 β 谱，图 1.1-5 为 1971 年 San Fernando 地震波的标准反应谱。

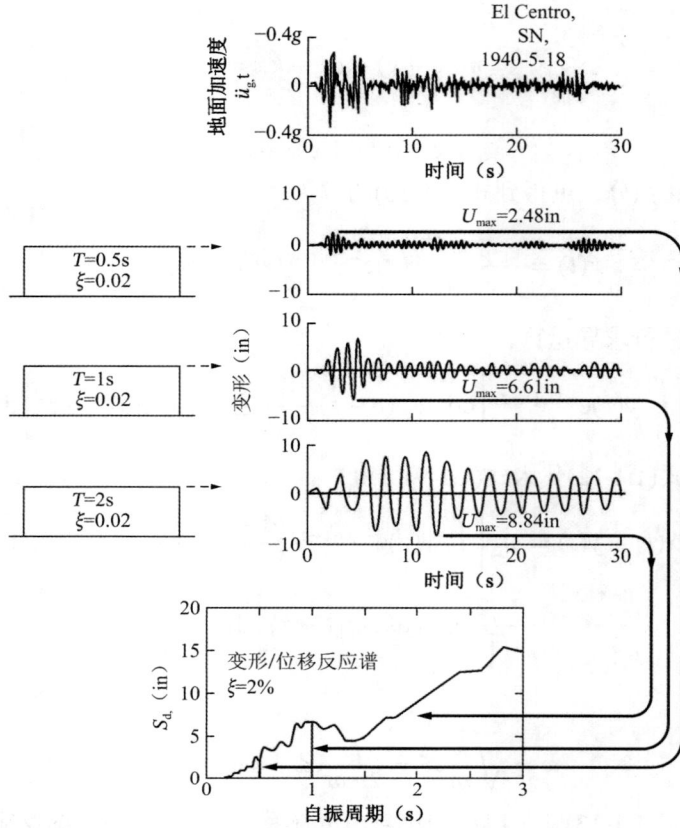

图 1.1-4　位移反应谱的计算过程

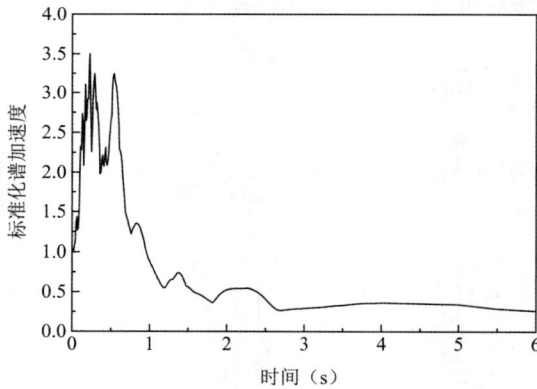

图 1.1-5　1971 年 San Fernando 地震波的标准谱

图 1.1-6 为 ω_d/ω 与阻尼比 ξ 的关系曲线，当阻尼比 ξ 小于 20% 时，ω_d 与 ω 的比值将达到 98% 以上，非常接近于 1.0。因此，当阻尼比 ξ 很小时，$\omega_d \approx \omega$。同时，由于阻尼比很小，可以忽略式(1.1-16)和式(1.1-17)中第二项的影响，于是：

$$S_{\mathrm{d}} = \frac{1}{\omega} \left| \int_0^t \ddot{y}(\tau) \mathrm{e}^{-\xi\omega(t-\tau)} \sin \omega (t-\tau) \mathrm{d}\tau \right|_{\max} \tag{1.1-18}$$

$$S_v = \left| \int_0^t \ddot{y}(\tau) e^{-\xi\omega(t-\tau)} \cos \omega (t - \tau) \, \mathrm{d}\tau \right|_{\max} \tag{1.1-19}$$

$$S_a = \omega \left| \int_0^t \ddot{y}(\tau) e^{-\xi\omega(t-\tau)} \sin \omega (t - \tau) \, \mathrm{d}\tau \right|_{\max} \tag{1.1-20}$$

由于只考虑最大值，可以把上述各式中的 sin 和 cos 等同看待，于是，在 S_d、S_v 和 S_a 之间存在如下的近似关系：

$$\left. \begin{aligned} S_d &\approx \frac{1}{\omega} S_v = \frac{T}{2\pi} S_v \\ S_a &\approx \omega S_v = \frac{2\pi}{T} S_v \end{aligned} \right\} \tag{1.1-21}$$

这就是目前各国规范在加速度反应谱与位移反应谱之间进行相互换算的理论依据。

需要说明的是，只有在阻尼比 ξ 很小的前提下，式(1.1-21)才能成立。如图 1.1-7 所示，随着阻尼比 ξ 的增加，式(1.1-16)和式(1.1-17)中第二项的影响显著增加，当阻尼比 ξ 大于 38% 时，式(1.1-17)中第二项的系数值甚至大于第一项的系数值。因此，当结构阻尼较大时，式(1.1-21)的近似关系不再成立，不能再简单地根据规范给定的加速度反应谱来推定相应的速度反应谱和位移反应谱，此时，必须要注意阻尼比的影响。

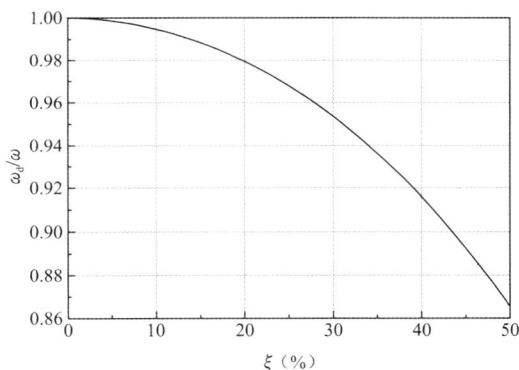

图 1.1-6 ω_d/ω 与阻尼比 ξ 的关系曲线

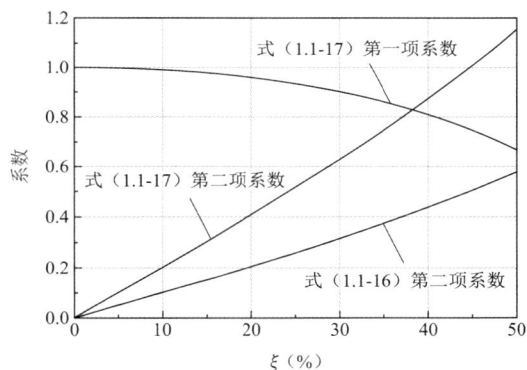

图 1.1-7 式(1.1-16)、式(1.1-17)中各项系数与阻尼比的关系

1.1.3 地震分布

1.1.3.1 全球地震分布概述

从全球看，某些特定区域的地震总是比其他地区更多、更大。全球两大主要地震带是环太平洋地震带（亦称为火环，Ring of Fire）和地中海-喜马拉雅地震带，其中，地中海-喜马拉雅地震带西起地中海，沿阿尔卑斯山脉边缘向东经中东、印度次大陆北部，一直延伸到印度尼西亚。

从板块构造学说来看，板块间的碰撞和俯冲等相对运动，是导致板块边缘部位强烈地震频发的主要原因。太平洋板块，由于其南太平洋边界处西北向扩张运动，导致美国加利福尼亚和新西兰处的板块边界出现相对走滑运动（也包含一定压缩成分），而阿拉斯加、阿留申群岛、千岛群岛和日本北部等地的板块边界主要为挤压运动和俯冲（subduction）运动。此外，南美洲西海岸的纳斯卡板块（Nazca plate）和南美洲板块的边界处、中美洲科科斯板块（Cocos plate）和加勒比板块（Caribbean plate）的边界处、菲律宾板块和欧亚板块的边界处、北美太平洋胡安德富卡板块（Juan de Fuca plate）和北美板块的边界处等也是板块俯冲运动频发地区。因此，太平洋板块的上述挤压与俯冲边界，聚集了全球约81%的强烈地震。

地中海-喜马拉雅地震带，是全球另一条地震活动频繁的地震带，其地震活动基本上是由于非洲板块和澳大利亚板块与欧亚板块碰撞和俯冲运动造成的。

1.1.3.2 中国地震的分布与特点

中国地处世界上两个最活跃地震带的交界处，东临环太平洋地震带，西部和西南部边境是地中海-喜马拉雅地震带穿过之处。中国地震区域广阔而分散，地震频繁而强烈，是一个地震灾害十分严重的国家。

中国是世界上地震历史记录最丰富的国家，有文字可考的历史约4000多年。自公元前1177年至公元1969年，除资料不确切外，共发生震级5级及以上地震2097次（部分数据为史料推断），有记载以来的8级及以上地震共有18次（表1.1-3）。

中国 $M \geqslant 8.0$ 地震基本信息表　　　　　　　　　　　表1.1-3

序号	发震时间 （年-月-日）	地名（部分为古地名）	纬度	经度	震级（部分为推算震级）
1	1303-09-17	山西 赵城、洪洞	36.3N	111.7E	8
2	1556-01-23	陕西 华县	34.5N	109.7E	8
3	1604-12-19	福建 泉州海外	25.0N	119.5E	8
4	1668-07-25	山东 郯城、莒县	35.3N	118.6E	8.5
5	1679-09-02	河北 三河、平谷	40.0N	117.0N	8
6	1739-01-03	宁夏 银川、平罗	38.9N	106.5E	8
7	1833-09-06	云南 崇明	25.2N	103.0E	8
8	1902-08-22	新疆 阿图什	40.0N	76.5E	8.3
9	1906-12-23	新疆 玛纳斯	43.9N	85.6E	8
10	1920-06-05	台湾 花莲海外	23.5N	122.7E	8
11	1920-12-16	宁夏 海原	36.5N	105.7E	8.5
12	1927-05-23	甘肃 古浪	37.6N	102.6E	8
13	1931-08-11	宁夏 银川、平罗	38.9N	106.5E	8
14	1950-08-15	西藏 察隅	28.4N	96.7E	8.5
15	1951-11-18	西藏 当雄	31.1N	91.4E	8
16	1972-01-25	台湾 新港东海中	23.0N	122.3E	8
17	2001-11-14	新疆 若羌（青海交界）	36.2N	90.9E	8.1
18	2008-05-12	四川 汶川	31.0N	103.4E	8

总体上看，中国的地震具有如下特点：

（1）内陆型地震为主。我国除西南边境地区和台湾省的地震属于地中海-喜马拉雅地震带和环太平洋地震带的范畴外，大陆内部的绝大部分区域属于大陆断裂地震带的覆盖范围。前者的地震发生于构造板块的边缘地带，称为板缘地震或板间地震（interplate earthquake），地震产生的原因和机理可用板块学说理论进行解释；而后者的地震主要发生于板块内部，属于典型的板内地震（intraplate earthquake）或内陆型地震，其产生的原因和机理很难用板块学说进行解释，一般只能从大陆板块运动引起内部地壳变形等角度寻求解答。一般来说，相较于板间地震，板内地震发生的地点分散、频度较低、震源机制复杂，加之与人类生产生活空间高度重叠，地震危害性大。根据 4000 多年的地震历史记录，我国 2/3 左右的地震发生在大陆内部，属于板内地震；而全球统计结果表明，全球 $M \geqslant 7.0$ 的板内地震，约 35% 发生在我国。

（2）地震活动面积广，空间格局西强东弱。历史记载，全国除个别省外，都发生过 $M6$ 以上的强震，由于地震活动范围广，震中分散，难以集中防御。中国的历史地震主要分布在台湾、西南、新疆和华北等地区，若以东经 107.5° 为界，20 世纪中国大陆西部与东部 $M \geqslant 6$ 级地震活动总次数基本是 5∶1，西部地震活动水平明显高于东部，呈现次数高、强度大的特点，形成地震分布西强东弱的空间格局。

（3）震源浅、强度大。我国地震，特别是发生在大陆内部的板内地震，绝大多数是 30 公里以内的浅源地震，释放的能量大，地震地面强度大，对地面建筑物和工程设施的破坏较重。在我国，只有西藏、新疆、吉林的个别地区发生过震源深度超过 30 公里的深源地震。

（4）强震的重演周期长。我国强震的重演周期大多在百年乃至数百年。特别是在我国人口稠密、城市密集、工业集中的东部地区，自 1604 年福建泉州 $M8$ 地震，1668 年山东郯城 $M8.5$ 地震，1679 年河北三河、平谷 $M8$ 地震和 1695 年山西临汾 $M8$ 地震之后，在 280 多年时间内没有发生 $M8$ 左右的大震。河北省历史上发生过 3 次 $M7.5$ 以上的强震（1679 年三河、平谷 $M8$ 地震，1830 年磁县 $M7.5$ 震，1976 年唐山 $M7.8$ 地震），发震时间分别相隔 151年和 146 年；山西省历史上发生过 3 次 $M7.5$ 以上的强震（512 年代县 $M7.5$ 地震，1303 年洪洞 $M8$ 地震，1695 年临汾 $M8$ 地震），发震时间分别相隔 791 年和 392 年；山东省的郯城地震（1668 年 $M8.5$ 地震）和菏泽地震（1937 年 $M7$ 地震）相隔 269 年。由于强震的重演周期长，就容易使人们在现实生活中忽视地震灾害的威胁，也容易忘记地震灾害的惨痛教训，因而对抗震防灾工作的重要性认识不足，对于地震灾害的突发性准备不够，思想麻痹，放松警惕，而给地震的突然袭击以可乘之机。

综上，震源浅、强度大的内陆型地震（板内地震），与人类居住生活空间交叉重叠，其破坏后果要远大于深源地震和海洋地震。另外，强震重演周期长，往往会造成人们思想麻痹，放松警惕，对抗震防灾的重要性认识不足，对抗震防灾工作易于忽视。这就是中国抗震防灾工作必须考虑的地震环境影响和特点，是我国抗震防灾工作的国情，也是我国研究抗震防灾科学决策、制定各项具体对策的基本出发点。

1.1.3.3　中国地震灾害损失及分布特点

地震给人类带来了巨大灾害，而中国的地震灾害尤为严重。根据赵荣国等人的统计结果，中国地震灾害损失在全世界范围的平均比重，死亡人数为 37%，居世界首位，经济损失为 3.5%，排位第 3（表 1.1-4）。

全世界地震灾害损失汇总简表（公元 1—1995 年）　　　表 1.1-4

数组	统计时段（公元）	地震死亡人数			经济损失（亿美元）		
		世界	中国	比重（%）	世界	中国	比重（%）
1	1—1995	6247107（620 万～660 万）	2346881（230 万～240 万）	37	2632（2400～4500）	102（80～147）	3.5
2	1000—1995	4846384（485 万～516 万）	1828614（182 万～185 万）	36	2626.2（2400～4300）	92.2（75～140）	3.5
3	1500—1995	3892509（390 万～420 万）	1727014（173 万～175 万）	42	2615（2300～4200）	90.4（75～140）	3.5
4	1—1899	4734548（470 万～510 万）	1813642 约 181 万	39	97（80～150）	约 12	12
5	1900—1995	1512559（151 万～154 万）	533239（53 万～56 万）	35	2535（2200～4100）	80.6（65～130）	3.2
6	1966—1976	433700（43.3 万～43.5 万）	272860（27.3 万～27.5 万）	63	250（200～400）	57（55～58）	23
7	1976	294700（29.4 万～30 万）	242967	82	182（170～280）	52（51～53）	29
8	1977—1995	157530（15.7 万～16.0 万）	1333（1300～1400）	0.8	1993（1900～2900）	11.5（10～13）	0.6

如前所述，我国的地震大致可分为两大类型，即板缘（板间）地震（interplate earthquake）和板内地震（intraplate earthquake），除台湾省等地外，我国大陆地区的地震主要为板内地震（大陆地震）。我国的大陆地震比较活跃，在全球大陆地震中占有重要地位，同时，我国大陆地震在空间分布上具有西强东弱、西多东少的特点。然而，强烈地震灾害形成机制分析表明，地震灾情的大小除了与地震本身的活动性与强烈程度（震级、烈度）有关外，主要取决于承载体（人类活动）的脆弱性，地震造成的人员伤亡主要取决于震区的人口密度，经济损失主要取决于震区的经济发展水平和财富集中程度。中国的人口分布，总体上仍然符合胡焕庸线（瑷珲—腾冲）的空间分布格局，但随着经济和社会的不断发展，经济集中和人口流动呈现出越来越明显的城镇化和区域化特征。总体上，中国的地震灾害具有如下一些特征：

（1）震灾频次高。我国地处世界二大地震带的交汇部位，地震活动性高。据不完全统计，1900—1993 年，我国大陆地区 $M \geqslant 5$ 级地震，成灾的有 720 多次，平均每年 7～8 次。

（2）灾情重。我国大陆地震一般震源较浅，大多在地壳内 10～25 公里左右，破坏性强。全世界造成死亡人数在 20 万人以上的地震共 8 次，中国占 4 次。另外，由于历史原因，中国居民的老旧用房抗震能力普遍低下，所以，近震 4.5 级以上、远震 6 级以上就会造成房屋倒塌，致人伤亡。1974 年江苏溧阳 5.5 级地震，房屋倒塌 1 万余间，死亡 8 人，214 人受伤；1995 年 7 月 22 日甘肃永登 5.8 级地震，死亡 12 人，伤 60 余人；2005 年江西九江 5.7 级地震，13 人死亡，577 人受伤；2017 年新疆喀什 5.5 级地震，8 人死亡，31 人受伤。

（3）次生灾害严重。在一定的条件下，地震的直接灾害常引发火灾、水灾、滑坡、泥石流、海啸、瘟疫及恐震、盲目避震等物理性、心理性次生灾害，造成数倍于直接灾害的严重损失。如 1786 年 6 月 1 日四川康定南 7.5 级地震，大渡河沿岸山崩引起河流壅塞，断流 10 日后突然溃决，水头高十丈的洪水汹涌而下，淹没民众十万余，产生了地震—滑坡—水灾的灾害链。

（4）成灾面积广。一次较大地震，直接灾害可发生在震中周围几十或一二百公里范围。1976 年唐山地震震级 7.8，震源深度 11 公里，极震区烈度 XI 度，造成严重破坏（大多数房屋遭破坏，甚至倒塌，造成人员伤亡）的 XI 度区面积达 1800 平方公里。唐山地震使 100 公里之外的天津达 VIII 度破坏，造成直接经济损失 60 亿元，使 200 公里外的北京达到 VI 烈度，老旧建筑物遭不同程度破坏。2008 年汶川 $M8.0$ 级地震，XI 度区面积约 2419 平方公里，以四川省汶川县映秀镇和北川县县城为两个中心呈长条状分布，其中映秀 XI 度区沿汶川—都江堰—彭州方向分布，长轴约 66 公里，短轴约 20 公里，北川 XI 度区沿安县—北川—平武方向分布，长轴约 82 公里，短轴约 15 公里。

（5）地区差异明显，东部相对偏重。我国西部地区地震活动相对较强，东部地区相对较弱，但东部地区的人口密度大于西部，且东部地多冲积平原，所以震灾东部重而西部轻。1906 年新疆玛纳斯 $M8$ 级地震，死亡 300 人，伤 1000 人。发生在东部地区的 1966 年邢台 $M6.8$ 级、$M7.2$ 级地震，死亡 8000 人，伤 3800 人。2012 年 9 月 7 日云南彝良 $M5.7$ 级地震，81 人死亡，834 人受伤；2005 年江西九江 $M5.7$ 级地震，13 人死亡，577 人受伤。

1.2　地震作用特点与抗震概念设计原则

1.2.1　地震作用的特点

地震作用的取值直接决定着工程结构的抗震能力，是抗震设计的重要内容之一。但在当前的科学技术条件下，地震作用本身还是极其复杂的、具有极大的不确定性，尚难以做到精确、准确的量化标定。地震作用区别于恒荷载、活荷载、风荷载和雪荷载的最主要特点，是其间接性、复杂性、不确定性、耦连性和经验性。地震作用的这些特殊性也使得抗震设计（包括计算和措施）存在诸多有别于非抗震设计的基本原则和手段。

1.2.1.1　地震作用的间接性

地震作用是由于强烈地面运动使结构或构件产生不可忽略的加速度或变形，进而形成的一种间接作用，并非直接施加于结构或构件的作用力，一般不适合以"荷载"一词称谓，我国自 GBJ 11—89 开始采用"作用"进行表述，以区别于直接作用于结构或构件之上的荷载。

间接作用，意味着设计时采用的"地震力"是经过推算得到的，如通过反应谱理论换算的，这种换算有一定的近似性。它与结构构件的自重密切相关，不像活、风、雪荷载与自重无关。从这一点出发，抗震设计中尽量减轻结构构件自重，采用新型的高强轻质材料是有利的。

1.2.1.2 地震作用的复杂性

一方面，地面运动十分复杂，它是随时间变化的，衡量的参数有加速度峰值、频谱特性和持续时间等，地面运动除了两个水平分量外，还有竖向分量和扭转分量。另一方面，实际房屋是某种空间结构体系，纵横墙共同工作，各构件之间受力的关系复杂，再加上如此复杂的地面运动的作用，很难用弹性力学方法予以精确分析。现阶段的各种抗震分析方法，都是在不同程度上对地面运动和结构模型加以简化，使计算结果能满足工程精度的不同要求。

1.2.1.3 地震作用的不确定性

如上所述，地震作用是一种间接作用，其取值必然受到地震地面运动的强度与状态、结构响应机理、结构模型的精确性等因素影响，因此，地震作用计算与取值过程中存在诸多不确定性。

首先，是地震区划的不确定性。由于人类对于地震认知的局限性，目前为止，世界各国中长期地震预测预报还处在"以史为鉴，用过去评价未来"的阶段，地震危险性分析所依据的基础资料（如区域构造资料、地震活动性资料等）仍然离不开历史数据和经验总结。现阶段的地震危险性分析也只能借助于概率分析的手段，在历史数据的基础上，对各地区未来一段时间内的地震危险性作出大致的判断。因此，地震区划图给定的基本烈度或地震动参数本质上就是不确定的，在工程结构设计工作（使用）年限内，发生超过基本烈度地震的可能性是存在的，而且不会太小，尤其是在中低烈度地区，例如，我国 1975 年的辽宁海城，6 度区发生 M7.3 级地震，震中烈度 10 度；1976 年河北唐山，6 度区发生 M7.8 级地震，震中烈度 11 度；2008 年四川汶川，7 度区发生 M8 级地震，震中烈度 11 度。总之，地震作用计算的输入条件——地震动参数，本身是不确定的！国家标准的有关术语"基本烈度""设计基本地震加速度"也已经表明了这种不确定性。

其次，是地面运动状态的不确定性。目前为止，关于地震地面运动的认识，还主要停留在幅值、频谱、持时三个基本要素以及三个平动分量的若干性质等方面。虽然近年来，相关学者在地震地面运动的扭转成分、长周期成分、近断层的局部放大效应、脉冲效应、上下盘效应，以及局部地形导致的孤山效应、盆地效应等多方面进行了大量卓有成效研究，但不可否认，目前人们对于地震时地面运动状态的认知和了解还是朦胧和模糊的。也正因如此，世界各国关于地震作用的计算还是停留在"反应谱"的层面上。如前所述，设计反应谱是在地震记录反应谱的统计基础上，经平滑、标定、拟合、调整等各种处理后确定的、用于地震作用计算的地震影响曲线。所谓的"谱"，就是"大概、差不多"的意思，是一个相对笼统和模糊的判断，远达不到准确和清晰！依此进行地震作用计算，其结果也必然只是一个大致的估计，不能作为精确的地震作用！

再次，是结构地震响应机理的不确定性。当前，世界各国规范关于地震作用计算的方法基本上都基于牛顿第二运动定律的质点动力学原理，再辅以必要的假定和简化处理，比如结构底部与大地之间完全固接，再比如结构杆件的分布质量全部集中到计算节点等。这些假定和简化手段势必会带来相当程度的误差，甚至是错误，计算结果也难言准确和恰当！

最后，是结构计算模型的不确定性。尽管科技发展日新月异，但工程结构的计算理论和手段仍然需要借助于大量的假定和简化手段才能进行。与工程结构的实际情况相比，计算模型的构件尺寸、荷载取值与布置、材料性质、结构阻尼等，仍然会存在相当大的出入。

1.2.1.4　地震作用的耦联性

地震作用不同于活、风、雪荷载的又一显著特点，是其与结构自身存在着显著的耦联性。从反应谱理论可知，在弹性阶段，结构自振周期的改变会引起地震作用的变化。当改变结构的布置使结构质量加大（如活荷载加大或设备自重增大），则自振周期增长，使加速度反应减小；当加大截面尺寸或增设抗震墙使刚度提高，则自振周期缩短，加速度反应也增大。加速度反应改变和质量变化的综合结果，会造成结构地震作用力的增或减。抗震设计时，一旦质量和刚度发生变化，使自振周期有明显的改变，需重新进行计算分析。

在结构进入非弹性工作状态后，其地震作用取值还进一步与其屈服后的实时动力特性耦联。一般地，强烈地震下（如第二水准或第三水准）结构将进入弹塑性状态，构件屈服后刚度退化，导致塑性内力重分布，结构的地震响应也会相应变化。此时，整个结构的地震作用力与弹性分析结果是不同的，其数值在达到结构自身的屈服强度值后基本不再增大或缓慢增大。此后，随着地震强度的提高，结构的地震作用力不再变化或变化不大，而结构的变形将会急剧增大。

因此，地震力不是反映结构地震作用的唯一可靠指标。本质上，用变形验算来考核结构的抗震安全性才是根本的抗震验算。有鉴于此，20 世纪 80 年代后，我国的两阶段设计和日本的二次设计均提出了弹塑性变形验算要求。

1.2.1.5　设计指标的经验性

在上述四个特点的基础上，还形成了地震作用的又一特点，即设计指标的经验性或对设计方法的依赖性。

早期，把抗震设计按抗风设计处理，设计地震作用的取值按重力荷载的一定比例来确定（统称静力法）。反应谱理论提出后，发现按反应谱理论计算的弹性地震力远远超过结构实际的承载力，为此，我国早期的抗震规范（64 规范草案、TJ 11—74、TJ 11—78）引入"结构影响系数C"来折减弹性地震力以获得设计指标，其中，结构影响系数C的数值主要依赖工程经验的判断。目前，美国规范中的"响应修正系数R"和欧洲规范中的"结构性能系数q"，也大体如此。

我国自 GBJ 11—89 规范开始，采用基于概率可靠度的极限状态设计方法进行结构抗震设计。此时，地震作用的设计指标不再出现结构影响系数C，而以多遇地震下的弹性地震作用（剪力）作为设计指标，但地震剪力计算所依据的设计反应谱（即地震影响系数曲线），其形状及控制参数取值也不完全是理论分析与统计的结果，而是存在相当程度上经验性干预的结果。同时，抗震规范中还存在大量基于概念设计原则的地震剪力、作用效应、组合内力设计值等调整的规定，这些调整系数的取值往往也多是经验性的。

1.2.2 抗震概念设计原则

地震是一种随机振动，有着难以把握的复杂性和不确定性，要准确预测建筑物未来可能遭遇地震的特性和参数，现有的科学技术水平难以做到。另外，在结构分析时，由于在结构几何模型、材料本构关系、结构阻尼变化、荷载作用取值等方面都存在较大的不确定性，计算结果与结构的实际反应之间也存在较大差距。在建筑抗震理论远未达到科学严密的情况下，单靠结构计算分析难以保证建筑具有良好的抗震能力。因此，着眼于建筑总体抗震能力的抗震概念设计，越来越受到世界各国工程界的重视。

所谓"抗震概念设计"，是指人们根据地震灾害和工程经验等所形成的基本设计原则和设计思想，进行建筑和结构总体布置并确定细部构造的设计过程。抗震概念设计是从事抗震设计的注册建筑师、注册结构工程师需要具备的最基本的设计技能。

总结历次地震建筑物震害的经验和教训，一个共同的启示就是：要减轻房屋建筑的地震破坏，设计出一个合理、有效的抗震建筑，需要注册建筑师和注册结构工程师的共同努力、密切配合才行，仅仅依赖于结构工程师的"计算分析"是不够的，往往要更多地依靠良好的抗震概念设计。实践也证明，在工程设计一开始，就把握好房屋体形、建筑布置、结构体系、刚度分布、构件延性等主要方面，从根本上消除建筑中的抗震薄弱环节，再辅以必要的计算和构造措施，才有可能使设计的产品（建筑物）具有良好的抗震性能和足够的抗震可靠度。

从建筑工程设计的全过程看，一个完整的抗震概念设计应遵循如下原则。

1.2.2.1 原则1：建筑师与各专业工程师应全程密切配合

目前，仍然有许多建筑业主和建筑师错误地认为，在建筑方案设计阶段末期或初步设计阶段让结构工程师配合"计算"就足够了。这是一种非常糟糕的做法，可能会产生严重的灾害后果，同时也会导致建安成本的额外支出。对于这样的建筑方案，无论各专业工程师（尤其是结构工程师）的计算多么精确，也不管其构造措施多么精心，都无法补偿结构抗震概念设计或非结构构件（特别是隔墙和装饰构件）选用中的错误或缺陷。

传统意义上的"串行设计（serial-design）"是一种特别糟糕且效率低下的设计模式。建筑师先进行方案设计，选择确定隔墙、立面装饰构件等非结构构件的材料和类型；然后，各专业工程师（主要为结构工程师）才开始配合工作，进行结构计算和细部构造设计，而此时的结构体系相对于地震来说已基本"固化"，其结果往往是代价高昂而且效果难以令人满意。

相对而言，"平行设计（parallel-design）"要好得多，而且通常也会经济得多。建筑师和各专业工程师（主要为结构工程师）协调配合、共同设计，同时考虑建筑美学和功能要求，统筹协调建筑结构承重体系（针对重力载荷）和抗侧力体系（针对地震作用）的共同工作机制，设计、开发一种安全、高效和经济的"通用"结构。而隔墙、装饰构件等非结构构件的选型与设计，则由建筑师和专业工程师（结构工程师）依据变形能力相互协调的原则共同确定与完成。通过这样的设计模式，大多可以获得令人满意的设计成果。

1.2.2.2 原则 2：严格遵循抗震标准的技术规定

20 世纪初，在日本、美国等少数地震活动强烈的国家率先引入了建筑抗震的技术规定，之后，随着地震工程领域的科技发展，越来越多的国家和地区开始对建筑抗震提出技术规定。目前，随着能力设计原则和延性设计概念融合发展，建筑抗震设计已基本实现了安全可靠与经济合理的统筹优化目标。国际上主要的建筑抗震设计标准（如国际标准化组织的 ISO 3010、欧洲的 Eurocode 8、美国的 IBC、中国的 GB 50011、新西兰的 NZS1170 等）均能实现预期地震动影响下的安全目标。2008 年汶川地震震后调查表明，严格按照抗震设计规范正规设计、正规施工、正常使用的各类建筑物，在遭遇烈度不超过设防烈度 1 度（相当于大震烈度）的情况下，未发生 1 例倒塌破坏。这充分说明，严格执行抗震标准的技术规定是建筑物抗震防灾能力的根本保障。

然而，不幸的是，即使在今天，建筑抗震标准的技术规定仍然不能得到充分的执行和落实。这一情况不仅仅中国存在，国外也是如此。伊朗、土耳其、希腊、意大利、新西兰等国的一系列强震震害资料表明，全面彻底地执行抗震技术标准仍任重道远，尤其是对于欠发达地区。个中缘由，除了经济条件差、监督管理不到位等外，主观个体的地震安全知识匮乏、技术水平落后、思想麻痹大意、投机取巧等往往成为决定性因素。

1.2.2.3 原则 3：恰当设置抗震设防目标与标准

地震是多发性的，一个地区在未来一定时期内可能遭遇的地震将不止一次，烈度或高或低。新建房屋以什么样的烈度或地震动参数作为设防对象，要达到什么样的目标，是抗震设计首先需要确定的基本问题。

一般来说，对于给定的建筑工程来说，其经济合理、安全可靠的抗震设防目标应综合考虑以下几个方面的因素：

其一，是工程所在地的抗震设防烈度，烈度越高，抗震措施越严格，相应的抗震经济投入越多。

其二，是建筑物本身的重要性，对于应急医疗、消防、通信、给水、排水等重要建筑工程，应严格按照区别对待的原则采取比一般建筑更高、更有效的抗震措施，一般可根据其功能和可能的灾害后果采用更高的抗震设防类别，如重点设防类或特殊设防类。

其三，是建筑物所在场地的抗震条件。通常，对于抗震有利地段或抗震一般地段的工程场地，其上的建筑按抗震标准规定执行即可；对于抗震不利地段，除了工程场地本身需要专门处理外，上部结构的抗震措施往往还需要进一步加强；而对于地震断裂破碎带、滑坡、泥石流等危险地段，则应采取积极主动的避让措施。

1.2.2.4 原则 4：合理选择工程场址

地震造成建筑物的破坏，情况是多种多样的。其一，是由于地震时的地面强烈运动，使建筑物在振动过程中，因丧失整体性，强度不足，或变形过大而破坏；其二，是由水坝坍塌、海啸、火灾、爆炸等次生灾害所造成的；其三，是由断层错动、山崖崩塌、河岸滑坡、地层陷落等地面严重变形直接造成的。前两种情况可以通过工程措施加以防治；而后一情况，单靠工程措施是很难达到预防目的的，或者所花代价昂贵。因此，选择工程场址时，应该进行详细勘察，搞清地形、地质情况，挑选对建筑抗震有利的地段；尽可能避开对建筑抗震不利的地段；任何情况下均不得在抗震危险地段上，建造可能引起人员伤亡或较大经济损失的建筑物。

为此，我国现行的《建筑与市政工程抗震通用规范》GB 55002—2021 第 3.1.2 条明确规定：建筑与市政工程进行场地勘察时，应根据工程需要和地震活动情况、工程地质和地震地质等有关资料对地段进行综合评价。对不利地段，应尽量避开；当无法避开时应采取有效的抗震措施。对危险地段，严禁建造甲、乙、丙类建筑。因此，对于从事工程抗震设计的注册结构工程师和注册建筑师来说，选择工程场地时应注意把握好以下几个基本原则：

（1）选择有利地段。根据《建筑与市政工程抗震通用规范》GB 55002—2021 第 3.1.2 条规定，对建筑抗震有利的地段主要指稳定基岩，坚硬场地土，开阔、平坦、密实、均匀的中硬场地土等。从事工程抗震设计时，应优先选择对建筑抗震有利的地段作为建筑场址。

（2）避开危险地段。根据《建筑与市政工程抗震通用规范》GB 55002—2021 第 3.1.2 条规定，对建筑抗震危险的地段主要是指，地震时可能发生滑坡、崩塌、地陷、地裂、泥石流等以及发震断裂带上可能发生地表错位的部位。

（3）慎重对待不利地段。根据我国乌鲁木齐、东川、邢台、通海、海城、唐山、汶川等地所发生的几次地震震害普查所绘制的等震线图，在正常的烈度区内，常存在着小块的高一度或低一度的烈度异常区。此外，同一次地震的同一烈度区内，位于不同小区的房屋，尽管建筑形式、结构类别、施工质量等情况基本相同，但震害程度却出现较大差异。究其原因，主要是地形和场地条件不同所造成的。根据《建筑与市政工程抗震通用规范》GB 55002—2021 第 3.1.2 条规定，所谓对建筑抗震不利的地段，就地形而言，一般是指条状突出的山嘴，高耸孤立的山丘，和山梁的顶部，陡坡、陡坎、河岸和边坡边缘；就场地土质而言，一般是指软弱土，易液化土，故河道、疏松的断层破碎带、暗埋的塘浜沟谷和半填半挖地基等平面分布上成因、岩性、状态明显不均匀的土层，高含水量的可塑黄土，以及地表存在结构性裂缝的地段等。

1.2.2.5　原则 5：建筑方案的概念设计要合理

一般而言，一栋房屋的动力特性基本上取决于它的建筑布局和结构布置。建筑布局简单合理，结构布置符合抗震原则，就从根本上保证了房屋具有良好的抗震能力；反之，房屋体形复杂、建筑布局奇特，结构布置存在薄弱环节，即使进行特别精细的地震反应分析，采取特殊的补强措施，也不一定能达到预期的设防目标。总体而言，建筑方案的概念设计应遵循以下原则：

（1）平面形状要简单。从有利于建筑抗震的角度出发，地震区的房屋建筑平面形状应以方形、矩形、圆形为好，正六边形、正八边形、椭圆形、扇形次之（图 1.2-1），L 形、T 形、十字形、U 形、H 形、Y 形平面较差。1985 年 9 月墨西哥地震后，墨西哥国家重建委员会首都地区规范与施工规程分会对地震中房屋的破坏原因进行了统计分析，结果表明，拐角形建筑的破坏率达到 42%，明显高于其他形状的房屋。

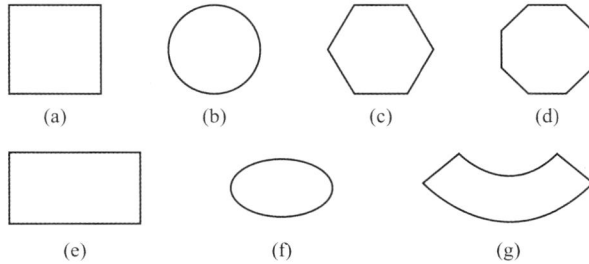

图 1.2-1　简单的建筑平面形状

（2）竖向体型变化要均匀。一般来说，地震区建筑的竖向体型变化要均匀，宜优先采用图 1.2-2 所示的矩形、梯形、三角形等均匀变化的几何形状，尽量避免过大的外挑和内收。因为立面形状的突然变化，必然带来质量和抗侧刚度的剧烈变化，地震时，该突变部位就会因剧烈振动或塑性变形集中效应而加重破坏。1985 年 9 月墨西哥地震，一些大底盘高层建筑，由于低层裙房与高层主楼相连，没有设缝，体形突变引起刚度突变，使主楼底部接近裙房屋面的楼层变成相对柔弱的楼层，地震时因塑性变形集中效应而产生过大层间侧移，导致严重破坏

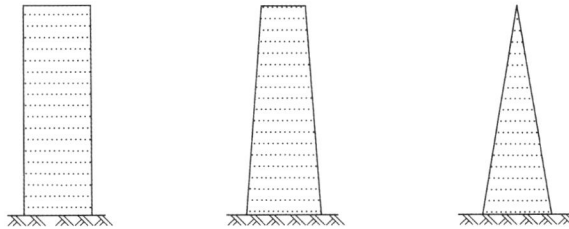

图 1.2-2　良好的建筑立面形状

（3）高度与高宽比要合适。一般而言，房屋愈高，所受到的地震力和倾覆力矩愈大，破坏的可能性也就愈大。墨西哥城是人口超过一千万的特大城市，高层建筑甚多。1957 年太平洋沿岸的 7.6 级地震，以及 1985 年 9 月前后相隔 36 小时的 8.1 级和 7.5 级地震，均有大量高层建筑倒塌。1985 年地震中，倒塌率最高的是 10~15 层楼房；6~21 层楼房，倒塌或严重破坏的共有 164 幢。而抗震设计中，房屋的高宽比是一个比房屋高度更需慎重考虑的问题。因为建筑的高宽比值愈大，即建筑愈瘦高，地震作用下的侧移愈大，地震引起的倾覆作用愈严重。巨大的倾覆力矩在柱中和基础中所引起的压力和拉力比较难处理。1967 年委内瑞拉的加拉加斯地震，曾发生明显由于倾覆力矩引起破坏的震例。该市一幢 11 层旅馆，底部三层为框架结构，以上各层为剪力墙结构，底部三层的框架柱，由于倾覆力矩引起的巨大压力使轴压比达到很大数值，延性降低，柱头均发生剪压破坏。另一幢 18 层框架结构的 Caromay 公寓，地上各层均有砖填充墙，地下室空旷。由于上部砖墙增加了刚度，加大了倾覆力矩，在地下室柱中引起很大轴力，造成地下室很多柱子在中段被压碎，钢筋弯曲呈灯笼状。1985 年墨西哥地震，墨西哥城内一幢 9 层钢筋混凝土结构，因地震时产生的倾覆力矩，使整幢房屋倾倒，埋深 2.5m 的箱形基础翻转了 45 度，并将下面的摩擦桩拔出。

（4）防震缝设置要合理。一般而言，体型简单、结构布置均匀对称的建筑方案比较受工程设计人员喜欢。但是，在实际工程中，往往由于使用功能的需要、建筑场地的限制等原因，很难保证建筑方案简单规则。然而，对于体型复杂的建筑，是否一定要通过设置防震缝的办法将其分割为多个简单、规则的结构单体呢？国内外历次地震的建筑震害表明，设置防震缝的建筑，一旦防震缝的构造不当，或对地震时结构实际位移估计不足，导致防震缝宽度相对不足，均不可避免地造成相邻建筑或结构单元的碰撞破坏（图 1.2-3 和图 1.2-4）。针对复杂建筑结构的震害表现，我国《建筑抗震设计规范》GB 50011—2001 规定，"体型复杂、平立面特别不规则的建筑结构，可按实际需要在适当部位设置防震缝，形成多个较规则的抗侧力结构单元"，其本意是要求通过调整建筑平面形状和尺寸，并在构造上和施工上采取措施，尽可能不设缝。《建筑抗震设计规范》GB 50011—2010 进一步明确，应根据不规则程度、地基基础条件和技术经济等因素的比较分析来确定是否设置防震缝，并分别给出针对性要求，其本意也是"不提倡"设缝。《建筑与市政工程抗震通用规范》GB 55002—2021 则继续保持了 GB 50011—2010 的思想，并参考欧洲规范 EN 1998 有关防震缝的设置规定，要求"相邻建（构）筑物之间或同一建筑物不同结构单体之间的伸缩缝、沉降缝、防震缝等结构缝应采取有效措施，避免地震下碰撞或挤压产生破坏"。

(a) 防震缝宽度不够，高低建筑相互碰撞造成墙体破坏

(b) 相邻建筑地震中相互碰撞，损坏严重

(c) 北川县公安局办公楼与两侧宿舍楼碰撞，导致西侧宿舍楼倒塌，并引起其他建筑的连续倒塌

图 1.2-3　2008 年汶川地震中相邻建筑的碰撞破坏

(a) 男生公寓楼，地震中，防震缝两侧的结构单体　　　　(b) 女生公寓楼，地震中，防震缝两侧的结构单体相互
相互碰撞，西侧结构局部倒塌　　　　　　　　　　　碰撞，东侧结构完全倒塌，西侧结构的碰撞产生的
斜裂缝清晰可见

图 1.2-4　2010 年玉树地震中玉树州综合职业技术学校两栋学生公寓楼的碰撞破坏情况

1.2.2.6　原则 6：结构布置平面均匀对称、竖向要等强

结构布置在平面上应力求均匀、对称，减小扭转效应；竖向要等强，避免出现软弱楼层等。

对称结构在地面平动作用下，一般仅发生平移振动，各构件的侧移量相等，水平地震力按构件刚度分配，因而各构件受力比较均匀。而非对称结构，由于刚心偏在一侧，质心与刚心不重合，即使在地面平动作用下，也会激起扭转振动。其结果是，远离刚心的刚度较小的构件，由于侧移量加大很多，所分担的水平地震剪力也显著增大，很容易因超出允许抗力和变形极限而发生严重破坏，甚至导致整个结构因一侧构件失效而倒塌。1972 年尼加拉瓜的马那瓜地震，15 层的中央银行采用框架体系，两个钢筋混凝土电梯井和两个楼梯间均集中布置在平面右侧，同时，右端山墙布设砌体填充墙，进而造成结构严重偏心，地震时产生强烈扭转振动导致严重破坏，部分框架节点损坏，个别柱子屈服，围护墙等非结构构件更是破坏严重，震后的总体修复费用高达房屋原造价的 80%；而另一幢是 18 层的美洲银行，采用对称布置的钢筋混凝土芯筒结构，仅 3～17 层连梁上有细微裂缝，几乎没有其他非结构构件损坏，如图 1.2-5 所示。

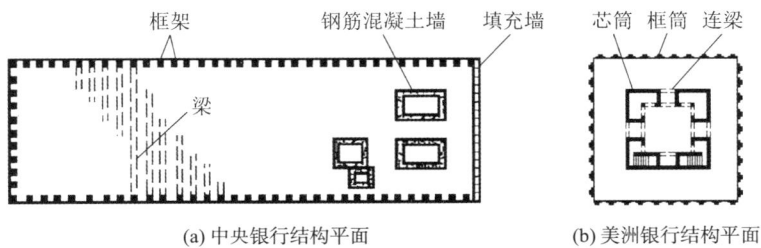

(a) 中央银行结构平面　　　　　　　　　　(b) 美洲银行结构平面

图 1.2-5　1972 年马那瓜地震中两栋相邻建筑的结构平面简图

在国内，天津 754 厂 11 号车间（图 1.2-6）为高 25.3m 的 5 层钢筋混凝土框架体系，全长 109m，房屋两端的楼梯间采用 490mm 厚的砖承重墙，刚度很大；房屋长度的中央设双柱伸缩缝，将房屋分成两个独立区段。就一个独立区段而言，因为伸缩缝处是开口的，

无填充砖隔墙，结构偏心很大。1976 年唐山地震时，由于强烈扭转振动导致 2 层有 11 根中柱严重破坏，柱身出现很宽的 X 形裂缝。

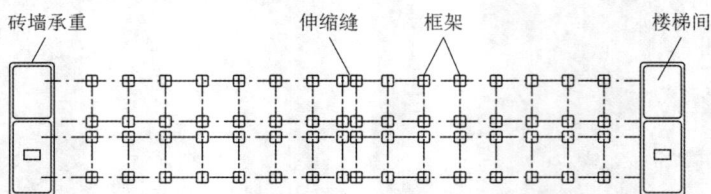

图 1.2-6　1976 年唐山地震中天津 754 厂 11 号车间结构平面简图

因此，结构平面布置时，应特别注意具有很大抗侧刚度的钢筋混凝土墙体和钢筋混凝土芯筒位置，力求在平面上居中和对称。此外，剪力墙宜沿房屋周边布置，以使结构具有较强的抗扭刚度和较强的抗倾覆能力。

除结构平面布置要合理外，结构沿竖向的布置宜等强。结构抗震性能除取决于总的承载能力、变形和耗能能力外，避免局部的抗震薄弱部位也是十分重要的。

1.2.2.7　原则 7：选择恰当的结构材料

从抗震角度考虑，一种好的结构材料，应该具备以下性能：延性系数高，强屈比大，匀质性好，正交各向同性，构件连接具有整体性、连续性和较好的延性。因此，选择合适的结构材料也是抗震设计不可或缺的关键环节之一。

1. 混凝土强度等级

现行抗震相关技术标准对钢筋混凝土结构中的混凝土强度等级有上限和下限两种限制，其中，下限为材料强度的最低要求，属于强制性要求，不满足时应按工程质量事故对待。上限是对混凝土最高强度等级的限制，主要是因为高强度混凝土具有脆性性质，且随强度等级提高而增加，在抗震设计中应考虑此因素，根据现有的试验研究和工程经验，现阶段混凝土墙体的强度等级不宜超过 C60，其他构件，9 度时不宜超过 C60。8 度时不宜超过 C70。当耐久性有要求时，混凝土的最低强度等级应遵守有关的规定。

2. 混凝土结构的钢筋

关于混凝土结构构件的纵向受力钢筋，《建筑抗震设计标准》GB/T 50011—2010（2024 年版）第 3.9.2 条规定"抗震等级为一、二、三级的框架和斜撑构件（含梯段），其纵向受力钢筋采用普通钢筋时，钢筋的抗拉强度实测值与屈服强度实测值的比值不应小于 1.25；钢筋的屈服强度实测值与屈服强度标准值的比值不应大于 1.3，且钢筋在最大拉力下的总伸长率实测值不应小于 9%"。在实际执行过程中，工程技术人员需要注意把握以下几点：

（1）纵向受力钢筋检验所得的抗拉强度实测值与屈服强度实测值的比值不小于 1.25，目的是使结构某部位出现较大塑性变形或塑性铰后，钢筋在大变形条件下具有必要的强度潜力，保证构件的基本抗震承载力。

（2）纵向受力钢筋检验所得的屈服强度实测值与屈服强度标准值的比值不应大于 1.3，主要是为了保证"强柱弱梁""强剪弱弯"设计要求的效果，防止因钢筋屈服强度离散性过大而受到干扰。

（3）钢筋最大力下的总伸长率不应小于 9%，主要为了保证在抗震大变形条件下，钢筋具有足够的塑性变形能力。

（4）适用对象：抗震等级为一、二、三级的框架（包括框架梁柱、框支梁、框支柱、板柱-抗震墙的柱），以及各类斜撑构件（包括框架-支撑结构的支撑、加强层伸臂桁架的斜撑、楼梯的梯段等）中的纵向受力钢筋必须满足上述强制性要求；箍筋及其他各类构件的钢筋，一般情况下也要求满足上述要求。

3. 关于钢结构的材性要求

关于混凝土结构构件的纵向受力钢筋，《建筑抗震设计标准》GB/T 50011—2010（2024年版）第 3.9.2 条规定，钢材的屈服强度实测值与抗拉强度实测值的比值不应大于 0.85；钢材应有明显的屈服台阶，且伸长率不应小于 20%；钢材应有良好的焊接性和合格的冲击韧性。

钢结构中所用的钢材，应保证抗拉强度、屈服强度、冲击韧性合格及硫、磷和碳含量的限制值。抗拉强度实际上是决定结构安全储备的关键；伸长率反映钢材能承受残余变形量的程度及塑性变形能力。钢材的屈服强度不宜过高，同时要求有明显的屈服台阶，伸长率应大于 20%，以保证构件具有足够的塑性变形能力。冲击韧性是抗震结构的要求。当采用国外钢材时，亦应符合我国国家标准的要求。国家标准《碳素结构钢》GB/T 700—2006 中，Q235 钢分为 A、B、C、D 四个等级，其中 A 级钢不要求任何冲击试验，并只在用户要求时才进行冷弯试验，且不保证焊接要求的含碳量，故不建议采用。国家标准《低合金高强度结构钢》GB/T 1591—2018 中，Q355 钢分为 A、B、C、D、E 五个等级，其中 A 级钢不保证冲击韧性要求和延性性能的基本要求，故亦不建议采用。

1.2.2.8　原则 8：优化配置结构的抗侧力体系

一个合理的抗侧力体系，除了应具有清晰、合理的地震作用传递途径外，还应具有必要的抗地震变形能力、足够的抗震承载能力和良好的耗能能力。为此，对抗侧力体系进行优化配置也是抗震设计的重要工作。

（1）抗侧力体系要受力明确、传力合理、传力路径不间断

良好的抗震结构体系要受力明确、传力合理且传力路线不间断，使结构的抗震分析更符合结构在地震时的实际表现。但在实际设计中，建筑师为了达到建筑功能上对大空间、好景观的要求，常常精简部分结构构件，或在承重墙开大洞，或在房屋四角开门、窗洞，破坏了结构整体性及传力路径，最终导致地震时破坏。这种震害在国内外的许多地震中都能发现，需要引起注意。

对于少量的次梁转换，设计时对不落地构件（混凝土墙、砖抗震墙、柱、支撑等）地震作用的传递途径（构件—次梁—主梁—落地竖向构件）要有明确的计算，并采取相应的加强措施，方可视为有明确的计算简图和合理的传递途径。

（2）配置必要的抗侧刚度，增大结构抗御地震变形的能力，减轻损伤和破坏的程度

地震时建筑物的损伤程度主要取决于主体结构的变形大小，因此，控制结构在预期地震下的变形是抗震设计的主要任务之一。但是，根据结构反应谱分析理论，结构越柔，自振周期越长，结构在地震作用下的加速度反应越小，即地震影响系数 α 越小，结构所受

到的地震作用就越小。是否就可以据此把结构设计得柔一些，以减小结构的地震作用呢？

自 1906 年洛杉矶地震以来，国内外的建筑地震震害经验表明，对于一般性的高层建筑，还是刚比柔好。采用刚性结构方案的高层建筑，不仅主体结构破坏轻，而且由于地震时结构变形小，隔墙、围护墙等非结构构件受到保护，破坏也较轻。而采用柔性结构方案的高层建筑，由于地震时产生较大的层间位移，不但主体结构破坏严重，非结构构件也大量破坏，经济损失惨重，甚至危及人身安全。所以，层数较多的高层建筑，不宜采用刚度较小的框架体系，而应采用刚度较大的框架-抗震墙体系、框架-支撑体系或筒中筒体系等抗侧力体系。

也正是基于上述原因，目前世界各国的抗震设计规范都对结构的抗侧刚度提出了明确要求，具体的做法是，依据不同结构体系和设计地震水准，给出相应结构变形限值要求。

（3）合理设置多道抗震防线，增加建筑抗震防灾的层次和梯次，延缓地震倒塌破坏的进程。

一次巨大地震产生的地面运动，能造成建筑物破坏的强震持续时间，少则几秒，多则几十秒，有时甚至更长（比如汶川地震的强震持续时间达到 80s 以上）。如此长时间的震动，一个接一个的强脉冲对建筑物产生往复式的冲击，造成积累式的破坏。如果建筑物采用的是仅有一道防线的结构体系，一旦该防线破坏，在后续地面运动的作用下，建筑物就会倒塌。特别是当建筑物的自振周期与地震动卓越周期相近时，建筑物会因此而发生共振，更加速其倒塌进程。如果建筑物采用的是多重抗侧力体系，第一道防线的抗侧力构件破坏后，后备的第二道乃至第三道防线的抗侧力构件立即接替，抵挡后续的地震冲击，进而保证建筑物的最低限度安全，避免倒塌。在遇到建筑物基本周期与地震动卓越周期相近的情况时，多道防线就显示出其良好的抗震性能。当第一道防线因共振破坏后，第二道防线接替工作，建筑物的自振周期将出现大幅度变化，与地震动的卓越周期错开，避免出现持续的共振，从而减轻地震的破坏作用。

因此，设置合理的多道防线，是提高建筑抗震能力、减轻地震破坏的必要手段。多道防线的设置，原则上应优先选择不负担或少负担重力荷载的竖向支撑或填充墙，或者选用轴压比较小的抗震墙、实墙筒体等构件作为第一道抗震防线，一般情况下，不宜采用轴压比很大的框架柱兼作第一道防线的抗侧力构件。例如，在框架-抗震墙体系中，延性的抗震墙是第一道防线，令其承担全部地震力，延性框架是第二道防线，要承担墙体开裂后转移到框架的部分地震剪力。对于单层工业厂房，柱间支撑是第一道抗震防线，承担了厂房纵向的大部分地震力，未设支撑的开间柱则承担因支撑损坏而转移的地震力。

（4）保障总体屈服机制，改善结构总体延性变形能力

一个良好的结构屈服机制，其特征是结构在其杆件出现塑性铰后，竖向承载能力基本保持稳定，同时，可以持续变形而不倒塌，进而最大限度地吸收和耗散地震能量。因此，一个良好的结构屈服机制应满足下列条件：①结构的塑性发展从次要构件开始，或从主要构件的次要杆件（部位）开始，最后才在主要构件上出现塑性铰，从而形成多道防线；②结

构中所形成的塑性铰的数量多，塑性变形发展的过程长；③构件中塑性铰的塑性转动量大，结构的塑性变形量大。

一般而言，结构的屈服机制可分为两个基本类型，即楼层屈服机制和总体屈服机制。所谓楼层屈服机制，指的是结构在侧向荷载作用下，竖向杆件先于水平杆件屈服，导致某一楼层或某几个楼层发生侧向整体屈服。可能发生此种屈服机制的结构有弱柱框架结构，强连梁剪力墙结构等。所谓总体屈服机制，指的是结构在侧向荷载作用下，全部水平杆件先屈服，然后才是竖向杆件的屈服。可能发生此种屈服机制的结构有强柱框架结构，弱连梁剪力墙结构等。从图1.2-7可以清楚地看出：①结构发生总体屈服时，其塑性铰的数量远比楼层屈服要多；②发生总体屈服的结构，侧向变形的竖向分布比较均匀，而发生楼层屈服的结构，不仅侧向变形分布不均匀，而且薄弱楼层处存在严重的塑性变形集中。因此，从建筑抗震设计的角度，我们要有意识地配置结构构件的刚度与强度，确保结构实现总体屈服机制。

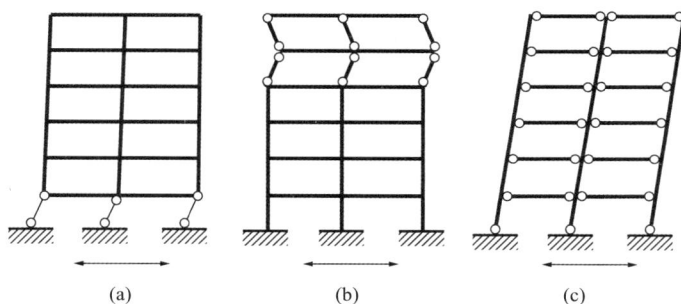

图 1.2-7 框架结构的屈服机制

（a）、（b）为楼层机制；（c）为总体机制

（5）遵循能力设计准则，确保结构延性屈服机制

从国内外多次地震中建筑物破坏和倒塌的过程认识到，建筑物在地震时要免于倒塌和严重破坏，结构中杆件发生强度屈服的顺序应该符合下列条件：①杆先于节；②梁先于柱；③弯先于剪；④拉先于压。因此，建筑遭遇地震时，其抗侧力体系中各构件（譬如框架）损坏的理想过程应该是：梁、柱或斜撑杆件的屈服先于框架节点；梁的屈服又先于柱的屈服；而且梁和柱则是弯曲屈服在前，剪切屈服在后；杆件截面产生塑性铰的过程，则是受拉屈服在前，受压破坏在后。这样，各类构件发生变形时均具有较好的延性，而不是混凝土被压碎的脆性破坏，即结构各环节的变形中塑性变形成分远大于弹性变形成分。此时，建筑物就会具有较高的抗御地震灾害的能力，在遭遇的地震烈度不超过设防烈度一度的情况下，不会发生严重破坏；遭遇的地震烈度超过设防烈度一度时，不致立即倒塌。

为使抗侧力构件的破坏状态和过程能够符合上述过程，结构构件设计时应遵循以下能力设计准则（capacity design method）：①强节弱杆；②强柱弱梁（强竖弱平）；③强剪弱弯；④强压弱拉。

1.2.2.9 原则9：确保结构整体性

历次地震中，房屋建筑因结构丧失整体性而破坏的情况非常多。结构丧失整体性后，要么由于整个结构变成机动体系而倒塌，要么外围构件因平面外失稳而倒塌。因此，要使建筑具有足够的抗震可靠度，确保结构在地震作用下不丧失整体性，是不可或缺的条件之一。

2001 年美国"9·11"事件之后，国际工程界对事件中倒塌的纽约世贸大厦进行了深入的研究，一致认为整体牢固性（即鲁棒性，robustness）对防止房屋建筑在极端条件下的连续倒塌非常重要。据此，各国纷纷出台抗连续倒塌的相关技术标准，而国际标准化组织的《结构可靠性设计一般原则》ISO 2394—2015 则将鲁棒性作为结构可靠性设计的三大基本要求之一向各国推荐。

一般来说，为确保结构的整体性，应做好以下及各个方面的工作。

（1）确保结构的连续性

结构的连续性是使结构在地震时能够保持整体性的重要手段之一。要使结构具有连续性，首先应从结构选入手。震害经验表明，施工质量良好的现浇钢筋混凝土结构或型钢混凝土结构具有较好的连续性和抗震整体性，在工程实践中，尤其是高烈度地区宜优先选择。然而，值得注意的是，即使全现浇钢筋混凝土结构，若施工不当也会使结构的连续性遭到削弱甚至破坏，比如，1964 年美国阿拉斯加地震中，一些十几层的现浇钢筋混凝土全墙体系楼房，水平施工缝削弱了墙体的竖向连续性，导致沿施工缝产生水平错动。为避免此类破坏现象的发生，加强水平施工缝的滑移抗剪验算与构造是非常必要的。

采用预制构件时，应注意采取必要的措施，保证竖向构件的连续性。预制梁与柱子的安装节点与构造，既要保证预制梁在节点内有一定的支承长度，又要避免妨碍柱中竖向钢筋贯通。预制装配式混凝土结构中，为了避免预制楼板放进墙体后造成墙体在新旧混凝土接合面处形成水平通缝，可采用板端槽齿形支承或预制底膜等方式，保证墙体沿竖向的连续性。

（2）确保构件间的可靠连接

海城、唐山等多次地震中，导致房屋坍塌的最主要的直接原因之一，就是构件之间的连接遭到破坏，结构丧失了整体性，各个构件在充分发挥其抗震承载力之前，就因平面外失稳而倒塌，或从支承构件上滑脱坠地。所以，要提高房屋的抗震性能，保证各个构件充分发挥承载力，首要的是加强构件间的连接，使之能满足传递地震力时的强度要求和适应地震时大变形的延性要求。只要构件间的连接不破坏，整个结构就能始终保持整体性，充分发挥其空间结构体系的抗震作用。

传统的全装配式钢筋混凝土框架结构，节点四周预制梁顶筋和底筋均需弯折锚入现浇混凝土节点区内，但由于节点核心区的钢筋密集、箍筋设置困难、混凝土振捣不易密实，从而导致节点强度低于被连接的梁与柱。地震时往往因节点抗剪强度不足、钢筋锚固失效而过早破坏，原刚接框架结构转变为铰接的机构而破坏。所以，高烈度地震区不宜采用传统的全装配式钢筋混凝土框架结构。

（3）提高结构的竖向整体刚度，减小竖向差异变形的影响

邢台、海城、唐山等地震中，由于砂土、粉土液化或软土震陷引起的地基不均匀沉陷，造成房屋严重破坏的现象比较常见。类似的震害，在国内外其他的强震中也经常出现。而在强震近断层区域（≤10km），强烈的地面变形或错动是其地面运动的显著特点之一，如何提高和改善房屋建筑抵抗地面变形的能力，一直是国际地震工程界的重要课题之一。

现代房屋建筑中，传统的砌体结构、钢筋混凝土的板柱结构、框架结构、框架-核心筒结构、框架-支撑结构、框架-抗震墙结构以及钢结构等，其各类构件对竖向变位均是非常敏感的。来自于基础的差异沉降将在梁、柱、墙中产生很大的次应力。然而，建造于软弱地基上或地震断裂破碎带附近的房屋建筑，普通的地基处理措施很难完全消除地基震陷或差异沉降对上部结构的影响。鉴于这种情况，我国的《建筑抗震设计标准》GB/T 50011—2010（2024 年版）在抗液化措施和抗断裂设计要求中，均明确要求基础和上部结构整体刚性较好，通常，对高层建筑最好设置地下室，采用箱形基础以及沿房屋纵、横向设置具有较高截面的通长基础梁，使建筑具备较大的竖向整体刚度，以抵抗地震时可能出现的地基不均匀沉陷；对于多层房屋，采用整体刚度较大的筏板基础或条形基础，同时加强上部结构的整体性和竖向刚度，以减小不均匀沉降的影响。

1.2.2.10　原则 10：妥善处理非结构构件

在历次地震中，都发现了大量的非结构构件破坏现象，虽然有一些非结构部件的破坏没有造成主体结构的进一步损伤，但是也导致了大量的经济财产损失，甚至造成社会恐慌情绪。另外，也发现了大量因非结构部件处置不当而导致主体结构破坏甚至倒塌的现象。因此，妥善处理非结构部件也是抗震设计的主要内容之一

非结构构件，一般不属于主体结构的一部分，非承重结构构件在抗震设计时往往容易被忽略，但从震害调查来看，非结构构件处理不好往往在地震时倒塌伤人，砸坏设备等财物，破坏主体结构，特别是现代建筑，装修造价占总投资的比例很大。因此，非结构构件的抗震问题应该引起重视。非结构构件一般包括建筑非结构构件和建筑附属机电设备。

第一类是附属构件，如女儿墙、厂房高低跨封墙、雨篷等。这类构件的抗震要求是防止倒塌，采取的抗震措施是加强非结构构件本身的整体性，并与主体结构加强锚固连接。

第二类是装饰物，如建筑贴面、装饰、顶棚和悬吊重物等，这类构件的抗震要求是防止脱落和装饰的破坏，采取的抗震措施是同主体结构可靠连接。对重要的贴面和装饰，也可采用柔性连接，即使主体结构在地震作用下有较大变形，也不致导致贴面和装饰的损坏。

第三类是非结构的墙体，如围护墙、内隔墙、框架填充墙等，根据材料的不同和同主体结构的连接条件，它们可能对结构产生不同程度的影响，如：①减小主体结构的自振周期，增大结构的地震作用。②改变主体结构的侧向刚度分布，从而改变地震作用在各结构构件之间的内力分布状态。③处理不好，反而引起主体结构的破坏，如局部高度的填充墙形成短柱，地震时发生柱的脆性破坏。

第四类是建筑附属机电设备及支架等，这些设备通过支架与建筑物连接，因此，设备的支架应有足够的刚度和强度，与建筑物应有可靠的连接和锚固，并应使设备在遭遇设防烈度的地震作用后能迅速恢复运行。建筑附属机电设备的设置部位要适当，支架设计时要防止设备系统和建筑结构发生谐振现象。

对非结构构件的抗震对策，可根据不同情况区别对待：

（1）做好细部构造，让非结构构件成为抗震结构的一部分，在计算分析时，充分考虑

非结构构件的质量、刚度、强度和变形能力。

（2）与上述相反，在构造做法上防止非结构构件参与工作，抗震计算时只考虑其质量，不考虑其强度和刚度。

（3）防止非结构构件在地震作用下出平面倒塌。

（4）对装饰要求高的建筑选用适合的抗震结构形式，主体结构要具有足够的刚度，以减小主体结构的变形量，使之符合规范要求，避免装饰破坏。

（5）加强建筑附属机电设备支架与主体结构的连接与锚固，尽量避免发生次生灾害。

1.3 设防依据与地震区划

1.3.1 地震危险性分析方法简介

工程师在进行一项工程的抗震设计时，首先必须要明确的信息即此项工程在其使用寿命内可能遭遇到的地震动强弱及其可量化的技术指标，以便采取针对性的工程措施。然而，地震的发生在时间、空间和幅值等方面都具有很大的不确定性，如何科学、合理地给出各地区地震危险性的量化表达，一直是地震工程学的一个重要命题。在地震工程学的发展历史上，地震危险性分析先后经历了两个阶段，即确定性危险性分析阶段和概率性危险性分析阶段。

1.3.1.1 确定性地震危险性分析

确定性地震危险性分析（Deterministic Seismic Hazard Analysis，DSHA），是把地震的发生看作确定性的事件来分析场地的地震动参数，包括两种方法：地震构造法和最大历史地震法。其工作步骤包括：区域地震构造研究；近场地震活动性研究；最大历史地震研究；近场活动构造调查、划定地震构造区以及确定构造区内地震的震级及位置；对地震活动断层分段并确定其相应的最大地震震级；确定加速度衰减规律；用地震构造法计算工程场地地震加速度峰值，用最大历史地震计算工程场地加速度峰值，取二者较大值作为确定性方法的加速度峰值；地震动反应取标准反应谱，或者取场地相关谱，或取两者的包络为确定性方法得到的地震动反应谱。

确定性地震危险性分析，主要是基于历史地震重复性和构造类比原则，利用区域活断层分布、历史地震资料及地震动衰减关系等，评估研究地区可能遭受到的最大地震危害程度。根据地震来源的不同，确定性地震危险性分析方法可分为地震构造法和最大历史地震法。图 1.3-1 为典型的确定性分析流程，主要包括以下四个步骤。

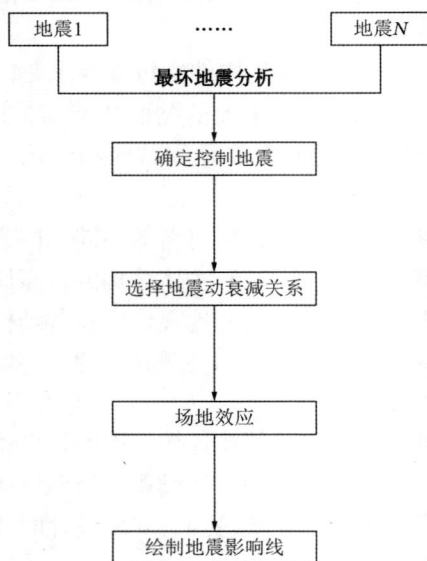

图 1.3-1 确定性地震危险性分析方法流程图

第 1 步：确定地震参数。根据地震重复活动原则和构造类比原则或最大历史地震法，识别研究区域内所有可能对场地产生显著影响的地震来源，并确定相应的地震参数。

第 2 步：确定"控制地震"，从所有可能的地震中选择对研究场地影响最大的地震，即"控制地震"或"最坏地震"。由断层破裂长度与震级的密切联系确定最大潜在地震震级 M；为了评估潜在地震对工程场地的最大地震动影响，《工程场地地震安全性评价》GB 17741—2005 规定，将最大潜在地震置于可能发生范围内距离工程场地最近处，即取最小震中距 R。

第 3 步：确定地震动衰减关系。根据本地区的地震活动特性等合理选择地震动衰减关系，既可以是通过强震数据统计得到的经验地震动衰减关系，也可以是通过转换方法间接得到的地震动衰减关系。

第 4 步：确定地震危险性。利用地震动衰减关系计算"最坏地震"对所研究的工程场地造成的最大可能破坏，并在此基础上考虑场地条件对地震动参数的影响。

确定性分析方法的优点在于具有明确的震级、震中距等物理概念，并可据此对场地地震动的大小、持时等地震参数作出合理评估，为地震动时程曲线的合成、结构抗震动力分析提供了便利。但由于确定性方法中"控制地震"或"最坏地震"的确定非常困难并具有很大的主观性，忽略了地震事件的内在随机性，具有极大的不确定性；另一方面，传统确定性分析方法未考虑地震重现周期，无法给出具有概率含义的设定地震。

1.3.1.2 　概率地震危险性分析

概率地震危险性分析（Probabilistic Seismic Hazard Analysis，PSHA）方法于 20 世纪 50 年代初期由日本地震学家河角广提出，也称为简单概率法。他利用日本的历史地震资料，将全国划为 350 个小区（0.5°×0.5°），用概率统计方法，计算在一定年限内发生一次最大地震的烈度期望值，然后按日本烈度和加速度的关系式换算成加速度，编制成不同年限（75 年、100 年和 200 年）的日本地震加速度区划图。美国在 1970 年代初期也曾利用我们常用的烈度-频度关系式（相当于震级-频度关系式），用历史和仪器观测地震资料计算若干大区每百年内可能遭遇到的各种烈度值的地震次数。这已经初具地震重复的时间概念。然而，在这期间，美国工程界使用的仍然是没有地震时间重复间隔和发生概率的地震区划图。1968 年，美国的 Cornell 进一步提出将地震危险性概率分析方法用于评价工程地点的地震危险性。1976 年，Algermissen 和 Perkins 采用 Cornell 提出的地震危险性分析方法，编制了新的美国地震区域划分图。该图使用的地震复发周期为 475 年，即 50 年超越概率为 10% 的基岩地震水平峰加速度分布图。该图发表后，立即被美国 ATC（Applied Technology Concil）采纳，作为开展综合地震设计的规定，应用于抗震建筑规范（ATC3-06）。之后，世界许多国家相继效法应用，该方法也不断得到改进。1982 年，Armissen 等又增加了峰值速度作为美国地震区划的基本参数。后来各国学者又在此基础之上进行了探讨和改进，使得概率地震危险性分析方法逐渐成为国际上最流行的地震危险性分析方法。

1. 基本假定

概率地震危险性分析方法遵循以下基本假定：

假定1：潜在震源区（可以是线源和其他规则的、不规则的面源）内，任何地方发生地震的可能性是相同的；

假定2：潜在震源区内，地震的平均发生率在时间轴上是个常数；

假定3：地震发生符合泊松分布，即假定地震事件是独立的、随机的（即地震发生时间、震源坐标、震级等以相互独立的方式出现)；

假定4：一个地区内（潜在震源区内），地震次数随震级提高以指数形式减少，大小地震之间比例关系，可用古登堡-里克特的震级-频度关系表示；

假定5：场地的地震动参数是震中距（或震源)和震级的函数。

2. 基本步骤

一般地，概率地震危险性分析包含以下四个基本步骤（图1.3-2）。

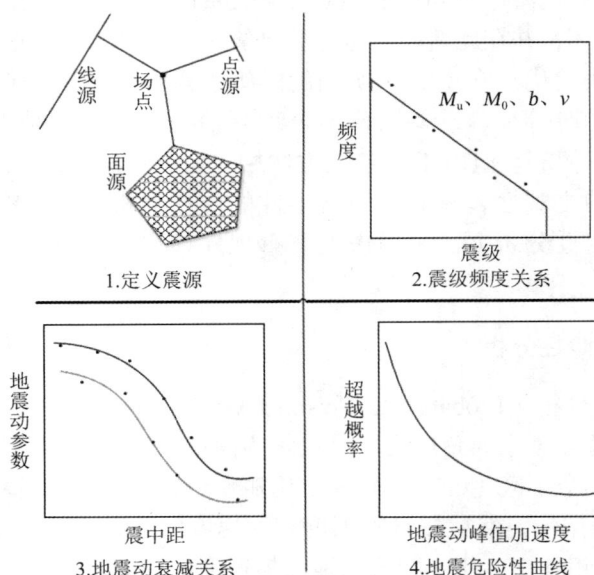

图1.3-2 概率地震危险性分析的基本步骤

第1步：根据地震活动性和地震地质的研究成果，确定该区域的潜在震源及其最大地震强度；

第2步：按照该潜在震源区的震级-频度关系和对潜在震源区地震活动性认识，给出潜在震源区的地震活动性参数。通常，用$\lg N = a - bM$关系式来描述各潜在震源区地震活动性复发特征，并假定潜在震源区内的地震活动性能够有效地代表未来的地震活动性。即假设由$\lg N$和M关系式所确定的各级地震在潜在震源区内不同场点发生的可能性是相同的；

第3步：根据对该区地震等震线分布规律研究和强震记录的分析，确定该区的地震动（包括地震烈度I，峰加速度A、峰速度V等）的衰减关系，拟合适合本地区的地震动（I、A、V等）随震级和距离的衰减关系式；

第4步：场地地震危险性评定，计算给定场地（或地区）地震动的概率分布。从这一分布可以得出给定场地给定年限内具有任何概率水平的地震分布，或给定年限、给定地震动值的概率分布等。

3. 传统概率危险性分析方法存在的问题

目前国际上都采用地震危险性分析概率方法来编制地震区划图，这种方法还有不够完善的地方。

（1）地震空间分布的不均匀性考虑不够。概率方法的地震危险性分析的首要任务是确定不同震级上限的潜在震源区。按概率方法，假定在潜在震源区内各地点地震发生的概率是均等的。为了保证潜在震源区内有一定的地震数据量，或强调对潜在震源区范围认识上的不确定性等原因，通常将潜在震源区画得偏大，这样，必然对计算结果造成相当大的"稀释作用"。

（2）没有反映地震时间的非平稳过程。概率方法地震危险性分析中假定地震的发生过程是随机的，服从泊松过程，认定在潜在震源区内地震发生的时间过程是平稳的，地震平均发生率是常数。而实际情况可能不是这样，地震活动在时间轴上实际是非平稳的，对于处在地震活跃期的地震区，将会过低估计该区的地震危险性。

（3）不能反映特征性地震的规律性。概率法地震危险性分析假定，潜在震源区内大小地震（震级和频度关系）服从指数分布。这对于较低震级地震活动的地区，可能粗略地近似，但高震级地区发生的地震常常是特征性的，特征性震级的地震与特征性尺度构造有关，故一般概率法计算结果必然过低估计高震级地震的危险性。

（4）对大地震发生的新生性估计不够。概率方法地震危险性分析对潜在震源及其地震活动性的参数估计是建立在已有资料基础上的。我国板内地震的特点是大地震复发周期很长，许多大地震往往在历史上没有记载过大地震的地方发生。因此，在地震危险性评定时，要充分考虑我国大地震发生的新生性这一特点。

4. 我国地震危险性分析的技术路径

针对传统概率危险性分析方法存在的问题，结合中国地震活动在时间、空间上不均匀分布的特点，逐步形成了符合中国地震特点的"地震安全性评定的综合概率法"或"考虑地震时空不均匀性的概率地震危险性分析方法"，简称"CPSHA"。

目前国际常用的地震危险性分析概率方法强调地震发生的随机性和不确定性，有关地震活动性复发特征和可能的最高震级只能在潜在震源区内实现，势必造成该潜在震源区内的未来状况潜势由历史地震活动性决定或同类构造的外推决定。而 CPSHA 除考虑地震发生的不确定性外，还根据中国地震活动分布特点，强调地震活动时空分布不均匀性和地震预测成果的应用，增加了地震带划分环节，将国际地震危险性分析中评定地震活动性参数分成两个步骤进行，即地震带活动性参数评定和潜在震源区的参数确定，主要内容和步骤有（图 1.3-3）：

（1）以地震带为地震活动性参数的基本统计单元；

（2）由地震活动趋势分析结果衡量和评价各地震带的未来地震活动水平；

（3）在地震带内划分潜在震源区，作为评价和计算未来地震危险性的具体单元；

（4）用多因子综合评定的方法确定各潜在震源区的空间分布函数；

（5）最后根据潜在震源区空间分布函数，按震级区间将地震带内的地震年平均发生率分配到各潜在震源区。

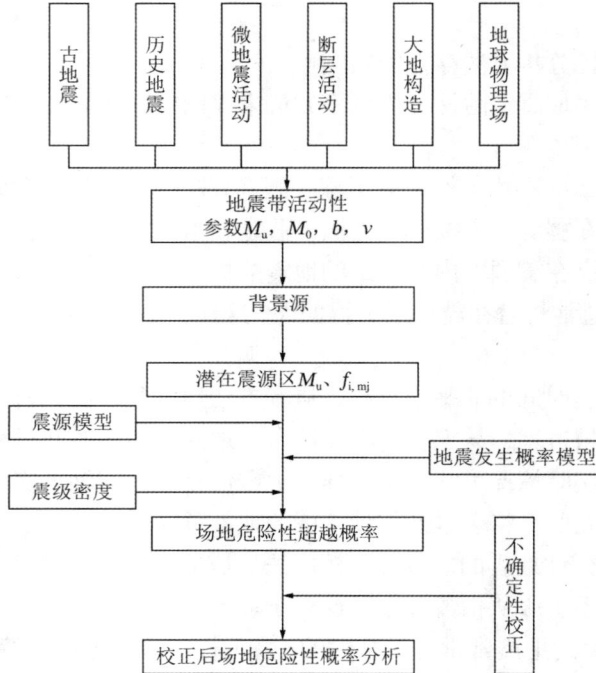

图 1.3-3　CPSHA 方法流程图

1.3.2　中国地震区划图的沿革与发展

地震动参数划分是以国土为背景，按照不同的地震强弱程度，以一定的标准（包括时间年限、概率水准、地震动峰值加速度、地震动反应谱特征周期等地震动参数标准），将国土划分为不同抗震设防要求的区域，并以图件的形式表示出来。地震动参数区划图展示了地区之间潜在地震危险程度的差异，设计人员可以根据地震动参数区划图上所标示的各个地区的抗震设防要求进行建设工程抗震设计。

回顾中国地震区划的历史可以发现，在中华人民共和国成立以前，中国并没有发布正式的地震区划图，但翁文灏等人在对 1920 年宁夏海原大地震 $M8.5$ 考察的基础上，发表的《甘肃地震考》（《科学》，1921 年第 7 卷第 2 期）、《中国某些构造对地震区分布之影响》《中国地震区分布简说》等文献资料，开创了中国地震区划和地震地质学的历史先河。新中国成立后，随着国民经济的恢复和不断发展，地震区划经历从无到有、从确定性方法到概率方法、从烈度区划到参数区划等不断完善和发展的过程，截至目前，一共编制完成了 5 个版本的地震区划图。

1.3.2.1　《中国地震区域划分图》（1956 年）

原中国科学院地球物理研究所（中国地震局地球物理研究所前身），从 1952 年开始进行全国各地地震烈度鉴定的研究工作，1955 年 10 月在苏联专家的帮助下着手编制中国地震区域划分图。1956 年，在李善邦先生的主持下，编制完成了我国第一张全国性地震区划图，标示了全国各个地区的地震烈度。

该图采用苏联专家果尔科夫提出的两条编图原则（①曾经发生过地震的地区，同样强度的地震还可能重演；②地质条件（或称地质特点）相同的地区，地震活动性亦可能相同）进行编制，将全国划分为Ⅸ度及Ⅸ度以上、Ⅷ度、Ⅶ度、Ⅵ度和Ⅴ度等 5 个不同烈度的地震区。

该图在大量历史地震研究基础上，又考虑了仪器观测的地震活动情况和地震发生的地质构造条件，因此它不仅反映了历史事实，也有一定的预报意义。该图的缺点是所划定的烈度区没有给出明确的时间概念，致使在历史上曾发生过 7.0 级以上大地震的地区，所划的地震烈度偏高，以致工程建设部门难以接受、只能作为建设规划的参考。因此，该图未被建设部门采纳使用，仅以科研成果和报告的形式发表于 1957 年 12 月的《地球物理学报》。

与此同时，为了解决当时苏联援建的 156 项重要工业建设项目的抗震设防依据问题，国家确定由中国科学院地球物理研究所提出 298 个城镇的地震基本烈度，由国家建设委员会批准颁布。1957 年 5 月国家建委颁发了第一批 139 个城镇的基本烈度，1957 年 7 月颁发了第二批 84 个城镇的基本烈度，1958 年 2 月颁布了第三批 75 个城镇的基本烈度。以上三批共 298 个城镇的基本烈度，是我国行政部门批准发布的地震区划先导。

1.3.2.2 《中国地震烈度区划图》（1977 年）

1972 年国家地震局成立编图组，组织各省、市、自治区地震部门参加，由邓启东教授牵头编制了我国第二张地震烈度区域划分图。该图应用了当时对地震活动性研究、数理统计、地震地质等方面的研究成果，描绘了初具时间概念的地震烈度区域划分图，即以 100 年内、平均土质条件下可能遭遇的地震烈度作为衡量的标准。该图仍然采用"烈度"作为划分地震危险性的分级标度，分两步完成编制工作：先进行地震危险区划，后完成地震烈度区划。地震危险区划是对未来百年内可能发生地震的地点和强度进行预测。地震烈度区划是在地震危险区预测的基础上预测未来地震的烈度分布。1977 年版《中国地震烈度区划图》的编制原则是：

（1）根据区域地震活动、地震地质条件的共同特征和相关程度，划分地震区、带，作为研究地震活动规律、发震构造条件及地震影响场特征的基本单元。

（2）分析各地震区、带内地震活动的发展过程，研究地震在时间、空间和强度方面的特征和规律，综合分析各种方法的预测结果，评价出各区、带未来百年内的地震活动趋势、最大震级和各级地震的次数。

（3）分析地震区、带内不同强度地震发生的地质构造条件，研究和总结各级强度地震的发震构造标志。

（4）综合地震活动性和地震地质条件的分析结果，判定各区、带中未来百年内可能发生各级地震的地点、地段或地带，勾划出各级地震危险区；并限定各区、带危险区的实际数目大致等于或略高于预测数，高震级的地震危险区范围尽可能划小。

（5）依据我国历史地震震级与震中烈度的经验关系，将危险区的震级换算成相应的震中烈度；限定危险区范围即为未来地震的震中烈度区；地震影响烈度及其分布范围，则根据所在地震区、带的烈度衰减统计数据划定，在特殊情况下，类比历史地震影响场确定。

1977 年版的《中国地震烈度区划图》将全国地震烈度划分为小于Ⅵ度、Ⅵ度、Ⅶ度、Ⅷ度、Ⅸ度和大于等于Ⅹ度等 6 个等级，比例尺为 1：300 万，经国家建委和国家地震局批准，作为国家建设部门规划、中小型工程的抗震设防依据。

1977 版区划图充分吸收了地震中长期预测的研究成果，首次引入了地震趋势性分析的概念，采用了具有明确时间期限的地震烈度区划方法，明确了基本烈度的概念，即在未来 100 年内，在一般场地条件下，该地可能遭遇的最大地震烈度，首次考虑到场地效应，提供了平均场地的地震烈度值。该区划图的完成反映了我国当时的地震学水平，获得了应有的社会经济效益，但仍存在有待改进的问题：

（1）基本烈度代表的是某个地区的平均烈度，在资料选取和分析处理方法上都是大尺度的，不可能对每一个具体地点都进行详细研究。

（2）基本烈度的含义包括本地可能发生和外地可能影响的烈度，从宏观角度出发，取其中最高烈度作为基本烈度，不反映实际上存在的近场与远场地震动（如峰值加速度、峰值速度和持续时间等）的重大差别。

（3）基本烈度只说明在 100 年内发生地震的可能性，并没有说明发生该强度地震的概率有多大，这对不同使用年限、不同经济效益和社会效益的工程建设项目，没有提供选择的余地，对某些现代化的重大工程（如核电站、海洋平台、巨型水坝和某些矿山、工厂等）的抗震设计，尤其如此。

1.3.2.3 《中国地震烈度区划图》（1990 年）

1986 年底，国家地震局组织各科研单位地震、地质、工程等方面的专业人员形成以高文学、时振梁为主编的编制组，着手编制新的全国性地震区划图。1990 年完成编制工作，1992 年 5 月经国务院批准由国家地震局和建设部联合颁布，供各级政府和建设部门使用，作为一般建设工程抗震设防的依据。

该版《中国地震烈度区划图》首次以超越概率的形式定义了地震基本烈度的概念，以 50 年超越概率 10% 的地震烈度作为区划指标，将全国地震烈度划分为Ⅴ度、Ⅵ度、Ⅶ度、Ⅷ度、Ⅸ度及以上 5 个等级，比例尺 1：4000000。该图的编制原则为：①采用地震危险性概率分析方法；②反映我国地震活动时空不均匀分布的特点；③充分吸收我国中长期地震预测方面的科研成果。

该版《中国地震烈度区划图》采用地震危险性分析概率方法，但与国际上常用的概率方法又有较大的区别，主要的区别是国际上通用的地震危险性分析区划的方法强调地震发生的随机性和不确定性，而该版区划图除考虑到地震发生的不确定性外，还强调了地震时空分布不均匀性和地震预测研究成果的应用，进而形成了符合中国地震特点的"地震安全性评定的综合概率法"或"考虑地震时空不均匀性的概率地震危险性分析方法"，简称"CPSHA"。

1.3.2.4 《中国地震动参数区划图》GB 18306—2001

1997 年，我国启动了《中国地震动参数区划图》的编制工作，以胡聿贤院士为主编，高孟潭研究员为副主编，编图的基本原则为：①充分吸收国内外有关地震区划的最新研究成果，特别是 1990—2000 年间取得的研究成果和相关资料；②采用多学科综合研究的手段,充分考虑中国地震环境和地震活动区域性差异以及不同时间尺度的地震预测结果;③科学地考虑各环节的不确定性因素及其影响;④以地震动参数表示,综合反映场地影响和地震环境特点。

2001 年 2 月 2 日中国国家质量技术监督局以强制性国家标准的形式发布了《中国地震动参数区划图》GB 18306—2001,这就是中国第 4 版地震区划图,首次以地震动参数为指标、提供了与场地特性相关的反应谱特征周期的区划图,以及不同类型场地的特征周期调整方法,其技术内容主要包括:"中国地震动峰值加速度区划图""中国地震动反应谱特征周期区划图"和"中国地震动反应谱特征周期调整表"(表 1.3-1),即所谓"两图一表"。此外,为了便于工程使用,还给出了"地震动峰值加速度分区与地震基本烈度对照表"(表 1.3-2)。

中国地震动反应谱特征周期调整表（GB 18306—2001）　　　　表 1.3-1

特征周期分区	场地类型划分			
	坚硬	中硬	中软	软弱
1 区	0.25	0.35	0.45	0.65
2 区	0.30	0.40	0.55	0.75
3 区	0.35	0.45	0.65	0.90

地震动峰值加速度分区与地震基本烈度对照表（GB 18306—2001）　　表 1.3-2

地震动峰值加速度分区（g）	< 0.05	0.05	0.1	0.15	0.2	0.3	≥ 0.4
地震基本烈度值	< Ⅵ	Ⅵ	Ⅶ	Ⅶ	Ⅷ	Ⅷ	≥ Ⅸ

1.3.2.5 《中国地震动参数区划图》GB 18306—2015

2015 年 5 月 15 日,国家质量监督检验检疫总局、国家标准化管理委员会联合发布了《中国地震动参数区划图》GB 18306—2015,即中国第五代地震动参数区划图。

第五代区划图除了继承了第四代区划图的双参数概率危险性区划原则外,还根据 2001 版区划图发布以来地震工程领域科技进步的数字化信息资料积累情况、近期强震灾害教训与启示、社会经济发展需求等情况,将抗倒塌作为编图的基本准则,以 50 年超越概率 10% 的地震动峰值加速度与 50 年超越概率 2% 的地震动峰值加速度除以 1.9 所得商的较大值作为编图指标,其结果是全国设防参数整体上有了适当提高,基本地震动峰值加速度均在 0.05g 及以上。与四代图相比,第五代区划图不同场地的特征周期调整(表 1.3-3)以及峰值加速度与烈度的对照(表 1.3-4)有细微的变化。

场地基本地震动加速度反应谱特征周期调整表

（GB 18306—2015）（单位:s）　　　　表 1.3-3

Ⅱ类场地基本地震动 加速度反应谱特征周期分区值	场地类别				
	I$_0$	I$_1$	Ⅱ	Ⅲ	Ⅳ
0.35	0.20	0.25	0.35	0.45	0.65
0.40	0.25	0.30	0.40	0.55	0.75
0.45	0.30	0.35	0.45	0.65	0.90

Ⅱ类场地地震动峰值加速度分区与地震烈度对照表
（GB 18306—2015）   表 1.3-4

Ⅱ类场地地震动峰值加速度	$0.04g \leqslant a_{\max Ⅱ} < 0.09g$	$0.09g \leqslant a_{\max Ⅱ} < 0.19g$	$0.19g \leqslant a_{\max Ⅱ} < 0.38g$	$0.38g \leqslant a_{\max Ⅱ} < 0.75g$	$a_{\max Ⅱ} \geqslant 0.75g$
地震烈度	Ⅵ	Ⅶ	Ⅷ	Ⅸ	≥ Ⅹ

1.4 设防分类与设防标准

1.4.1 我国建筑抗震设防分类的历史沿革

总结我国自 1966 年邢台地震以来历次强烈地震的经验教训可知，我国的基本烈度地震具有很大的不确定性，因此，要减轻强烈地震造成的灾害，根本的对策就是提高各类建设工程的抗震能力。制定恰当的"设防标准对策、区别对待对策和技术立法对策"，是从抗震设防管理上提高建设工程抗震能力的三大对策。对建筑工程进行抗震设防分类，就是贯彻落实区别对待对策的具体措施。强烈地震是一种巨大的突发性自然灾害，减轻建筑地震破坏所需的建设费用相当于投入抗震保险的费用。按照遭受地震破坏后可能造成的人员伤亡、经济损失和社会影响的程度及建筑功能在抗震救灾中的作用，将建筑划分为不同的类别，区别对待，采取不同的设计要求（包括抗震措施和地震作用计算的要求）是根据我国现有技术和经济条件的实际情况，达到减轻地震灾害又合理控制建设投资的重要策略，也是世界各国抗震设计规范、规定中普遍的抗震对策。

在《建筑抗震设计规范》GBJ 11—89 发布实施以前，我国并没有明确的建筑抗震设防分类，但是建筑抗震要区别对待的做法可追溯到 20 世纪 50 年代，当时对特别重要的建筑才按照苏联的标准进行设防，一般建筑不设防，这应该是区别对待对策的最早雏形。总体上建筑抗震设防分类的历史沿革，大致有以下几个阶段。

1. 第一阶段：1966 年邢台地震至《建筑抗震设计规范》GBJ 11—89 发布，宏观定性阶段

1966 年邢台地震后，鉴于当时的京津地区的地震形势，国家建委抗震办公室于 1969 年发布了《京津地区工业与民用建筑抗震设计暂行规定（草案）》，用于指导京津地区一般的工业与民用建筑（不包括框架结构）的抗震设计，对于特殊的和特别重要的建筑可进行专门研究。对于一般的工业与民用建筑，其设计烈度应根据建筑物的重要性、永久性以及修复的困难程度在地震基本烈度的基础上进行调整，一般不宜高于基本烈度（表 1.4-1）。

1969 年《京津地区工业与民用建筑抗震设计暂行规定（草案）》
的设计烈度   表 1.4-1

项目	建筑类别	基本烈度		附注
		7	8	
1	教学楼、办公楼	7*	7	
2	医院、幼儿园	7	8	
3	住宅、宿舍	7*	7	
4	食堂、礼堂等	7*	7	跨度 ≤ 20m，檐高 ≤ 8m

续表

项目	建筑类别	基本烈度		附注
		7	8	
5	一般厂房	7*	7	详见注2
6	一般仓库	7*	7*	详见注2
7	烟囱、水塔	7	8	
8	次要的或临时性的建筑物	—	—	

注：1. 7*表示应按照 7 度的建筑结构布置和构造要求执行（注明者除外），但无需进行抗震强度核算。对于设计烈度为 7 度和 8 度的砖房屋（包括内框架房屋）除满足构造措施外，还应进行辅助性的抗震核算。对于设计烈度为 8 度及 8 度以下的单层钢筋混凝土排架厂房、砖烟囱、砖筒壁水塔，除按规定采取构造措施外，不再进行抗震强度核算。
2. 第 5、6 两项不包括下列建筑物：①不能中断使用的重要建筑物；②破坏后可能引起严重次生灾害者（例如火灾、爆炸、毒气扩散等）；③有重要设备的厂房以及生产的枢纽。

1974 年，我国第一本建筑抗震设计通用规范《工业与民用建筑抗震设计规范（试行）》TJ 11—74 正式发布，其适用范围为设计烈度 7 度至 9 度的工业与民用建筑物（包括房屋和构筑物），对于有特殊抗震要求的建筑物或设计烈度高于 9 度的建筑物，应进行专门研究设计。至于设计烈度，则应根据建筑物的重要性，在基本烈度的基础上调整确定。

（1）对于特别重要的建筑物，经过国家批准，设计烈度可比基本烈度提高一度采用。

（2）对于重要的建筑物（例如：地震时不能中断使用的建筑物，地震时易产生次生灾害的建筑物，重要企业的主要生产厂房，极重要的物资贮备仓库，重要的公共建筑，高层建筑等），设计烈度应按基本烈度采用。

（3）对于一般建筑物，设计烈度可比基本烈度降低一度采用，但基本烈度为 7 度时不降。

（4）对于临时性建筑物，不设防。

唐山地震后，在总结海城地震和唐山地震的宏观经验的基础上，国家基本建设委员会建筑科学研究院对《工业与民用建筑抗震设计规范（试行）》TJ 11—74 进行了修订，并于 1978 年发布《工业与民用建筑抗震设计规范》TJ 11—78。78 规范的适用范围为设计烈度 7 度至 9 度的工业与民用建筑物（包括房屋和构筑物）；有特殊抗震要求的建筑物或设计烈度高于 9 度的建筑物，应进行专门研究设计。建筑物的设计烈度，一般按基本烈度采用；对特别重要的建筑物，如必须提高一度设防，应按国家规定的批准权限报请批准后，其设计烈度可比基本烈度提高一度采用；次要的建筑物，如一般仓库、人员较少的辅助建筑物等，其设计烈度可比基本烈度降低一度采用，但基本烈度为 7 度时不应降低。对基本烈度为 6 度的地区，工业与民用建筑物一般不设防。

2. 第二阶段：GBJ 11—89 至 GB 50223—95 发布前，初步分类阶段

这一阶段，仍然没有正式的有关建筑抗震设防分类的标准，《建筑抗震设计规范》GBJ 11—89 在规范条文中给出了各类建筑的界定以及相应的抗震设防标准。

GBJ 11—89 规范第 1.0.4 条规定，建筑应根据其重要性分为下列四类，即甲类建筑，指的是有特殊要求的建筑，如遇地震破坏会导致严重后果的建筑等，必须经国家规定的批准权限批准；乙类建筑一般指的是国家重点抗震城市的生命线工程的建筑；丙类建筑是指甲、乙、丁类以外的建筑；丁类建筑是次要的建筑，如遇地震破坏不易造成人员伤亡和较大经济损失的建筑等。

GBJ 11—89 规范第 1.0.5 条从地震作用取值和抗震措施两个方面规定了各类建筑抗震设计的标准。在地震作用方面，甲类建筑的地震作用，应按专门研究的地震动参数计算；其他各类建筑的地震作用，应按本地区的设防烈度计算，但设防烈度为 6 度时，除本规范有具体规定外，可不进行地震作用计算。在抗震措施上，甲类建筑应采取特殊的抗震措施；乙类建筑除本规范有具体规定的外，可按本地区设防烈度提高一度采取抗震措施，但设防烈度为 9 度时可适当提高；丙类建筑应按本地区设防烈度采取抗震措施；丁类建筑可按本地区设防烈度降低一度采取抗震措施，但设防烈度为 6 度时可不降低。

3. 第三阶段：GB 50223—95 发布至 2008 年汶川地震，详细分类阶段

这一阶段发布了两个版本的分类标准，即《建筑抗震设防分类标准》GB 50223—95 和《建筑工程抗震设防分类标准》GB 50223—2004。

（1）《建筑抗震设防分类标准》GB 50223—95

GB 50223—95 明确给出了建筑抗震设防类别划分的影响因素，强调划分的直接依据是建筑物的使用功能的重要性，将建筑物划分为甲、乙、丙、丁四个类别，并给出了相应的设防标准。

GB 50223—95 规定，建筑抗震设防类别划分主要是针对单体建筑而言的，应综合考虑以下因素研究确定：①社会影响和直接、间接经济损失的大小；②城市的大小和地位、行业的特点、工矿企业的规模；③使用功能失效后对全局的影响范围大小；④结构本身的抗震潜力大小、使用功能恢复的难易程度；⑤建筑物各单元的重要性有显著不同时，可根据局部的单元划分类别；⑥在不同行业之间的相同建筑，由于所处地位及受地震破坏后产生后果及影响不同，其抗震设防类别可不相同。

总体上，应根据建筑使用功能的重要性分为甲类、乙类、丙类、丁类四个类别，其中，甲类建筑主要指地震破坏后对社会有严重影响，对国民经济有巨大损失或有特殊要求的建筑；乙类建筑主要指使用功能不能中断或需尽快恢复，且地震破坏会造成社会重大影响和国民经济重大损失的建筑；丙类建筑主要指地震破坏后有一般影响及其他不属于甲、乙、丁类的建筑；丁类建筑是指地震破坏或倒塌不会影响甲、乙、丙类建筑，且社会影响、经济损失轻微的建筑，一般为储存物品价值低、人员活动少的单层仓库等建筑。

关于设防标准，GB 50223—95 规定，甲类建筑，应按提高设防烈度一度设计（包括地震作用和抗震措施）；乙类建筑，地震作用应按本地区抗震设防烈度计算。抗震措施，当设防烈度为 6~8 度时应提高一度设计，当为 9 度时，应加强抗震措施。对较小的乙类建筑，可采用抗震性能好、经济合理的结构体系，并按本地区的抗震设防烈度采取抗震措施。乙类建筑的地基基础可不提高抗震措施；丙类建筑，地震作用和抗震措施应按本地区设防烈度设计；丁类建筑，一般情况下，地震作用可不降低；当设防烈度为 7~9 度时，抗震措施可按本地区设防烈度降低一度设计，当为 6 度时可不降低。

（2）《建筑工程抗震设防分类标准》GB 50223—2004

GB 50223—2004 继续保持 GB 50223—95 的分类原则，即鉴于所有建筑均要求"大震不倒"，对需要增加抗震安全性的乙类建筑控制在较小的范围内，主要采取提高抗倒塌变形能力的措施；对甲类建筑控制在极小的范围内，同时提高其承载力和变形能力。与 GB 50223—95 相比，GB 50223—2004 的主要变化是：①增加了基础设施建筑的内容；②按《中华人民共和国防震减灾法》，调整了甲类建筑等的划分方法和设防标准；③当一个建筑中具

有不同功能的若干区段时，各部分地震破坏后影响后果不同时，明确可按区段划分设防类别；④将地震中自救能力较弱人群众多的幼儿园、小学教学楼以及一个结构单元内经常使用人数特别多的高层建筑，划为乙类建筑等。

关于划分依据，GB 50223—2004 规定，建筑抗震设防类别划分，应根据下列因素的综合分析确定：①建筑破坏造成的人员伤亡、直接和间接经济损失及社会影响的大小；②城市的大小和地位、行业的特点、工矿企业的规模；③建筑使用功能失效后，对全局的影响范围大小、抗震救灾影响及恢复的难易程度；④建筑各区段的重要性有显著不同时，可按区段划分抗震设防类别；⑤不同行业的相同建筑，当所处地位及地震破坏所产生的后果和影响不同时，其抗震设防类别可不相同。这里的区段指由防震缝分开的结构单元、平面内使用功能不同的部分、或上下使用功能不同的部分。

关于建筑类别的界定，GB 50223—2004 规定，建筑应根据其使用功能的重要性分为甲类、乙类、丙类、丁类四个抗震设防类别。其中，甲类建筑应属于重大建筑工程和地震时可能发生严重次生灾害的建筑，乙类建筑应属于地震时使用功能不能中断或需尽快恢复的建筑，丙类建筑应属于除甲、乙、丁类以外的一般建筑，丁类建筑应属于抗震次要建筑。

关于设防标准，GB 50223—2004 规定，各抗震设防类别建筑的抗震设防标准，应符合下列要求：

甲类建筑，地震作用应高于本地区抗震设防烈度的要求，其值应按批准的地震安全性评价结果确定；抗震措施，当抗震设防烈度为 6～8 度时，应符合本地区抗震设防烈度提高一度的要求，当为 9 度时，应符合比 9 度抗震设防更高的要求。

乙类建筑，地震作用应符合本地区抗震设防烈度的要求；抗震措施，一般情况下，当抗震设防烈度为 6～8 度时，应符合本地区抗震设防烈度提高一度的要求，当为 9 度时，应符合比 9 度抗震设防更高的要求；地基基础的抗震措施，应符合有关规定。对较小的乙类建筑，当其结构改用抗震性能较好的结构类型时，应允许仍按本地区抗震设防烈度的要求采取抗震措施。

丙类建筑，地震作用和抗震措施均应符合本地区抗震设防烈度的要求。

丁类建筑，一般情况下，地震作用仍应符合本地区抗震设防烈度的要求；抗震措施应允许比本地区抗震设防烈度的要求适当降低，但抗震设防烈度为 6 度时不应降低。

4. 第四阶段：2008 年汶川地震至今，加强保护与提高阶段

2008 年汶川 $M8.0$ 级地震造成重大人员伤亡，尤其是一些中小学教学楼等校舍建筑的倒塌导致在校中小学生的伤亡惨重。震后，按照《汶川地震灾后恢复重建条例》（国务院令第 526 号）等法律法规要求，"对学校、医院、体育场馆、博物馆、文化馆、图书馆、影剧院、商场、交通枢纽等人员密集的公共服务设施，应当按照高于当地房屋建筑的抗震设防要求进行设计，增强抗震设防能力"，及时启动了对 GB 50223—2004 的修订工作，提高了某些建筑的抗震设防类别，并发布了《建筑工程抗震设防分类标准》GB 50223—2008。

GB 50223—2008 继续保持 GB 50223—95 和 GB 50223—2004 的分类原则：鉴于所有建筑均要求达到"大震不倒"的设防目标，将需要比普通建筑提高抗震设防要求的建筑控制在较小的范围内，并主要采取提高抗倒塌变形能力的措施。与 GB 50223—2004 标准相比，GB 50223—2008 标准的主要变化有：①调整了分类的定义和内涵；②特别加强对未成

年人在地震等突发事件中的保护；③扩大了划入人员密集建筑的范围，提高了医院、体育场馆、博物馆、文化馆、图书馆、影剧院、商场、交通枢纽等人员密集的公共服务设施的抗震能力；④增加了地震避难场所建筑、电子信息中心建筑的要求等。

关于划分依据，GB 50223—2008 规定，建筑抗震设防类别划分，应根据下列因素的综合分析确定：①建筑破坏造成的人员伤亡、直接和间接经济损失及社会影响的大小；②城镇的大小、行业的特点、工矿企业的规模；③建筑使用功能失效后，对全局的影响范围大小、抗震救灾影响及恢复的难易程度；④建筑各区段*的重要性有显著不同时，可按区段划分抗震设防类别。下部区段的类别不应低于上部区段；⑤不同行业的相同建筑，当所处地位及地震破坏所产生的后果和影响不同时，其抗震设防类别可不相同。

*注：这里的区段指由防震缝分开的结构单元、平面内使用功能不同的部分、或上下使用功能不同的部分。

关于分类的定义和内涵，GB 50223—2008 规定，建筑工程应分为以下四个抗震设防类别：特殊设防类，指使用上有特殊设施，涉及国家公共安全的重大建筑工程和地震时可能发生严重次生灾害等特别重大灾害后果，需要进行特殊设防的建筑，简称甲类；重点设防类，指地震时使用功能不能中断或需尽快恢复的生命线相关建筑，以及地震时可能导致大量人员伤亡等重大灾害后果，需要提高设防标准的建筑，简称乙类；标准设防类，指大量的、除特殊设防类、重点设防类、适度设防类以外、按标准要求进行设防的建筑，简称丙类；适度设防类，指使用上人员稀少且震损不致产生次生灾害，允许在一定条件下适度降低要求的建筑，简称丁类。

关于设防标准，GB 50223—2008 规定，各抗震设防类别建筑的抗震设防标准，应符合下列要求：

标准设防类，应按本地区抗震设防烈度确定其抗震措施和地震作用，达到在遭遇高于当地抗震设防烈度的预估罕遇地震影响时不致倒塌或发生危及生命安全的严重破坏的抗震设防目标。

重点设防类，应按高于本地区抗震设防烈度一度的要求加强其抗震措施；但抗震设防烈度为 9 度时应按比 9 度更高的要求采取抗震措施；地基基础的抗震措施，应符合有关规定。同时，应按本地区抗震设防烈度确定其地震作用。

特殊设防类，应按高于本地区抗震设防烈度提高一度的要求加强其抗震措施；但抗震设防烈度为 9 度时应按比 9 度更高的要求采取抗震措施。同时，应按批准的地震安全性评价的结果且高于本地区抗震设防烈度的要求确定其地震作用。

适度设防类，允许比本地区抗震设防烈度的要求适当降低其抗震措施，但抗震设防烈度为 6 度时不应降低。一般情况下，仍应按本地区抗震设防烈度确定其地震作用。

需要注意的是，GB 50223—2008 规定，对于划为重点设防类而规模很小的工业建筑，当改用抗震性能较好的材料且符合抗震设计规范对结构体系的要求时，允许按标准设防类设防。

1.4.2 关于 GB 50223—2008 的若干注意事项

1.4.2.1 关于分类要求的理解与执行

《建筑工程抗震设防分类标准》GB 50223—2008 第 1.0.3 条规定："抗震设防区的所有

建筑工程应确定其抗震设防类别。新建、改建、扩建的建筑工程，其抗震设防类别不应低于本标准的规定。"本条要求主要明确以下几点：

（1）所有建筑工程进行抗震设计时，不论新建、改建、扩建工程还是现有的建筑工程进行加固、改造的抗震设计都应进行设防分类，在结构计算分析以及结构设计文件中，必须明确给出抗震设防类别，遵守相应的要求。

（2）《建筑工程抗震设防分类标准》GB 50223—2008 的各条规定是新建、改建、扩建工程的最低要求。表示有条件的建设单位、业主可以采用比分类标准更高的抗震设防标准，例如：按更高的抗震设防类别进行设计，按更长的设计使用年限要求设计，或按照设计规范采用隔震、消能减震等新技术，使建筑在遭遇强烈地震影响时的损坏程度比本标准的规定有所减轻。

（3）鉴于既有建筑工程的情况复杂，允许根据实际情况处理，因此，《建筑工程抗震设防分类标准》GB 50223—2008 的规定不包括既有建筑。既有建筑工程的实际情况比较复杂：就设防标准来看，有未考虑抗震设防的，有按 TJ 11—74 规范或 TJ 11—78 年规范设防的，有按 GBJ 11—89 规范设防的，还有按 GB 50011—2001 规范设防的；就使用年限看，已经使用的年限不同，而且使用过程中是否注意维修或局部改变使用功能等也不相同；就设防要求看，不同建造年代所采用的设计规范的要求不同，最初的抗震设防烈度也可能与现行的地震烈度区划图或地震动参数区划图规定的基本烈度不相同。考虑到既有建筑的数量巨大且涉及面很广，建筑所有者、使用者的条件和要求差异很大，一律按 GB 50223—2008 的要求难以执行。因此，根据抗震设防区别对待的基本原则，允许根据实际情况确定其设防类别和设防标准，例如：可采用 GB 50223—2008 的类别，也可仍按 GB 50223—2004 的类别但适当提高设防标准的要求，或改变使用性质后按新的使用性质确定设防类别等；还可采用 GB 50223—2008 规定的设防类别，但结合现有建筑不同的后续设计工作（使用）年限，如 30 年或 40 年等，不同于新建建筑工程的 50 年，在设计工作（使用）年限内具有相同的保证概率下确定不同于 GB 50223—2008 规定的设防标准。

（4）该条原为强制性条文，现已纳入《建筑与市政工程抗震通用规范》GB 55002—2021，要求参与建筑活动的各方必须严格执行，各地主管部门也应据此对执行情况实施监督。该条规定意味着：当新建、改建、扩建工程进行抗震设计时，凡是 GB 50223—2008 中各条明确规定的所有建筑示例，其抗震设防类别和相应的设防标准也应按强制性要求对待。

1.4.2.2　关于分类依据的理解

《建筑工程抗震设防分类标准》GB 50223—2008 第 3.0.1 条对建筑抗震设防类别划分的依据和因素作出了规定。这些影响因素主要包括：从性质看有人员伤亡、经济损失、社会影响等；从范围看有国际、国内、地区、行业、小区和单位；从程度看有对生产、生活和救灾影响的大小，导致次生灾害的可能，恢复重建的快慢等。

在对具体的对象作实际分析研究时，建筑工程自身抗震能力、各部分功能的差异及相同建筑在不同行业所处的地位等因素，对建筑损坏的后果也有不可忽视的影响，在进行设防分类时应对以上因素做综合分析。

作为划分抗震设防类别所依据的规模、等级和范围的大小界限，对于城镇的大小是以人口的多少区分，但对于不同行业的建筑，则定义不一样，例如，有的以投资规模区分，有的以产量大小区分，有的以等级区分，有的以座位多少区分。因此，特大型、大型和中小型的界限，与该行业的特点有关，还会随经济的发展而改变，需由有关标准和该行业的行政主管部门规定。由于不同行业之间对建筑规模和影响范围尚缺少定量的横向比较指标，不同行业的设防分类只能通过对上述多种因素的综合分析，在相对合理的情况下确定。

在一个较大的建筑中，若不同区段使用功能的重要性有显著差异，应区别对待，可只提高某些重要区段的抗震设防类别，其中，位于下部的区段，其抗震设防类别不应低于上部的区段。例如，区段按防震缝划分：对于面积较大的建筑工程，若设置防震缝分成若干个结构单元，各自有单独的疏散出入口而不是共用疏散口，各结构单元独立承担地震作用，彼此之间没有相互作用，人流疏散也较容易。这里，单独的出入口应符合《建筑设计防火规范》GB 50016—2014（2018 年版）的规定。因此，当每个单元按规模划分属于标准设防类建筑时，可不提高抗震设防要求。又如，区段在一个结构单元内按上下划分：对于大底盘的高层建筑，当其下部裙房属于重点设防类的建筑范围时，一般可将其及与之相邻的上部高层建筑二层定为加强部位，按重点设防类进行抗震设计，其余各楼层仍可不提高设防要求；但是，当上部结构为重点设防类时，下部结构不论是什么类型，均应按重点设防类提高要求。

1.4.2.3 关于设防标准的把握

抗震设防标准，指衡量建筑工程所应具有的抗震防灾能力的要求高低的尺度。结构的抗震防灾能力取决于结构所具有的承载力和变形能力两个不可分割的因素，因此，建筑工程抗震设防标准具体体现为抗震设计所采用的抗震措施的高低和地震作用取值的大小。要求的高低，依据抗震设防类别的不同在当地设防烈度的基础上分别予以调整。

抗震措施，按《建筑抗震设计标准》GB/T 50011—2010（2024 年版）第 2.1.10 条的定义，指"除地震作用计算和抗力计算以外的所有抗震设计内容"，即包括规范对各类结构抗震设计的一般规定、地震作用效应（内力）调整、构件的尺寸、最小构造配筋等细部构造要求等设计内容，需要注意"抗震措施"和"抗震构造措施"二者的区别和联系。

1）一般规定

《建筑工程抗震设防分类标准》GB 50223—2008 第 3.0.3 条对各抗震设防类别建筑的抗震设防标准给出了明确的规定（表 1.4-2），需要注意的是：标准设防类的要求是最基本要求，是其他各类建筑抗震设防标准提高或降低的基准。重点设防类和特殊设防类的抗震措施均是在标准设防类的基础上，再提高一度进行加强；适度设防类的抗震措施，允许根据实际情况，在标准设防类的基础上适当降低。除特殊设防类外，其他各类建筑的地震作用均应根据本地区的设防烈度确定；特殊设防类建筑的地震作用应按地震安全性评价结果（简称"安评结果"）确定，且安评结果要满足以下两个条件方可使用：其一是安评结果必需经过地震主管部门的审批；其二是安评结果不应低于现行抗震标准的地震作用要求。

各类建筑抗震设防标准比较表 表 1.4-2

设防类别	设防标准	
	抗震措施	地震作用
标准设防类	按设防烈度确定	按设防烈度，根据抗震标准确定
重点设防类	提高一度确定	按设防烈度，根据抗震标准确定
特殊设防类	提高一度确定	按批准的安评结果确定，且不应低于抗震标准
适度设防类	适度降低	按设防烈度，根据抗震标准确定

建筑工程所处场地的地震安全性评价，通常包括给定年限内不同超越概率的地震动参数，应由具备资质的单位按相关规定执行。地震安全性评价的结果需要按规定的权限审批。

2）例外规定

关于各类建筑的抗震设防标准，除了 GB 50223—2008 第 3.0.3 条的一般规定外，《建筑抗震设计标准》GB/T 50011—2010（2024 年版）等另补充了若干例外规定，在实际工程应用需要注意把握：

（1）9 度设防的特殊设防、重点设防建筑，其抗震措施为高于 9 度，不是提高一度。

（2）重点设防的小型工业建筑，如工矿企业的变电所、空压站、水泵房，城市供水水源的泵房，通常采用砌体结构，GB 50223—2008 标准修订时明确规定：对于这一类建筑，当改用抗震性能较好的材料且结构体系符合抗震设计规范的有关规定（见 GB/T 50011—2010 第 3.5.2、3.5.3 条）时，其抗震措施允许按标准设防类的要求采用。

（3）GB/T 50011—2010 第 3.3.2 和 3.3.3 条给出某些场地条件下抗震设防标准的局部调整。根据震害经验，对 I 类场地，除 6 度设防外均允许降低一度采取抗震措施中的抗震构造措施；对 III、IV 类场地，当设计基本地震加速度为 0.15g 和 0.30g 时，宜提高 0.5 度（即分别按 8 度和 9 度）采取抗震措施中的抗震构造措施。表 1.4-3 汇总了乙、丙类建筑与场地相关的抗震构造措施的调整要求：

乙、丙类建筑的抗震措施和抗震构造措施 表 1.4-3

类别	设防烈度	6		7 （0.10g）		7 （0.15g）	8 （0.20g）		8 （0.30g）	9	
	场地类别	I	II～IV	I	II～IV	III、IV	I	II～IV	III、IV	I	II～IV
乙类	抗震措施	7	7	8	8	8	9	9	9	9*	9*
	抗震构造措施	6	7	7	8	8*	8	9	9*	9	9*
丙类	抗震措施	6	6	7	7	7	8	8	9	9	9
	抗震构造措施	6	6	6	7	8	7	8	9	8	9

注：8*、9*表示适当提高而不是提高一度的要求。

（4）GB/T 50011—2010 第 4.3.6 条给出地基抗液化措施方面的专门规定：确定是否液化及液化等级与设防烈度有关而与设防分类无关；但对同样的液化等级，抗液化措施与设防分类有关，其具体规定不按提高一度或降低一度的方法处理。

（5）GB/T 50011—2010 第 7.1.2 条给出多层砌体结构抗震措施之一（最大总高度、层数）的局部调整：重点设防建筑的总高度比标准设防建筑降低 3m、层数减少一层，即 7 度设防按一般情况（即提高一度）控制，而对 6、8、9 度设防时不按提高一度的规定控制。

1.5 建筑抗震设计方法概述

建筑抗震设计方法的发展历史是人们对地震作用和结构抗震能力认识不断深化的过程，对建筑抗震设计方法发展历史的回顾，有助于了解结构抗震原理。

1.5.1 抗震设计方法简介

建筑抗震设计方法经历了静力法、反应谱法、延性设计法、能力设计法、基于能量平衡的极限设计法、基于损伤的设计方法和近年来正在发展的基于性能/位移的设计方法几个阶段。有些设计方法的发展阶段相互交错，并相互渗透。

1.5.1.1 基于承载力的抗震设计方法

基于承载力（亦称强度）的抗震设计方法，根据其中地震作用计算方法的不同又可分为静力法和反应谱法。

现代地震作用计算与抗震设计始于 20 世纪初，当时将地震作用看成是作用在结构上的一个总水平力，并取为建筑物总重量乘以一个地震系数（即震度），这就是静力法，亦即通常所谓的震度法。静力法不考虑结构的动力效应，认为在地震作用下结构随着地表一起做整体水平刚体运动，其运动加速度等于地面运动加速度，由此产生的水平惯性力，沿建筑高度均匀分布。

然而，根据结构动力学的观点，地震作用下结构会具有明显的动力效应，即使是单自由度体系，其质点的响应加速度也不同于地面运动加速度，而是与结构自振周期和阻尼比等结构动力学属性密切相关。采用动力学方法可以求得不同周期单自由度弹性体系加速度响应。以地震加速度反应最大绝对值为纵坐标，以体系的自振周期为横坐标，所得到的关系曲线称为加速度反应谱，以此来计算地震地面运动下结构的水平惯性力，就是所谓的反应谱法。一般地，实际结构可以简化为多自由度体系，而多自由度体系的地震反应可以用振型组合法进行求解。

静力法和早期的反应谱法都是以惯性力的形式来反映地震作用的，并按弹性方法来计算结构地震作用效应。当遭遇的地震动超过设计预期的地震作用的，结构进入弹塑性状态，这样的方法显然就不再适用了。

1.5.1.2 基于承载力和构造保证延性的抗震设计方法

一般地，预期设防地震作用下建筑结构会进入弹塑性工作阶段，此时，采用纯计算的手段"精确"估计或预测结构的地震响应是非常困难的。因此，只能根据震害经验，在相对合适的地震作用取值和抗震验算的基础上，采取必要的构造措施来保证结构自身的非弹性变形能力，以适应和满足结构非弹性地震反应的需求。

与抗震设防目标相结合，在采用振型分解反应谱等方法计算地震作用的基础上，基于承载力和构造保证延性的抗震设计方法已成为目前各国抗震设计规范的主要方法。本质上，这种设计方法是在对结构非弹性地震反应尚无法准确预知情况下的一种以承载力设计为主的抗震设计方法。

1.5.1.3 基于损伤和能量平衡的抗震设计方法

在超过设防烈度的地震作用下，虽然非弹性变形对结构抗震和防止结构倒塌有着重要作用，但结构自身将因此产生一定程度的损伤。当非弹性变形（即地震下的变形需求）超过结构自身非弹性变形能力时，就可能会导致结构的倒塌破坏。因此，对强烈地震下结构的非弹性变形以及由此引起的结构损伤就成为结构抗震研究的一个重要课题，并由此形成基于结构损伤的抗震设计方法。由于涉及的结构损伤机理较为复杂，同时，结构达到破坏极限状态时的阈值与结构自身设计参数的关系等诸多问题未能得到很好的解决，因此，基于结构损伤的抗震设计方法目前还仅限于研究和探索。

从能量观点来看，结构能否抵御地震作用而不产生破坏，主要在于结构能否以某种形式耗散地震输入到结构中的能量。根据结构动力学观点，地震输入对结构体系的能量最终是由体系阻尼、体系的塑性变形和滞回性能所耗散。因此，只要结构的阻尼耗能、塑性变形耗能和滞回耗能的总耗能能力大于地震输入的能量，结构即可有效抵抗地震作用，不产生倒塌。由此形成了基于能量平衡的极限设计方法。基于能量平衡的抗震设计方法概念简洁明了，但将其作为实用抗震设计方法仍有许多问题尚待解决，如地震输入能量谱、体系耗能能力、阻尼耗能和塑性滞回耗能的分配，以及塑性滞回耗能在体系内的分布规律等。

1.5.1.4 基于承载力的能力设计方法

这是一种为保障结构的整体屈服机制和总体延性变形能力而提出的构件层面的抗震设计方法，其精要之处在于，保护对象（如框架节点的柱端抗弯、构件斜截面的抗剪等）的能力配置不取决于其本身的内力组合设计值，而是与期望破坏对象（框架节点的梁端抗弯、构件正截面的抗弯）的能力进行比较确定。

该方法是 20 世纪 70 年代后期由新西兰人 T.Paulay 和 R.Park 率先提出，其核心是：①引导框架结构或框架-剪力墙（核心筒）结构在地震作用下形成梁铰机构，即控制塑性变形能力大的梁端先于柱出现塑性铰，即所谓"强柱弱梁"；②避免构件（梁、柱、墙）剪力较大的部位在构件弯曲破坏之前发生脆性的剪切破坏，即所谓"强剪弱弯"；③通过各类构造措施，保证将出现较大塑性变形的部位确实具有所需的非弹性变形能力。到 20 世纪 80 年代，各国规范均在不同程度上采用了能力设计方法的思路。

我国自 GBJ 11—89 开始正式引入能力设计方法，但考虑到我国工程技术人员的设计习惯，将国际通行的能力设计不等式 $\sum M_{\mathrm{cy}}^{\mathrm{a}} > \sum M_{\mathrm{by}}^{\mathrm{a}}$，$V_{\mathrm{bu}} > (M_{\mathrm{bu}}^{l} + M_{\mathrm{bu}}^{\mathrm{r}})/l_{\mathrm{bo}} + V_{\mathrm{Gb}}$ 等转换为内力设计值的表达式，如 $\sum M_{\mathrm{c}} = \eta_{\mathrm{c}} \sum M_{\mathrm{b}}$，$V = \eta_{\mathrm{vb}}(M_{\mathrm{b}}^{l} + M_{\mathrm{b}}^{\mathrm{r}})/l_{\mathrm{n}} + V_{\mathrm{Gb}}$ 等。因此，我国规范中的"强柱弱梁"等设计方法是传统能力设计方法的转化形态。

需要注意的是，无论是传统的能力设计方法，还是我国转化形态的设计方法，均是基于构件承载力（强度）进行的，本质上仍然属于强度设计方法。由于承载力（强度）无法唯一确定结构构件的工作状态，因此，即使完全实现了基于承载力的能力设计，即 $\sum M_{\mathrm{cy}}^{\mathrm{a}} > \sum M_{\mathrm{by}}^{\mathrm{a}}$，也不能完全避免地震中柱端塑性铰的出现。关于这一点，在 R.Park 等人的著作中已经注明，我国抗震规范的相关条文说明也予以明确。因此，针对柱子的延性构造措施仍然是必要的。

1.5.1.5 基于性能的抗震设计方法

现行的各国抗震规范，无论是基于单一设防目标的，还是基于多水准多目标，其基本目的都是保障生命安全，然而近十几年来大震震害却显示，按现行抗震规范设计和建造的建筑物，在地震中没有倒塌、保障了生命安全，但是其破坏却造成了严重的直接和间接的经济损失，甚至影响到了社会的发展，而且这种破坏和损失往往超出了设计者、建造者和业主原先的估计。例如 1994 年 1 月 17 日美国 Northridge 地震，震级仅为 6.7 级，死亡 57 人，而由于建筑物损坏造成 1.5 万人无家可归，经济损失达 170 亿美元，这是一个震级不大，伤亡人数不多，但经济损失却非常大的地震；1995 年日本阪神（Kobe）地震，震级 7.2 级，直接经济损失高达 1000 亿美元，死亡 5438 人，震后的重建工作花费了两年多时间，耗资近 1000 亿美元。

另一方面，随着经济和现代化城市的发展，城市人口密度加大，城市设施复杂，地震造成的损失和影响会越来越大，社会和公众对建筑抗震性能的需求也逐渐呈现出层次化和多样化的趋势，不再仅仅满足于固定的设防目标要求。

基于上述两个方面的原因，20 世纪 90 年代初期美国的一些科学家和工程师首先提出了动态多目标的基于性能（performance-based）的建筑抗震设计理念，随后引起了我国、日本和欧洲各国等国家和地区同行的极大兴趣，纷纷开展多方面的研讨。目前地震工程界已经公认它将是未来抗震设计的主要方向，很多国家都积极探求如何把性能设计的概念纳入他们的结构设计规范中。

基于性能的抗震设计是建筑结构抗震设计一个新的重要发展，它的特点是：使抗震设计从宏观定性的目标向具体量化的多重目标过渡，业主（设计者）可选择所需的性能目标；抗震设计中更强调实施性能目标的深入分析和论证，有利于建筑结构的创新，经过论证（包括试验）可以采用现行标准规范中还未规定的新的结构体系、新技术、新材料；有利于针对不同设防烈度、场地条件及建筑的重要性采用不同的性能目标和抗震措施。目前，我国的 GB/T 50011—2010 等规范已纳入了抗震性能化设计的基本原则，随着工程应用的不断推进，这一方法必然会趋于成熟。

由于用承载力作为单独的指标难以全面描述结构的非弹性性能及破损状态，而用能量和损伤指标又难以实际应用，因此，目前基于性能抗震设计方法的研究主要用位移指标对结构的抗震性能进行控制，根据结构在一定强度地震作用下的变形需求，通过对构件截面进行变形能力设计，使结构有能力达到预期的性能水平。这样可以把建筑的性能目标要求与抗震措施联系起来，理念更科学、更合理。

1.5.2 我国建筑抗震设计方法的历史沿革

1.5.2.1 《工业与民用建筑抗震设计规范（试行）》TJ 11—74

《工业与民用建筑抗震设计规范（试行）》TJ 11—74 的设防目标是：工业与民用建筑物经抗震设防后，在遭遇的地震影响相当于设计烈度时，建筑物的损坏不致使人民生命和重要生产设备遭受危害，建筑物不需修理或经一般修理仍可继续使用。

为了保证上述设防目标的实现，TJ 11—74 规范规定，设计烈度 7 度至 9 度的工业与民用建筑物均进行抗震强度验算（图 1.5-1）。关于抗震强度验算的一些原则性要求，TJ 11—74 作出了如下规定：一般只需考虑水平向地震运动，并可在建筑物两个主轴方向分别进行验算；设计烈度为 9 度时，以恒荷载为主要荷载的悬臂或长跨结构应验算竖向地震荷载的作用，验算时，按水平地震荷载与竖向地震荷载同时作用于结构之上最不利的情况考虑。

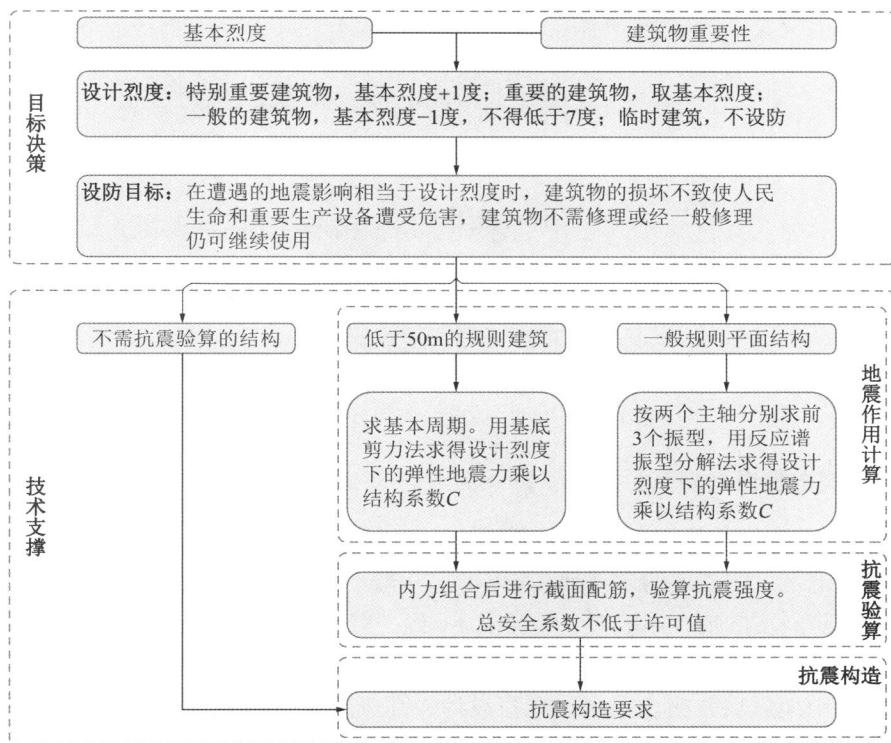

图 1.5-1　TJ 11—74 抗震设计流程简图

1.5.2.2 《工业与民用建筑抗震设计规范》TJ 11—78

《工业与民用建筑抗震设计规范》TJ 11—78 继续保持了 TJ 11—74 规范的设防目标：工业与民用建筑物经抗震设防后，在遭遇的地震影响相当于设计烈度时，建筑物的损坏不致使人民生命和重要生产设备遭受危害，建筑物不需修理或经一般修理仍可继续使用。

为了保证上述设防目标的实现，TJ 11—78 规范第 13 条规定，建筑物应进行结构的抗震强度验算（图 1.5-2）。除另有规定外，一般只需考虑水平方向的地震荷载，并可在建筑物两个主轴方向分别进行验算；设计烈度为 8 度及 9 度时，悬臂结构、长跨结构及烟囱等高柔构筑物，应验算竖向地震荷载的作用，并应按水平地震荷载与竖向地震荷载同时作用于结构上的最不利的情况进行验算。

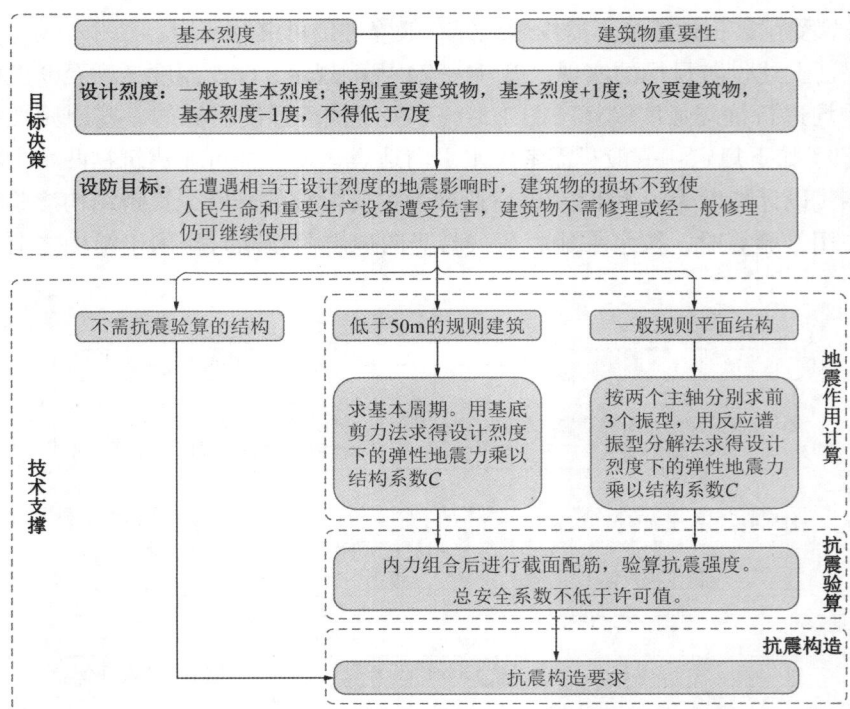

图 1.5-2　TJ 11—78 抗震设计流程简图

1.5.2.3 《建筑抗震设计规范》GBJ 11—89

《建筑抗震设计规范》GBJ 11—89 第 1.0.1 条规定，按 GBJ 11—89 规范设计的建筑，当遭受低于本地区设防烈度的多遇地震影响时，一般不受损坏或不需修理仍可继续使用，当遭受本地区设防烈度的地震影响时，可能损坏，经一般修理或不需修理仍可继续使用，当遭受高于本地区设防烈度的预估的罕遇地震影响时，不致倒塌或发生危及生命的严重破坏。

这就是唐山地震后，集合了全国勘察设计、高等院校、科研机构等单位的工程经验、科研成果、震害启示总结的智慧结晶——三水准设防思想，即通常所谓的"小震不坏、中震可修、大震不倒"。正确理解三水准设防思想，应注意把握以下几个问题：

（1）关于三水准地震动的取值问题。根据 GBJ 11—89 编制过程中对我国华北、西北和西南地区地震发生概率统计分析的结果，50 年内超越概率约为 63%的地震烈度为众值烈度，比基本烈度约低一度半，规范取为第一水准烈度；50 年超越概率约 10%的烈度大体相当于 1977 版《中国地震烈度区划图》规定的基本烈度，规范取为第二水准烈度；50 年超越概率 2%～3%的烈度可作为罕遇地震的概率水准，规范取为第三水准烈度，当基本烈度 6 度时，第三水准烈度为 7 度强，基本烈度 7 度时，第三水准烈度为 8 度强，基本烈度 8 度时，第三水准烈度为 9 度弱，基本烈度 9 度时，第三水准烈度为 9 度强。

（2）关于三水准抗震设防目标的把握。一般情况下（不是所有情况下），遭遇第一水准烈度（众值烈度）时，建筑处于正常使用状态，从结构抗震分析角度，可以视为弹性体系，采用弹性反应谱进行弹性分析；遭遇第二水准烈度（基本烈度）时，结构进入非弹性工作阶段，但非弹性变形或结构体系的损坏控制在可修复的范围（与 TJ 11—78 相当）；遭遇第三水准烈度（预估的罕遇地震）时，结构有较大的非弹性变形，但应控制在规定的范围内，以免倒塌。

（3）关于6度设防的理解。设防烈度为6度时，按GBJ 11—89采取相应的抗震措施之后，建筑的抗震能力比不设防时有实质性的提高，但其抗震能力仍是较低的，不能过高估计。

（4）关于各类建筑抗震设防标准差异的理解。按GBJ 11—89第1.0.5条规定，对各类建筑采取不同的构造措施之后，相应的设防目标在程度上有所提高或降低。例如，丁类建筑在基本烈度下的损坏程度可能会重些，且其倒塌不危及人们的生命安全，在预估的罕遇地震下的表现会比一般的情况要差；甲类建筑在基本烈度下的损坏是轻微甚至是基本完好的，在预估的罕遇地震下的表现将会比一般的情况好些。

（5）关于实现三水准目标的设计对策。GBJ 11—89采用二阶段设计（图1.5-3）实现上述三个水准的设防要求：

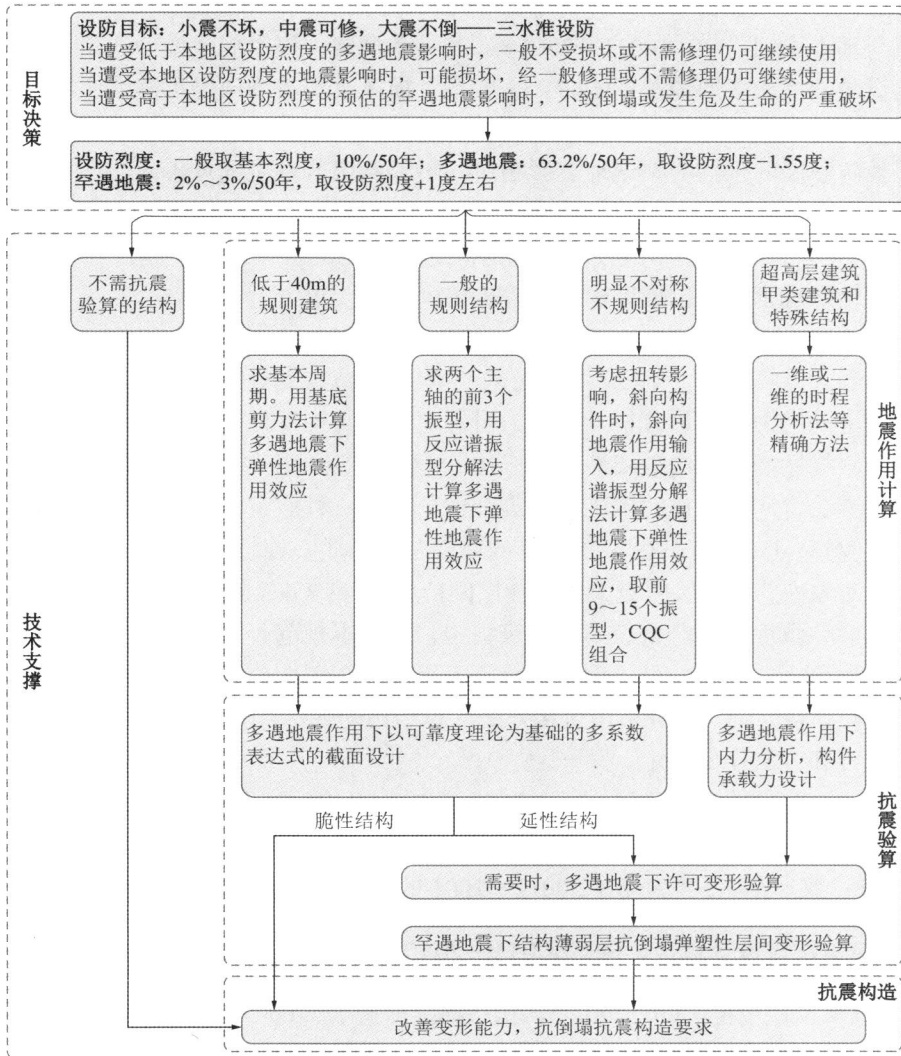

图1.5-3　GBJ 11—89抗震设计流程简图

第一阶段设计是强度验算，取第一水准的地震动参数计算结构的弹性地震作用标准值和相应的地震作用效应，并在保持同 TJ 11—78 相当的可靠度水平的基础上，采用《建筑结构设计统一标准》GBJ 68—84 规定的分项系数设计表达式进行结构构件的截面承载力验算，这样，既满足了在第一水准下具有必要的强度可靠度，又满足第二水准的设防要求（损坏可修）。对大多数的结构，可只进行第一阶段设计，而通过概念设计和抗震构造措施来满足第三水准的设计要求。

第二阶段设计是弹塑性变形验算，对特殊要求的建筑和地震易倒塌的结构，除进行第一阶段设计外，还要进行薄弱部位的弹塑性层间变形验算和采取相应的构造措施，实现第三水准的设防要求。

1.5.2.4 《建筑抗震设计规范》GB 50011—2001

《建筑抗震设计规范》GB 50011—2001 继续保持了 GBJ 11—89 "三水准两阶段" 抗震设防思想与基本原则。GB 50011—2001 第 1.0.1 条规定：按本规范设计的建筑，当遭受低于本地区设防烈度的多遇地震影响时，一般不受损坏或不需修理仍可继续使用，当遭受本地区设防烈度的地震影响时，可能损坏，经一般修理或不需修理仍可继续使用，当遭受高于本地区设防烈度的预估的罕遇地震影响时，不致倒塌或发生危及生命的严重破坏。这一规定与 GBJ 11—89 规范完全一致。

在保持 GBJ 11—89 三水准设防思想的同时，GB 50011—2001 对建筑方案的抗震概念设计、建筑结构规则性、抗震结构体系等提出了明确要求。

在抗震验算方面，在 GB 50011—2001 第 3.6.1 条和 3.6.2 条明确规定了两阶段设计的计算分析内容和计算方法。第 3.6.1 条规定："除本规范特别规定者外，建筑结构应进行多遇地震作用下的内力和变形分析，此时，可假定结构与构件处于弹性工作状态，内力和变形分析可采用线性静力方法或线性动力方法"。这一规定，明确了第一阶段设计的工作内容和计算分析方法，同时，也明确了 "小震弹性" 只是一种假定的事实。需要指出的是，关于小震变形验算，GBJ 11—89 要求验算的对象是结构质心处位移，而自 GB 50011—2001 开始验算的对象变为 "楼层内最大的弹性层间位移"。第 3.6.2 条规定，"不规则且具有明显薄弱部位可能导致地震时严重破坏的建筑结构，应按本规范有关规定进行罕遇地震作用下的弹塑性变形分析。此时，可根据结构特点采用静力弹塑性分析或弹塑性时程分析方法。当本规范有具体规定时，尚可采用简化方法计算结构的弹塑性变形"，对第二阶段设计验算的范围、内容和方法作出规定。

此外，与 GBJ 11—89 相比，关于抗震验算时水平地震作用取值，GB 50011—2001 增加了最小剪重比的强制性控制要求。其他有关地震作用计算和抗震验算内容则与 GBJ 11—89 基本保持一致。图 1.5-4 为 GB 50011—2001 的抗震设计流程简图。

1.5.2.5 《建筑抗震设计规范》GB 50011—2010

《建筑抗震设计规范》GB 50011—2010 继续保持了 GBJ 11—89 以来的 "三水准两阶段" 抗震设防思想与基本原则，同时，补充了抗震性能化设计的基本原则。GB 50011—2010 第 1.0.1 条规定：当遭受低于本地区抗震设防烈度的多遇地震影响时，主体结构不受损坏或不需进行修理可继续使用；当遭受相当于本地区抗震设防烈度的设防地震影响时，可能发生损坏，但经一般性修理仍可继续使用；当遭受高于本地区抗震设防烈度的罕遇地震影响时，不致倒塌或发生危及生命的严重破坏。使用功能或其他方面有专门要求的建筑，当采用抗震性能化设计时，具有更具体或更高的抗震设防目标。

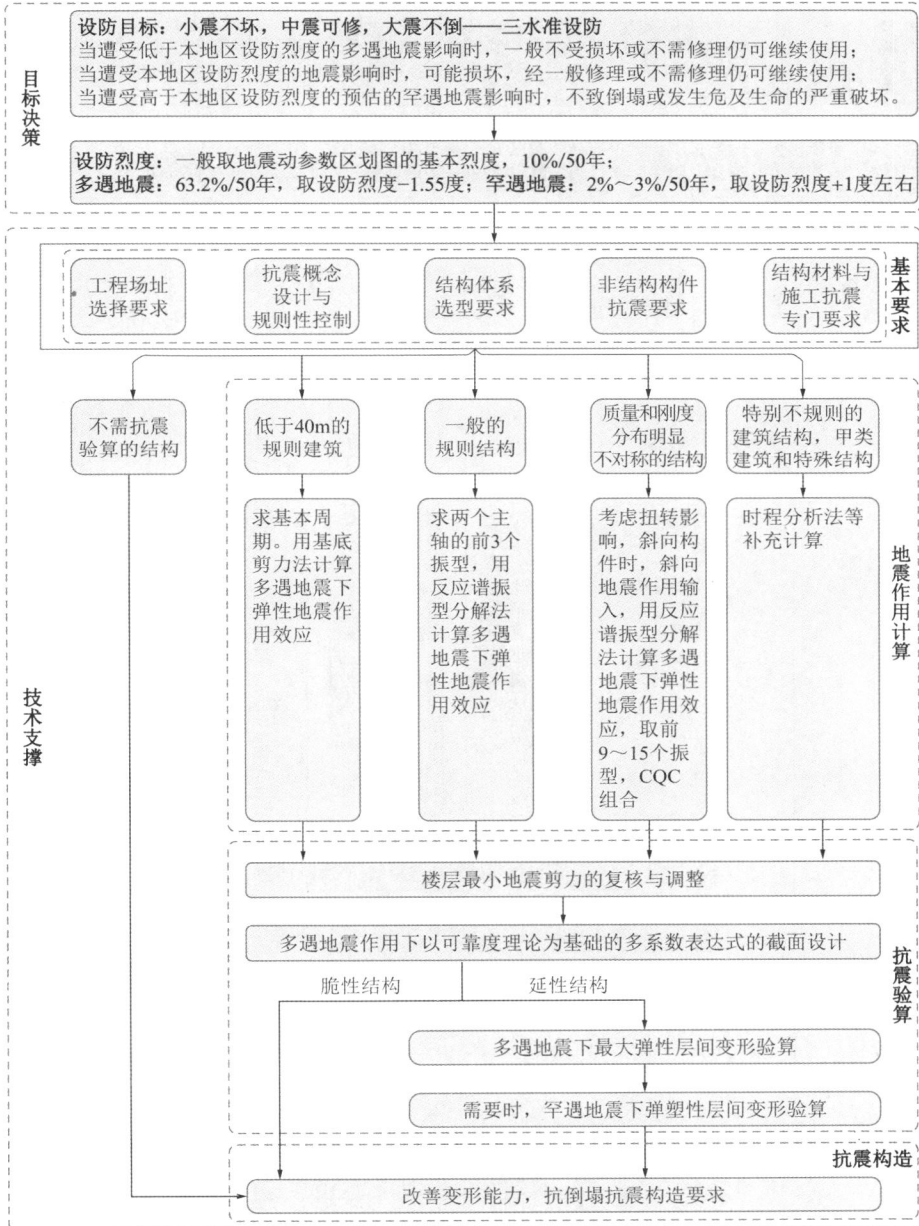

图 1.5-4　GB 50011—2001 抗震设计流程简图

关于建筑方案的抗震概念设计、建筑结构规则性、抗震结构体系等基本要求，以及有关两阶段设计方法的规定，则与 GB 50011—2001 保持一致。

在地震作用计算方面，增加了大跨空间结构相关的多维多点等地震动输入的规定，以及地下建筑的相关计算要求，其他继续与 GB 50011—2001 保持一致。图 1.5-5 为 GB 50011—2010 的抗震设计流程简图。

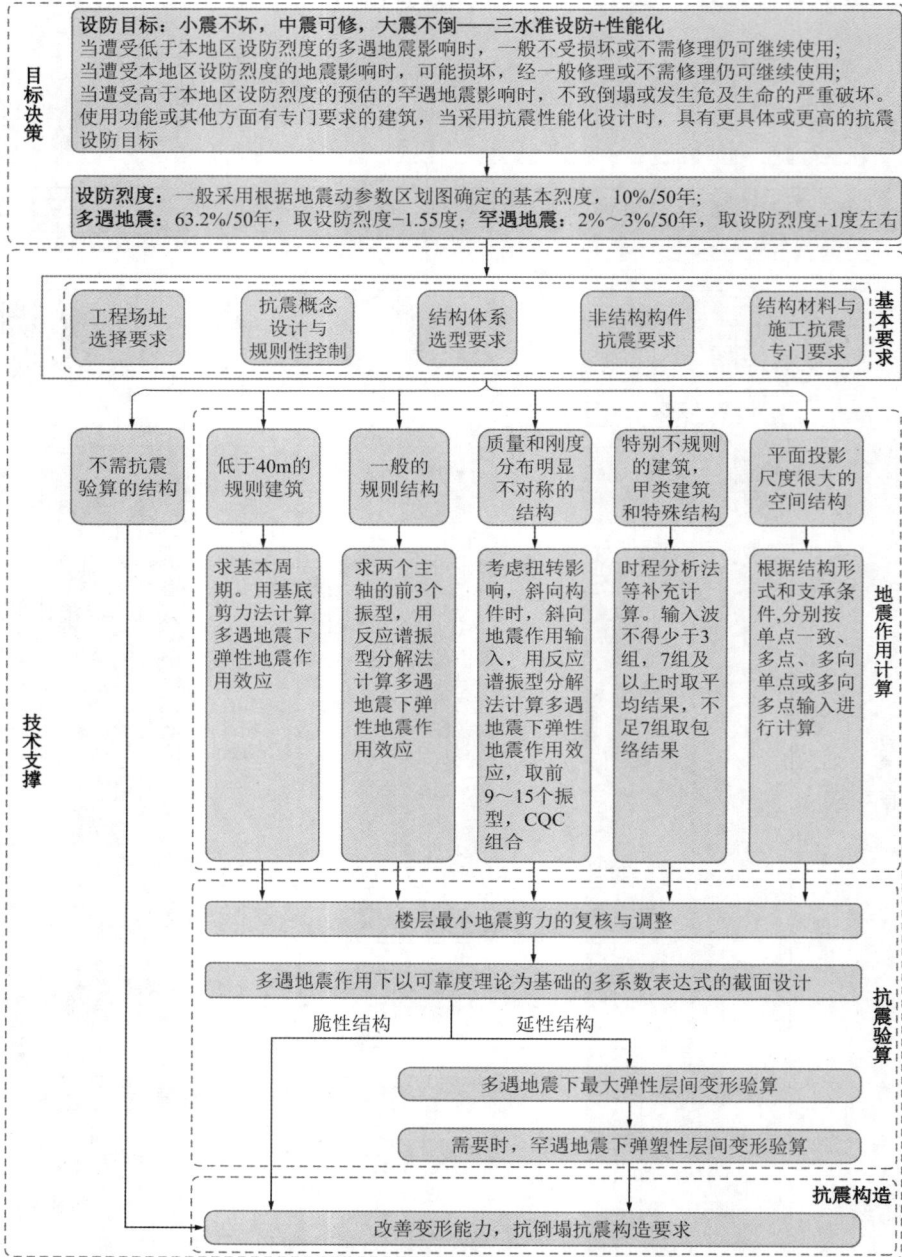

目标决策

设防目标：小震不坏，中震可修，大震不倒——三水准设防+性能化
当遭受低于本地区设防烈度的多遇地震影响时，一般不受损坏或不需修理仍可继续使用；
当遭受本地区设防烈度的地震影响时，可能损坏，经一般修理或不需修理仍可继续使用；
当遭受高于本地区设防烈度的预估的罕遇地震影响时，不致倒塌或发生危及生命的严重破坏。
使用功能或其他方面有专门要求的建筑，当采用抗震性能化设计时，具有更具体或更高的抗震设防目标

设防烈度：一般采用根据地震动参数区划图确定的基本烈度，10%/50年；
多遇地震：63.2%/50年，取设防烈度−1.55度；**罕遇地震：**2%～3%/50年，取设防烈度+1度左右

基本要求

| 工程场址选择要求 | 抗震概念设计与规则性控制 | 结构体系选型要求 | 非结构构件抗震要求 | 结构材料与施工抗震专门要求 |

技术支撑

| 不需抗震验算的结构 | 低于40m的规则建筑 | 一般的规则结构 | 质量和刚度分布明显不对称的结构 | 特别不规则的建筑，甲类建筑和特殊结构 | 平面投影尺度很大的空间结构 |

地震作用计算

| | 求基本周期。用基底剪力法计算多遇地震下弹性地震作用效应 | 求两个主轴的前3个振型，用反应谱振型分解法计算多遇地震下弹性地震作用效应 | 考虑扭转影响，斜向构件时，斜向地震作用输入，用反应谱振型分解法计算多遇地震下弹性地震作用效应，取前9～15个振型，CQC组合 | 时程分析法等补充计算。输入波不得少于3组，7组及以上时取平均结果，不足7组取包络结果 | 根据结构形式和支承条件，分别按单点一致、多点、多向单点或多向多点输入进行计算 |

抗震验算

楼层最小地震剪力的复核与调整

多遇地震作用下以可靠度理论为基础的多系数表达式的截面设计

脆性结构　　　　延性结构

多遇地震下最大弹性层间变形验算

需要时，罕遇地震下弹塑性层间变形验算

抗震构造

改善变形能力，抗倒塌抗震构造要求

图 1.5-5　GB 50011—2010 抗震设计流程简图

第2章　场地、地基与基础

【简介与导读】

```
                        ┌─ 地表断裂：发震断裂危害大，非发震断裂需查明活动情况
                        ├─ 山体崩塌：山区地震时易发生，选址应避开危险地段
            场地地基震害 ─┼─ 边坡滑移：多种地震引发，影响建筑稳定性
                        ├─ 地面下陷：采空区易出现，危及上部建筑安全
                        └─ 土壤液化：疏松饱和沉积砂土易发生，导致多种危害

                        ┌─ 选址原则：选择有利地段，避开不利和危险地段
            场址选择 ────┼─ 断裂影响：考虑地表位错等影响，有避让要求
                        └─ 局部地形：影响地震动参数，不利地段需考虑放大作用

                        ┌─ 划分标准：依据等效剪切波速和覆盖层厚度划分
            建筑场地类别 ─┼─ 波速测试：有测试要求，避免常见错误
                        └─ 覆盖层确定：按规定方法确定，注意相关事项

            地基基础抗震设计 ┌─ 震害特点：多种地基问题导致上部结构破坏
                          └─ 设计规定：提出概念设计原则，避免地基失效

            天然地基基础验算 ┌─ 验算范围：规定可不验算的建筑类型
                          └─ 验算原则：采用标准组合和调整后的承载力

                        ┌─ 判别处理范围：7度及以上需判别，依情况处理
                        ├─ 判别方法：分初步和标准贯入判别两步进行
            液化地基处理 ─┼─ 液化等级：划分等级预估危害，指导抗液化措施
                        ├─ 抗液化措施：依等级和设防类别采取不同措施
                        └─ 横向扩展影响：评估影响，采取抗滑和抗裂措施

                        ┌─ 典型震害：不同类型桩有不同震害，多种因素致害
            桩基抗震设计 ─┼─ 非液化桩基验算：规定验算范围和要求
                        └─ 液化桩基设计：明确验算方法和构造措施
```

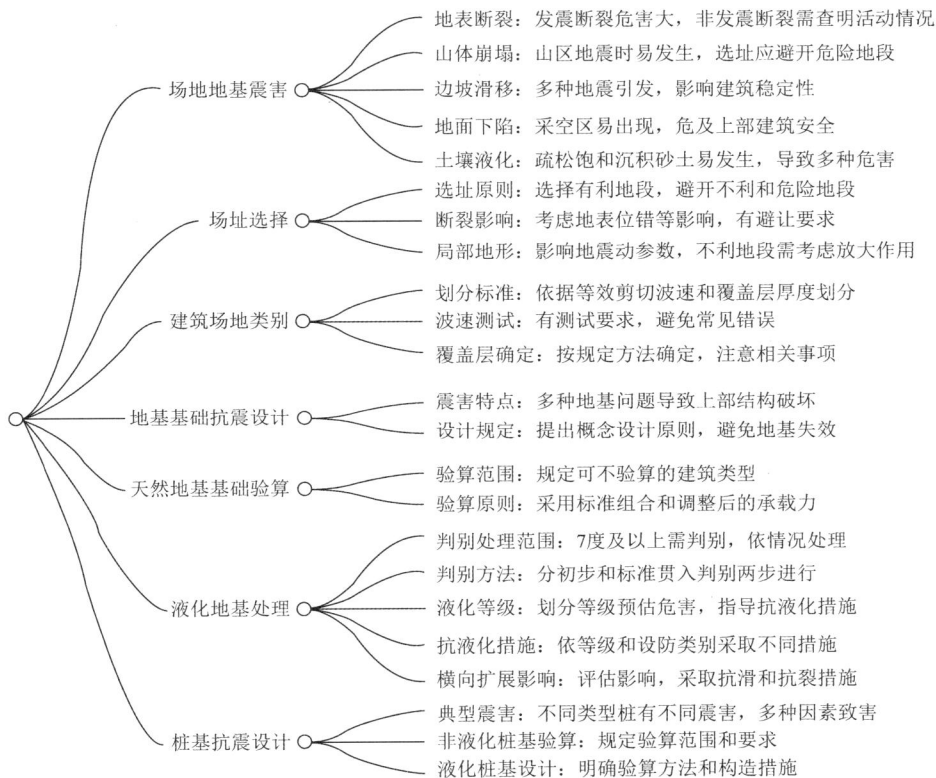

　　本章围绕建筑抗震设计中场地、地基与基础详细阐述了相关知识。先介绍场地地基的典型震害，如地表断裂、山体崩塌等，强调选址对减轻地震灾害的重要性。接着阐述场址选择原则，包括地段划分、断裂影响及局部地形影响等内容，为工程选址提供依据。随后深入探讨建筑场地类别划分，介绍剪切波速测试、计算及覆盖层厚度确定方法。在地基基础抗震概念设计方面，分析震害特点并给出设计规定。同时，对天然地基基础、液化地基的抗震验算及抗液化措施进行说明，还涉及桩基抗震设计，包括震害、验算及构造措施等。

2.1　前言

　　地震造成建筑物破坏的原因是多种多样的。其一，是由于地震时的地面强烈运动，使建筑物在振动过程中，因丧失整体性或强度不足，或变形过大而破坏；其二，是由于水坝坍塌、海啸、火灾、爆炸等次生灾害所造成的；其三，是由于断层错动、山崖崩塌、河岸滑坡、地层陷落等地面严重变形直接造成的。前两种情况可以通过工程措施加以防治；而

后一情况，单靠工程措施是很难达到预防目的的，或者代价高昂。因此，选择工程场址时，应该进行详细勘察，搞清地形、地质情况，挑选对建筑抗震有利的地段；尽可能避开对建筑抗震不利的地段；任何情况下均不得在抗震危险地段上，建造可能引起人员伤亡或较大经济损失的建筑物。

建筑地基作为场地的一个组成部分，既是地震波的传播介质，又支撑着上部结构传来的各种荷载，具有明显的双重作用。作为地震波的传播媒介，土层条件将影响地震地面运动的大小和特征，即具有通常所说的放大效应和滤波作用。在很多情况下，这种场地效应是抗震设计的主要组成部分，目前在抗震设计中一般通过场地分类和设计反应谱加以考虑。作为上部结构物的地基，承受上部结构传来的动、静水平、竖向荷载以及倾覆力矩，并要求不产生过大的沉降或变形，保证上部结构在地震后能够正常使用。

2.2 场地地基的典型震害

1. 地表断裂

断裂是地质构造上的薄弱环节。从对建筑危害的角度来看，断裂可以分为发震断裂和非发震断裂。所谓发震断裂，是指具有一定程度的地震活动性断裂，其断裂属于抗震设防应考虑地震的地层断裂。全新世活动断裂中，近 500 年来发生过震级 $M \geqslant 5$ 级地震的断裂，可定义为发震断裂或发震断裂。所谓非发震断裂，是指除发震断裂以外的地层断裂，在确定抗震设防烈度或进行地震危险性分析时，不认为其在工程设计基准期内会有活动的断裂。所谓全新世活动断裂，是指在全新世地质时期（1 万年）内有过地震活动或近期正在活动、今后 100 年可能继续活动的断裂。

发震断裂的突然错动，要释放能量，引起地震动。强烈地震时，断裂两侧的相对移动还可能出露于地表，形成地表断裂。1976 年唐山地震，在极震区内，一条北东走向的地表断裂，长 8km，水平错位达 1.45m。1999 年台湾集集地震，地震破裂长度达 80 多公里，最大错动约 6.5m，断层所过之处，建筑物严重破坏（图 2.2-1、图 2.2-2）。2008 年 5 月 12 日的汶川大地震，断层长度更是达到了 300 公里，位于断层之上的映秀镇几乎被夷为平地（图 2.2-3），小渔洞镇断层穿过的建筑物全部倒塌（图 2.2-4）。上述事例说明，发震断裂附近地表，地震时很可能产生新的错动，其上若有建筑物，将会遭到严重破坏。此种危险性应该在工程场址选择时加以考虑。

图 2.2-1　1999 年台湾集集地震，断层切过
万佛寺，庙宇毁损，仅留七丈高药师佛像

图 2.2-2　1999 年台湾集集地震，
学校三层教室被断层通过全倒

图 2.2-3　2008 年汶川地震断层
之上的映秀镇几乎被夷为平地

图 2.2-4　2008 年汶川地震，小渔洞镇断层穿过的
建筑物全部倒塌

对于非发震断裂，应该查明其活动情况。国家地震局工程力学研究所曾对云南通海地震以及海城、唐山地震中，相当数量的非活动断裂对建筑震害的影响进行了研究。对正好位于非活动断裂带上的村庄，与断裂带以外的村庄，选择震中距和场地土条件基本相同的进行了震害对比。大量统计数字表明，两者房屋震害指数大体相同。表明非活动断裂本身对建筑震害程度无明显影响。所以，工程建设项目无须特意远离非活动断裂。不过，在建筑物具体布置时，不宜将建筑物横跨在断裂或破碎带上，以避免地震时可能因错动或不均匀沉降带来的危害。

2. 山体崩塌

陡峭的山区，在强烈地震的震动下，常发生巨石滚落、山体崩塌。1932 年云南东川地震，大量山石崩塌，阻塞了小江。1966 年再次发生的 6.7 级地震，震中附近的一个山头，一侧山体就崩塌了近 $8 \times 10^5 m^3$。1970 年 5 月秘鲁北部地震，也发生了一次特大的塌方，塌体以 20~40km/h 的速度滑移 1.8km，一个市镇全部被塌方所掩埋，约两万人丧生。1976 年意大利北部山区发生地震，并连下大雨，山体在强余震时崩塌，掩埋了山脚村庄的部分房屋。2008 年汶川地震中大量的山体崩塌，北川县城几乎被滑坡体掩埋（图 2.2-5），山体崩塌产生的巨大滚石，直接造成了建筑的破坏（图 2.2-6）。所以，在山区选址时，经踏勘发现有山体崩塌、巨石滚落等潜在危险的地段，不能建房。

图 2.2-5　2008 年汶川地震中大量的山体崩塌，北川县城几乎被滑坡体掩埋

图 2.2-6　2008 年汶川地震中山体崩塌产生的巨大滚石，造成了建筑的破坏

3.边坡滑移

1971 年云南通海地震，山脚下的一个土质缓坡，连同上面的一座村庄向下滑移了 100 多米，土体破裂、变形，房屋大量倒塌。1964 年美国阿拉斯加地震，岸边含有薄砂层透镜体的黏土沉积层斜坡，因薄砂层的液化而发生了大面积滑坡，土体支离破碎，地面起伏不平（图 2.2-7）。1968 年日本十胜冲地震，一些位于光滑、湿润黏土薄层上面的斜坡土体，也发生了较大距离的滑移。1971 年 2 月 9 日的 San Fernando 地震使 Lower Van Norman 大坝内部发生液化，几乎导致大坝漫顶（图 2.2-8），对人口密集的 San Fernando 流域居住在大坝下游的成千上万居民的生命财产造成了威胁。

1966 年邢台地震、1975 年海城地震、1976 年唐山地震和 2008 年汶川地震中均可以发现，河岸地面出现多条平行于河流方向的裂隙，河岸土质边坡发生滑移（图 2.2-9），坐落于该段河岸之上的建筑，因地面裂缝穿过破坏严重。另外，在历次地震震害调查中还发现，位于台地边缘或非岩质陡坡边缘的建筑，由于避让距离不够，地震时边坡滑移或变形引起建筑的倒塌、倾斜或开裂（图 2.2-10）。

图 2.2-7　1964 年 Alaska 大地震引起 Turnagain 高地产生滑坡，长度约 1.5 英里，宽度为 1/4～1/2 英里

图 2.2-8　1971 年 San Fernando 地震后的 Lower Van Norman 大坝

(a) 距离陡坡不足 2m　　　(b) 内部墙体裂缝

图 2.2-9　2008 年汶川地震北川县城　　　图 2.2-10　2008 年汶川地震某住宅楼因边坡
河岸边坡滑移　　　　　　　　　　　避让距离不足导致的开裂破坏

4. 地面下陷

地下煤矿的大面积采空区，特别是废弃的浅层矿区，地下坑道的支护或被拆除，或年久损坏，地震时的坑道坍塌可能导致大面积地陷，引起上部建筑毁坏（图 2.2-11），也应视为抗震危险地段，不得在其上建房。

图 2.2-11　2008 年汶川地震，地面塌陷引起的建筑物倒塌

5. 土壤液化

地震中的土壤液化会导致土壤强度或刚度的损失，从而使结构产生沉降，使土坝产生滑坡、突然破坏，或引起其他形式的灾害。据观察，土壤液化在疏松的饱和沉积砂土上发生最频繁。

在强烈的地震振动过程中，疏松的饱和沉积砂土压紧密实，体积减小。若砂土中的水不能迅速排出，则孔隙水压力增大。沉积砂土中的有效应力为上覆压力与孔隙水压力之差，随着振动的延续，孔隙水压力持续增大，直至与上覆压力相等，由于无黏性土的剪切强度与有效应力成正比，所以此时砂土不具有任何剪切强度，处于液化状态。地震中若地面出现"砂沸"现象即表明液化已发生。

当支撑房屋的上部土壤未考虑液化效应时，有可能造成重大的甚至破坏性的后果：①建筑物下沉或整体倾斜（图 2.2-12～图 2.2-14），②地基不均匀下沉造成上部结构破坏；③地坪下沉或隆起；④地下竖向管道的弯曲变形；⑤房屋基础的钢筋混凝土桩折断。所以，当建筑地基内存在可液化土层时，对于高层建筑，应该采取人工地基，或采取完全消除土层液化性的措施。当采用桩基础时，桩身设计还应考虑水平地震作用和地基土下层水平错位所带来的不利影响。

图 2.2-12　1964 年日本的 Niigata 地震中公寓大楼由于液化造成地基承载能力丧失，建筑物整体倾覆

图 2.2-13　1999 年土耳其 Kocaeli 地震，一座五层楼房因液化引起的承载能力丧失及下沉，底层大部分沉入地下

图 2.2-14　1999 年台湾的 Chi-Chi 地震，台湾中区一座三层住房因液化引起倾斜

2.3　场址选择

2.3.1　选址原则和地段划分

地震造成建筑的破坏，除地震动直接引起结构破坏外，还有场地条件的原因，诸如：

地震引起的地表错动与地裂，地基土的不均匀沉陷、滑坡和粉、砂土液化等。因此，选择有利于抗震的建筑场地，是减轻场地引起的地震灾害的第一道工序，抗震设防区的建筑工程宜选择有利的地段，应避开不利的地段并不在危险的地段建设。

为此，《建筑与市政工程抗震通用规范》GB 55002—2021 规定：建筑与市政工程进行场地勘察时，应根据工程需要和地震活动情况、工程地质和地震地质等有关资料按表 2.3-1 对地段进行综合评价。对不利地段，应尽量避开；当无法避开时应采取有效的抗震措施。对危险地段，严禁建造甲、乙、丙类建筑。

有利、一般、不利和危险地段的划分

表 2.3-1

地段类别	地质、地形、地貌
有利地段	稳定基岩，坚硬土，开阔、平坦、密实、均匀的中硬土等
一般地段	不属于有利、不利和危险的地段
不利地段	软弱土，液化土，条状突出的山嘴，高耸孤立的山丘，陡坡，陡坎，河岸和边坡的边缘，平面分布上成因、岩性、状态明显不均匀的土层（含故河道、疏松的断层破碎带、暗埋的塘浜沟谷和半填半挖地基），高含水量的可塑黄土，地表存在结构性裂缝等
危险地段	地震时可能发生滑坡、崩塌、地陷、地裂、泥石流等及发震断裂带上可能发生地表位错的部位

场地地段的划分，一般是在场地勘察阶段进行的，需要根据地震活动情况和工程地质资料，综合考虑地形、地貌和岩土特性多种因素的影响加以评价：

（1）有利地段，一般是指位于开阔平坦地带的坚硬场地土、密实均匀的中硬场地土或稳定的基岩。

（2）不利地段，就地形而言，一般是指条状突出的山嘴，孤立的山包和山梁的顶部，高差较大的台地边缘，陡坡陡坎，河岸和边坡的边缘；就场地土质而言，一般指软弱土，易液化土，高含水量的可塑黄土，故河道、断层破碎带、地表存在的结构性裂缝、暗埋塘浜沟谷或半挖半填地基等，在平面分布上，成因、岩性、状态明显不均匀的地段。

（3）危险地段，一般是指地震时可能发生滑坡、崩塌、地陷、地裂、泥石流等地段，以及发震断裂带上可能发生地表位错的地段。

（4）一般地段，不属于上述有利、不利和危险地段的其他地段。

实施注意事项：

（1）不存在饱和砂土和饱和粉土时，不需要进行液化判别。

（2）对于饱和砂土和饱和粉土，当按《建筑抗震设计标准》GB/T 50011—2010（2024年版）第 4.3.3 条判别结果为不考虑液化时，不属于不利地段。

（3）对于无法避开的不利地段，要在详细查明地质、地貌、地形条件的基础上，提供稳定性评价报告和抗震措施。

2.3.2　断裂的工程影响及避让要求

2.3.2.1　断裂的工程影响及标准规定

断裂对工程影响的评价问题，长期以来，不同学科之间存在着不同看法，经过近些年来的不断研究与交流，认为需要考虑断裂的以下影响：

（1）地表位错，指发震断裂地震时与地下断裂构造直接相关的地表地裂位错带，亦即地震时老断裂重新错动直通地表，在地面产生的位错。对建在位错带上的建筑，其破坏较难通过工程措施避免（图 2.2-1～图 2.2-4）。因此规范中划为危险地段，应予避开。

（2）地表应力裂缝，与发震断裂间接相关的受应力场控制所产生的地裂（如分支及次生地裂）。根据 1976 年唐山地震时震中区地裂的实际探查及地面建筑破坏调查结果，认为此类地裂带，对经过正规设计建造的工业与民用建筑影响不大，地裂缝遇到此类建筑不是中断就是绕其分布，仅对埋藏很浅的排污渠道及农村民房有一定影响，而且可以通过工程措施加以解决，并不是所有地裂均需避开。

（3）对地震地面运动强度的影响，一般在确定抗震设防烈度时已考虑。

鉴于上述原因，现行国家标准《建筑抗震设计标准》GB/T 50011—2010（2024 年版）专门规定，场地内存在发震断裂时，应对断裂的工程影响进行评价，并应符合下列要求：

1. 对符合下列规定之一的情况，可忽略发震断裂错动对地面建筑的影响：

（1）抗震设防烈度小于 8 度。

（2）非全新世活动断裂。

（3）抗震设防烈度为 8 度和 9 度时，隐伏断裂的土层覆盖厚度分别大于 60m 和 90m。

2. 对不符合上述规定的情况，应避开主断裂带。其避让距离不宜小于表 2.3-2 对发震断裂最小避让距离的规定。在避让距离的范围内确有需要建造分散的、低于三层的丙、丁类建筑时，应按提高一度采取抗震措施，并提高基础和上部结构的整体性，且不得跨越断层线。

GB/T 50011—2010 关于发震断裂最小避让距离的规定　　　　　表 2.3-2

烈度	建筑抗震设防类别			
	甲	乙	丙	丁
8	专门研究	200m	100m	—
9	专门研究	400m	200m	—

2.3.2.2　关于断裂时限

自从《建筑抗震设计规范》GBJ 11—89 提出发震断裂的概念后，在地震及地质界曾提出凡是活动断裂均可能发生地震。经过不断交流讨论，对工程中的发震断裂主要为可能产生 $M \geqslant 5$ 级以上的地震断裂这种看法取得了一致，《岩土工程勘察规范》GB 50021—2001 也给出明确定义，但对活动断裂来讲有一个"什么时间活动过，工程上才需考虑"的问题。经过不断深入研究交流看法，在活动断裂时间下限方面已取得了一致意见：

（1）对一般工业与民用建筑只考虑 1.0 万年（全新世）以来活动过的断裂，在此地质期以前活动过的断裂可不予考虑。

（2）对于核电，水电等工程则考虑 10 万年以来（晚更新世）活动过的断裂，晚更新世以前活动过的断裂亦不予考虑。

2.3.2.3　关于小于 8 度不考虑断裂影响

目前我国抗震设计规范的设防均是按概率水平考虑的，如：考虑小震时的超越概率为

63%左右，考虑遭遇到中震时超越概率 10%，考虑罕遇地震时超越概率 3%左右。说明按设防水平进行设计时，当遭遇到地震时仍可能有少量建筑发生超出设防水平的破坏，并不是保证 100%都不会遭到破坏；也可以理解为设防水准线并不是统计中的外包线，这是根据我国经济状况决定的。

同样考虑不同烈度出现地表地裂对建筑有无影响的地震强度界线时，也应按出现的概率大小确定。根据《工程地质学报》蒋溥研究员的统计资料：中国大陆地震断错形变-震级概率分布图，可以明显地看出当 $M = 6.5$ 级时有 95%的断裂不会出现地表地震断错形变，仅有个别地震有可能出现。1989 年编制国家标准《岩土工程勘察规范》时，也曾对 13 个国家的历史地震资料做了统计分析，从分析结果可以明显地看出，仅在 8 度或 8 度以上时才会出现地表地裂。新中国地震烈度表在地表现象一栏的描述中明确提出：当地震烈度 8 度或 8 度以上时地表才会出现明显的裂缝。

因此，根据大量地震实例综合分析结果，在地震烈度为 8 度及 8 度以上时才需考虑地表位错对工程建筑影响是较为适宜的。

2.3.2.4　关于隐伏断裂上覆土层厚度

目前尚有看法分歧的是关于隐伏断裂的评价问题，在基岩以上覆盖土层多厚，是什么土层，地面建筑就可以不考虑下部断裂的错动影响。

根据我国近年来的地震宏观地表位错考察，学者们看法不一致。有人认为 30m 厚土层就可以不考虑，有些学者认为是 50m，还有人提出用基岩位错量大小来衡量，如土层厚度是基岩位错量的 25～30 倍以上就可不考虑等。经有关单位详细工作证明，唐山地震震中区的地裂缝，不是沿地下岩石错动直通地表的构造断裂形成的，而是由于地面振动，表面应力形成的表层地裂。这种裂缝仅分布在地面以下 3m 左右，下部土层并未断开（挖探井证实），在采煤巷道中也未发现错动，对有一定深度基础的建筑物影响不大。

为了进行更深入的研究，由北京市勘察设计研究院在建设部抗震办公室申请立项，开展了发震断裂上覆土层厚度对工程影响的专项研究。此项研究主要采用大型离心机模拟试验，可将缩小的模型通过提高加速度的办法达到与原型应力状况相同的状态；为了模拟断裂错动，专门加工了模拟断裂突然错动的装置，可实现垂直与水平二种错动，其位错量大小是根据国内外历次地震不同震级条件下位错量统计分析结果确定的；上覆土层则按不同岩性、不同厚度分为数种情况。试验时的位错量为 1.0～4.0m，基本上包括了 8 度、9 度情况下的位错量；当离心机提高加速度达到与原型应力条件相同时，下部基岩突然错动，观察上部土层破裂高度，以便确定安全厚度。根据试验结果，考虑一定的安全储备和模拟试验与地震时震动特性的差异，安全系数取为 3，据此提出了 8 度、9 度地区上覆土层安全厚度的界限值。应当说这是初步的，可能有些因素尚未考虑。但毕竟是第一次以模拟试验为基础的定量提法，跟以往的分析和宏观经验是相近的，有一定的可信度。

2.3.2.5　关于避让距离问题

由于强烈的地震中位于断裂破裂线上建筑物破坏的严重性和受力情况的复杂性，各国的抗震规范对发震断层区大多有避让和控制使用的要求，在断裂带内重要建筑一般都是严格禁止建造的，但是具体的避让距离的规定和对建设工程的限制程度则各不相同，避让距离从破裂线几米到几百米不等。造成各国规定不一致的原因可能有以下几个方面：①缺乏现代建筑经受断裂震害的实际资料；②对断裂破坏作用的研究尚不充分；③由于对发震断层的位置和破裂错动方式难以正确估计，在实施过程中往往会遇到很大的困难。

《建筑抗震设计规范》GB 50011—2001 在国内外历史地震不同错动方式（如走滑型、倾滑型）情况下的地面破裂宽度统计资料的基础上，结合模拟试验，明确要求：场地岩土工程勘察应对断裂的工程影响进行评价，提出了可忽略断裂错动对地面建筑影响的情况，规定了较为严格的避开主断裂破裂线的最小避让距离。

2.3.2.6 关于抗断裂设计的问题

GB/T 50011—2010 规范修订时，进一步收集了新的断裂震害的实例并进行了详细的归纳总结，给出了建筑物抗断裂设计的一些概念：

概念 1：房屋的层数尽可能少。

概念 2：采用整体式的基础，避免采用独立基础。

在跨越断层破裂线情况下，不同层数的建筑物在刚性和柔性土层上的相互作用和震后的变形状态虽然有所不同，但采用刚性基础都能产生比较好的效果（图 2.3-1）。相反，如果采用独立的柱基础，将会造成严重的破坏。层数不高时，柱基础上下的连梁也能提高基础的刚度，减轻上部结构的破坏；但在软地基上，采用独立的柱基和地基梁的效果值得怀疑。

概念 3：采用整体性较好的上部结构。

在设置刚性基础的情况下，跨断裂线的建筑物的地基、基础和上部结构在地震中可能出现不同的支承和受力状态（图 2.3-2）。图中的两层房屋震后发生倾斜，结构支承在断裂形成的陡坎上而具有不同支承和受力状态，基础底板和梁应针对这两种不同的支承情况进行设计。在有悬挑的情况下除了考虑上部结构的竖向荷载以外，还需要考虑两端部分悬挑引起的弯矩。建筑物两端搁置在地震形成的陡坎上下端时，由于中部悬空，基础板和梁呈简支状态，跨中的弯矩最大。

概念 4：跨断裂设计的风险较大，采取避让措施是上策，至少应该严格控制建设规模。

对于错断危险性不是很高的断裂，在避让区内不是绝对不能建房，在满足规范的条件下可分散地建设小型房屋，并采用整体性好的基础和上部结构形式。

2.3.2.7 实施注意事项

（1）避让距离是断层面在地面上的投影或到断层破裂线的距离，不是指到断裂带的距离。

（2）在避让距离的范围内确有需要建造分散的、低于三层的丙、丁类建筑时，应提高一度采取抗震措施，并提高基础和上部结构的整体性，且不得跨越断层线。

（3）在发震断裂的最小避让距离范围内存在有影响的滑坡体时，应严格避让。

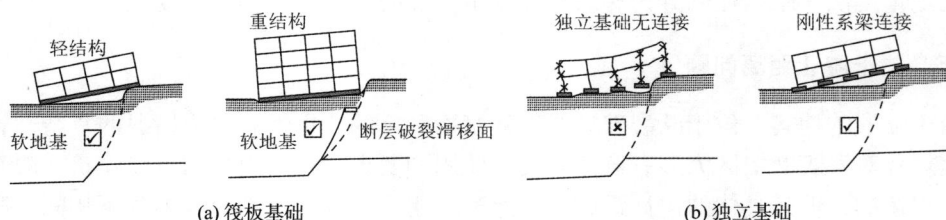

(a) 筏板基础　　　　　　　　　　　　　　(b) 独立基础

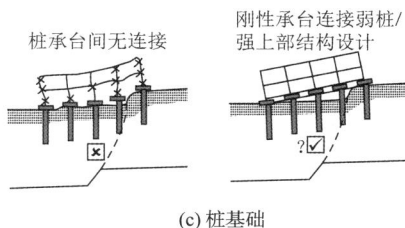

(c) 桩基础

图 2.3-1　跨越断层破裂线的破坏情况

（图中✓表示做法正确，✗表示做法错误）

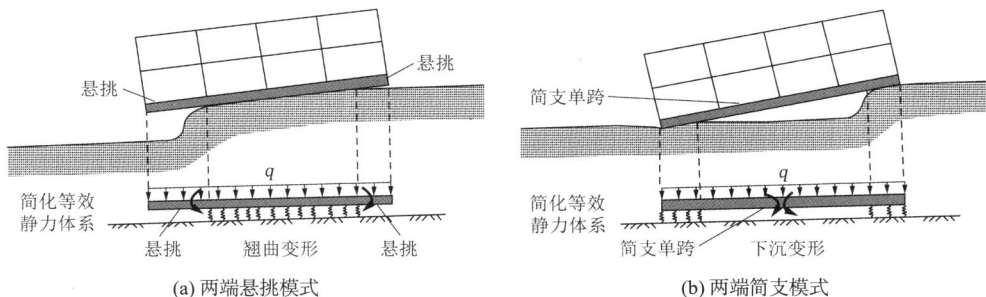

(a) 两端悬挑模式　　　　　　　　　　　(b) 两端简支模式

图 2.3-2　跨断裂建筑物概念设计示意图

2.3.3　局部地形的影响

2.3.3.1　局部地形效应与规范规定

国内多次大地震的调查资料表明，局部地形条件是影响建筑物破坏程度的一个重要因素。宁夏海源地震，位于渭河谷地的姚庄，烈度为 7 度；而相距仅两公里的牛家山庄，因位于高出百米的突出的黄土梁上，烈度竟高达 9 度。1966 年云南东川地震，位于河谷较平坦地带的新村，烈度为 8 度；而邻近一个孤立山包顶部的矽肺病疗养院，从其严重破坏程度来评定，烈度不低于 9 度。海城地震，在大石桥盘龙山高差 58m 的两个测点上收到的强余震加速度记录表明，孤突地形上的地面最大加速度，比坡脚平地上的加速度平均大 1.84 倍。1970 年通海地震的宏观调查数据表明，位于孤立的狭长山梁顶部的房屋，其震害程度所反映的烈度，比附近平坦地带的房屋约高出一度。2008 年汶川地震中，陕西省宁强县高台小学，由于位于近 20m 高的孤立的土台之上，地震时其破坏程度明显大于附近的平坦地带。

因此，当需要在条状突出的山嘴、高耸孤立的山丘、非岩石和强风化岩石的陡坡、河岸和边坡边缘等不利地段建造丙类及丙类以上建筑时，除保证其在地震作用下的稳定性外，尚应考虑局部突出地形对地震动参数的放大作用，这对山区建筑的抗震计算十分必要。

鉴于以上原因，《建筑抗震设计标准》GB/T 50011—2010（2024 年版）和《建筑与市政工程抗震通用规范》GB 55002—2021 明确规定：

> **《建筑抗震设计标准》GB/T 50011—2010（2024 年版）**
>
> 4.1.8　当需要在条状突出的山嘴、高耸孤立的山丘、非岩石和强风化岩石的陡坡、河岸和边坡边缘等不利地段建造丙类及丙类以上建筑时，除保证其在地震作用下的稳定性外，尚应估计不利地段对设计地震动参数可能产生的放大作用，其水平地震影响系数最大值应乘以增大系数。其值应根据不利地段的具体情况确定，在 1.1～1.6 范围内采用。

《建筑与市政工程抗震通用规范》GB 55002—2021

3.1.1-4 对条状突出的山嘴、高耸孤立的山丘、非岩石和强风化岩石的陡坡、河岸和边坡边缘等不利地段，尚应提供相对高差、坡角、场址距突出地形边缘的距离等参数的勘测结果。

4.1.1-2 当工程结构处于条状突出的山嘴、高耸孤立的山丘、非岩石和强风化岩石的陡坡、河岸与边坡边缘等不利地段时，应考虑不利地段对水平设计地震参数的放大作用。放大系数应根据不利地段的具体情况确定，其数值不得小于1.1，不大于1.6。

2.3.3.2 实施注意事项

（1）根据历次地震宏观震害经验和地震反应分析结果，局部突出地形地震反应的总体趋势，大致可以归纳为以下几点：①高突地形距离基准面的高度愈大，高处的反应愈强烈；②离陡坎和边坡顶部边缘的距离愈大，反应相对愈小；③从岩土构成方面看，在同样地形条件下，土质结构的反应比岩质结构大；④高突地形顶面愈开阔，远离边缘的中心部位的反应明显愈小的；⑤边坡愈陡，其顶部的放大效应愈大。高突地形距离基准面的高度愈大，高处的反应愈强烈。

（2）基于以上变化趋势，以突出地形的高差H，坡降角度的正切H/L以及场址距突出地形边缘的相对距离L_1/H为参数，归纳出各种地形的地震力放大作用如下：

$$\lambda = 1 + \xi\alpha$$

式中：λ——局部突出地形顶部的地震影响系数的放大系数；

α——局部突出地形地震动参数的增大幅度，按表2.3-3采用；

ξ——附加调整系数，与建筑场地离突出台地边缘的距离L_1与相对高差H的比值有关。当$L_1/H < 2.5$时，ξ可取为1.0；当$2.5 \leqslant L_1/H < 5$时，ξ可取为0.6；当$L_1/H \geqslant 5$时，ξ可取为0.3。L、L_1均应按距离场地的最近点考虑。

局部突出地形地震影响系数的增大幅度 α 表2.3-3

突出地形的	非岩质地层	$H < 5$	$5 \leqslant H < 15$	$15 \leqslant H < 25$	$H \geqslant 25$
高度H（m）	岩质地层	$H < 20$	$20 \leqslant H < 40$	$40 \leqslant H < 60$	$H \geqslant 60$
局部突出台	$H/L < 0.3$	0	0.1	0.2	0.3
地边缘的侧	$0.3 \leqslant H/L < 0.6$	0.1	0.2	0.3	0.4
向平均坡降	$0.6 \leqslant H/L < 1.0$	0.2	0.3	0.4	0.5
H/L	$H/L \geqslant 1.0$	0.3	0.4	0.5	0.6

按上述方法的增大系数应满足规范的要求，即局部突出地形顶部的地震影响系数的放大系数λ的计算值，小于1.1时，取1.1，大于1.6时，取1.6。

（3）按表2.3-3，局部突出地形地震影响系数的增大幅度α存在取值为0的情况，但不能据此简单地将此类场地从抗震不利地段中剔除，而应根据地形、地貌和地质等各种条件综合判断。

（4）GB 55002—2021条文中规定的最大增大幅度0.6是根据分析结果和综合判断给出的，规范规定对各种地形，包括山包、山梁、悬崖、陡坡都可以应用。

（5）GB 55002—2021 条文要求放大的仅是水平向的地震影响系数最大值，竖向地震影响系数最大值不要求放大。

2.4　建筑场地类别

2.4.1　场地的概念与划分标准

场地，指建筑物所在的地域，其范围大体相当于厂区、居民点和自然村的区域，范围不应太小，一般不小于 $1km^2$，在这个范围内，影响反应谱特性的岩土性状和土层厚度相近。

一般来说，场地的影响包含了场地的地质构造、土层剖面各成分、地形等因素的综合影响。我国在 20 世纪 60 年代初提出了基于强震观测的场地条件分类法，体现了宏观烈度相同、加速度峰值基本相近的地面运动谱特性的差异，较好地解释了震害现象。因此，从本质上讲，抗震设计中场地条件的分类就是场地反应谱特性（主要是特征周期）的分类。研究表明，场地覆盖层厚度和表层土的软硬程度是影响反应谱特性的重要因素，二者综合考虑可较全面、合理地划分场地条件。这里，覆盖层厚度指天然地面到坚硬土"顶面"的距离，而表层土的范围则取 20m 深度和覆盖层厚度的较小者，表层土的软硬程度一般采用等效剪切波速来表征。

依据以上研究成果，我国的《建筑抗震设计标准》GB/T 50011—2010（2024 版）和《建筑与市政工程抗震通用规范》GB 55002—2021 等依据覆盖土层厚度和代表土层软硬程度的土层等效剪切波速，将建筑的场地类别划分为四类，波速很大或覆盖层很薄的场地划为Ⅰ类，波速很小且覆盖层很厚的场地划为Ⅳ类；处于二者之间的相应划分为Ⅱ类和Ⅲ类。

《建筑抗震设计标准》GB/T 50011—2010（2024 年版）

4.1.2　建筑场地的类别划分，应以土层等效剪切波速和场地覆盖层厚度为准。

4.1.6　建筑的场地类别，应根据土层等效剪切波速和场地覆盖层厚度按表 4.1.6 划分为四类，其中Ⅰ类分为 I_0、I_1 两个亚类。当有可靠的剪切波速和覆盖层厚度且其值处于表 4.1.6 所列场地类别的分界线附近时，应允许按插值方法确定地震作用计算所用的特征周期。

各类建筑场地的覆盖层厚度（m）　　　　　　　　　　　　　　　　表 4.1.6

岩石的剪切波速或土的等效剪切波速（m/s）	场地类别				
	I_0	I_1	Ⅱ	Ⅲ	Ⅳ
$V_s > 800$	0				
$800 \geqslant V_s > 500$		0			
$500 \geqslant V_{se} > 250$		< 5	≥ 5		
$250 \geqslant V_{se} > 150$		< 3	3～50	> 50	
$V_{se} \leqslant 150$		< 3	3～15	15～80	> 80

注：表中 V_s 系岩石的剪切波速

《建筑与市政工程抗震通用规范》GB 55002—2021

3.1.3　工程场地应根据岩石的剪切波速或土层等效剪切波速和场地覆盖层厚度按表 3.1.3 进行分类。

各类场地的覆盖层厚度（m） 表 3.1.3

岩石的剪切波速V_s或土的等效剪切波速V_{se}（m/s）	场地类别				
	I_0	I_1	II	III	IV
$V_s > 800$	0				
$800 \geqslant V_s > 500$		0			
$500 \geqslant V_{se} > 250$		< 5	≥ 5		
$250 \geqslant V_{se} > 150$		< 3	3～50	> 50	
$V_{se} \leqslant 150$		< 3	3～15	15～80	> 80

4.2.2-3 特征周期应根据场地类别和设计地震分组按表 4.2.2-2 采用。当有可靠的剪切波速和覆盖层厚度且其值处于表 3.1.3 所列场地类别的分界线±15%范围内时，应按插值方法确定特征周期。

特征周期值（s） 表 4.2.2-2

设计地震分组	场地类别				
	I_0	I_1	II	III	IV
第一组	0.20	0.25	0.35	0.45	0.65
第二组	0.25	0.30	0.40	0.55	0.75
第三组	0.30	0.35	0.45	0.65	0.90

实施注意事项

（1）覆盖层厚度和等效剪切波速都不是严格的数值，有±15%的误差属于勘察工作的正常范围。

（2）当上覆盖层厚度和等效剪切波速处于上述误差范围时，允许勘察报告说明该场地介于两类场地之间，以便设计人员通过插值法确定工程设计用的特征周期。

（3）当有可靠的波速和/或覆盖层数据时，应按图 2.4-1～图 2.4-3 插值确定特征周期，插值的方法如下：一般为等间距插入。不等间距的范围如下：II 类场地中，波速 150m/s～250m/s 之间的间距按线性增大规律确定：小值与 150m/s 以下协调，大值与 250m/s 以上协调；覆盖层在 5～50m 之间的间距，两端小中间大，小端取值分别与覆盖层 5m 以下和 50m 以上协调。在 d_{ov} 轴线上，3～65m 之间的间距宜以 15m 为界分两段按不同比例的线性增大规律确定：小值与 3m 以下协调，15m 两侧也各自协调。

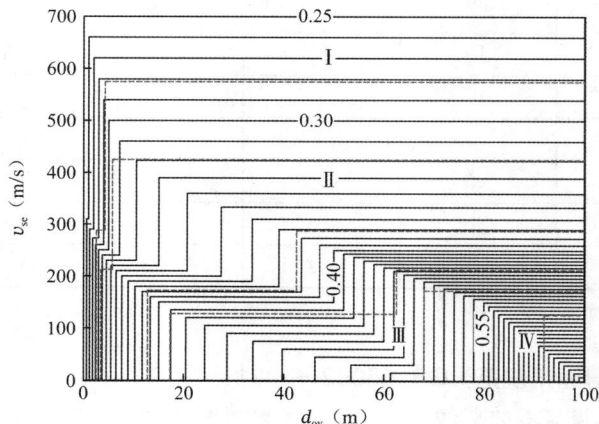

图 2.4-1 设计地震分组一组的特征周期等值线图

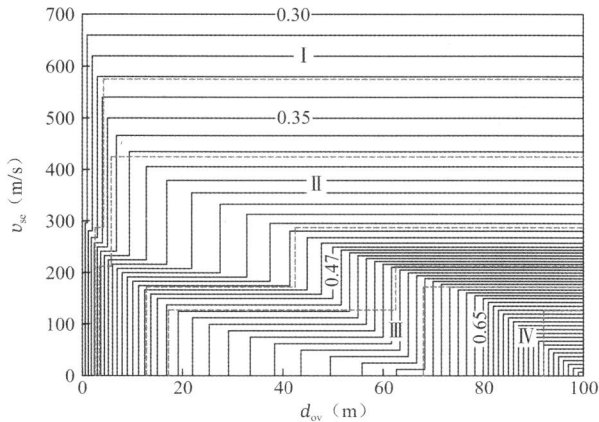

图 2.4-2　设计地震分组二组的特征周期等值线图

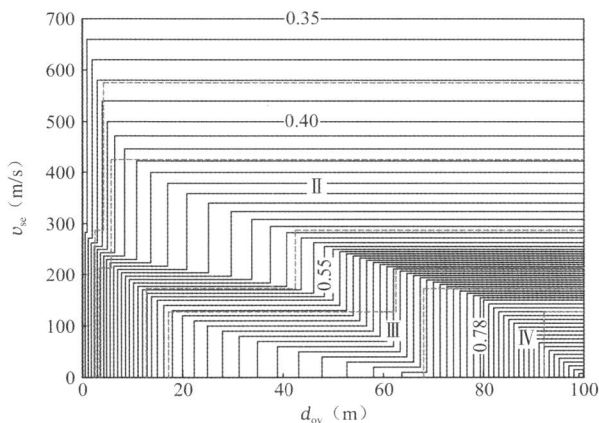

图 2.4-3　设计地震分组三组的特征周期等值线图

（4）场地在平面和深度方向的尺度与地震波波长相当，比建筑物地基的尺度要大得多。场地类别划分时所考虑的主要是地震地质条件对地震动的效应，关系到设计用的地震影响系数特征周期T_g的取值，也即影响到场地的反应谱特征。采用桩基或用搅拌桩（水泥固化剂桩，类似 CFG 桩）处理地基，只对建筑物下卧土层起作用，对整个场地的地震地质特性影响不大，因此不能改变场地类别。

2.4.2　剪切波速的测试与计算

2.4.2.1　波速测试要求与标准规定

等效剪切波速是场地类别划分的重要依据，《建筑抗震设计标准》GB/T 50011—2010（2024 年版）第 4.1.3 条对剪切波速测试作了详细的规定，《岩土工程勘察规范》GB 50021—2001（2009 年版）第 10.10 节对波速的测试作了规定，主要内容是：

（1）剪切波速是场地类别划分依据的基础数据，应有相应的可靠性。

（2）波速测孔的位置应能代表整个场地的基本特性。

（3）波速测孔的数量，按三种情况分别满足最小要求：初勘阶段，不少于 3 个；详勘阶段，单幢建筑不少于 2 个，密集的高层建筑群中每幢不少于 1 个；丁类和丙类多层建筑，可根据岩土名称和性状，利用当地经验估计土层的剪切波速。

（4）波速测试的深度，不小于 20m；当覆盖层厚度小于 20m 时，可相应减小，但应超过覆盖层的埋深，以判断覆盖层的厚度。

（5）波速测试采样点的竖向间距应根据土层的情况确定：每个不同的土层均应采集，除很薄的夹层（如小于 0.5m）外不得并层采样；同一土层的最大间距不大于 3m。

（6）波速测试可采用跨孔法或单孔检层法，测试技术较好时，二者差异不大，均能满足岩土勘察的±15%误差要求。

《建筑抗震设计标准》GB/T 50011—2010（2024 年版）

4.1.3 土层剪切波速的测量，应符合下列要求：

1 在场地初步勘察阶段，对大面积的同一地质单元，测试土层剪切波速的钻孔数量不宜少于 3 个。

2 在场地详细勘察阶段，对单幢建筑，测试土层剪切波速的钻孔数量不宜少于 2 个，测试数据变化较大时，可适量增加；对小区中处于同一地质单元内的密集建筑群，测试土层剪切波速的钻孔数量可适量减少，但每幢高层建筑和大跨空间结构的钻孔数量均不得少于 1 个。

3 对丁类建筑及丙类建筑中层数不超过 10 层、高度不超过 24m 的多层建筑，当无实测剪切波速时，可根据岩土名称和性状，按表 4.1.3 划分土的类型，再利用当地经验在表 4.1.3 的剪切波速范围内估算各土层的剪切波速。

土的类型划分和剪切波速范围   表 4.1.3

土的类型	岩土名称和性状	土层剪切波速范围（m/s）
岩石	坚硬、较硬且完整的岩石	$v_s > 800$
坚硬土或软质岩石	破碎和较破碎的岩石或软和较软的岩石，密实的碎石土	$800 \geqslant v_s > 500$
中硬土	中密、稍密的碎石土，密实、中密的砾、粗、中砂，$f_{ak} > 150$ 的黏性土和粉土，坚硬黄土	$500 \geqslant v_s > 250$
中软土	稍密的砾、粗、中砂，除松散外的细、粉砂，$f_{ak} \leqslant 150$ 的黏性土和粉土，$f_{ak} > 130$ 的填土，可塑新黄土	$250 \geqslant v_s > 150$
软弱土	淤泥和淤泥质土，松散的砂，新近沉积的黏性土和粉土，$f_{ak} \leqslant 130$ 的填土，流塑黄土	$v_s \leqslant 150$

注：f_{ak} 为由载荷试验等方法得到的地基承载力特征值（kPa）；v_s 为岩土剪切波速。

4.1.5 土层的等效剪切波速，应按下列公式计算：

$$v_{se} = d_0/t \tag{4.1.5-1}$$

$$t = \sum_{i=1}^{n} \left(\frac{d_i}{v_{si}} \right) \tag{4.1.5-2}$$

式中：v_{se}——土层等效剪切波速（m/s）；

d_0——计算深度（m），取覆盖层厚度和 20m 两者的较小值；

t——剪切波在地面至计算深度之间的传播时间；

d_i——计算深度范围内第 i 土层的厚度（m）；

v_{si}——计算深度范围内第 i 土层的剪切波速（m/s）；

n——计算深度范围内土层的分层数。

2.4.2.2 波速测试中的几种错误

错误 1：波速钻孔数量不够

如图 2.4-4 所示，整个场地的基岩面起伏较大，大多数埋深小于 5m，而唯一的波速钻孔的基岩埋深接近 10m，不具备代表性，波速测孔数量也不够。

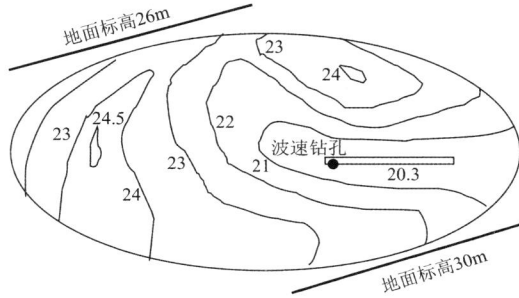

图 2.4-4　波速钻孔和基岩面分

错误 2：代表性不够

图 2.4-5 中，属于密集高层建筑的一幢，唯一的波速钻孔 B1，其土层剖面有很厚的碎石填层，与周围钻孔没有碎石填层明显不同。显然代表性不足，而且偏于保守。

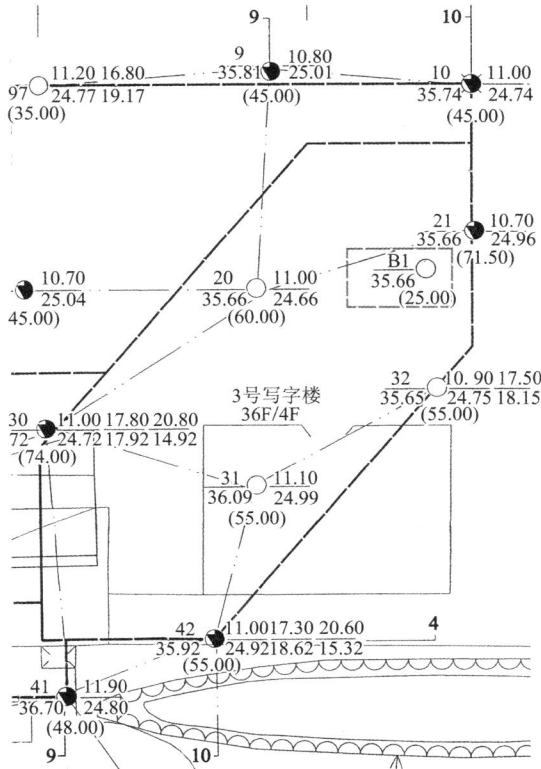

图 2.4-5　波速钻孔土层剖面不同

71

错误3：采样间距不正确

图 2.4-6 的波速测试数据中，相邻的圆砾层和中砂层只有一个波速值，并层采样；厚度 4m 的黏性土层、碎石层也只有一个波速值，采样间距过大。

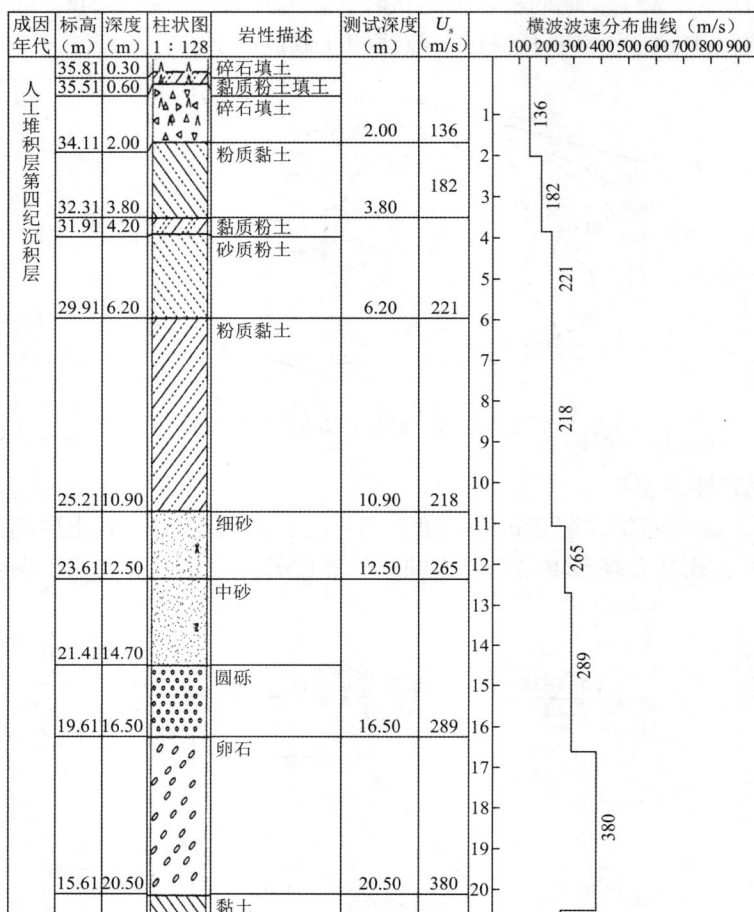

图 2.4-6　波速测点间距不正确

2.4.3　覆盖层厚度的确定

2.4.3.1　标准规定

《建筑抗震设计标准》GB/T 50011—2010（2024 年版）

4.1.4　建筑场地覆盖层厚度的确定，应符合下列要求：

1　一般情况下，应按地面至剪切波速大于 500m/s 且其下卧各层岩土的剪切波速均不小于 500m/s 的土层顶面的距离确定。

2　当地面 5m 以下存在剪切波速大于其上部各土层剪切波速 2.5 倍的土层，且该层及其下卧各层岩土的剪切波速均不小于 400m/s 时，可按地面至该土层顶面的距离确定。

3　剪切波速大于 500m/s 的孤石、透镜体，应视同周围土层。

4　土层中的火山岩硬夹层，应视为刚体，其厚度应从覆盖土层中扣除。

2.4.3.2 覆盖层厚度的确定方法

方法一：一般情况下，覆盖层厚度d_{ov}应按地面至剪切波速大于 500m/s 的土层顶面的距离s_1确定。

方法二：当地面 5m 以下存在剪切波速大于其上部各土层剪切波速 2.5 倍的土层，且该层及其下卧岩土的剪切波速均不小于 400m/s 时，覆盖层厚度d_{ov}可按地面至该土层顶面的距离s_2确定，

覆盖层厚度d_{ov}取上述两种方法的较小值：

$$d_{ov} = \min(s_1, s_2)$$

2.4.3.3 几点注意事项

（1）采用方法一确定覆盖层厚度时，当首次遇到剪切波速大于 500m/s 的土层时，就确定覆盖度而忽略规范对其以下各土层的要求，在实际应用时易发生错误，规范要求下部所有土层剪切波速均大于 500m/s。例如：某工程场地地层剖面如图 2.4-7 所示，根据地层剖面各土层剪切波速，有些报告在计算场地类别时将覆盖厚度取为 21m，忽略了卵石层下面还分布有波速小于 500m/s 的砂层而使场地类别判断错误。该场地正确的覆盖层厚度应取为 58m。

（2）采用方法二确定覆盖层厚度时，遇到相邻上下薄土层的剪切波速相差 2.5 倍，即按地面至该土层顶面的距离确定覆盖层厚度，忽略了上、下部所有土层的关系。《建筑抗震设计规范》GB 50011—2010 修订时明确要求：当地面 5m 以下存在剪切波速大于其上部各土层剪切波速 2.5 倍的土层，且该层及其下卧岩土的剪切波速均不小于 400m/s 时，方可按地面至该土层顶面的距离确定。例如，某工程场地地层剖面如图 2.4-8 柱状图 B，在圆砾层波速 420m/s，下部各土层均大于该波速值，而圆砾层上部各土层波速都满足 2.5 倍的要求时，覆盖层厚度才可定为 22m。

地层深度（m）	岩土名称	地层柱状图	剪切波速度v_s（m/s）
2.5	填土		120
5.5	粉质黏土		180
7.0	黏质粉土		200
11.0	砂质粉土		220
18.0	粉细砂	fx	230
21.0	粗砂	C	290
48.0	卵石		510
51.0	中砂	Z	380
58.0	粗砂	C	420
60.0	砂岩		800

图 2.4-7 柱状图 A

地层深度（m）	岩土名称	地层柱状图	剪切波速度v_s（m/s）
6.0	填土		130
12.0	粉质黏土		150
17.0	粉细砂	fx	155
22.0	粗砂	C	160
27.0	圆砾		420
51.0	卵石		450
55.0	砂岩		780

图 2.4-8 柱状图 B

（3）剪切波速大于 500m/s 的孤石和硬土透镜体，应视同周围土层。

（4）土层中的剪切波速大于 500m/s 的火山岩硬夹层，应视为绝对刚体，其厚度应从覆盖土层中扣除。注意，这种硬夹层一般较薄，厚度不超过 5m；当火山岩层的厚度超出 5m 时，应结合当地的工程经验和宏观地质资料，具体分析确定。

2.5　地基基础抗震概念设计

2.5.1　地基变形与失效的震害特点

地震对建筑物的破坏作用是通过场地、地基和基础传递给上部的结构体系的。场地、地基在地震时起着传递地震波和支承上部结构的双重作用，因此，对建筑结构的抗震性能具有重要影响。由于地基在地震下变形和失效所造成的上部结构破坏，不同于地面震动作用，其主要特点是：

（1）饱和砂性土液化，土体丧失承载力，使上部结构大幅度的沉降或不均匀震陷，导致结构和设施严重破坏。

（2）软弱黏性土在地震中产生震陷，加剧上部结构倾斜或破坏。

（3）原有的水坑、低洼地用杂填土等回填形成的松软填土地基，地震中沉陷导致结构开裂。

（4）故河道、边坡、半填半挖等不均匀地基，地震前上部结构已发现裂缝，地震中不均匀沉陷或地裂导致上部结构破坏。

（5）桩基埋深不足或桩身剪断，导致上部结构开裂破坏。

2.5.2　地基基础的概念设计与规定

地基基础的抗震设计，与上部结构一样，也包括计算分析和抗震措施两大部分。然而，地基基础的抗震设计要比上部结构粗糙得多，主要还是经验性的估计和判断。通常，建筑地基基础抗震设计主要依靠场地条件选择和地基抗震措施加以考虑，但还需要有合理的基础选型等概念设计予以配合，以减少或避免地基变形、失效引起上部破坏。为此，《建筑抗震设计标准》GB/T 50011—2010（2024 年版）在第 3.3.4 条和第 3.3.5 条给出了地基基础抗震设计的若干概念与原则。

《建筑抗震设计标准》GB/T 50011—2010（2024 年版）

3.3.4　地基和基础设计应符合下列要求：

　1　同一结构单元的基础不宜设置在性质截然不同的地基上。

　2　同一结构单元不宜部分采用天然地基部分采用桩基；当采用不同基础类型或基础埋深显著不同时，应根据地震时两部分地基基础的沉降差异，在基础、上部结构的相关部位采取相应措施。

　3　地基为软弱黏性土、液化土、新近填土或严重不均匀土时，应根据地震时地基不均匀沉降和其他不利影响，采取相应的措施。

3.3.5　山区建筑的场地和地基基础应符合下列要求：

　1　山区建筑场地勘察应有边坡稳定性评价和防治方案建议；应根据地质、地形条件和使用要求，因地制宜设置符合抗震设防要求的边坡工程。

　　2　边坡设计应符合现行国家标准《建筑边坡工程技术规范》GB 50330 的要求；其稳定性验算时，有关的摩擦角应按设防烈度的高低相应修正。

　　3　边坡附近的建筑基础应进行抗震稳定性设计。建筑基础与土质、强风化岩质边坡的边缘应留有足够的距离，其值应根据设防烈度的高低确定，并采取措施避免地震时地基基础破坏。

　　关于以上规定，在实际工程实施时，应注意从下几个方面进行把握：

　　1）同一结构单元，避免设置在性质截然不同的地基土层上。

　　2）同一结构单元不宜部分采用天然地基部分采用桩基；在高层建筑中，当主楼和裙房不分缝的情况下难以满足时，需仔细分析不同地基在地震下变形的差异及上部结构各部分地震反应差异的影响，采取相应措施。

　　3）选择有利的基础类型，验算时考虑结构、地基、基础相互作用的影响，尽可能反映地基基础的实际工作状态。

　　4）对水平的液化土层，一般按地基液化等级和建筑的抗震设防类别采取措施，从全部消除液化影响、部分消除液化影响到上部结构的基础处理等，还可以考虑上部结构重力对液化危害的影响，根据液化震陷估计调整液化处理措施；在部分消除液化影响时，地基处理宽度应超过基础下处理深度的 1/2 且不小于基础宽度的 1/5；对倾斜液化土层，要求采取防止土体滑动或结构开裂的措施。

　　5）对主要持力层存在软弱黏性土的地基，要合理选择地基承载力设计值，将地震附加应力限制在可接受的水平内，保证足够的安全贮备。可以选择合适的基础埋置深度；调整基础底面积，减小基础偏心；加强基础的整体性和刚度，如采用箱形基础、筏板基础或钢筋混凝土交叉条形基础，加设基础圈梁等；减轻荷载，增强上部结构的整体刚度和均匀对称性，合理设置沉降缝，避免采用对不均匀沉降敏感的结构形式等。所谓对液化敏感有两种情况：一是沉陷可能导致结构破坏，二是沉陷可能使结构不能正常使用。

　　6）对杂填土地基，因其堆填方法不同、疏松程度不同、厚薄不一，不应作为持力层，应进行必要的处理，如换土分层碾压夯实，或地基加固处理。

　　7）对土质明显不均匀的地基，要求详细勘察，根据具体情况，从上部结构和地基共同作用出发，对建筑体型、荷载、结构类型、地质条件、设防烈度等进行综合分析，采取布局合理和有效的抗震措施。

　　8）对隐伏的发震断裂，GB 50011—2001 根据最新研究成果规定，抗震设防烈度小于 8 度，或非全新世活动断裂，或抗震设防烈度为 8 度和 9 度时隐伏断裂的土层覆盖厚度较大，均可不考虑发震断裂影响；其他情况的隐伏发震断裂，明确规定了最小避让距离。

　　9）针对山区房屋选址和地基基础设计，《建筑抗震设计规范》GB 50011—2001 自 2008 年局部修订时提出明确的抗震要求。工程应用时需注意把握以下两点：

　　（1）有关山区建筑距边坡边缘的距离，参照《建筑地基基础设计规范》GB 50007—2011 相关规定计算时，其边坡坡角需按地震烈度的高低修正——减去地震角，滑动力矩需计入水平地震和竖向地震产生的效应。

（2）挡土结构抗震设计稳定验算时有关摩擦角的修正，指地震主动土压力按库仑理论计算时：土的重度除以地震角的余弦，填土的内摩擦角减去地震角，土对墙背的摩擦角增加地震角。地震角的范围取 1.5°～10°，取决于地下水位以上和以下，以及设防烈度的高低。可参见《建筑抗震鉴定标准》GB 50023—2009 第 4.2.9 条。

2.6 天然地基基础的抗震验算

2.6.1 抗震验算范围

我国多次强烈地震的震害经验表明，在遭受破坏的建筑中，因地基失效导致的破坏，相对而言，比上部结构本身因强度、变形能力不足而导致的破坏要少；而且，这些地基主要由饱和松砂、软弱黏性土和成因岩性状态严重不均匀的土层组成。大量的一般的天然地基都具有较好的抗震性能。因此，我国自《建筑抗震设计规范》GBJ 11—89 开始，就规定了天然地基可以不验算的范围。《建筑抗震设计标准》GB/T 50011—2010（2024 年版）在延续前几版规范要求的基础上，进一步作了如下修订：

（1）对可不进行天然地基和基础抗震验算的框架房屋的层数和高度作了更明确的规定。

（2）限制使用黏土砖以来，有些地区改为建造多层的混凝土抗震墙房屋，当其基础荷载与一般民用框架相当时，由于其地基基础情况与砌体结构类同，故也可不进行抗震承载力验算。

经上述修订后，《建筑抗震设计标准》GB/T 50011—2010（2024 年版）的相关规定如下：

《建筑抗震设计标准》GB/T 50011—2010（2024 年版）

4.2.1 下列建筑可不进行天然地基及基础的抗震承载力验算：

　　1 本规范规定可不进行上部结构抗震验算的建筑。

　　2 地基主要受力层范围内不存在软弱黏性土层的下列建筑：

　　1）一般的单层厂房和单层空旷房屋；

　　2）砌体房屋；

　　3）不超过 8 层且高度在 24m 以下的一般民用框架和框架-抗震墙房屋；

　　4）基础荷载与 3）项相当的多层框架厂房和多层混凝土抗震墙房屋。

　　注：软弱黏性土层指 7 度、8 度和 9 度时，地基承载力特征值分别小于 80、100 和 120kPa 的土层。

需要注意的是，条文中所谓的"主要受力层"，是指地基土持力层以下的所有压缩层。

2.6.2 验算原则与方法

2.6.2.1 规范规定

地基土在有限次循环动力作用下的动强度，一般比静强度略高，同时地震作用下的结构容许可靠度比静荷载下有所降低，因此，在地基抗震验算时，除了按《建筑地基基础设计规范》GB 50007—2011 的规定进行作用效应组合外，对其承载力也应有所调整。

关于天然基础的抗震验算，《建筑与市政工程抗震通用规范》GB 55002—2021 以及

《建筑抗震设计标准》GB/T 50011—2010（2024 年版）给出了明确的规定。

《建筑与市政工程抗震通用规范》GB 55002—2021

3.2.1　天然地基的抗震验算，应采用地震作用效应的标准组合和地基抗震承载力进行。地基抗震承载力应取地基承载力特征值与地基抗震承载力调整系数的乘积。地基抗震承载力调整系数应根据地基土的性状取值，但不得超过 1.5。

《建筑抗震设计标准》GB/T 50011—2010（2024 年版）

4.2.2　天然地基基础抗震验算时，应采用地震作用效应标准组合，且地基抗震承载力应取地基承载力特征值乘以地基抗震承载力调整系数计算。

4.2.3　地基抗震承载力应按下式计算：

$$f_{aE} = \zeta_a f_a \tag{4.2.3}$$

式中：f_{aE}——调整后的地基抗震承载力；

　　　ζ_a——地基抗震承载力调整系数，应按表 4.2.3 采用；

　　　f_a——深宽修正后的地基承载力特征值，应按现行国家标准《建筑地基基础设计规范》GB 50007 采用。

地基抗震承载力调整系数　　　　　　　　　　　　　　　表 4.2.3

岩土名称和性状	ζ_a
岩石，密实的碎石土，密实的砾、粗、中砂，$f_{ak} \geqslant 300$kPa 的黏性土和粉土	1.5
中密、稍密的碎石土，中密和稍密的砾、粗、中砂，密实和中密的细、粉砂，150kPa $\leqslant f_{ak} < 300$kPa 的黏性土和粉土，坚硬黄土	1.3
稍密的细、粉砂，100kPa $\leqslant f_{ak} < 150$kPa 的黏性土和粉土，可塑黄土	1.1
淤泥，淤泥质土，松散的砂，杂填土，新近堆积黄土及流塑黄土	1.0

4.2.4　验算天然地基地震作用下的竖向承载力时，按地震作用效应标准组合的基础底面平均压力和边缘最大压力应符合下列各式要求：

$$P \leqslant f_{aE} \tag{4.2.4-1}$$

$$p_{max} \leqslant 1.2 f_{aE} \tag{4.2.4-2}$$

式中：p——地震作用效应标准组合的基础底面平均压力；

　　　p_{max}——地震作用效应标准组合的基础边缘的最大压力。

　　高宽比大于 4 的高层建筑，在地震作用下基础底面不宜出现脱离区（零应力区）；其他建筑，基础底面与地基土之间脱离区（零应力区）面积不应超过基础底面面积的 15%。

2.6.2.2　实施注意事项

1. 关于地基基础设计的荷载组合

地基材料有其特殊性，其强度与基础宽度、埋深等有密切关系，实测的地基承载力指沉降急剧增大、或 24h 内沉降不稳定、或本级沉降量大于前一级的 5 倍等，即依据沉降量确定的，不同于上部结构构件确定承载力的方法，因此，基础设计的荷载组合如下：

（1）按地基承载力确定基础底面面积和埋深以及桩数时，采用正常使用极限状态的标准组合。

（2）计算地基变形时，不应计入风荷载和地震作用，采用正常使用极限状态的准永久组合。

（3）计算挡土墙压力、地基或斜坡稳定时，采用荷载分项系数 1.0 的承载能力极限状态的基本组合。

（4）确定基础构件（如基础或承台高度、支挡结构截面、基础或支挡结构）的配筋和材料强度时，采用具有相应分项系数的承载能力极限状态的基本组合。

（5）验算基础裂缝时，采用正常使用极限状态的标准组合。

2. 关于地基基础的抗震验算要求

地基基础的抗震验算，一般采用所谓"拟静力法"，此法假定地震作用如同静力，然后在这种条件下验算地基和基础的承载力及稳定性，所列的公式主要是参考地基基础设计规范等相关规范的规定提出的。因此，基础压力的计算应采用地震作用效应标准组合，即各作用分项系数均取 1.0 的组合；但地基的承载力特征值需乘以"地基抗震承载力调整系数"

地基的抗震承载力是在静力设计的承载力特征值基础上进行调整的，而静力设计的承载力特征值应按《建筑地基基础设计规范》GB 50007—2011 做基础深度和宽度的修正，因此，不可先做抗震调整后再进行深度和宽度修正。

3. 关于地基基础构件的抗震验算要求

地基基础构件的抗震验算，包括天然地基的基础高度、桩基承台、桩身等，仍采用地震作用效应基本组合进行构件的抗震截面验算。基础构件截面抗震验算的表达式按《建筑抗震设计标准》GB/T 50011—2010（2024 年版）第 5.4.1、5.4.2 条规定执行，其中，基础构件的抗震承载力调整系数 γ_{RE} 应根据受力状态按照《建筑与市政工程抗震通用规范》GB 55002—2021 第 4.3.1 条规定采用。

2.7 液化地基与抗液化措施

2.7.1 液化判别与处理的范围

2.7.1.1 液化危害与规定

地基震害现象有沉陷、倾斜、裂缝、滑移、基础上浮等. 根据国内外地基破坏事例的分析与统计，其中 80% 是由于土体液化引起的。因此，对土体液化的处理是地基抗震的主要任务。

从工程实用的角度考虑，判别液化是否发生和土层液化之后对上部结构有什么影响是非常重要的两个问题，还有一个重要问题是采取什么措施能预防或减轻液化的危害。

依据液化场地的震害调查结果，6 度区液化对房屋结构所造成的震害是比较轻的，因此，一般情况下，除对液化沉陷敏感的乙类建筑外，6 度区的一般建筑可不考虑液化影响。当然，6 度的甲类建筑的液化问题也需要专门研究。

关于黄土的液化可能性及其危害在我国的历史地震中虽不乏报道，但缺乏较详细的评价资料，在 20 世纪 50 年代以来的多次地震中，黄土液化现象很少见到，对黄土的液化判别尚缺乏经验，但值得重视。近年来的国内外震害与研究还表明，砾石在一定条件下也会液化，但是由于黄土与砾石液化研究资料还不够充分，暂不列入规范，有待进一步研究。

基于上述情况，《建筑与市政工程抗震通用规范》GB 55002—2021 以及《建筑抗震设计标准》GB/T 50011—2010（2024 年版）给出了如下规定。

《建筑与市政工程抗震通用规范》GB 55002—2021

3.2.2　对抗震设防烈度不低于 7 度的建筑与市政工程，当地面下 20m 范围内存在饱和砂土和饱和粉土时，应进行液化判别；存在液化土层的地基，应根据工程的抗震设防类别、地基的液化等级，结合具体情况采取相应的抗液化措施。

《建筑抗震设计标准》GB/T 50011—2010（2024 年版）

4.3.1　饱和砂土和饱和粉土（不含黄土）的液化判别和地基处理，6 度时，一般情况下可不进行判别和处理，但对液化沉陷敏感的乙类建筑可按 7 度的要求进行判别和处理，7～9 度时，乙类建筑可按本地区抗震设防烈度的要求进行判别和处理。

4.3.2　地面下存在饱和砂土和饱和粉土时，除 6 度外，应进行液化判别；存在液化土层的地基，应根据建筑的抗震设防类别、地基的液化等级，结合具体情况采取相应的措施。

　　注：本条饱和土液化判别要求不含黄土、粉质黏土。

2.7.1.2　实施注意事项

《建筑与市政工程抗震通用规范》GB 55002—2021 第 3.2.2 条是有关液化判别和处理的强制性要求，全面规定了减小地基液化危害的对策：

首先，液化判别的范围为，除 6 度设防外存在饱和砂土和饱和粉土的土层；

其次，一旦属于液化土，应确定地基的液化等级；

最后，根据液化等级和建筑抗震设防分类，选择合适的处理措施，包括地基处理和对上部结构采取加强整体性的相应措施等。

为全面落实与执行 GB 55002—2021 的上述要求，还需要配套执行《建筑抗震设计标准》GB/T 50011—2010（2024 年版）第 4.3 节的若干规定，在工程实施过程中，应注意把握以下几点：

（1）凡初判法认定为不液化或不考虑液化影响，不能再用标准贯入法判别，否则可能出现混乱。用于液化判别的黏粒含量，因沿用 20 世纪 70 年代的试验数据，需要采用六偏磷酸钠作分散剂测定，采用其他方法时应按规定换算。

（2）液化判别的标准贯入数据，每个土层至少应有 6 个数据。深基础和桩基的液化判别深度应为 20m。

（3）计算地基液化指数时，需对每个钻孔逐一计算，然后对整个地基综合评价。

（4）采取抗液化工程措施的基本原则是根据液化的可能危害程度区别对待，尽量减小工程量。对基础和上部结构的综合治理，可同时采用多项措施。对较平坦均匀场地的土层，液化的危害主要是不均匀沉陷和开裂；对倾斜场地，土层液化的后果往往是大面积土体滑动导致建筑破坏，二者危害的性质不同，抗液化措施也不同。GB/T 50011—2010 仅对故河道等倾斜场地的液化侧向扩展和液化流滑提出处理措施。

（5）液化判别、液化等级不按抗震设防类别区分，但同样的液化等级，不同设防类别的建筑有不同的抗液化措施。因此，乙类建筑仍按本地区设防烈度的要求进行液化判别并确定液化等级，再相应采取抗液化措施。

（6）震害资料表明，6 度时液化对房屋建筑的震害比较轻微。因此，6 度设防的一般建筑不考虑液化影响，仅对不均匀沉陷敏感的乙类建筑需要考虑液化影响，对甲类建筑则需要专门研究。

2.7.2 液化判别方法

2.7.2.1 液化判别的历史沿革

饱和砂土液化问题很早就引起了重视，我国在《工业与民用建筑抗震设计规范（试行）》TJ 11—74 制定时，依据新中国成立后 8 次大地震中 12 幢房屋因砂土液化而引起的地基破坏的宏观实例及 58 个自由场地土壤发生液化和未发生液化实例给出砂土液化经验判别式。

《工业与民用建筑抗震设计规范（试行）》TJ 11—74

第 10 条　当建筑物地基在地表下 15 米深度范围内，有饱和砂层时，可用标准贯入试验鉴定其在地震时是否可能液化。所处深度为 d_s 米的饱和砂土，当其标准贯入锤击数 $N_{63.5}$ 值小于按下式算出的 N' 值时，可认为是可液化砂土：

$$N' = \overline{N}'[1 + 0.125(d_s - 3) - 0.05(d_w - 2)] \tag{2}$$

式中：N'——饱和砂土所处深度为 d_s 米，室外地面到地下水位的距离为 d_w 米时，砂土液化临界贯入锤击数；

$\overline{N}'$——当 $d_s = 3$ 米，$d_w = 2$ 米时，砂土液化临界贯入锤击数：设计烈度 7 度时为 6，8 度为 10，9 度时为 16；

d_s——饱和砂土所处深度（米）；

d_w——室外地面到地下水位的距离（米）。

根据上述资料提出判别砂土液化的经验公式之后，我国又连续发生了多次强烈地震，尤其是在 1975 年海城地震及 1976 年唐山地震中，有许多地方发生了液化。经验证明，TJ 11—74 给出的判别公式是基本符合实际的。然而在这二次地震中还发现，不仅砂类土发生了液化，粉土也发生了液化。因此《工业与民用建筑抗震设计规范》TJ 11—78 制定时，对粒径小于 0.05mm 的颗粒占总重 40% 以上的饱和粉土，原有的液化判别公式也适用。

《工业与民用建筑抗震设计规范》TJ 11—78

第 10 条　当建筑物地基（一般考虑在地表下 15 米范围内）有饱和砂土层或粒径大于 0.05 毫米的颗粒占总重 40% 以上的饱和轻亚黏土层时，应经试验确定在地震时是否可能液化。

饱和砂土是否可能液化，可采用标准贯入试验进行鉴定。当有经验时，也可采用其他方法（如静力触探、相对密度及其他种类的动力触探等）鉴定。

对地面以下 15 米范围内深度为 d_s 的饱和砂土，其标准贯入锤击数 $N_{63.5}$ 值小于按下式算出的 N' 值时，则可认为是可液化砂土：

$$N' = \overline{N}'[1 + 0.125(d_s - 3) - 0.05(d_w - 2)] \tag{2}$$

式中：N'——饱和砂土所处深度为 d_s，室外地面到地下水位距离为 d_w 时，砂土液化临界贯入锤击数；

$\overline{N}'$——当 $d_s = 3$ 米，$d_w = 2$ 米时，砂土液化临界贯入锤击数：设计烈度为 7 度、8 度、9 度时，其数值分别为 6、10、16；

---

d_s——饱和砂土所处深度（米）；

d_w——室外地面到地下水位的距离（米）。

随着液化震害资料的不断累积以及对液化研究的不断深入，发现 TJ 11—78 的规定存在一些不足：其一，是对粉土没有规定液化判别方法，不加修改地采用砂土液化判别公式将导致过于保守的结果；其二，是未考虑震级这一重要因素的影响；其三，是 TJ 11—78 的判别式仅对某一深度的砂能否液化作出判别，而没有对液化的严重程度和危害性做出估计。鉴于上述情况，《建筑抗震设计规范》GBJ 11—89 制定时依据海城和唐山地震资料，并在适当考虑国外经验的基础上，将液化判别分两步进行：第一步为初步判别，第二步是常规的标准贯入试验判别；凡是初步判定为不液化或无需考虑液化影响的场地，可不进行第二步判别，这样可节省一些勘察工作量。

《建筑抗震设计规范》GBJ 11—89

第 3.3.2 条　饱和的砂土或粉土，当符合下列条件之一时，可初步判别为不液化或不考虑液化影响：

一、地质年代为第四纪晚更新世（Q_3）及其以前时，可判为不液化土；

二、粉土的黏粒（粒径小于 0.005mm 的颗粒）含量百分率，7 度、8 度和 9 度分别不小于 10、13 和 16 时，可判为不液化土；

注：用于液化判别的黏粒含量系采用六偏磷酸钠作分散剂测定，采用其他方法时应按有关规定换算。

三、采用天然地基的建筑，当上覆非液化土层厚度和地下水位深度符合下列条件之一时，可不考虑液化影响：

$$d_u > d_0 + d_b - 2 \tag{3.3.2-1}$$

$$d_w > d_0 + d_b - 3 \tag{3.3.2-2}$$

$$d_u + d_w > 1.5d_0 + 2d_b - 4.5 \tag{3.3.2-3}$$

式中：d_w——地下水位深度（m），宜按建筑使用期内年平均最高水位采用，也可按近期内年最高水位采用；

d_u——上覆非液化土层厚度（m），计算时宜将淤泥和淤泥质土层扣除；

d_b——基础埋置深度（m），不超过 2m 时应采用 2m；

d_0——液化土特征深度（m），可按表 3.3.2 采用。

液化土特征深度（单位：m）　　　　　　　　　　　　　　表 3.3.2

饱和土类别	烈度		
	7	8	9
粉土	6	7	8
砂土	7	8	9

第 3.3.3 条　当初步判别认为需进一步进行液化判别时，应采用标准贯入试验判别法。在地面下 15m 深度范围内的液化土应符合下式要求，当有成熟经验时，尚可采用其他判别方法。

$$N_{63.5} < N_{cr} \tag{3.3.3-1}$$

$$N_{cr} = N_0[0.9 + 0.1(d_s - d_w)]\sqrt{\frac{3}{\rho_c}} \qquad (3.3.3-2)$$

式中：$N_{63.5}$——饱和土标准贯入锤击数实测值（未经杆长修正）；

$\quad\quad N_{cr}$——液化判别标准贯入锤击数临界值；

$\quad\quad N_0$——液化判别标准贯入锤击数基准值，应按表 3.3.3 采用；

$\quad\quad d_s$——饱和土标准贯入点深度（m）；

$\quad\quad \rho_c$——粘粒含量百分率，当小于 3 或为砂土时，均应采用 3。

标准贯入锤击数基准值　　　　　　　　　　　　　表 3.3.3

近、远震	烈度		
	7	8	9
近震	6	10	16
远震	8	12	—

　　GBJ 11—89 初步判别的提法是根据新中国成立以来历次地震对液化与非液化场地的实际考察、测试分析结果得出来的。从地貌单元来讲这些地震现场主要为河流冲洪积形成的地层，不包括黄土分布区及其他沉积类型。GBJ 11—89 发布后，在执行中不断有单位和学者提出液化初步判别中第 1 款在有些地区不适合，为慎重起见，GB 50011—2001 制定时将此款的适用范围局限于 7、8 度区。另一方面，随着高层及超高层建筑的不断发展，基础埋深越来越大，要求判别液化的深度也相应加大，GBJ 11—89 中判别深度为 15m，已不能满足工程的实际需要，为此，GB 50011—2001 修订时，将基础埋深大于 5m 的深基础和桩基工程的判别深度加深至 20m。

《建筑抗震设计规范》GB 50011—2001

4.3.3　饱和的砂土或粉土（不含黄土），当符合下列条件之一时，可初步判别为不液化或可不考虑液化影响：

　　1　地质年代为第四纪晚更新世（Q_3）及其以前时，7、8 度时可判为不液化。

　　2　粉土的黏粒（粒径小于 0.005mm 的颗粒）含量百分率，7 度、8 度和 9 度分别不小于 10、13 和 16 时，可判为不液化土。

　　注：用于液化判别的黏粒含量系采用六偏磷酸钠作分散剂测定，采用其他方法时应按有关规定换算。

　　3　天然地基的建筑，当上覆非液化土层厚度和地下水位深度符合下列条件之一时，可不考虑液化影响：

$$d_u > d_0 + d_b - 2 \qquad (4.3.3-1)$$

$$d_w > d_0 + d_b - 3 \qquad (4.3.3-2)$$

$$d_u + d_w > 1.5d_0 + 2d_b - 4.5 \qquad (4.3.3-3)$$

式中：d_w——地下水位深度（m），宜按设计基准期内年平均最高水位采用，也可按近期内年最高水位采用；

$\quad\quad d_u$——上覆盖非液化土层厚度（m），计算时宜将淤泥和淤泥质土层扣除；

$\quad\quad d_b$——基础埋置深度（m），不超过 2m 时应采用 2m；

d_0——液化土特征深度（m），可按表 4.3.3 采用。

液化土特征深度（单位：m）　　　　　表 4.3.3

饱和土类别	7 度	8 度	9 度
粉土	6	7	8
砂土	7	8	9

4.3.4　当初步判别认为需进一步进行液化判别时，应采用标准贯入试验判别法判别地面下 15m 深度范围内的液化；当采用桩基或埋深大于 5m 的深基础时，尚应判别 15～20m 范围内土的液化。当饱和土标准贯入锤击数（未经杆长修正）小于液化判别标准贯入锤击数临界值时，应判为液化土。当有成熟经验时，尚可采用其他判别方法。

在地面下 15m 深度范围内，液化判别标准贯入锤击数临界值可按下式计算：

$$N_{cr} = N_0[0.9 + 0.1(d_s - d_w)]\sqrt{3/\rho_c}\,(d \leq 15) \tag{4.3.4-1}$$

在地面下 15～20m 范围内，液化判别标准贯入锤击数临界值可按下式计算：

$$N_{cr} = N_0(2.4 - 0.1d_w)\sqrt{3/\rho_c}\,(15 \leq d_s \leq 20) \tag{4.3.4-2}$$

式中：N_{cr}——液化判别标准贯入锤击数临界值；

　　　N_0——液化判别标准贯入锤击数基准值，应按表 4.3.4 采用；

　　　d_s——饱和土标准贯入点深度（m）；

　　　ρ_c——黏粒含量百分率，当小于 3 或为砂土时，应采用 3。

标准贯入锤击数基准值　　　　　表 4.3.4

设计地震分组	7 度	8 度	9 度
第一组	6（8）	10（13）	16
第二、三组	8（10）	12（15）	18

注：括号内数值用于设计基本地震加速度为 0.15g 和 0.30g 的地区。

　　GB 50011—2001 规范将液化判别的深度加深至 20m，有效地解决了深基础的液化判别问题，然而，GB 50011—2001 还存在以下几个问题亟待完善：其一，未考虑震级的影响，同一烈度可能由不同的震级引起，现场经验与室内试验都已证明，烈度相同，震级不同时，液化程度不一样；其二，判别液化的方法属于经验性的确定性方法，缺乏概率分析，而上部结构的地震作用是采用概率分析作基础的，这种上下不一致的问题需要进一步解决；其三，15～20m 深度范围内按 15m 深度处的 N_{cr} 值进行判别，明显不合理。

　　鉴于上述情况，GB/T 50011—2010 修订时，调整了标准贯入法液化判别公式，将自 TJ 11—74 规范以来一直沿用的 15m 深度内采用直线判别改为对数曲线判别，并延伸至 15m 深度以下的判别，同时，考虑了震级的影响，重新定义液化判别的锤击数基本值——M7.5 液化概率 32% 时水位 2m、埋深 3m 的液化临界锤击数。GB/T 50011—2010 修订后，液化判别结果总体上与 2001 版保持接近。

《建筑抗震设计标准》GB/T 50011—2010（2024 年版）

4.3.3　饱和的砂土或粉土（不含黄土），当符合下列条件之一时，可初步判别为不液化或可不考虑液化影响：

    1 地质年代为第四纪晚更新世（Q_3）及其以前时，7、8度时可判为不液化。

    2 粉土的黏粒（粒径小于0.005mm的颗粒）含量百分率，7度8度和9度分别不小于10、13、和16时，可判为不液化土。

    注：用于液化判别的黏粒含量系采用六偏磷酸钠作分散剂测定，采用其他方法时应按有关规定换算。

    3 浅埋天然地基的建筑，当上覆非液化土层厚度和地下水位深度符合下列条件之一时，可不考虑液化影响：

$$d_u > d_0 + d_b - 2 \tag{4.3.3-1}$$

$$d_w > d_0 + d_b - 3 \tag{4.3.3-2}$$

$$d_u + d_w > 1.5d_0 + 2d_b - 4.5 \tag{4.3.3-3}$$

式中：d_w——地下水位深度（m），宜按设计基准期内年平均最高水位采用，也可按近期内年最高水位采用；

        d_u——上覆盖非液化土层厚度（m），计算时宜将淤泥和淤泥质土层扣除；

        d_b——基础埋置深度（m），不超过2m时应采用2m；

        d_0——液化土特征深度（m），可按表4.3.3采用。

液化土特征深度（m） 表4.3.3

饱和土类别	7度	8度	9度
粉土	6	7	8
砂土	7	8	9

    注：当区域的地下水位处于变动状态时，应按不利的情况考虑。

4.3.4 当饱和砂土、粉土的初步判别认为需进一步进行液化判别时，应采用标准贯入试验判别法判别地面下20m范围内土的液化；但对本规范第4.2.1条规定可不进行天然地基及基础的抗震承载力验算的各类建筑，可只判别地面下15m范围内土的液化。当饱和土标准贯入锤击数（未经杆长修正）小于或等于液化判别标准贯入锤击数临界值时，应判为液化土。当有成熟经验时，尚可采用其他判别方法。

    在地面下20m深度范围内，液化判别标准贯入锤击数临界值可按下式计算：

$$N_{cr} = N_0 \beta [\ln(0.6d_s + 1.5) - 0.1d_w]\sqrt{3/\rho_c} \tag{4.3.4}$$

式中：N_{cr}——液化判别标准贯入锤击数临界值；

        N_0——液化判别标准贯入锤击数基准值，可按表4.3.4采用；

        d_s——饱和土标准贯入点深度（m）；

        d_w——地下水位（m）；

        ρ_c——黏粒含量百分率，当小于3或为砂土时，应采用3；

        β——调整系数，设计地震第一组取0.80，第二组取0.95，第三组取1.05。

液化判别标准贯入锤击数基准值 N_0 表4.3.4

设计基本地震加速度（g）	0.10	0.15	0.20	0.30	0.40
液化判别标准贯入锤击数基准值	7	10	12	16	19

2.7.2.2　GB/T 50011—2010 实施注意事项

目前，我国对砂土液化判别分两步进行：初步判别和标准贯入判别，若初步判别为可不考虑液化影响，则不必进行标准贯入判别（图 2.7-1）。初步判别依据地质年代、上覆非液化土层厚度和地下水位，GB/T 50011—2010 第 4.3.3 条给出了相关规定；标准贯入判别要依据未经杆长修正的标准贯入锤击数进行，第 4.3.4 条给出了相关规定。

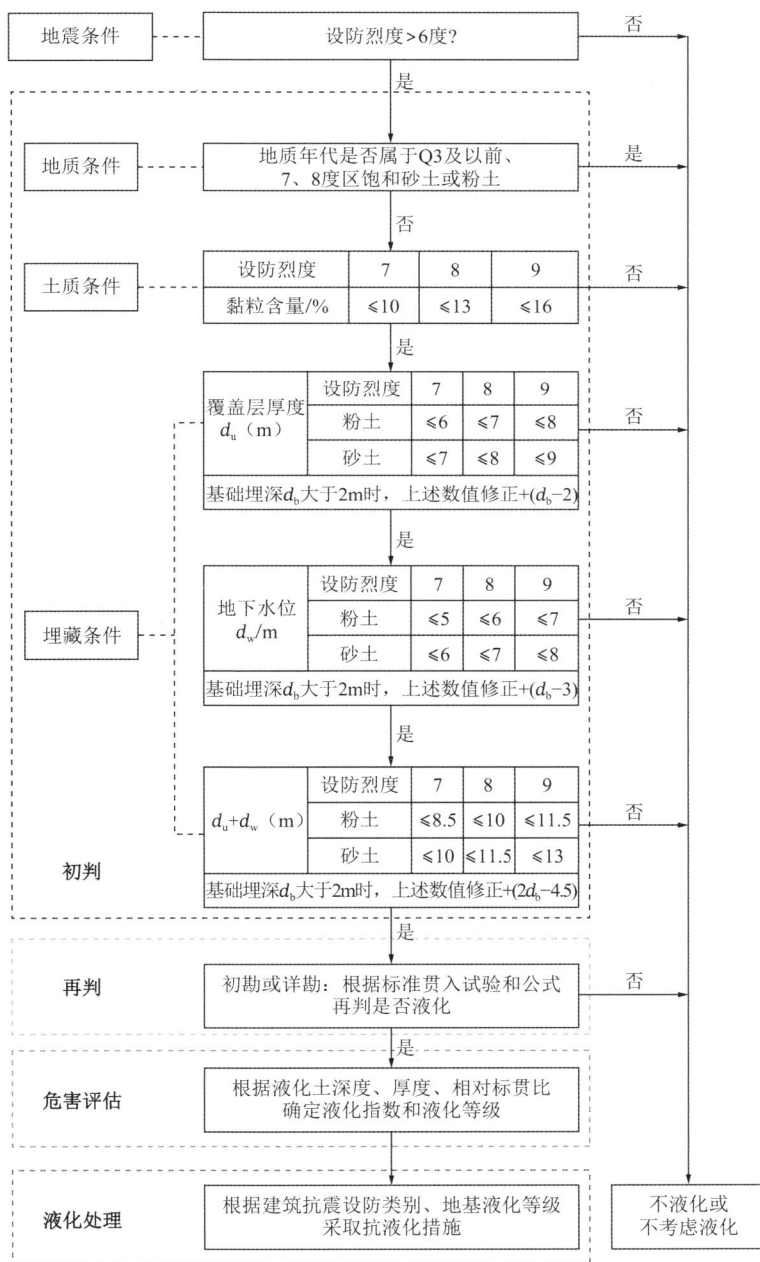

地震条件	┄┄	设防烈度>6度？	否 →

| 地质条件 | ┄┄ | 地质年代是否属于Q3及以前、7、8度区饱和砂土或粉土 | 是 → |

土质条件	┄┄	设防烈度	7	8	9	否 →
		黏粒含量/%	≤10	≤13	≤16	

覆盖层厚度 d_u（m）

设防烈度	7	8	9
粉土	≤6	≤7	≤8
砂土	≤7	≤8	≤9

基础埋深 d_b 大于 2m 时，上述数值修正 $+(d_b-2)$　否 →

地下水位 d_w/m

设防烈度	7	8	9
粉土	≤5	≤6	≤7
砂土	≤6	≤7	≤8

基础埋深 d_b 大于 2m 时，上述数值修正 $+(d_b-3)$　否 →

d_u+d_w（m）

设防烈度	7	8	9
粉土	≤8.5	≤10	≤11.5
砂土	≤10	≤11.5	≤13

基础埋深 d_b 大于 2m 时，上述数值修正 $+(2d_b-4.5)$　否 →

（埋藏条件／初判）

| 再判 | ┄┄ | 初勘或详勘：根据标准贯入试验和公式再判是否液化 | 否 → |

| 危害评估 | ┄┄ | 根据液化土深度、厚度、相对标贯比确定液化指数和液化等级 |

| 液化处理 | ┄┄ | 根据建筑抗震设防类别、地基液化等级采取抗液化措施 | 不液化或不考虑液化 |

图 2.7-1　GB/T 50011—2010（2024 年版）液化判别与处理流程简图

《建筑抗震设计标准》GB/T 50011—2010（2024 年版）有关液化判别的规定，与之前相关标准（规范）的规定有一些实质性的变化，在实际工程执行过程中，应注意对以下几个问题的把握。

1）关于液化判别深度

一般要求将液化判别深度加深到 20m，但对于第 4.2.1 条规定可不进行天然地基及基础的抗震承载力验算的各类建筑，可只判别地面下 15m 范围内土的液化。

2）关于液化判别公式

自 1994 年美国 Northridge 地震和 1995 年日本 Kobe 地震以来，北美和日本都对其使用的地震液化简化判别方法进行了改进与完善，1996、1997 年美国举行了专题研讨会，2000 年左右，日本的几部规范皆对液化判别方法进行了修订。考虑到影响土壤液化的因素很多，而且它们具有显著的不确定性，采用概率方法进行液化判别是一种合理的选择。自 1988 年以来，特别是 20 世纪末和 21 世纪初，国内外在砂土液化判别概率方法的研究都有了长足的进展。我国学者在 H.B.Seed 的简化液化判别方法的框架下，根据人工神经网络模型与我国大量的液化和未液化现场观测数据，可得到极限状态时的液化强度比函数，建立安全裕量方程，利用结构系统的可靠度理论可得到液化概率与安全系数的映射函数，并可给出任一震级不同概率水平、不同地面加速度以及不同地下水位和埋深的液化临界锤击数。GB/T 50011—2010 中式（4.3.4）是基于以上研究结果并考虑规范延续性修改而成的。选用对数曲线的形式来表示液化临界锤击数随深度的变化，比 GB 50011—2001 规范折线形式更为合理。

考虑一般结构可接受的液化风险水平以及国际惯例，选用震级 $M = 7.5$，液化概率 $P_L = 0.32$，水位为 2m，埋深为 3m 处的液化临界锤击数作为液化判别标准贯入锤击数基准值（见 GB/T 50011—2010 表 4.3.4）。研究表明，理想的调整系数 β 与震级大小有关，可近似用式 $\beta = 0.25M - 0.89$ 表示。鉴于 GB/T 50011—2010 采用设计地震分组进行抗震设计，而各地震分组之间又没有明确的震级关系，因此，依据 GB 50011—2001 规范两个地震分组的液化判别标准以及 β 值所对应的震级大小的代表性，规定了三个地震组的 β 数值。以 8 度第一组地下水位 2m 为例，GB/T 50011—2010 的液化临界值随深度变化如图 2.7-2 所示，可见其临界锤击数与 GB 50011—2001 相差不大。

3）GB/T 50011—2010 液化判别的几个问题

（1）GB/T 50011—2010 的锤击数基准值的含义与 GB 50011—2001 不同。GB 50011—2001 直接按烈度和设计地震分组列表给出的基准值，是 GB/T 50011—2010 的基准值与设计地震分组影响系数的乘积。由于设计地震分组和震级的对应关系不很明确，对于已知震级的情况，如实际地震等，可利用震级影响系数 $\beta = 0.25M - 8.9$ 进行判别。

（2）地下水位对液化临界值影响的大小与地面加速度有关，当前采用定值是一种简化方法，当水位较深时可能使高烈度液化判别略偏于不安全。

（3）凡初步判别认为可不考虑液化影响时，一般不能再用标准贯入法判别，以免可能出现混乱。但粉、细砂中有时黏粒含量可能超过 10%，在初判时不宜判为不考虑液化，因为缺乏这方面的实际经验，而且尚未在室内用模拟试验充分研究这种砂的抗液化性能。遇到这种情况，应进行标准贯入法等方法再判别是否液化。

（4）液化指数的计算，需对每个钻孔逐一计算，然后对整个地基综合评价。由于液化指数没有考虑上部结构的作用，没有考虑软土（未液化土）的影响，也没有考虑液化土层在尚未完全液化时的影响，如果可能，直接采用震陷量来评价液化危害更加合理。

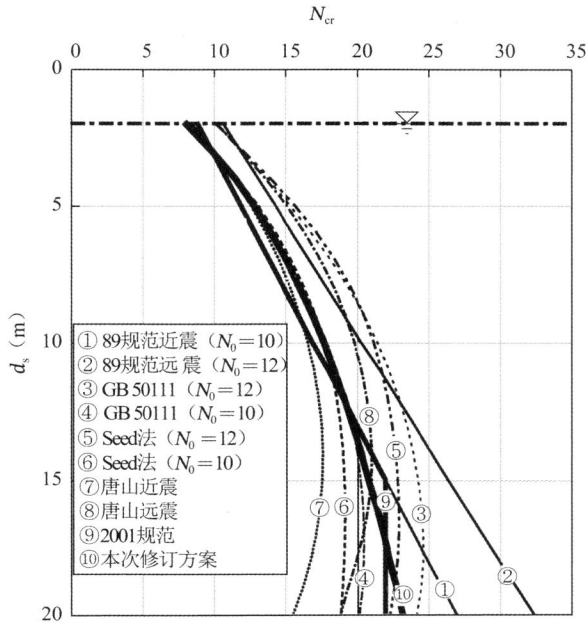

图 2.7-2　不同判别方法液化临界值随深度变化比较（以 8 度为例）

（5）液化判别、液化等级不按抗震设防类别区分，但同样的液化等级，不同设防类别的建筑有不同的抗液化措施。因此，乙类建筑仍按本地区设防烈度的要求进行液化判别并确定液化等级，然后采取的抗液化措施。

2.7.3　液化等级的划分

关于液化危害的评估，GB/T 50011—2010 提供了一个简化的评估方法，可对场地的喷水冒砂程度、一般浅基础建筑的可能损坏等作粗略的预估，便于工程采取抗液化措施。

《建筑抗震设计标准》GB/T 50011—2010（2024 年版）

4.3.5　对存在液化砂土层、粉土层的地基，应探明各液化土层的深度和厚度，按下式计算每个钻孔的液化指数，并按表 4.3.5 综合划分地基的液化等级：

$$I_{lE} = \sum_{i=1}^{n} \left[1 - \frac{N_i}{N_{cri}} \right] d_i W_i \tag{4.3.5}$$

式中：I_{lE}——液化指数；

$\qquad n$——在判别深度范围内每一个钻孔标准贯入试验点的总数；

N_i、N_{cri}——分别为 i 点标准贯入锤击数的实测值和临界值，当实测值大于临界值时应取临界值；当只需要判别 15m 范围以内的液化时，15m 以下的实测值可按临界值采用；

$\qquad d_i$——i 点所代表的土层厚度（m），可采用与该标准贯入试验点相邻的上、下两标准贯入试验点深度差的一半，但上界不高于地下水位深度，下界不深于液化深度；

W_i——i土层单位土层厚度的层位影响权函数值（单位为 m^{-1}）。当该层中点深度不大于5m 时应采用 10，等于 20m 时应采用零值，5～20m 时应按线性内插法取值。

液化等级与液化指数的对应关系　　　　表 4.3.5

液化等级	轻微	中等	严重
液化指数 I_{lE}	$0 < I_{lE} \leqslant 6$	$6 < I_{lE} \leqslant 18$	$I_{lE} > 18$

GB/T 50011—2010 的液化危害评估方法具有鲜明的工程实用特点，工程实践时应注意以下几点：

（1）液化指数是无量纲参数，因此，权函数 W 具有量纲 m^{-1}；权函数沿深度分布为梯形，判别深度 20m 时，其图形面积为 125。

（2）液化等级的名称为轻微、中等、严重三级；各级的液化指数、地面喷水冒砂情况以及对建筑危害程度的描述见表 2.7-1，系根据我国百余个液化震害资料得出的。

液化等级和对建筑物的相应危害程度　　　　表 2.7-1

液化等级	液化指数（20m）	地面喷水冒砂情况	对建筑的危害情况
轻微	< 6	地面无喷水冒砂，或仅在洼地、河边有零星的喷水冒砂点	危害性小，一般不致引起明显的震害
中等	6～18	喷水冒砂可能性大，从轻微到严重均有，多数属中等	危害性较大，可造成不均匀沉陷和开裂，有时不均匀沉陷可能达到 200mm
严重	> 18	一般喷水冒砂都很严重，地面变形很明显	危害大，不均匀沉陷可能大于 200mm，高重心结构可能产生不容许的倾斜

（3）对 GB/T 50011—2001 第 4.2.1 条规定可不进行天然地基及基础的抗震承载力验算的各类建筑，计算液化指数时 15m 地面下的土层均视为不液化，相应的标准贯入锤击数实测值按临界值取用。

2.7.4　抗液化措施

《建筑抗震设计标准》GB/T 50011—2010（2024 年版）

4.3.6　当液化砂土层、粉土层较平坦且均匀时，宜按表 4.3.6 选用地基抗液化措施；尚可计入上部结构重力荷载对液化危害的影响，根据液化震陷量的估计适当调整抗液化措施。

　　不宜将未经处理的液化土层作为天然地基持力层。

抗液化措施　　　　表 4.3.6

建筑抗震设防类别	地基的液化等级		
	轻微	中等	严重
乙类	部分消除液化沉陷，或对基础和上部结构处理	全部消除液化沉陷，或部分消除液化沉陷且对基础和上部结构处理	全部消除液化沉陷
丙类	基础和上部结构处理，亦可不采取措施	基础和上部结构处理，或更高要求的措施	全部消除液化沉陷，或部分消除液化沉陷且对基础和上部结构处理
丁类	可不采取措施	可不采取措施	基础和上部结构处理，或其他经济的措施

注：甲类建筑的地基抗液化措施应进行专门研究，但不宜低于乙类的相应要求。

4.3.7　全部消除地基液化沉陷的措施，应符合下列要求：

　　1　采用桩基时，桩端伸入液化深度以下稳定土层中的长度（不包括桩尖部分），应按计算确定，且对碎石土，砾、粗、中砂，坚硬黏性土和密实粉土尚不应小于0.8m，对其他非岩石土尚不宜小于1.5m。

　　2　采用深基础时，基础底面应埋入液化深度以下的稳定土层中，其深度不应小于0.5m。

　　3　采用加密法（如振冲、振动加密、挤密碎石桩、强夯等）加固时，应处理至液化深度下界；振冲或挤密碎石桩加固后，桩间土的标准贯入锤击数不宜小于本规范第 4.3.4 条规定的液化判别标准贯入锤击数临界值。

　　4　用非液化土替换全部液化土层，或增加上覆非液化土层的厚度。

　　5　采用加密法或换土法处理时，在基础边缘以外的处理宽度，应超过基础底面下处理深度的1/2且不小于基础宽度的1/5。

4.3.8　部分消除地基液化沉陷的措施，应符合下列要求：

　　1　处理深度应使处理后的地基液化指数减少，其值不宜大于5；大面积筏基、箱基的中心区域，处理后的液化指数可比上述规定降低1；对独立基础和条形基础，尚不应小于基础底面下液化土特征深度和基础宽度的较大值。

　　注：中心区域指位于基础外边界以内沿长宽方向距外边界大于相应方向1/4长度的区域。

　　2　采用振冲或挤密碎石桩加固后，桩间土的标准贯入锤击数不宜小于按本规范第 4.3.4 条规定的液化判别标准贯入锤击数临界值。

　　3　基础边缘以外的处理宽度，应符合本规范第4.3.7条5款的要求。

　　4　采取减小液化震陷的其他方法，如增厚上覆非液化土层的厚度和改善周边的排水条件等。

4.3.9　减轻液化影响的基础和上部结构处理，可综合采用下列各项措施：

　　1　选择合适的基础埋置深度。

　　2　调整基础底面积，减少基础偏心。

　　3　加强基础的整体性和刚度，如采用箱基、筏基或钢筋混凝土交叉条形基础，加设基础圈梁等。

　　4　减轻荷载，增强上部结构的整体刚度和均匀对称性，合理设置沉降缝，避免采用对不均匀沉降敏感的结构形式等。

　　5　管道穿过建筑处应预留足够尺寸或采用柔性接头等。

　　抗液化措施是对液化地基的综合治理，《建筑抗震设计标准》GB/T 50011—2010（2024年版）根据液化危害的评估结果以及建筑抗震设防重要性的差别（设防类别），规定了明确的抗震液化措施，具体工程应用时要注意以下几个问题：

　　1. 关于抗液化措施的适用范围

　　倾斜场地的土层液化往往带来大面积土体滑动，造成严重后果，而水平场地土层液化的后果一般只造成建筑的不均匀下沉和倾斜，因此，《建筑抗震设计标准》GB/T 50011—2010（2024年版）第4.3.6～4.3.9条规定抗液化措施仅适用于坡度不大于10°的倾斜场地以及液化土层平坦均匀场地。

　　对于坡度大于 10°的倾斜场地和液化土层严重不均的情况应进行专门的研究论证，按《建筑抗震设计标准》GB/T 50011—2010（2024年版）第4.3.10条的规定进行土体的抗滑移验算，同时采取相应的防滑动措施或结构抗裂措施。

2. 关于基础抗液化的原则

（1）液化等级属于轻微者，除甲、乙类建筑由于其重要性需确保安全外，一般不作特殊处理，因为这类场地可能不发生喷水冒砂，即使发生也不致造成建筑的严重震害。

（2）对于液化等级属于中等的场地，尽量多考虑采用较易实施的基础与上部结构处理的构造措施，不一定要加固处理液化土层。

（3）在液化层深厚的情况下，消除部分液化沉陷措施的处理深度不要求达到液化下界，允许残留部分未经处理的液化层，但应使处理后的地基液化指数减小，一般情况下 I_{lE} 不宜大于 5。

3. 关于液化土层用作基础持力层的规定

理论分析与振动台试验表明，液化的主要危害来自基础外侧，液化持力层范围内位于基础直下方的部位其实最难液化，由于最先液化区域对基础直下方未液化部分的影响，使之失去侧边土压力支持。在外侧易液化区的影响得到控制的情况下，轻微液化的土层是可以作为基础的持力层的，例如：

1）1975 年海城地震中营口宾馆筏基以液化土层为持力层，震后无震害，基础下液化层厚度为 4.2m，为筏基宽度的 1/3 左右，液化土层的标贯锤击数 $N = 2 \sim 5$，烈度为 7 度。在此情况下基础外侧液化对地基中间部分的影响很小。

2）1995 年日本阪神地震中有数座建筑位于液化严重的六甲人工岛上，地基未加处理而未遭液化危害的工程实录：

（1）仓库二栋，平面均为 36m × 24m，设计中采用了补偿式基础，即使仓库满载时的基底压力也只是与移去的土自重相当。地基为欠固结的可液化砂砾，震后有震陷，但建筑物无损，据认为无震害的原因是：液化后的减震效果使输入基底的地震作用削弱；补偿式筏式基础防止了表层土喷砂冒水；良好的基础刚度可使不均匀沉降减小；采用了吊车轨道调平，地脚螺栓加长等构造措施以减少不均匀沉降的影响。

（2）平面为 116.8m × 54.5m 的仓库建在六甲人工岛厚 15m 的可液化土上，设计时预期建成后欠固结的黏土下卧层尚可能产生 1.1 ~ 1.4m 的沉降。为防止不均匀沉降及液化，设计中采用了三方面的措施：补偿式基础 + 基础下 2m 深度内以水泥土加固液化层 + 防止不均匀沉降的构造措施。地震使该房屋产生震陷，但情况良好。

3）震害调查与有限元分析显示，当基础宽度与液化层厚之比大于 3 时，则液化震陷不超过液化层厚的 1%，不致引起结构严重破坏。

因此，将轻微和中等液化的土层作为持力层不是绝对不允许，但应经过严密的论证。

4. 关于液化震陷量的估计

液化的危害主要来自震陷，特别是不均匀震陷。震陷量主要决定于土层的液化程度和上部结构的荷载。由于液化指数不能反映上部结构的荷载影响，因此有趋势直接采用震陷量来评价液化的危害程度。例如，对 4 层以下的民用建筑，当精细计算的平均震陷值 $S_E <$ 5cm 时，可不采取抗液化措施，当 $S_E = 5 \sim 15cm$ 时，可优先考虑采取结构和基础的构造措施，当 $S_E > 15cm$ 时需要进行地基处理，基本消除液化震陷；在同样震陷量下，乙类建筑应该采取较丙类建筑更高的抗液化措施。

依据实测震陷、振动台试验以及有限元法对一系列典型液化地基计算得出的震陷变化规律，发现震陷量取决于液化土的密度（或承载力）、基底压力、基底宽度、液化层底面和顶面的位置和地震震级等因素，曾提出估计砂土与粉土液化平均震陷量的经验方法：

砂土
$$S_\mathrm{E} = \frac{0.44}{B}\xi S_0\left(d_1^2 - d_2^2\right)(0.01p)^{0.6}\left(\frac{1 - D_\mathrm{r}}{0.5}\right)^{1.5} \tag{2.7-1}$$

粉土
$$S_\mathrm{E} = \frac{0.44}{B}\xi k S_0\left(d_1^2 - d_2^2\right)(0.01p)^{0.6} \tag{2.7-2}$$

式中：S_E——液化震陷量平均值，液化层为多层时，先按各层次分别计算后再相加；

B——基础宽度（m），对住房等密集型基础取建筑平面宽度；当 $B \leqslant 0.44d_1$ 时，取 $B = 0.44d_1$；

S_0——经验系数，对第一组，7、8、9 度分别取 0.05、0.15 及 0.3；

d_1——由地面算起的液化深度（m）；

d_2——由地面算起的上覆非液化土层深度（m），液化层为持力层取 $d_2 = 0$；

p——宽度为 B 的基础底面地震作用效应标准组合的压力（kPa）；

D_r——砂土相对密度（%），可依据标贯锤击数 N 取 $D_\mathrm{r} = \left(\frac{N}{0.23\sigma'_\mathrm{v}+16}\right)^{0.5}$；

k——与粉土承载力有关的经验系数，当承载力特征值不大于 80kPa 时取 0.30，当承载力特征值不小于 300kPa 时取 0.08，其余可内插取值；

ξ——修正系数，直接位于基础下的非液化厚度满足第 4.3.3 条第 3 款对上覆非液化土层厚度 d_u 的要求，$\xi = 0$；无非液化层，$\xi = 1$；中间情况内插确定。

采用以上经验方法计算得到的震陷值，与日本的实测震陷基本符合；但与国内资料的符合程度较差，主要的原因可能是：国内资料中实测震陷值常常是相对值，如相对于车间某个柱子或相对于室外地面的震陷；地质剖面则往往是附近的，而不是针对所考察的基础的；有的震陷值（如天津上古林的场地）含有震前沉降及软土震陷；不明确沉降值是最大沉降或平均沉降。

鉴于震陷量的评价方法目前还不够成熟，因此，《建筑抗震设计标准》GB/T 50011—2010（2024 年版）第 4.3.6 条只是给出了必要时可以根据液化震陷量的评价结果适当调整抗液化措施的原则规定。

5. 关于振冲或挤密碎石桩加固液化地基的要求

采用振冲加固或挤密碎石桩加固后构成了复合地基。此时，如桩间土的实测标贯值仍低于 GB/T 50011—2010 第 4.3.4 条规定的临界值，不能简单判为液化。许多文献或工程实践均已指出振冲桩或挤密碎石桩有挤密、排水和增大桩身刚度等多重作用，而实测的桩间土标贯值不能反映碎石桩的排水的作用。在新的研究成果与工程实践中，提出了一些考虑桩身强度与排水效应的方法，以及根据桩的面积置换率和桩土应力比适当降低复合地基桩间土液化判别的临界标贯值的经验方法，因此，《建筑抗震设计标准》GB/T 50011—2010（2024 年版）要求，加固后桩间土的实测标贯值不宜小于临界标贯锤击数。

6. 关于整体性基础的液化措施

注意到历次地震的震害经验表明，筏基、箱基等整体性好的基础对抗液化十分有利。例如 1975 年海城地震中，营口市营口饭店直接坐落在 4.2m 厚的液化土层上，震后仅沉降缝（筏基与裙房间）有错位；1976 年唐山地震中，天津医院 12.8m 宽的筏基下有 2.3m 的液化粉土，液化层距基底 3.5m，未作抗液化处理，震后室外有喷水冒砂，但房屋基本不受影响。1995 年日本神户地震中也有许多类似的实例。实验和理论分析结果也表明，液化往往最先发生在房屋基础下外侧，基础中部以下是最不容易液化的。因此对大面积箱形基础中部区域的抗液化措施可以适当放宽要求。

2.7.5　液化的横向扩展影响

《建筑抗震设计标准》GB/T 50011—2010（2024 年版）

4.3.10　在故河道以及临近河岸、海岸和边坡等有液化侧向扩展或流滑可能的地段内不宜修建永久性建筑，否则应进行抗滑动验算、采取防土体滑动措施或结构抗裂措施。

《建筑抗震设计标准》GB/T 50011—2010（2024 年版）第 4.3.10 条规定了有可能发生液化侧向扩展或流滑时滑动土体的最危险范围，并要求采取土体抗滑和结构抗裂措施，工程应用时应注意以下几个方面的理解与把握。

1）液化侧向扩展地段的宽度。根据对阪神地震的调查，在距水线 50m 范围内，水平位移及竖向位移均很大；在 50～150m 范围内，水平地面位移仍较显著；大于 150m 以后水平位移趋于减小，基本不构成震害。上述调查结果与我国海城、唐山地震后的调查结果基本一致：海河故道、滦运河、新滦河、陡河岸坡滑坍范围约距水线 100～150m，辽河、黄河等则可达 500m。

2）侧向流动土体对结构的侧向推力。根据阪神地震后对受害结构的反算结果，侧向流动土体对结构的侧向推力规律如下：

（1）非液化上覆土层施加于结构的侧压相当于被动土压力，破坏土楔的运动方向是土楔向上滑而楔后土体向下，与被动土压发生时的运动方向一致。

（2）液化层中的侧压相当于竖向总压的 1/3。

（3）桩基承受侧压的面积相当于垂直于流动方向桩排的宽度。

3）减小地裂对结构影响的措施。第一，建筑的主轴一般应平行河流放置；第二，建筑的长高比不要太大，一部不应大于 3；第三，宜优先采用筏基或箱基，基础板内根据需要加配抗拉裂钢筋。筏基内的抗弯钢筋可兼作抗拉裂钢筋，抗拉裂钢筋可由中部向基础边缘逐段减少。

需要注意的是，当土体产生引张裂缝并流向河心或海岸线时，基础底面的极限摩阻力形成对基础的撕拉力，理论上，其最大值等于上部建筑物重力荷载与下部土体和基础底面之间摩擦系数乘积的一半。

2.8　桩基抗震设计

2.8.1　桩基典型震害

2.8.1.1　概述

唐山地震等地震的宏观经验表明，桩基础的抗震性能普遍优于其他类型的基础，但也发现了一些问题，比如高承台桩基震害相对较重。海城，唐山地震后，我国冶金工业部建筑研究总院、天津大学、天津市建筑设计院等单位先后调查了数百栋采用桩基础的建筑物的震害状况，取得了一些很有价值的资料。然而，由于检测手段或经费不足等原因，对桩基震害往往只能从上部结构状态间接反映与推测。进入 20 世纪 80 年代后，桩基震后开挖资料逐渐积累，特别是 1995 年日本阪神大地震（$M7.2$）后，对桩基震害的调查、桩身内照相技术与动力测桩法等监测手段的发展，使得桩基震害资料的累积已渐丰富。此外，地震时程分析法的广泛应用也加深了对桩基抗震性能和地震作用下桩身内力分布的认识。因此，目前对桩基抗震的认识，比以前已有很大不同，尽管还有不少问题需进一步查明。总体上，桩基具有如下典型震害：

（1）木桩。桩与承台的连接不牢，桩身长度一般不大，因而从承台中拔脱或产生刚体式桩基倾斜下沉等形成的破坏多。桩材抗弯性能好，因而桩身破坏少。

（2）钢筋混凝土桩。在非液化土中以桩头的剪压或弯曲破坏为主。空心桩有的产生纵向裂缝，原因是桩头处后填的混凝土在桩头压坏后楔入空心部分，使之迸裂；预应力桩在顶部 300mm 左右预应力不足，抗弯能力不够。

（3）钢管桩。常因液化土侧向扩展引起的土体水平滑移而产生弯曲破坏，或因桩顶位移过大而弯曲破坏，纵向压屈者少见。

（4）桩基震害中因地基变形（土体位移）引起为主，而由上部结构惯性力引起的破坏较少。常见的地震作用下的土体变形包括滑坡、挡墙后填土失稳、液化、软土震陷、地面堆载影响等。

（5）目前的桩头-承台连接方式（嵌入承台 50～100mm，桩内伸出钢筋、按拉锚要求埋入承台）抗拔与嵌固均不足，致使钢筋拔出，剪断或桩头与承台相对位移，以及桩头处承台混凝土破坏。

2.8.1.2　非液化土桩基震害

非液化土中桩基的破坏主要是上部结构惯性力引起桩-承台连接处和上部桩身破坏，破坏形式以压、拉、弯、剪压为主（图 2.8-1）。

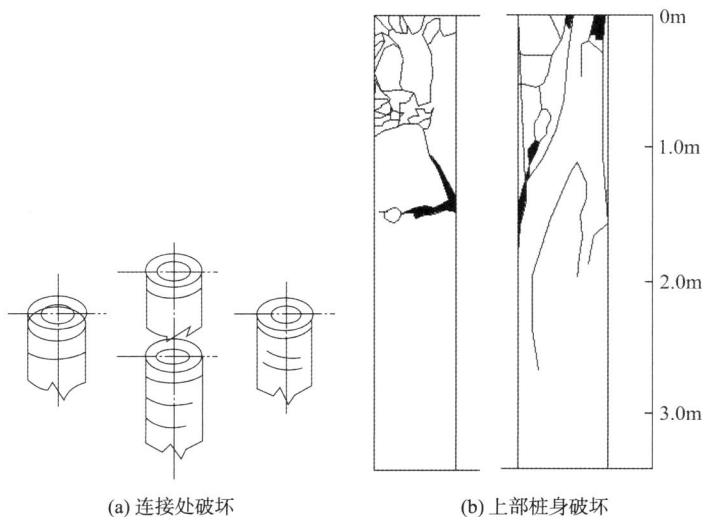

图 2.8-1　非液化土中桩头震害

其次，在软硬土交界面处，桩身往往会由于弯矩、剪力过大导致破坏，而这种情况，采用常规的 m 法进行地震响应分析并不能得到很好的反馈。因为 m 法采用分层土的平均水平抗力参数来计算桩身内力，因而不能反映土层界面的实际情况。图 2.8-2 为某海岸高层建筑桩基的时程分析结果，从中可以看出，在软硬土层交界面的 25 英尺（7.62m）及 50 英尺（15.24m）左右深度处，桩的计算曲率急剧增大，显示该处弯矩的剧烈变化。类似的破坏在液化层与非液化层界面处也经常出现，1995 年阪神地震的桩基震害实例已经证实。

第三，软土在地震中因"触变"而摩擦力下降，桩轴向承载力不足而震陷。1985 年墨西哥城地震中，某采用桩基础 15 层大厦，产生 3～4m 的震陷。震后综合各方面资料分析，其原因是强烈的地震动使得软土的桩侧摩阻力下降、桩基不均匀沉降导致上部结构倾斜、重心水平变位进一步加大倾覆力矩所致。

此外，桩基附近的地面荷载、土坡、挡墙等在地震下土体丧失稳定性，往往会波及建筑物下的桩基，使桩身受到侧向挤压而破坏。

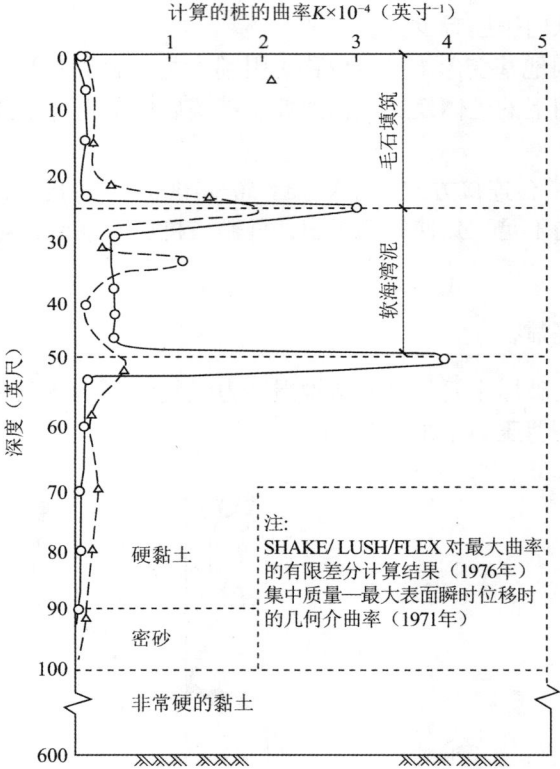

图 2.8-2　某海岸高层桩基的计算曲率

2.8.1.3　无侧向扩展液化土桩基震害

（1）液化震陷。建筑物周围常有喷砂冒水，建筑物本身无水平位移，桩承台常相对上升而液化土则下沉，导致承台与土脱空，如果建筑物荷载平面分布不均匀，或液化土层性质或厚度不均匀则可能在震后产生相当大的不均匀下沉。当荷载分布均匀而液化土层厚度或性质也比较均匀时，则建筑物一般不会有大的不均匀沉降（图 2.8-3）。

（2）桩身在液化层界面附近处破坏，主要是因为地震时土层的相对剪切位移很大，使桩身在液化层范围内或其界面上下受到过大的剪、弯作用所致。1995 年日本神户地震后，对于液化场地下破坏桩基的震害调查发现，大量的桩在液化、非液化层交界处发生严重破坏（图 2.8-4）。

（3）桩基失效。由于桩长不足，未伸入下卧非液化层足够深度或甚至悬在液化层中，桩基因竖向承载力不足而失效，桩基及其上建筑产生下沉与倾斜。1976 年唐山大地震时塘沽散装糖库柱基下的桩，其中短桩悬在液化土中，液化后桩失去承载力而下沉，将长桩拉偏折断（图 2.8-5）。

（4）地面荷载使液化地基失效，土体侧移挤压相邻桩身使之折断。天津钢厂原料栈桥的钢锭堆场，1976 年唐山地震时粉砂、粉土液化后，钢锭下沉，液化土外挤造成桩身折断，桩基倾斜（图 2.8-6）。

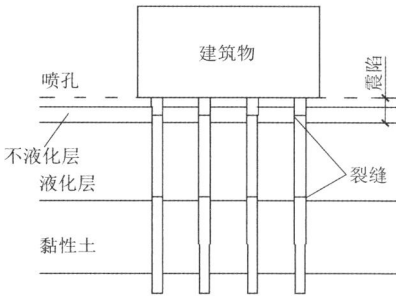

图 2.8-3　无侧扩液化土桩破坏示例

图 2.8-4　1995 年日本神户地震后灾害图

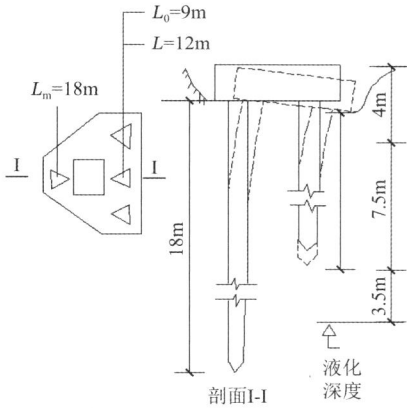

图 2.8-5　塘沽散装糖库桩基破坏
（1976 年）

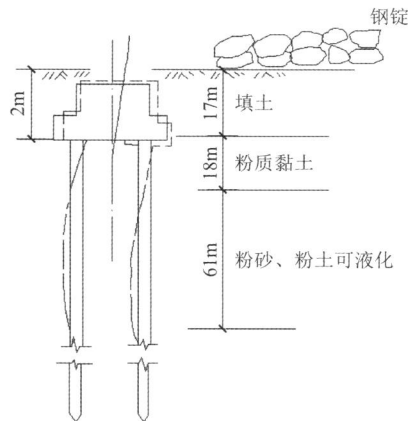

图 2.8-6　天津钢厂桩因地面荷载下的
侧向挤压而折断

2.8.1.4　有侧向扩展液化土桩基震害

有液化侧向流动时，土推力造成桩基破坏，桩的损坏远比无侧扩时严重。液化侧向流动情况下，同时可能出现桩轴向屈曲破坏。1964 年日本新潟地震，新潟地区发生大面积液化及侧移，信浓河岸最大位移达 5m，昭和大桥因液化侧扩导致桩侧向位移过大及屈曲破坏，造成严重破坏（图 2.8-7）。

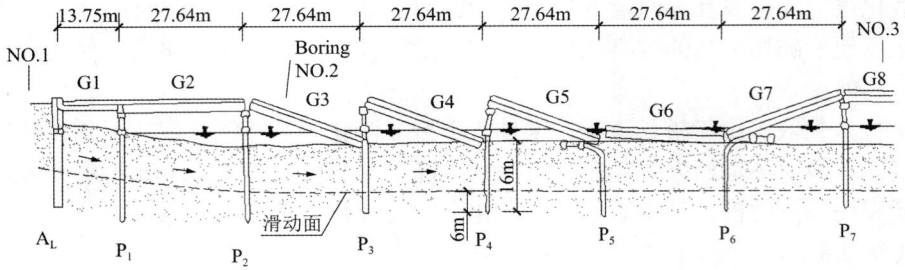

图 2.8-7　昭和大桥因液化侧扩导致桩侧向位移过大及屈曲破坏（1964 年）

桩及上部结构震害的主要表现为：桩身在液化层底和液化层中部剪坏或弯折，因为承受不住流动土体的压力造成的巨大弯矩与剪力；桩头部分连接破坏或形成铰；上部结构因桩身折断产生不均匀沉降；对高层建筑则因重心的水平位移而产生较大的附加弯矩，使内陆一侧的桩产生拉力，从而只出现一个塑性铰；建筑物一般都有平面上的移位（图 2.8-8）。

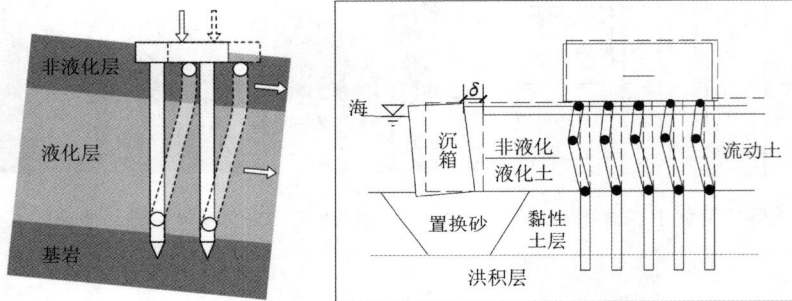

(a) 示意图　　　　　　　　　　(b) 桩身震害

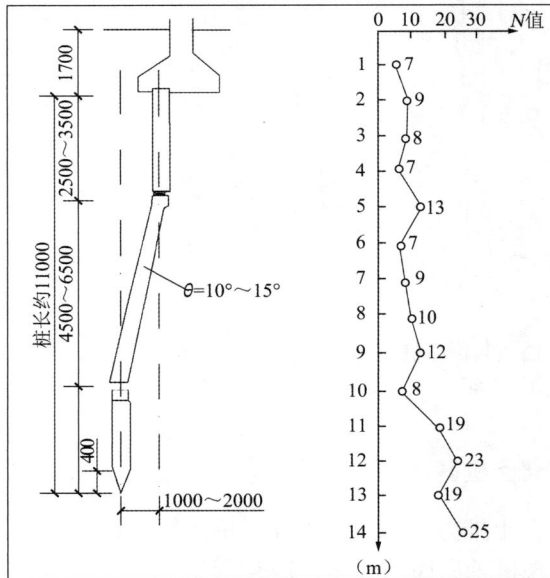

(c) 地面位移 1.2m 的桩的破坏及土的标贯值

图 2.8-8　液化侧向流动的桩及上部结构震害

2.8.1.5　震害启示

综合上述桩基震害的经验可得到以下认识和启示：

（1）建筑桩基震害事实上还是较多的。对房屋建筑而言，桩基的破坏原因除了施工原因（运输、锤击、灌注质量等）外，地震造成的桩基破坏为数不少，以往因为技术手段等原因，真实情况了解较少。

（2）桩基本身即使在地震中受到损伤、折断或剪错位，造成的后果多半是建筑物的沉降、开裂、倾斜、水平位移等，但造成房屋倒塌者极少，有的房屋甚至可以在震后继续使用若干年。日本新潟地震（1964 年，是有名的液化严重的一次地震），10～20 年后房屋拆迁时挖出桩身，才发现桩身破损严重，有 2 个塑性铰。这样的事例已有数起。由此可知桩基破坏的后果不及上部结构的柱折、墙倒、屋塌人员伤亡那样严重，但造成房屋倾斜与不均匀沉降则是常见的后果。

（3）尽管目前习惯用的桩顶-承台连接方式（桩顶埋入承台 50～100mm，主筋按抗拉要求伸入承台）不能视作完全固接，但桩顶弯矩仍然很大，因此，抗震计算中桩顶的抗拉、抗弯、抗剪承载能力应受到保证。

（4）由于桩顶部位受力大，为使承台旁填土也能分担部分水平力与限制基础的转动，承台旁回填土的密实度应保证达到干重度的要求，必要时应以级配砂石或灰土代替不合格的过湿黏性土回填。

（5）常用的水平荷载下桩身内力分析的常数法或 m 法，用于求解均质土或刚度相差不大多层土中的桩身内力，误差不大，为多数国家抗震设计规范采用。但这类方法，将多层土的侧向刚度简化为折换后的平均刚度，抹煞了多层土的特点。在相邻土层刚度相差很大时（如填海造陆时常遇到块石下接海底淤泥；上部表层硬壳层下接可液化土等），土层界面处会出现桩身弯矩和剪力的突变，其值与桩顶处最大弯矩与剪力值相差无几，这一点已为日本阪神地震后实测桩基震害和理论分析所证实，但常数法或 m 法的计算结果往往体现不了这一情况。因此，对液化土或软硬土层相邻的桩基，采用常数法或 m 法进行地震下桩身内力计算，会偏于不安全，深部土层界面处计算值会远小于实际情况。

2.8.2　非液化桩基的抗震验算

2.8.2.1　标准规定

《建筑抗震设计标准》GB/T 50011—2010（2024 年版）

4.4.1　承受竖向荷载为主的低承台桩基，当地面下无液化土层，且桩承台周围无淤泥、淤泥质土和地基承载力特征值不大于 100kPa 的填土时，下列建筑可不进行桩基抗震承载力验算：

　　1　6 度～8 度时的下列建筑：

　　1）一般的单层厂房和单层空旷房屋；

　　2）不超过 8 层且高度在 24m 以下的一般民用框架房屋和框架-抗震墙房屋；

　　3）基础荷载与 2）项相当的多层框架厂房和多层混凝土抗震墙房屋。

> 2 本规范第 4.2.1 条之 1 款规定的建筑及砌体房屋。
>
> 4.4.2 非液化土中低承台桩基的抗震验算，应符合下列规定：
>
> 1 单桩的竖向和水平向抗震承载力特征值，可均比非抗震设计时提高 25%。
>
> 2 当承台周围的回填土夯实至干密度不小于现行国家标准《建筑地基基础设计规范》GB 50007 对填土的要求时，可由承台正面填土与桩共同承担水平地震作用；但不应计入承台底面与地基土间的摩擦力。

2.8.2.2 实施注意事项

1. 验算范围

根据桩基抗震性能一般比同类结构的天然地基要好的宏观经验，《建筑抗震设计标准》GB/T 50011—2010 第 4.4.1 条给出了不进行桩基抗震承载力验算范围的规定：

（1）上部结构不进行抗震验算且采用桩基的建筑。

（2）采用桩基的砌体房屋。

（3）6～8 度，一般的单层厂房和单层空旷房屋。

（4）6～8 度，不超过 8 层且高度在 24m 以下的一般民用框架房屋。

（5）6～8 度，基础荷载与一般民用框架相当的多层的混凝土抗震墙房屋。

注意，不进行桩基抗震承载能力验算的前提条件：①承受竖向荷载为主的低承台桩基；②地面下无液化土层；③桩承台周围无淤泥、淤泥质土和地基承载力特征值不大于 100kPa 的填土。

2. 抗震验算要求

1）桩基地震剪力

关于地下室外墙侧的被动土压与桩共同承担地震水平力问题，大致有以下三种做法，即：①假定由桩承担全部地震水平力；②假定由地下室外的土承担全部水平力；③由桩、土分担水平力（或由经验公式求出分担比，或用 m 法求土抗力或由有限元法计算）。

从目前掌握的宏观震害资料来看，桩完全不承担地震水平力的假定偏于不安全，因为从日本的资料来看，桩基的震害是相当多的，因此这种做法不宜采用；由桩承受全部地震力的假定又过于保守。

从 1995 年日本阪神地震震害来看，非液化场地的桩基震害主要出现在桩顶或桩与基础的连接部位，以拉、压、剪及其组合破坏形式使这些部位破损或拉脱或剪断，破坏形态与各国抗震规范中惯用的桩顶水平惯性力作用下 m 法或常数法解得的桩身内力分布相符，验证了上述方法对非液化土中桩的抗震验算的适用性。

日本 1984 年发布的《建筑基础抗震设计规程》提出下列估算桩所承担的地震剪力的公式：

$$V = 0.2V_0\sqrt{H}/\sqrt[4]{d_f}$$

上述公式主要根据是对地上 3～10 层、地下 1～4 层、平面 14m×14m 的塔楼所作的一系列试算结果。计算中假定：抗地震水平的因素有桩、前方的被动土抗力、侧面土的摩擦力三部分，其中：①土性质为标贯值 $N = 10～20$，单轴压强为 0.5～1.0kg/cm² （黏土）；②土的摩擦抗力与水平位移成以下弹塑性关系：位移 ≤1cm 时抗力呈线性变化，当位移 >

1cm 时抗力保持不变；③被动土抗力最大值取朗肯被动土压力，达到最大值之前土抗力与水平位移成线性关系。

由于上述背景材料中只包括高度 45m 以下的建筑，对 45m 以上的建筑没有相应的计算资料。但从计算结果的发展趋势推断，对更高的建筑，其值估计不超过 0.9，因而，桩负担的地震力宜在(0.3～0.9)V_0 之间取值。

2）关于承台底面与地基土的摩阻力

关于桩基承台底面与地基土的摩阻力问题，GB/T 50011—2010 第 4.4.2 条基于安全及以下两个方面的原因规定，非液化土中低承台桩基的抗震验算不应计入承台底面与地基土的摩阻力。

（1）桩基承台底面与地基土的摩阻力并不稳定、可靠：①软弱黏性土有震陷问题，②一般黏性土也可能因桩身摩擦力产生的桩间土在附加应力下的压缩使土与承台脱空；③欠固结土有固结下沉问题；④非液化的砂砾则有震密问题等。实践中不乏静载下桩台与土脱空的报道，地震情况下震后桩台与土脱空的报道也屡见不鲜。

（2）摩阻力的计算很困难。要准确计算桩基承台底面与地基土的摩阻力，须明确桩基在竖向荷载作用下的桩、土荷载分担比。

注意，对于疏桩基础，如果桩的设计承载力按桩极限荷载取用则可以考虑承台与土间的摩阻力。因为此时承台与土不会脱空，且桩、土的竖向荷载分担比也比较明确。

2.8.3　液化桩基的抗震验算与设计

2.8.3.1　抗震验算

对桩身周围有液化土层的低承台桩基，根据周锡元等人的研究成果，当桩承台有厚度不小于 2m 的非液化土和非软弱土（软土或松软的填土）时，可按下列两种情况进行抗震强度验算，并按不利情况进行设计。

第一种情况：考虑土层液化前的地震作用，即按非液化地基上低承台桩基的验算原则考虑。

第二种情况：考虑土层液化后的地震作用，验算原则在第一种情况基础上作下列修改：①地震作用取 $\alpha = 0.2\alpha_{max}$ 进行计算；②桩基抗震容许承载力从第一种情况取值中扣除液化土层的桩周摩擦力（或水平抗力）和桩承台下 3m 范围内非液化土层的桩周摩擦力。

根据以上成果，GB/T 50011—2010 对液化桩基的抗震验算作出了如下规定。

《建筑抗震设计标准》GB/T 50011—2010（2024 年版）

4.4.3　存在液化土层的低承台桩基抗震验算，应符合下列规定：

　　1　承台埋深较浅时，不宜计入承台周围土的抗力或刚性地坪对水平地震作用的分担作用。

　　2　当桩承台底面上、下分别有厚度不小于 1.5m、1.0m 的非液化土层或非软弱土层时，可按下列二种情况进行桩的抗震验算，并按不利情况设计：

　　1）桩承受全部地震作用，桩承载力按本规范第 4.4.2 条取用，液化土的桩周摩阻力及桩水平抗力均应乘以表 4.4.3 的折减系数。

土层液化影响折减系数 表 4.4.3

实际标贯锤击数/临界标贯锤击数	深度d_s（m）	折减系数
≤ 0.6	$d_s \leqslant 10$	0
	$10 < d_s \leqslant 20$	1/3
> 0.6～0.8	$d_s \leqslant 10$	1/3
	$10 < d_s \leqslant 20$	2/3
> 0.8～1.0	$d_s \leqslant 10$	2/3
	$10 < d_s \leqslant 20$	1

2）地震作用按水平地震影响系数最大值的 10% 采用，桩承载力仍按本规范第 4.4.2 条 1 款取用，但应扣除液化土层的全部摩阻力及桩承台下 2m 深度范围内非液化土的桩周摩阻力。

3　打入式预制桩及其他挤土桩，当平均桩距为 2.5～4 倍桩径且桩数不少于 5×5 时，可计入打桩对土的加密作用及桩身对液化土变形限制的有利影响。当打桩后桩间土的标准贯入锤击数值达到不液化的要求时，单桩承载力可不折减，但对桩尖持力层作强度校核时，桩群外侧的应力扩散角应取为零。打桩后桩间土的标准贯入锤击数宜由试验确定，也可按下式计算：

$$N_1 = N_p + 100\rho\left(1 - e^{-0.3N_p}\right) \qquad (4.4.3)$$

式中：N_1——打桩后的标准贯入锤击数；

　　　ρ——打入式预制桩的面积置换率；

　　　N_p——打桩前的标准贯入锤击数。

1. 液化桩基验算规定的依据

GB/T 50011—2010 关于液化地基上低承台桩基抗震强度验算原则规定，是以宏观震害调查为基础，并结合一些室内模型试验成果提出的，目的在于简化桩基的计算。制定上述验算原则的主要依据如下：

（1）从我国经验来看，海城、唐山地震中穿过液化土层的桩基抗震性能多数是好的，但也有相当数量的桩基在地震中受到损害。震害大致有几种类型：①桥台、码头或挡土墙等结构下的桩基，由于地震时水平力增大，桩周围土的液化使桩侧向支承力减小，因而产生向初始水平力作用方向的滑动或使桩身折断。②主要承受竖向荷载的桩基，由于桩身未伸入稳定土层足够的深度，或有较大的地面荷载，或因承台旁无填土等原因，在土层液化和不均匀喷水冒砂后导致基础漂移、下沉或倾斜。

（2）从表 2.8-1 中 26 个工业与民用建筑中主要承受竖向荷载的桩基震害调查表可以看出，在天津、塘沽、辽宁等地的具体情况下，若桩基穿过液化层伸入稳定土层足够深度，其效果一般是好的。分析其原因，认为主要是由于：①液化土层对剪切波的减震效应，国内外的理论和试验已多次证明，一旦饱和土在某一深度上发生液化，上层土的震动就大为削弱，只有少量长周期的波继续向上传播。地面震动的最大值总是发生在液化以前。②最大地震作用与最小的桩侧向支承力并不同步发生。土层液化发展与持续的过程远比地震持时长，喷水冒砂较地震滞后的现象就是很好的说明。

表 2.8-1 为国内外地震时喷水冒砂情况汇总表。从表中可以看出喷水冒砂很多都是在

地震动停止后发生的。在一些以液化著称的强震，如日本的新潟、十胜近海、宫城，中国的邢台、海城、唐山等地震中均有记载表明，喷水冒砂多数发生在地震停止后几十秒乃至几分钟之后，持续可达半小时、数小时乃至数天。

一般认为发生喷水冒砂是上层土丧失承载力的表现，桩在这时的侧向支承力应是最弱的，但这时地震动强度已经减弱。

地震引起的喷水冒砂情况　　　　　　　　　　　　　　　表 2.8-1

地点、时间、震级	调查地点	喷水冒砂情况
日本新潟，1964，7.5 级	新潟某学校，地表下为砂层，地下水位 1m	地震持续时间 50s，震后约 3min 地面喷水，水柱达 1m，持续半小时
	新潟某机场	地震动后发生喷水冒砂与房屋下沉房屋总下沉约 1m
日本十胜近海，1968，7.8 级	函馆市七里滨	地震后 5～10min 喷水冒砂，持续约 1h
	三条小学校	地震后喷水冒砂
中国海城地震，1975，7.3 级	营口某公社民房	地震后喷水冒砂，水头约尺许，将室内土炕顶裂
	辽宁盘锦唐家农场	大震后 2～3min 地面喷水，水头约 3～4m
中国唐山地震，1976，7.8 级	天津二炼钢厂氧气站	地震动停止后不久开始喷水，有的孔持续喷水冒砂 1d
	唐山某公社	地震时地面先冒气，然后喷水冒砂，水头有数米
	天津柏各庄，地下水位−0.6m，地表 1m 下为砂层	震后不久喷水冒砂，水缸等重物下沉，地震后较长时间土房倒塌，房屋下沉 0.6～0.7m
中国唐山地震余震，1976，6.9 级	天津二炼钢厂河边	7 月 28 日主震时的喷冒口又喷水冒砂，但不及前次严重
	滦县医院	地震后 10min 左右开始喷水冒砂
中国邢台地震，1966，7.0 级	邢台地区	类似唐山地震时情况
日本宫城地震，1978，7.4 级持时 2s	宫城附近渔港，地表下为砂层	地震后 10min 左右开始喷水冒砂，水头高达 1m
	手搏干拓堤防附近	正在进行钻探的技术员看到地震后 2～3min 从钻孔和地裂处喷出高约 1m 的泥水

由于以上考虑，我国自 GBJ 11—89 以来，将液化地基上桩基抗震强度验算分两种情况进行：

第一种情况，即通常所谓的主震验算，相应于液化前桩基的震动性状，此时桩上有最大地震作用，但可液化土层尚未发生液化或只是局部液化，尚未导致近地表的土层开裂和喷水冒砂，桩的竖向承载力和水平承载力均未丧失或丧失不多，因此不致引起上部结构的严重沉降和倾斜。计算时可仍按土层未液化状态进行验算，即使土层局部液化，也会因液化减小地震作用而得到补偿。

第二种情况，即通常所谓的余震验算，相应于土层液化后的桩基震动性态，此时地表发生喷水冒砂，但强烈的地震动已经消逝，桩上已无强烈的地震作用。为安全计，假定：桩上仍有较小的水平地震作用（取 $\alpha = 0.2\alpha_{max}$）；液化土层已全部液化，扣除其全部桩周摩擦力和水平抗力；液化土层上的非液化土由于地震引起孔压上升、沿桩身喷水冒砂或在桩与土之间出现缝隙，使摩擦力降低，因此，扣除桩承台底面以下 3m 以内非液化土层的桩周摩擦力。

2. 液化桩基抗震验算的注意事项

（1）不计入承台周围土的抗力或刚性地坪对水平地震作用的分担作用

不计承台旁的土抗力或地坪的分担作用是出于安全考虑，拟将此作为安全储备，主要是目前对液化土中桩的地震作用与土中液化进程的关系尚未弄清。

（2）桩承受全部地震作用

液化土层中，桩基应承担全部地震作用。

（3）单桩抗震承载能力

单桩的竖向和水平向承载力按承载力特征值并乘以 1.25 的抗震承载力调整系数取用。

根据地震反应分析与振动台试验，地面加速度最大时刻出现在液化土的孔压比为小于 1.0（常为 0.5～0.6）时，此时土尚未充分液化，只是刚度比未液化时下降很多，因之对液化土的刚度作折减，液化土的桩周摩阻力及桩水平抗力均应乘以适当的折减系数。

（4）桩身强度复核

液化土中孔隙水压力的消散往往需要较长的时间。地震时土中孔压不会排泄消散，往往于震后才出现喷砂冒水，这一过程通常持续几小时甚至一两天，其间常有沿桩与基础四周排水现象，这说明此时桩身摩阻力已大减，从而出现竖向承载力不足和缓慢的沉降，因此应按静力荷载组合校核桩身的强度与承载力。

2.8.3.2 抗震构造与措施

桩基理论分析已经证明，地震作用下的桩基在软、硬土层交界面处最易受到剪、弯损害。日本 1995 年阪神地震后对许多桩基的实际考察也证实了这一点，但在采用 m 法的桩身内力计算方法中却无法反映，目前除考虑桩土相互作用的地震反应分析可以较好地反映桩身受力情况外，还没有简便实用的计算方法保证桩在地震作用下的安全，因此，必须采取有效的构造措施。鉴于这一情况，《建筑抗震设计标准》GB/T 50011—2010（2024 年版）给出了一些液化桩基的设计与构造原则规定。

《建筑与市政工程抗震通用规范》GB 55002—2021

3.2.3 液化土和震陷软土中桩的配筋范围，应取桩顶至液化土层或震陷软土层底面埋深以下不小于 1.0m 深度的范围，且其纵向钢筋应与桩顶截面相同，箍筋应进行加强。

《建筑抗震设计标准》GB/T 50011—2010（2024 年版）

4.4.4 处于液化土中的桩基承台周围，宜用密实干土填筑夯实，若用砂土或粉土则应使土层的标准贯入锤击数不小于本规范第 4.3.4 条规定的液化判别标准贯入锤击数临界值。

4.4.5 液化土和震陷软土中桩的配筋范围，应自桩顶至液化深度以下符合全部消除液化沉陷所要求的深度，其纵向钢筋应与桩顶部相同，箍筋应加粗和加密。

4.4.6 在有液化侧向扩展的地段，桩基除应满足本节中的其他规定外，尚应考虑土流动时的侧向作用力，且承受侧向推力的面积应按边桩外缘间的宽度计算。

需要注意的是，《筑抗震设计标准》GB/T 50011—2010（2024 年版）第 4.4.5 条规定的构造，其要点在于保证软土或液化土层附近桩身的抗弯和抗剪能力。此条要求，不论地基的液化等级如何，只要桩周围存在液化土，均应执行。

液化土中桩基超过液化深度的配筋范围，按《建筑抗震设计标准》GB/T 50011—2010（2024 年版）第 4.3.7 条给出的全部消除液化沉陷时对桩端伸入稳定土层的最小长度采用。

第3章 地震作用计算和抗震验算

【简介与导读】

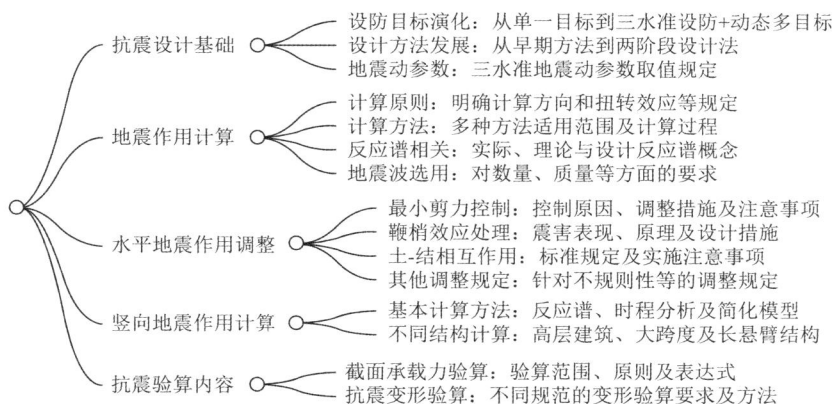

本章围绕建筑抗震设计中的地震作用计算与抗震验算展开论述。开篇阐述了抗震设防的哲学逻辑，介绍我国抗震设防目标从单一目标到三水准设防＋动态多目标的演化进程，以及两阶段抗震设计方法的概念、发展历程、地震动参数取值和基本步骤。接着，详细讲述抗震分析的主要内容与要求，包括地震作用计算的原则、方法、设计反应谱、地震波选用，以及水平和竖向地震作用的计算、调整与控制，还涉及截面承载力抗震验算和抗震变形验算等方面。

3.1 引言

毫无疑问，地震作用计算与抗震验算是建筑抗震设计中十分重要的内容之一。随着计算机技术的发展，计算机辅助设计（计算）的手段不断丰富与完善，与二十世纪七八十年代相比，目前建筑抗震设计中需要进行计算、分析与验算的内容越来越多，抗震设计对于"计算"的依赖也越来越严重。而广大工程技术人员，尤其是年轻一代的工程师们，实际地震经历少、工程经验还不太丰富，但他们对于新鲜事物的嗅觉和敏感性极强，日新月异的计算分析技术、不断涌现的新理论、新方法，于他们而言，均可驾轻就熟。因此，年轻一代的工程师们对于"抗震计算"的重要性是十分认可的，甚至可以用推崇备至来描述。

在当下的工程设计中，抗震计算的地位与作用完全可以用"无计算、不设计"来表述。然而，由于地震动的不确定性、地震的破坏作用与结构地震破坏机理的复杂性，以及结构计算模型的各种假定与实际情况的差异，不论计算理论和工具如何发展，也不管计算得怎样严格，总体上抗震计算的结果还是一种比较粗略的估计，过分地追求数值上的精确是不必要的。因此，自《工业与民用建筑抗震设计规范（试行）》TJ 11—74 以来，我国历次抗震设计规范（标准）对于抗震计算的态度均是一样的，即在方法合理的基础上，不拘泥于细节，不追求过高的计算精度，力求简单易行，以线性分析方法为基本方法，并反复强调概念设计的重要性对相关计算结果进行调整。

本章以《建筑与市政工程抗震通用规范》GB 55002—2021、《建筑抗震设计标准》GB/T 50011—2010（2024 年版）的相关规定为主线，紧紧围绕"为什么算""算什么""如何算"等问题展开论述，希望能够对工程技术人员正确理解与应用相关技术规定有所帮助。

3.2   三水准设防目标的形成与演化

3.2.1   建筑抗震设防中的哲学逻辑

"为什么要进行抗震设防""进行什么样的抗震设防"以及"如何进行抗震设防"等问题，是制定建筑抗震设防技术对策首先要回答和解决的问题，也是抗震技术标准的根本出发点和落脚点。上述几个问题的回答是近现代建筑抗震设计哲学思想的重要组成部分，也是建筑抗震技术标准的思想与灵魂。

回答第一个问题，要解决的是抗震设防的目的与必要性的问题。历史上，地震给人类社会造成的灾难莫过于人员的损失，尤其是像中国这样人口相对稠密、内陆型地震频繁的国家，一旦发生陆地地震或城市直下型地震，往往就会造成人员的大量伤亡。正是基于这样的地震灾害事实，近现代建筑抗震设防以保障生命安全、减少人员伤亡为基本出发点。

回答第二个问题，要解决的是抗震设防目标的问题，即设防到什么程度、达到什么样的目标等，是一个宏观的设防标准问题。本质上，抗震设防是一个涉及生命安全的灾害防御问题，因此，设防目标除了与各地区的技术能力和经济承受能力有关外，还应充分考虑设防依据，即设防用地震地面运动参数的不确定性而设置适当的冗余。

回答第三个问题，解决的是采用什么样的技术措施来保障设防目标的实现。这一部分是各国抗震设计标准的主体部分，一般会包括抗震概念设计、地震作用计算、抗震验算以及抗震构造措施等内容。

上述三个问题，构成了完整的抗震防灾技术标准的逻辑链条。第一个问题主要解决的是抗震防灾的必要性和目的性，各国的回答是一致的。第二个问题解决的是灾害防御目标的问题，由于涉及各国（地区）的经济能力、技术水平以及地震环境特点等地域性因素，各国的回答会有较大差别，而且同一国家不同时期也会存在较大差别。第三个问题，本质上是为第二个问题服务的，第二个问题的回答不同，自然会导致第三个问题的答案差别较大。

3.2.2   我国抗震设防目标的演化进程

如前所述，抗震设防目标本质上是一个抗震设防标准的问题，它涉及很多因素，包括每个国家（地区）的科技水平、经济承载能力、地震环境特点以及社会和人文环境中对新技术的接受程度等。因此，同一时期，不同国家的抗震设防目标会存在一些差异；同一国家不同时期的抗震设防目标也会有明显的差异。

自 1974 年我国正式发布第一版全国性的抗震标准《工业与民用建筑抗震设计规范（试行）》TJ 11—74 以来，我国抗震技术标准相继经历了 1976 年唐山地震（$M7.8$）、GBJ 11—89 三级设防思想、2008 年汶川地震（$M8.0$）、GB 50011—2010 基于性能的抗震设计理念等重大灾害事件和灾害防御理念变革，技术水平不断提高。另外，改革开放以来，国家经济水平不断提高，国家对抗震防灾的经济承载能力不断加强。因此，自 TJ 11—74 发布以来，我国建筑抗震设防目标相继经历了单一目标、三水准三目标、三水准设防＋动态多目标等几个阶段。

3.2.2.1　单一目标阶段：TJ 11—74、TJ 11—78

在 20 世纪 80 年代以前，国际上，建筑抗震设防的基本理念就是防止建筑物在未来预期的地震中倒塌，避免因房屋建筑倒塌造成人员的直接伤亡。这一时期，我国抗震规范，即《工业与民用建筑抗震设计规范（试行）》TJ 11—74 和《工业与民用建筑抗震设计规范》TJ 11—78 采用的就是这样的设防目标。

TJ 11—74 和 TJ 11—78 要求，在受到相当于设计烈度的地震时，工业和民用建筑的破坏不得对人们的生活和重要设备造成危害，建筑物不加修复或稍加修复仍能继续使用。虽然 TJ 11—74 和 TJ 11—78 的抗震设防目标在文字表述上是一致的，但由于二者设计烈度取值上存在很大差异，这就导致了二者设防目标的实质性差异。

TJ 11—74 规定，抗震设计所采用的烈度称为设计烈度。设计烈度应根据建筑物的重要性，在基本烈度的基础上按下列原则调整确定：

（1）对于特别重要的建筑物，经过国家批准，设计烈度可比基本烈度提高一度采用。

（2）对于重要的建筑物（例如：地震时不能中断使用的建筑物，地震时易产生次生灾害的建筑物，重要企业中的主要生产厂房，极重要的物资贮备仓库，重要的公共建筑，高层建筑等），设计烈度应按基本烈度采用。

（3）对于一般建筑物，设计烈度可比基本烈度降低一度采用，但基本烈度为 7 度时不降低。

TJ 11—78 沿袭了设计烈度的概念，但与 TJ 11—74 相比，其设计烈度取值发生了很大的变化：

建筑物的设计烈度，一般按基本烈度采用；

对特别重要的建筑物，如必须提高一度设防，按国家规定的批准权限报请批准后，其设计烈度可比基本烈度提高一度采用；

次要的建筑物，如一般仓库、人员较少的辅助建筑物等，其设计烈度可比基本烈度降低一度采用，但基本烈度为 7 度时不应降低。

3.2.2.2　三水准三目标阶段：GBJ 11—89、GB 50011—2001

1975 年，在基本烈度Ⅵ度的辽宁省海城市发生了震中烈度为Ⅹ度的 $M7.3$ 级地震；1976 年，在基本烈度Ⅵ度、人口密集的唐山地区发生了震中烈度为Ⅺ度的 $M7.8$ 级地震。两次地震都发生在新中国的重工业区，震中强度远高于震前给定的基本烈度，对建筑物和基础设施造成严重破坏。

鉴于作为工程抗震设计依据的基本烈度存在很大不确定性，《建筑抗震设计规范》GBJ 11—89 对 TJ 11—78 的抗震设防目标调整如下：

（1）建筑物在遭遇低于基本烈度的频遇地震影响时，不得损坏；

（2）建筑物在遭受相当于本地区基本烈度的地震影响时，可能会损坏，但不会危及人们的生命和生产设备的安全，不需修理或稍加修理可正常使用；

（3）建筑物在遭受高于基本烈度地震的预期罕遇地震影响时，不得倒塌或发生危及生命的破坏。

以上三项规定可概括为"小震不坏、中震可修、大震不倒（no-damage under small earthquakes, repairable under medium earthquakes, and no-collapse under rare earthquakes）"，也就是 GBJ 11—89 和 GB 50011—2001 采用的抗震设防目标。

从结构受力的角度来看，当建筑物受到第一水准地震（即小震）影响时，结构应处于弹性工作状态，此时，可以使用弹性系统的动力学理论进行结构地震响应分析，结构构件应满足规范的强度要求，构件设计的应力或内力应与弹性反应谱理论分析的计算结果保持一致。当建筑物受到第二水准地震（即中震）影响时，结构可能越过屈服极限进入非弹性变形阶段，但结构的弹塑性变形可以控制在一定限度内，地震后的永久变形不大。当建筑物遭受第三水准地震（即大震）影响时，破坏可能会比较严重，但结构的非弹性变形仍然控制在倒塌临界变形之内，从而可以保证建筑物内部人员的安全。

3.2.2.3　三水准设防 + 动态多目标阶段：GB/T 50011—2010

现行的各国抗震规范，无论是基于单一设防目标，还是基于多水准多目标，其根本目的都是保障生命安全，然而近十几年来大震震害却显示，按现行抗震规范设计和建造的建筑物，在地震中没有倒塌、保障了生命安全，但是其破坏却造成了严重的直接和间接经济损失，甚至影响到了社会的发展，而且这种破坏和损失往往超出了设计者、建造者和业主原先的估计。例如 1994 年 1 月 17 日 Northridge 地震，震级仅为 6.7 级，死亡 57 人，而由于建筑物损坏造成 1.5 万人无家可归，经济损失达 170 亿美元，这是一个震级不大，伤亡人数不多，但经济损失却非常大的地震；1995 年日本阪神（Kobe）地震，震级 7.2 级，直接经济损失高达 1000 亿美元，死亡 5438 人，震后的重建工作花费了两年多时间，耗资近 1000 亿美元。

另一方面，随着经济和现代化城市的发展，城市人口密度加大，城市设施复杂，地震造成的损失和影响会越来越大，社会和公众对建筑抗震性能的需求也逐渐呈现出层次化和多样化的趋势，不再仅仅满足于固定的设防目标要求。

鉴于上述情况，在沿袭 GBJ 11—89 以来的三水准设防目标的基础上，GB/T 50011—2010 补充了抗震性能化设计的有关规定，要求在功能或其他方面有特殊要求的建筑物采用抗震性能设计方法设计时，应选定更具体、更高的抗震设防目标，同时，提出了性能目标确定原则、建筑性能水准划分标准、地震动水准和参数的选择、承载力和变形指标的确定、计算分析的原则要求等的具体规定。GB/T 50011—2010 将抗震防震目标分为两类，即基本目标和基于性能的抗震设防目标。

（1）基本目标

GB/T 50011—2010 的基本目标，保持了 GBJ 11—89 和 GB/T 50011—2010 的三水准设防的规定。当受到频遇地震影响时，建筑物仍应处于基本正常状态，其损坏属于日常维护的范围，从结构抗震分析的角度来看，可以看作是一个弹性系统，可采用弹性反应谱进行弹性分析；当受到中等地震影响时，结构可能进入非弹性工作阶段，但结构体系的非弹性变形或损伤可以控制在可修复范围内；当受到罕遇地震影响时，结构可能会有较大的非弹性变形，但可以控制在规定的范围内，结构不致倒塌。

（2）基于性能的抗震设防目标

基于性能的抗震设防目标，主要适用于在功能或其他方面有特殊要求的建筑物，且不得低于基本目标。基于性能的抗震设计，应根据工程的具体条件，包括技术和经济可能的条件，采用比基本目标更具体、更灵活、更清晰、更明确、更实用的设计指标。图 3.2-1 为 GB/T 50011—2010 的抗震性能化设计基本流程。

鉴于目前强烈地震下结构非线性分析方法的计算模型和计算参数的选用尚存在不少经验因素、缺少从强震记录、设计施工资料到实际震害的详细验证，对结构性能的判断难以十分准确，因此在性能设计指标的选用中宜偏于安全（表 3.2-1）。

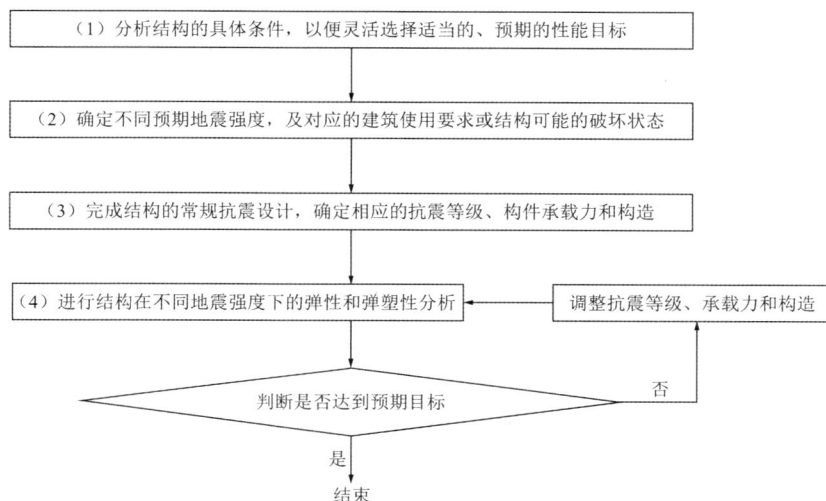

图 3.2-1　GB/T 50011—2010 抗震性能化设计流程简图

<table>
<tr><td colspan="5" align="center">GB/T　50011—2010 预期抗震性能目标的描述　　　表 3.2-1</td></tr>
<tr><td align="center">地震水准</td><td align="center">性能目标 1</td><td align="center">性能目标 2</td><td align="center">性能目标 3</td><td align="center">性能目标 4</td></tr>
<tr><td align="center">多遇地震</td><td align="center">完好</td><td align="center">完好</td><td align="center">完好</td><td align="center">完好</td></tr>
<tr><td align="center">设防地震</td><td align="center">完好，正常使用</td><td align="center">基本完好，检修后继续使用</td><td align="center">轻微损坏，简单修理后继续使用</td><td align="center">轻微至接近中等损坏，变形 $< 3[\Delta u_e]$</td></tr>
<tr><td align="center">罕遇地震</td><td align="center">基本完好，检修后继续使用</td><td align="center">轻微至中等破坏，修复后继续使用</td><td align="center">其破坏需加固后继续使用</td><td align="center">接近严重破坏，大修后继续使用</td></tr>
</table>

3.3　两阶段抗震设计方法

3.3.1　两阶段设计方法的概念

所谓两阶段设计方法，指的是我国自 GBJ 11—89 开始采用的、用以实现三水准设防目标的一系列抗震设计对策。根据采用地震动参数的概率水准不同，这一系列设计对策可划分为两个阶段进行，即采用第一水准地震动参数的设计阶段和采用第三水准地震动参数的设计阶段，故称之为两阶段抗震设计方法。

3.3.1.1　第一阶段设计

采用第一水准地震动参数，即通常所谓的小震，进行地震作用计算和抗震验算，根据抗震验算内容的不同又分为两步。

第一步：采用第一水准烈度的地震动参数，先计算出结构在弹性状态下的地震作用效应，然后与风、重力等荷载效应组合，并引入承载力抗震调整系数，进行构件截面设计，从而满足第一水准的强度要求；

第二步：用第一水准烈度的地震动参数计算出结构的弹性层间位移角，使其不超过规定的限值；同时采取相应的抗震构造措施，保证结构具有足够的延性、变形能力和塑性耗能，从而自动满足第二水准的变形要求。

3.3.1.2　第二阶段设计

采用第三水准烈度的地震动参数，计算出结构（特别是柔弱楼层和抗震薄弱环节）的弹塑性层间位移角，使之小于 GBJ 11—89、GB 50011—2001、GB/T 50011—2010 等标准的相应限值；并结合采取必要的抗震构造措施，从而满足第三水准的防倒塌要求。

3.3.2　两阶段设计方法的发展历程

地震的破坏作用和结构的破坏机理是十分复杂的，因此，抗震设计还只能在较合理的科学基础上，采用与一般荷载下结构设计相协调的方法，力求简易可行，便于设计人员掌握。然而，结构的抗震设计方法，随着震害经验的积累和工程抗震研究的发展，逐步得到改进和充实是必然的。

我国从 1964 年的《地震区建筑抗震设计规范（草案）》（简称"64 草案"）到《工业与民用建筑抗震设计规范》TJ 11—78（简称"78 规范"），抗震设计均是在单质点弹性反应谱基础上，采用结构系数C来考虑弹塑性阶段的塑性变形影响，对基本烈度下的弹性地震作用进行折减，并将折减后的地震荷载（作用）作为设计指标，采用安全系数法进行结构构件的抗震强度验算，另辅以抗震构造措施。

从 64 草案到 78 规范的这一套抗震设计方法，与非抗震设计的方法相似，比较简便，在实践中取得较好的效果。然而，这一方法存在下列不足，需要改进：

（1）把仅仅在结构进入弹塑性阶段才形成的等代地震作用，视同一般荷载，同样进行叠加和强度验算，物理概念不够清楚。

（2）按相当于基本烈度的地震影响计算地震荷载后，乘上考虑弹塑性的结构影响系数C进行折减，事实上，相当于降低了地震烈度，按一定程度上的小震烈度来计算弹性地震力，只不过这种小震烈度的取值与结构类型相关。比如：

按 78 规范的规定，第j振型中第i质点的地震力可表示为

$$P_{ij} = CP_{e,ij} = C\alpha_j \cdot \gamma_j \cdot X_{ij}W_i \tag{3.3-1}$$

上式进一步改写，可以得到对应于小震烈度的弹性地震内力

$$P'_{e,ij} = (C\alpha_j) \cdot \gamma_j \cdot X_{ij}W_i = \alpha'_j \cdot \gamma_j \cdot X_{ij}W_i \tag{3.3-2}$$

式中：α_j——对应于基本烈度的地震影响系数；

　　　α'_j——对应于小震烈度的地震影响系数，$\alpha'_j = C\alpha_j$；

　　　$P'_{e,ij}$——对应于小震烈度下第j振型中第i质点的弹性地震力。

按 78 规范关于结构系数C的规定，不同材料、不同结构的实际烈度降低值如表 3.3-1 所示。

TJ 11—78 规范的结构影响系数 C 值与烈度降低值 Δl 的关系　　表 3.3-1

结构类型	C	ΔI
框架结构: 1. 钢 2. 钢筋混凝土	0.25 0.30	−2° −1.74°
钢筋混凝土框架加抗震墙（或抗震支撑）结构	0.30~0.35	−1.74°~−1.51°
钢筋混凝土抗震墙结构	0.35~0.40	−1.51°~−1.32°
无筋砌体结构	0.45	−1.15°
多层内框架或底层全框架结构	0.45	−1.15°
铰接排架: 1. 钢柱 2. 钢筋混凝土柱 3. 砖柱	0.30 0.35 0.40	−1.74° −1.51° −1.32°
烟囱、水塔等高柔结构: 1. 钢 2. 钢筋混凝土 3. 砖	0.35 0.40 0.50	−1.51° −1.32° −1.0°
各类木结构	0.25	−2°

（3）整个设计过程中没有任何有关变形的计算或验算的内容，工程技术人员对所设计的建筑在不同烈度下可能产生的变形状况与破坏程度无法估计。

（4）这一设计方法只能定性地确定结构在承受相当于基本烈度的地震影响时，建筑经一般修理或不需修理仍可继续使用，一旦遭受基本烈度的大震作用，结构的抗震验算问题无法解决。唐山地震中，满足强度验算要求的钢筋混凝土厂房仍然出现大量倒塌破坏，说明仅考虑抗震强度验算是不合理的，甚至是不安全的。

与此同时，海城（1975）、唐山（1976）等地相继发生了高于基本烈度的大地震，社会各界要求房屋建筑"小震不坏、大震不倒"的呼声十分强烈。在上述背景下，经全国相关科研机构、勘察设计单位、高等院校历经十余年的努力，并吸取国外先进工程经验和最新研究成果，最终于形成并发布了我国抗震技术标准发展历程中具有里程碑意义的一本规范——《建筑抗震设计规范》GBJ 11—89。

与 64 草案、78 规范相比，GBJ 11—89 提出了一套全新的抗震设计方法，它具有鲜明的自主特色、概念清楚、公式简化、使用方便，并较好地保持了与 78 规范的衔接与过渡。GBJ 11—89 规范采用三个水准的设防要求来体现"小震不坏、大震不倒"的设计原则，并用两阶段的设计方法实现三个水准的要求。两阶段抗震设计方法不再采用结构系数C来折减地震力，而是把抗震承载力验算与小震下的"不坏"联系起来，把"大震不倒"与罕遇地震下弱部位的变形验算相联系。这一方法避免了单一强度验算的不足，将变形验算纳入了抗震验算的范畴，丰富了设计内容，使抗震设计进入新的里程。

自 GBJ 11—89 规范以来，我国建筑抗震设计方法保持了总体稳定和连续，后续的历次修订均沿袭了三水准设防的思想和两阶段设计方法。近期的汶川（2008）、玉树（2010）、芦山（2013）、九寨沟（2017）等地震检验表明，按 GBJ 11—89 规范以来各版抗震技术标准正规设计、正规施工、正常使用的各类房屋建筑，在遭遇的实际烈度不超过设防烈度一度的情况下，未发生一例倒塌破坏，这充分显示了我国抗震技术标准的可行性与有效性。

【延伸阅读资料】：魏琏，钟益村，戴国莹，等. 建筑结构抗震设计参数与方法的研究[R]. 1984.

3.3.3　三水准地震动参数取值

我国幅员辽阔，不同地区地震的强弱和出现的次数差异很大。在 GBJ 11—89 规范制定过程中，根据我国西北、华北、西南、新疆等地区地震发生概率的统计分析，各种烈度地震出现的概率密度分布如图 3.3-1 所示，其中，出现次数最多的烈度称为"众值烈度"。尽管各地众值烈度不同，曲线的形状参数也不同，然而，从平均的角度看，仍有一定的统计规律。据此，GBJ 11—89 考虑到当时的实际经济条件和技术规范的延续性，给出了"小震、中震、大震"这三个水准的定量标准。

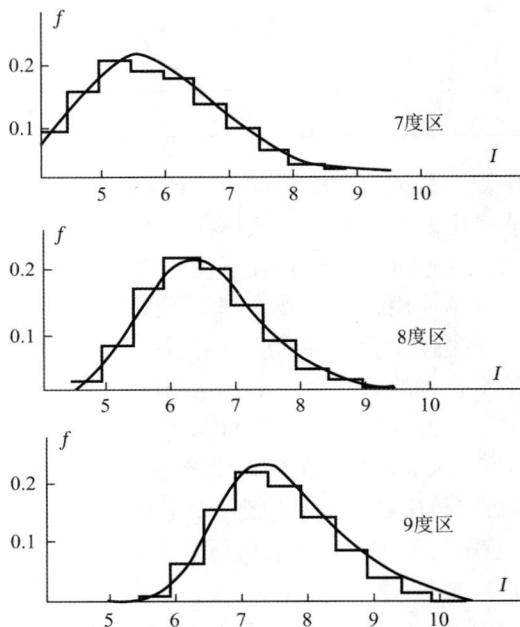

图 3.3-1　不同烈度区的烈度概率密度曲线

3.3.3.1　第一水准

第一水准地震动指的是多遇地震，也就是通常所说的"小震"，从概率意义上讲，指的是 50 年设计基准期内出现次数最多的众值烈度地震。此地震的超越概率（指超过该烈度的地震出现的可能性在全部地震中所占比例）约 63.2%，比当时的烈度区划图（1977）中的基本烈度平均降低 1.55 度。此时的弹性地震作用约为基本烈度的 0.34 倍，相当于 TJ 11—78 各结构影响系数C的平均值$\bar{C}$对基本烈度地震作用的折减，在数值上可保持地震作用设计指标的延续性，而且建筑处于不必修理的状态，在抗震分析中结构可视为弹性体系，采用弹性反应谱进行设计计算。相应的地震影响系数最大值α_{max}按表 3.3-2 采用。

多遇地震影响系数最大值　　　　　　　　　　　　　　　表 3.3-2

	烈度	6	7	8	9
α_{max}	GBJ 11—89	0.04	0.08	0.16	0.32
	GB 50011—2001	0.04	0.08(0.12)	0.16(0.24)	0.32
	GB/T 50011—2010	0.04	0.08(0.12)	0.16(0.24)	0.32

注：( ) 内数值分别适用于设计基本地震加速度为 0.15g 和 0.30g 的地区。

3.3.3.2　第二水准

第二水准地震动指的是设防烈度地震，也就是通常所说的"中震"，从概率意义上讲指的是 50 年超越概率为 10% 的烈度地震，数值上与基本烈度地震大体相当。

GBJ 11—89 关于第二水准的设计对策：在第一水准下的可靠度分析基础上，由校准法得到的抗震承载力验算表达式，使结构具有与 TJ 11—78 规范相当的抗震安全水准（实质是定性的变形安全性）；与此同时，采用第一水准烈度的地震动参数计算出结构的弹性层间位移角，使其不超过规定的限值，并采取相应的抗震构造措施，保证结构具有足够的延性、变形能力和塑性耗能，使建筑结构的非弹性变形或主体结构体系的损坏控制在可修复的范围内。

按 GBJ 11—89 和 GB 50011—2001 的规定，工程实践中一般用不到设防地震影响系数最大值，因此，这两本规范并未给出响应参数的取值规定。GB/T 50011—2010 为了适应抗震性能化设计的需要，补充了第二水准的地震影响系数取值（表 3.3-3）。

设防地震影响系数最大值　　　　　　　　　　　　　　　表 3.3-3

烈度	6	7	8	9
α_{max}	0.12	0.23(0.34)	0.45(0.68)	0.90

注：( ) 内数值分别适用于设计基本地震加速度为 0.15g 和 0.30g 的地区。

3.3.3.3　第三水准

第三水准地震动指的是预估的罕遇地震，即通常所说的"大震"，从概率意义上讲指的是 50 年超越概率为 2%～3% 的烈度地震。在第三水准地震影响下，结构会有较大的非弹性变形，但应控制在规定的范围内，以免倒塌。预估罕遇地震相应的地震影响系数最大值 α_{max} 按表 3.3-4 采用。

罕遇地震影响系数最大值　　　　　　　　　　　　　　　表 3.3-4

	烈度	6	7	8	9
α_{max}	GBJ 11—89	—	0.50	0.90	1.40
	GB 50011—2001	—	0.50(0.72)	0.90(1.20)	1.40
	GB/T 50011—2010	0.28	0.50(0.72)	0.90(1.20)	1.40

注：( ) 内数值分别适用于设计基本地震加速度为 0.15g 和 0.30g 的地区。

3.3.3.4　有关 2015 版区划图多级地震动峰值加速度取值的讨论

在 GB 18306—2015《中国地震动参数区划图》（简称"2015 版区划图"）之前，我国历次地震区划图均只给出一个水准地震动（即基本烈度地震）的区划结果。然而，2015版区划图在保持双参数编图的基础上，明确提出了"四级地震作用"的概念，并规定了"四级地震作用"相应的地震动参数取值。

按2015版区划图的规定，所谓"四级地震作用"分别指的是50年超越概率63.2%的多遇地震动、50年超越概率10%的基本地震动、50年超越概率2%的罕遇地震动和年超越概率1/10000的极罕遇地震动。按照GB 18306—2015第6.2.1~6.2.3条的规定，多遇地震动峰值加速度宜按不低于基本地震动峰值加速度1/3确定；罕遇地震动峰值加速度宜按基本地震动峰值加速度1.6~2.3倍确定；极罕遇地震动峰值加速度宜按基本地震动峰值加速度2.7~3.2倍确定。

从以上规定看，2015版区划图的四级地震动参数（峰值加速度）取值，是根据基本地震动峰值加速度值一定比例进行内插或外放得到的。严格意义上讲，这样的取值在本质上对我国地震危险性关系曲线进行了固化，它完全掩盖了地震危险性的地区性差异。

根据《GB 18306—2015〈中国地震动参数区划图〉宣贯教材》，极罕遇地震动峰值加速度与基本地震动峰值加速度的比值K_1、罕遇地震动峰值加速度与基本地震动峰值加速度的比值K_2、多遇地震动峰值加速度与基本地震动峰值加速度的比值K_3，是基于全国104850个场点（$0.1° \times 0.1°$）计算值的概率统计结果。根据上述统计结果，K_1的平均值为2.9，K_2的平均值为1.9，K_3的平均值为0.33，而且K_1、K_2、K_3的各统计指标与基本地震动峰值加速度值关系不大（图3.3-2），因此，按照这样的统计结果，我国各烈度区的地震危险性特征或地震危险性曲线的形状是基本相同的。

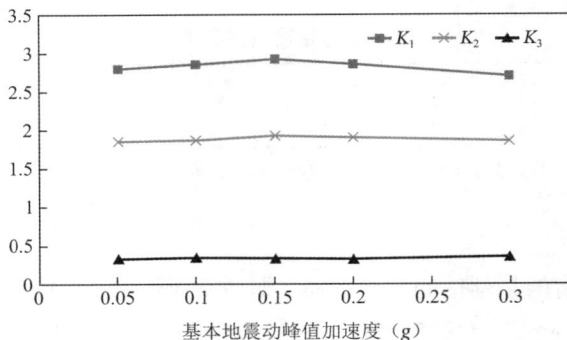

图3.3-2　不同加速度分区K_1、K_2、K_3平均值变化趋势

然而，国际地震工程界一个熟知的基本规律是，地震活动性越强的地区，地震危险性曲线越平缓。因此，一般情况下，地震活动性越强的地区（通常也是地震烈度越高的地区），上述K_1、K_2值越小，K_3值越大；反之，地震活动性越弱的地区（通常也是地震烈度越低的地区），上述K_1、K_2值越大，K_3值越小。我国现行《建筑抗震设标准》GB/T 50011—2010（2024年版）给出了三级地震动水准的概率标定和相应的参数取值，据此推定的各烈度地震危险性特征曲线，如图3.3-3所示，与上述基本规律是一致的；图3.3-4为美国部分城市的地震危险性曲线，与上述基本规律也是一致的。但GB 18306—2015关于K_1、K_2、K_3取值的规定并不能体现这一基本规律。因此，GB 50011—2010进行2016年版局部修订时，未根据GB 18306—2015的规定对多遇地震和罕遇地震的设计参数取值进行调整，而是继续保留了GBJ 11—89规范以来的约定。

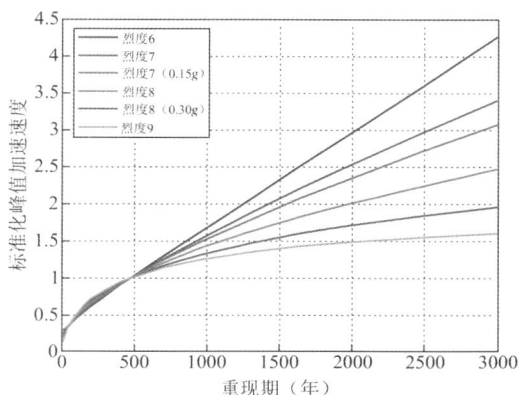

图 3.3-3　GB/T 50011 各烈度区地震危险性曲线

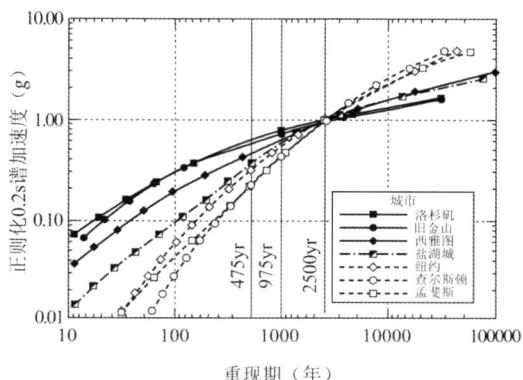

图 3.3-4　美国部分城市地震危险性曲线

3.3.4　两阶段设计的基本步骤

3.3.4.1　第一阶段设计的基本步骤

由 3.2.1 节可知，第一阶段设计主要包括两个验算内容，即第一水准下的抗震承载力验算和必要的弹性变形验算，以及相应的抗震构造措施。除了简单的结构（如生土建筑、木结构和 6 度的大多数房屋，可不做抗震验算外，第一阶段设计的基本步骤如下（图 3.3-5）：

第 1 步，收集基本资料和数据，包括地震地质、场地、地基土、建筑布置、使用或工艺要求、设备、风荷载、雪荷载等以及材料与施工条件的基本资料。

第 2 步，选择结构类型，计算基本参数。根据地震动参数区划图确定设防烈度，根据钻探资料确定场地类别并结合结构方案确定基础形式，综合考虑烈度高低、建筑布置、功能要求、材料施工条件以及恒、活、风、雪荷载的大小来选择合理的结构方案和初步的截面尺寸，计算地震作用下的重力荷载代表值。

第 3 步，计算地震作用及地震作用效应。取多遇地震下的弹性地震作用作为设计指标，根据结构类型的特点，分别采用不同的抗震分析方法和相应的内力调整系数。

第 4 步，验算构件抗震承载力。采用基于可靠度理论的多系数表达式进行构件抗震承载力验算，验算时各种材料的强度指标均采用常规的、非抗震设计所采用的材料强度设计值，但需引入承载力抗震调整系数 γ_{RE}，以反映不同材料、不同受力状态所具有的可靠性指标的区别。

第 5 步，控制延性结构的弹性变形。为保证多遇地震作用下建筑主体结构不受损坏、避免非结构构件（包括围护墙、隔墙、幕墙、内外装修等）产生过重破坏并导致人员伤亡，保证建筑的正常使用功能，GB/T 50011—2010 要求对各类钢筋混凝土结构和钢结构应进行多遇地震作用下的弹性变形验算。弹性变形验算属于正常使用极限状态的验算，各作用分项系数均取 1.0。关于钢筋混凝土结构构件的刚度，一般可取与位移限值相配套的弹性刚度，当计算的变形较大时，宜适当考虑构件开裂时的刚度退化，如 $0.85E_c I_0$。

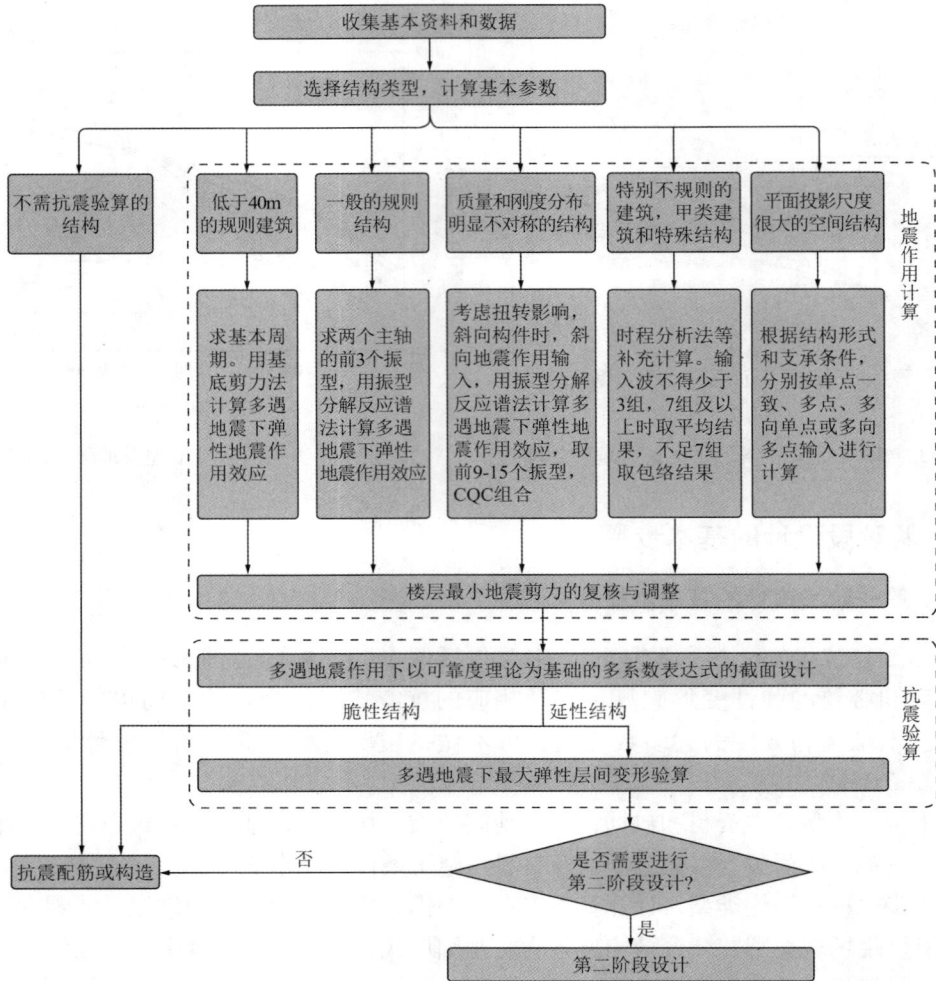

图 3.3-5　GB/T 50011—2010 第一阶段设计流程图

第 6 步，采取合适、有效的抗震构造措施。根据概念设计采取有效的抗震构造措施，包括受力明确、传力合理的结构布置，多道抗震防线，防止塑性变形集中，加强整体性、防止剪切破坏及非结构构件的附加影响等。

对大多数一般性建筑结构而言，经第一阶段的抗震承载力验算和抗震变形验算，并采取合适、有效的抗震和构造措施后，可视为满足第三水准的抗倒塌设防要求，无需再进行第二阶段设计。

3.3.4.2　第二阶段设计的基本步骤

第二阶段设计是防倒塌的弹塑性变形验算和提高变形能力的构造措施。大地震的震害表明，尽管多数建筑结构只进行第一阶段的设计就可定性地满足第三水准的要求，即罕遇地震下不倒塌，但对于框架结构、高大单层厂房、存在明显薄弱层的底层框架-抗震墙结构，以及需要定量地判断防倒塌性能的结构（如特殊要求的建筑结构、超高层建筑、采用隔震与消能减震设计的结构等），不仅要进行第一阶段的设计，还需按下列步骤进行第二阶段设计（图 3.3-6）。

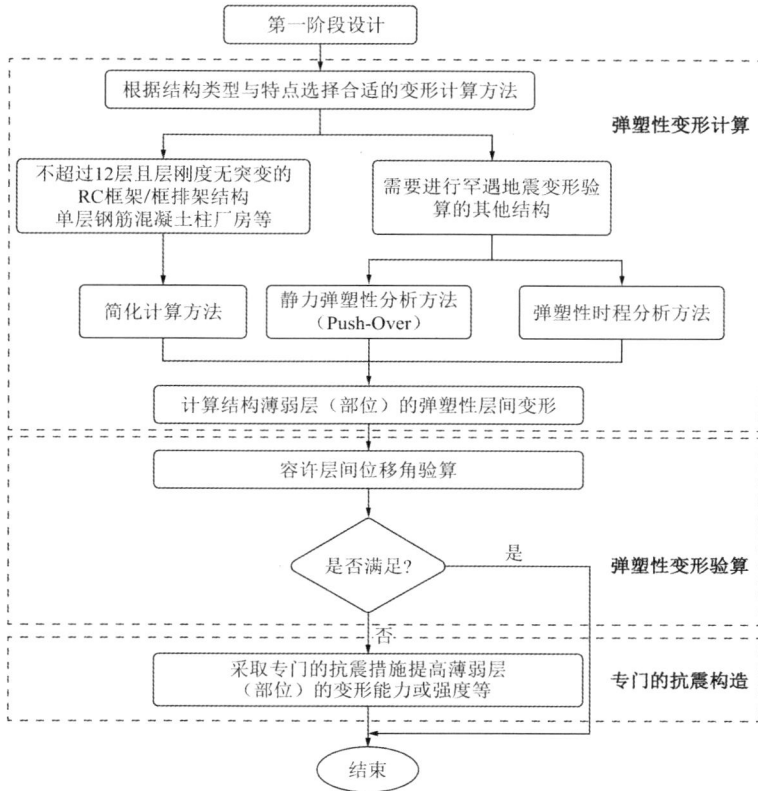

图 3.3-6　GB/T 50011—2010 第二阶段设计流程图

第 1 步，根据结构类型与特点选择合适的方法计算结构的弹塑性变形。GB/T 50011—2010 第 3.6.2 条规定，不规则且具有明显薄弱部位可能导致重大地震破坏的建筑结构，应进行罕遇地震作用下的弹塑性变形分析。计算分析时，可根据结构特点采用静力弹塑性分析或弹塑性时程分析方法；对于符合 GB/T 50011—2010 有关规定的建筑结构，尚可采用简化方法计算结构的弹塑性变形。

关于各弹塑性分析方法的基本流程及注意事项，参见第 3.8 节抗震变形验算的有关内容。

第 2 步，验算变形能力。采用容许层间位移角验算表达式进行建筑结构罕遇地震下弹塑性变形能力验算。从理论研究、震害分析、试验资料和工程实例分析看，以层间位移角来衡量结构变形能力是合适的。GB/T 50011—2010 规定，大震作用下防倒塌的弹塑性层间变形验算公式如下：

$$\Delta u_{\mathrm{p}} \leqslant [\theta_{\mathrm{p}}]h \tag{3.3-3}$$

式中：$[\theta_{\mathrm{p}}]$——弹塑性层间位移角限值；

　　　h——薄弱层楼层高度或单层厂房上柱高度。

第 3 步，采取专门的抗震构造措施。当层间弹塑性变形较大时，应采取诸如增加约束箍筋等提高变形能力的构造措施。

3.4 抗震分析的主要内容与要求

3.4.1 抗震分析的主要任务

《建筑抗震设计标准》GB/T 50011—2010（2024 年版）第 3.6.1、3.6.2 条规定了建筑结构抗震计算分析的主要任务与内容以及相应的计算分析方法。

《建筑抗震设计标准》GB/T 50011—2010（2024 年版）

3.6.1 除本规范特别规定者外，建筑结构应进行多遇地震作用下的内力和变形分析，此时，可假定结构与构件处于弹性工作状态，内力和变形分析可采用线性静力方法或线性动力方法。

3.6.2 不规则且具有明显薄弱部位可能导致重大地震破坏的建筑结构，应按本规范有关规定进行罕遇地震作用下的弹塑性变形分析。此时，可根据结构特点采用静力弹塑性分析或弹塑性时程分析方法。

当本规范有具体规定时，尚可采用简化方法计算结构的弹塑性变形。

任务 1：多遇地震作用下的内力和变形分析

《建筑抗震设计标准》GB/T 50011—2010（2024 年版）第 3.6.1 条规定了多遇地震作用下的内力和变形分析要求。这是我国抗震规范对结构地震反应、截面承载力验算和变形验算最基本的要求，也是我国三水准抗震设计思想中"小震不坏"的具体落实。按 GB/T 50011—2010 第 1.0.1 条的规定，建筑物当遭受低于本地区抗震设防烈度的多遇地震影响时，一般不受损坏或不需修理可继续使用，与此相应，结构在多遇地震作用下的反应分析的方法，截面抗震验算以及层间弹性位移的验算，都是以线弹性理论为基础的。

需要注意的是，GB/T 50011—2010 允许采用线性方法进行多遇地震下结构内力和变形分析，其前提条件是结构的弹性工作假定。这一假定表明，此时结构并非处于绝对意义上的弹性工作状态，但结构的实际工作状态已经很接近弹性状态，采用弹性假定进行计算分析，其结果一般可以满足工程设计的精度要求。

另一个需要读者特别注意的是，"小震不坏"与"小震弹性"的差别：小震不坏是第一水准的设防目标，它针对的是建筑结构总体层面的性能；小震弹性，是一种计算分析的手段或假定，是为实现"小震不坏"这一目标而采取的技术手段。简而言之，小震不坏是目标，小震弹性是手段，切忌概念混淆！

任务 2：罕遇地震作用下的弹塑性变形分析

《建筑抗震设计标准》GB/T 50011—2010（2024 年版）第 3.6.2 条规定了罕遇地震作用下弹塑性变形分析的要求。当建筑物的体型和抗侧力系统较为复杂时，地震作用下，将会在结构的薄弱部位产生应力集中和弹塑性变形集中，严重时会导致重大的破坏甚至有倒塌的危险。因此，为了保障"大震不倒"设防目标的实现，GB/T 50011—2010 提出了结构薄弱部位的弹塑性变形验算的要求。考虑到非线性分析的难度较大，GB/T 50011—2010 仅对不规则并具有明显薄部位、可能导致重大地震破坏，特别是有严重的变形集中可能导致地震倒塌的结构，提出应按规定进行罕遇地震作用下弹塑性变形验算的要求。

3.4.2　抗震分析的结构模型

实际结构是空间的受力体系，但不论静力分析还是动力分析，往往采取一定的简化，以建立相应的计算简图或分析模型。《建筑抗震设计标准》GB/T 50011—2010（2024 年版）第 3.6.4、3.6.5 条根据局楼盖刚性的不同对结构抗震分析的计算模型做了原则规定。

《建筑抗震设计标准》GB/T 50011—2010（2024 年版）

3.6.4　结构抗震分析时，应按照楼、屋盖的平面形状和平面内变形情况确定为刚性、分块刚性、半刚性、局部弹性和柔性等的横隔板，再按抗侧力系统的布置确定抗侧力构件间的共同工作并进行各构件间的地震内力分析。

3.6.5　质量和侧向刚度分布接近对称且楼、屋盖可视为刚性横隔板的结构，以及本规范有关章节有具体规定的结构，可采用平面结构模型进行抗震分析。其他情况，应采用空间结构模型进行抗震分析。

按《建筑抗震设计标准》GB/T 50011—2010（2024 年版）相关条款的解释，所谓刚性、半刚性、柔性横隔板分别指在平面内不考虑变形、考虑变形、不考虑刚度的楼、屋盖。需要说明的是，这样的定义，只是一种定性的解释，并非明确的定量界定，具体工程中楼盖的刚性认定主要依赖于设计人员的经验判断。因此，抗震规范在后续的相关条款中，分别给出了楼盖长宽比、抗震墙间距、楼盖厚度及构造等详细要求。

从理论分析角度看，楼盖的刚性决定着水平地震剪力在竖向抗侧力构件之间的分配方式，因此，反过来，也可以从水平力在竖向抗侧力构件之间的分配方式来判定楼盖的刚性。

（1）刚性楼盖：如果水平力可按各竖向抗侧力构件的刚度分配，楼板可看作是刚性楼板，这时楼板自身变形相对竖向抗侧力构件的变形来说比较小。

（2）柔性楼盖：如果水平力的分配与各竖向抗侧力构件间的相对刚度无关，楼板可看作是柔性楼板，此时楼板自身变形相对竖向抗侧力构件的变形来说比较大。柔性楼板传递水平力的机理类似于一系列支撑于竖向抗侧力构件间的简支梁。

（3）半刚性楼盖：实际结构的楼板既不是完全刚性，也不是完全柔性，但为了简化计算，通常情况下是可以这样假定的。但是，如果楼板自身变形与竖向抗侧力构件的变形是同一个数量级的，楼板体系不能假定为完全刚性或柔性的，而是半刚性楼板。

通常情况下，现浇混凝土楼盖、带有叠合层的预制板楼盖、浇筑混凝土的钢板楼盖被看作是刚性楼盖，而不带叠合层的预制板楼盖、不浇筑混凝土的钢板楼盖以及木楼盖被视为柔性楼盖。一般情况下，这样分类是可以的，但在某些特殊场合，应注意楼板体系和竖向抗侧力体系之间的相对刚度，否则，会导致计算结果的误差大大超过工程设计的容许范围，进而造成设计结果存在安全隐患。因此，《建筑抗震设计标准》GB/T 50011—2010 和《高层建筑混凝土结构技术规程》JGJ 3—2010 对抗侧力构件（抗震墙或剪力墙）间楼盖的长宽比、抗侧力构件间距以及楼盖的构造措施提出了明确的规定，目的是保证楼盖的刚度符合刚性假定。

关于楼盖刚性与柔性的界定，美国的 ASCE7-05 规范给出了明确的规定，我国工程设计人员在进行结构计算时可以参考使用：当两相邻抗侧力构件之间的楼板在地震作用下的最大变形量超过两端抗侧力构件侧向位移平均值的 2 倍时，该楼板即定义为柔性楼板（图 3.4-1）。

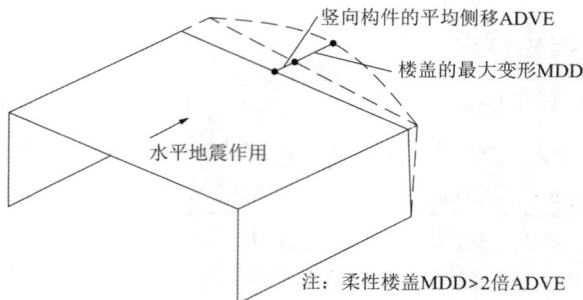

图 3.4-1　美国 ASCE7-05 规范关于柔性楼盖的定义

关于现阶段常用的结构分析模型以及工程实践中选定分析模型的技术要点，可参见表 3.4-1、表 3.4-2。

现阶段常用的结构抗震分析模型　　　　　　　　　　　　　　　　表 3.4-1

名称	假定和特点	适用范围
平面结构的层间模型	（1）地震作用集中于楼盖处； （2）只考虑层间剪力和层间变形； （3）侧向变形分仅考虑剪切变形和同时考虑剪切、弯曲变形两大类	同一方向各轴线构件形式和受力基本相同的结构
平面结构的排架、框架模型	（1）构件考虑剪力、弯矩和轴向力； （2）当忽略梁的轴向变形时，地震作用集中于楼盖；考虑梁的轴向变形时，则集中于各节点	同上
平面结构的悬臂梁模型	（1）连梁视为连续化的薄片且地震作用也连续化； （2）内力有解析解和图标	同上
平面协同分析模型	（1）楼盖各轴线水平侧移相同，用理想铰把各榀平面结构连成巨大的平面结构； （2）可以是相应的层间模型、框架模型或悬臂梁模型	楼盖平面内不变形，同一方向各构件不同，但基本对称分布
空间协同分析模型	（1）以各轴线平面内的分析为基础，忽略出平面的刚度和自身的抗扭刚度，考虑绕该层质心形成的抗扭刚度； （2）利用翼墙反映构件出平面刚度，是常用的考虑扭转的简化分析模型	一般为刚性楼盖下的扭转耦联结构，亦可考虑楼盖平面内的变形
空间三维分析模型	以空间杆件或薄壁杆件的有限元或有限条法为基础，可以考虑楼盖出平面的翘曲和杆件自身的抗扭刚度	非常复杂的结构或空间受力特征明显的结构
大面积场馆的空间三维分析	除上栏要求外，对轻质柔性屋盖系统宜考虑阻尼在结构系统中分布不均匀的影响，采用具有分析非经典阻尼结构系统功能的程序	钢筋混凝土柱网或墙体，悬吊屋盖或网壳屋盖

结构抗震分析模型的确定　　　　　　　　　　　　　　　　表 3.4-2

项目	内容要求
合理简化的标志	（1）保留结构受力的主要特征和属性； （2）计算的周期和振型接近于实际（指试验结果或复模型的计算结果）；

续表

项目	内容要求
合理简化的标志	（3）采用有关的作用效应调整予以配合
选择分析模型的注意事项	（1）各种分析模型的基本假定； （2）实际结构的规则性、对称性和主要受力特点； （3）结构具体情况和分析模型的假定相符的程度
可适当简化的复杂结构	（1）斜交构件夹角＜15°时，可视为一个轴线； （2）两轴线相距不大，考虑楼板隔板作用可视为同一轴线处理； （3）把楼板视为等效梁，将同一轴线在楼板两端的构件组成较大的平面结构； （4）空间受力特征明显的构件，如隔墙很多的电梯间，作为一个组合的空间构件而不分割成若干单独的平面构件

3.4.3　P-Δ 效应

建筑结构在外力作用下发生变形，结构质量位置发生变化，会产生二阶的倾覆力矩，因为这一倾覆力矩的数值等于层总重量P与层侧移Δ的乘积，所以一般被称为P-Δ效应，现今有关规范将其统称为重力二阶效应。《建筑抗震设计标准》GB/T 50011—2010（2024 年版）第 3.6.3 条规定，当结构产生的附加的二阶倾覆力矩大于初始倾覆力矩的 10% 时，应考虑几何非线性，即重力二阶效应的影响。

$$\theta_i = \frac{M_a}{M_0} = \frac{\sum G_i \cdot \Delta u_i}{V_i \cdot h_i} > 0.1 \tag{3.4-1}$$

式中：θ_i——稳定系数；

$\sum G_i$——i层以上全部重力荷载计算值；

Δu_i——第i层楼层质心处的弹性或弹塑性层间位移；

V_i——第i层地震剪力计算值；

h_i——第i层层间高度。

由前述的基本概念可知，影响重力二阶效应的有两个关键因素，即结构的侧向刚度和结构的重力荷载，因此，《高层建筑混凝土结构技术规程》JGJ 3—2010 对结构的弹性刚度和重力荷载的相互关系给出了规定，当结构的刚度与重力荷载的相对比值（即通常所谓的刚重比）满足一定条件时，可不考虑重力二阶效应的影响。

所谓刚重比，指的是结构刚度与重力荷载的比值，它是检查判断结构重力二阶效应的主要参数，也是控制结构整体稳定性的重要因素。根据《高层建筑混凝土结构技术工程》的相关规定，刚重比可定义为：

$$R = \begin{cases} \dfrac{EJ_d}{H^2 \sum\limits_{i=1}^{n} G_i} & \text{剪力墙结构、框架-剪力墙结构、筒体结构} \\[4mm] \dfrac{D_i}{\sum\limits_{j=i}^{n} G_j / h_i} (i = 1,2,\cdots,n) & \text{框架结构} \end{cases} \tag{3.4-2}$$

当R不小于 2.7（剪力墙结构、框架-剪力墙结构、筒体结构）或 20（框架结构）时，可保证结构的稳定性，且不需考虑二阶效应；

当R介于 1.4～2.7 之间（剪力墙结构、框架-剪力墙结构、筒体结构）或 10～20 之间（框架结构）时，可保证结构的稳定性，但需考虑二阶效应；

当 R 小于 1.4（剪力墙结构、框架-剪力墙结构、筒体结构）或 10（框架结构）时，结构存在失稳风险，需要对建筑结构的整体布局进行调整。

3.4.4 计算机辅助设计的专门要求

随着计算机技术的发展，工程实践中采用计算机进行辅助设计已成为常态。为此，《建筑抗震设计标准》GB/T 50011—2010（2024 年版）依据《建筑工程设计文件编制深度规定》，对使用计算机进行结构抗震分析提出了专门要求：应对软件的功能有切实的了解，计算模型的选取必须符合结构的实际工作情况，计算软件的技术条件应符合本规范及有关标准的规定，设计时对所有计算结果应进行判别，确认其合理有效后方可在设计中应用。

《建筑抗震设计标准》GB/T 50011—2010（2024 年版）

3.6.6 利用计算机进行结构抗震分析，应符合下列要求：

1 计算模型的建立、必要的简化计算与处理，应符合结构的实际工作状况，计算中应考虑楼梯构件的影响。

2 计算软件的技术条件应符合本规范及有关标准的规定，并应阐明其特殊处理的内容和依据。

3 复杂结构在多遇地震作用下的内力和变形分析时，应采用不少于两个合适的不同力学模型，并对其计算结果进行分析比较。

4 所有计算机计算结果，应经分析判断确认其合理、有效后方可用于工程设计。

《建筑抗震设计标准》GB/T 50011—2010（2024 年版）第 3.6.6 条依据《建筑工程设计文件编制深度规定》对结构电算分析提出了原则要求，实际工程操作时应注意以下几个问题的把握。

1）楼梯构件的考虑

对于楼梯斜板构件，通常是按照静力荷载下两端简支的斜板进行设计，结构整体模型中不予考虑；而实际工程中，楼梯构件与主体结构整浇施工，楼梯构件对主体结构，尤其是刚度相对较小的框架结构的影响不可忽略。2008 年汶川地震和 2010 年青海玉树地震中大量楼梯震害进一步表明，结构计算时应考虑楼梯构件的影响。为此，《建筑抗震设计规范》GB 50011—2001（2008 年版）修订时规定，结构的计算模型应考虑楼梯构件的影响。需要注意的是，由于楼梯斜板的支撑效应，楼梯在结构整体中类似于 K 形支撑的作用，一般处于整体结构的第一道防线的地位，参与计算之后必然会对结构的整体刚度以及构件间的内力分配产生明显的影响，楼梯间局部构件的内力会有明显的增大，而其余构件内力普遍较小，因此，为确保整体结构的安全，应采用楼梯参与计算和不参与计算两种模型的较大值进行结构构件设计。

2）复杂结构的界定

所谓复杂结构指计算的力学模型十分复杂、难以找到完全符合实际工作状态的理想模型，只能依据各个软件自身的特点，在力学模型上作不同程度的简化后才能运用该软件进行计算的结构。《高层建筑混凝土结构技术规程》JGJ 3—2010 第 10 章专门给出了复杂高层建筑的结构设计规定。一般来说，复杂结构主要有以下几种类型：带转换层结构、带加强层结构、连体结构、竖向收进和悬挑结构、平面不规则结构、大跨空间结构、错层结构、大底盘多塔结构以及多重复杂组合的结构等（图 3.4-2～图 3.4-7），各类复杂结构的界定参见《复杂高层建筑结构设计》（徐培福主编，中国建筑工业出版社出版，2005 年2 月）。

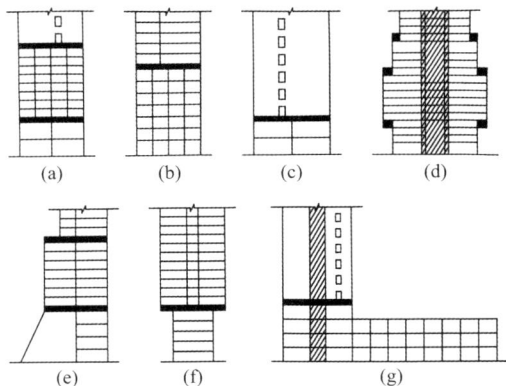

图 3.4-2　带转换层结构的示意图

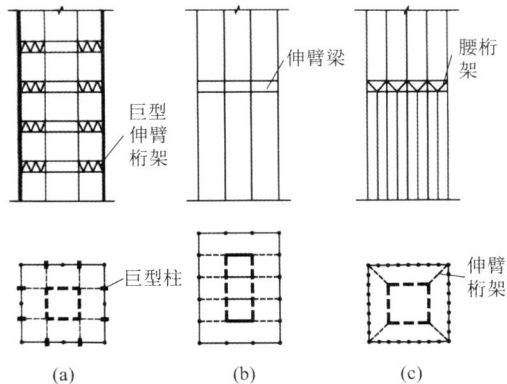

图 3.4-3　带加强层结构的示意图

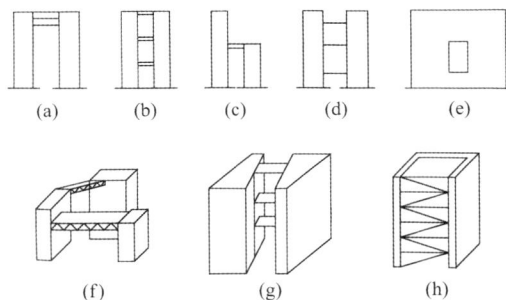

图 3.4-4　连体结构示意图

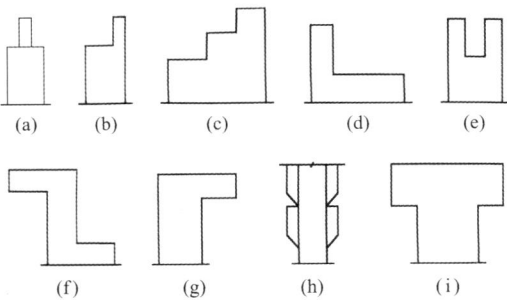

图 3.4-5　竖向收进和悬挑结构示意图

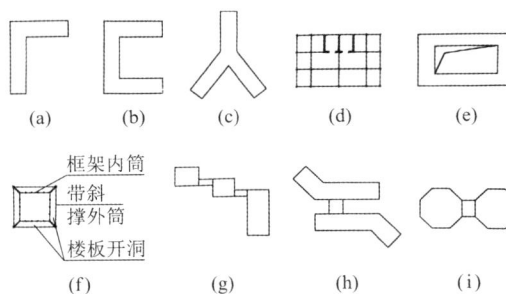

图 3.4-6　平面不规则结构示意图

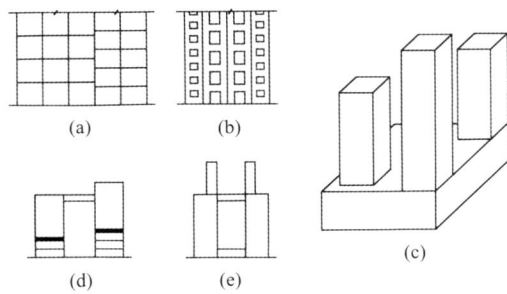

图 3.4-7　错层、多塔及多重复杂结构示意图

3）关于计算结果的分析判断

《建筑抗震设计标准》GB/T 50011—2010（2024 年版）第 3.6.6 条和《高层建筑混凝土结构技术规程》JGJ 3—2010 第 5.1.17 条均明确要求：计算机计算软件的计算结果，应经分析判断确认其合理、有效后，方可作为工程设计的依据。因此，对计算结果的合理性、可靠性进行判断是十分必要的，也是结构设计最主要的任务之一；对关键的抗震薄弱部位和构件，必要时应采用手算复核，避免电算结果因计算模型不完全符合实际而造成的安全

隐患。一般可从结构总体和局部构件两个方面考虑。

（1）总体的分析判断

① 所选用的计算软件是否适用以及使用是否恰当？

② 结构的振型、周期、位移形态和量值是否在合理的范围内？

③ 结构地震作用沿高度的分布是否合理？

④ 有效参与质量和楼层地震剪力的大小是否符合最小值的要求？

⑤ 总体和局部的力学平衡条件是否得到满足？判断力平衡条件时，应针对重力荷载、风荷载作用下的单工况内力进行。

（2）局部构件的分析判断

① 截面尺寸是否满足剪应力控制要求，配筋是否超筋？

② 受力复杂的构件（如转换构件等），其内力或应力分布是否与力学概念、工程经验相一致。

3.5 地震作用计算的原则、方法与参数

3.5.1 基本原则

由于地震发生地点是随机的，对具体的结构而言地震作用的方向是随意的，而且结构的抗侧力构件也不一定是正交的，在计算地震作用时应注意这些问题。另外，结构的刚度中心与质量中心不会完全重合，这必然导致结构产生不同程度的扭转。最后还应提到，震中区的竖向地震作用对某些结构的影响不容忽视，为此，《建筑与市政工程抗震通用规范》GB 55002—2021、《建筑抗震设计标准》GB/T 50011—2010（2024 年版）及其他专门的技术规程对地震作用的计算作了明确的规定。

《建筑与市政工程抗震通用规范》GB 55002—2021

4.1.2 各类建筑与市政工程的地震作用，应采用符合结构实际工作状况的分析模型进行计算，并应符合下列规定：

　　1 一般情况下，应至少沿结构两个主轴方向分别计算水平地震作用；当结构中存在与主轴交角大于 15°的斜交抗侧力构件时，尚应计算斜交构件方向的水平地震作用。

　　2 计算各抗侧力构件的水平地震作用效应时，应计入扭转效应的影响。

　　3 抗震设防烈度不低于 8 度的大跨度、长悬臂结构和抗震设防烈度 9 度的高层建筑物、盛水构筑物、贮气罐、储气柜等，应计算竖向地震作用。

　　4 对平面投影尺度很大的空间结构和长线型结构，地震作用计算时应考虑地震地面运动的空间和时间变化。

　　5 对地下建筑和埋地管道，应考虑地震地面运动的位移向量影响进行地震作用效应计算。

《建筑抗震设计标准》GB/T 50011—2010（2024 年版）

5.1.1 各类建筑结构的地震作用，应符合下列规定：

　　1 一般情况下，应至少在建筑结构的两个主轴方向分别计算水平地震作用，各方向的水平地震作用应由该方向抗侧力构件承担。

　　2 有斜交抗侧力构件的结构，当相交角度大于 15°时，应分别计算各抗侧力构件方向的水平地震作用。

> 3　质量和刚度分布明显不对称的结构，应计入双向水平地震作用下的扭转影响；其他情况，应允许采用调整地震作用效应的方法计入扭转影响。
> 　　4　8、9 度时的大跨度和长悬臂结构及 9 度时的高层建筑，应计算竖向地震作用。
> 　　注：8、9 度时采用隔震设计的建筑结构，应按有关规定计算竖向地震作用。

抗震相关规范（标准）关于地震作用计算原则的规定，实质上是对各类工程结构地震作用计算与抗震验算的范围与工作内容作出明确的界定。对上述技术条款理解与执行的准确与否，直接决定了工程设计成果（计算书、施工图等）的质量合格与否，因此，上述规定历来是结构工程师关注的焦点内容之一。在实际工程操作时，应注意把握以下几个问题。

3.5.1.1　水平地震作用计算方向

通常情况下，对于图 3.5-1 所示的典型布置结构，沿结构两个主轴方向分别考虑水平地震作用计算即可。

当有斜交抗侧力构件时，应考虑斜交抗侧力构件最不利方向的水平地震作用，即与该构件平行或正交方向的水平地震作用。关于斜向地震作用计算，工程实践中应注意以下两点：

其一，斜向地震作用计算时，结构底部总剪力以及楼层剪力等数值一般要小于正交方向计算的结果，但对于斜向抗侧力构件来说，其截面设计的控制性内力和配筋结果却往往取决于斜向地震作用的计算结果，因此，当结构存在斜交构件时，不能忽视斜向地震作用计算。

其二，注意斜交构件与斜交结构的差别。"有斜交抗侧力构件的结构"指结构中任一抗侧力构件与结构主轴方向斜交时，均应按规范要求计算各抗侧力构件方向的水平地震作用，而不是仅指斜交结构。

此外，关于最不利地震作用计算的问题，在一些学术论文中，经常可见"最不利地震""最不利地震动""最不利地震输入"等相关字样与论述，而在一些结构计算分析软件中也经常会出现所谓的最不利地震计算工况的设置，而在我国历来的抗震规范（标准）中，却并无相应的明确规定。对此，各位工程技术人员和广大读者可能会存有疑惑，抗震规范为什么会做如此规定？

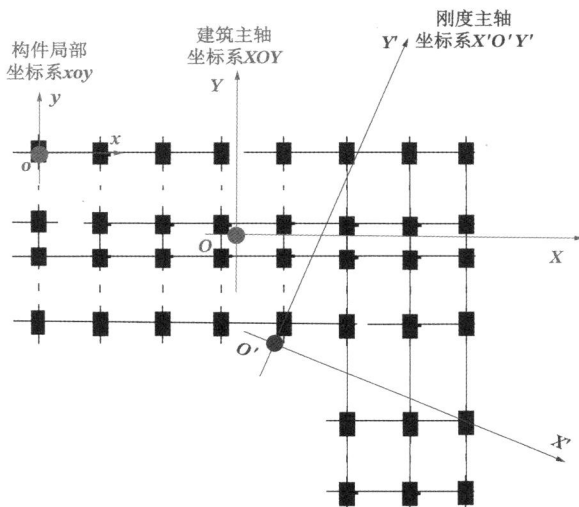

图 3.5-1　建筑结构的典型布局与三种坐标系的关系示意图

关于这一问题，读者可以从图 3.5-1 的三种坐标系相互关系示意图中寻求解答。一般来说，建筑的主轴坐标系 XOY，由建筑的平面布局确定，X 坐标轴总是与建筑纵向轴线平行，Y 坐标轴与建筑横向轴线平行；一般情况下，结构的竖向抗侧力构件，如框架柱、抗震墙等，会沿着建筑轴线布置，因此，竖向抗侧力构件的局部坐标系 xoy 与建筑主轴坐标系往往是一致的。另外，由于建筑结构平面布局难以做到绝对的均匀、对称，建筑结构整体抗侧刚度的强轴、弱轴与建筑布局的轴线必然会存在一定夹角。按通常的学术研究定义，所谓的最不利地震作用方向，指的是地震时建筑结构侧向变形最大的方向或总体地震作用最大的方向。根据结构动力分析理论，这个最不利地震作用方向一般是刚度主轴方向。然而，需要注意的是，抗侧力构件的最大地震内力一般是由沿其自身局部坐标主轴（x 轴或 y 轴）方向的地震动产生的。因此，我国抗震规范规定，一般情况下沿建筑结构两个主轴（X 轴、Y 轴）方向分别计算地震作用及效应即可，无需专门进行最不利地震作用方向（X' 轴或 Y' 轴）的计算与分析。

3.5.1.2　关于扭转效应的考虑

《建筑与市政工程抗震通用规范》GB 55002—2021 第 4.12 条第 2 款对抗侧力构件的扭转效应提出了强制性要求，计算各抗侧力构件的水平地震作用效应时，应计入扭转效应的影响。《建筑抗震设计标准》GB/T 50011—2010（2024 年版）第 5.1.1 条第 3 款进一步对建筑结构扭转效应的计算方法作出规定：①对于"质量和刚度分布明显不对称的结构"，应考虑双向水平地震作用下的扭转效应；②对于其他结构，可以采用调整地震作用效应的简化方法来考虑扭转效应，而《高层建筑混凝土结构技术规程》JGJ 3—2010 则要求计算单向水平地震作用下的扭转效应，同时给出了计算单向水平地震作用扭转效应的偶然偏心距的规定。

注意事项：

（1）对于质量和刚度分布明显不对称的结构，进行双向水平地震作用下的扭转耦联计算时不考虑偶然偏心的影响，但当双向耦联的计算结果小于单向偏心计算结果时，应按后者进行设计，即此类结构应按双向耦联不考虑偏心和单向考虑偏心两种计算结果的较大值进行设计。

（2）对于其他相对规则的结构，当属于高层建筑（高度大于 24m）时，应按 JGJ 3—2010 的规定进行单向水平地震作用并考虑偶然偏心影响的计算分析；当属于多层建筑（高度不大于 24m）范畴时，除可按 JGJ 3—2010 的要求进行单向偏心计算外，还可按 GB/T 50011—2010 第 5.2.3 条第 1 款的规定，采用边榀构件地震作用效应乘以增大系数的简化方法。

（3）质量和刚度分布明显不对称的结构，一般指的是扭转特别不规则的结构，但规范未给予具体的量化，在实际工程中有一定的困难，一般应根据工程具体情况和工程经验确定，当无可靠经验时可依据楼层扭转位移比的数值确定，当不满足下列要求时可确定为"质量和刚度分布明显不对称的结构"：对 B 级高度高层建筑、混合结构高层建筑及复杂高层建筑结构（包括带转换层的结构、带加强层的结构、错层结构、连体结构、多塔楼结构等）不小于 1.3；其他结构不小于 1.4。

（4）偶然偏心距的取值，一般取为垂直地震作用方向的建筑物总长度的 5%。理论上，偶然偏心距在各楼层的偏移方向是随机的，从工程安全角度考虑，应按偶然偏心距沿竖向最不利分布进行结构计算分析和后续的构件设计。然而，这样的"精确"处理会大大增加工程技术人员的工作量，而且计算结果的可信度也往往遭到质疑。因此，目前的实际工程操作是将每层质心沿主轴的同一方向（正向或负向）偏移。

3.5.2　计算方法

不同的结构采用不同的分析方法，这一理念在各国抗震规范中均有体现，其目的是使结构分析结果更符合实际情况和概念设计的要求。我国的《建筑与市政工程抗震通用规范》GB 55002—2021 和《建筑抗震设计标准》GB/T 50011—2010（2024 年版）等对结构抗震计算方法的选择也给出了明确的规定。

《建筑与市政工程抗震通用规范》GB 55002—2021

4.2.1　建筑与市政工程的水平地震作用确定应符合下列规定：

1　采用底部剪力法或振型分解反应谱法计算建筑结构、桥梁结构、地上管线、地上构筑物等建筑与市政工程的水平地震作用时，水平地震影响系数的取值应符合本规范第 4.2.2 条规定。

2　采用时程分析法计算建筑结构、桥梁结构、地上管线、地上构筑物等市政工程的水平地震作用时，输入激励的平均地震影响系数曲线应与振型分解反应谱法采用地震影响系数曲线在统计意义上相符。

3　地下工程结构的水平地震作用应根据地下工程的尺度、结构构件的刚度以及地震地面运动的差异变形采用简化方法或时程分析方法确定。

《建筑抗震设计标准》GB/T 50011—2010（2024 年版）

5.1.2　各类建筑结构的抗震计算，应采用下列方法：

1　高度不超过 40m、以剪切变形为主且质量和刚度沿高度分布比较均匀的结构，以及近似于单质点体系的结构，可采用底部剪力法等简化方法。

2　除 1 款外的建筑结构，宜采用振型分解反应谱法。

3　特别不规则的建筑、甲类建筑和表 5.1.2-1 所列高度范围的高层建筑，应采用时程分析法进行多遇地震下的补充计算；当取三组加速度时程曲线输入时，计算结果宜取时程法的包络值和振型分解反应谱法的较大值；当取七组及七组以上的时程曲线时，计算结果可取时程法的平均值和振型分解反应谱法的较大值。

采用时程分析法时，应按建筑场地类别和设计地震分组选用实际强震记录和人工模拟的加速度时程曲线，其中实际强震记录的数量不应少于总数的 2/3，多组时程曲线的平均地震影响系数曲线应与振型分解反应谱法所采用的地震影响系数曲线在统计意义上相符，其加速度时程的最大值可按表 5.1.2-2 采用。弹性时程分析时，每条时程曲线计算所得结构底部剪力不应小于振型分解反应谱法计算结果的 65%，多条时程曲线计算所得结构底部剪力的平均值不应小于振型分解反应谱法计算结果的 80%。

采用时程分析的房屋高度范围　　　　　　　　　　　　　　　　　表 5.1.2-1

烈度、场地类别	房屋高度范围（m）
8 度 Ⅰ、Ⅱ类场地和 7 度	> 100
8 度Ⅲ、Ⅳ类场地	> 80
9 度	> 60

时程分析所用地震加速度时程的最大值（单位：cm/s²） 表 5.1.2-2

地震影响	6度	7度	8度	9度
多遇地震	18	35（55）	70（110）	140
罕遇地震	15	220（310）	400（510）	620

注：括号内数值分别用于设计基本地震加速度为0.15g和0.30g的地区。

4 计算罕遇地震下结构的变形，应按本规范第5.5节规定，采用简化的弹塑性分析方法或弹塑性时程分析法。

5 平面投影尺度很大的空间结构，应根据结构形式和支承条件，分别按单点一致、多点、多向单点或多向多点输入进行抗震计算。按多点输入计算时，应考虑地震行波效应和局部场地效应。6度和7度Ⅰ、Ⅱ类场地的支承结构、上部结构和基础的抗震验算可采用简化方法，根据结构跨度、长度不同，其短边构件可乘以附加地震作用效应系数1.15～1.30；7度Ⅲ、Ⅳ类场地和8、9度时，应采用时程分析方法进行抗震验算。

6 建筑结构的隔震和消能减震设计，应采用本规范第12章规定的计算方法。

7 地下建筑结构应采用本规范第14章规定的计算方法。

3.5.2.1 底部剪力法

底部剪力法是一种简化的反应谱分析方法，便于设计者手算使用。它的基本原理和方法是，首先计算出结构在第一振型下的底部总剪力，然后，按倒三角分布的原则计算竖向各质点的地震作用，继而计算结构构件的内力和变形。因此，底部剪力法的应用前提是，结构在地震作用下的振动反应要以第一振型为主。

1. 适用范围

一般来说，高度不超过40m、以剪切变形为主且质量和刚度沿高度分布比较均匀的结构，以及近似于单质点体系的结构，可以采用底部剪力法来确定其水平地震作用。

需要注意的是，这里的"高度"，指的是结构的计算高度，一般从计算嵌固端算起，止于主体结构屋面。剪切变形为主的结构，主要包括多层砌体房屋、钢筋混凝土框架结构、中低层钢筋混凝土框架-抗震墙结构、钢框架结构等可忽略弯曲变形影响的结构。至于质量和刚度沿高度分布均匀的结构，相关的标准条文并没有给出明确界定，工程实践可按相邻楼层（顶层除外）的质量和刚度差异不超过30%进行把握。

总体上，底部剪力法一般适用于多层砌体房屋，底部土框架-抗震墙砌体房屋，规则的中低层钢筋混凝土框架、框架-抗震墙房屋，单层工业厂房等。

2. 总水平地震作用标准值

底部剪力法的计算简图如图3.5-2所示，其中，F_{Ek}为结构总水平地震作用标准值，按以下公式计算：

$$F_{Ek} = \alpha_1 G_{eq} \tag{3.5-1}$$

式中：α_1——相应于结构基本自振周期T_1的水平地震影响系数；对多层砌体房屋、底部框架-抗震墙房屋，不计算基本自振周期，取$\alpha_1 = \alpha_{max}$；

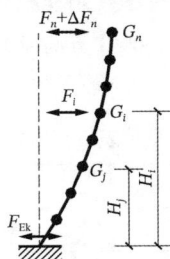

图 3.5-2 底部剪力法的计算简图

　　G_{eq}——等效重力荷载代表值,对于单层或集中为单质点的结构,取重力荷载代表G_E;对于一般的多层结构,取总重力荷载代表值的 0.85 倍,即 $0.85G_E$;对于不等高多跨单层厂房,取 $0.9G_E \sim 0.95G_E$。

3. 水平地震作用沿高度分布

水平地震作用沿结构高度的分布,可按下列公式确定:

$$F_i = \frac{G_i H_i}{\sum\limits_{j=1}^{n} G_j H_j} F_{Ek}(1 - \delta_n) \quad (i = 1,2 \cdots n) \tag{3.5-2}$$

$$\Delta F_n = \delta_n F_{Ek} \tag{3.5-3}$$

式中:　F_i——质点i的水平地震作用标准值;

　　G_i、G_j——分别为集中于质点i、j的重力荷载代表值;

　　H_i、H_j——分别为质点i、j的计算高度;

　　ΔF_n——顶部附加水平地震作用;

　　δ_n——顶部附加地震作用系数,按表 3.5-1 取值。

顶部附加地震作用系数 δ_n　　　　　　　　　　表 3.5-1

结构类型	$T_1 > 1.4T_g$的多层钢筋混凝土结构和钢结构			其他情况
	$T_g \leqslant 0.35$	$0.35 < T_g \leqslant 0.55$	$T_g > 0.55$	
δ_n	$0.08T_1 + 0.07$	$0.08T_1 + 0.01$	$0.08T_1 - 0.02$	0.0

3.5.2.2　平动振型分解反应谱法

平动振型分解反应谱法是规则结构抗震分析的基本方法。它把结构同一方向各阶平动振型作为广义坐标系,每个振型是一个等效单自由度体系,可按反应谱理论确定每一个振型的地震作用并求得相应的地震作用效应(弯矩、剪力、轴向力和位移、变形等),再根据随机振动过程的遇合理论,用平方和平方根的组合(SRSS)得到整个结构的地震作用效应。

1. 结构反应的振型分解

一般情况下,描述结构在某个方向的运动,只需事先了解结构前n个自振周期相应的振型,结构任一点的地震反应可分解为n个等效单自由度体系地震反应的组合,这就是振型分解的概念。

结构自振周期和振型,是结构在不受任何外力作用时振动(称自由振动)的固有特性。将重力荷载代表值集中于楼层或质点处,对应于自由振动的频率方程可写为:

$$-\omega^2[m] + [K] = 0 \tag{3.5-4}$$

式中:　ω——结构自由振动的圆频率,它与结构振动频率f和周期T的关系为,$T = 1/f = 2\pi/\omega$;

　　$[m]$——结构的质量矩阵;

　　$[K]$——刚度矩阵。

式(3.5-4)在数学上称为特征方程,其特征根为结构自由振动的圆频率ω_j,对应于的周期为自振周期T_j,特征方程的特征向量对应于体系的振动形状,也就是振型X_{ji}。

2. 各阶振型的地震作用标准值

图 3.5-3 为结构各振型响应的示意图，结构 j 振型 i 质点的水平地震作用标准值按下式计算：

$$F_{ji} = \alpha_j \gamma_j X_{ji} G_i \tag{3.5-5}$$

$$\gamma_j = \sum X_{ji} G_i / \sum X_{ji}^2 G_i \tag{3.5-6}$$

式中：α_j——对应于 j 振型自由振动周期 T_j 的地震影响系数；

X_{ji}——结构 j 振型中 i 质点的水平相对位移；

G_i——i 质点的重力荷载代表值；

γ_j——j 振型的参与系数，表示结构振动时 j 振型所占的比重。

3. 各阶振型地震作用效应的组合

确定每个振型的水平地震作用标准值后，就可按弹性力学方法求得每个振型对应的地震作用效应 s_j（弯矩、剪力、轴向力和位移、变形），然后按平方和平方根法（SRSS）加以组合，得到地震作用效应的计算值 s：

$$S = \sqrt{\sum_{j=1}^{m} S_j^2} \tag{3.5-7}$$

式中：S_j——第 j 振型水平地震作用的作用效应；

m——参与组合的振型数量，一般情况下取前 2～3 个振型即可满足工程设计需求，当结构基本周期 $T_1 > 1.5s$ 或房屋高宽比（H/B）>5 时，参与组合的振型数量应适当增加，通常宜为 5～7 个。

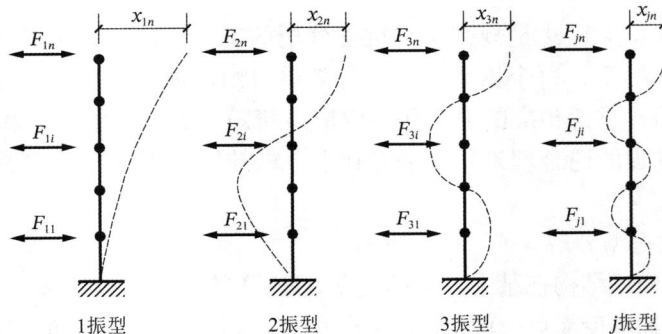

图 3.5-3　结构各振型响应示意图

3.5.2.3　扭转耦联振型分解反应谱法

扭转耦联的振型分解反应谱法是不对称结构抗震分析的基本方法，它与平动的振型分解反应谱法不同之处是：扭转耦联振型有平移分量也有转角分量；各阶振型地震作用效应的组合，需采用完全二次项平方根法组合（CQC 法）。

1. 扭转耦联振型计算

计算结构扭转耦联振型时，频率方程的表达式依然是式(3.5-4)。然而，与平动振型分解法不同的是，此时的刚度矩阵 $[K]$ 包含平动刚度和绕质心的转动刚度，质量矩阵 $[m]$ 包含集中质量和绕质心的质量惯性矩。因此，结构的各阶振型既含有平动分量，又含有转动分量，极少出现单一分量的振动形式。

此外，进行扭转耦联计算分析时，楼层位移参考坐标轴的选择也是值得注意的一个关键环节。通常，扭转耦联计算时，每个楼层只考虑质心处两个正交的水平位移和一个转角共三个自由度，但实际上，楼层其他各点的位移是不相同的。虽然任选一竖向轴线作为参考轴进行计算不会影响各阶频率与自振周期的计算结果，但各阶振型的位移向量会差别显著。因此，实践中应采用各楼层质心连成的参考轴作为扭转振型的基准轴。

2. 各阶扭转振型的地震作用标准值

图 3.5-4 为扭转耦联分析时第 j 振型第 i 楼层的三向地震作用简图，各水平地震作用标准值应按下列公式确定：

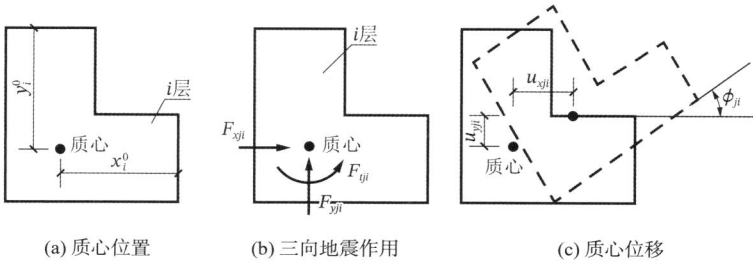

(a) 质心位置　　　　(b) 三向地震作用　　　　(c) 质心位移

图 3.5-4　第 j 振型第 i 楼层的三向地震作用简图

$$F_{xji} = \alpha_j \gamma_{tj} X_{ji} G_i \tag{3.5-8}$$

$$F_{yji} = \alpha_j \gamma_{tj} Y_{ji} G_i \tag{3.5-9}$$

$$F_{tji} = \alpha_j \gamma_{tj} r_i^2 \varphi_{ji} G_i \tag{3.5-10}$$

$$\gamma_{tj} = \frac{\sum (X_{ji} \cos\theta + Y_{ji} \sin\theta) G_i}{\sum (X_{ji}^2 + Y_{ji}^2 + \varphi_{ji}^2 r_i^2) G_i} \tag{3.5-11}$$

式中：　F_{xji}、F_{yji}、F_{tji}——分别为 j 振型 i 层的 x 方向、y 方向和转角方向的地震作用标准值；

X_{ji}、Y_{ji}——分别为 j 振型 i 层质心在 x、y 方向的水平相对位移；

φ_{ji}——j 振型 i 层的相对扭转角；

r_i——i 层转动半径，可取 i 层绕质心的转动惯量除以该层质量的商的正二次方根；

γ_{tj}——计入扭转的 j 振型的参与系数，可按下列公式确定：

θ——地震作用方向与 x 方向的夹角。

当仅取 x 方向地震作用时，$\theta = 0$

$$\gamma_{tj} = \sum_{i=1}^{n} X_{ji} G_i \Big/ \sum_{i=1}^{n} (X_{ji}^2 + Y_{ji}^2 + \varphi_{ji}^2 r_i^2) G_i \tag{3.5-12}$$

当仅取 y 方向地震作用时，$\theta = \pi/2$

$$\gamma_{tj} = \sum_{i=1}^{n} Y_{ji} G_i \Big/ \sum_{i=1}^{n} (X_{ji}^2 + Y_{ji}^2 + \varphi_{ji}^2 r_i^2) G_i \tag{3.5-13}$$

3. 各阶扭转振型地震作用效应的组合

确定每个扭转振型在 x 方向、y 方向和转角方向的水平地震作用标准值之后，采用弹性力学方法可求出每个振型对应的地震作用效应，对各振型效应进行完全二次项平方根

（CQC）组合后，便可以得到地震作用效应的计算值 S。

当仅考虑一个方向水平地震单独作用时，其扭转耦联效应可按下列公式确定：

$$S_{Ek} = \sqrt{\sum_{j=1}^{m} \sum_{k=1}^{m} \rho_{jk} S_j S_k} \tag{3.5-14}$$

$$\rho_{jk} = \frac{8\sqrt{(\zeta_j \zeta_k)(\zeta_j + \lambda_T \zeta_k)\lambda_T^{1.5}}}{(1 - \lambda_T^2)^2 + 4\zeta_j \zeta_k(1 + \lambda_T^2)\lambda_T + 4(\zeta_j^2 + \zeta_k^2)\lambda_T^2} \tag{3.5-15}$$

当考虑两个正交方向的水平地震联合作用时，其扭转耦联效应可按下列公式确定：

$$S_x = \max\left(\sqrt{S_{xx}^2 + (0.85S_{xy})^2}, \ \sqrt{S_{xy}^2 + (0.85S_{xx})^2}\right) \tag{3.5-16}$$

$$S_y = \max\left(\sqrt{S_{yy}^2 + (0.85S_{yx})^2}, \ \sqrt{S_{yx}^2 + (0.85S_{yy})^2}\right) \tag{3.5-17}$$

式中：S_{Ek}——地震作用标准值的扭转效应；

  S_j、S_k——分别为 j、k 振型地震作用标准值的效应；

  ζ_j、ζ_k——分别为 j、k 振型的阻尼比；

    ρ_{jk}——j 振型与 k 振型的耦联系数；

    λ_T——k 振型与 j 振型的自振周期比；

    m——扭转振型数，可取前 9～15 个；

  S_x、S_y——分别为双向水平地震作用下的 x、y 方向构件的扭转效应；

  S_{xx}、S_{xy}——分别为 x、y 方向单向水平地震作用下 x 方向构件的作用效应；

  S_{yy}、S_{yx}——分别为 x、y 方向单向水平地震作用下 y 方向构件的作用效应。

3.5.2.4　时程分析法

1. 基本方程与数值积分方法

时程分析法是由建筑结构的基本运动方程，输入对应于建筑场地的若干条地震加速度记录或人工加速度波形（时程曲线），通过积分运算求得在地面加速度随时间变化期间内结构内力和变形状态随时间变化的全过程，并以此进行构件截面抗震承载力验算和变形验算。时程分析法亦称数值积分法、直接动力法等。

通常，多自由度结构在地震作用下的运动方程可表示为：

$$[m]\{\ddot{u}\} + [C]\{\dot{u}\} + [K]\{u\} = -[m]\{\ddot{u}_g\} \tag{3.5-18}$$

式中：$\{\ddot{u}_g\}$——地震地面运动加速度时程曲线。计算模型不同时，质量矩阵 $[m]$、阻尼矩阵 $[C]$、刚度矩阵 $[K]$、位移向量 $\{u\}$、速度向量 $\{\dot{u}\}$ 和加速度向量 $\{\ddot{u}\}$ 有不同的形式。

地震地面运动加速度记录波形是一个复杂的时间函数，方程的求解要利用逐步计算的数值方法，将地震作用时间划分成许多微小的时段，相隔 Δt，基本运动方程改写为 i 时刻至 $i+1$ 时刻的半增量微分方程：

$$[m]\{\Delta\ddot{x}\}_{i+1} + [C]_i^{i+1}\{\Delta\dot{x}\}_i^{i+1} + [K]_i^{i+1}\{\Delta x\}_i^{i+1} + \{Q\}_i = -[m]\{\ddot{u}_g\}_{i+1} \tag{3.5-19}$$

$$\{Q\}_i = \{Q\}_{i-1} + [K]_{i-1}^i\{\Delta x\}_{i-1}^i + [C]_{i-1}^i\{\Delta\dot{x}\}_{i-1}^i \tag{3.5-20}$$

$$\{Q\}_0 = 0 \tag{3.5-21}$$

然后，借助于不同的近似处理，把$\{\Delta \ddot{x}\}$、$\{\Delta \dot{x}\}$等均用Δx表示，获得拟静力方程：

$$[K]_i^{i+1}\{\Delta x\}_i^{i+1} = \{\Delta P^*\}_i^{i+1} \tag{3.5-22}$$

求出$\{\Delta x\}_i^{i+1}$后，就可得到$i+1$时刻的位移、速度、加速度及相应的内力和变形，并作为下一步计算的初值，一步一步地求出全部结果——结构内力和变形随时间变化的全过程。

在第一阶段设计计算时，用弹性时程分析，$[K]_i^{i+1}$保持不变；在第二阶段设计计算时，用弹塑性时程分析，$[K]_i^{i+1}$随结构及其构件所处的变形状态，在不同时刻取不同的数值。

以上通常可用计算机软件辅助进行，常用的数值积分方法主要有中心加速度法、线性加速度法、Wilson-θ法、Newmark-β法等。

2. 弹性时程分析法计算地震作用的适用范围

一般地，时程分析法计算的结果合适与否主要依赖于输入激励（地震波）是否合适。由于实际工程设计时，输入计算模型的地震波数量有限，只能反映少数地震、局部场点地震动特征，具有鲜明的"个性"，因此，规范规定时程分析法主要作为反应谱法的"补充"，且仅要求表 3.5-2 所示几类建筑采用。

采用弹性时程分析法的房屋高度范围　　　表 3.5-2

烈度、场地类别	房屋高度范围（m）	烈度、场地类别	房屋高度范围（m）
8 度Ⅰ、Ⅱ类场地和 7 度	＞ 100	9 度	＞ 60
8 度Ⅲ、Ⅳ类场地	＜ 80		

3. 弹性时程分析模型

弹性时程分析可采用与反应谱法相同的计算模型：从平面结构的层间模型到复杂结构的三维空间分析模型，计算可在采用反应谱法时建立的侧移刚度矩阵和质量矩阵的基础上进行，不必重新输入结构的基本参数。

4. 计算结果的工程判断

时程分析法计算结果的影响因素较多，加速度波形数量又较少，其计算结果是对反应谱法的补充，即根据差异的大小和实际可能，对反应谱法计算结果，按表 3.5-3 要求适当修正：

结果判断　　　表 3.5-3

项目	内容要求
总剪力判断	每条加速度波计算得到的底部剪力，不应小于底部剪力法或振型分解反应谱法计算结果的 65%，并不大于 135%；多条时程曲线计算结果的平均值不应小于 80%，也不应大于 120%
位移判断	当计算模型未能充分考虑填充墙等非结构构件的影响时，与采用反应谱法时相似，对所获得的位移等，也要求乘以相应的经验系数
计算结果的采用	当取三组加速度时程曲线输入时，计算结果取时程法的包络值和振型分解反应谱法的较大值；当 7 组或 7 组以上时程曲线输入时，计算结果取时程法的平均值与振型分解反应谱法的较大值
比较和修正	以结构层间的剪力和层间变形为主要控制指标，根据输入时程曲线的数量按上述要求对时程分析的结果和反应谱法的结果加以比较、分析，适当调整反应谱法的计算结果

3.5.2.5　关于大跨空间结构地震作用效应计算的专门要求

众所周知，地震发生时，断层破裂释放的能量以机械波的形式从破裂带向四周扩散，进而在以震源为中心的半空间无限体内形成一个波动场。在这个波动场内不同场点上地面运动，除了峰值、频谱和持时三要素会存在明显差别外，还会存在明显的时滞效应，即运动的非一致性。因此，在地震波动场内的地面运动具有明显的空间和时间特征。

对于常规的房屋建筑来说，其平面投影尺度相对很小，场址范围内各点地震动非一致性差别并不明显，采用单点一致地震动输入进行结构地震响应分析与计算，计算结果的误差在工程可接受范围之内，是合适可行的。但是，当建筑结构的平面尺度足够大时，建筑基底各点地震动的非一致性明显，此时，继续采用单点一致输入进行计算分析，其结果可能会存在安全隐患。

鉴于以上情况，《建筑与市政工程抗震通用规范》GB 55002—2021 规定，对平面投影尺度很大的空间结构和长线型结构，地震作用计算时应考虑地震地面运动的空间和时间变化。同时，《建筑抗震设计标准》GB/T 50011—2010（2024 年版）规定，平面投影尺度很大的空间结构，应根据结构形式和支承条件，分别按单点一致、多点、多向单点或多向多点输入进行抗震计算。按多点输入计算时，应考虑地震行波效应和局部场地效应。6 度和 7 度Ⅰ、Ⅱ类场地的支承结构、上部结构和基础的抗震验算可采用简化方法，根据结构跨度、长度不同，其短边构件可乘以附加地震作用效应系数（1.15～1.30）；7 度Ⅲ、Ⅳ类场地和 8、9 度时，应采用时程分析方法进行抗震验算。

对于以上规定，具体实施时应注意把握以下几个问题：

（1）平面投影尺度很大的空间结构指跨度大于 120m、或长度大于 300m、或悬臂大于 40m 的结构。

（2）结构形式和支承条件（表 3.5-4）

结构形式和支承条件　　　　　　　　　　　　　　　表 3.5-4

结构形式	结构示例	支承条件	地震作用计算方法
周边支承空间结构	网架、单、双层网壳、索穹顶、弦支穹顶屋盖和下部圈梁-框架结构	下部支承结构为一个整体、且与上部空间结构侧向刚度比大于等于 2	三向单点一致输入
		下部支承结构由结构缝分开、且每个独立的支承结构单元与上部空间结构侧向刚度比小于 2	三向多点输入
两边支承空间结构	拱，拱桁架；门式刚架，门式桁架；圆柱面网壳	支承于独立基础	三向多点输入
长悬臂空间结构	—	—	多向单点一致、或多向多点输入

（3）单点一致输入、多向单点输入、多点输入和多向多点输入的解释（表 3.5-5）

几种输入的解释　　　　　　　　　　　　　　　表 3.5-5

单点一致输入	仅对基础底部输入一致的加速度反应谱或加速度时程进行结构计算
多向单点输入	沿空间结构基础底部，三向同时输入，其地震动参数（加速度峰值或反应谱最大值）比例取水平主向：水平次向：竖向＝1.00：0.85：0.65
多点输入	考虑地震行波效应和局部场地效应，对各独立基础或支承结构输入不同的设计反应谱或加速度时程进行计算，估计可能造成的地震效应。对于 6 度和 7 度Ⅰ、Ⅱ类场地上的大跨空间结构，多点输入下的地震效应不太明显，可以采用简化计算方法，乘以附加地震作用效应系数，跨度越大、场地条件越差，附加地震作用系数越大；对于 7 度Ⅲ、Ⅳ场地和 8、9 度区，多点输入下的地震效应比较明显，应考虑行波和局部场地效应对输入加速度时程进行修正，采用结构时程分析方法进行多点输入下的抗震验算。
多向多点输入	同时考虑多向和多点输入进行计算

（4）行波效应

研究证明，地震传播过程的行波效应、相干效应和局部场地效应对于大跨空间结构的地震效应有不同程度的影响，其中，以行波效应和场地效应的影响较为显著，一般情况下，可不考虑相干效应。对于周边支承空间结构，行波效应影响表现在大跨屋盖系统和下部支承结构上；对于两线边支承空间结构，行波效应通过支座影响到上部结构。

行波效应将使不同点支承结构或支座处的加速度峰值不同，相位也不同，从而使不同点的设计反应谱或加速度时程不同，计算分析应考虑这些差异。由于地震动是一种随机过程，多点输入时，应考虑最不利的组合情况。行波效应与潜在震源、传播路径、场地的地震地质特性有关，当需要进行多点输入计算分析时，应对此作专门研究。

（5）局部场地效应

当独立基础或支承结构下卧土层剖面地质条件相差较大时，可采用一维或二维模型计算求得基础底部的土层地震反应谱或加速度时程、或按土层等效剪切波速对基岩地震反应谱或加速度时程进行修正后，作为多点输入的地震反应谱或加速度时程。当下卧土层剖面地质条件比较均匀时，可不考虑局部场地效应，不需要对地震反应谱或加速度时程进行修正。

3.5.3 设计反应谱

反应谱是抗震设计的基础，关系到设防标准和结构的动力特性。关于反应谱，首先要区分几个不同的概念：即实际地震反应谱、理论反应谱和设计反应谱。

3.5.3.1 地震反应谱

实际地震反应谱是根据一次地震中强震仪记录的加速度记录计算得到的谱，也就是具有不同周期和一定阻尼的单质点结构在某一地震地面运动影响下最大反应与结构自振周期的关系曲线。不同阻尼比单质点结构在地震地面运动影响下的反应过程曲线和由此得到的反应谱见图 3.5-5。在此图中自振周期不同的三个单质点结构的反应过程可以是位移、速度和加速度，由这些反应过程确定的反应谱曲线也就相应地成为位移、速度和加速度反应谱。单质点结构在地震地面运动加速度影响下的反应曲线可按常用的计算方法确定。在诸多的反应中，由于工程上通常以相对位移（与结构的变形有关）、相对速度（与地震动的输入能量有关）和绝对加速度（与地震惯性力有关）最为重要，因此通常以这些变量为主建立反应谱，并分别记为 S_d、S_v 和 S_a。

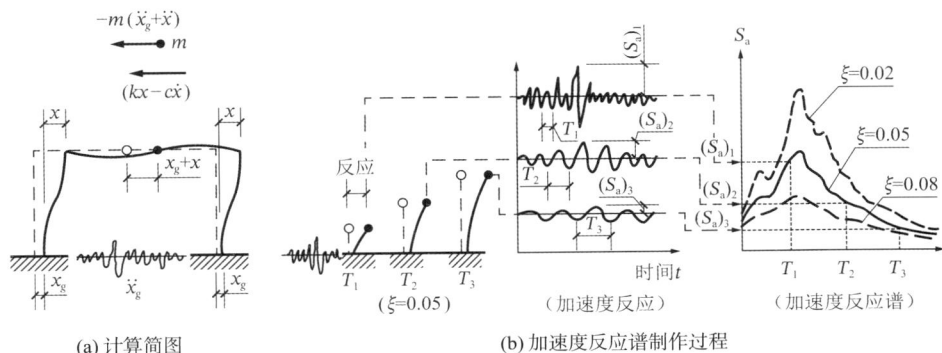

(a) 计算简图　　　　(b) 加速度反应谱制作过程

图 3.5-5　实际地震反应谱的制作过程简图

通常认为，在结构阻尼比不超过 5%的情况下，S_d、S_v和S_a有如下关系：

$$S_d = x(t)_{max} \approx \frac{1}{\omega_0} S \tag{3.5-23}$$

$$S_v = \dot{x}(t)_{max} \approx S \tag{3.5-24}$$

$$S_a = [\ddot{x}(t) + \ddot{u}_0(t)]_{max} \approx \omega_0 S \tag{3.5-25}$$

$$\omega_0 = \sqrt{k/m} \tag{3.5-26}$$

单质点弹性体系地震作用下的最大惯性力F_I可表示为

$$F_I = m[\ddot{x}(t) + \ddot{u}_0(t)]_{max} \approx m\omega_0 S = \sqrt{km} \cdot S \tag{3.5-27}$$

而单质点弹性体系的底部最大剪力V与其最大弹性反力F_x可表示为

$$V = F_x = kx_{max} \approx \frac{k}{\omega_0} S = \sqrt{km} \cdot S \tag{3.5-28}$$

因此，在阻尼比不大的情况下（不超过 5%）有

$$F_I \approx F_x \tag{3.5-29}$$

此时，以实际地震的绝对加速度反应谱为依据进行设计反应谱的统计和标定，一般不会对工程设计结果产生实质性的影响。这就是早期设计反应谱制作的主要理论依据。

进一步研究发现，当单自由度体系的阻尼比进一步增大时，其反应谱会呈现明显变化（图 3.5-6），式(3.5-29)不再成立，此时再继续采用绝对加速度进行设计反应谱的标定，势必会导致设计结果偏于不合理，甚至是不安全，为此，我国的抗震规范自 GB 50011—2001 开始便基于伪加速度谱的统计结果对设计反应谱进行修订，并进一步引入了不同阻尼比的影响修正。

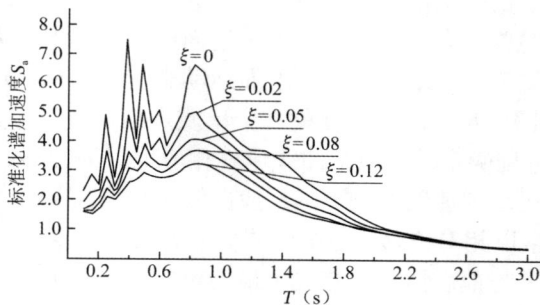

图 3.5-6　1976 年天津宁河地震的加速度反应谱

3.5.3.2　理论反应谱

所谓的"理论反应谱"，指的是依据地震反应谱的基本特征，对大量实际地震记录反应谱进行统计、平滑、标定后给出的弹性反应谱。

研究发现，地震反应谱具有以下几个特征：①绝对刚性的单自由度体系（$T = 0$），其相对位移、相对速度、相对加速度均为 0，绝对加速度等于地面加速度；②无限柔性的单自由度体系（$T \rightarrow \infty$），其相对位移、相对速度、相对加速度的最大值分别等于地面运动的最大值，绝对加速度为 0；③在反应谱的高频段部分，属于加速度敏感区，其数值主要取决于地震动的最大加速度；④在反应谱的中频段部分，属于速度敏感区，其数值主要取决于地震动的最大速度；⑤在反应谱的低频段部分，属于位移敏感区，其数值主要取决于地震动的最大位移（图 3.5-7）。

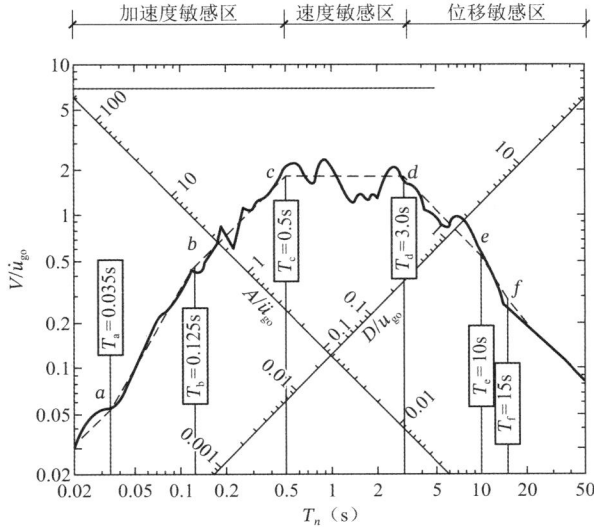

图 3.5-7　El Centro 地面运动的 A-V-D 三联反应谱

　　以上规律和属性是基于弹性单自由度体系的地震响应结果进行统计分析得到的，据此构建的反应谱，国际上习惯称之为"弹性设计谱"，它是确定工程设计真正采用的实际设计谱的理论依据，为了便于区别，本书中称之为"理论反应谱"。

　　通常，理论反应谱会以多段表达式的形式呈现：在接近刚性体系阶段（T非常小），谱加速度线性增大；在加速度控制区段谱加速度保持常数；在速度控制段，谱加速度按$1/T$曲线下降；在位移控制段，谱加速度按$1/T^2$曲线下降。欧洲规范 EN1998 根据场地类别和震源震级大小给出的水平弹性加速度反应谱（图 3.5-8）即属于此类理论反应谱。

$$S_{\mathrm{e}}(T) = \begin{cases} a_{\mathrm{g}} \cdot S \cdot \left[1 + \dfrac{T}{T_{\mathrm{B}}} \cdot (2.5 \cdot \eta - 1)\right] & 0^{\circ} \leqslant T \leqslant T_{\mathrm{B}} \\[2mm] a_{\mathrm{g}} \cdot S \cdot \eta \cdot 2.5 & T_{\mathrm{B}} \leqslant T < T_{\mathrm{C}} \\[2mm] a_{\mathrm{g}} \cdot S \cdot \eta \cdot 2.5 \left[\dfrac{T_{\mathrm{C}}}{T}\right] & T_{\mathrm{C}} \leqslant T < T_{\mathrm{D}} \\[2mm] a_{\mathrm{g}} \cdot S \cdot \eta \cdot 2.5 \left[\dfrac{T_{\mathrm{C}} T_{\mathrm{D}}}{T^2}\right] & T_{\mathrm{D}} \leqslant T \leqslant 4.0 \end{cases} \tag{3.5-30}$$

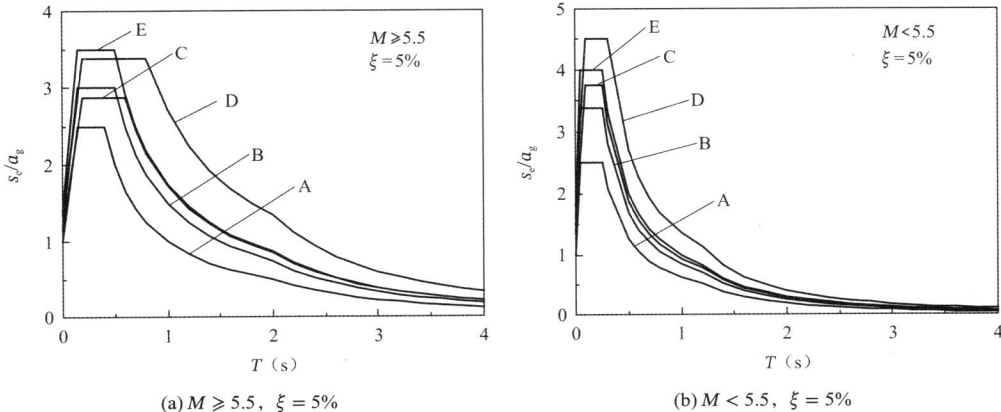

(a) $M \geqslant 5.5$, $\xi = 5\%$　　　　　　　　　(b) $M < 5.5$, $\xi = 5\%$

图 3.5-8　欧洲规范的弹性反应谱

3.5.3.3 设计反应谱

抗震设计中所采用的反应谱应是建筑物在其使用期限内可能经受的地震作用的预测结果。由于地震发生的随机性和强震地面运动的不确定性，预测设计反应谱是一件很困难的工作，但它却又是抗震设计的前提或依据，是不能回避的问题，抗震设计规范（标准）中必须对此有所规定。因此，各国抗震规范中所使用的设计反应谱，通常都是在大量实际地震记录反应谱统计分析（理论反应谱）的基础上结合经验判断的结果。

一般地，这种经验判断的结果主要表现为对理论反应谱的修正或修改，比如，日本设计反应谱在特征周期处的"外凸"曲线过渡；中国设计反应谱中曲线下降段的衰减指数取 -0.9 而不是 -1.0，$5T_g$ 之后按斜直线下降，而不是理论反应谱的 -2.0 衰减指数下降；再比如欧洲规范中设计谱的 $0.2a_g$ 下限规定等。

3.5.3.4 中国抗震设计反应谱的沿革与发展

中国正式发布的抗震标准是 1974 年的《工业与民用建筑抗震设计规范（试行）》TJ 11—74，但中国有关地震作用计算的理论研究可追溯到 1950 年代，刘恢先、胡聿贤、王光远、周锡元、陈达生等在地震作用的计算理论、振型组合方法、土质条件对地震作用的影响、规范设计反应谱等方面开展了卓有成效的开创性研究工作，为中国抗震规范的发展奠定了坚实的理论基础。正是基于前述一系列研究成果，中国抗震规范从诞生之日起就直接采用了基于结构动力学响应的反应谱理论，而且充分考虑了场地土质条件对反应谱的影响，与同期国际主要抗震规范相比，这一规定在时间上还稍有领先。总的来看，中国规范的设计反应谱大致经历了以下几个阶段。

第一阶段：研究探索阶段（1949 年新中国成立—1970 年代）

这一时期，中国并未发布正式的抗震设计规范，但开展了大量的研究工作，编制了两版《地震区建筑设计规范（草案）》，对后来抗震规范的发展起到了非常重要的指导和引领作用。

1959 年的《地震区建筑规范（草案）》采用场地烈度的概念给出了地震烈度系数 a 的取值，当场地烈度为 7、8、9、10 度时，a 分别取 1、2、3、4；地震影响系数 α 则根据建筑基本周期按图 3.5-9 确定。由图可知，1959 规范反应谱的拐点周期与场地类别无关。

1964 年的《地震区建筑设计规范（草案）》（简称 64 规范）改变了 1959 年草案中将场地分为三类的单纯宏观方法，采用多物理指标将建筑场地地基分为 4 类；同时，废弃了 1959年草案中按苏联经验采用的场地烈度概念，对场地影响不采用调整烈度的方式去处理，而采用调整反应谱的方法（图 3.5-10），这一方法的引入要早于美国和日本十几年。

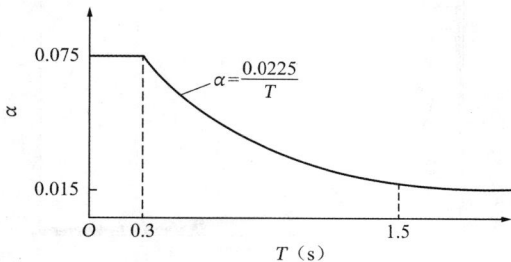

图 3.5-9 1959 年《地震区建筑规范（草案）》的
地震影响系数曲线

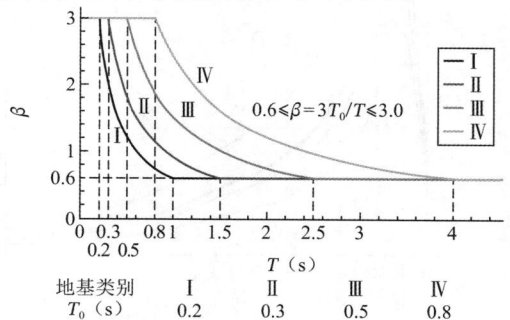

图 3.5-10 1964 规范（草案）的标准反应谱

第二阶段：工程试行阶段（1970—1990）

这一阶段是中国抗震规范发展的初级阶段，包括初期在重点地区和重要城市新建工程中试用的《工业与民用建筑抗震设计规范（试行）》TJ 11—74，以及后来在 7 度及以上地区全面使用的《工业与民用建筑抗震设计规范》TJ 11—78。TJ 11—74 与 TJ 11—78 的设计反应谱是一致的，继承了 1964 规范的反应谱表达式及按场地条件调整反应谱的做法，但将场地划分为 3 类，继续保留 $0.2\alpha_{max}$ 下限值的规定（图 3.5-11）。

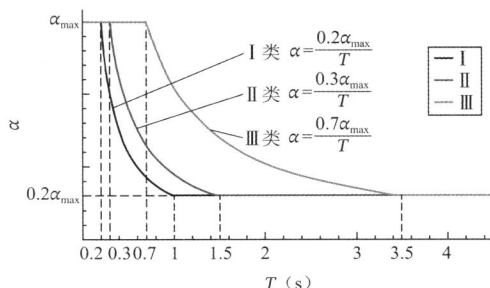

图 3.5-11　TJ 11—74 和 TJ 11—78 的设计反应谱

第三阶段：变革与发展阶段（1990—2000）

这一阶段是中国抗震规范发展的重要阶段，诞生了迄今为止最为重要的抗震规范——《建筑抗震设计规范》GBJ 11—89。GBJ 11—89 根据场地类别和震源距离的不同，提出了一组 5% 阻尼比设计反应谱（图 3.5-12），其具有如下特点：①周期达到 3s；②周期大于 T_g 之后，反应谱曲线以 $1/T^{0.9}$ 的指数规律下降，其结果是相对 TJ 11—78 规范，对中长周期的钢筋混凝土结构，地震作用有所提高；③考虑工程的安全需要，对反应谱设定了一个下限值 $\alpha_{min} = 0.2\alpha_{max}$。

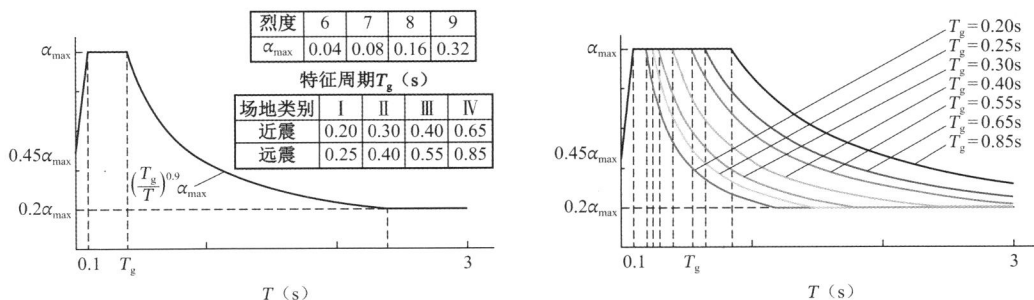

图 3.5-12　GBJ 11—89 规范的设计反应谱规定

第四阶段：逐步完善阶段（2000 至今）

这一阶段，中国发布了两个版本《建筑抗震设计规范》，即 GB 50011—2001 和 GB/T 50011—2010，继承并保持了 GBJ 11—89 的三水准三目标理念及技术对策，同时，根据科研成果的不断累积、震害资料的不断丰富以及工程建设实践活动的实际需求，及时对规范的技术规定进行完善和补充。

在设计反应谱方面，GB 50011—2001 对 GBJ 11—89 的修订是：①采用设计地震分组取代 GBJ 11—89 的远震和近震，以考虑远、近震和震源机制的影响，设计反应谱的特征周期 T_g 根据场地类别和设计地震分组共有 9 种不同情况的取值；②将设计反应谱曲线的周期范围延长到 6s，以适应高层建筑以及大跨度空间结构等发展的需要；③提供了不同阻尼比反应谱曲线的调整方法，以适应阻尼比通常小于 5% 的钢结构和组合结构，以及阻尼比大于 5% 的隔震和消能减震结构的抗震设计需要；④取消了 GBJ 11—89 反应谱下限值 $\alpha_{\min} = 0.2\alpha_{\max}$ 的规定，代之以斜直线形式下降，没有完全按统计规律的 $1/T^2$ 指数形式下降，这一修订人为地抬高了反应谱取值，目的是保障长周期结构的地震安全。

GB 50011—2010 规范保持了 2001 规范反应谱的基本构架，针对 GB 50011—2001 规范不同阻尼比反应谱曲线在长周期阶段可能交叉的问题，对反应谱形状参数和调整系数做了调整，曲线下降段的衰减指数 γ、直线下降段的下降斜率调整系数 η_1、阻尼调整系数 η_2 分别按下式确定：

$$\gamma = 0.9 + \frac{0.05 - \zeta}{0.3 + 6\zeta} \tag{3.5-31}$$

$$\eta_1 = 0.02 + \frac{0.05 - \zeta}{4 + 32\zeta} \tag{3.5-32}$$

$$\eta_2 = 1 + \frac{0.05 - \zeta}{0.08 + 1.6\zeta} \tag{3.5-33}$$

上述调整的效果是：①阻尼比为 5% 的地震影响系数曲线维持不变；②基本解决了在长周期段不同阻尼比地震影响系数曲线的交叉现象；③降低了小阻尼（2%～3.5%）的地震影响系数值，对钢结构和组合结构的应用有利；④略微提高了中等阻尼比（6%～10%）的地震影响系数值，长周期部分最大增幅约 5%；⑤适当降低了大阻尼（20%～30%）的地震影响系数值，对消能减震技术的应用有利。

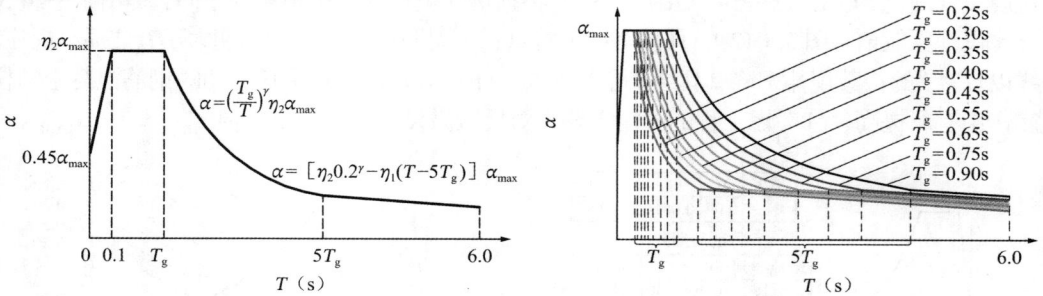

图 3.5-13　GB 50011—2001 的设计反应谱

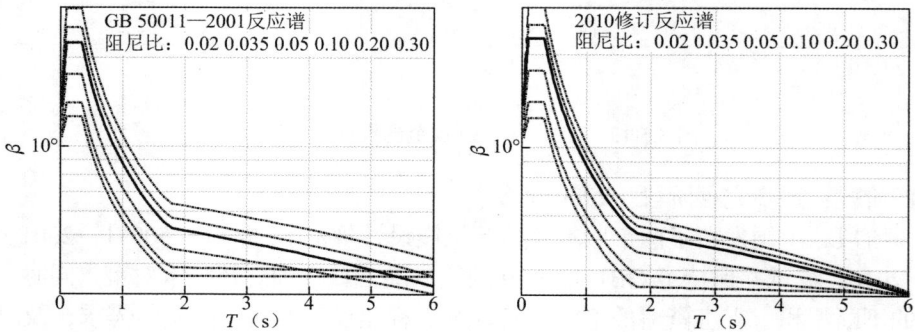

图 3.5-14　GB 50011—2010 与 GB 50011—2001 的标准设计反应谱对比

3.5.4　地震波的选用

时程分析法又称动态分析法，它是将地震波按时段进行数值化后输入结构体系的振动微分方程，采用逐步积分法进行结构弹塑性动力反应分析，计算出结构在整个强震时域中的振动状态全过程，给出各个时刻各杆件的内力和变形，以及各杆件出现塑性铰的顺序。它从强度和变形两个方面来检验结构的安全和抗震可靠度，并判明结构屈服机制和类型。因此，时程分析法计算的结果合适与否，主要依赖于输入激励（地震波）是否合适。由于实际工程设计时，输入计算模型的地震波数量有限，只能反映少数地震、局部场点地震动特征，具有鲜明的"个性"。因此，规范规定时程分析法主要作为反应谱法的"补充"，且仅要求少数建筑采用，且对时程分析法输入地震波提出了明确的控制性要求。

3.5.4.1　数量要求

当取三组时程曲线进行计算时，结构地震作用效应宜取时程法的包络值和振型分解反应谱法计算结果的较大值。

当取七组及七组以上的时程曲线进行计算时，结构地震作用效应可取时程法的平均值和振型分解反应谱法计算结果的较大值。

3.5.4.2　质量(频谱）要求

多组时程曲线的平均地震影响系数曲线应与振型分解反应谱法所采用的地震影响系数曲线在统计意义上相符。所谓"在统计意义上相符"指的是，多组时程波的平均地震影响系数曲线与振型分解反应谱法所用的地震影响系数曲线相比，在对应于结构主要振型的周期点（T_1、T_2）上相差不大于 20%。

弹性时程分析时，每条时程曲线计算所得结构底部剪力不应小于振型分解反应谱法计算结果的 65%，多条时程曲线计算所得结构底部剪力的平均值不应小于振型分解反应谱法计算结果的 80%。

3.5.4.3　构成要求

按建筑场地类别和设计地震分组选取实际地震记录和人工模拟的加速度时程曲线，其中实际强震记录的数量不应少于总数的 2/3。一般来说，输入 3 组时，按 2＋1 原则选波；输入 7 组时，按 5＋2 原则选波。

规范要求同时输入天然波和人工波的原因：①人工波是用数学方法生成的平稳或非平稳的随机过程，其优点是频谱成分丰富，可均匀地"激发"各阶振型响应；缺点是短周期部分过于"平坦"，与实际地震特性差距较大（图 3.5-15a）；②天然波是完全非平稳随机过程，其优点是高频部分（短周期）变化剧烈，利于"激发"结构的高振型；缺点是低频部分（长周期）下降过快，对长周期结构的反应估计不足（图 3.5-15b）。

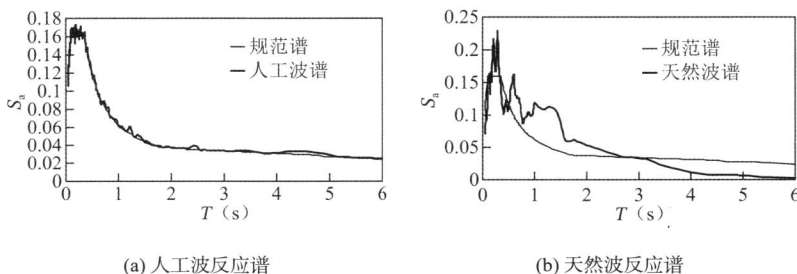

(a) 人工波反应谱　　　　　　　　　(b) 天然波反应谱

图 3.5-15　人工波与天然波反应谱的差别示意图

3.5.4.4　长度（持时）要求

输入的地震加速度时程曲线的有效持续时间，一般从首次达到该时程曲线最大峰值的 10%那一点算起，到最后一点达到最大峰值的 10%为止（图 3.5-16）；不论是实际的强震记录还是人工模拟波形，有效持续时间一般为结构基本周期的 5～10 倍，即结构顶点的位移可按基本周期往复 5～10 次。要求不低于 5 次是为了保证持续时间足够长；要求不高于 10 次，最初的愿望是为了减少计算的工作量，鉴于目前计算机的计算能力已大大增强，上限 10 次的要求已不再强调，实际工程选波时要着重注意 5 次的底限要求。

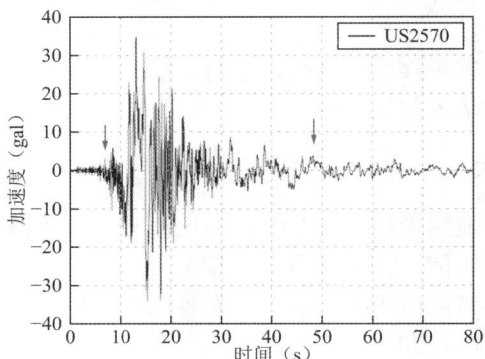

图 3.5-16　地震波有效持续时间确定示例

3.5.4.5　大小（峰值）要求

研究表明，实际地震中对结构反应起决定性作用的是地震波的有效峰值加速度（Effective Peak Acceleration，EPA），而不是通常所谓的实际峰值加速度（Peak Ground Acceleration，PGA）。因此，《建筑抗震设计标准》GB/T 50011—2010（2024 年版）在条文说明中特意强调，加速度的有效峰值应按规范正文的要求进行调整。所谓有效峰值（EPA），指的是 5%阻尼比的加速度反应谱在 0.1～0.5s 周期间的平均值S_a与标准反应谱动力放大系数最大值$\beta_{\max}$的比值，即：

$$EPA = S_a/\beta_{\max} \tag{3.5-34}$$

式中：S_a——5%阻尼反应谱在周期 0.1～0.5s 之间的平均值；

$\beta_{\max}$——5%阻尼的动力放大系数最大值，我国取 2.25，美国、欧洲取 2.5，也有取 3.0 的。

一般来说，每条地震波的有效峰值 EPA 与实际的峰值 PGA 并不相等，但实际工程操作时，工程设计人员通常不太清楚 EPA 与 PGA 的差别，为操作方便，大多调整的都是 PGA。因此，建议选波人员在选波时直接给出各条地震波的 EPA 与 PGA 比值γ，工程应用时，按设计人员的习惯调整 PGA，然后再乘上相应的调整系数γ。

当结构采用三维空间模型等需要双向（2 个水平向）或三向（2 个水平和 1 个竖向）地震波输入时，其加速度最大值通常按 1（水平 1）：0.85（水平 2）：0.65（竖向）的比例调整。人工模拟的加速度时程曲线，也应按上述要求生成。

3.5.4.6　输入地震波的选择原则

（1）地震环境和地质条件相近原则：以上海为代表的软土地区，宜优先选择软土场地的地震记录，比如墨西哥地震记录。

（2）频谱特性相符的原则：即统计意义相符原则，实际操作时，应主要控制场地特征周期 T_g 和结构基本周期 T_1 两点处的反应谱误差：所选地震波的平均反应谱在 T_g 和 T_1 处谱值与规范谱相比，误差不超过 20%。

（3）选强不选弱原则：尽量选择峰值较大的天然记录，因为原始记录的峰值越小，环境噪声的比重越大，对结构动力时程分析而言，只有强震部分才有意义。一般情况下，要求原始记录的最大峰值不小于 0.1g。

3.6　水平地震作用的调整与控制

3.6.1　最小楼层剪力的控制与调整

3.6.1.1　控制楼层最小剪重比的原因

地震作用的取值直接决定着工程结构的抗震能力，是抗震设计的重要内容之一。但在现阶段科学技术条件下，地震作用计算结果本身具有极大的不确定性，工程需要一个安全、兜底的控制阀门！这已成为国际通行的做法。其原因如下：

首先，人类对于地震认知的局限性，导致了中长期地震预测预报具有极大的不确定性。

现阶段，地震区划图给定的烈度或参数，是具有极大的不确定性的。在工程结构的合理设计使用年限内，发生超烈度地震的可能性，是存在的，而且不会太小，尤其是在目前的中低烈度地区。比如，我国 1975 年的海城地震（$M7.3$）发生在当时的 6 度区，震中烈度 10 度；1976 年的唐山地震（$M7.8$）发生在当时的 6 度区，震中烈度 11 度；2008 年的汶川地震（$M8.0$），发生在当时的 7 度区，震中烈度 11 度等。

因此，作为地震作用计算的"上游"输入条件——地震动参数，本身是不完全确定的！所以，规范的用词是"设计基本地震加速度"，其中的"基本"二字就表明了规范的态度，即设计输入的基本地震加速度，是地震地面运动情况的基本表征或大体上的代表值，它既不能表达地震地面运动的全部情况，也不是精确的代表值！

其次，人类对于地震时地面的运动状态，还远远谈不上充分认知和完全把握。

关于地震地面运动，目前比较统一的认识，还是幅值、频谱、持时三个基本要素和三个平动分量的若干性质等。虽然近年来，相关学者在地震地面运动的扭转成分、长周期成分、近断层的局部放大效应、脉冲效应、上下盘效应以及局部地形导致的孤山效应、盆地效应等多方面进行了大量卓有成效研究，但不可否认，目前为止，人类对于地震时地面运动状态的认知和了解还是朦胧的、模糊的。

所以，目前为止，世界各国关于地震作用的计算，还是停留在"反应谱"的层面。所谓的"谱"，就是"大概、差不多"的意思，是一个相对笼统和模糊的判断，远达不到准确和清晰！依此进行计算，其结果也必然只是一个大致的估计，不能作为精确的地震作用！

第三，人类关于建筑结构地震响应机理的认识，仍然是粗略的和片面的。

当前，世界各国规范关于地震作用计算的方法，基本上都是基于牛顿第二运动定律的质点动力学原理，再辅以必要的假定和简化处理，比如结构底部与大地之间完全固接，再比如结构杆件的分布质量全部集中到计算节点等。这些假定和简化手段的采用，势必带来相当程度的误差，甚至是错误，计算结果也难言准确和恰当！

最后，结构计算模型本身也存在极大的不确定性。

尽管科技进步日新月异，但工程结构的计算理论和手段仍然需要借助于大量的假定和简化手段才能进行。与工程结构的实际情况相比，计算模型的构件尺寸、荷载取值与布置、材料性质、结构阻尼等，仍然会存在相当的出入。

鉴于上述原因，我国自 1964 年的规范草案开始就对设计地震作用或效应提出了底线控制要求。

3.6.1.2　如何控制地震作用的底线？

目前，考虑地震作用不确定性而采取的控制对策，主要分为两类，其一是控制设计反应谱的下限取值，如我国的 64 规范草案、TJ 11—74、TJ 11—78、GBJ 11—89 规范和欧洲规范；其二是直接控制地震作用取值的下限，如我国的 GB 50011—2001、GB/T 50011—2010 规范等。

1）设计谱的下限控制

我国从 1964 年的规范草案开始一直到 GBJ 11—89 规范始终对设计反应谱提出下限值 $0.2\alpha_{max}$ 的规定，而欧洲规范中，虽然对弹性反应谱没有作出下限的规定，但对于弹塑性设计谱则明确提出了 $0.2a_g$ 的下限规定（图 3.6-1）。

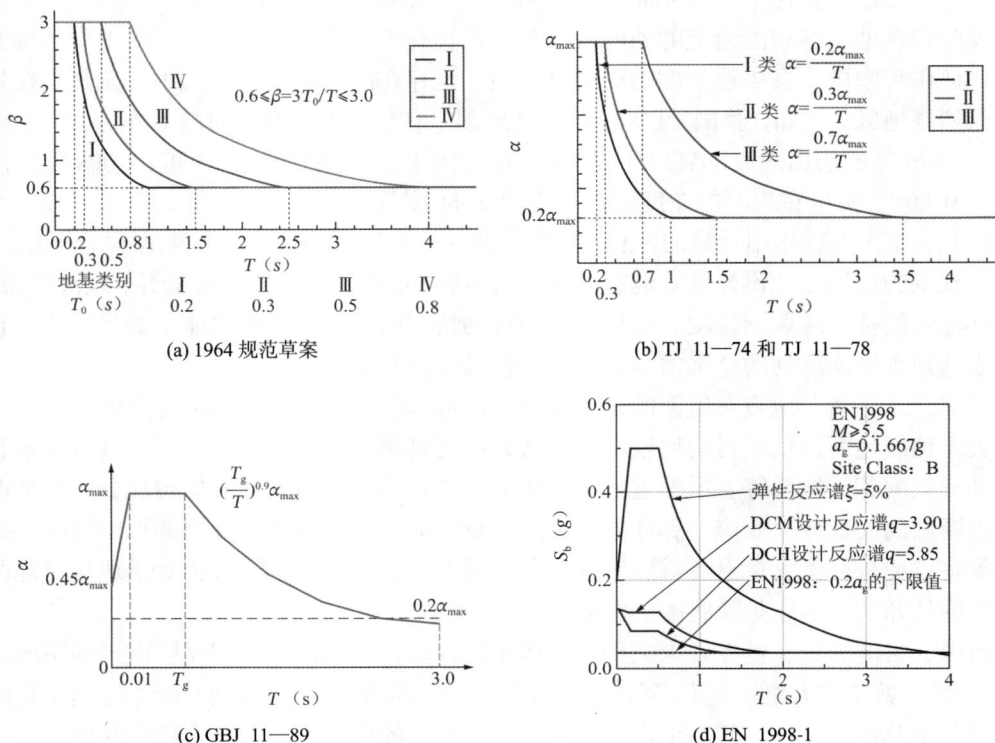

(a) 1964 规范草案

(b) TJ 11—74 和 TJ 11—78

(c) GBJ 11—89

(d) EN 1998-1

图 3.6-1　我国及欧洲规范关于设计反应谱的下限规定

2）剪重比控制

如前所述，与 GBJ 11—89 规范相比，我国 GB 50011—2001、GB/T 50011—2010 以及 GB 55002—2021 等规范不再保留设计反应谱下限值的规定，转而对楼层最小地震剪力提出了底线控制要求。

《建筑与市政工程抗震通用规范》GB 55002—2021

4.2.3　多遇地震下，各类建筑与市政工程结构的水平地震剪力标准值应符合下列规定：

1　建筑结构抗震验算时，各楼层水平地震剪力标准值应符合下式规定：

$$V_{\mathrm{E}ki} \geqslant \lambda \sum_{j=i}^{n} G_j \tag{4.2.3-1}$$

式中：$V_{\mathrm{E}ki}$——第 i 层水平地震剪力标准值；

　　　　λ——最小地震剪力系数，应按本条第 3 款的规定取值，对竖向不规则结构的薄弱层，尚应乘以 1.15 的增大系数；

　　　　G_j——第 j 层的重力荷载代表值。

2　市政工程结构抗震验算时，其基底水平地震剪力标准值应符合下式规定：

$$V_{\mathrm{E}k0} \geqslant \lambda G \tag{4.2.3-2}$$

式中：$V_{\mathrm{E}k0}$——基底水平地震剪力标准值；

　　　　λ——最小地震剪力系数，应按本条第 3 款的规定取值；

　　　　G——总重力荷载代表值。

3　多遇地震下，建筑与市政工程结构的最小地震剪力系数取值应符合下列规定：

1）对扭转不规则或基本周期小于 3.5s 的结构，最小地震剪力系数不应小于表 4.2.3 的基准值；

2）对基本周期大于 5.0s 的结构，最小地震剪力系数不应小于表 4.2.3 的基准值的 0.75 倍；

3）对基本周期介于 3.5s 和 5.0s 之间的结构，最小地震剪力系数不应小于表 4.2.3 的基准值的（9.5-T_1）/6 倍（T_1 为结构计算方向的基本周期）。

最小地震剪力系数基准值 λ_0　　　　　　　　　　表 4.2.3

设防烈度	6 度	7 度	7 度（0.15g）	8 度	8 度（0.30g）	9 度
λ_0	0.008	0.016	0.024	0.032	0.048	0.064

【延伸讨论】

记 $V_{\mathrm{E}ki}^{\min} = \lambda \sum_{j=i}^{n} G_j$ 为规范要求的各楼层抗震验算用最小地震剪力，则相邻两楼层的差值为

$$F_{\mathrm{E}k,i}^{\min} = V_{\mathrm{E}k,i}^{\min} - V_{\mathrm{E}k,i-1}^{\min} = \lambda G_i \tag{3.6-1}$$

可见，规范实际上规定了一组用于抗震验算的最小侧向分布力（图 3.6-2），这与近现代建筑抗震初期的静力理论——震度法的要求是一致的。

因此，在本质上，我国关于最小楼层剪力系数的规定就是不同烈度区的最小震度要求，它与结构类型、结构材料与阻尼、减隔震措施无关，也与地震动参数的取值、地震作用的计算方法无关，主要与设防烈度（或设防用的地震动参数）相关。它实质上也是在用静力法对动力计算结果进行检验或校验。

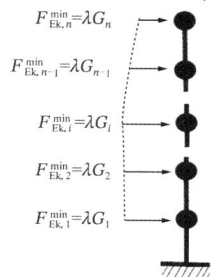

图 3.6-2　最小侧向分布力简图

3.6.1.3 最小剪重比不满足要求的调整措施

目前，国内工程界对于"要控制最小剪力系数"这件事的本身，一般没有太大的争议。但对于剪力系数不满足要求时，如何调整，是调强度还是调刚度？却一直争议不断。

事实上，我国自 GB 50011—2001 规范开始，相关的规定就非常明确，即"抗震验算时最小楼层剪力标准值应满足要求"，而我国规范抗震验算的内容历来包括两个层面的要求：其一是结构整体层面的变形验算要求，其二是构件层面的截面抗震承载力（强度）验算要求。

因此，当最小剪重比不满足要求时，根据规定的最小侧向分布力（图 3.6-2）下结构变形能否满足相应的变形限值要求，有两种调整措施：其一，变形验算不能通过时调整刚度；其二，变形验算能够通过时调整强度。

1）变形验算不能通过的刚度调整措施

若相当于上述规定的最小侧向分布力的地震作用下，结构的变形验算不能满足 GB/T 50011—2010 的相关要求，说明结构本身的刚度配置不足，此时应调整结构体系，增强结构刚度（或减小结构重量），而不能简单地放大楼层剪力系数。

一般来说，建筑结构的楼层的侧向刚度是否满足要求，可按下述关系式进行大致的判断：

$$\theta_i = \frac{V_{\text{Ek},i}^{\min}}{K_i \cdot h_i} \leqslant [\theta] \tag{3.6-2}$$

$$K_i \geqslant \frac{V_{\text{Ek},i}^{\min}}{[\theta] \cdot h_i} = \frac{\lambda \sum\limits_{j=i}^{n} G_j}{[\theta] \cdot h_i} \tag{3.6-3}$$

式中：θ_i——规定的最小侧向分布力（图 3.6-2）作用下第 i 楼层的层间位移角；

$\quad$ $[\theta]$——规范规定的容许层间位移角，即位移角限值；

$\quad$ h_i——结构第 i 楼层的层高；

$\quad$ K_i——结构第 i 楼层的侧向刚度；

$\quad$ G_j——第 j 楼层的重力荷载代表值；

$\quad$ λ——规范规定的最小剪力系数（即最小剪重比）；

$V_{\text{Ek},i}^{\min}$——规范规定的第 i 楼层最小地震剪力标准值。

2）变形验算能通过的强度调整措施

在相当于上述规定的最小侧向分布力的地震作用下，结构的变形验算能够满足 GB/T 50011—2010 的相关要求时，可以直接调整结构的地震作用计算结果。但根据结构的基本周期的不同，具体的调整方法又有所不同。

（1）当结构基本周期位于设计反应谱的加速度控制段，即 $T_1 < T_g$ 时：

$$\eta > [\lambda]/\lambda_1 \tag{3.6-4}$$

$$V_{\text{Ek}i}^* = \eta V_{\text{Ek}i} = \eta \lambda_i \sum_{j=i}^{n} G_j (i = 1, \cdots, n) \tag{3.6-5}$$

式中：η——楼层水平地震剪力放大系数；

　　　$[\lambda]$——规范规定的楼层最小地震剪力系数值；

　　　λ_1——结构底层的地震剪力系数计算值；

　　　V_{Eki}^*——调整后的第 i 楼层水平地震作用标准值。

（2）当结构基本周期位于设计反应谱的位移控制段，即 $T_1 > 5T_g$ 时：

$$\Delta\lambda > [\lambda] - \lambda_1 \tag{3.6-6}$$

$$V_{\mathrm{Eki}}^* = V_{\mathrm{Eki}} + \Delta V_{\mathrm{Eki}} = (\lambda_i + \Delta\lambda)\sum_{j=i}^{n} G_j (i = 1, \cdots, n) \tag{3.6-7}$$

（3）当结构基本周期位于设计反应谱的速度控制段，即 $T_g \leqslant T_1 \leqslant 5T_g$ 时：

$$V_{\mathrm{Eki}}^1 = \eta V_{\mathrm{Eki}} = \eta\lambda_i\sum_{j=i}^{n} G_j (i = 1, \cdots, n) \tag{3.6-8}$$

$$V_{\mathrm{Eki}}^2 = V_{\mathrm{Eki}} + \Delta V_{\mathrm{Eki}} = (\lambda_i + \Delta\lambda)\sum_{j=i}^{n} G_j (i = 1, \cdots, n) \tag{3.6-9}$$

$$V_{\mathrm{Eki}}^* = \left(V_{\mathrm{Eki}}^1 + V_{\mathrm{Eki}}^2\right)/2 \tag{3.6-10}$$

3.6.1.4　关于最小楼层剪力规定的实施注意事项

（1）当底部总剪力相差较多，通常，当底部总剪力低于规定值的 85% 时，结构选型和总体布置需重新调整，不能仅采用乘以增大系数的方法处理。

（2）只要底部总剪力不满足要求，以上各楼层的剪力均需要调整，不能仅仅调整不满足的楼层。

（3）满足最小地震剪力是结构后续抗震计算的前提，只有调整到符合最小剪力要求时才能进行相应的地震倾覆力矩、构件内力、位移等的计算分析；即应先调整楼层剪力，再计算内力及位移。

（4）采用时程分析法时，其计算的总剪力也需符合最小地震剪力的要求。

（5）最小剪重比的规定不考虑阻尼比的不同，是最低要求，各类结构，包括钢结构、隔震和消能减震结构均需一律遵守。

（6）采用《场地地震安全性评价报告》的参数进行计算时，结构的楼层地震剪力标准值也应满足 GB 55002—2021 的规定。

3.6.2　鞭梢效应及设计对策

3.6.2.1　鞭梢效应的震害表现

一些高层建筑常因功能上的需要，在屋顶上面设置比较细高的小塔楼。这些屋顶小塔楼在风荷载等常规荷载下都表现良好，无一发生问题；然而在地震作用下却一反常态，即使在楼房主体结构无震害或震害很轻的情况下，屋顶小塔楼也发生严重破坏。

1964 年四川自贡地震中，兴隆坳的几幢 4 层住宅，主体结构几乎无震害，而突出屋顶的楼梯间均严重破坏。1967 年河北河涧地震，波及天津市，位于 5 度区的天津市百货大楼，

7 层框架体系的主体结构震害很轻，但高出屋顶的平面尺寸较小的塔楼，破坏严重。天津南开大学主楼为 7 层框架体系，高 27m，门厅处屋面以上有三层塔楼，顶高约 50m。1976年 7 月唐山地震时，该楼位于 8 度区，框架体系主体几乎无震害，但其上塔楼破坏严重，向南倾斜约 200mm，同年 11 月宁河地震时，整个塔楼倒塌。唐山地震时，位于 6 度区的北京国务院第一招待所，8 层框架体系主体没有什么震害，但出屋顶的楼梯间却破坏严重。2008 年汶川地震中也存在大量的出屋面小塔楼破坏现象（图 3.6-3）。

(a) 8 度区某砖混结构，顶部出屋面房间完全倒塌，
下部结构基本完好

(b) 7 度区某砖混结构，局部突出部位破坏严重，
下部结构基本完好

(c) 6 度区某 15 层框架-剪力墙结构，
主体结构完好

(d) 出屋面小塔楼破坏严重，柱端混凝土压碎，
钢筋呈灯笼状

图 3.6-3　汶川地震中出屋面小塔楼破坏状况

3.6.2.2　鞭鞘效应的原理

屋顶塔楼，在平面尺寸和抗推刚度方面，均比主体结构小得多。因此，当建筑在地震动作用下产生振动时，屋顶小塔楼不可能作为主体结构的一部分，完全与主体结构一起作整体振动；而是在高层建筑屋顶层振动的激励下，产生二次型振动，屋顶塔楼的振动得到了两次放大（图 3.6-4）。第一次放大，是建筑主体在地震动激发下所产生的振动，其质量中心处的振动放大倍数，大致等于反应谱曲线给出的地震影响系数 α 与地面运动峰值加速度 a 的比值，屋顶处的振动又大致等于质心处振动的两倍。第二次放大，是屋顶塔楼在建筑主体屋盖振动的激发下所产生的振动。第二次振动的放大倍数取决于塔楼自振周期与建筑主体自振周期的接近程度。当屋顶塔楼的某一自振周期与下部建筑主体的某一自振周期相等或接近时，塔楼将会因共振而产生最大的振动加速度；即使两者周期有较大的差距，屋

顶塔楼也会产生比建筑主体屋盖处加速度大得多的振动加速度。此外，根据结构弹塑性时程分析结果，屋顶塔楼还会因其刚度的突然减小，产生塑性变形集中，进一步加大塔楼在地震作用下所产生的侧移。所以，高层建筑顶部塔楼的强烈局部振动效应，在结构设计中应该得到充分考虑。

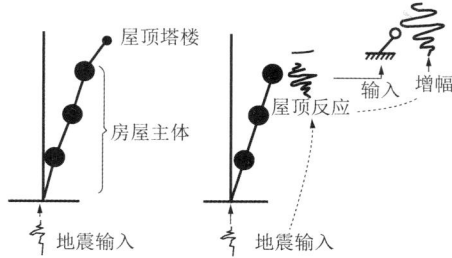

图 3.6-4　地震时屋顶小塔楼的两次振动放大

3.6.2.3　设计措施

地震时建筑屋顶上的小塔楼，由于动力效应的两次放大，以及出现塑性变形集中，振动强烈。屋顶小塔楼不仅受到比一般情况大得多的水平地震力，而且会产生较大的层间变位。因此，对于屋顶塔楼，设计时应采取相应的对策，一是在计算中采用适当放大的地震力，二是在构造上采取提高结构延性的措施。

关于小塔楼地震力取值的大小，尚存在认识不统一的问题。目前有一种看法，认为建筑物屋顶塔楼地震反应的鞭鞘效应，是建筑物的高阶振型影响所造成的，主张把塔楼结构作为主体结构的一部分，采用"多质点系"振型分法，计算出包括塔楼在内的整个结构的前若干个高振型地震反应，进行耦合，即解决了塔楼的鞭鞘效应。事实上，这样做仅解决了上述的第一次振动放大，还应再乘以反映第二次振动放大效应的增大系数。关于第二次振动放大及塑性变形集中效应在内的鞭鞘效应的问题，有条件时，可通过结构弹塑性时程分析的手段进行评估，并进一步给出解决对策。

目前，我国《建筑抗震设计标准》GB/T 50011—2010（2024 年版）关于鞭梢效应的考虑，仅针对第一次振动放大的情况，采用底部剪力法计算时，小塔楼的地震剪力要放大 3 倍，但不需往下传递，采用振型分解反应谱法计算时应作为一个质点参与结构计算。

第二次振动放大的情况特别复杂，在机理认知上还存在不同的看法，国家标准暂未作出明确规定。但结构设计人员需要明白，国家标准关于鞭梢效应的规定并不完善，需要谨慎对待相应的计算结果，采取针对性的概念设计措施是必不可少的。

3.6.3　考虑土结相互作用的楼层剪力调整

3.6.3.1　土-结构相互作用及标准规定

由于地基和结构动力相互作用的影响，按刚性地基分析的水平地震作用在一定范围内有明显的折减。研究表明，水平地震作用的折减系数主要与场地条件、结构自振周期、上部结构和地基的阻尼特性等因素有关。为此，《建筑抗震设计标准》GB/T 50011—2010（2024 年版）给出了相关的规定。

《**建筑抗震设计标准**》GB/T 50011—2010（2024 年版）

5.2.7 结构抗震计算，一般情况下可不计入地基与结构相互作用的影响；8 度和 9 度时建造于Ⅲ、Ⅳ类场地，采用箱基、刚性较好的筏基和桩箱联合基础的钢筋混凝土高层建筑，当结构基本自振周期处于特征周期的 1.2 倍至 5 倍范围时，若计入地基与结构动力相互作用的影响，对刚性地基假定计算的水平地震剪力可按下列规定折减，其层间变形可按折减后的楼层剪力计算。

1 高宽比小于 3 的结构，各楼层水平地震剪力的折减系数，可按下式计算：

$$\psi = \left(\frac{T_1}{T_1 + \Delta T}\right)^{0.9} \tag{5.2.7}$$

式中：ψ——计入地基与结构动力相互作用后的地震剪力折减系数；

T_1——按刚性地基假定确定的结构基本自振周期（s）；

ΔT——计入地基与结构动力相互作用的附加周期（s），可按表 5.2.7 采用。

附加周期（s）   表 5.2.7

烈度	场地类别	
	Ⅲ类	Ⅳ类
8	0.08	0.20
9	0.10	0.25

2 高宽比不小于 3 的结构，底部的地震剪力按本条第 1 款规定折减，顶部不折减，中间各层按线性插入值折减。

3 折减后各楼层的水平地震剪力，应符合本规范第 5.2.5 条的规定。

图 3.6-5 为《建筑抗震设计标准》规定的结构高宽比小于 3 时地震剪力折减系数与结构周期的关系曲线。由图可知，对于柔性地基上的建筑结构，考虑土-结构相互作用时地震剪力的折减系数随结构周期的增大而增大，即结构越柔，周期越长

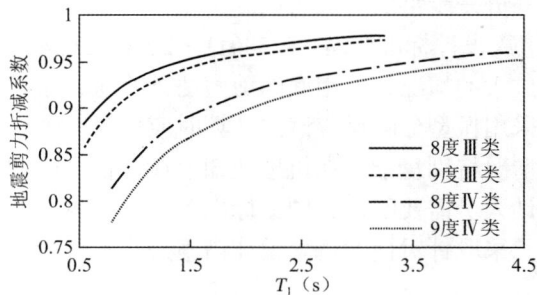

图 3.6-5 地震剪力折减系数与结构自振周期的关系曲线

理论研究还表明，对于高宽比较大的高层建筑，各楼层考虑地基与结构动力相互作用后水平地震作用的折减系数并非同一常数，由于高振型的影响，结构上部几层的水平地震作用一般不宜折减。大量计算分析表明，折减系数沿楼层高度的变化较符合抛物线型分布，为此，抗震规范提供了建筑顶部和底部的折减系数的计算规定，对于中间楼层，为了简化，采用按高度线性插值方法计算折减系数，即

$$\psi_i = \psi_0 + (1 - \psi_0)h_i/H \tag{3.6-11}$$

式中：ψ_i——高宽比不小于 3 时，第 i 层地震剪力折减系数；

　　　ψ_0——高宽比小于 3 时，结构地震剪力的折减系数；

　　　h_i——第 i 楼层的楼面至基础顶的高度；

　　　H——结构的总高度。

3.6.3.2　实施注意事项：

1）一般情况下，不计入地基与上部结构相互作用的影响；

2）计入土-结构相互作用影响，应同时满足以下条件：

（1）9 度，Ⅲ、Ⅳ类场地，

（2）采用箱基、刚性较好的筏基和桩箱联合基础的钢筋混凝土高层建筑；

（3）结构基本自振周期处于特征周期的 1.2 倍至 5 倍范围内。

3）考虑土-结构相互作用影响的方法：

（1）高宽比小于 3 时，各楼层的地震剪力统一乘以一个相同的折减系数；

（2）高宽比不小于 3 时，各楼层的折减系数不同，注意插值计算；

（3）折减后，楼层地震剪力还应满足最小剪重比的控制要求。

3.6.4　地震作用与效应调整的其他规定

3.6.4.1　建筑结构的不规则性的调整

一般的结构抗震分析，不能揭示出不规则结构的应力集中，变形集中及有关的薄弱部位的实际内力状况，而需要做内力调整，其中有：

（1）平面规则而竖向不规则的建筑结构，薄弱层及其上一层的层地震剪力应乘以不小于 1.15 的增大系数。参阅 GB/T 50011—2010 第 3.4.4 条。

（2）竖向抗侧力构件不连续时，水平地震作用下，不连续的竖向抗侧力构件，传给水平转换构件的地震内力应乘以 1.25～2.0 的系数。参阅 GB/T 50011—2010 第 3.4.4 条。

3.6.4.2　多道防线层间剪力的调整

框架-抗震墙和框架-支撑结构的抗震内力分析，是建立在两个不同的抗侧力构件按弹性刚度协同工作基础上的，分析模型的不精确，以及抗震墙和支撑可能进入弹塑性状态等，使框架结构承受过大的内力，需要调整。

（1）钢筋混凝土框架-抗震墙结构，框架的层剪力（参阅 GB/T 50011—2010 第 6.2.13 条），应取为：

$$V_f = \left\{ 1.5 V_f(i)_{max}, 0.2V_0 \right\}_{min} \tag{3.6-12}$$

（2）钢筋混凝土框架-核心筒结构，外框架的层剪力（参阅 GB/T 50011—2010 第 6.7.1 条），应取为：

$$V_f = \begin{cases} \left\{ 1.5 V_f(i)_{max}, 0.2V_0 \right\}_{min} & V_f(i)_{max} \geqslant 0.1V_0 \\ \left\{ \left[1.5 V_f(i)_{max}, 0.2V_0 \right]_{min}, 0.15V_0 \right\}_{max} & V_f(i)_{max} < 0.1V_0 \end{cases} \tag{3.6-13}$$

（3）钢框架-支撑（剪力墙板）结构，框架的层剪力（参阅 GB/T 50011—2010 第 8.2.3 条），应取为：

$$V_f = \left\{ 1.8 V_f(i)_{max}, 0.2 V_0 \right\}_{min} \tag{3.6-14}$$

（4）钢框架-混凝土核心筒结构，钢框架的层剪力（参阅 GB/T 50011—2010 第 G.2.4 条），应取为：

$$V_f = \left\{ \left[1.5 V_f(i)_{max}, 0.2 V_0 \right]_{min}, 0.15 V_0 \right\}_{max} \tag{3.6-15}$$

式中：V_0——结构底部总地震剪力的计算值；

$\quad V_f(i)_{max}$——按协同工作分析各层框架部分地震剪力最大值；

$\quad\quad V_f$——任意层框架部分应承担的、用于设计的地震剪力值。

3.6.4.3　扭转影响和空间工作的效应调整

（1）规则结构不考虑扭转耦联时，平行于地震作用方向的两个边榀，应乘以增大系数；短边增大系数可取 1.15，长边增大系数可取 1.05，扭转刚度较小时，增大系数可取不小于 1.3，角部构件宜同时乘以两个方向各自的增大系数。参阅 GB/T 50011—2010 第 5.2.3 条。

（2）单层钢筋混凝土柱厂房，当符合规范规定条件时，排架柱的剪力和弯矩，应分别乘以 0.75～1.25 的调整系数。参阅 GB/T 50011—2010 附录 J。

3.6.4.4　砖排架柱的剪力和弯矩调整系数

单层砖柱厂房，当符合规范规定条件时，排架柱的剪力和弯矩，应分别乘以 0.6～1.1 的调整系数。参阅 GB/T 50011—2010 附录 J。

3.6.4.5　底部剪力法的内力调整

1）底层框架-抗震墙和底部两层框架-抗震墙砖房纵向和横向底层剪力，底层和第二层剪力设计值应根据上下层侧向刚度比乘以增大系数 1.2～1.5，参阅 GB/T 50011—2010 第 7.2.4 条。

2）单层钢筋混凝土柱厂房，以下部位应乘以增大系数：

（1）单跨和等高多跨钢筋混凝土屋盖单层厂房出屋面纵向天窗架参阅 GB/T 50011—2010 第 9.1.10 条。

（2）斜腹杆桁架式钢筋混凝土屋面横向天窗参阅 GB/T 50011—2010 第 9.1.9 条。

（3）钢筋混凝土屋架的不等高单层厂房，支承低跨屋盖的牛腿上排架柱各截面参阅 GB/T 50011—2010 附录 J。

（4）钢筋混凝土柱单层厂房的吊车梁顶标高处上柱截面，由吊车桥架引起的地震作用效应参阅 GB/T 50011—2010 附录 J。

3.7　竖向地震作用计算

3.7.1　基本计算方法

3.7.1.1　竖向地震反应谱分析法

对跨度大，竖向刚度较小的屋盖结构，可采用竖向地震反应谱进行竖向抗震分析，基本步骤与水平地震反应谱分析法相同：先由结构竖向刚度求得结构竖向周期和振型，再通过竖向反应谱求得对应于各振型的竖向地震作用和内力、变形，然后用平方和平方根法进行竖向振型内力的组合。二者的主要差别在于结构竖向振型、地震的竖向反应谱与结构水平振型、地震水平反应谱的区别。

图 3.7-1 为我国 GBJ 11—89 规范编制过程中对竖向反应谱的研究成果。图示为 II 类场地的 β_v 谱和 β_h 谱曲线的形状示意图，图中曲线①为平均竖向反应谱，曲线②为平均水平反应谱，曲线③为设计用的标准反应谱。从中可以看出：

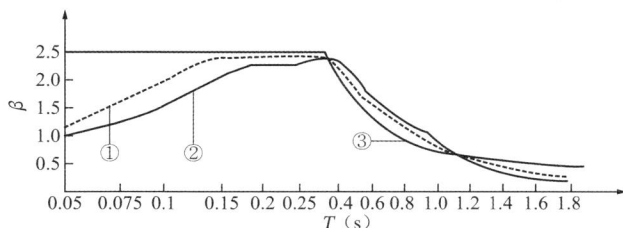

图 3.7-1 II 类场地水平与竖向反应谱示意图

（1）竖向谱与水平谱具有相同的规律，场地类别是决定谱形状的重要参数，两种谱曲线的变化趋势和形状十分接近；

（2）竖向谱的卓越周期 T_{gv} 比水平谱的卓越周期 T_{gh} 稍短，约短 0.03～0.05s；

（3）竖向谱的峰值 $\beta_{v,max}$ 与水平谱的峰值 $\beta_{h,max}$ 差不多

（4）在短周期区段（$T < 0.2s$），竖向谱的 β_v 值比水平谱的 β_h 值约大 20%。

上述研究成果在当时获得了国内外学术界的广泛认可，因此，也成为抗震规范（包括我国的 GBJ 11—89 规范和 GB 50011—2001 规范）有关竖向地震作用相关条文规定的理论基础。

近期，随着竖向地震记录，特别是近场强震记录数据的不断丰富，国内外关于竖向地震反应谱的最新研究结果表明：

（1）竖向地震反应谱笼统地取为水平反应谱的 2/3 或 65%，过于简单粗糙，而且在某些情况下偏于不安全，需加以改进；

（2）与水平反应谱相比，竖向反应谱的特征周期要小得多，且与场地条件关系不大，动力放大系数最大值稍大，而在曲线下降段的衰减指数稍小；

（3）竖向反应谱与水平反应谱的比值，在近场短周期阶段，明显大于 2/3，接近甚至超过水平反应谱值；而在中场周期阶段则普遍小于 2/3，甚至不到 50%。

鉴于上述研究结果，《建筑抗震设计规范》在 2010 版修订时，对 2001 版的相关规定进行适当调整：①形状：与水平反应谱相同；②峰值：$\alpha_{vmax} = 0.65\alpha_{max}$；③特征周期 T_{gv}：统一取第一组的 T_g 值。

3.7.1.2 竖向地震反应的时程分析法

对重要的大跨度屋盖结构可采用竖向时程分析法，竖向抗震时程分析法与水平抗震时程分析法相同，只需输入竖向的地震加速度波形。GB/T 50011—2010 对竖向抗震时程分析法未作要求。参照竖向地震影响系数的取值，竖向的加速度峰值也取水平加速度峰值的 0.65 倍。

3.7.1.3 竖向地震反应分析的简化模型

按 GB/T 50011—2010 要求，结构竖向抗震分析主要采用多质点系的分析模型，不必进行竖向自振周期和振型的计算。因此，可直接利用非抗震设计时的分析模型。

3.7.2 高层建筑的竖向地震作用

高层建筑由竖向地震引起的轴向力在结构的上部明显大于底部，是不可忽视的。高耸结构和高层建筑，其竖向地震内力以第一振型为主，可采用类似于底部剪力法的简化方法来计算。

3.7.2.1 总竖向地震作用标准值

如图 3.7-2 所示，高耸结构和高层建筑竖向抗震分析时，均离散化为具有 n 个质点的体系，其总竖向地震作标准值按下式计算：

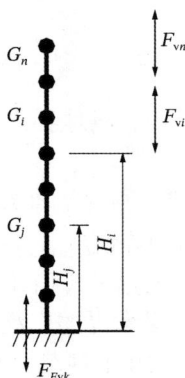

图 3.7-2 结构竖向地震作用计算简图

$$F_{Evk} = \alpha_{vmax} G_{eq} = 0.4875 \alpha_{max} G_E \tag{3.7-1}$$

式中：α_{vmax}——竖向地震影响系数最大值，取水平地震影响系数的 α_{max} 的 0.65 倍；

G_{eq}——等效单质点系的重力荷载，取总重力荷载代表值 G_E 的 0.75 倍；

G_E——计算竖向地震作用时，结构总重力荷载代表值，应取各质点重力荷载代表值之和。

3.7.2.2 竖向地震作用沿高度分布

集中于各质点（或楼盖）处的竖向地震作用标准值，近似按倒三角形分布。

$$F_{vi} = F_{Evk} G_i H_i / \sum G_j H_j \tag{3.7-2}$$

式中：F_{vi}——楼层 i 的竖向地震作用标准值；

G_i、G_j——分别为集中于楼层 i、j 的重力荷载代表值；

H_i、H_j——分别为楼层 i、j 的计算高度。

3.7.2.3 楼层内竖向地震作用效应的分配

楼层各构件的竖向地震作用效应可按各构件承受的重力荷载代表值比例分配。根据台湾 921 大地震的经验，高层建筑各构件的竖向地震作用效应尚宜乘以增大系数 1.5。

3.7.3　大跨度结构的竖向地震作用

大跨度结构，通常包括网架、大于 24m 的钢屋架和预应力混凝土屋架以及各类悬索屋盖。GB/T 50011—2010 规定，跨度小于 120m、长度小于 300m 的规则平板型网架以及跨度大于 24m 的屋架、屋盖横梁及托架的竖向地震作用的简化计算方法——竖向地震作用系数法、其他大跨度结构的竖向地震作用仍用静力法。

3.7.3.1　屋架的竖向地震作用标准值

屋架的分析，通常简化为桁架体系，质量集中于上、下弦节点处，杆件只考虑轴向力，支座视为简支，一般情况不考虑地震时支座位移的差异。

屋架各杆件的竖向地震内力 N_{Ev} 与重力荷载代表值作用下的内力 N_G 相比，除 N_G 很小不起控制作用的少数腹杆外，基本保持一个稳定的比例。可按各构件承受的重力荷载代表值 G_E 乘以竖向地震作用系数 ζ_v 来确定其竖向地震作用标准值 F_{Evk}，即

$$F_{Evk} = \zeta_v G_E \tag{3.7-3}$$

3.7.3.2　平板型网架的竖向地震作用标准值

网架地震作用计算简图，也采用桁架体系，只考虑杆件的轴向力，一般情况不考虑地震时各支座位移的差异，并采用竖向地震作用系数做简化计算。

（1）平均竖向地震作用系数简化法

忽略平板型网架中上弦跨中杆件与上弦边缘杆件竖向地震作用系数的差异，可直接按式(3.7-3)和系数值计算。

（2）杆件竖向地震作用系数简化法

考虑平板型网架中上弦的跨中杆件与边缘杆件竖向地震作用系数的差异，按杆件所处位置取相应的系数计算。

$$F_{Evk} = \lambda_v \left[1 - \frac{r}{r_0}(1 - \delta) \right] G_E \tag{3.7-4}$$

式中：r——杆件中点至网架中心的距离；

r_0——网架当量半径，取支座至网架中心的距离；

λ_v——网架中心处的竖向地震作用系数，当竖向基本自振周期 $T_{v1} \leqslant T_{gv}$ 时，取 $\lambda_v = \zeta_v$；当 $T_{v1} > T_{gv}$ 时，$\lambda_v = \zeta_v (T_{gv}/T_{v1})^{0.9}$；

δ——网架支座处与中心处竖向地震作用系数的比值，按表 3.7-1 取值。

支座处与网架中心处的竖向地震作用系数的比值 δ　　　　表 3.7-1

钢架形式	正放类		斜放类	
	正方形	矩形	正方形	矩形
δ	0.81	0.87	0.56	0.80

3.7.4　长悬臂结构的竖向地震作用

长悬臂结构，通常包括影剧院、体育馆的挑台，长雨篷，悬臂式屋架等，GB/T 50011—

2010 保持了 GBJ 11—89 规范的方法，即竖向地震作用的静力法。有条件时，也可按竖向地震反应谱方法计算。

所谓的竖向地震作用的静力法，就是不分场地，直接将构件的重力荷载代表值乘以固定的系数，8 度取 0.1，9 度取 0.2，设计基本地震加速度为 0.30g 时取 0.15，作为该构件的竖向地震作用标准值。设计时，要考虑上、下竖向地震作用的最不利情况。

一般地，悬臂钢屋架悬臂端的竖向地震反应明显大于固定端，对大于 24m 的悬臂钢屋架，二者的比值约为 2。建议工程实践中要考虑这种差异，采用下式计算其竖向地震作用标准值 F_{Evk}：

$$F_{Evk} = [1 + (s/l)^2]\zeta_v G_E \tag{3.7-5}$$

式中：s——杆件中点至支座的距离；

l——悬臂屋架的长度；

ζ_v——支撑端竖向地震作用系数，按表 3.7-2 取值。

屋架的竖向地震作用系数 ζ_v 表 3.7-2

屋架类别	烈度	I 类场地	II 类场地	III、IV 类场地
钢屋架	8 9	不考虑（0.10） 0.15	0.08（0.12） 0.15	0.10（0.15） 0.20
钢筋混凝土屋架	8 9	0.10（0.15） 0.20	0.13（0.19） 0.25	0.13（0.19） 0.25

注：括号内数值对应于设计基本地震加速度为 0.30g 地区。

3.8 截面承载力抗震验算

3.8.1 验算范围

按照我国建筑抗震设防的三水准目标要求，各类建筑结构均应进行多遇地震下的抗震承载力验算，正因如此，《建筑与市政工程抗震通用规范》GB 55002—2021 的第 4.1.4 条规定，各类建筑与市政工程结构均应进行构件截面抗震承载力验算。然而，长期以来的工程实践表明，低烈度地区的多数建筑结构以及传统的生土房屋、木结构房屋等层数很少、体量较小的简单规则结构，地震作用效应并不起设计控制作用，因此，为了减小工程技术人员的计算工作量，《建筑抗震设计标准》GB/T 50011—2010（2024 年版）第 5.1.6 条对建筑结构截面抗震验算作出了如下规定。

> **《建筑抗震设计标准》GB/T 50011—2010**
>
> 5.1.6 结构的截面抗震验算，应符合下列规定：
>
> 1 6 度时的建筑（不规则建筑及建造于 IV 类场地上较高的高层建筑除外），以及生土房屋和木结构房屋等，应符合有关的抗震措施要求，但应允许不进行截面抗震验算。
>
> 2 6 度时不规则建筑、建造于 IV 类场地上较高的高层建筑，7 度和 7 度以上的建筑结构（生土房屋和木结构房屋等除外），应进行多遇地震作用下的截面抗震验算。
>
> 注：采用隔震设计的建筑结构，其抗震验算应符合有关规定。

对于《建筑抗震设计标准》GB/T 50011—2010 的上述规定，工程实践中应注意对以下几个问题的理解和把握：

（1）关于可不进行抗震验算的范围，主要包括两大类建筑（房屋），其一是 6 度时的建筑（不规则建筑及建造于Ⅳ类场地上较高的高层建筑除外）；其二是生土房屋和木结构房屋等。

（2）关于应进行抗震验算的范围，也主要是两类，其一是 6 度设防的一小部分相对特殊或复杂的建筑，即不规则建筑以及建造于Ⅳ类场地上较高的高层建筑；其二是 7 度和 7 度以上的建筑结构（生土房屋和木结构房屋等除外）。

（3）关于不规则建筑的界定，应按《建筑抗震设计标准》GB/T 50011—2010（2024 年版）第 3.4.3 条的规则性标准进行判断。

（4）关于"较高的高层建筑"界定，对钢筋混凝土框架结构房屋，指高于 40m；对其他钢筋混凝土民用房屋和类似的工业厂房以及高层钢结构房屋，指高于 60m。

3.8.2　抗震承载力验算依据的原则

建筑结构各类构件按承载能力极限状态进行截面抗震验算，是第一阶段抗震设计内容。根据《建筑抗震设计标准》GB/T 50011—2010（2024 年版）和《建筑结构可靠性设计统一标准》GB 50068—2018，结构抗震承载力验算应遵守以下原则。

1. 一般结构的设计基准期为 50 年。表明第一阶段抗震设计时，地震作用视为可变作用，取 50 年一遇的地震作用作为标准值，即建筑所在地区 50 年超越概率为 62.3% 的地震动峰值加速度作为主要设计参数。

2. 一般抗震结构的设计工作年限为 50 年。表明结构在 50 年内，不需大修，其抗震能力仍可满足设计时的预定目标。

3. 由地震作用产生的作用效应，按基本组合形式加入极限状态设计表达式，其各分项系数，原则上按 GB 50068—2018 规定的方法，并根据经济和设计经验确定。

4. 考虑地震作用效应后，结构构件可靠度指标应低于非抗震设计采用的可靠指标。当结构构件可能为延性破坏时，抗震可靠指标取不小于 1.6；当结构构件为脆性破坏时，抗震可靠指标取不小于 2.0。

5. 为使抗震与非抗震设计的设计表达式采用统一的材料抗力指标，引入了"承载力抗震调整系数 γ_{RE}"，按构件受力状态对非抗震设计的承载力作适当调整。

6. GB/T 50011—2010 中承载能力极限状态表达式各项系数，在 GBJ 11—89 规范的基础上，考虑与相关工程技术规范的协调进行了适当调整。

3.8.3　抗震承载力验算表达式

从结构材料的微观破坏机理看，最终导致材料破坏的直接原因一定是外界作用下结构材料产生的应变超过了材料所容许的极限应变。因此，从根本上讲，结构抗震验算应该是变形验算，尤其是结构进入弹塑性工作阶段，但为减少验算工作量并符合设计习惯，各国抗震规范的通行做法是，将大部分结构的变形验算转换为设计地震作用下的构件承载力验算。

我国《建筑与市政工程抗震通用规范》GB 55002—2021、《建筑抗震设计标准》GB/T 50011—2010（2024 年版）沿袭了 GBJ 11—89 规范以来的设计对策，将设防烈度下的弹塑性变形验算转换为多遇地震下构件强度验算，并给出了验算表达式和相应的荷载效应组合。

《建筑与市政工程抗震通用规范》GB 55002—2021

4.3.1　结构构件的截面抗震承载力，应符合下式规定：

$$S \leqslant R/\gamma_{RE} \tag{4.3.1}$$

式中：S——结构构件的地震组合内力设计值，按 4.3.2 条规定确定；

　　　R——结构构件承载力设计值，按结构材料的强度设计值确定；

　　γ_{RE}——承载力抗震调整系数，除本规范另有专门规定外，应按表 4.3.1 采用。

承载力抗震调整系数　　　　　　　　　　　表 4.3.1

材料	结构构件	受力状态	γ_{RE}
钢	柱，梁，支撑，节点板件，螺栓，焊缝	强度	0.75
	柱，支撑	稳定	0.80
砌体	两端均有构造柱、芯柱的承重墙	受剪	0.90
	其他承重墙	受剪	1.00
	组合砖砌体抗震墙	偏压、大偏拉和受剪	0.9
	配筋砌块砌体抗震墙	偏压、大偏拉和受剪	0.85
	自承重墙	受剪	0.75
混凝土 钢-混凝土组合	梁	受弯	0.75
	轴压比小于 0.15 的柱	偏压	0.75
	轴压比不小于 0.15 的柱	偏压	0.80
	抗震墙	偏压	0.85
	各类构件	受剪、偏拉	0.85
木	受弯、受拉、受剪构件	受弯、受拉、受剪	0.90
	轴压和压弯构件	轴压和压弯	0.90
	木基结构板剪力墙	强度	0.80
	连接件	强度	0.85
竖向地震为主的地震组合内力起控制作用时			1.00

4.3.2　结构构件抗震验算的组合内力设计值应采用地震作用效应和其他作用效应的基本组合值，并应符合下式规定：

$$S = \gamma_G S_{GE} + \gamma_{Eh} S_{Ehk} + \gamma_{Ev} S_{Evk} + \sum \gamma_{Di} S_{Dik} + \sum \psi_i \gamma_i S_{ik} \tag{4.3.2}$$

式中：S——结构构件地震组合内力设计值，包括组合的弯矩、轴向力和剪力设计值等；

　　γ_G——重力荷载分项系数，按表 4.3.2-1 采用；

γ_{Eh}、γ_{Ev}——分别为水平、竖向地震作用分项系数，其取值不应低于表 4.3.2-2 的规定；

　　γ_{Di}——不包括在重力荷载内的第 i 个永久荷载的分项系数，应按表 4.3.2-1 采用；

　　γ_i——不包括在重力荷载内的第 i 个可变荷载的分项系数，不应小于 1.5；

　　S_{GE}——重力荷载代表值的效应，有吊车时，尚应包括悬吊物重力标准值的效应；

　　S_{Ehk}——水平地震作用标准值的效应；

　　S_{Evk}——竖向地震作用标准值的效应；

　　S_{Dik}——不包括在重力荷载内的第 i 个永久荷载标准值的效应；

S_{ik}——不包括在重力荷载内的第i个可变荷载标准值的效应；

ψ_i——不包括在重力荷载内的第i个可变荷载的组合值系数，应按表 4.3.2-1 采用。

各荷载分项系数及组合系数 表 4.3.2-1

荷载类别、分项系数、组合系数			对承载力不利	对承载力有利	适用对象
永久荷载	重力荷载	γ_G	≥1.3	≤1.0	所有工程
	预应力	γ_{Dy}			
	土压力	γ_{Ds}	≥1.3	≤1.0	市政工程、地下结构
	水压力	γ_{Dw}			
可变荷载	风荷载	ψ_w	0.0		一般的建筑结构
			0.2		风荷载起控制作用的建筑结构
	温度作用	ψ_t	0.65		市政工程

地震作用分项系数 表 4.3.2-2

地震作用	γ_{Eh}	γ_{Ev}
仅计算水平地震作用	1.4	0.0
仅计算竖向地震作用	0.0	1.4
同时计算水平与竖向地震作用（水平地震为主）	1.4	0.5
同时计算水平与竖向地震作用（竖向地震为主）	0.5	1.4

地震作用效应组合以及抗震承载力验算历来是结构构件抗震设计的重要内容，一直作为《建筑抗震设计规范》及相关规范规程的强制性条文内容，要求设计人员严格执行。近期的工程建设标准化工作改革中，这一部分内容全部纳入了工程建设规范《建筑与市政工程抗震通用规范》GB 55002—2021 中，工程实施过程中需注意把握以下几点：

（1）地震作用效应的基本组合中，不存在永久荷载效应为主的不利情况，因此，不引入以永久荷载效应为主的基本组合。

（2）地震作用效应基本组合中，含有考虑抗震概念设计的一些效应调整。在《建筑抗震设计标准》及相关技术规程中，属于抗震概念设计的地震作用效应调整的内容较多，有的是在地震作用效应组合之前进行的，有的是在组合之后进行的，实施时需注意。

（3）对电算结果的分析认可是十分重要的；对关键的抗震薄弱部位和构件，抗震承载力必须满足要求，必要时应采用手算复核，避免电算结果因计算模型不完全符合实际而造成安全隐患。

（4）现阶段大部分结构构件截面抗震验算时，采用了各有关规范的承载力设计值R_d，因此，抗震设计的抗力分项系数，就相应地变为非抗震设计的构件承载力设计值的抗震调整系数γ_{RE}，即$\gamma_{RE} = R_d/R_{dE}$或$R_{dE} = R_d/\gamma_{RE}$。

需要注意的是，由于抗震承载力验算时引入的"承载力抗震调整系数"γ_{RE}小于 1.0，构件设计内力的最不利组合不一定是地震基本组合，在设防烈度较低时尤其如此，此时，要特别注意这些构件的细部构造要求。

地基基础构件的抗震验算，与地基基础设计规范协调，仍采用基本组合，基础构件的抗震承载力调整系数γ_{RE}应根据受力状态按照 GB 55002—2021 表 4.3.1 采用。例如，对于钢筋混凝土柱下独立基础的底板抗弯配筋计算可按梁受弯采用，即 γ_{RE} 取 0.75；对条形地基梁的抗剪验算取 0.85 等。

鉴于各有关结构规范的承载力设计值 R 的含义不同，相应的抗震承载力含义也有所不同，主要有以下三种类型：

（1）对于天然地基、桩基，直接对地基的承载力特征值 f_a 或桩基承载力特征值 R_a 进行调整作为相应的抗震承载力设计值，相应的抗震验算表达式中不出现 γ_{RE}。如，地基承载力调整系数 ζ_a 乘地基的承载力特征值 f_a，作为地基土抗震承载力设计值，$f_{aE} = \zeta_a f_a$；非液化桩基的抗震承载力设计值 $R_{aE} = 1.25 R_a$ 等。

（2）对于砌体结构，采用砌体抗震抗剪强度设计值 f_{vE} 替代《砌体结构设计规范》GB 50003—2011 的 f_v，承重无筋砌体截面抗震承载力验算时，取 $\gamma_{RE} = 1.0$。

（3）对于混凝土结构、钢结构等，直接借用非抗震设计的承载力设计值 R_d 除以承载力抗震调整系数 γ_{RE}，转换为抗震承载力设计值 $R_{dE} = R_d / \gamma_{RE}$；如：混凝土构件正截面受弯承载力抗震验算，直接将《混凝土结构设计标准》GB/T 50010—2010（2024 年版）有关不等式的右端，均除以 γ_{RE}；钢结构构件的各种强度的抗震验算，直接将《钢结构设计标准》GB 50017—2017 各有关不等式的右端，除以 γ_{RE}。

3.9 抗震变形验算

在国际地震工程研究领域，刚性抗震理论与柔性抗震理论之间长期存在争议。所谓刚性抗震理论的基本理论逻辑是，建筑结构必须具有足够的侧向刚度，以保证结构在地震动作用下不会变形太大，防止对建筑物的结构构件和非结构构件（填充墙、幕墙等）造成明显破坏。所谓柔性抗震理论，主要是反应谱理论的演化结果。根据反应谱理论，结构越软，其固有振动周期越大，地震作用越小，即地震需求越小。目前，国际地震工程界已经有一个相对一致的共识，那就是建筑结构要相对刚性。为此，各国的抗震规范将对建筑结构在地震动作用下的变形以适当的方式提出限制性要求。

另外，地震作用下结构构件的损伤均是局部材料应变超出其容许应变的结果，因此，抗震验算的根本就应该是抗震变形验算。为此，我国自 GBJ 11—89 开始，在保留强度验算的同时，将抗震变形验算正式纳入了抗震验算的范围，从而开辟了我国建筑抗震设计的新篇章。

3.9.1 早期抗震规范中的变形控制措施

我国抗震规范中对结构变形控制的探索可以追溯到 1970 年代。在制定中国第一个正式发布的抗震规范（即 TJ 11—74）时，何广乾就指出，建筑物抗震验算的根本目的是抗震变形验算。然而，由于地震作用下建筑结构变形计算的复杂性以及工程技术人员一直使用的强度验算习惯，当时直接进行地震动下建筑结构的弹塑性变形验算是不现实的。

为此，中国规范 TJ 11—74 和 TJ 11—78 引入了结构系数 C，将明确的弹塑性变形验算转化为设计师习惯的强度验算，即：

$$S \propto C\alpha W$$
$$\alpha \propto kx = -m(\ddot{x} + \ddot{x}_0) - c\dot{x} \tag{3.9-1}$$
$$K \cdot S \leqslant R$$

式中：　S——结构构件的地震作用效应的组合设计值；

　　　　 R——结构构件的抗震承载力设计值；

　　　　 K——结构构件的抗震安全度系数，一般取非抗震安全系数的 0.8 倍；

　　　　 C——TJ 11—74 或 TJ 11—78 中的结构系数，其值与结构的变形能力有关，变形
　　　　　　　能力越强，值越小；

　　　　 α——地震影响系数；

m、c、k——分别是单自由度系统的质量、阻尼和刚度值；

　　　　 $\ddot{x}_0$——地震地面运动加速度；

$\ddot{x}$、$\dot{x}$、x——分别是地震地面运动加速度$\ddot{x}_0$作用下单自由度系统的加速度、速度和位移
　　　　　　　响应。

应该说，TJ 11—74 和 TJ 11—78 的上述处理对策，本质上是一种隐性变形验算。但是，这种处理仍然是一个基于强度的抗震概念，这会让设计师错误地认为抗震设计只需要验算结构的强度，不需要控制结构的变形。为此，在 TJ 11—78 发布后，何广乾、魏琏、戴国莹、钟益村等人对建筑结构弹塑性变形的计算方法和限值进行了一系列专项研究，最终在 GBJ 11—89 中提出了抗震变形验算要求。

3.9.2　GBJ 11—89 的抗震变形验算要求

GBJ 11—89 规范规定，在多遇地震作用下应验算 RC 框架结构（包括填充框架结构）和 RC 框架-抗震墙结构的弹性层间变形应满足以下要求：

$$\Delta u_e \leqslant [\theta_e] H \tag{3.9-2}$$

式中：Δu_e——多遇地震标准值作用下结构的弹性层间位移，计算时取荷载分项系数取
　　　　　　　1.0，RC 构件采用弹性刚度；

　　　　$[\theta_e]$——弹性层间位移角限值；

　　　　 H——楼层层高。

同时，GBJ 11—89 还对可能存在薄弱部位的建筑物提出了罕遇地震下弹塑性变形验算要求：

$$\Delta u_p \leqslant [\theta_p] H \tag{3.9-3}$$

式中：Δu_p——罕遇地震下结构薄弱层或薄弱部位的弹塑性层间位移；

　　　　$[\theta_p]$——弹塑性层间位移角限值；

　　　　 H——结构薄弱楼层层高或单层工业厂房上柱柱高。

3.9.3　GB 50011—2001 和 GB/T 50011—2010 的修订和更改

3.9.3.1　多遇地震下的弹性变形验算

GB 50011—2001 进一步扩大了弹性变形验算的范围，要求各类钢筋混凝土结构和钢结构进行多遇地震下的弹性变形验算。

关于变形限值的确定，除了要考虑多遇地震下非结构构件可接受的损伤程度，还要考虑抗震墙墙肢、混凝土框架柱等重要抗侧力构件的初始损伤状态。根据试验和数值分析结果，结构弹性侧移角限值的依据应随结构类型的改变而改变。对于框架结构，由于填充墙比框架柱早开裂，可以以控制填充墙不出现严重开裂为小震下侧移控制的依据，对于以剪

力墙为主要受力构件的结构(框架-抗震墙结构、抗震墙结构、框架-筒体结构等),由于"小震"作用下一般不允许作为主要抗侧力构件的剪力墙腹板出现明显斜裂缝,因此,以控制剪力墙的开裂程度作为其位移角限值的取值依据。根据当时的试验结果和工程实践经验,GB 50011—2001 规定,对于 RC 框架结构、RC 框架-抗震墙结构(包括板-柱-抗震墙结构、框架-筒结构)、抗震墙结构、钢结构,其弹性层间位移角限值分别为 1/550、1/800、1/1000 和 1/300。GB/T 50011—2010 基本维持了 GB 50011—2001 的有关规定,但将钢结构弹性层间位移角限值修改为 1/250。

相对于 GBJ 11—89,GB 50011—2001 规范的另一个显著变化是 Δu_e 取值规定的变化。在 GBJ 11—89 规范中,Δu_e 为多遇地震作用标准值作用下结构的弹性层间位移;而在 GB 50011—2001 和 GB/T 50011—2010 中,Δu_e 则为多遇地震作用标准产生的楼层内最大弹性层间位移。前者一般指的是结构层间位移,通常取结构相邻楼层刚心处或质心处的位移差值,而后者则是楼层内构件变形的最大值。对于平面结构模型,比如平面框架或排架模型,前者在数值上会大于后者,因为结构变形通常是构件变形综合累积的结果;对于三维空间结构模型,由于结构扭转效应等因素的存在,前者在数值上往往会明显小于后者。

正是由于变形限值和变形取值两个方面的变化,GB 50011—2001 和 GB/T 50011—2010 关于抗震变形验算的要求比 GBJ 11—89 规范大为提高。

3.9.3.2 罕遇地震下的弹塑性变形验算

在 GBJ 11—89 规范的基础上,GB/T 50011—2010 对弹塑性变形验算的范围进行了如下调整:

(1)一般情况下,符合下列条件之一的建筑结构必须进行罕见地震下的弹塑性变形验算:

① 8 度Ⅲ、Ⅳ类场地和 9 度时,高大的单层钢筋混凝土柱厂房的横向排架;

② 7~9 度时楼层屈服强度系数小于 0.5 的钢筋混凝土框架结构和框排架结构;

③ 高度大于 150m 的结构;

④ 甲类建筑和 9 度时乙类建筑中的钢筋混凝土结构和钢结构;

⑤ 采用隔震和消能减震设计的结构。

(2)符合下列条件之一的建筑结构,建议进行罕见地震下的弹塑性变形验算:

① 竖向不规则类型的高层建筑结构;

② 7 度Ⅲ、Ⅳ类场地和 8 度时乙类建筑中的钢筋混凝土结构和钢结构;

③ 板柱-抗震墙结构和底部框架砌体房屋;

④ 高度不大于 150m 的其他高层钢结构;

⑤ 不规则的地下建筑结构及地下空间综合体。

至于弹塑性层间位移角限值,GB/T 50011—2010 在 GBJ 11—89 规范的基础上提出了更全面的补充规定(表 3.9-1)。

GB/T 50011—2010 的弹塑性层间位移角限值　　　　　　　表 3.9-1

结构类型	$[\theta_p]$
单层钢筋混凝土柱排架	1/30

续表

结构类型	$[\theta_p]$
钢筋混凝土框架	1/50
底部框架砌体房屋中的框架-抗震墙	1/100
钢筋混凝土框架-抗震墙、板柱-抗震墙、框架-核心筒	1/100
钢筋混凝土抗震墙、筒中筒	1/120
多、高层钢结构	1/50

3.9.4　结构弹塑性变形的计算方法

关于结构弹塑性变形的计算方法，GB/T 50011—2010 规定，不超过 12 层且层刚度无突变的钢筋混凝土框架和框排架结构、单层钢筋混凝土柱厂房可采用的简化计算法；其他结构可采用静力弹塑性分析方法或弹塑性时程分析法等。

关于结构分析模型，GB/T 50011—2010 规定，规则结构可采用弯剪层模型或平面杆系模型，不规则结构则应采用空间结构模型。

因此，总体上，建筑结构罕遇地震作用下薄弱楼层弹塑性变形计算方法主要有三种，即简化计算方法、静力弹塑性方法和弹塑性时程分析方法。

3.9.4.1　罕遇地震下结构薄弱楼层弹塑性变形的简化计算方法

1. 适用范围

层刚度无突变、层数不超过 12 层的钢筋混凝土框架和框排架结构；

单层钢筋混凝土柱厂房。

2. 主要依据

在强烈地震过程中，结构不断发生塑性内力重分配，其弹塑性变形具有独特的规律。根据近几十年的研究成果，剪切型多层框架结构在强烈地震作用下的弹塑性变形有以下几点规律，为提供简化计算方法创造了条件。

（1）楼层屈服强度系数 ζ_y 是决定结构层间弹塑性变形和层间弹性变形比 η_p 的主要因素，ζ_y 值愈小，则 η_p 值愈大。

（2）等强度结构的弹塑性层间位移最大值，一般均出现在底层。

（3）刚度和屈服强度系数 ζ_y，沿高度分布均匀的框架，弹塑性层间位移 Δ_{up}，大于其弹性层间位移 Δ_{ue}，增大倍数与房屋总层数及楼层屈服强度系数密切相关。

（4）结构构件承载力是按小震作用计算的，ζ_y 值一般均较小，加之各截面的实际配筋往往与计算配筋不一致，各部位的变动和增大比例不尽相同，因而各楼层的 ζ_y 往往大小不一。ζ_y 值最小或相对较小的楼层，在强烈地震下可能率先屈服，由于塑性内力重分布而形成"塑性变形集中"。这个楼层就是抗震薄弱层，其变形能力的好坏，将直接影响整个结构的抗震性能，关系到大震下结构是否会倒塌。

3. 基本流程

第 1 步：结构实际屈服强度计算。根据结构构件的断面尺寸、实际配筋和材料强度标准值，计算各楼层的实际受剪承载力 V_y^a。

第 2 步：罕遇地震下结构弹性反应分析。采用罕遇地震的地震动参数（即罕遇地震下的地震影响系数最大值α_{max}）进行结构弹性反应分析，计算出结构各楼层的弹性地震剪力V_e和弹性层间位移Δu_e。

第 3 步：罕遇地震下楼层屈服强度系数计算。由上述的楼层的实际受剪承载力V_y^a和楼层的弹性地震剪力V_e按下式计算罕遇地震下各楼层的屈服强度系数ζ_y：

$$\zeta_y = V_y^a/V_e \tag{3.9-4}$$

第 4 步：判断薄弱层。大量的结构弹塑性地震反应分析结果表明，在楼层屈服强度系数沿高度分布不均匀的结构中，屈服强度系数最小的楼层，弹塑性层间侧移将最大。因此，要检验结构的变形，首先应该检验ζ_y最小的楼层和相对较小的楼层，即首先检验薄弱层的变形。根据楼层屈服强度系数的分布情况，按下述原则确定结构薄弱楼层的位置：

（1）等强结构。对于ζ_y基本均匀的结构，即各楼层屈服强度系数ζ_y大致相等的结构，取结构底层作为薄弱楼层；

（2）非等强结构。一般地，当某楼层的屈服强度系数ζ_y满足下列条件之一时，即可认定该层为薄弱楼层。注意，对于整个结构而言，需要进行弹塑性变形计算的楼层（薄弱楼层）数量，一般控制应在 2～3 层以内。

对于一般楼层 $\qquad\qquad \zeta_{y,i} < (\zeta_{y,i}+1+\zeta_{y,i}-1)/2 \tag{3.9-5}$

对于底层 $\qquad\qquad\qquad \zeta_{y,1} < \zeta_{y,2} \tag{3.9-6}$

对于顶层 $\qquad\qquad\qquad \zeta_{y,n} < \zeta_{y,n-1} \tag{3.9-7}$

（3）单层钢筋混凝土柱厂房，可取阶形柱的上柱作为薄弱部位；

第 5 步：计算薄弱层的弹塑性变形。按《建筑抗震设计标准》GB/T 50011—2010（2024年版）第 5.5.4 条规定，结构薄弱层的弹塑性层间位移可按下列公式计算：

$$\Delta u_p = \eta_p \Delta u_e \tag{3.9-8}$$

$$或 \Delta u_p = \mu \Delta u_y = \frac{\eta_p}{\zeta_y}\Delta u_y \tag{3.9-9}$$

式中：Δu_p——弹塑性层间位移；

$\qquad \Delta u_y$——层间屈服位移；

$\qquad\quad \mu$——楼层延性系数；

$\qquad \Delta u_e$——罕遇地震作用下按弹性分析的层间位移；

$\qquad\quad \zeta_y$——楼层屈服强度系数。

$\qquad\quad \eta_p$——弹塑性层间位移增大系数，应根据薄弱楼层的薄弱程度按下式取值：

$$\eta_p = [1.5 - 5(\rho - 0.5)/3]\eta_{p0} \tag{3.9-10}$$

$$\rho = \frac{2\zeta_{y,i}}{\zeta_{y,i-1} + \zeta_{y,i+1}} \tag{3.9-11}$$

式中：η_p——弹塑性层间位移增大系数；

$\qquad\quad \eta_{p0}$——弹塑性层间位移增大系数基准值，按表 3.9-2 取值；

$\qquad\quad \zeta_{y,i}$——第i楼层的屈服强度系数；

$\qquad\quad \zeta_{y,i-1}$——第$i-1$楼层的屈服强度系数；

$\zeta_{y,i+1}$——第 $i+1$ 楼层的屈服强度系数；

ρ——薄弱楼层的相对薄弱程度系数，大于 0.8 时，取 0.8，小于 0.5 时，取 0.5。

弹塑性层间位移增大系数基准值 η_{p0} 　　　　　　　表 3.9-2

结构 类型	总层数n 或部位	ζ_y		
		0.5	0.4	0.3
多层 均匀 框架结构	2～4	1.30	1.40	1.60
	5～7	1.50	1.65	1.80
	8～12	1.80	2.00	2.20
单层厂房	上柱	1.30	1.60	2.00

3.9.4.2　静力弹塑性推覆（Pushover）分析方法

1. 适用范围

高度 100m 以下、基本周期小于 3s、比较规则的高层建筑结构，可以采用此方法。超出这一范围的建筑结构，Pushover 方法不再适用。

2. 基本假定

（1）实际结构（一般为多自由度体系）的地震反应与某个等效单自由度体系的反应相关。该假定表明结构的地震反应由某一振型（一般为第一振型）起主要控制作用，而其他振型的影响不考虑。

（2）结构沿高度的变形用形状向量表示，在整个地震反应过程中，不管结构的变形大小，形状向量保持不变。

3. 一般步骤

Pushover 分析方法，是 20 世纪末伴随着性能化抗震设防理念的兴起而得到广泛应用的一种结构弹塑性分析方法。这一方法的核心思想就在于，希望用一系列连续的线弹性分析结果来估计结构的非线性性能，其基本过程如下：

（1）根据建筑的具体情况建立相应的结构计算模型；

（2）在结构计算模型上施加必要的竖向荷载；

（3）按照一定的加载模式，在结构模型上施加一定的水平荷载，使一个或一批构件进入屈服状态；

（4）修改上一步屈服构件的刚度（或使其退出工作状态），再在结构模型上施加一定量的水平荷载，使另一个或一批构件进入屈服状态；

（5）不断重复第（4）步，直到结构达到预定的破坏状态，记录结构每次屈服的基底剪力、结构顶部位移；

（6）以基底剪力、结构顶部位移为坐标绘制结构的荷载-位移曲线；

（7）采用能力谱方法或位移系数法确定结构在相应地震动水准下的位移，对结构性能进行评价。

4. 水平荷载分布形式

一般地，静力弹塑性分析作为一种结构非线性响应的简化计算方法，在多数情况下能够得出比静力弹性甚至动力弹性分析更多的重要信息，而且操作简便。但是由于这种分析方法是在假定结构响应是以第一阶振型为主的基础上进行的，因此，按上述方法得到的荷载-位移曲线基本上只能够反应结构的一阶模态响应。对基本周期在 1.0s 以内的结构，这种方法基本上是有效的；而对于基本周期大于 1.0s 的柔性结构来说，就必须在分析的过程中考虑高阶振型的影响。

因此，在进行 Pushover 分析时，作用于结构高度方向的水平荷载分布形式应能近似地包络住地震过程的惯性力沿结构高度的实际分布。水平荷载施加模式一般有均匀分布、基本振型分布、多振型组合分布、自适应分布等，其中的前三种模式（图 3.9-1），各位读者比较容易理解，不再赘述，感兴趣的朋友可以查阅相关的文献资料。

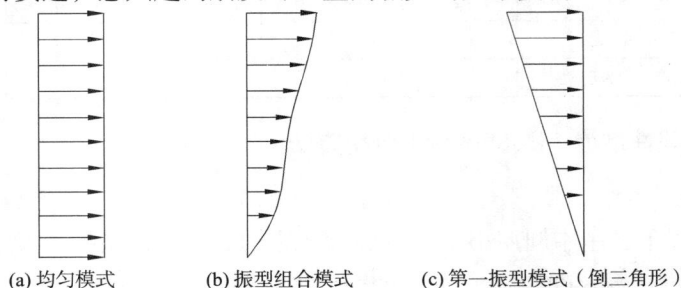

(a) 均匀模式　　　　(b) 振型组合模式　　　　(c) 第一振型模式（倒三角形）

图 3.9-1　Pushover 分析典型的平加载模式

所谓的自适应分布模式，则是指当结构变形时，楼层水平荷载的分布形式将根据结构屈服情况不断地修正。例如，取楼层水平力分布与结构位移分布成正比、按每一加载段取结构的切线刚度计算的振型或与每一加载段的楼层剪力成正比。这种分布形式需要更多的计算时间，但更符合结构的实际变形特征。

3.9.4.3　弹塑性时程分析方法

弹塑性时程分析方法，又称为动态分析方法。它是将数值化的地震波输入到结构体系的振动微分方程，采用逐步积分法进行结构弹塑性动力分析，计算出结构在整个强震时域中的震动状态全过程，给出各个时刻各杆件的内力和变形，以及各杆件出现塑性铰的顺序。

由于弹塑性动力时程分析方法能够计算地震反应全过程中各时刻结构的内力和变形状态，给出结构的开裂和屈服的顺序，发现应力和塑性变形集中的部位，从而判明结构的屈服机制、薄弱环节以及可能的破坏类型，因此被认为是结构弹塑性分析的最可靠方法。但是，弹塑性时程分析的计算分析工作繁琐，而且计算结果受到输入地震波、构件恢复力模型等影响较大，同时，由于现行各国规范有关弹塑性时程分析方法的规定又缺乏可操作性，因此，在实际抗震设计中该方法并没有得到广泛应用，仅在一些重要的建筑抗震分析中有尝试性的使用，更多的时候还是仅限于理论研究。

通常，采用弹塑性时程分析法计算弹塑性变形，其计算结果的影响因素很多，现阶段其计算结果的离散性要引起工程设计人员的足够重视，一般情况下，不宜直接把计算的弹塑性位移值视为结构实际弹塑性位移，而应借助于多遇地震下结构弹性反应谱计算结果，按以下方法进行综合评估。

第 1 步：采用反应谱法计算多遇地震下结构的弹性位移（层间位移）δ_e；

第 2 步：计算各组输入地震波形的弹塑性位移放大系数 C_{di}。

采用同一模型、同一软件、同一组输入时程，分别计算得到同一波形、同一部位的小震弹性位移和预期地震下弹塑性位移，并按下式计算二者的比值C_{di}：

$$C_{di} = D_{pi}/D_{ei} \qquad (3.9\text{-}12)$$

式中：C_{di}——第i组时程曲线的弹塑性位移放大系数；

　　　　D_{pi}——在预期地震第i组时程下的弹塑性位移；

　　　　D_{ei}——在小震第i组时程下的弹性位移；

第 3 步：计算预期地震水准下的弹塑性位移放大系数C_d。

按下式计算多组时程曲线弹塑性位移放大系数C_{di}的平均值或包络值C_d：

$$C_d = \begin{cases} \max(C_{di}) & i=1,\cdots,n & n<7 \\ \mathrm{mean}(C_{di}) & i=1,\cdots,n & n \geqslant 7 \end{cases} \qquad (3.9\text{-}13)$$

第 4 步：按下式计算结构在预期地震水准下该部位的弹塑性位移：

$$\delta_p = C_d \delta_e \qquad (3.9\text{-}14)$$

第4章 砌体结构房屋

【简介与导读】

砌体房屋震害规律
— 震害概述：国内外地震中砌体房屋损坏严重，唐山、汶川地震有典型表现
— 典型震害：极震区有多种倒塌形态，场地地基、结构布局等影响震害

多层砌体房屋抗震设计
— 控制高度层数：依规范限值，考虑多种因素确定高度、层数
— 控制高宽比：限制高宽比保证稳定性，计算有规定
— 合理布局：选承重体系，布置墙体，设防震缝，避免问题
— 加强连接：设圈梁构造柱，规范楼屋盖连接
— 控制尺寸：限制局部尺寸，防止局部破坏影响整体

底部框架-抗震墙砌体房屋设计
— 墙体设计：底部设抗震墙并合理布置，上部墙体对齐
— 层数高度：控制层数高度，底层有层高限制
— 横墙间距：上部与多层砌体房屋相同，底部有要求
— 过渡层加强：采取多种措施增强过渡层承载能力
— 托墙梁设计：依受力规律进行截面和构造设计

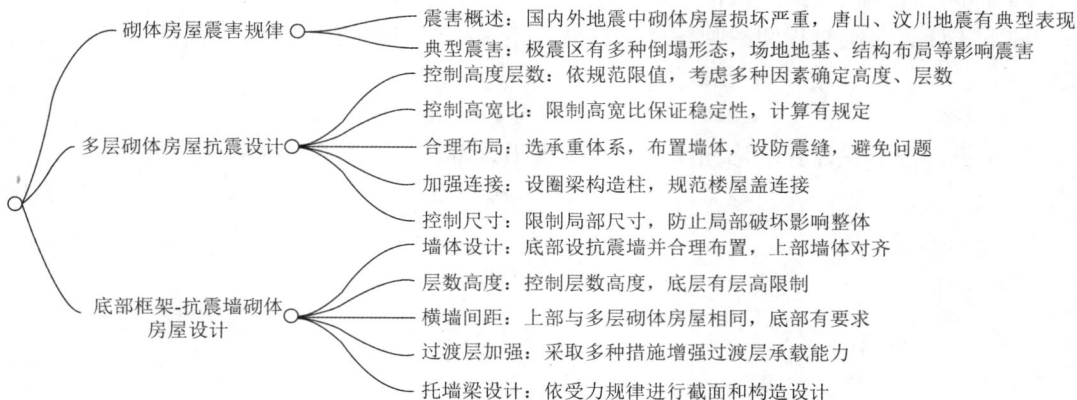

    本章详细阐述砌体结构房屋抗震设计的相关内容。砌体结构在我国应用广泛，但传统砌体结构抗震性能差。文章先介绍了砌体房屋震害规律与典型特征，包括极震区的倒塌破坏、与场地地基相关的震害等多种情况。接着阐述多层砌体房屋的抗震概念设计与规定，涵盖总层数和总高度控制、高宽比限制等多个方面。对于底部框架-抗震墙砌体房屋，分析了其抗震概念设计要点，如底部墙体和上部墙体的设置、总层数和总高度控制等。总结震害经验并结合规范规定，为砌体结构房屋抗震设计提供了全面的指导，对提升砌体结构房屋抗震能力、保障人民生命财产安全具有重要意义。

4.1 引言

    从广义上讲，砌体结构是由包括了各种材质的块材砌筑而成的结构形式，是我国应用最广泛的一种结构。在二十世纪八九十年代我国城镇建筑中，80%以上的民用建筑、90%以上的住宅建筑均为砌体结构，目前，这一比例有所下降，但根据第一届全国自然灾害风险普查的数据，662亿平方米城镇建筑中，约210亿平方米为砌体结构，占比约为30%，而县级以下的镇、乡、村等的618亿平方米民居建筑中，绝大多数仍为砌体结构房屋。

    传统砌体结构，墙体一般采用实心黏土砖、混合砂浆、内外墙咬槎砌筑而成，楼屋面板多为装配式钢筋混凝土板，其他承重构件多采用预制构件。由于材料的脆性属性以及构件连接方式不可靠等原因，传统砌体结构抗震性能很差，在抵御侧向水平地震作用时，在变形极小的情况下就会发生开裂，进而突然倒塌。国内外历次地震均已证明，无筋的普通砖砌体结构，在6度时开始损坏，9度时开始倒塌；我国1976年唐山地震中，10度和11度区90%以上的砖砌体房屋严重破坏和倒塌。

    大量的震害统计资料表明，地震期间95%以上的人员伤亡是由房屋建筑倒塌造成的。因此，如何通过工程措施改善、提高传统砌体结构的抗地震倒塌能力，是摆在抗震防灾方

面的专家、学者以及广大工程技术人员面前的重要课题。1976 年唐山地震后,根据 1966 年邢台地震至 1976 年唐山地震积累的大量地震灾害经验与教训,我国的科研工作者迅速组织了相关的科研试验工作,最终提出了一套行之有效的砌体房屋抗倒塌技术,并纳入了 GBJ 11—89 等国家标准中,在全国范围内推广使用。2008 年的汶川 M8.0 级地震的震害调查表明,严格按 GBJ 11—89 以来各版抗震规范正规设计、正规施工、正常使用的多层砌体房屋,包括多层砌体结构的住宅、办公楼、医院以及教学楼等建筑,在实际遭遇的烈度不超过震前设防烈度 1 度的情况下,未发生 1 例倒塌进而造成人员伤亡的震害,实现了预期的"大震不倒"的抗震设防目标。

尽管自 GBJ 11—89 规范以来,全国推广执行的砌体房屋抗倒塌技术取得了相当大的成效,但我们也应当看到,实际地震中除了由于地质灾害引起的各类房屋(包括砌体房屋破坏倒塌或被泥石流掩埋等)以外,由于布局不合理、构造柱设置不当,以及其他设计、施工中问题,造成房屋的破坏仍有相当的比例,这些恰恰是需要我们深入总结的经验教训,进一步完善、改进相关技术标准的重点。

本章将在总结回顾砌体房屋震害规律与经验教训的基础上,结合《建筑与市政工程抗震通用规范》GB 55002—2021、《建筑抗震设计标准》GB/T 50011—2010(2024 年版)的相关技术规定,对砌体房屋抗倒塌技术进行全面的阐述。

4.2　砌体房屋的震害规律与典型特征

4.2.1　概述

砌体结构由于材料性质和砌筑方式决定了其抵御水平地震作用时的脆弱性,在国内外历次地震中损坏、倒塌最为严重。1923 年日本关东地震,东京约 7000 幢砌体结构房屋,全部受到不同程度损坏,灾后仅有 1000 多幢平房能够修复使用;1906 年美国旧金山地震,砌体结构房屋破坏特别严重,采用砌体结构的市政府大厦全部倒塌;1948 年苏联阿什巴哈地震,砌体结构房屋的倒塌和破坏占 70%~80%,此外,1993 年印度德干高原凯拉里镇地震,1995 年日本阪神地震和 1999 年土耳其伊兹米特地震,也都有大量的砌体结构房屋倒塌破坏。在国内,1996 年丽江地震,灾区建筑破坏比例为 77%,砌体房屋占比最大;1996 年包头地震,建筑破坏比例 70%,砌体结构占多数。此后发生的新疆伽师、河北张北、甘肃景泰、河北古冶、山东菏泽等地的地震,震级不大,烈度不高,但却都有大量砖砌体房屋建筑破坏倒塌。

1976 年唐山 M7.8 级地震中,砌体结构房屋倒塌和破坏最为严重,是造成人民生命财产巨大损失的主要原因。震前唐山地区的基本烈度为 6 度,多层砌体房屋均未考虑抗震设防。震后调查显示,在 10 度、11 度地区,砌体房屋 90%以上倒塌或严重破坏;9 度地区的多层砖房大多严重破坏,出现严重开裂或局部倒塌等现象;7、8 度地区一般属于轻微破坏或基本完好;6 度区,除老旧房屋外,一般震害轻微。然而,在地震现场的调查中还发现,震中区(10、11 度)部分设有钢筋混凝土柱的砌体结构中却裂而不倒。受此现象的启发,科研工作者对砌体房屋抗震性能进行了大量的试验和理论研究,深入探讨了砌体房屋的抗震性能,提出了改善这类房屋抗震性能和增加抗震能力的有效措施,形成了简单实用的多层砌体房屋抗倒塌技术,给出了一套相对完善的、可实现"小震不坏、中震可修、大震不倒"的抗震设计方法,这些成果在 GBJ 11—89 规范及后期各版抗震规范中得到体现。

唐山地震以后，我国又发生多次破坏性地震，各地的调查报告中显示，严格按照各版《建筑抗震设计规范》设计计算、并设置有构造柱的砌体结构房屋，在遭遇烈度不超过当地设防烈度高一度的情况下，至今尚无倒塌的报道。这证明了来自唐山地震的设置构造柱经验，对砌体结构的防倒塌作用是可靠的和行之有效的。

2008年汶川地震的震后调查认为：①震前灾区设防烈度多为6～7度，比实际遭遇地震烈度（8～11度）低得多，但除了震中区（10～11度）和建造在危险地段的房屋外，房屋建筑的总体倒塌和严重破坏比例约为10%～15%；②严格按照当时执行的规范进行正规设计、正规施工和正常使用的建筑（包括中小学），在遭遇比当地设防烈度高一度的地震作用下没有出现倒塌破坏。这说明，1976年唐山地震后，我国建设行政主管部门做出的6度开始设防和大震不倒设防的决策是正确的。

汶川地震后，中国建筑西南设计研究院有限公司冯远等人对2004—2007年间承担设计的104所纳入"农村中小学标准化建设工程"的学校建筑进行了紧急回访。这些学校主要分布于汶川地震的灾区，其中的教学楼和宿舍大多为3～4层的砌体结构（图4.2-1），采用预制空心板板楼盖。回访的结果表明，这些学校的教学建筑未发生一例倒塌破坏，未造成人员伤亡！

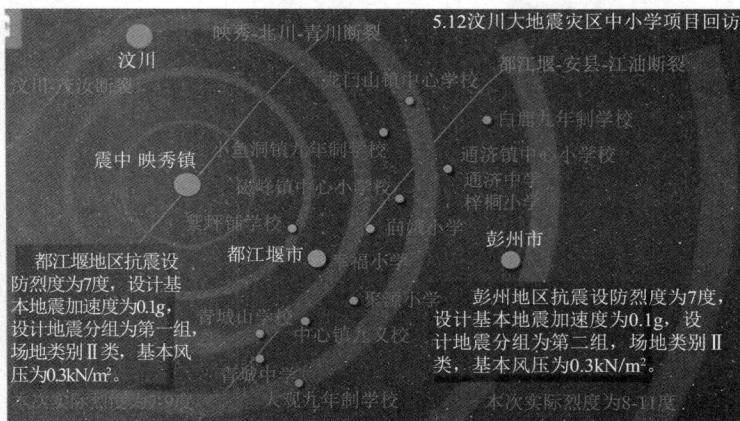

(a) 标准化设计学校在灾区的分布情况

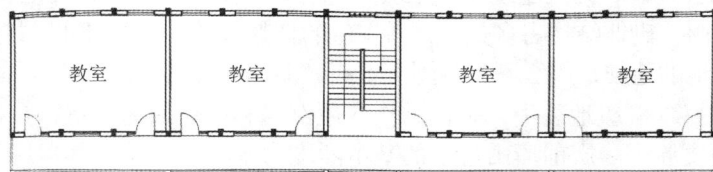

教学楼典型平面示意

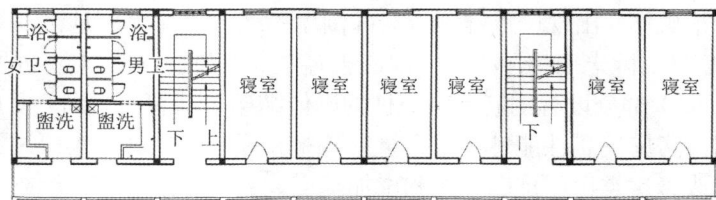

学生宿舍典型平面示意

(b) 教学楼与宿舍的典型平面

勤学楼-基本完好　　　　　　　求知楼-严重破坏　　　　　断裂破碎带及两栋楼相对位置

(c) 彭州市白鹿学校，7 度设防，遭遇 11 度地震影响，断裂破碎带两侧的教学楼并未倒塌

图 4.2-1　2008 年汶川地震后标准设计学校的震害回访情况

　　类似的结论，在近期的一些破坏性地震震害调查中也陆续得到证实。这些实践证明，砌体结构房屋只要做到合理设计、按规范采取有效的抗震措施，精心施工，在地震区可以就采用并能够达到相应的抗震设防要求。

4.2.2　典型震害表现

4.2.2.1　极震区的倒塌或严重破坏

　　从历次地震的表现来看，极震区（遭遇烈度 9 度及以上区域）的多层砌体房屋，由于遭遇的实际地震影响烈度远远超过设计预期的设防烈度，破坏非常严重，倒塌或濒临倒塌破坏的现象相对普遍。从破坏的形式上看，大致可分为三种形态：其一是完全脆性倒塌，其二是有限整体性倒塌；其三为整体延性破坏。

　　（1）完全脆性倒塌，建筑倒塌后呈现粉碎性、解体性的状态，不能保持一定的建筑形状、无生存空间，成为一堆废墟（图 4.2-2～图 4.2-5）。这一类倒塌的砌体结构，大多为建造年代较早、未采取有效抗震措施的老旧房屋，楼屋盖通常采用空心预制楼板，墙体无混凝土构造柱、不设无圈梁或圈梁很少且砌筑砂浆强度极低。

图 4.2-2　唐山地震中，某机关家属院，10 栋三层单元式住宅楼，刚交付使用不久，震后基本倒塌

图 4.2-3　2008 年汶川地震中，青川县某砖混建筑解体倒塌现场

图 4.2-4　2008 年汶川地震中，彭州市
龙门山镇某砖混住宅完全倒塌

图 4.2-5　2010 年玉树地震，玉树州综合职业技术学
校，其中的一栋砌块砌体教学楼解体性倒塌

（2）有限整体性倒塌，建筑垮塌后剩余部分尚能保持一定的整体性，有一定的生存空间（图 4.2-6、图 4.2-7）。一般来说，有限整体性倒塌的砌体房屋，其圈梁与构造柱设置往往基本完善齐全，砌体墙体的砂浆强度与砌筑质量也基本有保障，但由于实际遭遇的地震影响远远超出设计预期的罕遇地震烈度，加上建筑形体的复杂性、平立面布局的不合理性以及施工建造过程中可能存在的瑕疵与缺陷等原因，往往会导致房屋建筑的局部区域出现变形集中现象，进而导致局部区域垮塌，但剩余部分仍能保持相对完整，具有宝贵的生存空间。

图 4.2-6　2008 年汶川地震中，北川县某砖混住宅
部分区域倒塌，剩余部分尚保持一定整体性

图 4.2-7　1976 年唐山地震，开滦煤矿总医院，
五层部分一塌到底，7 层部分残存未倒

（3）整体延性破坏，建筑物破坏极其严重，濒临倒塌，但仍能保持整体性，具有足够的生存空间和逃生通道（图 4.2-8、图 4.2-9）。通常，整体延性破坏的多层砌体房屋，大多是严格按照《建筑抗震设计规范》GBJ 11—89 及后续版本正规设计、正规施工的，建筑体形简单规则，结构平面布局均匀对称，侧向刚度与质量沿竖向的分布连续，钢筋混凝土圈梁与构造柱设置合理，楼屋盖的整体性拉结措施相对完善，由于实际遭遇的地震影响远远超出设计预期而破坏，但结构的损伤或破坏在平、立面上的分布相对均匀，局部塑性变形集中的情况相对较少。因此，总体而言，这类震害现象中结构各构件的塑性变形能力得到了较大程度的发展和发挥，并能维持相对齐全的结构整体性，这对保障生命安全极为重要。

总体上看，按 GBJ 11—89 规范以来各版本抗震设计规范的要求采取合适的抗震措施后，即使遭遇烈度远大于事前的设防烈度，实现整体延性破坏或有限整体性倒塌也是有可能的。

图 4.2-8　2008 年汶川地震中，映秀中学 5 层砖混学生宿舍，主震时破坏严重未倒，余震时底层倒塌

图 4.2-9　2008 年汶川地震，北川县某 7 层底商砖混住宅，地震中破坏严重，未倒

4.2.2.2　场地地基基础相关的震害表现

在历次地震中，经过正规设计、正规施工的砌体房屋，因地基基础失效而造成上部结构出现严重破坏的案例，相对于结构自身的强度、延性不足等原因造成的震害而言并不多见。但对于建造于边坡附近的山区建筑来说，因边坡变形、失稳、滑移等导致砌体房屋破坏性的现象却屡见不鲜（图 4.2-10、图 4.2-11），因此，对于山区建筑来说，采取措施确保边坡工程的地震稳定性是非常必要的。

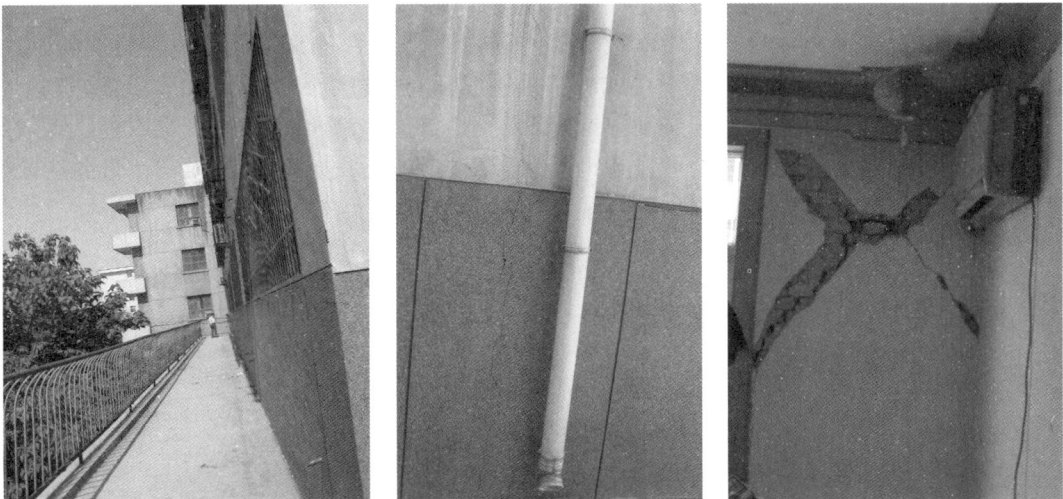

(a) 外纵墙距离陡坡不足 2m　　　(b) 横向山墙产生竖向裂缝　　　(c) 内部墙体破坏严重

图 4.2-10　2008 年汶川地震中陕西省宝鸡市陈仓区，某砖混住宅楼，因边坡避让距离不足导致的开裂破坏

(a) 山墙立面   (b) 正立面（部分）

图 4.2-11   2008 年汶川地震中北川某 6 层砌体房屋，地震时后侧陡坎变形，
推挤建筑底层造成严重破坏

4.2.2.3   建筑结构布局与规则性相关的震害表现

历次地震震害一再表明，保持建筑结构布局的规则性对房屋整体的抗震能力至关重要，对于砌体结构而言亦不例外。

1. 结构体系不合理，冗余度不足，局部损伤即可能导致整体性垮塌

图 4.2-12 为汶川地震中聚源中学教学楼的震前外观、教室布局简图以及震后现场照片。由图 4.2-12（a）可以看出，此教学楼的教室采用三开间单边走廊布局，如此，整栋教学楼只有两道纵向墙体，而且大量开洞，导致走廊一侧洞间墙垛的尺寸很小，难以提供有效的侧向抗推刚度，若小墙垛处未合理设置钢筋混凝土构造柱，地震时极易损伤，进而造成楼面大梁因支座失效倒塌破坏。汶川地震中，类似布局与设计的中小学教学楼、乡镇卫生院等建筑大量损伤破坏，灾害后果严重。

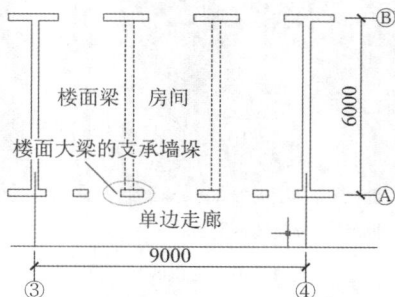

(a) 震前外观   (b) 教室布局简图

(c) 教室完全倒塌，仅剩楼梯间　　　　　　　　　　　　(d) 楼梯间近景

图 4.2-12　2008 年汶川地震中，聚源中学砌体结构教学楼布局与震害

2. 抗侧刚度沿竖向分布均匀，导致薄弱楼层倒塌或破坏

这一类破坏形式主要出现在沿街的商住两用建筑中，底部 1～2 层商业用房采用钢筋混凝土框架结构，上部住宅（或办公等）采用普通砌体结构，形成底部框架-上部砌体的混合结构。这一类结构的底部框架部分，若按《建筑抗震设计规范》GB 50011—2001、《建筑抗震设计标准》GB/T 50011—2010（2024 年版）的相关要求设置一定数量的混凝土抗震墙，会大大缓解地震时底部的塑性变形集中程度，一般表现良好，很少出现楼层倒塌的情况（图 4.2-9）。在 2008 年汶川地震、2010 青海玉树地震等近期的强震中，底部框架-上部砌体房屋的薄弱层倒塌主要有两种情况：其一是底部未设置抗震墙，采用纯框架支托上部砖房，底部极端薄弱，地震时底部框架部分整层垮塌（图 4.2-13）；其二是底部设有抗震墙，但上部砌体部分与底部混凝土部分之间过渡层因应力集中、延性变形能力不足等原因而倒塌（图 4.2-14）。

(a) 2008 年汶川地震中，都江堰某 5 层底框砌体结构　　　　(b) 2008 年汶川地震中，都江堰某 5 层底框砌体结构
　　（1 托 4），底层柔弱，完全倒塌　　　　　　　　　　　　（2 托 3），底部 2 层完全倒塌

图 4.2-13　底部框架砌体房屋未设置抗震墙，形成柔弱底层，地震后底部楼层倒塌

(a) 2008 年汶川地震，都江堰映秀镇某 6 层底框　　(b) 2010 年玉树地震，公共汽车站，4 层底框
　砌体房屋（1 托 5），第 2 层完全倒塌　　　　　砌体房屋，第 2 层倒塌，4 层变 3 层

图 4.2-14　底框砌体房屋，过渡层抗震能力不足，倒塌破坏

3. 建筑平面布局不规则，薄弱部位倒塌破坏

砌体房屋平面布置不均匀、不对称等易导致远端墙体因整体扭转效应而破坏或倒塌（图 4.2-15、图 4.2-16）；平面布局凹凸不规则时，深凹部位形成平面上的薄弱连接部位，易导致该部位楼屋盖因塑性变形集中而破坏，甚至产生局部倒塌，建筑往往在其变化处和连接部位发生破坏（图 4.2-17、图 4.2-18）。

图 4.2-15　1976 年唐山地震，唐山市柴油机厂办公楼，平面扇形布局，两翼 3 层，中部门厅 4 层，地震中，门厅顶层倒塌，两翼局部倒塌

图 4.2-16　2008 年汶川地震，都江堰中医院住院部，平面 L 形布局，地震中一翼倒塌

图 4.2-17　2008 年汶川地震，都江堰某七层砖混住宅，平面 Y 形布局，地震中，中连接部位完全拉脱，一翼倾倒

图 4.2-18　2008 年汶川地震，汉旺镇某住宅楼，平面局部凹进，地震中凹进部分破坏倒塌

4.2.2.4　墙体与局部竖向承重构件的震害

砌体房屋的墙体既是竖向承重构件也是抗侧力构件，其在地震中的表现历来是工程技术人员和科研工作者关注的焦点。总体上看，多层砌体房屋墙体的震害可概括为"多比少重、下比上重、内比外重，纵比横重，易损部位最严重"。所谓"多比少重"，指的是同等条件下，房屋的层数越多，震害越重；"下比上重"指的是多层房屋下部墙体震害要比上部墙体严重；"内比外重"，指的是房屋内部墙体的损伤程度要比外部墙体严重得多；"纵比横重"，指的是房屋纵向墙体的震害一般要重于横向墙体；"易损部位最严重"，指的是小墙肢、小墙垛（含砖柱等）、转角墙（含弧形墙）等受力复杂部位的墙体构件，在历次地震中总是破坏最为突出和严重。至于墙体的破坏形态，除倒塌和严重破坏的房屋外，主要表现为剪切破坏产生明显的交叉斜裂缝；其次是部分小墙垛等面外受弯破坏产生水平裂缝等。

1. 横墙

对于绝大多数砌体房屋而言，横墙是支承预制楼板的主要构件，同时，装配式楼屋盖也会给横墙提供竖向压力和侧向支撑，因此，通常情况下，承重横墙的震害要相对较轻（图 4.2-19）。但对于中小学教室等横墙很少的情况，横墙的损伤程度要比同地段的多层住宅严重（图 4.2-20）。

(a) 绵阳市 8 层砖混住宅楼横墙开裂，破坏轻微　　　(b) 汉源镇 5 层砌体办公楼，底部一、二层纵墙
　　　　　　　　　　　　　　　　　　　　　　　　　　　严重开裂，内横墙基本完好

图 4.2-19　2008 年汶川地震中砌体房屋横墙的破坏现象

(a) 甘肃文县碧口镇二中教学楼 4 层砖混结构，　　　(b) 绵阳市汉旺镇中心幼儿园，教学楼横墙
　　　横墙开裂严重　　　　　　　　　　　　　　　　　开裂严重，但未倒塌

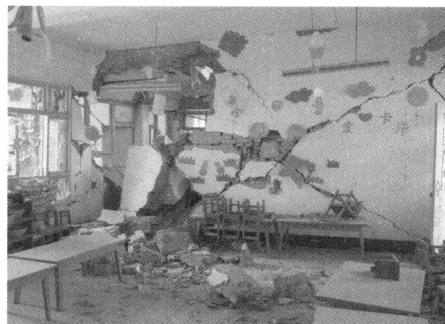

图 4.2-20　2008 年汶川地震，中小学砖混教学楼横墙的破坏现象

2. 纵墙

常规的砌体结构多为横墙承重方案，纵墙属于非承重的结构构件，除了自身的重力荷载外一般不承受其他重力荷载，因此，我国 TJ 11—74 以来的历次抗震规范均称之为"自承重墙"。其功能与作用，除了建筑布局上的围护与分隔外，主要是为承重横墙提供侧向支撑与约束。由于纵向墙体系房屋内部空间与外界环境联络的通道，往往会开设大量门窗洞口，大大削弱纵向墙体的抗侧刚度与强度，加之缺少楼屋盖传递竖向压应力的有利影响，地震中往往会破坏较为严重（图 4.2-19b）。但历次地震调查也表明，自承重的纵墙，由于不直接承担楼屋盖的重力荷载，其地震损伤一般也不会直接导致房屋倒塌破坏。

多层砌体的外纵墙，由于门窗洞口的开设方式与洞口尺寸的不同，窗间墙和窗下墙的相对抗剪刚度和抗剪强度也会不同，而地震时墙体的剪切裂缝会很"规律"地出现在抗剪能力相对较弱的窗间墙或窗下墙上（图 4.2-21）。

(a) 绵竹市汉旺镇砖混住宅外纵墙裂缝分布情况

(b) 都江堰某 6 层底框砌体结构，上部外纵墙按洞口大小"规律"地开裂

图 4.2-21　2008 年汶川地震，砖混砌体房屋外纵墙的裂缝分布规律

3. 转角墙

房屋转角处，包括房屋的四个角部以及局部外凸和内凹的阳角，由于受到两个水平方向的地震作用，应力集中现象严重，地震中破坏较为严重（图 4.2-22）。

(a) 局部凸凹部位的阳角

(b) 外墙转角，未按规定设置钢筋混凝土构造柱，局部崩塌

图 4.2-22　砖混砌体房屋转角墙的破坏现象

4. 内外墙拉结

砌体房屋内外墙交接与拉结是维系房屋整体性和墙体空间立体作用的关键环节，但在我国 TJ 11—74 规范实施以前的很长时期内，内外墙拉结很少采取专门措施，而且施工顺序往往也是先砌内横墙，再砌外纵向，纵横墙的咬槎连接性能较差，地震中很容易出现破坏现象。根据唐山地震震害调查的统计结果，这样的内外墙交界处，7 度时开始有破坏，8 度时普遍和严重，9 度时外墙可能甩出（图 4.2-23a）。

我国自 TJ 11—78 以来就非常重视内外墙的连接与拉结，严格按规范要求设计和建造的砌体房屋，在地震中很少出现内外墙交接处大面积破坏的情况；但村镇自建房屋中仍有此类震害发生（图 4.2-23b）。

(a) 1976 年唐山地震中，大量砌体外纵墙闪落倒塌

九江地震　　　　　　　　　　汶川地震　　　　　　　　　　玉树地震

(b) 近期地震中，村镇自建砌体房屋外墙闪落

图 4.2-23　内外墙拉结破坏，外墙外闪倒塌

5. 房屋端部山墙

砌体房屋端部山墙位于建筑平面的远端,受地震地面运动时结构扭转效应的影响显著,易出现远端效应和应力集中现象,会导致墙体的破坏,若同时开设较多洞口且构造措施不当,可能引起房屋局部倒塌破坏等严重后果(图 4.2-24)。

(a) 1976 年唐山地震   (b) 2008 年汶川地震

图 4.2-24 房屋端部山墙,大量开洞削弱墙体的抗震能力,破坏严重

6. 独立砖柱

不采取延性构造措施的独立砖柱抗震能力很低,在不大的地震作用下就会产生较为严重的破坏。2008 年汶川地震中,一些建造年代较早的砌体结构大开间部分砖柱破坏严重,医院、教学楼等横墙很少的房屋也存在砖柱破坏情况,如图 4.2-25 所示。

图 4.2-25 2008 年汶川地震,绵竹市汉旺镇某砌体房屋砖柱破坏

7. 大梁支承墙段(墙垛)

中小学校和幼儿园的教学楼等建筑层数往往并不是很多,但由于 2～3 倍开间教室的布置,导致横向抗震墙体较少,且纵墙的窗间墙往往会支承跨度较大的楼屋面梁。横向地

震作用下，这些大梁的支承墙段会受到较大的面外偏心作用力，出现大偏心受压或受拉产生的水平裂缝或小偏心受压产生的竖向裂缝（图 4.2-26）。

(a) 白鹿小学教学楼梁下砖墙偏拉裂缝　　　　　　　　(b) 青川小学梁下偏压裂缝

图 4.2-26　2008 年汶川地震，大梁支承墙段的偏心受力破坏

4.2.2.5　圈梁、构造柱的作用与效果

钢筋混凝土构造柱与圈梁的配套设置是确保砖混建筑整体性和提高其抗倒塌能力的关键措施，TJ 11—74 规范提出了圈梁的设置规定，TJ 11—78 规范在总结唐山地震经验的基础上初步提出有关构造柱的设置规定，GBJ 11—89 规范在进一步研究的基础上，系统性提出了砌体结构抗倒塌技术，对构造柱和圈梁的设置做出了非常详细的规定。汶川地震的经验与教训表明，只要严格按照规范要求设置构造柱和圈梁，完全可以达到三水准抗震设防目标要求。图 4.2-27 为位于设防烈度 7 度、实际烈度 9 度区的平武县南坝镇相邻的二幢四层建筑，一幢为钢筋混凝土单跨框架结构医院，另一幢为主体接近完工的砌体结构宿舍。在"大震"作用下，医院严重破坏，接近倒塌（图 4.2-27a），而住宅楼由于良好的构造柱圈梁设置，保持完好（图 4.2-27b）。可见，只要做好构造柱圈梁，高度和层数在规范限定范围内的多层砌体结构房屋同样具有良好的抗震性能。反过来，则会产生严重破坏，甚至倒塌（图 4.2-28）。

(a) 平武县南坝镇相邻的医院和住宅楼　　　　　　　　(b) 砌体结构住宅楼完好

图 4.2-27　2008 年汶川地震，平武县南坝镇相邻的两栋建筑物的不同震害表现

(a) 都江堰市某住宅楼底层内外墙交接处，未设置构造柱，局部严重破坏

(b) 未设构造柱圈梁的砌体结构住宅，局部倒塌

图 4.2-28　2008 年汶川地震中，不设构造柱砌体结构的震害表现

4.2.2.6　楼屋盖整体性相关震害

一般来说，楼屋盖体系是房屋建筑抗侧力体系的水平隔板，是竖向抗侧力构件的侧向水平支撑和加强系杆。良好的楼屋盖体系可以将各竖向抗侧力构件有机地连接在一起，构成有效空间立体骨架。因此，楼屋盖的整体性对于保障多层砌体房屋抗震能力至关重要。

传统的砌体结构房屋中，楼盖多为装配式预制空心板体系，屋盖一般为预制空心体系或木屋盖体系。传统的木屋盖体系，杆件间的连接和拉结措施很少，屋盖的整体性很差，地震时木屋架易塌落，顶层墙体破坏严重（图 4.2-29）。

(a) 1976 年唐山地震，塘沽中学教学楼木屋架大片塌落，顶层倒塌

(b) 2008 年汶川地震，什邡某两层砌体房屋木屋盖系统破坏，顶层部分墙体倒塌

图 4.2-29　木屋盖屋架塌落，顶层墙体破坏严重

采用预制空心板的楼屋盖体系，由于未按规范要求设置构造柱和圈梁，或施工中未按要求将预制空心板与圈梁或楼面大梁可靠拉结，地震中，由于墙体破坏或外闪、预制板滑

动、折断，导致楼板塌落，造成结构局部或整体倒塌（图 4.2-30）。

(a) 2008 年汶川地震，聚源中学教学楼，预制空心板　　(b) 2010 年玉树地震，综合职业学校教学楼，预制空心板
楼盖，未设圈梁和构造柱，完全倒塌　　　　　　　楼盖，未设圈梁和构造柱，一侧完全倒塌

图 4.2-30　采用预制空心板楼盖、未设圈梁构造柱的砌体房屋，整体性很差，地震时倒塌或局部倒塌

4.2.2.7　楼梯间相关的震害

砌体结构楼梯间的墙体由于缺少楼板的侧向支撑作用，顶层楼梯间墙体的无支撑长度通常会达到一层半的高度，同时，梯段的 K 形支撑作用会进一步增加楼梯间相关构件受力的复杂性，因此，在地震中的破坏比较严重（图 4.2-31）。

(a) 汶川县漩口镇电力局，四层砖混住宅楼，　　　　(b) 都江堰市房管所五层砖混住宅楼，
楼梯间倒塌破坏　　　　　　　　　　　　　　　楼梯间墙体严重破坏

图 4.2-31　2008 年汶川地震，砌体房屋楼梯间震害严重

4.2.2.8　出屋面塔楼、女儿墙、栏板等二次结构构件的震害

多层砌体房屋出屋面的附属物，如楼电梯间等小建筑、烟囱、女儿墙等，由于鞭梢效应地震力被放大，若连接构造不力，是地震时最容易破坏的部位（图 4.2-32）。

<table>
<tr><td>(a) 都江堰市某砌体房屋，出屋面
小建筑倒塌坠落</td><td>(b) 江油太平镇，四层砖混结构，
出屋面部分局部倒塌</td><td>(c) 通济学校 4 号教学楼阳台
栏板跌落</td></tr>
</table>

图 4.2-32 2008 年汶川地震，砌体房屋出屋面塔楼与二次结构的震害

4.3 多层砌体房屋的抗震概念设计与规定

4.3.1 严格控制总层数和总高度

砌体房屋的高度限制，是十分敏感且深受关注的规定。基于砌体材料的脆性性质和震害经验，限制其层数和高度是主要的抗震措施。

历次地震的宏观调查资料说明：二、三层砖房在不同烈度区的震害，比四、五层的震害轻得多，六层及六层以上的砖房在地震时震害明显加重。海城和唐山地震中，相邻的砖房，四、五层的比二、三层的破坏严重，倒塌的百分比亦高得多。

国外在地震区对砖结构房屋的高度限制较严。不少国家在 7 度及以上地震区不允许采用无筋砖结构，苏联等国对配筋和无筋砖结构的高度和层数作了相应的限制。结合我国具体情况，砌体房屋的高度限制是指设置了构造柱的房屋高度。

《建筑抗震设计规范》GB 50011—2001 在 2008 年局部修订时，补充了属于乙类的多层砌体结构房屋允许按当地设防烈度查表的条件：层数减少一层、高度降低 3m。GB/T 50011—2010 在 GB 50011—2001 的基础上作下列变动：

（1）偏于安全，6 度的普通砖砌体房屋的高度和层数适当降低。

（2）明确补充规定了 7 度（0.15g）和 8 度（0.30g）的高度和层数限制。

（3）底部框架-抗震墙砌体房屋，不允许用于乙类建筑和 8 度（0.3g）的丙类建筑。

（4）横墙较少的房屋，按规定的措施加强后，总层数和总高度不变的适用范围，由 GB 50011—2001 的"多层砌体住宅楼"扩大到"丙类建筑"；但根据试设计结果，仅允许 6、7 度时总层数和总高度不降低。

（5）补充了横墙很少的多层砌体房屋的定义。对各层横墙很少的多层砌体房屋，其总层数应比横墙较少时再减少一层。

《建筑与市政工程抗震通用规范》GB 55002—2021 继承并采用了 GB/T 50011—2010 的上述规定。

《建筑与市政工程抗震通用规范》GB 55002—2021

5.5.1　多层砌体房屋的层数和高度应符合下列规定：

1　一般情况下，房屋的层数和总高度不应超过表5.5.1的规定。

2　甲、乙类建筑不应采用底部框架-抗震墙砌体结构。乙类的多层砌体房屋应按表5.5.1的规定层数应减少1层、总高度应降低3m。

3　横墙较少的多层砌体房屋，总高度应按表5.5.1的规定降低3m，层数相应减少1层；各层横墙很少的多层砌体房屋，还应再减少一层。

丙类砌体房屋的层数和总高度限值（单位：m）　　　表5.5.1

房屋类别		最小抗震墙厚度（mm）	烈度和设计基本地震加速度										
			6度		7度				8度				9度	
			0.05g		0.10g		0.15g		0.20g		0.30g		0.40g	
			高度	层数	高度	层数	高度	层数	高度	层数	高度	层数	高度	层数
多层砌体房屋	普通砖	240	21	7	21	7	21	7	18	6	15	5	12	4
	多孔砖	240	21	7	21	7	18	6	18	6	15	5	9	3
	多孔砖	190	21	7	18	6	15	5	15	5	12	4		
	小砌块	190	21	7	21	7	18	6	18	6	15	5	9	3
底部框架-抗震墙砌体房屋	普通砖多孔砖	240	22	7	22	7	19	6	16	5				
	多孔砖	190	22	7	19	6	16	5	13	4				
	小砌块	190	22	7	22	7	19	6	16	5				

注：自室外地面标高算起且室内外高差大于0.6m时，房屋总高度应允许比本表确定值适当增加，但增加量不应超过1.0m。

4　采用蒸压灰砂砖和蒸压粉煤灰砖的砌体房屋，当砌体的抗剪强度仅达到普通黏土砖砌体的70%时，房屋的层数应比普通砖房减少1层，总高度应减少3m；当砌体的抗剪强度达到普通黏土砖砌体的取值时，房屋层数和总高度的要求同普通砖房屋。

关于《建筑与市政工程抗震通用规范》GB 55002—2021的上述规定，在工程实施时应注意以下几点：

1）多层砌体房屋采用层数和总高度双控，当房屋的层高较大时，房屋的层数要相应减少。此外房屋层数和总高度控制要求与墙体的材料种类、居住条件、城市发展规划等因素有关，除遵守GB 55002—2021的规定外，还应符合建筑设计等专业的强制性规定。

2）横墙较少的砌体房屋，是指同一楼层内开间大于4.2m的房间占该层总面积的40%以上的砌体房屋；横墙很少的砌体房屋，是指开间不大于4.2m的房间占该层总面积不到20%且开间大于4.8m的房间占该层总面积的50%以上的砌体房屋。

3）房屋总高度的计算

高度计算的起点，无地下室时应取室外地面标高处，带有半地下室时应取地下室室内地面标高处，带有全地下室或嵌固条件好的半地下室时应允许取室外地面标高处。

对多层砌体房屋，嵌固条件好一般指下面两种情况：

（1）半地下室顶板（宜为现浇混凝土板）高出室外地面小于 1.5m，地面以下开窗洞处均设窗井墙，且窗井墙又为半地下室室内横墙的延伸，如此形成加大的半地下室底盘，有利于结构的总体稳定，半地下室在土体中具有较好的嵌固作用。

（2）半地下室室内地面至室外地面的高度大于地下室净高的 1/2（埋深较深），无窗井，且地下室的纵横墙较密，具有较好的嵌固作用。

在上述两种情况下，带半地下室的多层砌体房屋的总高度允许从室外地面算起。若半地下室层高较高，顶板距室外地面高差较大，或有大的窗洞而无窗井墙或窗井墙不与纵横墙连接，构不成扩大基础底盘的作用，周围土体不能对半地下室起约束作用，则此时半地下室应按一层考虑，并计入房屋总高度。

高度计算的终点，对平屋顶，取为主要屋面板板顶的标高处，不计入超出屋面的女儿墙高度，不计入局部突出屋面楼梯间等的高度；对坡屋顶，取为檐口的标高处；对带阁楼的坡屋面取山尖墙的 1/2 高度处。

4）总高度的数值精度控制

一般认为，房屋层数的多少涉及抗震安全因素较大。在同样高度下，层数越多，抗震计算的质点数越多，地震作用增大十分明显；而同样层数的房屋，总高度引起的地震作用增大相对较少。因此，在总高度的控制上，依据国家规范编制时对数字表达遵守"有效数字"的基本要求（国家标准 GB/T 8170—2008），规范对总高度控制采用米为单位，以便执行时略有放松。

房屋高度控制的有效数字为个位，即小数点后不给出有效数字 0，表示第一位小数四舍五入后满足要求即可，意味着：当室内外高差不大于 0.6m 时，房屋总高度限值按表中数据的有效数字控制，则意味着可比表中数据增加 0.4m；当室内外高差大于 0.6m 时，虽然房屋总高度允许比表中的数据增加不多于 1.0m，实际上其增加量只能少于 0.4m。

5）阁楼层的高度和层数如何计算，应具体分析。一般的阁楼层应当作一层计算，房屋高度计算到山尖墙的一半；当阁楼的平面面积较小，或仅供储藏少量物品、无固定楼梯的阁楼，符合出屋面屋顶间的有关要求时，可不计入层数和高度。斜屋面下的"小建筑"通常按实际有效使用面积或重力荷载代表值小于顶层 30%控制。

6）砌体房屋有较大错层时，其层数应按两倍计算。不超过圈梁或大梁高度的错层，结构计算时可作为一个楼层，但这类圈梁和大梁应考虑两侧楼板高差导致的扭转，设置相应的抗扭钢筋，还要注意符合无障碍设计的相关强制性要求。

7）建造砌体房屋时，不应为追求近期经济效益而超高。当特殊情况需要建造超高砖房时，应采取切实有效的抗震措施并严格按规定程序审批。

4.3.2 合理控制房屋高宽比

历次地震中就多层砌体房屋来说，在一般场地地基条件下尚未发现整体倾覆的破坏实例，但是在地基土软弱、高宽比较大时，有这种破坏的征兆。因此，我国的《建筑抗震设计规范》从 GBJ 11—89 规范开始，对多层砌体房屋不要求作整体弯曲的强度验算，但为了保证房屋有足够的稳定性和整体抗弯能力，均对房屋的高宽比提出了限制性要求。

在计算房屋高宽比时，房屋宽度可不考虑局部突出或凹进尺寸，外走廊和单面走廊的房屋总宽度不包括走廊宽度。

《建筑抗震设计标准》GB/T 50011—2010（2024 年版）

7.1.4　多层砌体房屋总高度与总宽度的最大比值，宜符合表 7.1.4 的要求。

房屋最大高宽比　　　　　　　　　　　表 7.1.4

烈度	6	7	8	9
最大高宽比	2.5	2.5	2.0	1.5

注：1. 单面走廊房屋的总宽度不包括走廊宽度；
　　2. 建筑平面接近正方形时，其高宽比宜适当减小。

4.3.3　适当的抗震横墙间距

多层砌体房屋的横向地震力主要由横墙承担，需要横墙有足够的承载力，且楼盖必须具有传递地震力给横墙的水平刚度。若横墙间距较大，房屋的相当一部分地震作用通过纵墙传至横墙，纵向砖墙就会产生出平面的弯曲破坏。因此，多层砌体房屋应按所在地区的地震烈度与房屋楼（屋）盖的类型来限制横墙的最大间距，以满足楼盖传递水平地震力所需的刚度要求。

《建筑与市政工程抗震通用规范》GB 55002—2021

5.5.2　砌体结构房屋抗震横墙的间距应符合下列规定：

1　一般情况下，抗震横墙间距不应超过表 5.5.2 的规定。

2　多层砌体房屋顶层的抗震横墙间距，除木屋盖外，允许比表 5.5.2 中的数值适当放宽，但应采取相应加强措施。

3　多孔砖抗震横墙厚度为 190mm 时，最大横墙间距应比表中数值减少 3m。

房屋抗震横墙的间距（m）　　　　　　　表 5.5.2

房屋类别		烈度			
		6	7	8	9
现浇或装配整体式钢筋混凝土楼、屋盖 装配式钢筋混凝土楼、屋盖 木屋盖		15 11 9	15 11 9	11 9 4	7 4 —
底部框架-抗震墙 砌体房屋	上部各层	同多层砌体房屋			—
	底层或底部两层	18	15	11	—

GB 55002—2021 相关规定的注意事项：

（1）抗震横墙间距指承担地震剪力的墙体间距。对于一般的矩形平面砌体房屋，纵向墙体间距不至于过大，故规范仅对横墙间距有要求。对塔式房屋，两个方向均作为横墙来看待。

（2）抗震横墙间距，一般针对贯通房屋全长的墙体。对于横墙在平面上有错位的情况，应具体分析其楼盖类别。当为现浇钢筋混凝土楼盖时，允许横墙在平面上错位 1m；当为装配式屋盖时，如不采取其他措施，横墙在平面上错位应在 0.3m 以内。

（3）多孔砖指孔洞率不大于 25%且不小于 15%的承重空心砖，以黏土、页岩、煤矸石为主要原料，经焙烧而成，孔形多为圆孔或非圆孔，孔的尺寸小而多。试验结果表明，多孔砖砌体的脆性性质表现得比较突出，多孔砖的壁和肋比较薄，在竖向力作用下容易崩裂，造成构件有效断面减小，使结构突然倒塌，因此多孔砖应采取更加严格的措施。

（4）对于多层砌体房屋的顶层，当屋面采用现浇钢筋混凝土结构，大房间平面长宽比不大于 2.5 时，最大抗震横墙间距可适当增加，但不应超过 GB 55002—2021 表 5.5.2 中数值的 1.4 倍及 15m，同时，抗震横墙除应满足抗震承载力计算要求外，相应的构造柱应予以加强并至少向下延伸一层。

4.3.4　合理的承重体系选型与建筑结构布置

合理的承重体系选型与建筑结构布置，对于提高多层砌体房屋整体抗震能力非常重要，是抗震设计应首先考虑的关键问题，对此，GB/T 50011—2010 给出了较为细致的规定。

《建筑抗震设计标准》GB/T 50011—2010（2024 年版）

7.1.7　多层砌体房屋的建筑布置和结构体系，应符合下列要求：

1　应优先采用横墙承重或纵横墙共同承重的结构体系。不应采用砌体墙和混凝土墙混合承重的结构体系。

2　纵横向砌体抗震墙的布置应符合下列要求：

1）宜均匀对称，沿平面内宜对齐，沿竖向应上下连续；且纵横向墙体的数量不宜相差过大；

2）平面轮廓凹凸尺寸，不应超过典型尺寸的 50%；当超过典型尺寸的 25% 时，房屋转角处应采取加强措施；

3）楼板局部大洞口的尺寸不宜超过楼板宽度的 30%，且不应在墙体两侧同时开洞；

4）房屋错层的楼板高差超过 500mm 时，应按两层计算；错层部位的墙体应采取加强措施；

5）同一轴线上的窗间墙宽度宜均匀；在满足本规范 7.1.6 条要求的前提下，墙面洞口的立面面积，6、7 度时不宜大于墙面总面积的 55%，8、9 度时不宜大于 50%；

6）在房屋宽度方向的中部应设置内纵墙，其累计长度不宜少于房屋总长度的 60%（高宽比大于 4 的墙段不计入）。

3　房屋有下列情况之一时宜设置防震缝，缝两侧均应设置墙体，缝宽应根据烈度和房屋高度确定，可采用 70mm～100mm：

1）房屋立面高差在 6m 以上；

2）房屋有错层，且楼板高差大于层高的 1/4；

3）各部分结构刚度、质量截然不同；

4　楼梯间不宜设置在房屋的尽端或转角处。

5　不应在房屋转角处设置转角窗。

6　横墙较少、跨度较大的房屋，宜采用现浇钢筋混凝土楼、屋盖。

4.3.4.1　优先采用横墙承重或纵横墙共同承重的结构体系

纵墙承重的砌体结构，由于楼板的侧边一般不嵌入横墙内而横向支撑少，横向地震作用有很小一部分通过板的侧边直接传至横墙，而大部分要通过纵墙经由纵横墙交接面传至横墙。因而，地震时外纵墙因板与墙体的拉结不良易受弯曲破坏而向外倒塌，楼板也随之坠落。横墙由于为非承重墙，受剪承载能力降低，其破坏程度也比较重。

地震震害经验表明，由于横墙开洞少，又有纵墙作为侧向支承，所以横墙承重的多层砌体结构具有较好的传递地震作用的能力。

纵横墙共同承重的多层砌体房屋可分为二种，一种是采用现浇板，另一种为采用预制短向板的大房间。纵横墙共同承重的房屋既能比较直接地传递横向地震作用，也能直接或通过纵横墙传递纵向地震作用。

因此，从合理的地震作用传递途径来看，应优先采用横墙承重或纵横墙共同承重的结构体系。

需要注意的是，不要随意采用混凝土和砌体墙混合承担地震作用的结构体系，这种情况下地震力在不同材料的抗侧力构件之间分配十分复杂，墙体的延性也有很大不同，其设计超出了现行抗震规范、规程的适用范围。在规范规定的最大横墙间距范围内，可设置少量符合钢筋混凝土结构要求的混凝土柱承载竖向荷载，但整个结构在纵横两个方向的地震剪力仍全部由砌体墙承担。

4.3.4.2　墙体布置应合理、建筑布局应规则

多层砌体房屋的平、立面布置应规则对称，最好为矩形，这样可避免水平地震作用下的扭转影响。然而对于避免水平地震作用下的扭转仅房屋平面布置规则还是不够的，还应做到纵横墙的布置均匀对称。纵横墙布置均匀对称，可使各墙段受力基本相同，避免薄弱部分的破坏。从房屋纵横墙的对称要求来看，大房间宜布置在房屋的中部，而不宜布置在端头。

砖墙沿平面内对齐、贯通，能减少砖墙、楼板等受力构件的中间传力环节，使震害部位减少，震害程度减轻；同时，由于地震作用传力路径简单，中间不间断，构件受力明确，其简化模型的地震作用分析能较好地符合地震作用的实际。

房屋的纵横墙沿竖向上下连续贯通，可使地震作用的传递路径更为直接合理。如果使用功能不能满足上述要求，应将大房间布置在顶层。若大房间布置在下层，则相邻上面横墙承担的地震剪力，只有通过大梁、楼板传递至下层两旁的横墙，这就要求楼板有较大的水平刚度。

房屋纵向地震作用分配至各纵轴后，其外纵墙的地震作用还要按各窗间的侧移刚度再分配。由于宽的窗间墙的刚度比窄窗间墙的刚度大得多，必然承受较多的地震作用而破坏，而高宽比大于 4 的墙垛承载能力更差，已率先破坏，则对于宽窄差异较大的外纵墙，就会造成窗间墙被逐个"击破"，降低了外纵墙和房屋纵向的抗震能力。因此，要求同一轴线的窗间墙宽度宜均匀，尽量做到等宽度。建筑阳台门和窗之间留一个 240mm 宽的墙垛等做法不利于抗震，宜采取门连窗的做法。

在设计中，如果砌体房屋仅设两道外纵墙，则在水平地震作用下，当一侧的墙体首先倒塌时，与之正交的另一方向墙体由于失去侧向支撑也会随之倒塌。因此不宜采用不设内纵墙的结构方案。

4.3.4.3　合理设置防震缝

大量的震害表明，由于地震作用的复杂性，体型不对称的结构的破坏较体型均匀对称的结构要重一些。但是，由于防震缝在不同程度上影响建筑立面的效果和增加工程造价等，应根据建筑的类型、结构体系和建筑状态以及不同的地震烈度等区别对待。规范的原则规定为：当建筑形状复杂而又不设防震缝时，应选取符合实际的结构计算模型，进行精细抗

震分析，估计局部应力和变形集中及扭转影响，判别易损部位并采用加强措施；当设置防震缝时，应将建筑分成规则的结构单元。

规范规定对于多层砌体房屋，具有下列情况之一时宜设置防震缝，缝两侧均应设置墙体：①房屋立面高差在 6m 以上；②房屋有错层，且楼板高差大于层高的 1/4；③各部分结构刚度、质量截然不同。实际上，因考虑到防震缝在不同程度上影响建筑的立面效果和增加工程造价等因素，规范对平面布置不甚规则的多层砌体房屋在设置防震缝问题上有所放松，可尽量不设缝，但应加强各部分之间连接。

关于各部分刚度和质量完全不同，可以理解为各部分采用不同的结构体系，或同一结构体系的平、立面布置突变较多。

对于设置抗震缝的多层砌体房屋，缝宽原则上应满足中震下各单元不碰撞的要求，但考虑到工程实施的可操作性，《建筑抗震设计标准》GB/T 50011—2010（2024 年版）规定，砌体房屋防震缝宽度应根据设防烈度和房屋高度在 70～100mm 之间选择。同时，规定防震缝两侧均应设置墙体，以防止单侧设置墙体时不设墙的一侧结构地震扭转破坏。

当房屋设置永久性缝时，应同时满足伸缩缝、沉降缝和防震缝的最大缝宽要求。

4.3.4.4　楼梯间不宜设置在房屋的尽端和转角处

楼梯间墙体缺少与各层楼板的侧向支撑，有时还因为楼梯踏步削弱楼梯间的砌体，特别是楼梯间顶层砌体的无支承高度为一层半时，在地震中的破坏比较严重。楼梯间设置在房屋尽端或房屋转角部位时，其震害更为加剧。因此，建筑布置时尽量不要将楼梯间设置在尽端和转角处，或对尽端开间采取特殊措施。

4.3.4.5　烟道、风道、垃圾道等不应削弱墙体

在墙体内设置烟道、风道、垃圾道等洞口，多因开洞减薄了墙体厚度，厚度仅剩 120mm，由于墙体刚度的变化和应力集中，一旦遭遇地震则首先破坏。因此，规范规定烟道、风道、垃圾道等不应削弱墙体；当墙体被削弱时，应对墙体采取水平配筋等加强措施。对附墙烟囱及出屋面烟囱采用竖向配筋。

4.3.4.6　教学楼、医院等房屋的楼屋盖体系要求

2008 年汶川地震学校、医院等横墙少、跨度大的房屋，采用预制板，拉结措施不充分，导致震害比较严重。砌体房屋整体性对自身的抗震性能影响很大，砌体本身是脆性材料，砌块与砌块之间靠砂浆粘结成整体来共同抵抗水平地震作用，一些常用的抗震措施，比如构造柱、圈梁的设置，都是为了将砌块连接成整体。地震时，若砌体房屋整体性不好，会导致砌体墙在水平地震作用下开裂，砌块崩落，墙体丧失竖向承载能力。此时若楼面系统采用无锚固的预制板，楼板脱落，会造成非常严重的震害。所以，砌体房屋必须注意保证房屋整体性，尽量采用现浇楼板，若采用预制楼板时要注意采取锚固措施。

4.3.4.7　房屋转角处不应设置转角窗

由于房屋转角部位一般是应力和变形比较集中的部位，是砌体房屋抗震设计需要着重加强的部位，建筑布局时应避免设置转角窗。

4.3.5　注意加强墙体与楼屋盖的构造连接

　　单片墙体的抗震能力很差，纵横墙体通过咬槎砌筑以及在墙体连接处设置拉结钢筋，可有效加强墙体间的连接、增强墙体的空间整体性。砌体房屋楼、屋盖的抗震构造要求，包括楼板搁置长度，楼板与圈梁、墙体的拉结，屋架（梁）与墙、柱的锚固、拉结等，是保证楼、屋盖与墙体整体性的重要措施。震害经验表明，设置圈梁能进一步增强房屋的整体性，有效提高房屋的抗震能力。

　　有鉴于此，我国的抗震设计规范历来十分重视相关技术措施的规定。

《建筑抗震设计标准》GB/T 50011—2010（2024 年版）

7.3.3　多层砖砌体房屋的现浇钢筋混凝土圈梁设置应符合下列要求：

　　1　装配式钢筋混凝土楼、屋盖或木屋盖的砖房，应按表 7.3.3 的要求设置圈梁；纵墙承重时，抗震横墙上的圈梁间距应比表内要求适当加密。

　　2　现浇或装配整体式钢筋混凝土楼、屋盖与墙体有可靠连接的房屋，应允许不另设圈梁，但楼板沿抗震墙体周边均应加强配筋并应与相应的构造柱钢筋可靠连接。

多层砖砌体房屋现浇钢筋混凝土圈梁设置要求　　　　表 7.3.3

墙类	烈度		
	6、7	8	9
外墙和内纵墙	屋盖处及每层楼盖处	屋盖处及每层楼盖处	屋盖处及每层楼盖处
内横墙	同上； 屋盖处间距不应大于4.5m； 楼盖处间距不应大于7.2m； 构造柱对应部位	同上； 各层所有横墙， 且间距不大于4.5m； 构造柱对应部位	同上； 各层所有横墙

7.3.4　多层砖砌体房屋现浇混凝土圈梁的构造应符合下列要求：

　　1　圈梁应闭合，遇有洞口圈梁应上下搭接。圈梁宜与预制板设在同一标高处或紧靠板底；

　　2　圈梁在本规范第 7.3.3 条要求的间距内无横墙时，应利用梁或板缝中配筋替代圈梁；

　　3　圈梁的截面高度不应小于 120mm，配筋应符合表 7.3.4 的要求；按本规范第 3.3.4 条 3 款要求增设的基础圈梁，截面高度不应小于 180mm，配筋不应少于 $4\phi12$。

多层砖砌体房屋圈梁配筋要求　　　　表 7.3.4

配筋	烈度		
	6、7	8	9
最小纵筋	$4\phi10$	$4\phi12$	$4\phi14$
箍筋最大间距（mm）	250	200	150

7.3.5　多层砖砌体房屋的楼、屋盖应符合下列要求：

　　1　现浇钢筋混凝土楼板或屋面板伸进纵、横墙内的长度，均不应小于 120mm。

　　2　装配式钢筋混凝土楼板或屋面板，当圈梁未设在板的同一标高时，板端伸进外墙的长度不应小于 120mm，伸进内墙的长度不应小于 100mm 或采用硬架支模连接，在梁上不应小于 80mm 或采用硬架支模连接。

　　3　当板的跨度大于 4.8m 并与外墙平行时，靠外墙的预制板侧边应与墙或圈梁拉结。

　　4　房屋端部大房间的楼盖，6 度时房屋的屋盖和 7～9 度时房屋的楼、屋盖，当圈梁设在板底时，钢筋混凝土预制板应相互拉结，并应与梁、墙或圈梁拉结。

7.3.6　楼、屋盖的钢筋混凝土梁或屋架应与墙、柱（包括构造柱）或圈梁可靠连接；不得采用独立砖柱。跨度不小于6m大梁的支承构件应采用组合砌体等加强措施，并满足承载力要求。

7.3.7　6、7度时长度大于7.2m的大房间，以及8、9度时外墙转角及内外墙交接处，应沿墙高每隔500mm配置2ϕ6的通长钢筋和ϕ4分布短筋平面内点焊组成的拉结网片或ϕ4点焊网片。

4.3.5.1　圈梁的设置与构造

1. 钢筋混凝土圈梁的功能

钢筋混凝土圈梁是多层砖房有效的抗震措施之一，钢筋混凝土圈梁有如下功能：

（1）增强房屋的整体性，提高房屋的抗震能力。由于圈梁的约束，预制板散开以及砖墙出平面倒塌的危险性大大减小了。使纵、横墙能够保持一个整体的箱形结构。充分地发挥各片砖墙在平面内的受剪承载力。

（2）作为楼盖的边缘构件，提高了楼盖的水平刚度，使局部地震作用能够分配给较多的砖墙，也减轻了大房间纵、横墙平面外破坏的危险性。

（3）圈梁还能限制墙体斜裂缝的开展和延伸，使砖墙裂缝仅在两道圈梁之间的墙段内发生，斜裂缝的水平夹角减小，砖墙受剪承载力得以充分地发挥和提高。从一座三层办公楼的震害中，可以清楚地看出对比状况。该楼采用预制板楼盖，隔层设置圈梁。遭遇7度地震后，因为三层楼板处无圈梁，三层砖墙的斜裂缝通过三层楼板与二层砖墙的斜裂缝连通，形成一道贯通二、三层砖墙的X形裂缝。裂缝的竖缝宽度达30mm。底层砖墙的斜裂缝，因为二层楼板处有圈梁，被限制在底层，裂缝的走向比较平缓（图4.3-1）。

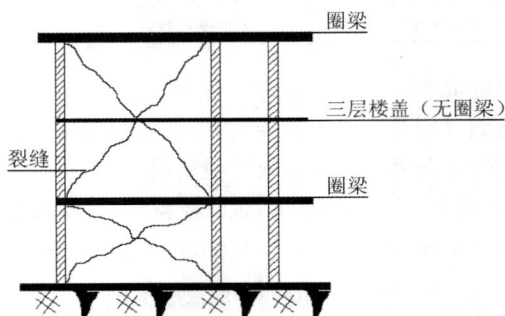

图 4.3-1　圈梁对横墙上裂缝开展和走向的影响

（4）可以减轻地震时地基不均匀沉陷对房屋的影响。各层圈梁，特别是屋盖处和基础处的加强圈梁，能提高房屋的竖向刚度和抵御不均匀沉降的能力。

2. 钢筋混凝土圈梁的设置要求

对于装配式钢筋混凝土楼、屋盖或木楼、屋盖的砖房，为了较好地发挥钢筋混凝土圈梁与钢筋混凝土构造柱一起约束脆性墙体的作用，规范要求：多层砌体房屋的每层均应设置钢筋混凝土圈梁。

对于横墙承重的多层砖房，其圈梁的设置应符合以下要求：

（1）外墙和内纵墙的屋盖及每层楼盖处均应布置圈梁。

（2）内横墙在钢筋混凝土构造柱对应部位应专门设置圈梁。

（3）屋盖处的内横墙的圈梁间距，6、7度不应大于4.5m，8、9度时各横墙拉通。

（4）楼盖处内横墙的圈梁间距，在 6、7 度时不应大于 7.2m，在 8 度时不应大于 4.5m，9 度时要在各横墙拉通。

纵墙承重的多层砌体房屋，圈梁的最大间距应比横墙承重或纵横墙共同承重的体系小。

现浇或装配整体式钢筋混凝土楼、屋盖与墙体可靠连接的房屋可不另设圈梁，但楼板沿墙体周边应加强配筋并应与相应构造柱钢筋可靠连接，楼板内须有足够的钢筋（沿墙体周边加强配筋）伸入构造柱内并满足锚固要求。

3. 钢筋混凝土圈梁构造要求

（1）钢筋混凝土圈梁应闭合，遇有洞口应上下搭接。

（2）在规范规定的圈梁间距内无内横墙时，应利用梁或板缝中配筋替代圈梁。

（3）圈梁的截面高度不应小于 120mm，箍筋可采用 $\phi6$。当多层砌体房屋的地基为软弱黏性土、液化土、新近填土或严重不均匀，且基础圈梁作为减小地基不均匀沉降影响的措施时，基础圈梁的高度不应小于 180mm，配筋不应小于 $4\phi12$。

（4）钢筋混凝土圈梁与预制板的相对位置

圈梁宜与预制板设在同一标高处或紧靠板底，按其与预制板的相对位置又可分为板侧圈梁（图 4.3-2）、板底圈梁（图 4.3-3）和混合圈梁（图 4.3-4）三种。三种圈梁各有利弊，也各有适用范围，应视预制板的端头构造，砖墙的厚度和施工程序确定使用哪种。在施工中，现较多采用硬架支模的工艺，可以减少圈梁施工误差引起板底坐浆找平等问题，同时连接可靠，加强了结构的整体性。

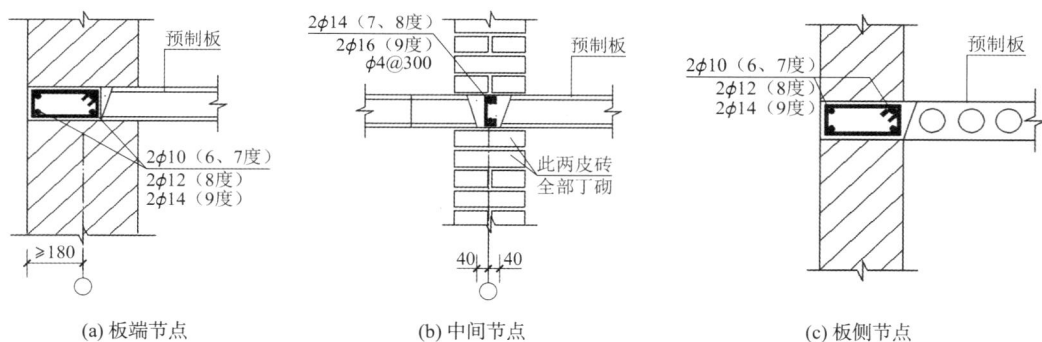

(a) 板端节点　　　　　　(b) 中间节点　　　　　　(c) 板侧节点

图 4.3-2　板侧圈梁

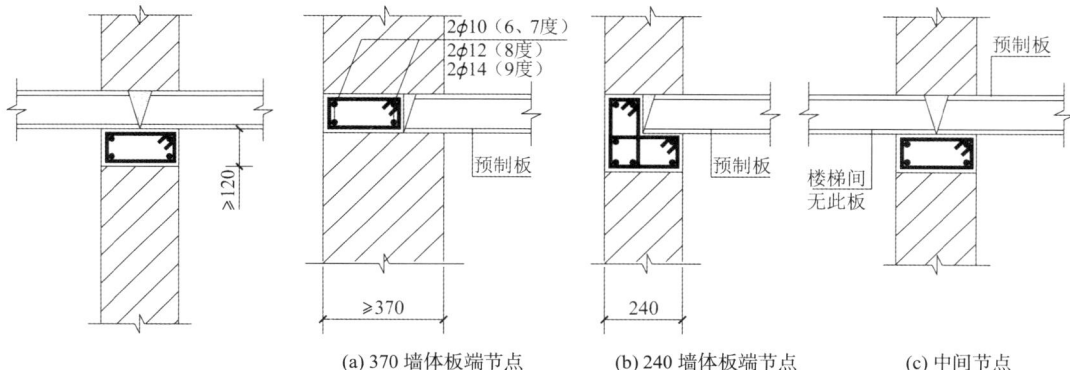

(a) 370 墙体板端节点　　(b) 240 墙体板端节点　　(c) 中间节点

图 4.3-3　板底圈梁　　　　　　　　图 4.3-4　混合圈梁

4.3.5.2 楼屋盖的构造

1. 楼板的支承与连接

楼、屋盖是房屋的重要横隔构件，除了保证本身刚度和整体性外，必须与墙体有足够支承长度或可靠的拉结，才能正常传递地震作用和保证房屋的整体性。根据现浇板和预制板的特点，规范分别规定了各自的支承长度或连接方式；对大跨度和大房间的预制板楼盖，还提出专门的加强要求。

硬架支模是指一种施工工艺，一般先架设梁或圈梁的模板，再将预制楼板支承在具有一定刚度的硬支架上，然后浇筑梁或圈梁、现浇叠合层等。

大房间，即开间大于 7.2m 的房间。

2. 楼面梁的支承与连接

加强混凝土楼屋盖大梁等与墙体的连接，对于砌体结构的整体性十分重要。鉴于独立砖柱的抗震能力较差，特别规定不得采用独立砖柱，支承大跨度楼面梁的构件应采用组合砌体等。

"组合砌体等"意味着，在支承部位仅设置构造柱是不够的，而且需要进行沿楼面大梁平面内、平面外的静力和抗震承载力验算。

3. 坡屋顶的专门要求

坡屋顶与平屋顶相比，震害有明显差别。硬山搁檩的做法不利于抗震。屋架的支撑应保证屋架的纵向稳定。出入口处要加强屋盖构件的连接和锚固，以防其脱落伤人。因此，坡屋顶房屋的屋架应与顶层圈梁可靠连接，檩条或屋面板应与墙和屋架可靠连接，房屋出入口处的檐口瓦应与屋面构件锚固；顶层内纵墙顶宜增砌支撑山墙的踏步式墙垛。

4.3.5.3 墙体的拉结

房间开间较大在地震中的破坏程度会加重，对于这些局部部位应加强墙体的连接构造。6、7 度时长度大于 7.2m 的大房间和 8 度、9 度时外墙转角及内外墙交接处，应沿墙高每隔 500mm 配置 $2\phi6$ 的通长钢筋和 $\phi4$ 分布短筋平面内点焊组成的拉结网片或 $\phi4$ 点焊网片。

后砌的非承重砌体隔墙应沿墙高每隔 500mm 配置 $2\phi6$ 钢筋与承重墙或柱拉结，并每边伸入墙内不应小于 500mm。8 度和 9 度时，长度大于 5.0m 的后砌非承重砌体隔墙，墙顶尚应与楼板或梁拉结。

4.3.6 合理控制局部尺寸

多层砌体房屋局部尺寸的限制，目的在于防止因这些局部的破坏，影响房屋的整体抗震能力，可能造成整栋房屋的破坏甚至倒塌。

《建筑抗震设计标准》GB/T 50011—2010（2024 年版）

7.1.6 多层砌体房屋中砌体墙段的局部尺寸限值，宜符合表 7.1.6 的要求：

房屋的局部尺寸限值（m）　　　　　　　　　　表 7.1.6

部位	6 度	7 度	8 度	9 度
承重窗间墙最小宽度	1.0	1.0	1.2	1.5

续表

部位	6 度	7 度	8 度	9 度
承重外墙尽端至门窗洞边的最小距离	1.0	1.0	1.2	1.5
非承重外墙尽端至门窗洞边的最小距离	1.0	1.0	1.0	1.0
内墙阳角至门窗洞边的最小距离	1.0	1.0	1.5	2.0
无锚固女儿墙（非出入口处）的最大高度	0.5	0.5	0.5	0.0

注：1. 局部尺寸不足时，应采取局部加强措施弥补，且最小宽度不宜小于 1/4 层高和表列数据的 80%；
　　2. 出入口处的女儿墙应有锚固。

4.3.6.1　承重窗间墙的最小宽度

窗间墙在平面内的破坏可分为三种情况：窗洞高与窗间墙宽度之比小于 1.0 的宽窗间墙产生较小的交叉裂缝；高宽比大于 1.0 的较宽的窗间墙，虽然也产生交叉裂缝，但裂缝的坡度较陡，重者裂缝两侧的砖砌体破裂甚至崩落；很窄的窗间墙弯曲破坏，重者四角压碎崩落。

承重窗间墙的宽度应首先满足静力设计要求，为了提高该道墙的抗震能力，应均匀布置，窗间墙的宽度大体相等。窗间墙承担的地震作用是按各墙段的侧移刚度大小分配的，窄窗间墙比宽窗间墙的侧移刚度比小得多，承受了较大地震作用的墙段首先出现交叉裂缝，其刚度迅速降低，产生内力重分布，从而导致窗间墙被各个"击破"，降低了该道墙和整个结构的抗震能力。

4.3.6.2　承重外墙尽端至门窗洞边的最小距离

大量的震害表明，房屋尽端是震害较为集中的部位，这是沿房屋纵横两个方向地面运动应力集中的结果，以防止房屋在尽端首先破坏甚至局部墙体坍落。

4.3.6.3　非承重外墙尽端至门窗洞边的最小距离

考虑到非承重外墙与承重外墙在承担竖向荷载方面的差异，对非承重外墙尽端至门窗洞边的最小距离较承重外墙的要求有所放宽，但一般墙垛宽度不宜小于 1.0m。

4.3.6.4　内墙阳角至门窗洞边的最小距离

由于门厅或楼梯间处的纵墙或横墙中断，需要设置开间梁或进深梁，从而造成梁支承在室内拐角墙上的这些阳角部位的应力集中，梁端支承处的荷载又比较大，为了避免在这个部位发生严重破坏，除在构造上加强整体连接外，规范对内墙阳角至门窗洞边的最小距离作出了规定。

4.3.6.5　其他局部尺寸限制

大量的震害表明，阳台、挑檐、雨棚等小跨度的水平悬挑构件的震害相对较小，一般情况下这些悬挑构件的跨度又都不会过大，因此，规范对这类挑出构件没有给出限值。但仍应通过计算和构造来保证锚固和连接的可靠性。

作为竖向悬挑构件的女儿墙位于房屋顶部，是比较普遍和容易破坏的构件，无锚固的女儿墙更是如此。因此，规范对女儿墙的高度作出限制。

4.3.7 设置必要的钢筋混凝土构造柱

唐山地震的经验与教训表明，适当设置钢筋混凝土构造柱可有效降低砌体房屋在地震中的倒塌风险。构造柱与圈梁一起，将砌体墙分片包围，并相互拉结形成整体约束机制，是改善和提高砌体房屋抗倒塌能力的关键技术环节，历来是我国砌体结构抗震技术标准的重要内容，GB/T 50011—2010 对此作出了详细的规定。

《建筑抗震设计标准》GB/T 50011—2010（2024 年版）

7.3.1　各类多层砖砌体房屋，应按下列要求设置现浇钢筋混凝土构造柱（以下简称构造柱）：

1　构造柱设置部位，一般情况下应符合表 7.3.1 的要求。

2　外廊式和单面走廊式的多层房屋，应根据房屋增加一层的层数，按表 7.3.1 的要求设置构造柱，且单面走廊两侧的纵墙均应按外墙处理。

3　横墙较少的房屋，应根据房屋增加一层的层数，按表 7.3.1 的要求设置构造柱。当横墙较少的房屋为外廊式或单面走廊式时，应按本条 2 款要求设置构造柱；但 6 度不超过四层、7 度不超过三层和 8 度不超过二层时应按增加二层的层数对待。

4　各层横墙很少的房屋，应按增加二层的层数设置构造柱。

5　采用蒸压灰砂砖和蒸压粉煤灰砖的砌体房屋，当砌体的抗剪强度仅达到普通黏土砖砌体的 70% 时，应根据增加一层的层数按本条 1～4 款要求设置构造柱；但 6 度不超过四层、7 度不超过三层和 8 度不超过二层时应按增加二层的层数对待。

多层砖砌体房屋构造柱设置要求　　　　　　　　　　表 7.3.1

房屋层数				设置部位	
6 度	7 度	8 度	9 度		
四、五	三、四	二、三		楼、电梯间四角，楼梯斜梯段上下端对应的墙体处；	隔 12m 或单元横墙与外纵墙交接处；楼梯间对应的另一侧内横墙与外纵墙交接处
六	五	四	二	外墙四角和对应转角；错层部位横墙与外纵墙交接处；山墙与内纵墙交接处；	隔开间横墙（轴线）与外纵墙交接处；山墙与内纵墙交接处
七	≥六	≥五	≥三	大房间内外墙交接处；较大洞口两侧	内墙（轴线）与外墙交接处；内墙的局部较小墙垛处；内纵墙与横墙（轴线）交接处

注：较大洞口，内墙指不小于 2.1m 的洞口；外墙在内外墙交接处已设置构造柱时允许适当放宽，但洞侧墙体应加强。

7.3.2　多层砖砌体房屋的构造柱应符合下列构造要求：

1　构造柱最小截面可采用 180mm × 240mm（墙厚 190mm 时为 180mm × 190mm），纵向钢筋宜采用 4φ12，箍筋间距不宜大于 250mm，且在柱上下端应适当加密；6、7 度时超过六层、8 度时超过五层和 9 度时，构造柱纵向钢筋宜采用 4φ14，箍筋间距不应大于 200mm；房屋四角的构造柱应适当加大截面及配筋。

2　构造柱与墙连接处应砌成马牙槎，沿墙高每隔 500mm 设 2φ6 水平钢筋和 φ4 分布短筋平面内点焊组成的拉结网片或 φ4 点焊钢筋网片，每边伸入墙内不宜小于 1m。6、7 度时底部 1/3 楼层，8 度时底部 1/2 楼层，9 度时全部楼层，上述拉结钢筋网片应沿墙体水平通长设置。

3　构造柱与圈梁连接处，构造柱的纵筋应在圈梁纵筋内侧穿过，保证构造柱纵筋上下贯通。

4　构造柱可不单独设置基础，但应伸入室外地面下 500mm，或与埋深小于 500mm 的基础圈梁相连。

　　5　房屋高度和层数接近本规范表 7.1.2 的限值时，纵、横墙内构造柱间距尚应符合下列要求：

　　1）横墙内的构造柱间距不宜大于层高的二倍；下部 1/3 楼层的构造柱间距适当减小；

　　2）当外纵墙开间大于 3.9m 时，应另设加强措施。内纵墙的构造柱间距不宜大于 4.2m。

4.3.7.1　钢筋混凝土构造柱的功能

　　国内外的模型试验和大量的设置钢筋混凝土构造柱的砖墙墙片试验表明：①构造柱能够提高砌体的受剪承载力 10%～30%左右，提高幅度与墙体高宽比、竖向压力和开洞情况有关；②构造柱主要对砌体起约束作用，使之有较高的变形能力；③构造柱应当设置在震害较重、连接构造比较薄弱和易于应力集中的部位。

　　钢筋混凝土构造柱的作用主要在于对墙体的约束，构造上截面不必很大，但须与各层纵横墙的圈梁或现浇楼板连接，把墙体分片包围，限制开裂后砌体裂缝的延伸和砌体的错位，使砖墙有较大的变形能力和延性，能维持竖向承载能力，并继续吸收地震的能量，避免墙体倒塌。

4.3.7.2　钢筋混凝土构造柱的设置

　　1）一般情况

　　（1）应力集中或连接比较薄弱的易损部位。如在楼、电梯间的四角，楼梯段上下端对应的墙体处、房屋外墙四角以及不规则平面的外墙对应转角（凸角）处、错层部位的横墙与外纵墙交接处、较大洞口的两侧和大房间内外墙交接处，每隔 12m（大致是单元式住宅楼的分隔墙与外墙交接处）或单元横墙与外墙交接处，6 度区四、五层以下，7 度区三、四层以下，8 度区二、三层就要按此要求设置钢筋混凝土构造柱。

　　为了防止在地震时局部小墙垛过早破坏，不能与其他墙体共同工作，从而降低结构的整体抗震能力，规范专门规定，当房屋层数较多（6 度七层，7 度六、七层，8 度五、六层，9 度三、四层）时，内墙的局部较小墙垛处应增设构造柱。

　　（2）隔开间设置。这是根据烈度和层数不同区别对待设置钢筋混凝土构造柱的要求。如 6 度六层、7 度五层、8 度四层、9 度二层，其钢筋混凝土构造柱的设置除满足（1）中必须设置部位外，还要在房屋隔开间的横墙（轴线）与外墙交接处，山墙与内纵墙的交接处设置钢筋混凝土构造柱。

　　（3）每开间设置。当房屋层数较多时，钢筋混凝土构造柱设置应适当增加，如 6 度七层，7 度六、七层，8 度五、六层，9 度三、四层的内墙（轴线）与外墙交接处、内纵墙与横墙（轴线）交接处均应设置。

　　2）外廊式、单面走廊式的多层砖房构造柱设置要求

　　对于外廊式、单面走廊式的多层砖房，应根据房屋增加一层的层数要求设置钢筋混凝土构造柱，且单面走廊两侧的纵墙均要按外墙的要求设置构造柱。

　　3）横墙较少的多层砖房构造柱设置要求

　　对于横墙较少的多层砖房，应根据房屋增加一层后的层数要求设置钢筋混凝土构造柱；当横墙较少的房屋为外廊式或单面走廊式时，应按上一条要求设置构造柱，但 6 度不超过四层、7 度不超过三层和 8 度不超过二层时，应按增加二层后的层数考虑。

对于横墙很少的多层砖房，应按增加 2 层的层数要求设置构造柱。

4）坡屋顶构造柱设置要求

对于坡屋顶砌体房屋，不论阁楼是否作为一层，均需沿山尖墙顶设置卧梁、在屋盖处设置圈梁、在山脊处设置构造柱，同时，下部结构对应部位的构造柱应上延至墙顶卧梁，如图 4.3-5 所示。

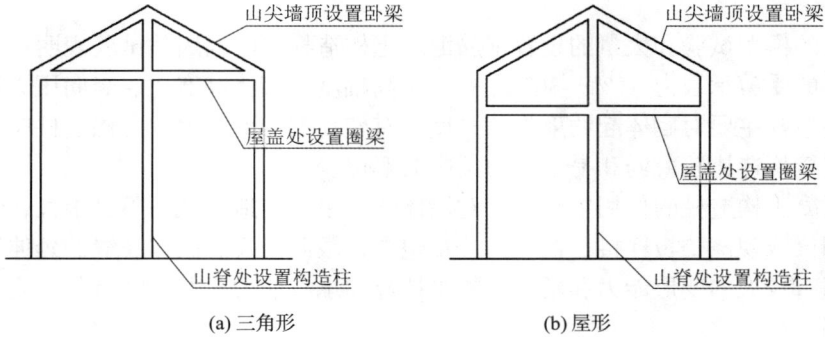

(a) 三角形　　　　　　　　(b) 屋形

图 4.3-5　坡屋顶房屋圈梁构造柱设置示意图

5）房屋高度和层数接近限值时构造柱的特殊规定

构造柱间距对房屋整体抗震性能也至关重要，适当减小构造柱的间距可以大大提高房屋的整体抗震性能，以往在内纵墙上的构造柱只要求在与尽端山墙相接的内纵墙处设柱。从实际震害看到，内纵墙的破坏有时会超过外纵墙。因此规范要求内纵墙内的构造柱间距不宜大于 4.2m，即一开间左右。

外纵墙内构造柱最大间距为 3.9m，当外纵墙洞口较大而窗间墙又为最小限值时，宜适当加大与内横墙交接处构造柱的面积和配筋，或者在较小墙垛两侧边框设置两个构造柱约束墙体，防止墙体在强烈地震后倒塌。这是因为当一个较长的墙段在中部有较大的洞口时，墙段两尽端的构造柱不足以提供对大墙体的约束，需要在较大洞口两侧设置构造柱，使洞口两侧形成两个受约束的墙体。构造柱设置要求如图 4.3-6 所示。

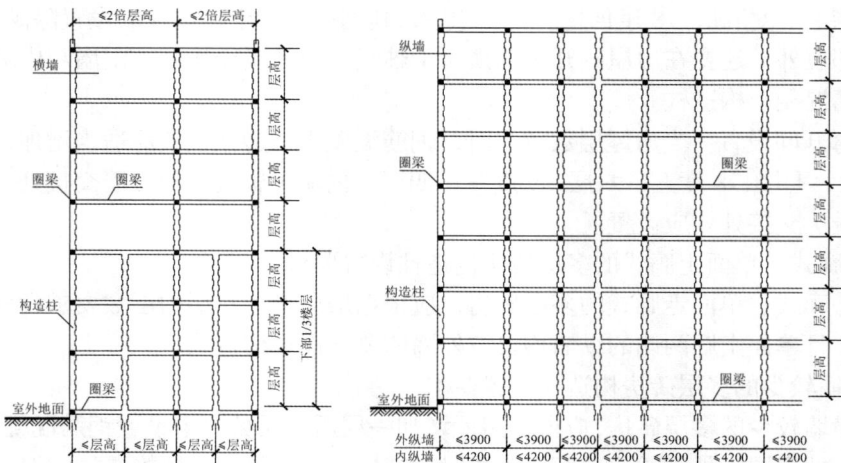

图 4.3-6　房屋高度和层数接近限值时横墙、纵墙构造柱设置要求

6）外纵墙窗间墙构造柱的设置对策

外纵墙开设门窗洞口，削弱面积较多，为了保证房屋的纵向抗震能力，GB/T 50011—2010 7.3.2 条第 5 款规定，当房屋的高度和层数接近限值时，沿外纵墙房屋的开间尺寸不超过 3.9m 时，在纵横墙交界处设置构造柱，当房屋开间大于 3.9m 时，除在纵横墙交界处设置构造柱外，还需另设加强措施。同时，GB/T 50011—2010 的表 7.3.1 要求，大洞口两侧应设置构造柱。因此，当外纵墙洞口较大而窗间墙又为最小限值时，在一个不太大的墙段范围可能需要连续设置三根构造柱（图 4.3-7a），同时还要求构造柱与墙体之间留设马牙槎，施工时很难实现，也难以保证施工质量。

鉴于此，GB/T 50011—2010 对此种情况进行适当放宽，规定墙段两端可不再设置构造柱，但是小墙段的墙体需要加强，工程中可采取拉结钢筋网片通长设置，间距加密等措施（图 4.3-7b）。工程实践中也有采取图 4.3-7（c）的做法，即在小墙肢两端设置构造柱，同时对墙体采取加强措施，实际震害经验表明，这种做法是可行的。当然，当横墙较长时，此种做法对承重横墙的约束有限，此时，建议采取图 4.3-7（d）的做法，即仍然设置三根构造柱，但是中间的构造柱不设在内外墙交接处，而设在内外墙交接处的横墙上，这样既保证施工的可操作性，又有很好的抗震性能。

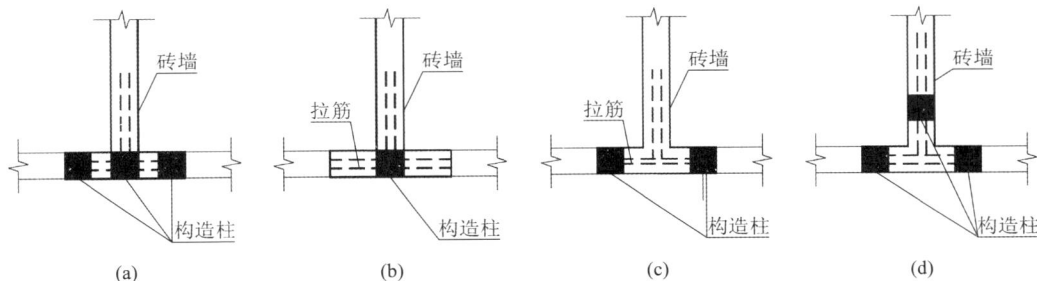

图 4.3-7　窗间墙尺寸较小时，构造柱布置示意图

4.3.7.3　钢筋混凝土构造柱的构造

（1）多层砖房构造柱的截面与配筋

多层砖房的钢筋混凝土构造柱主要起约束墙体的作用，不依靠其增加墙体的受剪承载力，其截面不必过大、配筋也不必过多，但须与各层纵横墙的圈梁或现浇楼板连接，才能发挥约束作用。规范对钢筋混凝土构造柱截面的最小要求为 240mm × 180mm，纵向钢筋宜采用 4ϕ12，箍筋间距不宜大于 250mm，且在柱上下端部宜适当加密；7 度时超过六层，8 度时超过五层和 9 度时，钢筋混凝土构造柱纵向钢筋宜采用 4ϕ14，箍筋间距不应大于 200mm；房屋四角的构造柱可适当加大截面及配筋。钢筋的强度等级均应遵守 GB/T 50011—2010 第 3.9.3 条的要求，宜选用 HRB335 级热轧钢筋。构造柱一般做法如图 4.3-8 所示。

（2）构造柱与墙体的连接

钢筋混凝土构造柱要与砖墙形成整体。构造柱与墙体的连接处应砌成马牙槎，并应沿墙高每隔 500mm 设 2ϕ6 拉结钢筋，构造柱间距不大时（4m 左右）宜将构造柱间拉结筋拉通。为保证钢筋混凝土构造柱的施工质量，构造柱须有外露面。一般利用马牙槎外露即可。至于采用大马牙槎好还是小马牙槎好，规范未作规定，因为两种马牙槎各有利弊。

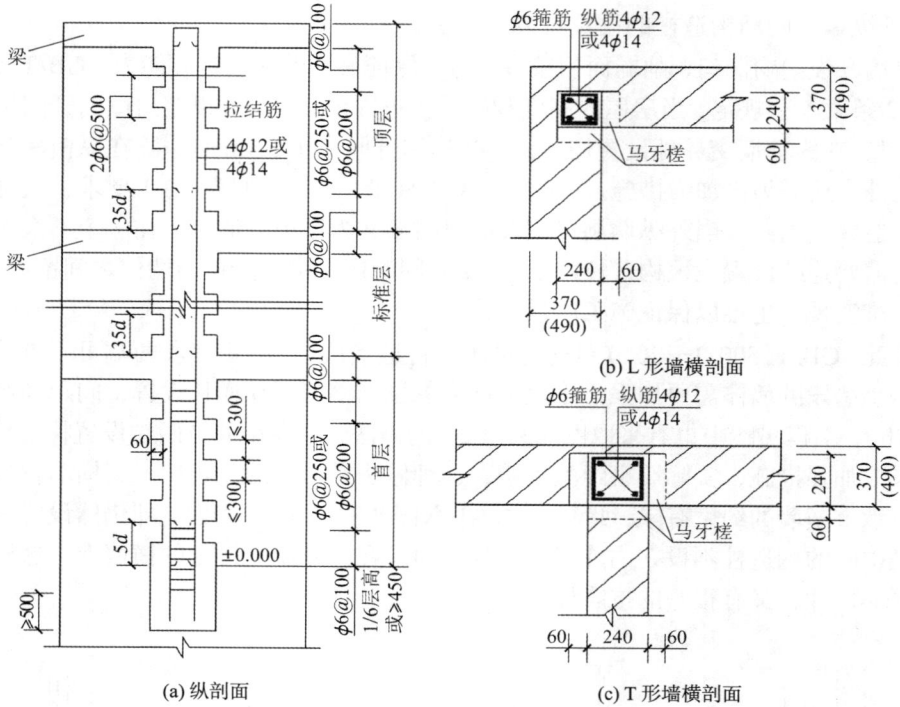

图 4.3-8　构造柱的一般做法

（3）构造柱与圈梁的连接

钢筋混凝土构造柱应与圈梁连接，构造柱的纵筋应在圈梁纵筋内侧穿过，保证构造柱纵筋上下贯通。圈梁作为构造柱的侧向支撑点。

（4）构造柱的基础

砌体结构的构造柱属于砌体的约束构件而不是受力构件。构造柱受力最大的部位是楼盖圈梁与构造柱的连接处；不论有无基础都对墙体起了约束作用。

因此，构造柱可不单独设置基础，但应伸入室外地面下 500mm，或锚入埋深浅于 500mm 的基础圈梁内，两条满足其中的一条即可。但需注意的是，此处的基础圈梁是指位于地面以下的，而不是位于±0.000 的墙体圈梁（图 4.3-9）。构造柱的钢筋伸入基础圈梁内应满足锚固长度的要求。

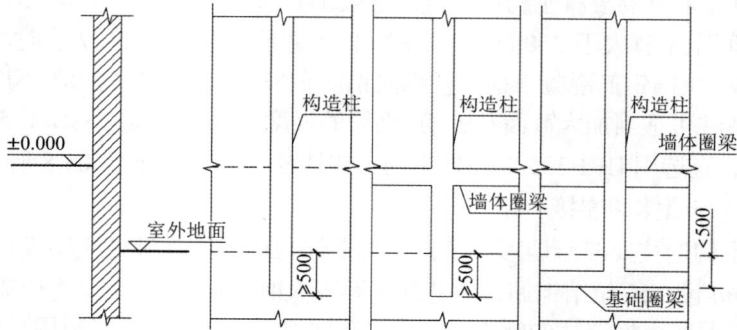

图 4.3-9　构造柱锚固示意图

4.3.7.4　实施注意事项

1）大房间：按 GB/T 50011—2010 第 7.3.7 条的大房间界定，即开间大于 7.2m 的房间。

2）较小墙垛：指宽度在 800mm 左右且高宽比小于 4 的墙肢。

3）较大洞口：

对于内纵墙和横墙，是指宽度不小于 2.1m 的洞口，比如内横墙的内廊洞口，内纵墙的楼梯间洞口；

对于外墙，在内外墙交接处已设置构造柱的情况下，界定宽度允许适当放宽，实践中可按洞口宽度不小于 2.4m 把握。

4）关于构造柱箍筋直径的把握。关于构造柱的箍筋，GB/T 50011—2010 仅规定了其间距要求，对其直径并未提出具体要求，实际工程实践中可采用常规的 6mm 直径的钢筋作为箍筋。

5）关于拉结钢筋网片

GB/T 50011—2010 提出了沿墙高每隔 500mm 设置 $2\phi6$ 水平钢筋和 $\phi4$ 分布短筋平面内点焊组成的拉结网片或 $\phi4$ 点焊钢筋网片的要求。需要注意，垂直于墙轴线的 $\phi4$ 分布短筋必须在 $2\phi6$ 水平钢筋的平面内通过点焊形成拉结网片，这样拉结网片的厚度可控制在 6mm 内，否则，$\phi4$ 分布短筋与 $2\phi6$ 水平钢筋交叉点焊后，网片的厚度将达 10mm 厚，接近砌体灰缝的砂浆厚度，不利于拉结网片的粘结锚固。

此外，规范也未给出 $\phi4$ 分布短筋沿墙长方向的间距要求，工程实施可根据实际情况按 200～300mm 采用。

6）关于高度和层数接近上限的把握

对于下列情况，可认为高度和层数接近 GB/T 50011—2010 表 7.1.2 的上限：

（1）总层数达到 GB/T 50011—2010 表 7.1.2 规定的最大层数，但总高度低于 GB/T 50011—2010 表 7.1.2 规定的最大值 3m 以内，比如 7 度（0.10g）的普通砖房，7 层，层高均为 2.8m，总高度为 19.6m < 21 - 3 = 18m（限值），属于这种情况。

（2）总层数比 GB/T 50011—2010 表 7.1.2 规定的最大层数少一层，但层高较大，总高度达到或接近 GB/T 50011—2010 表 7.1.2 规定的最大值，比如 7 度（0.10g）的普通砖房，6 层，层高均为 3.4m，总高度为 20.4m < 21m（限值），属于这种情况。

7）关于构造柱间距适当增加的把握

GB/T 50011—2010 第 7.3.2 条第 5 款规定，当房屋高度和层数接近 GB/T 50011—2010 表 7.1.2 的限值时，横墙内的构造柱间距不宜大于层高的二倍；下部 1/3 楼层横墙内的构造柱间距适当减小。按规范用词的惯例，适当减小，一般是指在标准间距（此处为 2 倍层高）的基础上，减小 30% 左右，即下部 1/3 楼层横墙内的构造柱间距不宜大于 1.5 倍层高，工程实践时取 4m 左右为宜。

4.3.8　特别加强楼梯间的构造措施

历次地震，特别是汶川地震，楼梯间破坏非常明显。地震时楼梯间作为疏散通道，非常重要，但地震时楼梯间受力比较复杂，常常严重破坏，必须采取一系列有效的措施。GB 50011—2001 在 2008 年局部修订时，将砌体结构楼梯间的相关要求提升为强制性条文，同时要求砌体结构楼梯间墙体在休息平台处或半层高处设置钢筋混凝土带或配筋砖带，并采取其他加强措施，特别要求加强顶层和出屋面楼梯间的抗震构造措施，以期将楼梯间建成突发事件的应急疏散安全通道。GB/T 50011—2010（2024年版）继续保持了这一规定。

《建筑抗震设计标准》GB/T 50011—2010（2024年版）

7.3.8 楼梯间尚应符合下列要求：

1 顶层楼梯间墙体应沿墙高每隔500mm设2ϕ6通长钢筋和ϕ4分布短钢筋平面内点焊组成的拉结网片或ϕ4点焊网片；7~9度时其他各层楼梯间墙体应在休息平台或楼层半高处设置60mm厚、纵向钢筋不应少于2ϕ10的钢筋混凝土带或配筋砖带，配筋砖带不少于3皮，每皮的配筋不少于2ϕ6，砂浆强度等级不应低于M7.5且不低于同层墙体的砂浆强度等级。

2 楼梯间及门厅内墙阳角处的大梁支承长度不应小于500mm，并应与圈梁连接。

3 装配式楼梯段应与平台板的梁可靠连接，8、9度时不应采用装配式楼梯段；不应采用墙中悬挑式踏步或踏步竖肋插入墙体的楼梯，不应采用无筋砖砌栏板。

4 突出屋顶的楼、电梯间，构造柱应伸到顶部，并与顶部圈梁连接，所有墙体应沿墙高每隔500mm设2ϕ6通长钢筋和ϕ4分布短筋平面内点焊组成的拉结网片或ϕ4点焊网片。

4.4 底部框架-抗震墙砌体房屋抗震概念设计

底部框架-抗震墙砌体房屋是多层砌体房屋中的一种特殊形式，由底部框架-抗震墙结构和上部砌体结构组成，可以说是我国特有的一种结构形式。

该种结构形式早期多出现在我国的城市建设中，由于使用功能的需要，临街的建筑在底部设置商店、餐厅、车库或银行等，而上部各层为住宅、办公室等。房屋的底部因大空间的需要而采用框架（框架-抗震墙）结构，上部因纵、横墙比较多而采用砌体墙承重结构。由于这种类型的结构是城市旧城改造和避免商业过分集中的较好形式，且具有比多层钢筋混凝土框架结构造价低和便于施工等优点，性价比较高。在我国经济困难的时期，是一种较为适宜的结构形式。经济好转后，底部商业类建筑的需求有所提高，出现了底部二层甚至三层为框架（框架-抗震墙）结构的商业用房。随着国民经济的快速发展，在农村城镇化及乡镇城市化的过程中，该种结构形式的房屋仍在继续兴建，目前大多集中在中小型城镇的沿街房屋中。

从建筑结构规则性角度看，底部框架-抗震墙砌体房屋属于典型的上刚下柔类竖向不规则结构，抗震不利因素明显，抗震性能不理想。根据该类房屋的震害特点和规律，结合试验研究、理论分析和工程实践经验，对此类房屋的抗震设计应牢牢把握概念设计的基本原则，重点解决好以下问题：结构体系问题、房屋整体性问题、易损部位构造措施问题、薄弱层和过渡层构造措施问题等。

4.4.1 底部墙体适当，上部墙体合理

在唐山大地震中，未经抗震设防的底层框架-抗震墙砌体房屋的破坏较为严重，其主要原因是底层没有设置为框架-抗震墙体系。在震害较为严重的底层框架砌体房屋中，底层为单向框架体系（横向为框架，纵向采用连续梁）、底层为半框架体系（沿街一侧为框架，另一侧为砖墙承重）、底层大部分为框架体系而山墙与楼梯间墙处不设框架梁柱等占了较大的

比例。日本阪神地震和我国台湾 9·21 集集地震中，底部未设置抗震墙的柔性底层框架遭到了严重的破坏和倒塌。因此，对于底部框架-抗震墙砌体房屋的底部抗震墙设置，GB 55002—2021 给出了严格的规定：纵横两个方向均应设置、数量要适当、平面布置要均匀对称。

在既往的实际工程实践中，为了满足使用功能的需要，底部往往采用大柱网，造成部分上部砌体墙体与底部框架梁或抗震墙不对齐，而是通过次梁进行二次甚至多次转换，当这样的墙体数量较多时，整体结构的地震作用传力途径就不清晰、受力状况变得极为复杂，不利于抗震。为此，GB 55002—2021 规定，上部砌体墙体与底部框架梁或抗震墙，除楼梯间附近的个别墙段外均应对齐。

《建筑与市政工程抗震通用规范》GB 55002—2021

5.5.3　底部框架-抗震墙砌体房屋的结构体系，应符合下列规定：

1　上部的砌体墙体与底部的框架梁或抗震墙，除楼梯间附近的个别墙段外均应对齐。

2　房屋的底部，应沿纵横两方向设置一定数量的抗震墙，并应均匀对称布置。6 度且总层数不超过四层的底层框架-抗震墙砌体房屋，应允许采用嵌砌于框架之间的约束普通砖砌体或小砌块砌体的砌体抗震墙，但应计入砌体墙对框架的附加轴力和附加剪力并进行底层的抗震验算，且同一方向不应同时采用钢筋混凝土抗震墙和约束砌体抗震墙；其余情况，8 度时应采用钢筋混凝土抗震墙，6、7 度时应采用钢筋混凝土抗震墙或配筋小砌块砌体抗震墙。

3　底层框架-抗震墙砌体房屋的纵横两个方向，第二层计入构造柱影响的侧向刚度与底层侧向刚度的比值，6、7 度时不应大于 2.5，8 度时不应大于 2.0，且均不应小于 1.0。

4　底部两层框架-抗震墙砌体房屋纵横两个方向，底层与底部第二层侧向刚度应接近，第三层计入构造柱影响的侧向刚度与底部第二层侧向刚度的比值，6、7 度时不应大于 2.0，8 度时不应大于 1.5，且均不应小于 1.0。

4.4.1.1　抗震墙布置及刚度控制

近几十年的大地震震害经验表明，底部框架砌体房屋是一种抗震不利的混合结构体系，相对于上部砌体楼层，底部框架楼层的侧向刚度既不能太小，又不能太大。太小容易导致地震时底部整体垮塌，太大则会导致薄弱楼层转移至上部砌体楼层，进而造成上部砌体严重破坏，甚至倒塌。因此，GB/T 50011—2010 对底框房屋的上下刚度比值进行了严格的规定，要求底部应沿纵、横两方向均匀对称或基本均匀对称布置一定数量的抗震墙，且过渡层与底部侧移刚度的比值，根据底部框架-抗震墙的层数和设防烈度的不同，分别予以控制。这个规定体现了抗震规范概念设计的要求：①尽量减少因上下层刚度突变而导致底部应力集中和变形集中；②任何情况下，底部框架-抗震墙部分的侧移刚度都不得大于上部砌体结构部分的侧向刚度，使地震时大部分变形由延性较好的钢筋混凝土结构承担，并避免薄弱层转移。

"底部两层框架-抗震墙砌体房屋纵横两个方向，底层与底部第二层侧向刚度应接近"应根据工程经验执行，如无可靠设计经验，可按抗侧刚度相差不超过 20%确定。

墙体对称布置是指在底层平面内每个方向墙体的刚度基本均匀，避免或减小扭转的不利影响，可通过墙体长度、厚度、洞口连梁等的调整来实现。

侧移刚度应在纵、横两个方向分别计算。底部的侧移刚度包括底部的框架、混凝土抗震墙和砖抗震墙的侧移刚度。实际工程设计时，底框房屋上下刚度比可按下式计算：

$$\lambda_k = \frac{K_2}{K_1} = \frac{\sum K_{w2}}{\sum K_f + \sum K_w + \sum K_{bw}} \tag{4.4-1}$$

式中：K_1、K_2——房屋底层和二层的刚度；

$\qquad K_{w2}$——二层砌体墙的刚度，高宽比小于 1 时，仅考虑剪切变形；高宽比不大于 4 且不小于 1 时，应同时考虑弯曲和剪切变形；高宽比大于 4 时，等效侧向刚度取 0.0；

$\qquad \sum K_f$——底层框架侧向刚度，按框架梁刚性假定计算，仅考虑框架柱的弯曲变形刚度；

$\qquad \sum K_w$——底层混凝土抗震墙侧向刚度，同时考虑弯曲变形和剪切变形计算；

$\qquad \sum K_{bw}$——底层嵌砌的砌体抗震墙的侧向刚度，取框架的弹性侧移刚度和砌体墙的弹性侧移刚度之和。

4.4.1.2 上部砌体抗震墙的布置

上部的砌体抗震墙与底部的框架梁或抗震墙，除楼梯间附近的个别墙段外均应对齐。这个规定体现了概念设计的要求，尽量减少地震作用转换的次数，使之有明确、合理的传递路径。

上部楼层中不落地的砖抗震墙，一般要由两端设置框架柱的托墙梁（框架主梁）支承，使地震作用有很明确的传递路径；个别采用次梁转换的砖抗震墙，要明确其地震作用传递路径；其余不落地的上部砖墙，应改为非抗震的隔墙，尽量用轻质材料。

鉴于近期大地震（包括汶川与玉树地震）中，底部框架砌体房屋的震害程度明显重于其他房屋的现象，《建筑与市政工程抗震通用规范》GB 55002—2021 加强了这类房屋的结构布局要求，将上部砌体抗震墙与底部抗震墙或框架梁的关系由 GB 50011—2001 的"对齐或基本对齐"修改为"除楼梯间附近的个别墙段外均应对齐"。实际工程操作时应注意把握好以下几点：

1）关于楼梯间附近个别墙段的认定：当底部楼梯间 4 角均设置框架柱时，个别墙段指的是楼梯间对面的分户横墙；当底部楼梯间仅设置 2 根框架柱于横向一侧时，个别墙段指的是楼梯间另一侧横墙。

2）关于"均应对齐"的要求，指的是除上述个别墙段外，上部砌体抗震墙均应由下部的框架主梁或抗震墙支承，而不应由次梁支托。

3）GB 55002—2021 第 5.5.5 条第 1 款的规定，意味着对于底部为大空间商场、上部用作普通住宅这样的底部框架-抗震墙砌体房屋，其结构布局只能选择下列情况之一：

（1）底部采用较大的柱网尺寸（比如 7.2m），上部住宅开间较小（例如 3.6m），落于底部次梁之上的墙体改为非抗震的隔墙。但此种布局，可能会造成整个建筑属于横墙较少或各层横墙很少的砌体房屋，房屋的总层数和总高度应较表 7.1.2 的限值降低 1～2 层和3～6m。

（2）底部采用相对较小的柱网尺寸（例如 3.6m），以适应上部住宅的开间要求，进而满足规范的上述规定。这种布局，房屋的层数与高度不需降低，但房屋底部的使用空间会受到一定限制。

（3）采用钢筋混凝土框架结构体系，上部住宅的墙体全部改为框架结构的填充墙或隔墙。这种布局，可满足使用功能的要求，也可不降低房屋的高度和层数，但应注意隔墙或填充墙的竖向不均匀布置对框架结构的不利影响。

4.4.1.3　落地抗震墙的选择

落地的抗震墙，一般应采用钢筋混凝土墙（图 4.4-1），仅 6 度设防且房屋层数不超过 4 层时才允许采用砌体抗震墙（图 4.4-2），且应采用约束砌体加强，但不应采用约束多孔砖砌体。还需注意，砌体抗震墙应对称布置，避免或减少扭转效应，不作为抗震墙的砌体墙，应按填充墙处理，施工时后砌。

落地抗震墙，不论混凝土抗震墙还是砖抗震墙，均应设置条形基础等刚度较大的基础。

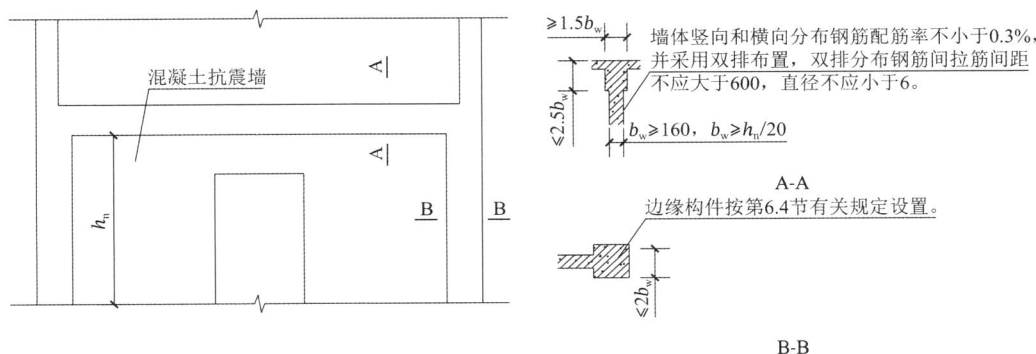

图.4.4-1　底部钢筋混凝土墙截面和构造示意图

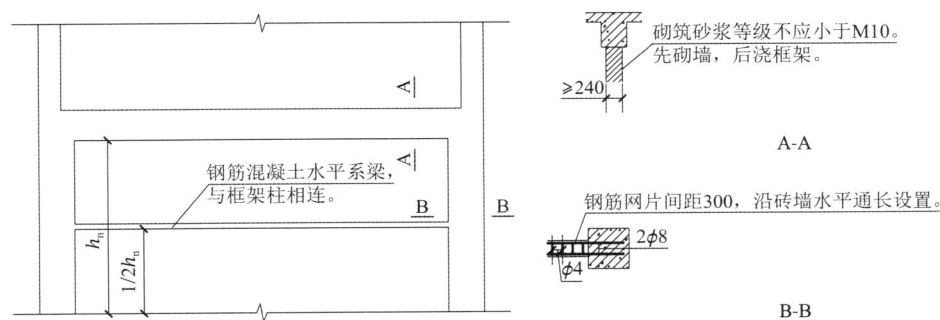

图 4.4-2　6 度设防底层约束砖砌体墙构造示意图

4.4.1.4　上部砖房的建筑结构布局

底部框架砖房上部各层的建筑结构布置，其要求仍与多层砖房相同，同样不应采用严重不规则的建筑设计方案。

上部砌体部分的纵、横向布置宜均匀对称，沿平面宜对齐，沿竖向应上下连续。同一轴线上的窗间墙宜均匀。内纵墙宜贯通，对外纵墙的开洞率应控制，6、7 时不宜大于 55%，8 度时不应大于 50%。

4.4.2　严格控制总层数和总高度

底部框架-抗震墙砌体房屋的层数和高度限制是应采取的主要抗震措施。对于这类结构，震害的规律表明，房屋的层数越多，高度越高，其在地震中的破坏也越重，这是客观规律。因此，必须限制其建造的层数和高度。

鉴于上刚下柔建筑在日本阪神大地震和我国台湾 9·21 大地震中成片严重破坏和倒塌，GB/T 50011—2010 特别规定了对 9 度区不推荐采用此类结构的房屋。

有关层数和总高度的计算原则，与多层砌体结构相同。

底部框架-抗震墙砌体房屋底部的层高，不应超过 4.5m。

4.4.3 合适的抗震横墙间距

底部框架-抗震墙砌体房屋的抗震墙的间距分别为底层或底部两层和上部砌体两部分。

上部砌体部分各层的横墙间距要求应和多层砌体房屋的要求一样。

底部框架-抗震墙部分，由于上部各层的地震作用要通过底层或第二层的楼盖传至抗震墙，楼盖产生的水平变形将比一般框架-抗震墙房屋分层传递地震作用的楼盖水平变形要大。因此，在相同变形限制条件下，底部框架-抗震墙砌体房屋底层或底部两层抗震墙的间距要比框架-抗震墙的间距小一些。

GB 55002—2021 关于底部框架-抗震墙砌体房屋抗震墙的最大间距限值列于表 4.4-1。

GB 55002—2021 关于底部框架-抗震墙砌体房屋抗震横墙
最大间距限值   表 4.4-1

烈度	6 度	7 度	8 度
底层或底部两层	18m	15m	11m
上部各层	同多层砌体房屋的要求		

4.4.4 过渡楼层应特别加强构造

研究结果和震害表明，底部框架-抗震墙砌体房屋的过渡楼层受力比较复杂，刚度和变形较大。当过渡层与其下层的侧向刚度比设计合理时，虽然底层的抗震墙先开裂，但是一旦过渡楼层的砌体墙开裂后，由于其变形能力差，其破坏状态要比底部重得多。因此，应增强过渡楼层的受剪承载能力，对于高宽比较大的房屋，尚应增强其受弯承载能力。

对于与底部框架相连的过渡层，应考虑上下层柱与构造柱的连接，楼板层水平刚度的加强，墙体适当配置水平钢筋等措施，以使竖向刚度渐变。同时应加强其抗震构造措施。为此，GB/T 50011—2010 专门增加了对过渡楼层墙体构造措施的要求。

《建筑抗震设计标准》GB/T 50011—2010（2024 年版）

7.5.2 过渡层墙体的构造，应符合下列要求：

1 上部砌体墙的中心线宜与底部的框架梁、抗震墙的中心线相重合；构造柱或芯柱宜与框架柱上下贯通。

2 过渡层应在底部框架柱、混凝土墙或约束砌体墙的构造柱所对应处设置构造柱或芯柱；墙体内的构造柱间距不宜大于层高；芯柱除按本规范表 7.4.1 设置外，最大间距不宜大于 1m。

3 过渡层构造柱的纵向钢筋 6、7 度时不宜少于 4φ16，8 度时不宜少于 4φ18。过渡层芯柱的纵向钢筋，6、7 度时不宜少于每孔 1φ16，8 度时不宜少于每孔 1φ18。一般情况下，纵向钢筋应锚入下部的框架柱或混凝土墙内；当纵向钢筋锚固在托墙梁内时，托墙梁的相应位置

应加强。

4　过渡层的砌体墙在窗台标高处，应设置沿纵横墙通长的水平现浇钢筋混凝土带；其截面高度不小于 60mm，宽度不小于墙厚，纵向钢筋不少于 2ϕ10，横向分布筋的直径不小于 6mm 且其间距不大于 200mm。此外，砖砌体墙在相邻构造柱间的墙体，应沿墙高每隔 360mm 设置 2ϕ6 通长水平钢筋和 ϕ4 分布短筋平面内点焊组成的拉结网片或 ϕ4 点焊钢筋网片，并锚入构造柱内；小砌块砌体墙芯柱之间沿墙高应每隔 400mm 设置 ϕ4 通长水平点焊钢筋网片。

5　过渡层的砌体墙，凡宽度不小于 1.2m 的门洞和 2.1m 的窗洞，洞口两侧宜增设截面不小于 120mm×240mm（墙厚 190mm 时为 120mm×190mm）的构造柱或单孔芯柱。

6　当过渡层的砌体抗震墙与底部框架梁、墙体不对齐时，应在底部框架内设置托墙转换梁，并且过渡层砖墙或砌块墙应采取比本条 4 款更高的加强措施。

7.5.7　底部框架-抗震墙砌体房屋的楼盖应符合下列要求：

1　过渡层的底板应采用现浇钢筋混凝土板，板厚不应小于 120mm；并应少开洞、开小洞，当洞口尺寸大于 800mm 时，洞口周边应设置边梁。

4.4.4.1　慎重对待托墙梁的设计与构造

承托上层砌体墙的托墙梁所受的荷载比较大且受力情况复杂，根据有关试验资料和工程经验，底部框架托墙梁受力的主要规律大致为：

（1）底部框架跨数不同时，框架托墙梁承担竖向荷载的规律是相似的。

（2）影响框架托墙梁承担竖向荷载的主要因素是上部墙体开洞的位置，其最不利位置是洞口在跨端。

（3）在过渡层内纵墙和横墙交接处设置钢筋混凝土构造柱，上部砌体各层每层均设置圈梁，有助于发挥砌体墙起拱的作用，特别是考虑墙体开裂后更是如此。

（4）上部砌体部分层数增多，则墙体与梁的组合作用更明显一些。

（5）对于底部框架为大开间时（局部抽柱），空间有限元分析能较好地模拟墙梁作用的空间影响。当过渡楼层楼板为现浇钢筋混凝土板时，其横向框架主梁承担的竖向荷载明显增大，而次梁承担的竖向荷载明显减小。

（6）底部框架为大开间时（局部抽柱），纵向框支墙梁除承受纵向平面内的墙体自重以及楼盖荷载外，还承受横向托墙次梁传来的集中荷载，其受力比较复杂。

基于上述一些规律，GB/T 50011—2010 对托墙梁构造措施进行较为详细的规定。

《建筑抗震设计标准》GB/T 50011—2010（2024 年版）

7.5.8　底部框架-抗震墙砌体房屋的钢筋混凝土托墙梁，其截面和构造应符合下列要求：

1　梁的截面宽度不应小于 300mm，梁的截面高度不应小于跨度的 1/10。

2　箍筋的直径不应小于 8mm，间距不应大于 200mm；梁端在 1.5 倍梁高且不小于 1/5 梁净跨范围内，以及上部墙体的洞口处和洞口两侧各 500mm 且不小于梁高的范围内，箍筋间距不应大于 100mm。

3　沿梁高应设置腰筋，数量不应少于 2ϕ14，间距不应大于 200mm。

4　梁的纵向受力钢筋和腰筋应按受拉钢筋的要求锚固在柱内，且支座上部的纵向钢筋在柱内的锚固长度应符合钢筋混凝土框支梁的有关要求。

第5章　多层和高层钢筋混凝土房屋

【简介与导读】

```
                    ┌── 震害概况：介绍1957—2010年多地区地震中混凝土房屋破坏特点
         震害与启示 ○── 典型震害：阐述框架和有抗震墙房屋震害，含整体倒塌等多种情况
                    └── 经验启示：从房屋体形等方面总结震害规律与设计启示
                    ┌── 房屋高度：规定不同结构最大高度，明确计算起点、终点及注意事项
                    ├── 高宽比：限制高宽比，介绍计算方法和注意事项
                    ├── 抗震等级：依多因素确定，实施需注意高度分界等问题
      ○  抗震设计概念 ○── 防震缝设置：依规范判断是否设置，明确宽度计算和抗撞墙设置
                    ├── 嵌固部位：规定地下室顶板作嵌固部位的要求和注意事项
                    ├── 基础整体性：加强基础整体性，提出不同结构基础抗震要求
                    └── 楼梯间安全：强调楼梯间安全，给出设计规定和研究结论
                    ┌── 框架结构：说明特点、适用范围、布置原则及延性设计要点
                    ├── 抗震墙结构：介绍适用范围、结构特点、布置要求及延性设计
         不同结构设计 ○── 框架-抗震墙结构：阐述适用范围、结构特点及设计要点
                    ├── 简体结构：介绍各类简体结构特点，给出不同结构设计要求
                    └── 板柱-抗震墙结构：说明适用范围、结构特点、布置及计算要点
```

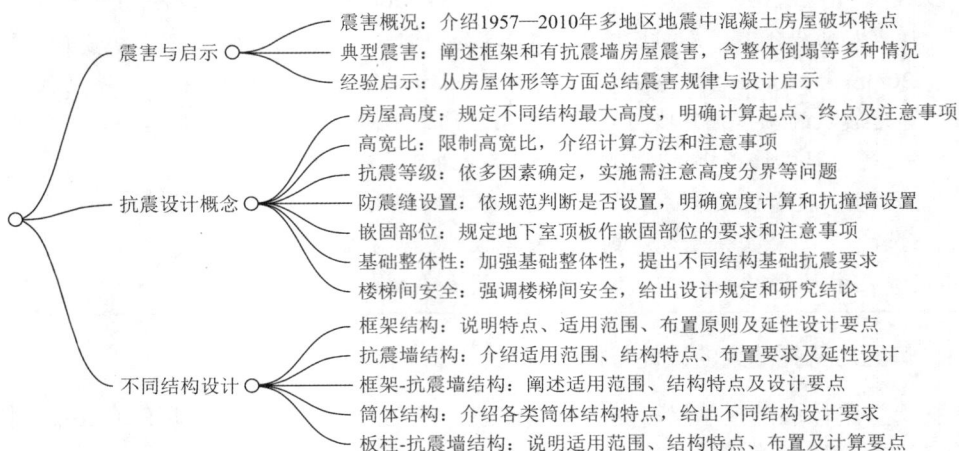

　　本章全面剖析了多层和高层钢筋混凝土房屋抗震设计的相关内容。先通过介绍历次地震中混凝土房屋的震害概况与典型震害，总结震害经验与启示，为后续设计提供依据。接着阐述抗震设计的一般概念，涵盖房屋高度、高宽比、抗震等级等关键要素，强调各要素对结构抗震性能的影响及设计要点。随后针对框架结构、抗震墙结构、框架-抗震墙结构、简体结构、板柱-抗震墙结构等不同类型的房屋，分别介绍其适用范围、结构特点、结构布置原则、延性设计方法及特殊情况处理等内容，详细说明各类结构在抗震设计中的重点与难点。文章旨在指导工程实践，提升钢筋混凝土房屋的抗震能力，保障人民生命财产安全。

5.1　钢筋混凝土房屋的震害与启示

5.1.1　历次地震中混凝土房屋的震害概况

　　多高层混凝土房屋的破坏状况和破坏程度，一方面取决于地震动的特性，另一方面取决于结构自身的力学特性。地震动特性受着发震机制、震源深度、震级、震中距、地形、场地等多种条件的影响；结构力学特性又受着建筑的平面布置、体形、结构材料、抗侧力体系、刚度分布等多种因素的制约。每一次地震不同类型建筑的破坏程度都存在着较大的差异，建筑的破坏状况也各具特点。这些不同地震经验的逐步积累，将有助于加深对多高层混凝土房屋地震作用和破坏机理的全面认识。以下简要介绍国内外一些强震中多层、高层混凝土结构的破坏特点。

　　（1）1957年墨西哥地震。墨西哥城内55座8层以上的混凝土建筑中，11座框架结构遭到破坏，其特点是5层以上的震害较为严重，此外，按现代抗震设计建造的高层建筑震害比较小，有力地证实了建筑物抗震设计的重要性和必要性。

（2）1960 年智利M8.9 级地震。调查表明，1940 年制定的智利抗震规范是有效的，考虑抗震设计的建筑在烈度高达 11 度的震中区也没有完全倒塌破坏，有的建筑之所以遭到破坏，往往是由于违反了设计规范。这次地震中，钢筋混凝土抗震墙的抗震性能经受了考验，说明只要精心设计和施工就能有效地抵抗地震作用。

（3）1963 年南斯拉夫M6.0 级地震。纯框架结构，当底层砌有作为围护结构的砖实心墙时震害较轻；底层完全敞开时震害较重，框架柱上下两端发生转动、混凝土压碎和柱子的永久性倾斜。框架-抗震墙结构普遍破坏较轻，即使墙体内未配置钢筋，震后墙体开裂，但框架仍保持完好。震害表明：设计底层为柔性房屋时必须采取慎重措施，以保证整个房屋的安全，否则造成的倾斜或破坏将是很难修复的，其次是要注意设置宽度足够的防震缝，以避免相邻建筑互相碰撞。

（4）1964 年日本新潟地震。地基失效导致建筑破坏是其主要特点，不少楼房因地基砂土液化而倾斜，甚至倾倒。此外，由于场地土软弱，柔性结构房屋的破坏程度要比刚性结构房屋的破坏程度重。

（5）1964 年美国阿拉斯加地震。距震中 112 公里的安克雷奇市，公共设施和建筑遭到不同程度破坏，但由于采用 UBC 规范按Ⅲ类地震区考虑，倒塌很少。这次地震中，有关混凝土建筑的经验教训有：①抗震墙结构抗震性能良好，但具有带开口的多层抗震墙中墙和梁的连接很关键；②抗震墙偏心布置将导致建筑物的扭转破坏；③框架结构的次要结构（如填充墙等）则产生严重裂缝、甚至塌落；④刚性较大而强度较低的构件，将首先导致破坏，如楼梯间等；⑤装配式钢筋混凝土结构的破坏，多发生在垂直和水平的连接节点上，节点的强度不够或冲击韧性差是造成破坏的主要原因。

（6）1967 年委内瑞拉加拉加斯地震。水平地震作用引起的倾覆力矩造成高层建筑的破坏是其重要特点。一些高楼的框架柱，被地震倾覆力矩产生的巨大附加压力所压碎。一个典型震例是一座 11 层高的旅馆建筑，采用钢筋混凝土"框托墙"体系，底下三层为框架，上面各层为抗震墙。遭遇地震后，下面三层框架柱的上端均发生剪压型破坏。

（7）1968 年日本十胜冲地震。钢筋混凝土结构遭到致命的破坏，以致有些人开始怀疑钢筋混凝土结构的抗震性能。这次地震中，钢筋混凝土短柱剪切破坏是其突出的特点；抗震墙有效性再次得到印证，房屋的破坏程度随钢筋混凝土墙体配置量的增大而减轻，抗震墙较多的建筑几乎无震害。

（8）1970 年秘鲁地震。钢筋混凝土框架结构，如住宅、学校等建筑，抗震性能良好，只有轻微的损坏。但当底层为开敞无墙的商店建筑时，由于没有可靠的抗侧力构件，地震时柱端剪弯折断，钢柱压屈，导致一幢四层楼房全部倒塌。钢筋混凝土框架的破坏主要发生在柱的上下端，由于柱端箍筋间距过大，造成弯剪破坏后混凝土破碎、崩落。

（9）1971 年美国圣费南多地震。楼层刚度突变的多层建筑遭到严重破坏是这次地震的特点。一幢六层的医院主楼，采用钢筋混凝土"框托墙"结构体系，下面两层为框架，上面四层为抗震墙，上、下楼层刚度相差十倍以上，地震后柔弱底层严重破坏。此外，还发现配置螺旋箍筋的钢筋混凝土柱表现出极好的延性，即使在层间侧移角达到 1/60 的情况下，被螺旋箍所约束的核心混凝土柱仍未破碎剥落。

（10）1972 年尼加拉瓜马那瓜地震。再一次证明钢筋混凝土双肢墙的窗下墙（连梁）的屈服对墙肢起了保护作用，从而得出多肢墙的连梁要符合"强剪弱弯"的设计原则。此外，还证明高层建筑中设置一定数量的钢筋混凝土抗震墙，可以减小结构侧移，从而保护非结构构件及管线系统免遭破坏。

（11）1975 年日本大分地震。同一楼层内长短柱并用的框架破坏严重；沿对角线布置洞口的抗震墙破坏严重。

（12）1976 年中国唐山地震。证明采用框架-抗震墙体系，在防止填充墙及建筑装饰的破坏方面，比框架体系优越得多。此外，在框架间嵌砌砖填充墙，框架柱由于受到窗洞上下墙体的约束，形成短柱而遭到严重破坏。

（13）1985 年墨西哥地震。共振效应是其主要特点。自振周期与地震动卓越周期相近的高层建筑遭到严重的破坏，破坏的建筑中，9 层以上的中高层建筑占比很大。此外，一些框架因梁、柱截面过小和超量配筋发生剪、压破坏而倒塌。无梁楼盖结构，因楼板在柱周围发生弯曲挤压继而冲切破坏后倒塌。具有拐角形平面的建筑，破坏率显著增高。带大底盘的高层建筑，塔楼下部与裙房相接的楼层发生严重破坏，反映出竖向刚度突变的不良后果。

（14）1995 年日本阪神地震。钢筋混凝土房屋突出的破坏特点是中间层的倒塌破坏，下部的钢骨混凝土（SRC）柱与上部普通钢筋混凝土（RC）柱的过渡是此类结构的关键，应予以重视。

（15）1999 年中国台湾集集地震。倒塌、破坏的建筑中，有相当一部分是由于抗震概念设计存在明显缺陷造成的，比如建筑结构体系不合理，平、立面不规则，竖向刚度、强度不均匀，结构整体冗余度不足等。

（16）2008 年中国汶川地震。钢筋混凝土框架结构的楼梯间、填充墙以及梁柱节点和柱端破坏是此次地震中的普遍现象，抗震墙结构中连梁的破坏较为常见，出屋面塔楼的根部破坏较为严重。

（17）2010 年智利地震。单向（纵向）少墙的多高层抗震墙建筑普遍破坏比较严重，外纵墙的小墙肢偏心受力（拉/压），横墙端部容易出现混凝土压溃现象，甚至有 1 栋 15 层的混凝土抗震墙住宅发生整体倾覆倒塌。

5.1.2　钢筋混凝土房屋的典型震害

5.1.2.1　框架结构房屋

钢筋混凝土框架结构房屋是我国工业与民用建筑较常用的结构形式，层数一般在 15 层以下，多数为 5～10 层。框架结构房屋的特点是平面布置灵活，可以取得较大的使用空间，同时，结构体系具有较好的延性。但框架结构整体侧向刚度偏小，在强烈地震作用下侧向变形较大，易造成部分框架柱破坏，加之结构体系的冗余度不足，容易形成结构的整体倾覆倒塌。此外，框架结构的梁柱节点、楼梯间以及砌体填充墙等非结构构件往往是地震中的易损部位或构件，且破坏程度也往往比较严重，不仅会危及人身安全、经济财产损失大，社会影响也极其严重。

1.强震作用下的整体倒塌

钢筋混凝土框架结构房屋，往往由于使用功能和布局上的要求导致结构设计上存在较大的不均匀性，进而使得结构存在薄弱楼层或薄弱部位。强烈地震下，薄弱楼层率先屈服、发生弹塑性变形，并产生弹塑性变形集中的现象，进而引发整体倒塌。此外，当冗余度较小时，易导致结构连续倒塌；地震能量过大、烈度过高，远远超过建筑结构的极限承载能力，也会导致结构整体倒塌破坏。

1985 年 9 月 19 日，在离墨西哥首都墨西哥城约 400 公里的海域发生了 8.1 级强烈地震，震源深度 33 公里；21 日又发生了 7.5 级强余震。这两次地震，给墨西哥和远离震中的墨西哥城造成了严重的人员伤亡和经济损失。共振效应引起中高层框架结构倒塌是此次地震一个显著的特点：这次地震破坏的建筑物中，9 层以上的中高层建筑物占的比例很大（图 5.1-1）。这类建筑物的自振周期在 1.5～2.0s 范围，恰好与地震动的卓越周期接近，使建筑物发生共振而加剧了破坏。此外，在设计方面的一些不足也导致了严重的震害后果：部分框架因梁、柱截面过小和超量配筋发生剪、压破坏而倒塌；无梁楼盖结构，因楼板在柱周围发生弯曲挤压继而冲切破坏后倒塌（图 5.1-2）；具有拐角形平面的建筑，破坏率显著提高；带大底盘的高层建筑，塔楼下部与裙房相接的楼层发生严重破坏，反映出竖向刚度突变的不良后果等。

图 5.1-1　1985 年墨西哥地震中，因共振而破坏的中高层框架结构

图 5.1-2　1985 年墨西哥地震中，板柱结构的竖向连续倒塌

1999 年我国台湾集集地震（M7.3）中，大量钢筋混凝土框架结构房屋倒塌，除了地震强度远远超出设计预期外，大量采用单跨框架结构等冗余度较大的抗侧力体系是其中非常重要的原因。图 5.1-3 为地震中云林县斗六市的某大楼（两栋 12 层钢筋混凝土框架结构住宅），由于柱子数量少，冗余度不够造成东侧大楼 6 层以下倒塌，西侧大楼 5 层以下倒塌。

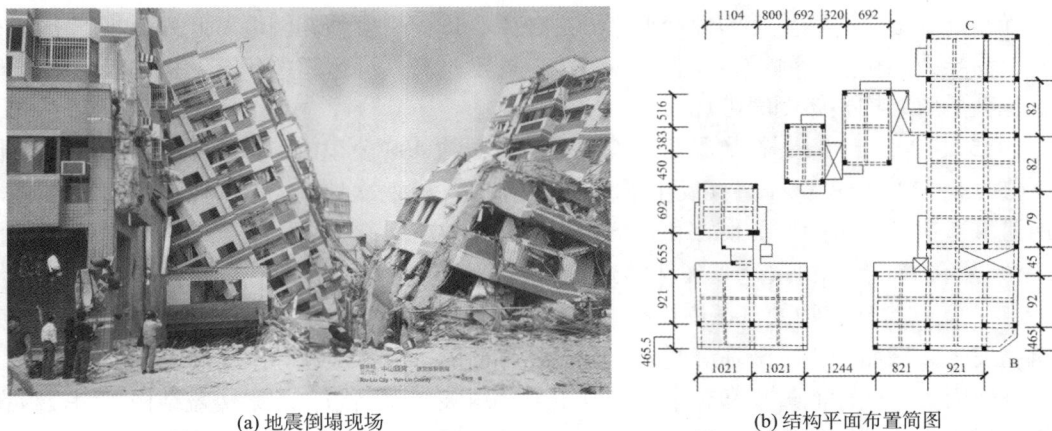

<table>
<tr><td>(a) 地震倒塌现场</td><td>(b) 结构平面布置简图</td></tr>
</table>

图 5.1-3　1999 年台湾集集地震中某大楼倒塌

2008 年我国汶川地震中，大部分混凝土框架结构房屋表现良好，但也有少数框架结构倒塌。其原因主要是这类框架结构跨度普遍较大，层高较高，结构侧向刚度较小，围护墙和隔墙不合理布置，在强烈地震作用下，结构侧向位移过大，造成部分框架柱失稳破坏，由于冗余度较小，容易形成连续倒塌机制，从而导致结构整体倾覆倒塌（图 5.1-4）。

图 5.1-4　2008 年汶川地震中，整体倒塌的框架结构房屋

2. 竖向不规则导致的薄弱层倒塌

由于材料强度、构件截面尺寸、建筑层高、填充墙布置等原因，框架结构的侧向刚度沿高度方向通常不会是均匀的。当刚度发生突变时，会导致薄弱楼层塑性变形集中，对建筑抗震十分不利。

1995 年日本阪神地震中，相当比例的混凝土（或型钢混凝土）框架结构房屋出现中间层倒塌破坏现象。图 5.1-5 为阪神地震中某医院第 5 层整体倒塌，柱子混凝土压酥破坏，钢筋屈曲，首层完好无损。图 5.1-6 为阪神地震中某建筑物，下部框架柱为 SRC 柱，4 层及以上变为 RC 柱，刚度突变导致中间薄弱层倒塌。

1999 年我国台湾集集地震中，位于台湾南投县的埔里大饭店，底层为空旷的营业大厅，上部为有较多填充墙的客房，刚度突变，首层倒塌（图 5.1-7）。2008 汶川地震中，都江堰市某住宅小区部分建筑物采用钢筋混凝土框架结构，由于底部 1 层、2 层相对薄弱，加之遭遇地震烈度远超设计预期，底部两层完全坍塌，5 层变"3 层"（图 5.1-8）。

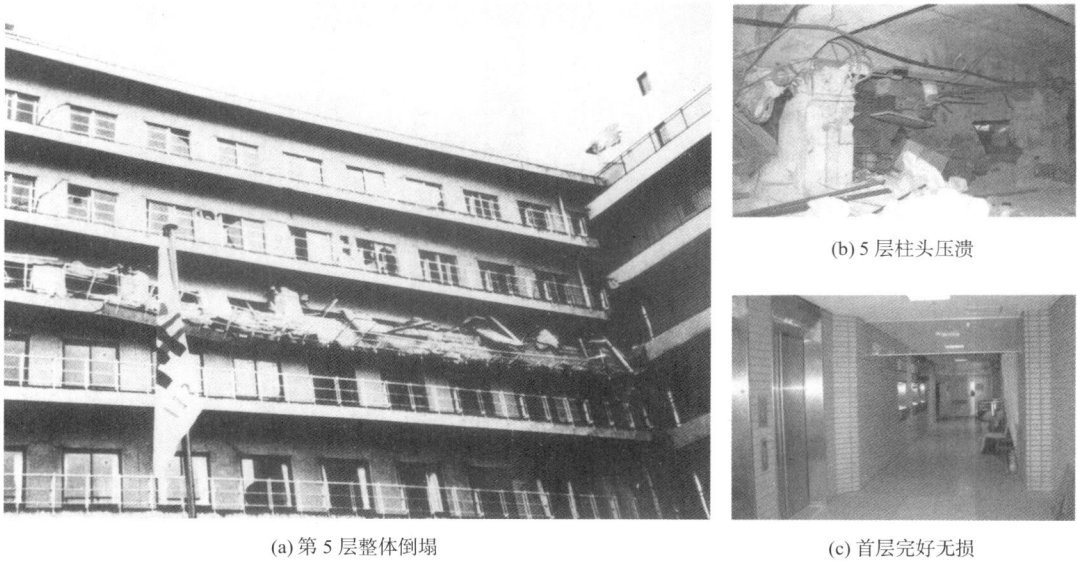

(b) 5 层柱头压溃

(a) 第 5 层整体倒塌

(c) 首层完好无损

图 5.1-5　阪神地震中某医院第五层整体倒塌

图 5.1-6　阪神地震中某建筑物中间层倒塌

图 5.1-7　集集地震中某饭店底层倒塌

图 5.1-8　2008 年汶川地震中，某框架结构住宅楼底部两层倒塌

3. 柱铰机制破坏

在历次地震中，钢筋混凝土框架结构房屋的一个显著震害特征是梁轻柱重。许多框架结构房屋由于设计和施工等原因形成了"强梁弱柱"破坏模式，导致柱端遭受严重破坏，

进而引发建筑倒塌或严重受损，无法继续使用，如图 5.1-9～图 5.1-11 所示。

图 5.1-9　2008 年汶川地震，都江堰市某新建建筑，六层框架结构，底层柱头、柱脚破坏

(a) 汉旺镇某建筑底层柱头破坏　　　　　　　　(b) 华夏广场商住楼，底层柱头破坏

图 5.1-10　2008 年汶川地震，框架结构底层柱头破坏现象

(a) 柱头几乎折断，梁相对完好　　　　　　　　(b) 底层柱折断，结构倒塌

图 5.1-11　2003 年阿尔及利亚地震，框架柱严重破坏

4. 楼梯间破坏及其对结构的不利影响

2008 年汶川地震中一个普遍的破坏现象是，作为逃生通道的楼梯间破坏比较严重（图 5.1-12），造成了相当的人员伤亡。2010 年玉树地震中也存在楼梯破坏现象（图 5.1-13）。

(a) 梯板被拉断，钢筋压屈

(b) 楼梯梁剪扭断裂

图 5.1-12　2008 年汶川地震中，钢筋混凝土框架结构楼梯的典型震害现象

(a) 外观全景

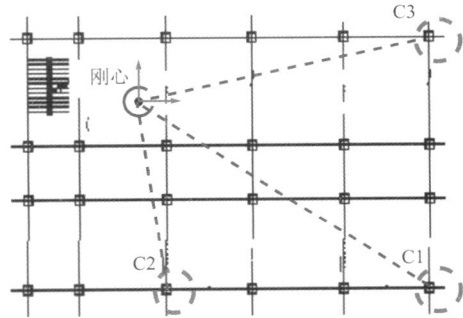

(b) 结构平面简图

(c) 梯段板拉断

(d) 平台梁剪断

(e) 梯段板断裂、钢筋压屈

(f) 楼梯间对角柱 C1 节点破坏

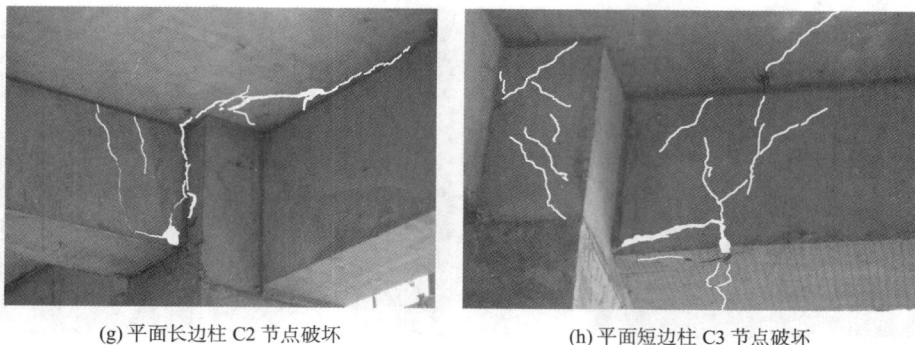

(g) 平面长边柱 C2 节点破坏　　　　　　　(h) 平面短边柱 C3 节点破坏

图 5.1-13　2010 年玉树地震中，某在建框架结构的楼梯震害及其造成的扭转破坏

5. 填充墙破坏及其对主体结构的不利影响

震害调查发现，黏土砖和普通混凝土砌块砌筑的隔墙、围护墙和填充墙等刚性非结构墙体，当无可靠拉结措施时在地震中极易破坏。在一些中等地震下，当主体结构保持完好或轻微破坏时，填充墙已经遭受严重破坏，严重影响建筑结构的使用功能，降低建筑整体的性能水平。填充墙的倒塌会导致人员伤亡，同时也会堵塞紧急疏散通道，成为抗震救援工作的障碍，造成严重的经济损失（图 5.1-14）。

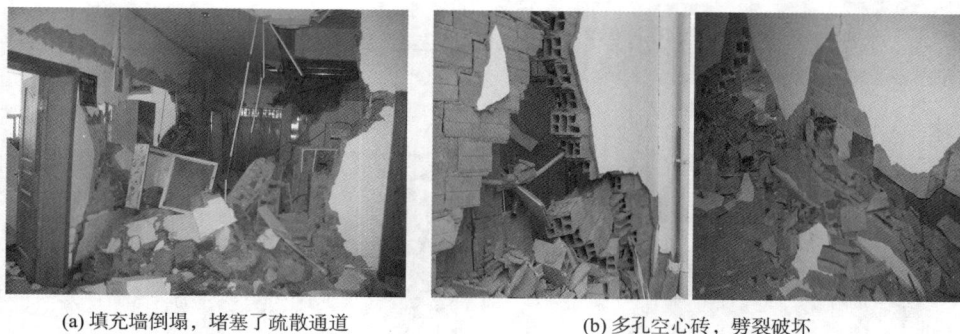

(a) 填充墙倒塌，堵塞了疏散通道　　　　　(b) 多孔空心砖，劈裂破坏

图 5.1-14　2008 年汶川地震中，填充墙或围护墙大量破坏，损失严重

刚性填充墙除了自身的震害情况严重外，其不合理布置还会对建筑结构的整体抗震性能带来不利影响。一般来说，填充墙对结构抗震的不利影响大致有：

其一，沿建筑竖向填充墙布置不均匀，形成薄弱楼层，地震中结构变形集中而破坏或倒塌。比较常见的一种布局形式是上刚下柔，类似于无抗震墙的底框结构。1999 年台湾集集地震，南投县埔里大饭店为 7 层框架结构，底层大空间基本无填充墙，地震中底层破坏严重（图 5.1-7）。此类房屋目前在我国中小城镇的沿街商住楼中比较常见。

其二，刚性填充墙在平面上布置不均匀，造成地震中结构扭转破坏。2008 年汶川地震，安县某办公楼，填充墙布置不当导致扭转破坏（图 5.1-15）。

其三，填充墙局部砌筑不到顶，使框架柱形成短柱，地震中易产生剪切或弯曲破坏（图 5.1-16）。

其四，单侧布置填充墙的框架柱，其上端极易产生冲剪破坏。由于刚性填充墙参与工作，分担了较多的水平地震剪力，而后砌填充墙的顶面与框架梁底面接触不紧密，大部分地震剪力要通过楼层柱的上端，途经填充墙的端面传至墙体，这就给柱上端带来很大的附加剪力，造成柱上端冲剪破坏（图 5.1-17）。实际地震震害调查发现，单侧布置填充墙的楼层柱，上端的震害（主要为冲剪破坏）比较常见，至今尚未发现由于下端填充墙引起的震害。这是因为每层填充墙在砌筑时，底面与其下部的框架梁顶面结合紧密，填充墙所分担的地震剪力可通过此结合面传至下部框架梁，因而对楼层柱下端产生的附加剪力很小，一般不致引起震害。

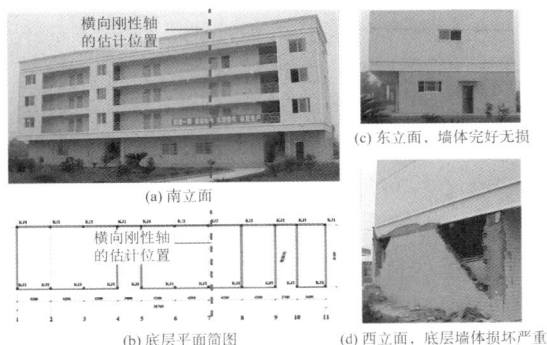

(a) 南立面

(b) 底层平面简图

(c) 东立面，墙体完好无损

(d) 西立面，底层墙体损坏严重

图 5.1-15　填充墙平面不均匀导致的扭转破坏

图 5.1-16　填充墙局部砌筑不合理
导致的短柱破坏

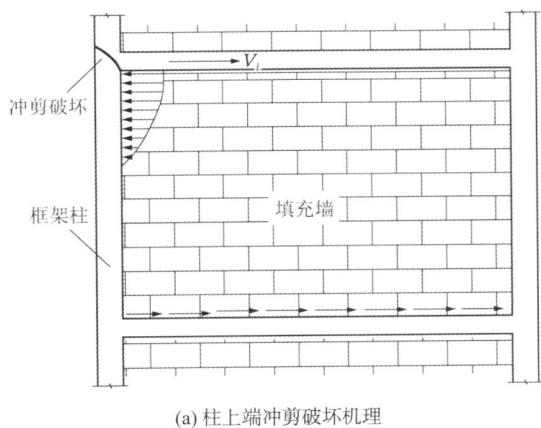

(a) 柱上端冲剪破坏机理

(b) 汶川地震实例（一）

(c) 汶川地震实例（二）

(d) 玉树地震，玉树宾馆柱冲剪破坏

图 5.1-17　填充墙单侧布置导致柱上端冲剪破坏

5.1.2.2 具有抗震墙的房屋

1. 强震区的整体倒塌

一般来说，与纯框架结构房屋相比，设置抗震墙的混凝土房屋具有更好的抗震能力，同等情况下，地震损伤情况也要轻得多。近几十年的强震调查资料也显示，钢筋混凝土抗震墙房屋或钢筋混凝土框架-抗震墙房屋在地震中完全倒塌的案例并不多见。但这并不能说明，具有抗震墙的混凝土房屋是绝对安全的。相反，当建筑形体不规则、结构方案不合理时，在强震下出现严重的损伤、破坏乃至整体倒塌的现象，是非常可能的。

2010 年 2 月 27 日，在智利中部沿海纳斯卡板块和南美洲板块的俯冲区发生 M_w8.8 级地震，造成 525 人伤亡，直接经济损失 200 亿美元。在这次地震中，相当一部分现代钢筋混凝土承重墙建筑出现中度、重度破坏。位于康塞普西翁市的一栋建筑，即 15 层的 Alto Rio 大楼，则出现了灾难性的整体倾覆式倒塌，导致 8 人丧生。

图 5.1-18 为该建筑的震前外观照片、震后现场照片以及平、立面简图。从图中可以看出：①该建筑纵向抗震墙（抗震墙）主要集中于中部内走廊的两侧，而建筑外围的东、西侧外纵墙只有少许零散的小墙段；②中部Ⓒ轴线、Ⓐ轴线、①轴线存在转换，纵向墙体上下不连续，导致底层成为纵向抗侧刚度的薄弱层，且刚度分布不均匀，①轴线除两端外，没有纵向墙体；③建筑横向抗震墙的基本均匀，数量也相对较多，但建筑南端山墙完整，且设有楼、电梯间墙体；而建筑北端的山墙几乎全开设为门、窗洞口，有效抗震墙短且很少，因此，横向抗侧刚度也存在明显偏心。

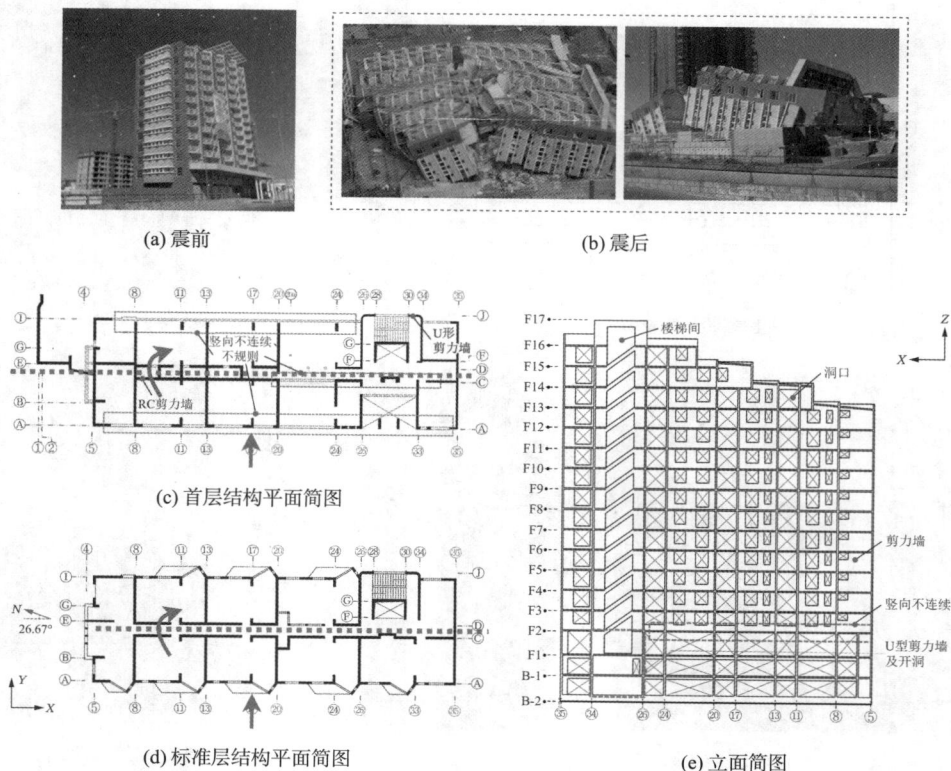

(a) 震前   (b) 震后

(c) 首层结构平面简图

(d) 标准层结构平面简图

(e) 立面简图

图 5.1-18　2010 年智利地震，康塞普西翁市 15 层 Alto Rio 大楼整体倒塌

总体上，该建筑的纵向抗侧力构件沿竖向不连续，横向抗侧力构件存在明显偏心，建筑外围的抗侧力构件显著偏少，总体抗扭刚度明显偏弱。此外，按智利当地的工程习惯做法，横向墙体在内走廊处不设连梁，走廊两侧墙体主要依靠楼板进行联结（图 5.1-19），难以协调两侧墙肢的变形，结构的整体性相对较差。因此，强烈地震作用下，东侧底部①轴线仅有的几个小墙段压溃后，进一步导致上部结构整体倾覆倒塌。

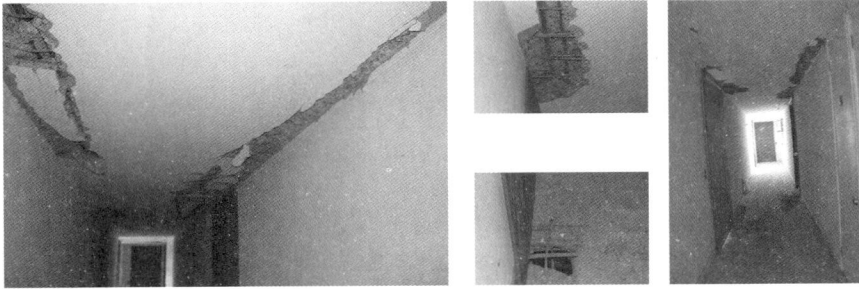

图 5.1-19　智利住宅建筑（公寓）内走廊不设横向连梁，走廊楼面板两支承端损毁严重

2. 薄弱层倒塌

含抗震墙结构地震中薄弱层倒塌破坏的案例也不多见，2010 年智利地震中康塞普西翁市的托雷·奥希金斯（Torre O'Higgins）大厦是一个典型的案例。托雷·奥希金斯大厦，建于 2008 年，是一栋 21 层的混凝土办公建筑，先后在 11、15、17 层局部退台。2010 年地震中，第 11 层退台处局部倒塌，造成上部结构严重破坏（图 5.1-20）。

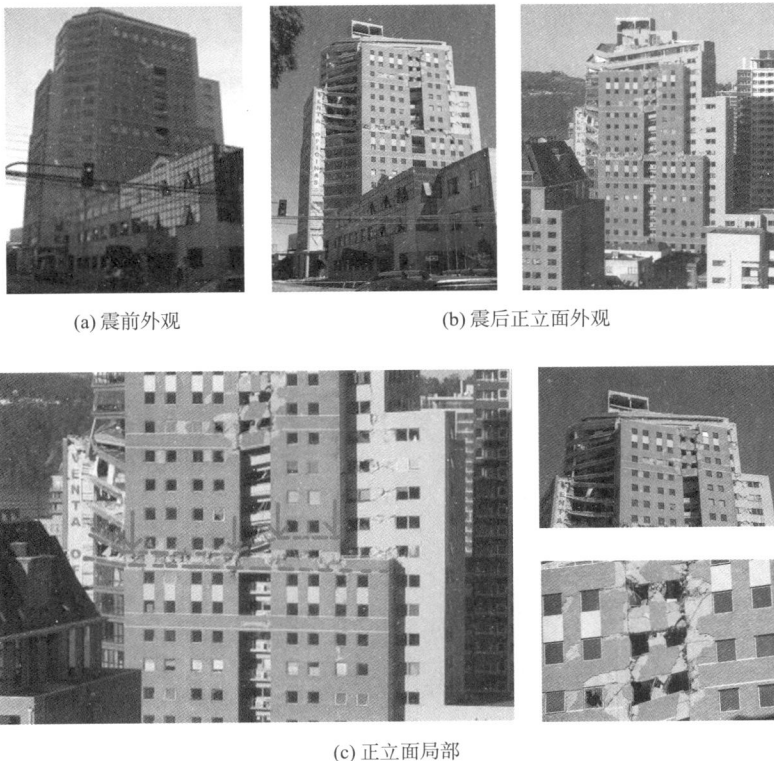

(a) 震前外观　　　　　　　　　　(b) 震后正立面外观

(c) 正立面局部

(d) 左侧立面外观及局部

图 5.1-20   2010 年智利地震中的托雷·奥希金斯（Torre O'Higgins）大厦

3. 连梁破坏

由于洞口附近的应力集中效应，开洞抗震墙中连梁端部极为敏感，在约束弯矩作用下很容易产生竖向弯曲裂缝。当连梁的跨高比较大（通常大于 5）时，连梁以受弯为主，一般会出现弯曲破坏。然而，工程实践中连梁的高跨比普遍较小，地震中除了端部很容易出现垂直的弯曲裂缝外，斜向剪切裂缝也比较普遍。当连系梁的剪力过大或抗剪箍筋不足时，有可能过早出现剪切破坏，墙肢间丧失可靠连系，抗震墙承载能力降低（图 5.1-21、图 5.1-22）。

图 5.1-21   2008 年汶川地震中都江堰公安局大楼，门窗洞口上的连梁，跨高比较小，剪切破坏

图 5.1-22　2010 年智利 M_W8.8 地震中 Rio Petrohue 大楼的破坏

4. 墙肢破坏

开口抗震墙的底部墙肢内力最大，容易在墙肢底部出现裂缝及破坏。在水平荷载作用下受拉的墙肢往往轴压力较小，有的在强地震作用下甚至出现拉力，墙肢底部很容易出现水平裂缝。对于层高小而宽度较大的墙肢，也容易出现剪切斜裂缝。墙肢的破坏有以下几种情况：

当抗震墙的高宽比较小，导致墙肢的总剪跨比较小时，墙肢中的斜向裂缝可能贯穿成大的斜向裂缝而出现剪切破坏。如果某个抗震墙局部墙肢的剪跨比较小，也可能出现局部墙肢的剪坏。对于框架-抗震墙或框支抗震墙结构体系，由于框架和抗震墙协同工作，不同的变形特征通过楼板等水平构件位移协调，框架部分（或框支抗震墙部分）在底层卸载，通过楼板将水平荷载传到落地抗震墙上，从而导致这些落地抗震墙底层剪力加大，剪跨比减小，在底层墙肢中出现剪切破坏。

当剪跨比较大，并采取措施加强墙肢的抗剪能力时，抗震墙以弯曲变形为主，则出现墙肢弯曲破坏，通常导致底部受压区混凝土压碎剥落，钢筋压屈等。

图 5.1-23 为都江堰市移动电信大楼，9 层（局部 11 层）框架-抗震墙结构体系。汶川地震中，高宽比较小的抗震墙墙肢底部两层出现较为严重的"X"形剪切斜裂缝，高宽比较大的抗震墙墙肢底部出现弯曲破坏的水平裂缝，角部混凝土压酥。同时，剪跨比小于 1 的高连梁剪切破坏。

图 5.1-24 为建于 2008 年的都江堰市岷江国际大厦，18 层框架-抗震墙结构体系。汶川地震中，高宽比较大的抗震墙墙肢在水平地震动作用下以弯曲变形为主，作为抗震墙墙肢嵌固端的底层角部由于应力过大混凝土压碎，主筋压屈。在复杂应力作用下，个别抗震墙混凝土酥碎剥落。

2010 年 2 月 27 日，智利 8.8 级地震中，大量采用抗震墙结构的高层建筑破坏，而抗震墙墙肢破坏则是此类建筑地震灾害的普遍现象（图 5.1-25）。

(a) 外观

(b) 高连梁剪切破坏

(c) 底部墙肢混凝土压酥

(d) 底部墙肢产生水平裂缝

图 5.1-23　2008 年汶川地震，都江堰电信大楼，框架-抗震墙结构，高连梁与墙肢破坏

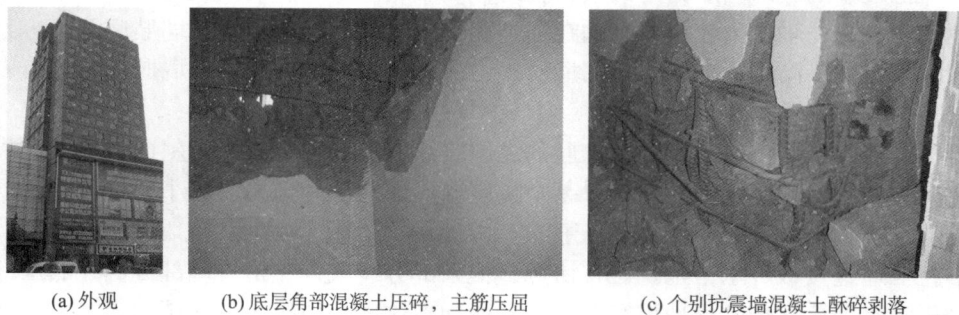

(a) 外观

(b) 底层角部混凝土压碎，主筋压屈

(c) 个别抗震墙混凝土酥碎剥落

图 5.1-24　2008 年汶川地震，岷江国际大厦，抗震墙底部混凝土压碎，主筋压屈

(a) 外观

(b) 沿街立面局部

(c) 墙肢突变部位严重破坏　　　　　　　　(d) 窗间小墙肢严重破坏

(e) 底层墙肢的顶部通常压溃　　　　(f) 墙肢端部支承正交梁，未设边缘
　　　　　　　　　　　　　　　　　　构件，混凝土压溃，钢筋屈曲

图 5.1-25　2010 年智利地震，San Diego 市的 Central Park 大楼，墙肢严重损伤

5.1.3　钢筋混凝土房屋的震害经验与启示

尽管每一次地震建筑物的破坏情况各有特点，但其中仍然不乏共性、规律性，而这些共性、规律性对今后进行工程抗震设计无疑具有重要的参考价值和指导作用。从历次地震震害来看，房屋建筑地面以上的规律性震害有以下几个方面：

（1）房屋体形方面：①平面复杂的房屋，如 L 形、Y 形等，破坏率显著增高；②有大底盘的高层建筑，裙房顶面与主楼相接处楼板面积突然减小的楼层，破坏程度加重；③房屋高宽比值较大且上面各层刚度很大的高层建筑，底层框架柱因地震倾覆力矩引起的巨大压力而发生剪压破坏；④相邻结构或毗邻建筑，因相互间的缝隙宽度不够而发生碰撞破坏。

（2）结构体系方面：①相对于框架体系而言，采用框-墙体系的房屋破坏程度较轻，特别有利于保护填充墙和建筑装修免遭破坏；②采用"框架结构 + 填充墙"体系的房屋，在钢筋混凝土框架平面内嵌砌砖填充墙时，柱上端易发生剪切破坏；③外墙框架柱在窗洞处因受窗下墙的约束而发生短柱型剪切破坏；④采用钢筋混凝土板柱体系的房屋，或因楼板冲切破坏，或因楼层侧移过大柱顶、柱脚破坏，各层楼板坠落，重叠在地面；⑤采用"底部框架 + 上部砌体结构"体系的房屋，相对柔弱的底层，破坏程度十分严重；⑥采用"框架结构 + 填充墙"体系的房屋，当底层为开敞式的，框架间未砌砖墙，底层同样遭到严重破坏；⑦采用单跨框架结构体系的房屋，因结构整体冗余度较小，强震作用下易发生整体倒塌。

（3）刚度分布方面：①采用 L 形、三角形等不对称平面的建筑，地震时因发生扭转振动而使震害加重；②矩形平面建筑，电梯间竖筒等抗侧力构件的布置存在偏心时，同样因发生扭转震动而使震害加重。

（4）构件形式方面：①钢筋混凝土多肢抗震墙的窗下墙（连梁）常发生斜向裂缝或交叉裂缝；②在框架结构中，绝大多数情况下，柱的破坏程度重于梁和板；③钢筋混凝土框架，如在同一楼层中出现长、短柱并用的情况，短柱破坏严重；④配置螺旋箍的钢筋混凝土柱，当层间位移角数值很大时多核心混凝土仍保持完好，柱仍具有较大的竖向承载能力；形成对照的是，配置方形箍的钢筋混凝土柱，箍筋绷开，核心混凝土破碎脱落。

（5）非结构方面：①刚度较大的砖砌体填充墙平面布置不合理，易导致建筑平面刚度分布不均匀发生扭转破坏；②竖向布置不合理易导致建筑竖向刚度突变，产生薄弱楼层破坏；③局部布置不合理，容易使框架柱形成短柱，产生剪切破坏；④附着于楼屋面的机电设备、女儿墙等非结构构件，地震时易倒塌或脱落伤人，设计时应采取与主体结构可靠连接与锚固的措施。

5.2 抗震设计的一般概念

5.2.1 合适的房屋高度

一般而言，房屋愈高，所受到的地震力和倾覆力矩愈大，破坏的可能性也就愈大。墨西哥城是人口超过一千万的特大城市，高层建筑甚多。1957 年太平洋岸的 7.6 级地震，以及 1985 年 9 月前后相隔 36 小时的 8.1 级和 7.5 级地震，均有大量高层建筑倒塌。1985 年地震中，倒塌率最高的是 10～15 层楼房；6～21 层楼房，倒塌或严重破坏的共有 164 幢。

1967 年委内瑞拉的加拉加斯地震，曾发生明显由于倾覆力矩引起破坏的震例。该市一幢 11 层旅馆，底部三层为框架结构，以上各层为抗震墙结构，底部三层的框架柱，由于倾覆力矩引起的巨大压力使轴压比达到很大数值，延性降低，柱头均发生剪压破坏。另一幢 18 层框架结构的 Caromay 公寓，地上各层均有砖填充墙，地下室空旷。由于上部砖墙增加了刚度，加大了倾覆力矩，在地下室柱中引起很大轴力，造成地下室很多柱子在中段被压碎，钢筋弯曲呈灯笼状。

1985 年墨西哥地震，墨西哥城内一幢 9 层钢筋混凝土结构，因地震时产生的倾覆力矩，使整幢房屋倾倒，埋深 2.5m 的箱形基础翻转了 45°，并将下面的摩擦桩拔出。

因此，对采用钢筋混凝土材料的高层建筑，从安全和经济等诸方面综合考虑，其适用最大高度应有限制。当钢筋混凝土结构的房屋高度超过最大适用高度时，应通过专门研究，采取有效加强措施，如采用型钢混凝土构件、钢管混凝土构件、性能化设计方法等，并按建设部部长令第 111 号的有关规定进行专项审查。

1. 标准规定

《建筑抗震设计标准》GB/T 50011—2010（2024 年版）

6.1.1 本章适用的现浇钢筋混凝土房屋的结构类型和最大高度应符合表 6.1.1 的要求。平面和竖向均不规则的结构，适用的最大高度宜适当降低。

注：本章"抗震墙"指结构抗侧力体系中的钢筋混凝土抗震墙，不包括只承担重力荷载的混凝土墙。

现浇钢筋混凝土房屋适用的最大高度（m）					表 6.1.1

结构类型		烈度				
		6	7	8（0.2g）	8（0.3g）	9
框架		60	50	40	35	24
框架-抗震墙		130	120	100	80	50
抗震墙	一般抗震墙	140	120	100	80	60
	部分框支抗震墙	120	100	80	50	不应采用
筒体	框架-核心筒	150	130	100	90	70
	筒中筒	180	100	120	100	80
板柱-抗震墙		80	70	55	40	不应采用

注：1. 房屋高度指室外地面到主要屋面板板顶的高度（不包括局部突出屋顶部分）；
　　2. 框架-核心筒结构指周边柱框架与核心筒组成的结构；
　　3. 部分框支抗震墙结构指首层或底部两层为框支层的结构，不包括仅个别框支墙的情况；
　　4. 表中框架，不包括异形柱框架；
　　5. 板柱-抗震墙结构指板柱、框架和抗震墙组成抗侧力体系的结构；
　　6. 乙类建筑可按本地区抗震设防烈度确定其适用的最大高度；
　　7. 超过表内高度的房屋，应进行专门研究和论证，采取有效的加强措施。

2. 注意事项

（1）对于平面和竖向均不规则的结构，适用的最大高度宜适当降低，降低的幅度一般在 10% 左右。

（2）关于房屋高度，计算的起点均为室外地面；计算的终点，屋顶取主要屋面板板顶，坡屋顶取屋檐和屋脊连线的中点处。

（3）对于局部突出屋顶部分，参考《民用建筑设计统一标准》GB 50352—2019 的规定，指的是局部突出屋面的楼梯间、电梯机房、水箱间等辅助用房，占屋顶平面面积不超过 1/4 者。局部突出屋顶部分不计入房屋总高度，但工程设计时应对其鞭梢效应给予足够的重视，计算地震作用时应按《建筑抗震设计标准》GB/T 50011—2010（2024 年版）第 5.2.4 条的相关规定执行。

（4）关于异形柱框架结构，现行的《建筑抗震设计标准》《混凝土结构设计标准》《高层建筑混凝土结构技术规程》等关于框架结构抗震设计的一系列规定，仅适用于常见的矩形截面柱框架结构，对异形柱框架结构并不适用。有关异形柱结构抗震设计的具体规定请参见专门的技术标准。

（5）关于框架-核心筒结构，指的是由沿建筑周边设置的框架与在建筑中部设置的核心筒体组成的结构形式。对于筒体偏置于建筑一边的情形，考虑到其整体空间作用相对要小得多，且扭转效应较大的特点，建议按框架-抗震墙结构进行控制和设计。框架-核心筒结构中，当部分楼层为无梁的平板楼盖时，确定其适用的最大高度时仍可按框架-核心筒结构查表，但实际实施时需注意把握以下两个问题：

其一，关于"部分楼层"的界定，按不超过总楼层数量的 30% 控制；

其二，关于"部分楼层"的设计，应符合下列要求：

平板楼盖，按板柱-抗震墙结构的相关要求设计，同时加强构造措施；

内部核心筒，按承担全部楼层地震剪力进行设计，并加强边缘构件的构造措施；

外框架，应按板柱-抗震墙结构的板柱以及框架-核心筒的框架两种情况中的最不利情况进行设计，即此时外框的受剪承载能力应同时满足 GB/T 50011—2010 第 6.2.13 条第 1 款和第 6.7.1 条第 2 款以及第 6.6.3 条第 1 款的相关规定，亦即

$$V_{f,i}^a \geqslant \begin{cases} \min(0.2V_0, 1.5V_{f,max}) & V_{f,max} \geqslant 0.1V_0 \\ \max[0.15V_0, \min(0.2V_0, 1.5V_{f,max})] & V_{f,max} < 0.1V_0 \end{cases} \tag{5.2-1}$$

$$V_{f,i}^a \geqslant 0.2V_i \tag{5.2-2}$$

式中：$V_{f,i}^a$——第 i 楼层外框架部分应承担的地震剪力标准值；

$\quad\quad V_0$——结构底部总地震剪力的计算值；

$\quad\quad V_i$——第 i 楼层地震剪力的计算值；

$\quad V_{f,max}$——外框架部分各层计算剪力的最大值。

（6）部分框支抗震墙结构，按《建筑抗震设计标准》的定义，是指首层或底部两层为框支层的抗震墙结构，不包括仅个别框支墙的情况。关于个别框支，按《建筑抗震设计标准》条文说明，是指不落地抗震墙的截面面积不大于抗震墙总截面面积 10%的情况，此时，当框支部分的设计合理且不致加大扭转不规则，仍可视为抗震墙结构，其适用最大高度仍可按全部落地抗震墙结构确定；在实际工程实践时，也可参照《高层建筑混凝土结构技术规程》第 8.1.3 条第 1 款关于框架-抗震墙结构设计方法的规定，在规定的水平力作用下底层框支框架部分分担的倾覆力矩不超过总倾覆力矩的 10%时，视为抗震墙结构，最大适用高度按抗震墙结构确定。所谓部分框支，顾名思义，只允许部分墙体进行框架支承转换，关于"部分"的掌控，应注意落地墙不能太少，实际工程可从以下两个方面进行控制：其一，是控制框支框架的倾覆力矩，在规定的水平力作用下，底层框支框架部分分担的倾覆力矩应小于总倾覆力矩的 50%，即框支转换后，框支层以下的结构布置至少应满足框架-抗震墙结构的标准；其二，是控制落地墙体的间距，1~2 层转换不宜大于 24m，3 层及以上转换不宜大于 20m。

（7）甲、乙类建筑的适用高度

甲类建筑，《建筑抗震设计标准》未直接给出甲类建筑的适用高度。但如前所述，所谓的适用高度本质上就是后续技术规定的应用范围，因此，严格意义上讲，甲类建筑的适用高度可按本地区的设防烈度直接查表，但考虑到甲类建筑的重要性及特殊性，而且数量很少，基于安全性考虑，建议从严把握。鉴于此，《高层建筑混凝土结构技术规程》JGJ 3—2010 第 3.3.1 条规定：对于 A 级高度的甲类建筑，6、7、8 度设防时分别按 7、8、9 度查表，9 度设防时专门研究；对于 B 级高度的甲类建筑，6、7 度设防时分别按 7、8 度查表，8 度设防时专门研究。

乙类建筑，最大适用高度按本地区抗震设防烈度查表确定。

（8）高度超限

如前所述，当建筑物的高度超出规范的高度限值时，规范规定的技术措施已不能完全保证建筑物在预期地震作用下的安全性，即已不再适用，此时，建筑物的抗震设防措施就需要专门研究或论证，补充多方面的计算分析，进行相应的振动台试验研究，采取有效加强措施，必要时需采用型钢混凝土结构等，并按建设部部长令的有关规定上报审批。

此外，为保证 B 级高度高层建筑的设计质量，抗震设计的 B 级高度的高层建筑，也需按有关行政法规的规定进行超限高层建筑的抗震审查复核。

5.2.2　不大的高宽比

严格意义上讲，房屋的高宽比是一个比房屋高度更需慎重考虑的问题。因为建筑的高宽比值愈大，即建筑愈瘦高，地震作用下的侧移愈大，地震引起的倾覆作用愈严重。巨大的倾覆力矩在柱中和基础中所引起的压力和拉力比较难于处理。因此，1997 年发布的《超限高层建筑工程抗震设防管理暂行规定》建设部令第 59 号规定，超出高宽比限值的高层建筑为超限高层，但 2002 年发布的《超限高层建筑工程抗震设防管理规定》建设部令第 111号则基于下述原因取消了该条规定。

《高层建筑混凝土结构技术规程》关于建筑高宽比的规定，是对结构刚度、整体稳定、承载能力和经济合理的高层建筑的高宽比规定，是对结构整体刚度、抗倾覆能力、整体稳定、承载能力以及经济合理性的宏观控制指标，是工程经验的总结。在《高层建筑混凝土结构技术规程》中，对这些性能中的绝大部分已有些专门规定。例如，除了承载力、侧向位移验算外，在第 5.4.3 条规定了考虑重力二阶效应时结构构件弯矩、剪力的增大系数：①对抗震墙结构、框架-抗震墙结构和筒体结构，增大系数为 $\eta_i = 1/[1 - 0.28H^2\sum G_j/(EJ_d)]$；②对框架结构，增大系数为 $\eta_i = 1/[1 - 2\sum G_j/(D_i h_i)]$。此外，第 5.4.3 条还规定了结构保持稳定所必需的刚度与重量关系，即通常所说的刚重比限值要求：①对抗震墙结构、框架-抗震墙结构和筒体结构，$EJ_d \geq 1.4H^2\sum G_i$；②对框架结构，$D_i \geq 10\sum G_j/H_i$。因此，2002 年发布的《超限高层建筑工程抗震设防管理规定》不再将高宽比作为超限高层建筑的一个判断指标。但高层建筑的高宽比仍然是一个需要慎重对待的重要技术指标。

1. 标准规定

《高层建筑混凝土结构技术规程》JGJ 3—2010

3.3.2　钢筋混凝土高层建筑结构的高宽比不宜超过表 3.3.2 的规定。

钢筋混凝土高层建筑结构适用的高宽比　　　　表 3.3.2

结构体系	非抗震设计	抗震设防烈度		
		6、7 度	8 度	9 度
框架	5	4	3	—
板柱-抗震墙	6	5	4	—
框架-抗震墙、抗震墙	7	6	5	4
框架-核心筒	8	7	6	4
筒中筒	8	8		5

---

2. 关于高宽比的计算

1）高度取值，一般情况下，取结构的总高度 H，总高的计算同前文的最大适用高度的相关要求；对大底盘结构，除总高度 H 外，尚应计算底盘以上塔楼的高度 H_1。塔楼高度 H_1 取裙房顶至塔楼顶的距离。

2）宽度取值

（1）最小投影宽度

一般情况下，结构平面宽度可按该平面各水平方向的最小投影宽度计算。对于

图 5.2-1 所示的 L 形平面建筑$OABCDE$来说，在平面突出部位满足《高层建筑混凝土结构技术规程》第 3.4.3 条相关要求的前提下，最小投影宽度应为三个投影方向投影宽度的最小值，即

$$最小投影宽度 = \min{(OF, OE, OA)} \tag{5.2-3}$$

式中：OF、OE、OA——分别为投影方向一、二、三上的投影宽度。

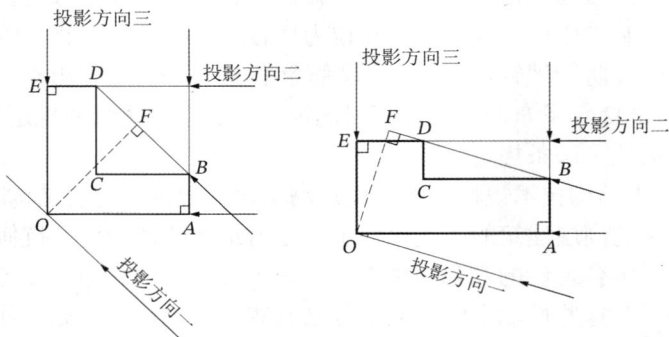

图 5.2-1　L 形平面建筑水平方向最小投影宽度计算示意图

注意，采用最小投影宽度计算高宽比时，突出建筑物平面很小的局部结构（一般指的局部突出建筑平面的楼梯间、电梯间等）不包含在计算宽度内。

（2）等效宽度

《高层建筑混凝土结构技术规程》第 3.3.2 条的条文说明中提到，"对于难以采用最小投影宽度计算高宽比的情况，应根据工程实际确定合理的计算方法"。但是，到底采用什么样的方法，并未明示，给工程设计人员、审查人员造成困惑。

为了便于工程操作，《广东省实施〈高层建筑混凝土结构技术规程〉（JGJ 3—2002）补充规定》（DBJ/T 15-46—2005）要求，高层建筑的高宽比为地面以上高度H（不计突出屋面的机房、水池、塔架等）与建筑平面宽度B之比。当建筑平面为非矩形时，可取平面的等效宽度$B = 3.5r$，r为建筑平面（不计外挑部分）最小回转半径。

广东省的上述规定，与《砌体结构设计规范》GB 50003—2001 中 T 形截面无筋砌体构件高厚比计算中折算厚度$h_T = 3.5i$（i为截面回转半径）的算法一致，体现了等效宽度与结构整体抗侧刚度的关联性，且相对简便实用，是目前计算复杂平面高层建筑结构高宽比的较合理算法。

3. 注意事项

（1）悬挑构件不应计入建筑的平面宽度。由于建筑平面的悬挑构件并不涉及结构整体的抗侧刚度，计算高宽比的宽度指标时，应以结构竖向构件的外缘包络线为准。计算最小投影宽度时，不应计入悬挑构件的投影宽度。

（2）大底盘结构高宽比的计算。《高层建筑混凝土结构技术规程》第 3.3.2 条条文解释中提出，"对带有裙房的高层建筑，当裙房的面积和刚度相对于其上部塔楼的面积和刚度较大时，计算高宽比的房屋高度和宽度可按裙房以上塔楼结构考虑"。由于上述的"较大"是相对于塔楼而言的定性判断，缺少定量的界定指标，实际工程可操作性不强。从工程实践角度来说，对于大底盘结构的高宽比，不管裙房的面积与刚度如何，对整体结构和底盘以

上的塔楼结构分别进行计算复核，取 $\max(H/B, H_1/B_1)$ 作为控制目标是合适可行的。

5.2.3　适宜的抗震等级

一般而言，延性越好，结构的抗震能力也就越好。在大震下，即使结构构件达到屈服，仍然可以通过屈服截面的塑性变形来消耗地震能，避免发生脆性破坏。在大震后的余震发生时，因为塑性铰的出现，结构的刚度明显变小，周期变长，所受地震作用会明显减小，震害减轻。地震过后，结构的修复也较容易。因此在地震区，结构必须具备一定的延性。并且设防烈度越高、结构高度越大，对延性的要求也越高。

钢筋混凝土房屋的抗震等级是重要的设计参数，我国抗震规范自 GBJ 11—89 开始就明确规定应根据设防类别、结构类型、烈度和房屋高度四个因素确定。抗震等级的划分，体现了对不同抗震设防类别、不同结构类型、不同烈度、同一烈度但不同高度的钢筋混凝土房屋结构延性要求的不同，以及同一种构件在不同结构类型中的延性要求的不同。

1. 标准规定

《建筑与市政工程抗震通用规范》GB 55002—2021

5.2.1　钢筋混凝土结构房屋应根据设防类别、设防烈度、结构类型和房屋高度采用不同的抗震等级，并应符合相应的内力调整和抗震构造要求。抗震等级应符合下列规定：

　　1　丙类建筑的抗震等级应按表 5.2.1 确定。

丙类混凝土结构房屋的抗震等级　　　　表 5.2.1

结构类型		设防烈度									
		6		7			8			9	
框架	高度（m）	≤24	25~60	≤24	25~50		≤24	25~40		≤24	
	框架	四	三	三	二		二	一		一	
	跨度不小于18m的框架	三		二			一			一	
框架-抗震墙	高度（m）	≤60	61~130	≤24	25~60	61~120	≤24	25~60	61~100	≤24	25~50
	框架	四	三	四	三	二	三	二	一	二	一
	抗震墙	三		三		二	二		一	一	
抗震墙	高度（m）	≤80	81~140	≤24	25~80	81~120	<24	25~80	81~100	≤24	25~60
	抗震墙	四	三	四	三	二	三	二	一	二	一
部分框支抗震墙	高度（m）	≤80	81~120	≤24	25~80	81~100	<24	25~80		／	／
	抗震墙　一般部位	四	三	四	三	二	三	二		／	／
	抗震墙　加强部位	三	二	三	二	一	二	一		／	／
	框支层框架	二		二			一			／	／
框架-核心筒	高度（m）	≤150		≤130			≤100			≤70	
	框架	三		二			一			一	
	核心筒	二		二			一			一	

续表

结构类型		设防烈度					
		6	7		8		9
简中筒	高度	≤180	≤150		≤120		≤80
	外筒	三	二		一		一
	内筒	三	二		一		一
板柱-抗震墙	高度（m）	≤35	36~80	≤35	36~70	≤35	36~55
	框架、板柱的柱	三	二	二	二	二	一
	抗震墙	二	二	二	一	二	一

2 甲、乙类建筑的抗震措施应符合本规范第 2.4.2 条的规定；当房屋高度超过本规范表 5.2.1 相应规定的上限时，应采取更有效的抗震措施。

3 当房屋高度接近或等于表 5.2.1 的高度分界时，应结合房屋不规则程度及场地、地基条件确定合适的抗震等级。

《建筑抗震设计标准》GB/T 50011—2010（2024 年版）

6.1.3 钢筋混凝土房屋抗震等级的确定，尚应符合下列要求：

1 设置少量抗震墙的框架结构，在规定水平力作用下，底层框架部分所承担的地震倾覆力矩大于结构总地震倾覆力矩的 50% 时，其框架的抗震等级应按框架结构确定，抗震墙的抗震等级可与其框架的抗震等级相同。

注：底层指计算嵌固端所在的层。

2 裙房与主楼相连，除应按裙房本身确定抗震等级外，相关范围不应低于主楼的抗震等级；主楼结构在裙房顶板对应的相邻上下各一层应适当加强抗震构造措施。裙房与主楼分离时，应按裙房本身确定抗震等级。

3 当地下室顶板作为上部结构的嵌固部位时，地下一层的抗震等级应与上部结构相同，地下一层以下的抗震构造措施的抗震等级可逐层降低一级，但不应低于四级。地下室中无上部结构的部分，抗震构造措施的抗震等级可根据具体情况采用三级或四级。

4 当甲乙类建筑按规定提高一度确定其抗震等级而房屋的高度超过本规范表 6.1.2 相应规定的上界时，应采取比一级更有效的抗震构造措施。

注：本章"一、二、三、四级"即"抗震等级为一、二、三、四级"的简称。

2. 实施注意事项

（1）对高度分界数值的理解

根据《工程建设标准编写规定》建标〔2008〕182 号的规定，标准中标明量的数值，应反映出所需的精确度。因此，规范中关于房屋高度界限的数值规定，均应按有效数字控制，规范中给定的高度数值均为某一有效区间的代表值，比如，24m 代表的有效区间为[23.5~24.4]m。正因如此，《建筑抗震设计标准》中的"25~60"与《混凝土结构设计标准》中的"＞24 且 ≤60"表述的内容是一致的。

实际工程操作时，房屋总高度按有效数字取整数控制，小数位四舍五入。因此对于框架-抗震墙结构、抗震墙结构等类型的房屋，高度在 24m 和 25m 之间时应采用四舍五入方法来确定其抗震等级。例如，7 度区的某抗震墙房屋，高度为 24.4m 取整时为 24m，抗震墙抗震等级为四级，如果其高度为 24.8m，取整时为 25m，落在 25～60m 区间，抗震墙的抗震等级为三级。

（2）对"接近"的理解

《建筑与市政工程抗震通用规范》《建筑抗震设计标准》《混凝土结构设计标准》以及《高层建筑混凝土结构技术规程》等关于抗震等级的规定中均有这样的表述："接近或等于高度分界时，应（允许）结合房屋不规则程度及场地、地基条件适当确定抗震等级"，其中关于"接近高度分界"并没有进一步补充说明，实际工程如何把握，往往是困扰工程设计人员的一个问题。

规范（规程）作此规定的原因是，房屋高度的分界是人为划定的一个界限，是一个便于工程管理与操作的相对界限，并不是绝对的。从工程安全角度来说，对于场地、地基条件较好的均匀、规则房屋，尽管其总高度稍微超出界限值，但其结构安全性仍然是有保证的；相反地，对于场地、地基条件较差且不规则的房屋，尽管总高度低于界限值，但仍可能存在安全隐患。因此，《高层建筑混凝土结构技术规程》明确规定，当房屋的总高度"接近或等于高度分界时，应结合房屋不规则程度及场地、地基条件适当确定抗震等级"。

这一规定的宗旨是，对于不规则且场地地基条件较差的房屋，尽管其高度稍低于（接近）高度分界，抗震设计时应从严把握，按高度提高一档确定抗震等级；对于均匀、规则且场地地基条件较好的房屋，尽管其高度稍高于（接近）高度分界，但抗震设计时亦允许适当放松要求，可按高度降低一档确定抗震等级。

实际工程操作时，"接近"一词的含义可按以下原则进行把握：如果在现有楼层的基础上再加上（或减去）一个标准层，则房屋的总高度就会超出（或低于）高度分界，那么现有房屋的总高度就可判定为"接近于"高度分界。

（3）场地条件对抗震等级的影响

一般来讲，混凝土结构构件的抗震等级属于结构抗震措施的范畴，是抗震设防标准的内容。而抗震设防标准通常是与建筑的场地条件无关的。但地震的宏观震害表明，相同的地震强度下，不同的场地条件震害的程度却大不一样。正因如此，《建筑抗震设计标准》在第 3.3.2、3.3.3 条分别作出规定，对 I 类场地及 0.15g 和 0.30g 的 III、IV 类场地条件下的设防标准进行了局部调整，而且调整的内容仅限于结构构件的抗震构造措施。因此，从严格意义上讲，混凝土结构构件应有两个抗震等级，即抗震措施的抗震等级和抗震构造措施的抗震等级。

（4）大跨度框架

所谓大跨度框架，按规范规定指的是跨度不小于 18m 的框架。与普通框架（跨度小于 18m）相比，大跨度框架的特点是，跨度大、荷载重、横梁刚度大（截面高度大），地震破坏时以柱铰模式为主，因此，规范规定大跨度框架的抗震等级较普通框架稍高。

需要注意的是，此处的框架指的是结构构件，不是结构体系。当结构中存在跨度不小于 18m 的框架（构件）时，应注意采取加强措施。实际操作时，可根据具体工程情况，提高一级采取抗震措施或抗震构造措施。

（5）高度不超过 60m 的框架-核心筒结构

与普通的框架-抗震墙结构相比，框架-核心筒结构具有如下优点：①在建筑布局上，可以将所有服务性用房和公用设施集中布置于楼层平面的中心部位，办公用房布置在外围，可充分利用建筑面积；②在力学性能上，由于核心筒是一个空间立体构件，具有很大的抗推刚度和强度，可以作为高层建筑的主要抗侧力构件，承担绝大部分水平地震作用。因此，框架-核心筒结构一般用于较高（大于 60m）的高层甚至超高层建筑，《建筑抗震设计标准》及相关的规范规程也未按高度进行抗震等级的划分；但考虑高层建筑的安全性，与框架-抗震墙结构相比，相应构件的设计要求有所提高。

对于高度不超过 60m 的一般高层建筑，当采用空间力学性能相对较好的框架-核心筒结构时，可以按照框架-抗震墙体系来确定相应构件的抗震等级。

（6）框架与抗震墙的组合使用的结构

在实际工程中，由框架和抗震墙组成的结构是比较常见的结构形式。但是，由于其中的框架与抗震墙的相对比重不同，整体结构在水平地震作用下会呈现出不同的力学性能，因此，规范（规程）根据框架与墙体的相对比重的不同采取不同的设计对策：①含有少量框架的抗震墙体系。按《高层建筑混凝土结构技术规程》第 8.1.3 条规定，当规定的水平力作用下结构底部框架部分承担的地震倾覆力矩不大于结构总倾覆力矩的 10%时，属于抗震墙结构体系，此时，抗震墙的抗震等级按抗震墙结构确定，框架的抗震等级按框架-抗震墙结构的框架来确定；②含有少量墙体的框架结构体系，即在规定的水平力作用下框架部分承受的地震倾覆力矩大于结构总地震倾覆力矩的 50%，此时建筑的最大适用高度按框架结构确定，框架部分抗震等级应按框架结构来确定，抗震墙的抗震等级按框架-抗震墙结构的抗震墙来确定；③框架-抗震墙双重结构体系，即在规定的水平力作用下框架部分承受的地震倾覆力矩小于结构总地震倾覆力矩的 50%，此时，应按框架-抗震墙结构的相关规定设计。

需要注意的是，在判定一个结构是否属于少墙框架、框架-抗震墙或少框架抗震墙体体系时，主要依据结构底部框架部分承担地震倾覆力矩在总倾覆力矩中所占的比例。因此，有关倾覆力矩分担比例的计算是需要格外关注的一个问题，实践中应注意把握以下两个问题：

其一，关于倾覆力矩的计算部位，应注意地震倾覆力矩的比例不是各个楼层单独计算，而是整个结构计算，一般取结构的嵌固部位。对于大底盘单塔或多塔框架-抗震墙结构，确定塔楼框架部分的抗震等级时，可按裙房顶标高处的倾覆力矩判断。

其二，关于框架部分承担倾覆力矩的计算方法，应注意标准（规范）规定的本意。如图 5.2-2 所示，结构在地震作用下的整体倾覆力矩 M_0 可按下式计算：

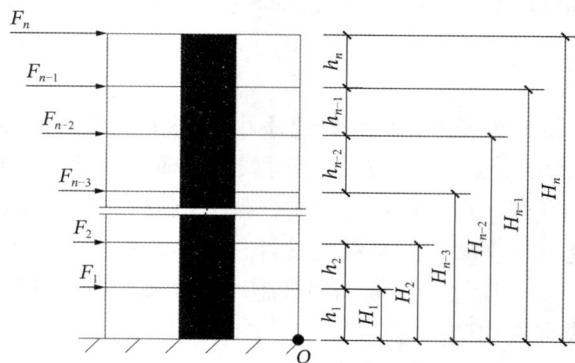

图 5.2-2　地震倾覆力矩计算简图

$$
\begin{aligned}
M_o &= F_1 H_1 + F_2 H_2 + \cdots + F_n H_n \\
&= F_1 h_1 + F_2(h_1 + h_2) + \cdots + F_n(h_1 + h_2 + \cdots + h_n) \\
&= (F_1 + F_2 + \cdots + F_n)h_1 + (F_2 + \cdots + F_n)h_2 + \cdots + F_n h_n \\
&= V_1 h_1 + V_2 h_2 + \cdots + V_n h_n \\
&= \sum_{i=1}^{n} V_i h_i \\
&= \sum_{i=1}^{n} (V_{w,i} + V_{c,i})h_i \\
&= \sum_{i=1}^{n} V_{w,i} h_i + \sum_{i=1}^{n} V_{c,i} h_i \\
&= M_w + M_c
\end{aligned}
\tag{5.2-4}
$$

式中：M_c——框架-抗震墙结构在规定的侧向力作用下框架部分分配的地震倾覆力矩；

$\qquad M_w$——框架-抗震墙结构在规定的侧向力作用下抗震墙部分分配的地震倾覆力矩；

$\qquad n$——结构层数；

$\qquad V_{w,i}$——第 i 层抗震墙的计算地震剪力总和；

$\qquad V_{c,i}$——第 i 层框架柱的计算地震剪力总和；

$\qquad h_i$——第 i 层层高。

框架部分按刚度分配的地震倾覆力矩应为：

$$
M_c = \sum_{i=1}^{n} V_{c,i} h_i = \sum_{i=1}^{n} \sum_{j=1}^{m} V_{c,ij} h_i
\tag{5.2-5}
$$

$$
R_c = M_c / M_o \times 100\%
\tag{5.2-6}
$$

式中：m——第 i 层框架的柱根数；

$\qquad V_{c,ij}$——第 i 层第 j 根框架柱的计算地震剪力；

$\qquad R_c$——框架分担的倾覆力矩百分比。

至于有些设计软件中所谓的轴力算法，是以外力作用下结构嵌固端的内力响应为依据，统计嵌固端所有框架柱实际产生的总体弯矩 M_{oc}，并以此作为框架部分分担的倾覆力矩进行框架-抗震墙（或筒体）结构的适用条件判断。

从理论上讲，轴力算法和规范算法，对结构嵌固端的整体倾覆力矩 M_o 是等效的；但对框架部分分担的倾覆力矩来说，却是完全不同的两个概念。这是因为，轴力算法以外力作用下结构嵌固端的内力响应为依据，其计算的结果 M_{oc} 除了包含框架部分按侧向刚度分配的倾覆力矩 M_c 外，还包括由于结构整体的变形协调而额外负担的一部分抗震墙的倾覆力矩 M'_{cw}，即轴力算法的结果应为：

$$
M_{oc} = M_c + M'_{cw}
\tag{5.2-7}
$$

$$
M_{ow} = M_w - M'_{cw}
\tag{5.2-8}
$$

式中：M_{oc}——嵌固处框架部分实际产生的弯矩；

$\qquad M_{ow}$——嵌固处抗震墙部分实际产生的弯矩；

$\qquad M_c$——框架部分按刚度分配的倾覆力矩；

$\qquad M_w$——抗震墙部分按刚度分配的倾覆力矩；

$\qquad M'_{cw}$——因变形协调，框架和抗震墙之间重新分配的弯矩，其大小主要取决于框架与抗震墙之间协调的情况，如墙柱的相对位置，楼盖（包括梁）的刚度等。

由上述分析可知,规范给定的计算公式是基于结构倾覆的基本概念和结构内外水平力相互平衡的条件得到的。按规范公式计算的框架部分分担的倾覆力矩百分比反映了结构体系中框架的刚度贡献量,规范对结构底层框架部分的倾覆力矩分担比例提出要求,实质上是为了控制框架与抗震墙侧向刚度的相对大小,当底层框架部分的倾覆力矩分担比例小于50%时,说明框架部分对结构整体抗侧刚度的贡献较小,抗震墙提供了大部分抗侧刚度,是主要的抗侧力构件,框架为次要抗震构件,是结构的二道防线。因此,实际工程应以规范公式的计算结果为准。

（7）裙房的抗震等级

裙房的抗震等级应依据主楼与裙房的连接情况、裙房的高度、裙房的结构体系、主楼的结构体系等综合判断。当裙房与主楼分离时,按裙房本身确定抗震等级。当裙房与主楼相连时,应按下列规定确定各部分的抗震等级：相关范围以外的裙房部分,应按裙房本身确定抗震等级；相关范围以内的裙房部分,应按裙房本身确定抗震等级,且不应低于主楼的抗震等级；主楼位于裙房顶板处的上、下各一层应适当加强抗震构造措施。注意,裙房相关范围：一般为主楼周边外延3跨且不小于20m。

（8）地下室的抗震等级

地下室的刚度和受剪承载力与上部楼层相比较大时,地下室顶部可视为嵌固部位,在地震作用下屈服部位将出现在上部楼层,同时会影响到地下一层,所以规范规定地下一层的抗震等级不能降低。而随着地面下地震响应的逐渐减小,地下一层以下不要求计算地震作用,且其抗震等级可逐层降低。实际工程实施应注意以下事项：

其一,地下一层的抗震等级与地上一层相同,包括相关的内力调整及抗震构造,均应按地上一层的要求执行；

其二,地下一层以下结构部分,仅要求满足相应等级的抗震构造规定,不要求进行内力调整；

其三,标准规范有关地下室抗震等级的规定,仅适用于地下室顶板可作为嵌固端的情况。当结构计算嵌固端位于地下一层底板或以下时,应以计算嵌固端为界,嵌固端之上按地上结构对待,嵌固端之下按地下结构对待,同时,尚应注意嵌固端以上、地下室顶板以下的实际嵌固效应对相关部位采取加强措施。

5.2.4 合理设置防震缝

震害表明,即使满足防震缝宽度最小值的要求,在强烈地震作用下相邻结构仍可能因局部碰撞而损坏,但宽度过大给立面处理造成困难。因此,是否设置防震缝应按《建筑与市政工程抗震通用规范》GB 55002—2021 第 2.4.4 条和《建筑抗震设计标准》GB/T 50011—2010（2024 年版）第 3.4.5 条要求判断。

1. 标准规定

> 《建筑抗震设计标准》GB/T 50011—2010（2024 年版）
>
> 6.1.4 钢筋混凝土房屋需要设置防震缝时,应符合下列规定：
>
> 1 防震缝宽度应分别符合下列要求：
>
> 1）框架结构（包括设置少量抗震墙的框架结构）房屋的防震缝宽度,当高度不超过15m时不应小于100mm；高度超过15m时,6度、7度、8度和9度分别每增加高度5m、4m、3m和2m,宜加宽20mm。

2）框架-抗震墙结构房屋的防震缝宽度不应小于本款 1）项规定数值的 70%，抗震墙结构房屋的防震缝宽度不应小于本款 1）项规定数值的 50%；且均不宜小于 100mm。

3）防震缝两侧结构类型不同时，宜按需要较宽防震缝的结构类型和较低房屋高度确定缝宽。

2　8、9 度框架结构房屋防震缝两侧结构层高相差较大时，防震缝两侧框架柱的箍筋应沿房屋全高加密，并可根据需要在缝两侧沿房屋全高各设置不少于两道垂直于防震缝的抗撞墙。抗撞墙的布置宜避免加大扭转效应，其长度可不大于 1/2 层高，抗震等级可同框架结构；框架构件的内力应按设置和不设置抗撞墙两种计算模型的不利情况取值。

2. 关于防震缝最小宽度的计算

对于钢筋混凝土结构房屋的防震缝宽度，《建筑抗震设计标准》以及《高层建筑混凝土结构技术规程》给出了相应规定：

$$\delta_{\min} = \begin{cases} 100 & H \leqslant 15\text{m} \\ \max\left[100, f\left(100 + 20\dfrac{H-15}{11-I}\right)\right] & H > 15\text{m} \end{cases} \quad (5.2\text{-}9)$$

式中：$\delta_{\min}$——相邻建筑结构间防震缝的最小宽度（mm）；

f——防震缝宽度的结构体系调整系数，框架结构取 1.0；抗震墙结构取 0.5；框架-抗震墙结构取 0.7；

I——建筑结构的抗震设防烈度，一般取为本地区的设防烈度；

H——计算防震宽度时的高度取值，一般取防震缝两侧较低房屋的高度。

在具体工程实施时，尚应注意以下几个问题：

（1）防震缝两侧结构体系不同时，防震缝宽度应按不利的结构类型确定；

（2）防震缝两侧的房屋高度不同时，防震缝宽度可按较低的房屋高度确定；

（3）当防震缝两侧的结构刚度足够大，能够保证两侧结构在中震状态下不发生碰撞时，允许防震缝的宽度小于规范规定的最小宽度，但防震缝的实际宽度不应小于按两侧结构的中震弹性变形确定的宽度；

（4）当相邻结构的基础存在较大沉降差时，防震缝的计算宽度宜适当增大；

（5）防震缝宜沿房屋全高设置；地下室、基础可不设防震缝，但在与上部防震缝对应处应加强构造和连接。

3. 关于抗撞墙的设置

对于一般的结构来说，按现行规范确定的防震缝宽度只能保证缝两侧的结构在小震状态下不发生碰撞，在强烈地震作用两侧结构的碰撞是很难避免的。因此，为了保证钢筋混凝土框架结构这种相对柔性的建筑在强烈地震下的安全性，《建筑抗震设计标准》GB/T 50011—2010（2024 年版）规定：对于 8、9 度钢筋混凝土框架结构，当缝两侧结构的层高相差较大时，可在缝两侧沿建筑的全高设置抗撞墙。但是，另一方面，当结构单元较长时，抗撞墙的存在，可能会引起较大的温度应力和扭转效应，因此，是否设置抗撞墙，应综合分析确定。

5.2.5　慎重对待嵌固部位

1. 标准规定

《建筑抗震设计标准》GB/T 50011—2010（2024 年版）

6.1.14　地下室顶板作为上部结构的嵌固部位时，应符合下列要求：

1　地下室顶板应避免开设大洞口；地下室在地上结构相关范围的顶板应采用现浇梁板结构，相关范围以外的地下室顶板宜采用现浇梁板结构；其楼板厚度不宜小于180mm，混凝土强度等级不宜小于C30，应采用双层双向配筋，且每个方向的配筋率不宜小于0.25%。

2　结构地上一层的侧向刚度，不宜大于相关范围地下一层侧向刚度的0.5倍；地下室周边宜有与其顶板相连的抗震墙。

3　地下室顶板对应于地上框架柱的梁柱节点除应满足抗震计算要求外，尚应符合下列规定之一：

1）地下一层柱截面每侧纵向钢筋不应小于地上一层柱对应纵向钢筋的1.1倍，且地下一层柱上端和节点左右梁端实配的抗震受弯承载力之和应大于地上一层柱下端实配抗震受弯承载力的1.3倍。

2）地下一层梁刚度较大时，柱截面每侧纵向钢筋面积应大于地上一层对应柱每侧纵向钢筋面积的1.1倍；同时梁端顶面和底面的纵向钢筋面积均应比计算增大10%以上

4　地下一层抗震墙墙肢端部边缘构件纵向钢筋的截面面积，不应少于地上一层对应墙肢端部边缘构件纵向钢筋的截面面积。

2. 关于嵌固部位的竖向刚度和强度要求

地下室顶板作为嵌固部位时，必须具有足够的平面内刚度，以有效地传递基底剪力，因此，地下室顶板作为嵌固部位设计时，应符合下列规定：

（1）楼板厚度（刚度要求）：一般情况，厚度不宜小于180mm；当采用密梁楼盖时，厚度可适当减小，但也不应小于150mm；

（2）楼板配筋（强度要求）：混凝土强度不宜小于C30，应采用双层双向配筋，且每层每个方向的配筋率不宜小于0.25%；

（3）楼盖体系：上部结构相关范围内，应采用现浇梁板体系，相关范围以外，宜采用现浇梁板体系。一般来说，无梁楼盖体系很难满足柱端塑性铰位置在地下室顶板处的要求，故不能采用无梁楼盖体系；

（4）避免开设大洞口。

3. 关于嵌固部位的水平刚度要求

结构地上一层的侧向刚度，不宜大于相关范围地下一层侧向刚度的0.5倍。工程实施时，刚度比按有效数字控制，即不大于0.54；相当于地下室的刚度大于地上结构的1.85倍。

"相关范围"一般可从地上结构（主楼、有裙房时含裙房）周边外延不大于20m。

4. 关于嵌固部位的强度要求

为了保证结构设计目标的实现，框架柱或抗震墙墙肢的嵌固端屈服时，地下一层对应的框架柱或抗震墙墙肢不应屈服。为了实现首层柱（墙肢）底先屈服的设计理念（图5.2-3），GB/T 50011—2010提供了两种方法：

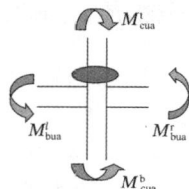

M_{cua}^t

M_{bua}^l　M_{bua}^r

M_{cua}^b

图 5.2-3　嵌固端节点示意图

方法一：按式(5.2-10)复核嵌固节点各构件的实际强度

$$\sum M_{\text{bua}} + M_{\text{cua}}^{\text{t}} \geqslant 1.3 M_{\text{cua}}^{\text{b}} \tag{5.2-10}$$

式中：$\sum M_{\text{bua}}$——节点左右梁端截面逆时针或顺时针方向实配的正截面抗震受弯承载力所对应的弯矩值之和，根据实配钢筋面积（计入梁受压筋和相关楼板钢筋）和材料强度标准值确定；

$M_{\text{cua}}^{\text{t}}$——地下室柱上端与梁端受弯承载力同一方向实配的正截面抗震受弯承载力所对应的弯矩值，应根据轴力设计值、实配钢筋面积和材料强度标准值等确定；

$M_{\text{cua}}^{\text{b}}$——地上一层柱下端与梁端受弯承载力不同方向实配的正截面抗震受弯承载力所对应弯矩值，应根据轴力设计值、实配钢筋面积和材料强度标准值等确定。

设计时，梁柱纵向钢筋增加的比例可不同，但柱的每侧纵向钢筋应增加 10%。

方法二：简化方法

当地下一层梁刚度较大时，也可采用下述方法：①柱截面每侧的纵向钢筋面积应大于地上一层对应柱每侧纵向钢筋面积的 1.1 倍；②两侧梁的梁端顶面和底面的纵向钢筋面积均应比计算增大 10%以上，两侧抗剪箍筋也应相应调整。需要注意的是，此处所谓的"地下一层梁刚度较大"，指的是节点两侧梁抗弯刚度之和大于地下一层柱的抗弯刚度的 2 倍，亦即节点两侧梁按计算分配的弯矩之和大于下柱上端的分配弯矩的 2 倍。

5. 有关注意事项

（1）地下室应完整，山（坡）地建筑地下室各边填埋深度差异较大时，宜单独设置支挡结构。

（2）地下室柱截面每侧纵筋面积，除满足计算要求外，不应小于地上一层对应柱每层纵筋的 1.1 倍，多出的纵筋不应向上延伸，应锚固于地下室顶板梁内。

（3）地下室抗震墙的配筋不应少于地上一层抗震墙的配筋。

（4）当上部结构的嵌固端不在地下一层顶板时，仍应考虑地下室顶板对上部结构实际存在的嵌固作用，应按不同嵌固部位分别进行计算，配筋取大值。

5.2.6　特别加强基础的整体性

实际震害经验表明，在同等条件下，采用整体性基础的建筑的震害要比采用独立基础建筑轻得多。因此，加强各类建筑结构基础的整体性是非常重要的抗震理念。

（1）框架结构宜优先采用整体性较好的基础形式，比如筏基、条基等。当采用柱下独立基础时，可考虑双向设置系梁来提高基础的整体性。

（2）框架-抗震墙结构、板柱-抗震墙结构宜优先采用筏基等整体性基础。当框架部分采用柱下独立基础、抗震墙采用墙下条形基础时，应设置双向系梁，将柱下独立基础和墙下条形基础连为一体，以提高基础的刚度和整体性。

（3）避免地震作用下基础压应力过于集中，保证建筑结构的抗倾覆能力。

1. 标准规定

《建筑抗震设计标准》GB/T 50011—2010（2024 年版）

6.1.11　框架单独柱基有下列情况之一时，宜沿两个主轴方向设置基础系梁：

> 1　一级框架和Ⅳ类场地的二级框架；
>
> 2　各柱基础底面在重力荷载代表值作用下的压应力差别较大；
>
> 3　基础埋置较深，或各基础埋置深度差别较大；
>
> 4　地基主要受力层范围内存在软弱黏性土层、液化土层或严重不均匀土层；
>
> 5　桩基承台之间。
>
> 6.1.12　框架-抗震墙结构、板柱-抗震墙结构中的抗震墙基础和部分框支抗震墙结构的落地抗震墙基础，应有良好的整体性和抗转动的能力。
>
> 6.1.13　主楼与裙房相连且采用天然地基，除应符合本规范第4.2.4条的规定外，在多遇地震作用下主楼基础底面不宜出现零应力区。

2. 关于柱下独立基础的抗震要求

（1）按规定设置双向系梁

针对框架柱独立基础的整体性相对较差的特点，GB/T 50011—2010第6.1.11条规定，当遇规定的5种情况之一时，宜设置双向系梁，以提高基础的整体性。对于所列5种情况之外的框架柱独立基础，可以不设系梁（拉梁），但设计时应考虑柱脚地震弯矩对地基的作用以及基础转动对框架柱内力的影响。还需要注意，GB/T 50011—2010第6.1.11条适用的对象是作为结构构件的框架，而不仅仅是作为体系的框架结构，因此，该条规定适用于所有结构中的框架柱下独立基础。

（2）系梁设置与构造

一般情况下，特别是地基土质较软时，系梁宜设在基础顶部，并使左右系梁的受弯承载力之和大于柱脚受弯能力，以保证强烈地震时，塑性铰首先出现在柱脚，此时地基和基础构件可不考虑地震的弯矩作用。上部结构计算分析时，计算模型的首层层高可取至系梁顶。

当系梁位于基础顶面之上使系梁下方形成短柱时，应采取措施改善短柱性能，比如加大下部柱截面并加强配箍等。此时，柱铰位置在系梁顶，要求左右系梁的受弯承载力之和大于柱脚受弯能力；上部结构计算分析时，计算模型的首层层高可取至系梁顶。

当基础埋深较大、系梁距离基础顶面较远时，系梁应按弱梁设计，柱铰位置位于基础顶，地基和基础构件设计时应考虑地震弯矩的作用。上部结构计算分析时，系梁至基础顶宜作为一个结构层参与整体计算。

（3）系梁轴力取值

对于独立基础的系梁，除了要承担框架柱传递的弯矩外，尚应考虑独立基础不均匀沉降及水平变位产生轴向拉力或压力。实际工程设计时，系梁轴力可按柱端受剪承载力的 2 倍取用。

（4）关于GB/T 50011—2010第6.1.11条用词的把握

压应力差别较大：重力荷载代表值作用下，相邻基础底面的压应力相差在50%以上；

基础埋置较深：基础埋置深度超过建筑一个标准层层高；

基础埋置深度差别较大；当考虑深度修正后，相邻独立基础的地基承载力特征值相差达10%以上时，即判定为基础埋置深度差别较大。

3. 关于抗震墙基础的抗震要求

抗震墙的基础应具有足够的刚度和强度，以保证塑性铰产生在墙的根部。抗震墙的基础发生转动时，将会大大降低其抗侧力作用，同时会提高对连梁和框架梁的变形能力要求，因此，框架-抗震墙结构和抗震墙结构等宜优先采用筏基、箱基等整体式基础，当采用非整体基础时，应采取措施增强抗震墙基础的抗转动能力，例如加大基础刚度、设置垂直于抗震墙方向的基础梁、加强对抗震墙基础的约束等。

4. 关于基础整体倾覆稳定性的验算

为保证地震时建筑的稳定性，不致发生倾覆，规范要求对整个建筑进行防倾覆的稳定性验算，并对重力荷载与水平地震组合作用下的基底应力进行严格控制：①基础底面组合的平均压应力设计值不应大于调整后的地基土抗震承载力特征值；②基础底面边缘地震组合最大压应力设计值不应大于平均压应力设计值的 1.2 倍。

5. 关于基础埋置深度的要求

高层建筑基础的埋置深度，除了应该满足地基强度、变形和稳定性等要求外，基础具有适当埋深对减少建筑物整体倾斜、防止倾覆和滑移都具有一定作用。国内外多次强震经验表明，强烈地面运动引起的倾覆力矩会使房屋有发生整体倾覆的可能，因此，适当加大基础埋置深度是有益的。一般情况下，高层建筑的基础埋置深度，天然地基或复合地基不宜小于房屋高度的 1/15；桩基础（不计桩长）不宜小于房屋高度的 1/18；当满足整体抗倾覆要求时，可适当放松。放松的程度可按规范限值要求减小 10%～20%把握，即当建筑的整体抗倾覆能力满足要求时，基础的埋置深度不应小于$H/18$（天然基础）、$H/21$（桩基）。

5.2.7　确保楼梯间的安全性

2008 年汶川地震中，一个普遍的建筑破坏现象是，作为逃生通道的楼梯间破坏比较严重（图 5.1-12），造成了重大的人员伤亡。经分析其主要原因是，钢筋混凝土框架结构中，支撑效应使楼梯板承受较大的轴向力，地震时楼梯段处于交替的拉弯和压弯受力状态，当楼梯段的拉应力达到或超过混凝土材料的极限抗拉强度时，就会发生受拉破坏。楼梯间的平台梁，则由于上下梯段的剪刀作用，产生剪切、扭转破坏。同时有些楼梯钢筋采用冷轧扭钢筋，延性不够，地震作用下钢筋脆断。

鉴于汶川地震中楼梯间的严重震害后果，在 GB 50011—2001 的震后应急局部修订中，从计算到构造采取了一系列综合抗震对策，力求将楼梯间建成突发事件的应急疏散安全通道：其一是，结构整体计算分析时要求考虑楼梯构件的影响；其二是，对于楼梯间的非承重墙体，要求采取与主体结构可靠连接或锚固等避免地震时倒塌伤人或砸坏重要设备的措施；其三，对于砌体结构，要求楼梯间四角以及楼梯段上下端对应的墙体处设置构造柱，楼梯间墙体在休息平台或半层高处设置钢筋混凝土带或配筋砖带等加强措施，目的是使楼梯间达到相当于约束砌体的构造要求。GB/T 50011—2010 在 2008 年局部修订的基础上，针对混凝土结构房屋的楼梯专门补充了抗震设计的规定。

《建筑抗震设计标准》GB/T 50011—2010（2024 年版）

6.1.15　楼梯间应符合下列要求：

1　宜采用现浇钢筋混凝土楼梯。

2　对于框架结构，楼梯间的布置不应导致结构平面特别不规则；楼梯构件与主体结构整浇时，应计入楼梯构件对地震作用及其效应的影响，应进行楼梯构件的抗震承载力验算；宜采取构造措施，减少楼梯构件对主体结构刚度的影响。

3　楼梯间两侧填充墙与柱之间应加强拉结。

汶川地震后，由中国建筑科学研究院牵头，组织国内几家主要设计院对钢筋混凝土框架结构楼梯构件的影响做了专题研究，主要结论如下：

（1）楼梯的支撑作用，垂直于梯板方向的影响一般小于10%，但在梯板方向不可忽略；当楼梯偏置时必须计入扭转的不利效应，例如按边榀框架按扭转位移比不小于1.35的要求设计，且同时计算双向地震作用等。

（2）与楼梯构件相连的框架柱、框架梁，应计入楼梯构件附加的地震内力，尤其是轴力和剪力。附加地震内力的大小，随楼梯刚度占结构总刚度比例的提高而增大。

（3）楼梯构件在地震作用下受力复杂，楼梯板应计入地震轴力和面内弯矩的影响，按面外拉弯、面内压弯构件设计。连接梯板和框架的休息平台梁应计入地震轴力影响，按压弯或拉弯构件设计。支承梯板的平台梁，按拉弯剪构件设计。支承平台梁的短柱设计时，将平台梁的轴向力作为剪力。

（4）当采取措施，如梯板滑动支承于平台板，楼梯构件对结构刚度等的影响较小，是否参与整体抗震计算差别不大。

（5）对于楼梯间两侧设置抗震墙的结构，楼梯构件对结构刚度的影响较小，可不参与整体抗震计算。

5.3 框架结构房屋的抗震设计

5.3.1 结构特点与适用范围

框架结构是由梁、柱构件通过节点刚性连接的一种结构体系。框架梁、柱既承受重力荷载，也要承受风荷载和地震作用等水平力。框架结构柱网布置灵活，易满足设置大房间的要求，但随着层数和总高度的增加，水平力对结构构件的截面尺寸和配筋率的影响越来越大，影响建筑空间的合理使用，材料用量和造价也趋于不合理。因此现行抗震规范给出了框架结构房屋的最大适用高度。

在水平力作用下，框架结构的水平位移由两部分组成。第一部分属弯曲变形，这是由框架在抵抗倾覆弯矩时发生的整体弯曲，考虑轴向力的影响，由柱子的拉伸与压缩所引起的水平位移；第二部分属剪切变形，这是由框架整体受剪，梁、柱杆件发生弯曲而引起的水平位移，当框架高宽比不大于4时，框架顶点位移中弯曲变形部分所占比例很小，可以忽略。框架结构的位移曲线一般为剪切型，其特点是越靠近建筑顶部，层间相对位移越小。

国内外多次地震震害表明，框架结构由于侧向刚度小，在强烈地震作用下结构的顶点位移和层间相对位移过大，非结构性的破坏比较严重，不仅地震中危及人身和财产安全，而且震后的修复量和费用也很大。因而框架结构多用在一些层数不太高的公共建筑中。

5.3.2 结构布置的基本原则与要求

1. 平面布置

（1）各单元结构轴线宜保持正交，高层建筑不宜采用结构轴线斜交的体系。

（2）沿两个主轴方向，宜双向布置框架体系。

（3）框架梁与柱的中线宜重合，其偏心距不宜大于柱宽的1/4。

（4）砌体填充墙平面布置宜均匀对称。

（5）电梯间、大型设备不宜偏置于建筑的一端。

（6）平面局部突出部分尺寸宜满足现行 GB/T 50011—2010 和 JGJ 3—2010 有关结构平面布置的要求。

2. 竖向布局

（1）立面局部收进尺寸及楼层刚度变化宜满足现行 GB/T 50011—2010 和 JGJ 3—2010 有关结构竖向布置的要求。

（2）框架结构宜完整，不宜因抽柱或抽梁而使传力途径突然变化。

（3）沿楼层高度框架柱的承载力变化宜平缓，柱截面尺寸、纵向配筋率以及混凝土强度等级不应在同一层内同时改变。

（4）砌体填充墙的竖向布置宜均匀。

3. 构件选型

1）框架梁的截面选型与控制

框架梁的净跨与截面高度的比值不宜小于 4，截面高宽比不宜大于 4，截面宽度不宜小于 200mm。

采用梁宽大于柱宽的扁梁时，楼板应现浇，梁中线宜与柱中线重合，扁梁应双向布置，且不宜用于一级框架结构，扁梁的截面尺寸应符合图 5.3-1 的要求，并应满足现行有关规范对挠度和裂缝宽度的规定。

2）框架柱的截面选型与控制

（1）剪跨比宜大于 2。

（2）截面宽度和高度，抗震等级四级或不超过 2 层时不宜小于 300mm，一、二、三级且超过 2 层时不宜小于 400mm；圆柱的直径，抗震等级四级或不超过 2 层时不宜小于 350mm，一、二、三级且超过 2 层时不宜小于 450mm。

（3）矩形截面长边与短边的边长之比不宜大于 3。

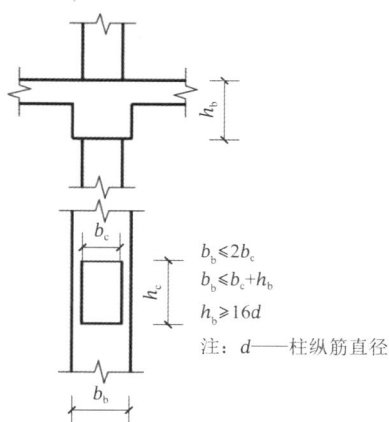

$$b_b \leqslant 2b_c$$
$$b_b \leqslant b_c + h_b$$
$$h_b \geqslant 16d$$

注：d——柱纵筋直径

图 5.3-1 宽扁梁的截面尺寸要求

（4）轴压比不宜超过表 5.3-1 的限值，建造于Ⅳ类场地且较高的高层建筑，柱轴压比应适当减小。

柱轴压比限值　　　　　　　　　　　　　　表 5.3-1

结构类型	抗震等级			
	一	二	三	四
框架结构	0.65	0.75	0.85	0.90
框架-抗震墙，板柱-抗震墙，框架-核心筒及筒中筒	0.75	0.85	0.90	0.95
部分框支抗震墙	0.6	0.7		

注：1. 轴压比指柱组合的轴压力设计值与柱的全截面面积和混凝土轴心抗压强度设计值乘积之比值；对不进行地震作用计算的结构，可取无地震作用组合的轴力设计值计算；

2. 表内限值适用于剪跨比大于 2、混凝土强度等级不高于 C60 的柱；剪跨比不大于 2 的柱，轴压比限值应降低 0.05；

剪跨比小于 1.5 的柱，轴压比限值应专门研究并采取特殊构造措施；

3. 沿柱全高采用井字复合箍且箍筋肢距不大于 200mm、间距不大于 100mm、直径不小于 12mm，或沿柱全高采用复合螺旋箍、螺旋间距不大于 100mm、箍筋肢距不大于 200mm、直径不小于 12mm，或沿柱全高采用连续复合矩形螺旋箍、螺旋净距不大于 80mm、箍筋肢距不大于 200mm、直径不小于 10mm，轴压比限值均可增加 0.10；上述三种箍筋的最小配箍特征值均应按增大的轴压比由本规范表 6.3.9 确定；

4. 在柱的截面中部附加芯柱，其中另加的纵向钢筋的总面积不小于柱截面面积的 0.8%，轴压比限值可增加 0.05；此项措施与注 3 的措施共同采用时，轴压比限值可增加 0.15，但箍筋的体积配箍率仍可按轴压比增加 0.10 的要求确定；

5. 柱轴压比不应大于 1.05。

5.3.3　延性框架的概念与对策

钢筋混凝土房屋建筑常用的框架结构由竖向结构单元框架和水平结构单元楼盖组成。在确定建筑体型和结构布置后，实现延性框架成为结构抗震设计的关键。延性框架的抗震设计概念主要包括三个方面：首先，通过调整构件之间承载力的相对大小，形成合理的屈服机制，即"强柱弱梁"；其次，通过调整构件斜截面承载力与正截面承载力之间的相对关系，实现构件的延性破坏形态，即"强剪弱弯"；最后，通过采取抗震构造措施，增强构件自身的延性和耗能能力。

5.3.3.1　尽量实现梁铰机制，避免柱铰机制

强震作用下，当结构承载力不足时，可通过塑性变形来消耗地震输入的能量，达到保护主体结构、防止倒塌的目的。这是近现代地震工程研究领域非常重要的成果和启示，也是目前国际上各主要抗震设计规范共同遵守的基本概念。

对于钢筋混凝土框架结构而言，其变形能力在很大程度上取决于屈服破坏机制。一般来说，梁铰破坏机制（图 5.3-2a）可以使框架结构的塑性内力重分布充分发展，最大程度地消耗输入能量，具有较好的延性和抗震性能。而柱铰破坏机制（图 5.3-2b）中，大部分塑性铰会首先集中出现在薄弱层框架柱的上下端，导致该层塑性变形集中，强震作用下产生较大的层间位移，严重削弱了整体结构的承载力和稳定性。近来也有研究认为，做好相应的抗震构造措施，梁柱混合破坏机制（图 5.3-2c）也是可以接受的。

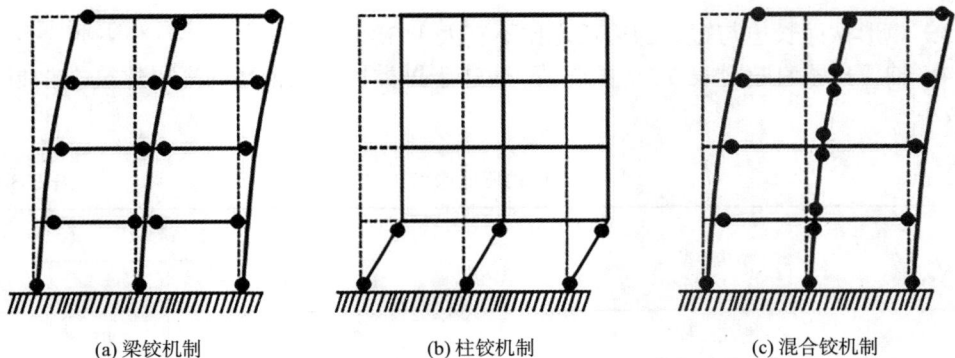

(a) 梁铰机制　　　　　　　(b) 柱铰机制　　　　　　　(c) 混合铰机制

图 5.3-2　框架屈服机制

梁铰机制优于柱铰机制的原因有以下几点：首先，梁铰分布在各层，使得塑性变形也分散在不同楼层，避免形成倒塌机构；而柱铰则集中在某一层，导致塑性变形集中，使该层成为软弱层或薄弱层，从而形成倒塌机构。其次，梁铰的数量远多于柱铰，在相同的塑

性变形和耗能要求下，梁铰对塑性转动能力的要求较低，而柱铰则需要更高的塑性转动能力。最后，梁作为受弯构件，能够实现较大的延性和耗能能力；而柱作为压弯构件，尤其是当轴压比大的情况下，难以实现同样的延性和耗能能力。

基于上述概念，为防止 RC 框架结构在地震中发生脆性倒塌破坏，国际主要抗震设计规范均给出了配套的能力设计规定：为了实现期望的梁铰破坏机制，要求梁柱节点处柱端的实际受弯承载能力 $\sum M_{cy}^a$ 大于梁端的实际受弯承载能力 $\sum M_{by}^a$，即 $\sum M_{cy}^a > \sum M_{by}^a$。我国自 GBJ 11—89 规范以来采用的"强柱弱梁、强剪弱弯、强节点弱构件"等设计对策，考虑了我国工程设计人员的操作习惯，将国际通行的能力设计方法中的强度不等式，转换为构件设计内力取值的表达式，即

$$\sum M_c = \eta \sum M_{bua} \tag{5.3-1}$$

式中：η——大于 1.0 的系数。

为实现梁铰机制并避免柱铰机制，我国规范采取了以下三项措施：①一级框架结构及 9 度的一级框架需按照公式(5.3-1)计算节点上下柱端弯矩设计值之和，系数 η 设定为 1.2；在其他情况下，则采用增大柱端弯矩设计值的方法。②需增大柱脚固定端的弯矩设计值。底层柱脚的约束力显著大于柱顶，在水平力作用下，弹性阶段柱脚的弯矩可超过柱顶的两倍，柱脚屈服并形成塑性铰的现象难以避免，因此通过提高柱脚的承载力，可以延缓塑性铰的出现。③在上述两项措施的基础上，进一步增大角柱的弯矩设计值，并按双向偏心构件进行压弯承载力的验算。这是因为在地震作用下，角柱受到的扭转影响最大，同时承受来自两个方向的地震作用，因此需要特别加强。

正如能力设计方法的创始人 Paulay 和 Park 等指出的那样，即使实现了"强柱弱梁"的相对强度要求，也不能完全保证实现梁铰机制。近几十年的国内外强震震害表明，严格按照规范"强柱弱梁"相关规定进行正规设计、正规施工的 RC 框架结构，在实际地震中仍然出现了大量框架柱破坏，因此，框架柱的延性设计显得尤为重要。

5.3.3.2　框架梁延性设计要点

框架梁是钢筋混凝土框架结构中关键的延性耗能构件，其延性和耗能性能受到多个因素的影响，主要包括破坏形态和截面混凝土的相对受压区高度等。

1. 确保弯曲破坏，避免剪切破坏。

梁的破坏形态主要分为两种：弯曲破坏和剪切破坏。剪切破坏属于延性较小、耗能较差的脆性破坏。对于延性框架梁的端部塑性铰区，应按照强剪弱弯的设计原则，实现弯曲破坏，避免剪切破坏。为达到"强剪弱弯"的目标，梁截面的受剪承载力必须大于其实际受弯承载力（根据实际配筋面积和材料强度标准值计算的承载力）所对应的剪力。我国规范为简化设计，将承载力关系转化为内力设计值关系，增大剪力设计值。针对不同抗震等级的框架，采用不同的剪力增大系数，从而使强剪弱弯的程度有所区别。

2. 限制最大剪力设计值

如果梁的剪力设计值很大而截面尺寸很小，可能导致截面平均剪应力与混凝土抗压强度的比值过大。在这种情况下，增加箍筋无法有效防止出现斜裂缝，也无法显著提高梁的承载力，可能会导致脆性剪切破坏。因此，限制梁的平均剪应力与混凝土抗压强度的比值是非常重要的，这也是确定梁最小截面尺寸的一个条件。

3. 控制受拉钢筋，配置必要的受压钢筋

梁的弯曲破坏可分为三种形态：少筋破坏、超筋破坏和适筋破坏。少筋梁配筋率低于最小配筋率，裂缝出现后纵筋迅速屈服甚至拉断，表现为受拉脆性破坏，延性差；超筋梁配筋率高于界限配筋率，受压区混凝土在钢筋屈服前达到极限压应变而压溃，表现为受压脆性破坏，延性不足；适筋梁配筋率适中，纵筋屈服后混凝土塑性充分发展，受压区高度逐渐减小，承载力先增后降，最终混凝土压溃，具有较大变形能力，属于延性破坏。

一般而言，最小配筋率是避免少筋破坏的下限，界限配筋率是钢筋屈服与混凝土压溃同时发生的临界值，也是最大允许配筋率。实际设计中，受拉钢筋的配筋率应远低于界限配筋率以保障延性。研究表明，适筋梁的曲率延性系数与受压区高度成反比（$\mu_\phi = \varepsilon_{cu}/x$），因此，适当控制受拉配筋率可增大延性。

框架梁延性增强的另一个措施是，配置必要的受压钢筋。配置受压钢筋可减小相对受压区高度ξ，通过调整受拉/受压钢筋的配筋率（ρ_s、ρ_s'）控制ξ值，可有效提升截面转动能力。此外，在梁端塑性铰区，还需在限制受拉钢筋配筋率同时，配置足够的受压钢筋，以形成双筋截面，确保结构构件在极限状态下具有足够的变形耗能能力。

4. 梁端塑性铰区箍筋加密

根据震害和试验研究，框架梁端的破坏主要集中在梁高的 1～2 倍范围内的塑性铰区。

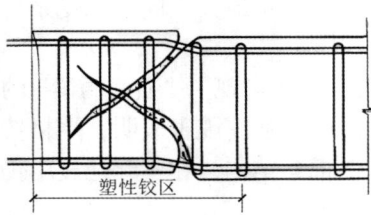

该区域不仅出现竖向裂缝，还存在斜裂缝（图 5.3-3）。在地震的反复作用下，竖向裂缝逐渐贯通，斜裂缝交叉，导致混凝土骨料的咬合作用逐渐减弱，剪力的传递主要依赖于箍筋和纵筋的销键作用，这是极为不利的。为了增强塑性铰区的塑性转动能力，并防止混凝土在压溃前导致受压钢筋过早屈服，建议在梁的两端设置箍筋加密区，其箍筋数量应能满足"强剪弱弯"的要求，同时尚应满足抗震构

图 5.3-3 梁端塑性铰区裂缝

造措施的要求。

5. 考虑现浇楼板的受力作用

现浇楼板不仅起到刚性隔板的作用，还能有效传递水平力，同时增强梁的弯曲刚度和承载能力。图 5.3-4 展示了一个钢筋混凝土梁-板-柱试件在破坏后裂缝的分布情况，板面上出现了大量的受弯裂缝，表明现浇楼板内的钢筋在增大梁端负弯矩的承载能力方面发挥了重要作用。板内钢筋参与受力的范围与梁端的屈服程度密切相关：当梁端未屈服时，板内钢筋几乎不参与受力；而随着梁端屈服程度的加剧，板内参与受力的钢筋范围也随之扩大。为了实现强柱弱梁的设计理念，在计算梁的受弯承载力时，必须考虑楼板内钢筋的影响。

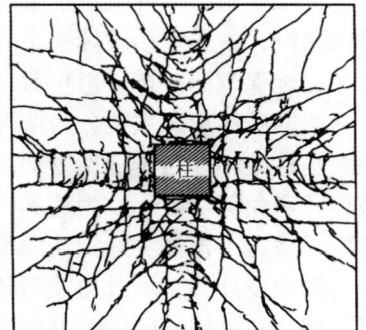

图 5.3-4 钢筋混凝土梁-板-柱试件破坏后的裂缝分布

6. 塑性铰外移

传统钢筋混凝土框架梁的塑性铰出现在始于柱面的梁端。将塑性铰从柱面移开一定距离，可以避免梁端钢筋屈服，从而避免钢筋屈服后向核芯区发展，引起粘结破坏，还能改

善核芯区的性能。

转移梁塑性铰，距柱面的距离要适当，太近不解决问题，太远则难以形成塑性铰且转动量太大，难以满足延性要求。一般转移距离约为一个梁高。为使塑性铰外移，可以采用图 5.3-5 所示的方法。

塑性铰区的剪力应全部由箍筋及弯折钢筋承受，不考虑混凝土作用。当塑性铰转移，远离柱面形成时，与非转移塑性铰情况相比，对于同样大小的楼层位移，转移后的塑性铰区有更大的塑性转动能力（图 5.3-6）。为了防止剪切滑动，保持刚度不致过早退化，塑性铰区的受剪配筋宜采用箍筋及弯折钢筋，对于一般梁高的梁，弯折钢筋角度 α 可取 45°，对于较高梁可取 60°。

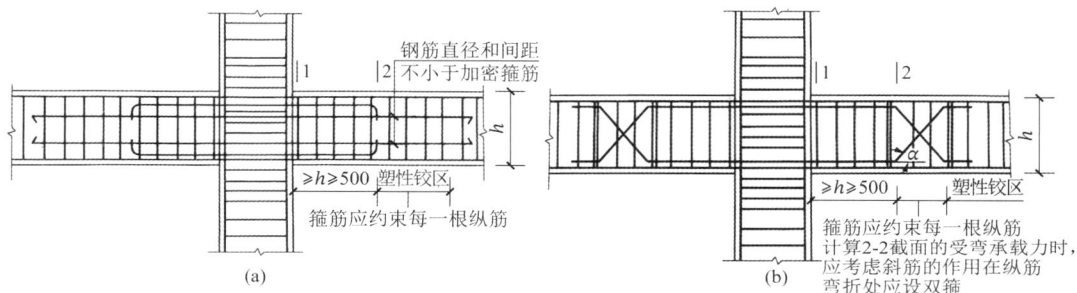

图 5.3-5　两端塑性铰转移的构造做法

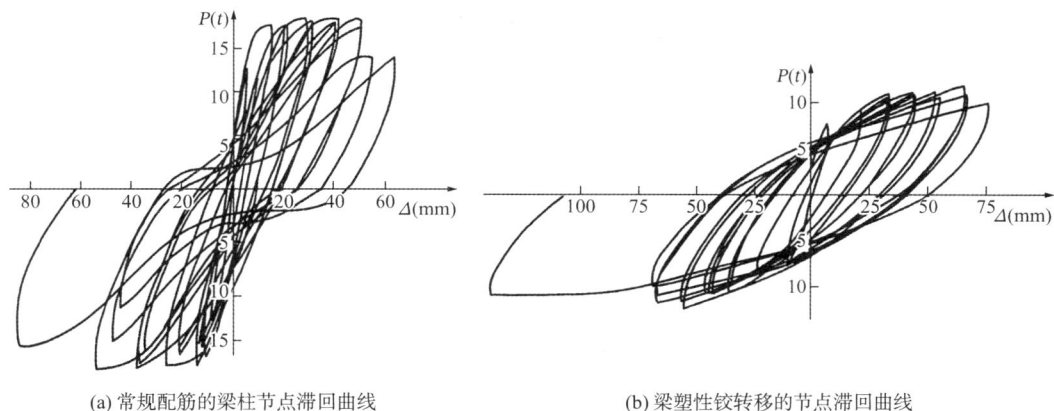

(a) 常规配筋的梁柱节点滞回曲线　　　　(b) 梁塑性铰转移的节点滞回曲线

图 5.3-6　梁端塑性铰转移的试验效果

5.3.3.3　框架柱延性设计要点

在地震发生时，柱的破坏和承载力丧失比梁的破坏更容易导致框架倒塌。通过对国内外历次地震中受损柱的考察，可以发现这些柱的箍筋直径普遍较小、间距较大，且大多数为单肢箍筋。箍筋未能有效约束混凝土，也无法防止纵向钢筋的压屈，这成为柱震害的主要原因之一。此外，影响钢筋混凝土框架柱延性和耗能能力的主要因素还包括剪跨比、轴压比、纵筋配筋率以及塑性铰区的箍筋配置等。为了实现框架柱的延性耗能，除了需满足强剪弱弯和限制最大剪力设计值的抗震设计要求外，还应遵循以下设计理念。

1. 控制剪跨比，避免脆性破坏

所谓的剪跨比，指的是混凝土构件的剪跨对截面有效高度的比值。剪跨为构件截面弯矩除以所对应的剪力；对承受集中荷载的构件，其剪跨即集中荷载至支座的距离。

$$\lambda = a/h_0 \tag{5.3-2}$$

式中：a——梁的剪跨，即竖向集中作用线至支座间的距离；

h_0——梁截面的有效高度。

对上述公式进一步演变，可得：

$$\lambda = \frac{a}{h_0} = \frac{a \cdot V}{V \cdot h_0} = \frac{M}{Vh_0} \tag{5.3-3}$$

由上式可以看出，剪跨比λ实质上反映了截面上弯矩M与剪力V的相对比值。因此，对于承受分布荷载的梁及其他混凝土构件（墙、柱等），可用无量纲参数M/Vh_0，即广义剪跨比λ来反映截面弯矩M与剪力V的相对比值。

式(5.3-3)进一步变化，可得

$$\lambda = \frac{M}{Vh_0} \approx \frac{M/(bh^2)}{V/(bh)} = \frac{1}{6}\frac{\sigma_{\max}}{\tau} \tag{5.3-4}$$

因此，剪跨比λ实质上反映的是截面最大正应力$\sigma_{\max}$与平均剪应力τ的相对比值。由于正应力和剪应力决定了主应力的大小和方向，直接影响着剪压区混凝土的实际抗剪强度，因而，也就直接影响着构件斜截面的受剪承载能力和破坏状态。

对于钢筋混凝土柱，$\lambda > 2$称为长柱；$1.5 < \lambda \leqslant 2$称为短柱；$\lambda \leqslant 1.5$称为极短柱。试验表明：长柱一般发生弯曲破坏；短柱多数发生剪切破坏；极短柱发生剪切斜拉破坏。柱的剪切受拉和剪切斜拉破坏属于脆性破坏，在设计中应特别注意避免发生这类破坏。

当钢筋混凝土柱为短柱或极短柱时，可采用分体柱技术将其转化为"长柱"。如图 5.3-7 所示，分体柱即通过隔板将柱分为 4 个等截面单元柱，柱截面内力设计值由各单元平均承担，并按现行规范进行承载力验算。柱两端设置截面过渡区，配置复合箍筋。分体柱各单元的剪跨比为整体柱的两倍，可有效避免短柱问题。

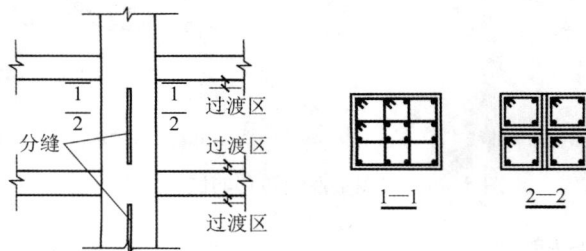

图 5.3-7　分体柱构造示意图

2. 限制剪压比，防止脆性斜压破坏

对于框架柱来说，剪压比指的是混凝土构件截面上的名义剪应力V/bh_0与混凝土轴心抗压强度设计值f_c的比值，即

$$r = \frac{\tau}{f_c} = \frac{V}{f_c bh_0} \tag{5.3-5}$$

从中可以看出，所谓剪压比，实质上指的是截面名义剪应力与材料抗压强度的比值，因此，限制剪压比实质上就是限制构件的最小截面尺寸，防止构件发生脆性斜压破坏。在实际工程设计时，如果出现了构件剪压比超限的情况，则说明该构件的截面尺寸相对偏小，应注意调整相关构件的截面尺寸或材料的强度等级等。

3. 限制轴压比，确保必要的延性变形能力

轴压比指柱（墙）的轴压力设计值与柱（墙）的全截面面积和混凝土轴心抗压强度设计值乘积之比值，即

$$\mu_{N} = \frac{N}{f_{c}A_{c}} = \frac{\sigma}{f_{c}} \tag{5.3-6}$$

式中：μ_{N}——柱（墙）轴压比；

$\quad\quad N$——柱（墙）轴压力设计值；

$\quad\quad f_{c}$——混凝土轴心抗压强度设计值；

$\quad\quad A_{c}$——柱（墙）的全截面面积；

$\quad\quad \sigma$——柱（墙）截面的平均压应力。

因此，轴压比实际上指的是构件截面的平均压应力与材料强度的比值。试验及理论研究结果表明，轴压比是影响结构构件延性的重要因素之一（图 5.3-8）。对于框架柱，当轴压比较小时，将产生大偏心受压破坏，此时柱子具有较好的延性及变形能力；当轴压比不断增大，达到一定数值以后，柱子将会以小偏心受压形态破坏，此时，柱子的延性及变形能力均有大幅度下降，为此，往往需要增配箍筋或采取其他措施来改善其抗震性能；而当轴压比进一步增大时，无论采取何种措施，均无法避免柱子的脆性破坏。

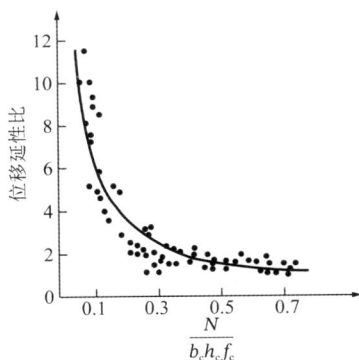

图 5.3-8　柱轴压比与位移延性关系

4. 适度提高配筋率，延迟进入屈服破坏的进程

提高柱的纵向钢筋的配筋率，可以提高其轴压承载力，降低轴压比；同时，还可以提高轴压力作用下的正截面承载力，推迟屈服。为此，现行标准（规范）对框架柱提出了严格控制最小纵向钢筋配筋率的要求，其目的是避免发生脆性破坏，并适当提高柱正截面承载力和变形能力。

但另一方面，当柱中纵向钢筋配置得过多时，由于混凝土的收缩和徐变性能容易导致混凝土出现裂缝，因此，规范对柱截面的最大配筋也进行了限制。一般情况下，柱总配筋率不应大于 5%；剪跨比不大于 2 的一级框架的柱，每侧纵向钢筋配筋率不宜大于 1.2%。

5. 加强箍筋的配置与构造，确保框架柱的塑性变形能力

震害和试验结果表明，框架柱的严重破坏部位主要集中于柱端一小段。为了增强柱端塑性铰区段的抗震能力，最有效的方法是加密箍筋，其效果是：①提高受剪承载力；②由于箍筋的约束，混凝土的极限压应变值增大，抗压强度提高；③改善混凝土的延性；④作为纵向钢筋的侧向支承，阻止竖筋压曲，使竖筋能充分发挥抗压强度。

1）加密区范围

为了提高柱端塑性铰区的变形能力，GB/T 50011—2010 等对加密区范围给出明确的规定：①柱端，取截面高度（圆柱直径）、柱净高的 1/6 和 500mm 三者的最大值；②底层柱的下端，取不小于柱净高的 1/3；③刚性地面上下各 500mm；④对于剪跨比不大于 2 的柱、因设置填充墙等形成的柱净高与柱截面高度之比不大于 4 的柱、框支柱、或抗震等级一级和二级框架的角柱，取柱子的全高。

2）体积配箍率

框架柱的弹塑性变形能力，主要与柱的轴压比和箍筋对混凝土的约束程度有关。为了具有大体上相同的变形能力，轴压比大的柱，要求箍筋约束程度高。箍筋对混凝土的约束程度主要与箍筋形式、体积配箍率、箍筋抗拉强度以及混凝土轴心抗压强度等因素有关，规范对此分别给出了明确的规定。

《高层建筑混凝土结构技术规程》JGJ 3—2010

6.4.7 柱加密区范围内箍筋的体积配箍率，应符合下列规定：

1 柱箍筋加密区箍筋的体积配箍率，应符合下式要求：

$$\rho_v \geq \lambda_v f_c / f_{yv} \tag{6.4.7}$$

式中：ρ_v——柱箍筋的体积配箍率；

λ_v——柱最小配箍特征值，宜按表 6.4.7 采用；

f_c——混凝土轴心抗压强度设计值，当柱混凝土强度等级低于 C35 时，应按 C35 计算；

f_{yv}——柱箍筋或拉筋的抗拉强度设计值。

柱端箍筋加密区最小配箍特征值 λ_v 表 6.4.7

抗震等级	箍筋形式	柱轴压比								
		≤ 0.30	0.40	0.50	0.60	0.70	0.80	0.90	1.00	1.05
一	普通箍、复合箍	0.10	0.11	0.13	0.15	0.17	0.20	0.23	—	—
	螺旋箍、复合或连续复合螺旋箍	0.08	0.09	0.11	0.13	0.15	0.18	0.21	—	—
二	普通箍、复合箍	0.08	0.09	0.11	0.13	0.15	0.17	0.19	0.22	0.24
	螺旋箍、复合或连续复合螺旋箍	0.06	0.07	0.09	0.11	0.13	0.15	0.17	0.20	0.22
三	普通箍、复合箍	0.06	0.07	0.09	0.11	0.13	0.15	0.17	0.20	0.22
	螺旋箍、复合或连续复合螺旋箍	0.05	0.06	0.07	0.09	0.11	0.13	0.15	0.18	0.20

注：1. 普通箍指单个矩形箍或单个圆形箍；螺旋箍指单个连续螺旋箍筋；复合箍指由矩形、多边形、圆形箍或拉筋组成的箍筋；复合螺旋箍指由螺旋箍与矩形、多边形或拉筋组成的箍筋；连续复合螺旋箍指全部螺旋箍由同一根钢筋加工而成的箍筋。

2. 对一、二、三、四级框架柱，其箍筋加密区范围内箍筋的体积配箍率尚且分别不应小于 0.8%、0.6%、0.4% 和 0.4%；

> 3. 剪跨比不大于 2 的柱宜采用复合螺旋箍或井字复合箍，其体积配箍率不应小于 1.2%；设防烈度为 9 度时，不应小于 1.5%；
> 4. 计算复合箍筋的体积配箍率时，可不扣除重叠部分的箍筋体积；计算复合螺旋箍筋的体积配箍率时，其非螺旋箍筋的体积应乘以换算系数 0.8。

3）构造要求

（1）加密区箍筋间距和直径

一般情况下，箍筋的最大间距和最小直径，应按表 5.3-2 采用。对于一级框架柱，当箍筋直径大于 12mm 且箍筋肢距不大于 150mm 时，除底层柱下端外，最大间距应允许采用 150mm；二级框架柱，当箍筋直径不小于 10mm 且箍筋肢距不大于 200mm 时，底层柱下端外，最大间距应允许采用 150mm；三级框架柱，截面尺寸不大于 400mm 时，箍筋最小直径允许采用 6mm；四级框架柱剪跨比不大于 2 时，箍筋直径不应小于 8mm；框支柱和剪跨比不大于 2 的框架柱，箍筋间距不应大于 100mm。

柱箍筋加密区的箍筋最大间距和最小直径　　　　　　表 5.3-2

抗震等级	箍筋最大间距（采用较小值，mm）	箍筋最小直径（mm）
一	$6d$，100	10
二	$8d$，100	8
三	$8d$，150（柱根 100）	8
四	$8d$，150（柱根 100）	6（柱根 8）

注：d 为柱纵筋最小直径。

（2）加密区箍筋肢距

柱箍筋加密区箍筋肢距，一级不宜大于 200mm，二、三级不宜大于 250mm，四级不宜大于 300mm。至少每隔一根纵向钢筋宜在两个方向有箍筋或拉筋约束；采用拉筋复合箍时，拉筋宜紧靠纵向钢筋并勾住箍筋。

（3）箍筋形式

箍筋应为封闭式，其末端应做成 135° 弯钩且弯钩末端平直段长度不应小于 10 倍的箍筋直径，且不应小于 75mm。

4）非加密区的箍筋

非加密区的体积配箍率不宜小于加密区的 50%；箍筋间距，一、二级框架柱不应大于 10 倍纵向钢筋直径，三、四级框架柱不应大于 15 倍纵向钢筋直径。

5.3.3.4　特别加强核芯区设计，避免节点失效

竖向荷载和地震作用下，梁柱核芯区的受力情况相对复杂，主要表现为受压和受剪。核芯区主要有剪压破坏和粘结锚固破坏两种形态。由于核芯区的受剪承载力不足，在剪压作用下可能会出现斜裂缝（图 5.3-9）；而在地震的反复作用下，则会形成交叉裂缝，导致混凝土挤压破碎，纵向钢筋压屈成灯笼状。此外，框架梁伸入核芯区的纵筋与混凝土之间的粘结破坏，会导致梁端转角增大，从而增加层间位移。需要注意的是，无论是剪切破坏。还是粘结破坏，均属于脆性破坏，混凝土框架结构的梁柱节点核芯区一般不应作为耗能部

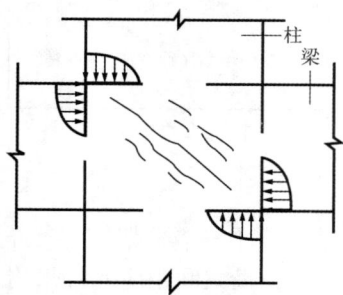

图 5.3-9 梁柱核芯区斜裂缝图

位。因此，核芯区的抗震设计概念应为：强核芯区，强锚固。

1. 强核芯区

强核芯区是指核芯区的受剪承载力应大于汇交在同一节点的两侧梁端达到受弯承载力时对应的核芯区的剪力。在梁端钢筋屈服时，核芯区不发生剪切屈服。因此，取梁端截面达到受弯承载力时的核芯区剪力作为其剪力设计值。我国工程抗震设计中，仍然采用弯矩设计值代替受弯承载力，以简化计算。避免核芯区过早发生剪切破坏的主要抗震构造措施是配置足够的箍筋。

2. 强锚固

为了避免梁纵筋在核芯区内粘结锚固破坏，梁的上部钢筋应贯穿中间节点，梁的下部钢筋可以切断，在核芯区内应有一定的锚固长度。对于边节点或角节点，若核芯区内钢筋密集，影响混凝土浇筑质量，可以将梁伸出柱面，纵筋的弯折段移出核芯区（图 5.3-10）。

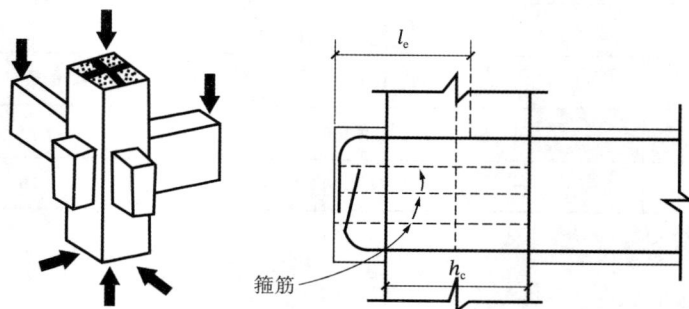

图 5.3-10 梁纵筋伸出柱面

5.3.4 特殊情况的把握与处理

5.3.4.1 梁柱偏心的处置与设计对策

根据国内外相关的试验研究成果和震害表现，梁柱偏心较大时，会产生以下几个方面的不利影响：

首先，在结构整体层面的不利影响，由于梁柱偏心会实质上导致梁对柱的侧向约束减弱，柱子的侧向刚度不能充分利用，进而造成结构抗侧刚度轻微降低，结构周期延长，侧向位移增加，同时在一定程度上会增加结构的扭转效应。不过，总的来说，整体层面的影响有限，一般不会造成大的工程变化。

其次，在构件内力层面，由于梁柱偏心后，柱子参与结构整体工作的程度减弱，结构构件的内力分布会发生一定程度的变化：存在偏心的柱子的内力（剪力、弯矩等）下降，而其他柱子内力会相应增加，工程设计时应给予关注。

最后，在梁柱节点受力机理方面，会产生较大的影响。其一，由于梁内纵向钢筋拉力与柱中线的偏心，导致节点存在较大的扭矩作用；其二，节点剪应力主要集中在梁宽范围内，且剪应力峰值较大，当偏心矩大于 1/4 柱宽时，节点应力峰值会超过 $e = 0$ 时一倍左右；

其三，梁柱之间偏心距过大会导致核芯区有效受剪面积过小，剪应力增大和核芯区有效范围内及有效范围外的剪切变形差异，会引起柱扭转，甚至出现柱身沿纵向劈裂，这已被实际震害和试验结果所证实（图 5.3-11）；其四，偏心节点核芯区剪切变形增大会造成框架节点非刚性，在地震作用下增大框架侧向位移，同时也降低了框架柱的受弯承载力，影响"强柱弱梁"关系。

鉴于以上情况，《建筑抗震设计标准》GB/T 50011—2010（2024 年版）规定，框架结构和框架-抗震墙结构中，框架和抗震墙均应双向设置，柱中线与抗震墙中线、梁中线与柱中线之间偏心距大于柱宽的 1/4 时，应计入偏心的影响。与此同时，《高层建筑混凝土结构技术规程》JGJ 3—2010 则要求，当梁柱中心线不能重合时，在计算中应考虑偏心对梁柱节点核心区受力和构造的不利影响，以及梁荷载对柱子的偏心影响。此外，对于偏心距的控制以及应对措施，JGJ 3—2010 则给出了进一步的明确规定：9 度设计时，偏心距不应大于柱宽的 1/4；非抗震及 6～8 度设计时，不宜大于柱宽的 1/4，否则可采取梁水平加腋（图 5.3-12）等措施。

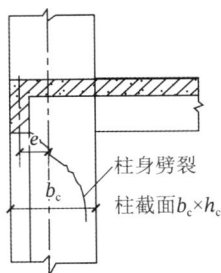

图 5.3-11　梁柱之间偏心
距过大，柱身沿纵向劈裂

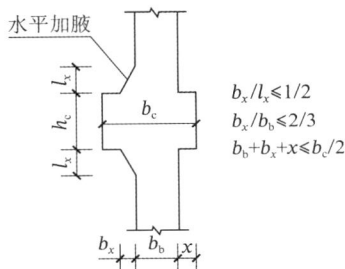

图 5.3-12　梁水平加腋

从概念上讲，梁柱偏心较大时需要采用的设计对策主要有两个方面：其一是加强柱端抗扭箍筋的配置，以减轻或改善柱端劈裂破坏的程度；其二是梁端加腋，以改善节点的受力性能。

根据国内外相关的试验结果，楼板对改善大偏心节点受力性能作用不明显，梁端加腋是改善大偏心节点受力性能的有效手段：①梁端水平加腋并保证一定的加腋宽度，可显著提高节点的承载能力；②偏心节点的刚度、延性及耗能能力随加腋宽度的增大而增大；③梁端水平加腋增加了节点的有效宽度，增大了参与节点区工作的混凝土的体积，使得梁的抗弯能力得到提高；④梁端水平加腋改善了因梁柱偏心而导致的柱纵向劈裂，试验显示，柱的纵向劈裂程度随腋宽的增大有较大程度的减轻；⑤梁端水平加腋宽度应控制在一定范围内，以改善梁端水平加腋变截面处的应力集中现象。

需要注意的是，设置水平加腋后，仍须考虑梁柱偏心的不利影响。框架梁水平加腋后，框架节点的有效宽度 b_j 应符合下列要求：

（1）当 $x = 0$ 时，b_j 按下式计算：

$$b_j \leqslant b_b + b_x \tag{5.3-7}$$

（2）当 $x \neq 0$ 时，b_j 应满足以下要求：

$$b_j \leqslant \max (b_b + b_x + x, b_b + 2x) \tag{5.3-8}$$

$$b_j \leqslant b_b + 0.5h_c \tag{5.3-9}$$

式中：h_c——柱截面高度；

b_x——梁水平加腋宽度；

b_b——梁截面宽度；

x——非加腋侧梁边到柱边的距离。

5.3.4.2 慎重对待单跨框架结构

单跨框架结构是指整栋建筑全部或绝大部分采用单跨框架的结构，不包括仅局部为单跨框架的框架结构。历次震害表明，单跨的混凝土框架结构对于抗震有明显的不利影响。单跨框架结构，由于结构侧向刚度较小，在强烈地震作用下，结构侧向位移过大，造成部分框架柱失稳破坏，由于冗余度较少，容易形成连续倒塌机制，从而导致结构整体倾覆倒塌（图 5.3-13、图 5.3-14）。

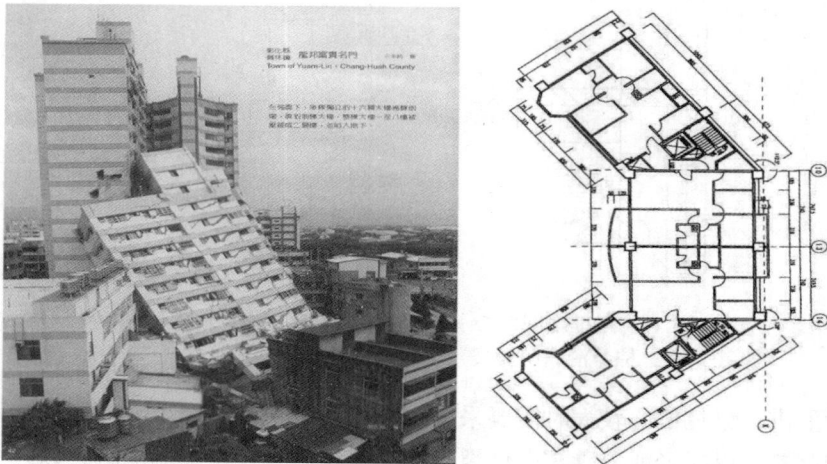

图 5.3-13　1999 年台湾集集地震，16 层钢筋混凝土单跨框架建筑倒塌

图 5.3-14　1999 年台湾集集地震，单跨框架结构教学楼与设置外廊柱的教学楼震害比较

鉴于实际地震中单跨框架结构的突出震害表现，《建筑抗震设计规范》在 2008 年汶川地震后的局部修订时规定：高层建筑不应采用单跨框架结构，多层建筑不宜采用单跨框架结构。2010

版修订时，考虑到单边走廊的中小学校教学楼等建筑的震害表现，进一步要求：甲、乙类建筑以及高度大于 24m 的丙类建筑，不用采用单跨框架结构；高度不大于 24m 的丙类建筑不宜采用单跨框架结构。对于 GB/T 50011—2010 的上述要求，在工程实施时需要注意以下几点：

1. 注意构件与体系的区别

GB/T 50011—2010 第 6.1.5 条要求的对象是单跨框架结构，属于体系范畴。当框架结构中某个主轴方向的抗侧力体系以单跨框架（构件）为主时，即属于单跨框架结构体系，应限制其使用；当结构抗侧力体系中，单跨框架（构件）只起次要作用时，可不视作单跨框架结构（体系）。因此，下述几种情况的单跨框架是允许存在的，但应采取相应措施：

（1）框架结构中，允许局部存在单跨框架（构件），但应对单跨框架（构件）的数量有所限制，理论上，可按单跨框架承担的底部地震倾覆力矩不超过 50%进行控制，但多跨框架之间的楼盖长宽比应同时按 GB/T 50011—2010 第 6.1.6 条的相关要求进行控制。

（2）框架-抗震墙结构中，框架可以是单跨的，但范围较大的单跨框架且相邻两侧抗震墙间距较大时，对抗震不利，应注意加强。

（3）框架结构顶层，由于建筑功能要求，采取单跨框架以获得较大的空间，这种情况，该结构不属于单跨框架结构。但与单跨框架相关的柱和屋面梁需采取加强措施，同时，若顶层框架跨度大于 18m，则相关框架尚应按大跨度框架确定抗震等级。

2. 工业建筑的单跨框架结构

某些乙类工业建筑，由于工艺要求，往往很难避免单跨框架结构，而且层高很大，按 GB/T 50011—2010 第 6.1.5 条要求不易实现，此时可按 GB/T 50011—2010 第 1.0.3 条规定的有特殊要求的工业建筑另行处理。

3. 教学楼的连廊

教学楼之间的连廊，不超过 2 层采用单跨框架结构时，应采取加强措施（例如，框架柱按中震弹性或中震不屈服进行设计）；超过 3 层时，原则上不允许采用单跨框架结构。如使用功能确有需要，必须设置 3 层以上的连廊时，可采取以下方法进行处理：

方法一：当连廊长度不大时，可将连廊与其中的一个教学楼连为整体，含连廊的教学楼按平面复杂建筑的相关要求进行设计，连廊另一端应注意加强（截面加大，配筋加强），连廊与教学楼的连接部位受力复杂，加强配筋与构造。

方法二：连廊两端的四根角柱外侧各设置一定数量的墙体，将单跨框架结构体系变为框架-抗震墙体系。

方法三：如条件限制，只能采用单跨框架结构时，可通过性能设计方法，尽可能地提高设计目标，确保结构在大震状态下的安全性，比如作为竖向构件的框架柱按大震弹性或更高的性能目标设计，框架梁按中震弹性或更高的性能目标设计等。

5.4　抗震墙结构房屋

5.4.1　适用范围及结构特点

抗震墙结构亦称剪力墙结构，是承重结构主要由抗震墙组成的结构体系，墙体承受重力荷载及水平力的作用。当建筑物底层需要大空间房间时，局部底层可以做成框架结构，由框架支承的抗震墙称为框支墙。

抗震墙结构具有较大刚度和承载力。由于层间相对位移较小，有利于避免设备管道、建筑装修、内部隔墙等非结构构件的破坏，在高层住宅、公寓和旅馆等建筑中得到广泛采用。

抗震墙结构的变形属于弯曲型或弯剪型，水平力作用下的下部楼层层间位移小，上部楼层大。

高层抗震墙的墙肢底部是预期塑性铰部位，属于加强部位，需要对墙截面受剪承载力进行适当加强，避免剪切破坏先于弯曲破坏发生。

5.4.2 结构布置的基本原则与要求

1. 平面上宜简单、规则、对称，抗震墙应双向布置，纵、横墙宜互为翼墙或设置端柱。

2. 墙段高宽比控制

合理控制墙段的高宽比是抗震设计中的关键措施。单片抗震墙的长度过大时，一方面会使结构周期过短，地震作用增大，另一方面由于总高度与总宽度之比（高宽比）太小，会发生类似于短柱的脆性剪切破坏，对抗震不利。因此，较长的抗震墙宜结合洞口（必要时可专门设置结构洞口）用楼板（无连梁）或跨高比大于 6 的连梁分成较均匀的若干墙段，各墙段（包括整体小开口墙和联肢墙）的高宽比不应小于 2（图 5.4-1）。对于高宽比 ≤ 2 的矮墙，需特别加强抗剪设计，防止脆性破坏。对总长度很长的长墙，可通过设置结构缝或洞口使之分为若干独立墙段，确保各墙段高宽比均满足规范要求，实现受弯破坏为主的设计意图。

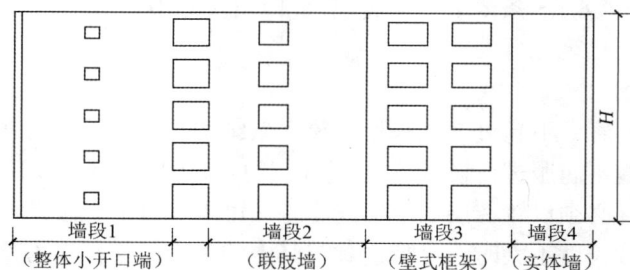

图 5.4-1 较长的抗震墙的组成示意图

3. 墙段稳定性控制与墙体截面尺寸选型

抗震墙稳定不仅与墙的高厚比有关，而且与墙两侧有无其他墙体的约束，即无肢长度的大小等有关。因此，抗震规范要求，抗震墙两端要设置端柱或者与另一方向抗震墙相连，以保证墙体平面外的稳定性。

抗震墙的厚度，一、二级不应小于 160mm 且不宜小于层高或无肢长度的 1/20，三、四级不应小于 140mm 且不宜小于层高或无肢长度的 1/25；无端柱或翼墙时，一、二级不宜小于层高或无肢长度的 1/16，三、四级不宜小于层高或无肢长度的 1/20。

底部加强部位的墙厚，一、二级不应小于 200mm 且不宜小于层高或无肢长度的 1/16，三、四级不应小于 160mm 且不宜小于层高或无肢长度的 1/20；无端柱或翼墙时，一、二级不宜小于层高或无肢长度的 1/12，三、四级不宜小于层高或无肢长度的 1/16。

4. 洞口设置

抗震墙洞口宜上下对齐，成列布置，使抗震墙形成明确的墙肢和连梁。成列开洞的规则抗震墙传力路径合理，受力明确，地震中不易因为复杂应力而产生震害。错洞墙洞口上、下不对齐，受力复杂，洞口边容易产生显著的应力集中。因此，规范规定，门窗洞口宜上下对齐、成列布置，形成明确的墙肢和连梁。

还应注意，洞口的设置不应造成墙肢宽度相差悬殊，小墙肢的截面高度与厚度之比不大于 4 时，应按框架柱的要求进行设计，箍筋应沿全高加密；一、二、三级抗震墙不宜采用叠合错洞墙，底部加强区不宜采用错洞墙。

当实际工程无法避免错洞墙时，应采取更精细的计算分析和更严格构造措施。

5. 当抗震墙与墙平面外的楼面梁连接时，考虑梁端部弯矩对墙的不利影响，可采取以下措施：

（1）设置沿楼面梁轴线方向与梁相连的抗震墙，以抵抗该抗震墙平面外弯矩；

（2）设置扶壁柱，扶壁柱宜按计算确定截面与配筋；

（3）当不能设置扶壁柱时，应在墙与梁相交处设置暗柱，暗柱范围可取梁宽及梁两侧各一倍墙厚，并宜按计算确定配筋；

（4）将梁端设计成铰接或做成变截面梁（梁端截面高度减小），以减小梁在竖向荷载下的端弯矩对墙平面外弯曲的不利影响。

6. 抗震墙沿竖向上下连续、对齐，避免刚度突变。抗震墙宜贯通到顶，当顶层有大房间需要取消一部分抗震墙时，顶层的顶板和楼板宜适当加强。

7. 当房屋的长度大于 60m、高度大于 70m 时，为了减小温度变形的影响，现浇混凝土外墙的外侧宜采取保温隔热措施。

5.4.3　延性设计的概念与对策

5.4.3.1　控制剪跨比，避免脆性剪切破坏

与钢筋混凝土柱相同，墙肢是弯曲破坏还是剪切破坏，与其剪跨比密切相关。水平地震作用下，剪跨比大于 2 的抗震墙以弯曲变形为主，可以实现延性弯曲破坏；剪跨比在 1～2 之间的抗震墙，剪切变形比较大，一般会出现斜裂缝，通过强剪弱弯设计，有可能实现有一定延性和耗能能力的弯曲、剪切破坏。剪跨比小于 1 的抗震墙为矮墙，易发生脆性的剪切破坏，工程设计中，应避免出现矮墙。

对于剪跨比小于 2 的墙肢，可以通过设置大洞口，将长墙分成剪跨比大于 2 的墙。当连梁刚度大、致使联肢墙成为整体墙，可改变洞口尺寸或减小部分连梁高度，使之成为跨高比大、受弯承载力小、容易屈服的连梁，将整体墙分成若干剪跨比大于 2 的墙段。

5.4.3.2　限制轴压比，确保延性变形能力

随着建筑高度的增加，抗震墙墙肢的轴压力也增加。与钢筋混凝土柱相同，轴压比是影响墙肢延性的主要因素之一。图 5.4-2 是轴压比试验值为 0.2 和 0.4 的两片抗震墙的水平力-位移滞回曲线。大偏心受压、高轴压比墙与低轴压比墙的受力性能的主要区别有：

（1）破坏形态不同。低轴压比墙先出现受拉裂缝，压区混凝土后压碎，有比较多的斜裂缝，开展充分；高轴压比墙压区混凝土先压碎剥落，破坏前才出现受拉裂缝，但没有开展。

（2）端部纵筋屈服情况不同。低轴压比墙受拉端纵筋先屈服，高轴压比墙受压端纵筋先屈服。

（3）塑性变形能力不同。低轴压比墙屈服后的力-位移骨架曲线的水平段长、稳定，位移延性系数大；高轴压比墙达到峰值承载力后，承载力迅速下降，骨架曲线没有水平段，位移延性系数小。

（4）耗能能力不同。低轴压比墙有较好的耗能能力，而高轴压比墙的耗能能力较差。

对于一定高宽比的抗震墙，为了达到要求的位移延性系数，应限制相对受压区高度；为了工程应用方便，在一定条件下，限制相对受压区高度可以转换为限制轴压比。一般情况下，墙肢底部是最有可能屈服、形成塑性铰的部位，也是限制轴压比的部位。

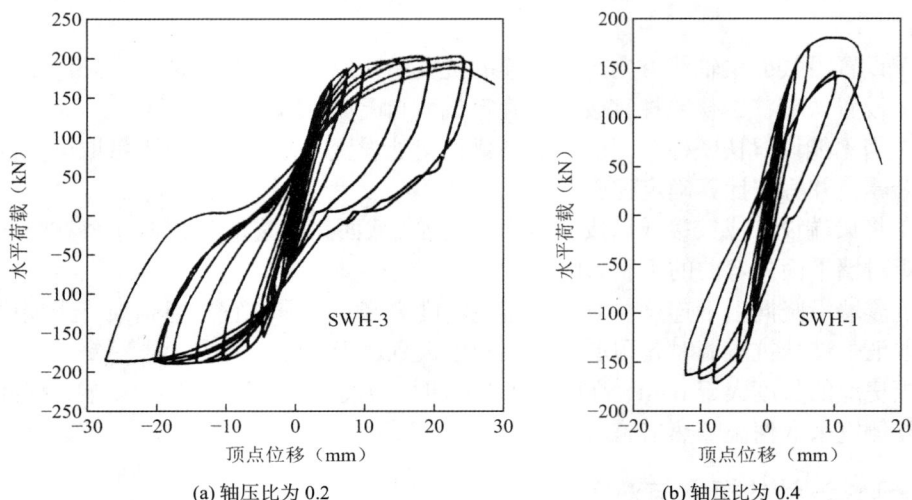

(a) 轴压比为 0.2   (b) 轴压比为 0.4

图 5.4-2 不同轴压比抗震墙的水平力-位移滞回曲线

5.4.3.3 设置底部加强区，确保底部塑性变形充分发展

按强竖（墙肢）弱平（连梁）概念设计的抗震墙在水平地震作用下，连梁首先进入屈服状态，然后墙肢底部截面的受拉钢筋开始屈服，随着地震作用增大，钢筋屈服的范围不断向上发展，形成塑性铰。一般而言，塑性铰的长度大约为墙肢截面长度的 0.3～0.8 倍。适当提高塑性铰范围及其以上相邻区域的受剪承载力，并加强抗震构造，对于提高抗震墙的抗震能力、改善整个结构的抗震性能是非常有用的。

墙肢底部塑性铰及其以上相邻的一定高度范围，即为抗震墙的底部加强部位，我国现行有关标准对抗震墙底部加强部位范围作出了明确规定。

《建筑抗震设计标准》GB/T 50011—2010（2024 年版）

6.1.10 抗震墙底部加强部位的范围，应符合下列规定：

1 底部加强部位的高度，应从地下室顶板算起。

2 部分框支抗震墙结构的抗震墙，其底部加强部位的高度，可取框支层加框支层以上两层的高度及落地抗震墙总高度的 1/10 二者的较大值。其他结构的抗震墙，房屋高度大于 24m 时，底部加强部位的高度可取底部两层和墙体总高度的 1/10 二者的较大值；房屋高度不大于 24m 时，底部加强部位可取底部一层。

3 当结构计算嵌固端位于地下一层的底板或以下时，底部加强部位尚宜向下延伸到计

算嵌固端。

《高层建筑混凝土结构技术规程》JGJ 3—2010

7.1.4　抗震设计时，抗震墙底部加强部位的范围，应符合下列规定：

1　底部加强部位的高度，应从地下室顶板算起；

2　底部加强部位的高度可取底部两层和墙体总高度的 1/10 二者的较大值，部分框支剪力墙结构底部加强部位的高度应符合本规程 10.2.2 条的规定；

3　当结构计算嵌固端位于地下一层底板或以下时，底部加强部位宜延伸到计算嵌固端。

需要注意的是，抗震墙底部加强部位的加强措施是有目标和针对性的，并非全面加强。

（1）提高受剪承载能力，保证强剪弱弯的实现。

一、二、三级的抗震墙底部加强部位，其截面组合的剪力设计值应按下式调整：

$$V = \eta_{vw} V_w \tag{5.4-1}$$

9 度的一级抗震墙可不按上式调整，但应符合下式要求：

$$V = 1.1 \frac{M_{wua}}{M_w} V_w \tag{5.4-2}$$

式中：V——抗震墙底部加强部位截面组合的剪力设计值；

　　　V_w——抗震墙底部加强部位截面组合的剪力计算值；

　　M_{wua}——抗震墙底部截面按实配纵向钢筋面积、材料强度标准值和轴力等计算的抗震受弯承载力所对应的弯矩值；有翼墙时应计入墙两侧各一倍翼墙厚度范围内的纵向钢筋；

　　　M_w——抗震墙底部截面组合的弯矩设计值；

　　　η_{vw}——抗震墙剪力增大系数，一级可取 1.6，二级可取 1.4，三级可取 1.2。

（2）特别加强框支结构落地墙的底部加强部位，延长或推迟进入屈服或破坏的进程。

框支结构的落地抗震墙，是结构薄弱层的第一道抗震防线，对其底部加强部位进行特别加强设计，有助于延长或推迟其进入屈服或破坏的进程，有利于改善和提高结构整体的抗震性能。为此，《高层建筑混凝土结构技术规程》JGJ 3—2010 规定：部分框支抗震墙结构中，特一、一、二、三级落地剪力墙底部加强部位的弯矩设计值应按墙底截面有地震作用组合的弯矩值乘以增大系数 1.8、1.5、1.3、1.1 采用；其剪力设计值应按强剪弱弯的原则相应调整。

（3）控制设计弯矩调整，避免塑性铰集中发展

通常，抗震墙底部加强区的设计弯矩值是不调整的，直接采用计算的组合值作为设计值。但对于抗震等级一级抗震墙的设计弯矩取值，我国 GBJ 11—89、GB 50011—2001 和 GB/T 50011—2010 三本规范的规定差异较大，需要引起各位读者的重视。

GBJ 11—89 规定，一级抗震墙底部加强部位的组合弯设计值均按墙底截面的设计值采用，以上一般部位的组合弯矩设计值按线性变化。对于较高的房屋来说，这一规定可能会导致上部一般部位的弯矩取值过大，不合理。

GB 50011—2001 规定，底部加强部位的弯矩设计值均取墙底部截面的组合弯矩设计值，底部加强部位以上，均采用各墙肢截面的组合弯矩设计值乘以增大系数，但增大后与加强部位紧邻一般部位的弯矩有可能小于相邻加强部位的组合弯矩，进而导致上部一般部位先屈服的反常现象。

GB/T 50011—2010 改为仅加强部位以上乘以增大系数 1.2，目的有二：其一是使墙肢的塑性铰在底部加强部位的范围内得到发展，不是将塑性铰集中在墙底，甚至集中在底截面以上不大的范围内，从而减轻墙肢底截面附近的破坏程度，使墙肢有较大的塑性变形能力；其二是避免底部加强部位紧邻的上层墙肢屈服而底部加强部位不屈服，但应注意一般部位弯矩增大后，其受剪承载力应相应增大。

不同版本《建筑抗震设计规范》关于抗震墙的计算和组合弯矩调整见图 5.4-3。

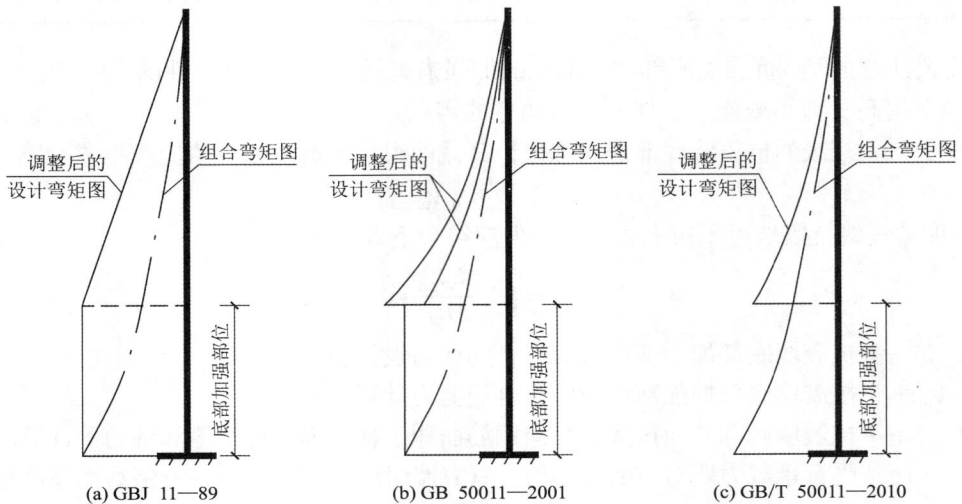

图 5.4-3　抗震墙的计算和组合弯矩调整

（4）加强配筋与构造，提高延性变形能力

对于一般抗震墙结构、部分框支抗震墙结构等结构的开洞抗震墙，以及核心筒和内筒中开洞的抗震墙，地震作用下连梁首先屈服破坏，然后墙肢的底部钢筋屈服、混凝土压碎。因此，与其他部位相比，底部加强区构造措施明显更严格，目的是进一步提高和改善潜在塑性铰区的延性变形能力。为此，GB/T 50011—2010 等标准规定，一、二、三级抗震墙底部加强部位或部分框支抗震墙结构抗震墙底部加强部位的轴压比超过一定值时，墙的两端及洞口两侧应设置约束边缘构件，使底部加强部位有良好的延性和耗能能力；其余情况，墙的两端及洞口两侧可仅设置构造边缘构件，但底部加强部位的构造边缘构件的配筋构造要适当加严，纵向钢筋的最小配筋量、箍筋直径与间距等均严于其他部位。

5.4.3.4　设置边缘构件，提高墙肢延性

研究表明，在弯曲破坏条件下影响抗震墙延性最根本的因素是受压区高度和混凝土极限应变值。受压区高度减小或混凝土极限应变加大都可以增加截面的极限曲率，延性就会提高；反之，延性会降低。在不对称配筋时，可能由于受拉钢筋过多而加大受压区高度；在对称配筋时，可能由于轴压力较大而使受压区高度增加，这都会使剪力墙延性降低。此时，应设法提高混凝土的极限应变值，以提高延性。因此，在剪力墙端部钢筋较多且成多排布置时，宜在混凝土压区配置箍筋，不仅可以约束混凝土，提高混凝土极限应变，还可以使剪力墙具有较强的边框，阻止裂缝迅速贯通全墙；即使在腹板混凝土酥裂

后，端柱仍可抗弯和抗剪，结构不至于倒塌，对抗震有利。鉴于此，我国自 GB 50011—2001 开始，对抗震墙墙肢提出了设置边缘构件的要求，并对设置部位和构造措施等提出了明确的规定。

（1）约束边缘构件设置与构造

按 GB/T 50011—2010 规定，墙肢底截面的轴压比超过限值的一、二、三级抗震墙，以及部分框支抗震墙结构的抗震墙，应在底部加强部位及相邻的上一层设置约束边缘构件。

注意，此处的轴压比指重力荷载代表值作用下的轴压比，取轴向压力设计值与墙肢截面面积和混凝土轴心抗压强度设计值乘积的比值；轴压比的计算部位为"底层墙肢的底截面"，即结构计算墙肢嵌固部位的截面；规定的限值：9 度，一级取 0.1；7、8 度，一级取 0.2；二、三级取 0.3。

约束边缘构件沿墙肢的长度、配箍特征值、箍筋和纵向钢筋宜符合表 5.4-1 的要求（图 5.4-4）。

抗震墙约束边缘构件的范围及配筋要求　　　　　　表 5.4-1

项目	一级（9 度）		一级（7、8 度）		二、三级	
	$\lambda \leqslant 0.2$	$\lambda > 0.2$	$\lambda \leqslant 0.3$	$\lambda > 0.3$	$\lambda \leqslant 0.4$	$\lambda > 0.4$
l_c（暗柱）	$0.20h_w$	$0.25h_w$	$0.15h_w$	$0.20h_w$	$0.15h_w$	$0.20h_w$
l_c（翼墙或端柱）	$0.15h_w$	$0.20h_w$	$0.10h_w$	$0.15h_w$	$0.10h_w$	$0.15h_w$
λ_v	0.12	0.20	0.12	0.20	0.12	0.20
纵向钢筋（取较大值）	$0.12A_c$，$8\phi16$		$0.12A_c$，$8\phi16$		$0.10A_c$，$6\phi16$（三级 $6\phi14$）	
箍筋或拉筋沿竖向间距	100mm		100mm		150mm	

注：1. 抗震墙的翼墙长度小于其 3 倍厚度或端柱截面边长小于 2 倍墙厚时，按无翼墙、无端柱查表；端柱有集中荷载时，配筋构造尚应满足与墙相同抗震等级框架柱的要求；
2. l_c 为约束边缘构件沿墙肢长度，且不小于墙厚和 400mm；有翼墙或端柱时不应小于翼墙厚度或端柱沿墙肢方向截面高度加 300mm；
3. λ_v 为约束边缘构件的配箍特征值，体积配箍率可按式(5.4-3)计算，并可适当计入满足构造要求且在墙端有可靠锚固的水平分布钢筋的截面面积；
4. h_w 为抗震墙墙肢长度；
5. λ 为墙肢轴压比；
6. A_c 为图 5.4-4 中约束边缘构件阴影部分的截面面积。

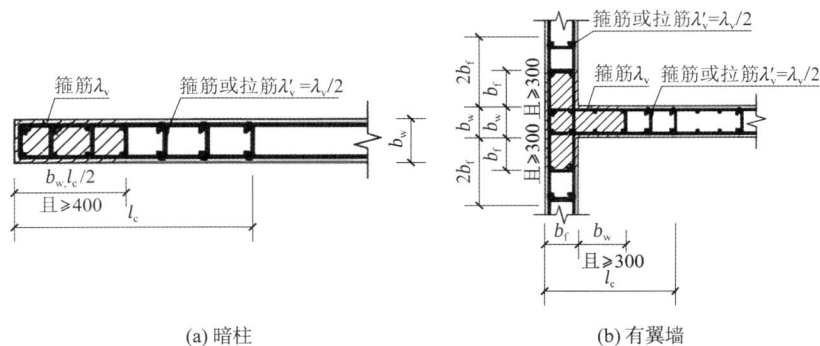

(a) 暗柱　　　　　　　　　　(b) 有翼墙

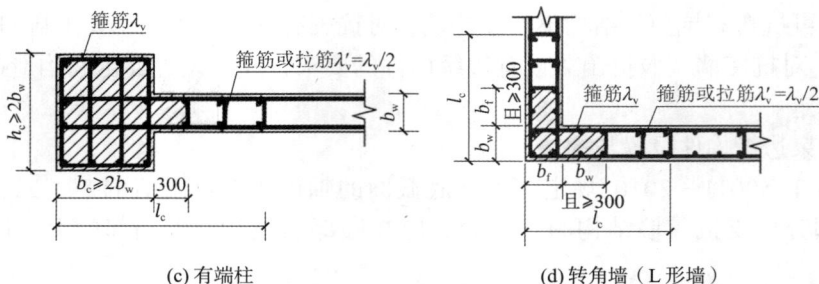

(c) 有端柱   (d) 转角墙（L 形墙）

图 5.4-4 抗震墙的约束边缘构件

约束边缘构件的体积配箍率 ρ_v 应按下式计算：

$$\rho_v = \lambda_v \frac{f_c}{f_{yv}} \qquad (5.4\text{-}3)$$

式中：ρ_v——箍筋体积配箍率；

λ_v——约束边缘构件配箍特征值；墙肢轴压比相对较小（即 9 度一级不超过 0.2，7、8 度一级不超过 0.3，二、三级不超过 0.4）时，取 0.12，其余情况取 0.20；

f_c——混凝土轴心抗压强度设计值；混凝土强度等级低于 C35 时，应取 C35 的混凝土轴心抗压强度设计值；

f_{yv}——箍筋、拉筋或水平分布钢筋的抗拉强度设计值。

需要注意的是：①计算体积配箍率时，混凝土体积取箍筋内表面范围内的混凝土核心体积；②体积配箍率可计入箍筋、拉筋；③水平分布钢筋符合以下条件时，可部分计入：在墙端有 90°弯折后延伸到另一排分布钢筋并钩住其竖向钢筋、水平钢筋之间设置足够的拉筋形成复合箍、计入的水平分布钢筋的体积配箍率不应大于 0.3 倍总体积配箍率。

（2）构造边缘构件的设置与构造

对于抗震墙结构，底层墙肢底截面的轴压比不大于表 5.4-2 规定的一、二、三级抗震墙及四级抗震墙，墙肢两端可设置构造边缘构件，构造边缘构件的范围可按图 5.4-5 采用，构造边缘构件的配筋除应满足受弯承载力要求外，并宜符合表 5.4-3 的要求。

抗震墙设置构造边缘构件的最大轴压比　　　　　　　　　　表 5.4-2

抗震等级或烈度	一级（9 度）	一级（7、8 度）	二、三级
轴压比	0.1	0.2	0.3

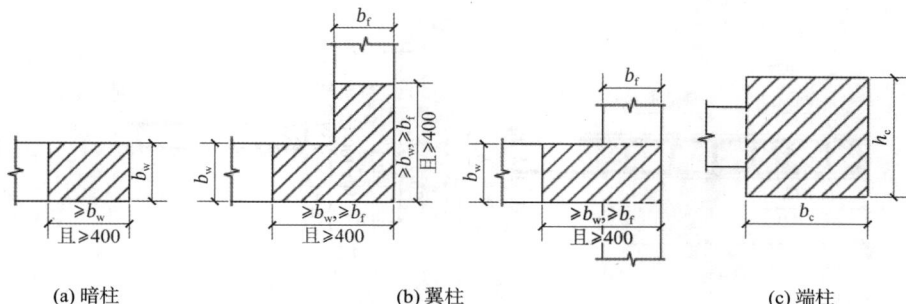

(a) 暗柱   (b) 翼柱   (c) 端柱

图 5.4-5 抗震墙的构造边缘构件范围

抗震墙构造边缘构件的配筋要求　　　　表 5.4-3

抗震等级	底部加强部位			其他部位		
	纵向钢筋最小量（取较大值）	箍筋		纵向钢筋最小量（取较大值）	拉筋	
		最小直径（mm）	沿竖向最大间距（mm）		最小直径（mm）	沿竖向最大间距（mm）
一	$0.010A_c$，$6\phi16$	8	100	$0.008A_c$，$6\phi14$	8	150
二	$0.008A_c$，$6\phi14$	8	150	$0.006A_c$，$6\phi12$	8	200
三	$0.006A_c$，$6\phi12$	6	150	$0.005A_c$，$4\phi12$	6	200
四	$0.005A_c$，$4\phi12$	6	200	$0.004A_c$，$4\phi12$	6	250

注：1. A_c 为边缘构件的截面面积；
　　2. 其他部位的拉筋，水平间距不应大于纵筋间距的 2 倍；转角处宜采用箍筋；
　　3. 当端柱承受集中荷载时，其纵向钢筋、箍筋直径和间距应满足柱的相应要求。

5.4.3.5　控制分布钢筋的最小配筋率

墙肢应配置竖向和横向分布钢筋，分布钢筋的作用是多方面的：抗剪、抗弯、减少收缩裂缝等。规定抗震墙水平钢筋的最小配筋率是为了防止斜裂缝出现后抗震墙发生脆性的剪拉破坏，同时防止混凝土墙体在受弯裂缝出现后立即达到极限受弯承载力，配置的竖向分布筋必须满足最小配筋率的要求。需要注意，相对普通落地抗震墙，部分框支抗震墙结构中的落地抗震墙更为重要，因此其分布钢筋最小配筋率要符合更加严格的规定（表 5.4-4、表 5.4-5）。

最小配筋率要求　　　　表 5.4-4

	抗震等级	水平和竖向分布钢筋配筋率
一般抗震墙（剪力墙）	一、二、三级	0.25%
	四级	0.20%
	低矮的四级抗震墙[1]	水平 0.20%；竖向 0.15%
	高层建筑的特殊部位墙体[2]	0.25%
框支结构底部加强部位	一、二、三级	0.30%

注：1. 对低矮的四级抗震墙，当满足一定条件时，竖向分布钢筋的配筋率允许放松到 0.15%。实际工程实施时应注意，关于四级抗震墙（剪力墙）允许放松竖向分布筋配筋率要求的条件有两个：其一是墙体总高度小于 24m，其二是要求墙体的剪压比很小，一般不超过 0.02。
　　2. 高层建筑特殊部位的墙体，不管其抗震等级如何，其水平和竖向分布钢筋的配筋率均不应小于 0.25%。这些特殊部位的墙体包括：房屋顶层剪力墙、长矩形平面房屋的楼梯间和电梯间剪力墙、端开间纵向剪力墙以及端山墙等。

分布钢筋的布置要求　　　　表 5.4-5

	间距	直径	布局
一般抗震墙（剪力墙）	不宜大于 300mm	不宜大于墙厚的 1/10，不应小于 8mm；竖向尚不宜小于 10mm[1]	墙厚大于 140mm，双排布置，拉筋间距不大于 500mm，直径不小于 6
高层建筑的特殊部位墙体[2]	不应大于 200mm		
框支结构底部加强部位[3]	不应大于 200mm		

注：1. 竖向分布筋直径"不宜小于 10mm"的要求，系考虑分布钢筋网片施工期间的稳定性而作出的规定，高层建筑中由于墙体较厚，一般均为双排至三排布置，不存在钢筋网片的稳定性问题，故《高层建筑混凝土结构技术规程》JGJ 3—2010 并未作此要求。因此，当有可靠的工程措施保证钢筋网片的稳定性时，竖向分布钢筋的直径可以采用 8mm。
　　2. 特殊部位的墙体同上。包括：房屋顶层剪力墙、长矩形平面房屋的楼梯间和电梯间剪力墙、端开间纵向剪力墙以

及端山墙等。

3. 对于高层建筑，框支结构底部加强部位墙体分布钢筋不应大于 200mm，钢筋直径不应小于 8mm，属于强制性要求，工程实施时应严格执行。

5.4.3.6　改善连梁的延性设计与构造

连梁的特点是跨高比小，住宅、旅馆抗震墙结构的连梁的跨高比往往小于 2.5，甚至不大于 1.0，在地震作用下，连梁比较容易出现剪切斜裂缝。

抗震设计的连梁，其刚度并不是越大越好，刚度大，则弯矩、剪力设计值大，难以实现强剪弱弯；同样，其受弯承载力也不是越大越好。

一般抗震墙中，可采用连梁刚度折减的方法降低连梁的弯矩设计值，使连梁先于墙肢屈服，且实现弯曲屈服。需要注意的是，连梁刚度折减往往会导致结构总体地震剪力降低，为保证结构总体的抗震能力不降低，应对结构整体地震作用进行适当放大，使连梁刚度折减前后的总体地震作用大体相当。

需要注意的是，当连梁刚度折减后，仍存在剪压比超限时，应根据超限的数量和程度采取如下措施：

（1）多数（30%以上）连梁剪压比超限，且超限程度较大，说明连梁刚度相对偏大，应调整结构布局，提高墙肢的相对刚度，比如减小连梁截面高度、变单连梁为双连梁或多连梁、增加墙肢数量等。

（2）仅部分（30%以内）连梁剪压比超限，且超限程度不大，可采用双连梁或多连梁作局部调整，也可按剪压比限值对应的剪力和弯矩进行连梁设计，但抗震墙的墙肢及其他连梁的内力应相应调整。

（3）当连梁破坏对承受竖向荷载无明显影响时，可认为在大震作用下连梁不参加工作，按独立墙肢的计算简图进行第二次多遇地震作用下的内力分析，墙肢截面按两次计算的较大值计算配筋。第二次计算时位移不限制。

根据"强墙肢弱连梁"的抗震设计要求，连梁屈服先于墙肢，连梁应具有大的延性和耗能能力。但普通混凝土连梁，尤其是跨高比小的连梁，不能满足延性连梁的要求。此时，可通过在腹板开缝的方式将连梁沿梁高方向分成几根跨高比较大的梁，降低连梁的抗弯刚度，大震下发生延性较好的弯曲破坏；或者采用交叉配筋、菱形配筋等方式限制大震下裂缝的开展；或者采用设置钢板等措施改善连梁的抗震性能。

5.5　框架-抗震墙结构房屋

5.5.1　适用范围与结构特点

框架-抗震墙结构，亦称框架-剪力墙结构，简称框剪结构，是由框架和抗震墙（即剪力墙）两种结构协同工作的结构体系，可应用于多种使用功能的高层房屋，如办公楼、饭店、公寓、住宅、教学楼、试验楼、病房楼等。由图 5.5-1 可见，框架在水平荷载作用下呈现剪切型变形，剪力墙在水平荷载作用下呈现弯曲型变形，在楼板水平刚度足够大时，使二者变形协调，框架-抗震墙结构呈现弯剪型变形。图 5.5-2 中表示了框架与抗震墙沿高度方向剪力分配和相互作用力的典型情况，正常的协同工作应当是：在底部，剪力墙分担的剪力大，框架分担的剪力很小，上部框架承受的剪力逐渐增大，由于框架的作用，剪力墙变形出现反弯点，在上部，剪力墙可能出现负剪力。框架的层剪力一般在底部最小，向上逐步增大，然后再逐步减小。

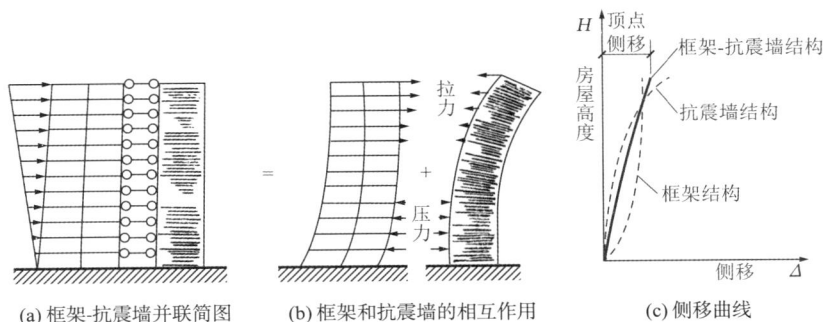

(a) 框架-抗震墙并联简图   (b) 框架和抗震墙的相互作用   (c) 侧移曲线

图 5.5-1   框架-抗震墙结构的共同工作机理与变形特征

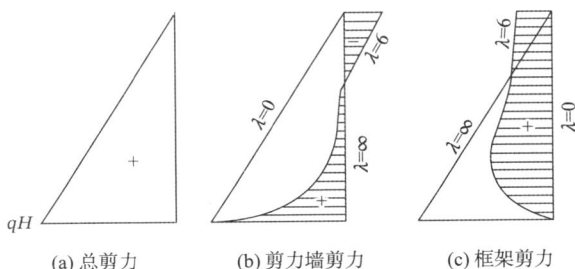

(a) 总剪力   (b) 剪力墙剪力   (c) 框架剪力

图 5.5-2   框架-抗震墙结构的剪力分配示意图

框架-抗震墙结构的变形曲线形状和内力分配比例与二者的相对刚度有关，二者的相对刚度可以由下列公式表示：

$$\lambda = H\sqrt{\frac{C_f}{EI_w}} \tag{5.5-1}$$

式中：EI_w——总抗震墙刚度，为所有抗震墙弯曲刚度之和；

C_f——总框架抗推刚度，为所有框架柱抗推刚度之和，可由 D 值法按下式计算。

$$C_f = h\sum D_j \tag{5.5-2}$$

λ 称为框架-抗震墙结构的"刚度特征值"，它的物理意义是总框架抗推刚度 C_f 与总抗震墙抗弯刚度 EI_w 的相对大小。由图 5.5-3 可见，当 λ 值小于 1 时，即抗震墙刚度很大，而相对的框架刚度较小时，结构以抗震墙为主，整体变形曲线呈现弯曲型；如果 λ 值大于 6，即抗震墙刚度相对很小，框架刚度相对较大时，以框架结构为主，整体变形曲线呈现剪切型。

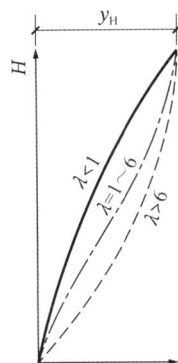

以抗震墙为主的结构不仅不能改变抗震墙弯曲型变形的性能，而且内力分配也是以抗震墙为主，框架分配到的剪力很小（由下向上剪力绝对值增大，最大剪力接近顶层或在顶层），抗震墙可能不出现负剪力。也就是说当框架相对刚度较小时，协同工作的性能较差，可以认为，这样的框架-抗震墙结构接近抗震墙性能，不能算作双重抗侧力体系。

图 5.5-3   框架-抗震墙结构变形
曲线和刚度特征值的关系

261

抗震墙承受的层剪力比例以及倾覆力矩比例与抗震墙的相对数量和布置方式有关。若只以抗震墙数量和刚度而言，抗震墙不宜过多，也不宜过少，经过比较（布置的因素未考虑），大约在刚度特征值λ为1～2.4的范围内，能够满足双重抗侧力体系的要求。

5.5.2　结构布置

5.5.2.1　抗震墙布置的基本原则

框架-抗震墙结构中的抗震墙宜沿主轴方向双向设置，抗震墙的中线宜与相连框架的中线在同一平面内。当有偏心时，其偏心距不宜大于柱截面在该方向边长的1/4。抗震墙的两端（不包括洞口两侧）宜设置端柱或与另一方向的抗震墙相连，贯通房屋全高，随高度的增加，墙的厚度宜逐渐减薄，避免刚度突然变化。当抗震墙不能全部贯通时，相邻楼层刚度减弱不宜大于30%，有突变的楼层楼板应按转换层楼板的要求采取加强措施。横向与纵向抗震墙宜相连、互为翼墙，以提高其刚度和承载能力。

抗震墙的一般布置原则是"均匀、分散、对称、周边"。均匀、分散即要求抗震墙的片数多，每片的刚度不要太大；不要只设置少量刚度很大、很长的抗震墙，因为片数太少，地震中个别抗震墙破坏后，剩下的抗震墙刚度不足，难以承受全部地震作用，且这种抗震墙截面设计也困难（特别是连梁）。相应的基础承受过大的剪力和倾覆力矩，尤其难以处理。所以，在方案阶段宜考虑布置多片短抗震墙，在平面上均匀布置，不要集中到某一局部区域。

对称、周边布置是对高层建筑抵抗扭转的要求，抗震墙的刚度大，它的位置对楼层平面刚度分布起决定性的作用。抗震墙对称布置，就能基本上保证建筑物的对称性，减小建筑物受到的扭矩。另一方面，抗震墙沿建筑平面的周边布置可以最大限度地加大抗扭转的内力臂，提高整个结构的抗扭能力。沿周边布置有困难时，可向内部适当调整，但抗震墙的距离应尽可能拉开。

5.5.2.2　抗震墙布置位置

如图5.5-4所示，一般情况下，抗震墙宜布置在竖向荷载较大处、平面形状变化处和楼梯间和电梯间等。布置在竖向荷载较大处，主要考虑两个原因：因抗震墙承受大的竖向荷载，可以避免设置截面尺寸过大的柱子，满足建筑布置的要求；抗震墙是主要抗侧力结构，承受很大的弯矩和剪力，需要较大的竖向荷载来避免出现轴向拉力，提高截面承载力，也便于基础设计。在平面变化较大的角隅部位，容易产生大的应力集中，设置抗震墙予以加强是很有必要的。楼（电）梯间楼板开大洞，削弱严重，特别是在端角和凹角处设置楼（电）梯间时，受力更为不利，采用楼（电）梯竖井来加强是有效的措施。

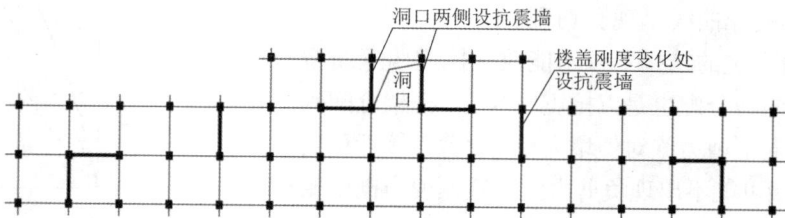

图5.5-4　抗震墙平面布置示例

抗震墙不应设置在墙面开大洞口的部位，当墙有洞口时，洞口宜上下对齐，避免错开；上下洞口间的墙高（包括梁）不宜小于层高的 1/5。

房屋较长时，纵向抗震墙不宜设置在端开间，以减小温度效应等不利影响。

5.5.2.3　抗震墙布置的具体要求

框架-抗震墙结构中的抗震墙，是作为该结构体系第一道防线的主要抗侧力构件，通常有两种布置方式：一种是抗震墙与框架分开，抗震墙围成筒，墙的两端没有柱；另一种是墙的两端嵌入框架内，有端柱、有边跨梁，成为带边框抗震墙。第一种情况的抗震墙，与抗震墙结构中的抗震墙、筒体结构中的核心筒或内筒墙体区别不大。对于第二种情况的抗震墙，如果梁的宽度大于墙的厚度，则每一层的抗震墙有可能成为高宽比小的矮墙，强震作用下发生剪切破坏，同时，抗震墙给端柱施加很大的剪力，使柱端剪坏，这对抗地震倒塌是非常不利的。

（1）楼（电）梯间、竖井

楼（电）梯间、竖井等使楼面开洞的竖向通道，不宜设在结构单元端部角区及凹角处，如必须设置，应设抗震墙加强。这种竖向通道不宜独立设在柱网以外的中间部位，而至少有一边应与柱网重合。

（2）纵横墙成组布置

纵横向抗震墙宜合并布置为 L 形、T 形和口字形，使纵墙可以作为横墙的翼缘，横墙也可以作为纵墙的翼缘，从而提高其承载力和刚度。洞口边缘距柱边不宜小于墙厚，也不宜小于 300mm。

两片抗震墙通过框架梁（实际上是连梁）组成联肢墙也可以大大提高其刚度。

（3）合理调整抗震墙的长度

为保证抗震墙具有足够的延性，不发生脆性的剪切破坏，每一道抗震墙（包括单片墙、小开口墙和联肢墙）不应过长，总高度与总长度之比H/L不宜小于 3。

连成一片的单个墙肢长度不宜大于 8m，以免因剪切而破坏。而且，墙肢过长，中间部分的分布钢筋屈服前，端部钢筋就因变形过大而断开。所以，较长的单片墙可以留出结构洞口，划分为联肢墙的两个墙肢，如果建筑上不需要这个洞口，可以在施工完毕后用砖墙或其他轻质材料封闭。每一道抗震墙在底层承受的弯矩和剪力均不宜大于整个结构底部剪力和倾覆力矩的 40%，对于高层建筑不应大于 30%。

（4）抗震墙的最大间距

抗震墙比框架的刚度大得多，成为楼板在水平面内的支座，因此，它们的间距不应过大，以防止楼板在自身平面内变形过大。抗震墙之间无大洞口的楼、屋盖的长宽比宜满足 GB/T 50011—2010 第 6.1.6 条要求；当抗震墙之间的楼面有较大开洞时，楼、屋盖的长宽比还应当减小。当超过上述要求时，应计入楼盖平面内的变形影响。对于抗震墙错位及平面外挑情况可按图 5.5-5 确定抗震墙间距。

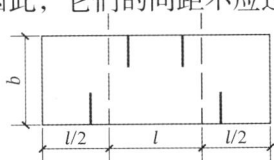

图 5.5-5　错位抗震墙的间距

5.5.2.4　抗震墙的边框梁、柱

当框剪结构中抗震墙按照第二种方式嵌入框架内时，应在楼盖处设置暗梁，由端柱、暗梁及抗震墙组成带边框抗震墙。

端柱可以增强抗震墙的承载力和稳定性。试验结果表明，取消框架柱后，抗震墙的极限承载力将下降 30%。位于楼层上的框架梁也应保留，虽然在内力分析时不考虑抗震墙上的边框梁受力，但梁作为抗震墙的横向加劲肋，可有效提高抗震墙的极限承载力，对比试验表明，取消边框梁后，抗震墙极限承载力下降 10%。

另一方面，当梁的宽度大于墙的厚度时，每一层的抗震墙有可能成为高宽比小的矮墙，强震作用下发生剪切破坏，同时，抗震墙给端柱施加很大的剪力，使柱端剪坏，这对抗地震倒塌是非常不利的。2005 年，日本完成了一个 1/3 比例的 6 层 2 跨、3 开间的框架-抗震墙结构模型的振动台试验，抗震墙嵌入框架内。最后，首层抗震墙剪切破坏，抗震墙的柱端剪坏，首层其他柱的两端出现塑性铰，首层倒塌。2006 年，日本完成了一个足尺的 6 层 2 跨、3 开间的框架-抗震墙结构模型的振动台试验。与 1/3 比例的模型相比，除了模型比例不同外，嵌入框架内的抗震墙采用开缝墙。最后，首层开缝墙出现弯曲破坏和剪切斜裂缝，没有出现首层倒塌的破坏现象。因此，在楼层不宜设置宽度大于墙厚的普通梁。

5.5.3 框架-抗震墙结构的分类与设计对策

框架-剪力墙结构在规定的水平力作用下，结构底层框架部分承受的地震倾覆力矩与结构总地震倾覆力矩的比值不尽相同，结构性能有较大的差别。在结构设计时，应据此比值确定该结构相应的适用高度和构造措施，计算模型及分析均按框架-剪力墙结构进行实际输入和计算分析。对此，我国《高层建筑混凝土结构技术规程》JGJ 3—2010 作出了相对明确的规定，要求根据在规定的水平力作用下结构底层框架部分承受的地震倾覆力矩与结构总地震倾覆力矩的比值确定相应的设计方法（表 5.5-1）。

JGJ 3—2010 关于框架-剪力墙结构的规定 表 5.5-1

框架承担的地震倾覆力矩	结构适用高度	框架的抗震等级和轴压比	剪力墙的抗震等级和轴压比
小于 10%	按框架-剪力墙结构执行	按框架-剪力墙结构的框架执行	按剪力墙结构执行
大于 10% 但不大于 50%	按框架-剪力墙结构执行	按框架-剪力墙结构的框架执行	按框架-剪力墙结构的抗震墙执行
大于 50% 但不大于 80%	比框架结构适当提高	按框架结构执行	按框架-剪力墙结构的抗震墙执行
大于 80%	按框架结构执行	按框架结构执行	按框架-剪力墙结构的抗震墙执行

（1）"少框架"抗震墙结构

这里所谓的"少框架"抗震墙结构，指的是规定水平力下框架部分承受的地震倾覆力矩不大于结构总地震倾覆力矩 10% 的框架-抗震墙结构。

当框架部分承担的倾覆力矩不大于结构总倾覆力矩的 10% 时，意味着结构中框架承担的地震作用较小，绝大部分均由抗震墙承担，结构工作性能接近于纯抗震墙结构。理论上，此时的结构属于单一抗侧力体系，其中的框架对结构整体抗震能力的贡献很小，其主要作用在于承担竖向荷载。逻辑上，这类结构应划为抗震墙结构，按抗震墙结构的相关规定进行设计即可，对于其中的框架可预留一定的安全储备。

因此，JGJ 3—2010 规定，此时结构中的抗震墙抗震等级可按抗震墙结构的规定执行；

其最大适用高度可按抗震墙结构的要求执行；其中的框架部分应按框架-剪力墙结构的框架进行设计，其侧向位移控制指标按剪力墙结构采用。

（2）常规的框架-抗震墙结构——等效抗震墙的双重体系

所谓常规的框架-抗震墙结构，指的是规定水平力下框架部分承受的地震倾覆力矩大于结构总地震倾覆力矩的 10%但不大于 50%的框架-抗震墙结构，是符合我国现行技术标准关于双重抗侧力体系要求的框架-抗震墙结构。

此类结构中，抗震墙承担了大部地震剪力，是主要抗侧力构件，框架居于次要地位，与欧洲规范中的等效抗震墙双重体系（wall-equivalent dual system）大体相当，按现行标准有关常规框架-剪力墙结构规定进行设计即可。

（3）少墙框架结构——等效框架的双重体系

所谓的少墙框架结构，按《建筑抗震设计标准》GB/T 50011—2010 的规定，指的是规定水平力下框架部分承受的地震倾覆力矩大于结构总地震倾覆力矩 50%的框架-抗震墙结构。而《高层建筑混凝土结构技术规程》JGJ 3—2010 又进一步将其细分为两类：第Ⅰ类少墙框架结构指的是规定水平力下框架部分承受的地震倾覆力矩大于结构总地震倾覆力矩的 50%但不大于 80%的框架-抗震墙结构；第Ⅱ类少墙框架结构是指规定水平力下框架部分承受的地震倾覆力矩大于结构总地震倾覆力矩 80%的框架-抗震墙结构。

当框架部分承受的倾覆力矩大于结构总倾覆力矩的 50%时，意味着结构中抗震墙的数量偏少，框架承担大部分地震作用，从地震作用的分担比例看，框架处于主要地位，抗震墙次之。但从框架与抗震墙两类构件的相对刚度与变形能力看，抗震墙一般会先于框架进入屈服破坏状态。因此，对于这类结构的定性，GB/T 50011—2010 界定为相对特殊的框架结构，即通常所谓的少墙框架结构，而 JGJ 3—2010 仍然采用框架-剪力墙结构称谓，但其本质上与欧洲规范中的等效框架双重体系（frame-equivalent dual system）类似。

对于此类结构，总体的设计逻辑应该是：框架部分的强度储备要充分，抗震墙的延性要足够。因此，GB/T 50011—2010 规定：①最大适用高度按框架结构确定；②框架部分的地震剪力值采用框架结构模型和框架-抗震墙结构模型二者计算结果的较大值，其抗震等级和轴压比按框架结构的规定执行；③抗震墙的抗震等级和轴压比按框架-抗震墙结构的规定采用；④层间位移角限值可根据框架部分承担的倾覆力矩情况在框架结构（1/550）和框架-抗震墙结构（1/800）之间线性插值确定。

5.5.4　多道防线设计方法

按照框架-抗震墙结构（不包括少墙框架体系和少框架的抗震墙体系）中框架和墙体协同工作的分析结果，在给定的侧向力作用下，由于墙体沿高度呈弯曲变形而框架呈剪切变形的变形特征，在一定高度以上，框架按侧向刚度分配的剪力与墙体的剪力反号，二者相减等于给定的楼层剪力，此时，框架承担的剪力与底部总剪力的比值基本保持某个比例。同时，按多道防线的概念设计要求，墙体是第一道防线，在设防地震、罕遇地震下先于框架破坏，由于塑性内力重分布，框架部分按侧向刚度分配的剪力会比多遇地震下加大。因此，适当增加框架部分承担的剪力，将使框架和抗震墙承担的地震剪力的总和大于弹性阶段的总地震剪力，提高整个结构在大震下的安全性。

我国 1980 年代 1/3 比例的空间框架-抗震墙结构模型反复荷载试验及对应模型的弹塑

性分析表明：保持楼层侧向位移协调的情况下，弹性阶段底部的框架仅承担不到 5%的总剪力；随着墙体开裂，框架承担的剪力比重逐步增大；当墙体端部的纵向钢筋开始受拉屈服时，框架承担大于 20%总剪力；墙体压坏时框架承担大于 33%的总剪力。GBJ 11—89 规范所规定的取值——不小于底部总剪力 20%和各层最大计算剪力 1.5 倍二者的较小值，既体现了多道抗震设防的原则，又考虑了当时的经济条件。

GB 50011—2001 规范继续保持 GBJ 11—89 规范的规定，但在 GB/T 50011—2010 修订中，不少单位对按底部总剪力 20%还是楼层总剪力的 20%提出疑义。修订组经过认真考虑和分析，认为如果按楼层剪力 20%进行调整，则框架部分的剪力沿高度分布不符合框架-抗震墙结构中框架的受力规律，而且一般情况框架的计算剪力不需要调整，不符合框架-抗震墙结构需设置多道防线的设计原则，GBJ 11—89 规范的规定是保证多道防线的基本要求，需要继续按底部总剪力 20%执行。

总体上，框架-抗震墙结构对应于地震作用标准值的各层框架总剪力应符合下列规定：

（1）满足式(5.5-3)要求的楼层，其框架总剪力不必调整；不满足式(5.5-3)要求的楼层，其框架总剪力应按 $0.2V_0$ 和 $1.5V_{f,max}$ 二者的较小值采用；

$$V_f = \min(0.2V_0, V_{f,max}) \tag{5.5-3}$$

式中：V_0——对框架柱数量从下至上基本不变的结构，应取对应于地震作用标准值的结构底层总剪力；对框架柱数量从下至上分段有规律变化的结构，应取每段底层结构对应于地震作用标准值的总剪力；

V_f——对应于地震作用标准值且未经调整的各层（或某一段内各层）框架承担的地震总剪力；

$V_{f,max}$——对框架柱数量从下至上基本不变的结构，应取对应于地震作用标准值且未经调整的各层框架承担的地震总剪力中的最大值；对框架柱数量从下至上分段有规律变化的结构，应取每段中对应于地震作用标准值且未经调整的各层框架承担的地震总剪力中的最大值。

（2）各层框架总剪力调整后，按调整前后的比例对应调整各柱和梁的剪力和端部弯矩，柱轴向力不调整。

（3）按振型分解反应谱法计算地震作用时，调整应在振型组合之后进行，并应满足楼层最小剪重比的要求。

需要注意的是：①为防止因振型组合的剪力符号不明确导致判断错误，建议设计人员对计算机的计算结果进行仔细分析，注意判断结构上部楼层的框架与抗震墙承担的剪力是否反号；②以上规定主要适用于竖向结构布置基本均匀的情况；当塔类结构出现分段规则的情况，可分段按每一段的底部分别调整；对有加强层的结构，不含加强层及相邻上下层的调整；③上述规定不适用于部分框架柱不到顶，使上部框架柱数量较少的楼层。

5.5.5 墙体构造与配筋

1. 墙体厚度

根据抗震概念设计理念，框架应与抗震墙形成完整的抗侧力体系。抗震墙是框架-抗震墙结构中的第一道纺线，因此对墙板厚度等方面做了比普通抗震墙结构中的抗震墙更加严格的规定（表 5.5-2），目的是提高其变形能力和耗能能力。

墙体厚度　　　　　　　　　　　　　　　　表 5.5-2

		抗震墙结构	框剪结构
一般部位	一、二级	≥（160mm，$h/20$，$l_c/20$）	≥（160mm，$h/20$，$l_c/20$）
	三、四级	≥（140mm，$h/25$，$l_c/25$）	
底部加强区	一、二级	≥（200mm，$h/16$，$l_c/16$）	≥（200mm，$h/16$，$l_c/16$）
	三、四级	≥（160mm，$h/20$，$l_c/20$）	

注：h 为建筑层高，l_c 为墙体的无支长度。

2. 暗梁的设置与构造

根据国内外带边框剪力墙的试验结果，《建筑抗震设计规范》在 2010 版修订时明确规定，框架-抗震墙结构中，对有端柱的抗震墙，已设置暗梁，不要求一定设置边框梁；对于与框架平面不重合的抗震墙，是否设置框架暗梁，可根据实际情况具体考虑确定。

关于暗梁的高度，GB/T 50011—2010 规定，$h_{a1} \geqslant \max(b_w, 400\text{mm})$；而 JGJ 3—2010 则规定，$h_{a1} = 2b_w$ 或 h_{fb}，二者不一致，但一般情况下，并不矛盾。

至于暗梁的配筋与构造，GB/T 50011—2010 未给出明确规定；而 JGJ 3—2010 则要求，构造配筋，并符合一般框架梁相应的抗震等级（注，这里指的是抗震墙的抗震等级）的最小配筋要求。

3. 端柱（边框柱）的构造要求

截面：GB/T 50011—2010 规定，宜与同层框架柱相同；JGJ 3—2010 规定，宜与同榀框架其他柱的截面相同；

配筋构造：满足关于框架柱的相关要求；

箍筋加密要求：底部加强部位的端柱、紧靠抗震墙洞口的端柱，宜按柱箍筋加密区的要求全高加密

5.6　筒体结构房屋

5.6.1　概述

筒体结构由于其具有较强的侧向刚度而成为高层建筑结构的主要结构体系之一，这种结构体系最早应用于 1963 年美国芝加哥的一幢 43 层高层住宅楼。其利用建筑物的外轮廓布置密柱，窗裙梁组成的框架筒体结构（framed tube structure，简称框筒结构）作为其抗侧力构件。其后在世界各地应用这种结构体系相继建造了高度更高的超高层建筑，最具代表性的是"9·11"事件中被撞倒塌的美国纽约世界贸易中心双子塔（钢结构筒中筒结构，高412m）及芝加哥市西尔斯大厦（钢结构成束筒结构，高 443m），我国深圳市的国贸大厦（高159m，1985 年建成）及广州市的广东国际大厦（高 199m，1992 年建成）则为全现浇钢筋混凝土筒中筒结构。

框筒结构的密柱和裙梁通常位于建筑物的外轮廓，若功能允许，也可布置于建筑物内部。在侧向力的作用下，其力学性能因立面开孔率的不同而表现出类似于实体筒体的特性。与侧向力（或其分量）作用方向平行的结构部件作为腹板参与工作，而与侧向力（或其分量）作用方向垂直的结构部件作为翼缘同样参与工作，从而展现出其空间工作性能。在腹

板部件与翼缘部件之间，通过裙梁的剪切变形传递给密柱的轴向力呈现非线性分布，这与理想筒体在侧向力作用下的拉、压应力线性分布存在显著差异，称为框筒结构的剪切滞后（图 5.6-1）。剪切滞后的状态与建筑物的高度、柱与裙梁的相对刚度比以及高宽比等因素密切相关，框筒结构的剪切滞后状况反映了其整体结构抵抗侧向力的能力。在侧向力作用下，实体筒体的拉、压应力分布同样存在剪切滞后现象，这与理想筒体的线性分布有所不同。

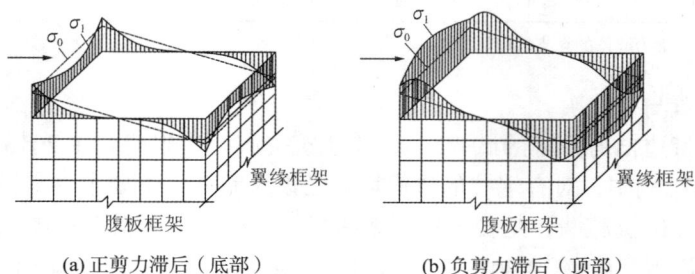

(a) 正剪力滞后（底部）   (b) 负剪力滞后（顶部）

图 5.6-1　框筒结构中的剪力滞后效应

在高层建筑中，由于其使用功能的需要必须布置相应的楼、电梯及附属用房，因而常可组成一组或多组实体的筒体（内筒、核心筒），而成为有效的抗侧力结构，将其与框筒结构进行合理组合，形成以筒体为主要抗侧力结构的筒体结构体系，其分类为：

（1）框筒结构。以沿建筑外轮廓布置的密柱、裙梁组成的框架筒体为其抗侧力构件，内部布置梁柱框架主要承受由楼盖传来的竖向荷载，平面布置示意图见图 5.6-2，其主要特点为可以提供很大的内部活动空间。

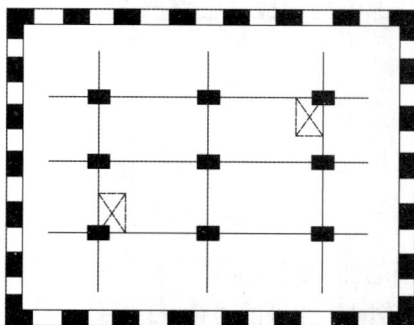

图 5.6-2　框筒结构平面布置示意图

（2）框架-核心筒结构。与框筒结构相反，利用建筑功能的需要在内部组成实体筒体作为主要抗侧力构件，在内筒外布置梁柱框架，其受力状态与框架-抗震墙结构相同，可以认为是一种抗震墙集中布置的框架-抗震墙结构，但由于其平面布置的规则性与内部的核心筒的稳定性及抗侧向力作用的空间有效性，其力学性能与抗震性能优于一般的框架-抗震墙结构，在我国近期的高层建筑中，是一种常见的结构体系，在内筒与周边框架之间，可根据楼盖结构设计的需要，另布置内柱，其平面布置示意图见图 5.6-3。

（3）筒中筒结构。由外部的框筒与内部的核心筒组成的筒中筒结构具有很强的抗侧向力的能力，在侧向力作用下，外框筒以承受轴向力为主，并提供相应的抗倾覆弯矩，内筒则承受较大比例的侧向力产生的剪力，同时亦承受一定比例的抗倾覆弯矩。由于外框筒布置的密柱柱距较小，常会对底层的使用带来限制，因此常采用转换结构将底层的柱距扩大（局部或全部底层），在国内外的超高层建筑中，筒中筒结构均有采用。其平面布置示意图见图 5.6-4。

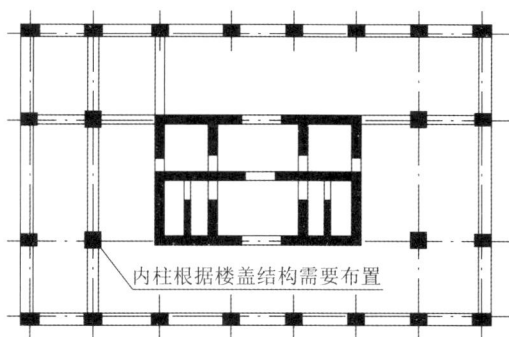

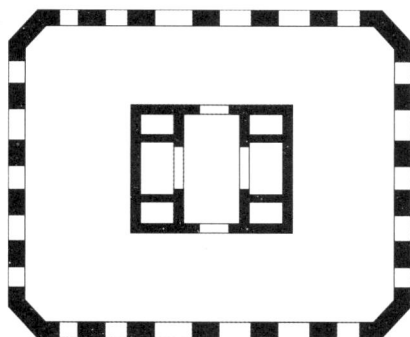

图 5.6-3　框架-核心筒结构平面布置示意图　　图 5.6-4　筒中筒结构平面布置示意图

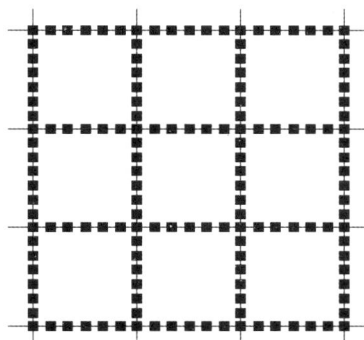

根据楼盖结构设计的需要，在内筒与外框筒之间还可布置以承受竖向荷载为主的柱，以有效降低楼盖的结构高度和层高。

（4）多重筒、成束筒结构。是框筒结构与筒中筒结构的延伸与发展，多重筒结构是在外框筒与内筒之间另加一组框架筒体或实体筒体（三重筒），成束筒则是将多组框筒拼组成平面尺寸更大的框筒结构。这在国外的超高层建筑中均有应用。在国内的高层建筑中，则有在筒中筒结构的基础上，根据需要在合适的部位（如角部）另布置若干实体筒体而组成的多筒体结构，其抗侧力性能与抗扭性能均有较大的提高。多重筒、成束筒结构的平面布置示意图见图 5.6-5、图 5.6-6。

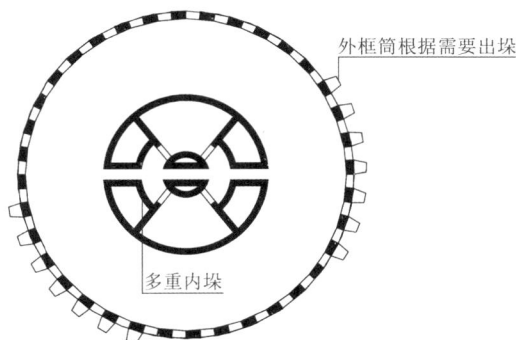

图 5.6-5　多重筒结构平面布置示意图　　图 5.6-6　成束筒结构平面布置示意图

5.6.2　框架-核心筒结构的基本要求

1. 平面布置

（1）建筑平面形状及核心筒布置与位置宜规则、对称。

（2）建筑平面的长宽比宜小于 1.5，单筒的框架-核心筒长宽比不应大于 2.0。

（3）核心筒的宽度不宜小于筒体总高度的 1/12，当筒体结构设置角筒、剪力墙或增强

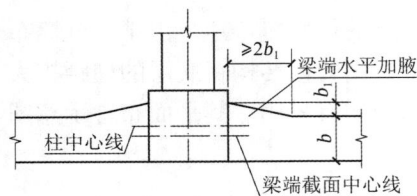
图 5.6-7　梁端水平加腋（平面）

结构整体刚度的构件时，核心筒的宽度可适当减小。

（4）框架梁柱宜双向布置，梁、柱的中心线宜重合。如难以实现，宜在梁端水平加腋，使梁端处中心线与柱中心线接近重合，见图 5.6-7，梁、柱的截面尺寸、柱轴压比限值等应按框架、框架-抗震墙结构的要求控制。

（5）核心筒的内部墙肢布置宜均匀、对称。

（6）核心筒的外墙不宜在水平方向连续开洞，洞间墙肢的截面高度不宜小于 1.2m；当洞间墙肢的截面高度与厚度之比小于 4 时，宜按框架柱进行截面设计。筒体角部附近不宜开洞，当难避免时，筒角内壁至洞边的距离不小于 500 和墙厚的较大值。

（7）核心筒至外框柱的轴距不宜大于 12m，否则宜另设内柱以减小框架梁高对层高的影响。

2. 竖向布置

（1）核心筒宜贯通建筑物全高；

（2）核心筒墙体厚度应满足稳定性验算的要求，且外墙厚度不应小于 200mm，内墙厚度不应小于 160mm，必要时可设置扶壁柱或扶壁墙；

底部加强部位在重力荷载代表值作用下的墙肢轴压比不宜超过 0.4（一级，9 度）、0.5（一级，6、7、8 度）、0.6（二、三级）。

（3）核心筒底部加强部位及相邻上一层的墙厚应保持不变，其上部的墙厚及核心筒内部的墙体数量可根据内力的变化及功能需要合理调整，但其侧向刚度应符合竖向规则性的要求。

（4）核心筒外墙上的较大门洞（洞口宽大于 1.2m）宜竖向连续布置，以使其内力变化保持连续性；洞口连梁的跨高比不宜大于 4，且其截面高度不宜小于 600mm，以使核心筒具有较强抗弯能力与整体刚度。

（5）框架沿竖向应保持贯通，不应在中下部抽柱收进；柱截面尺寸沿竖向的变化宜与核心筒墙厚的变化错开。

（6）钢筋混凝土高层建筑，框架-核心筒结构的最大适用高度为 150m（6 度）、130m（7 度）、100m（8 度 0.2g）、90m（8 度 0.3g）、70m（9 度），其适用的最大高宽比不宜超过 7（6、7 度）、6（8 度）、4（9 度）。

3. 楼盖结构

（1）应采用现浇梁板结构，使其具有良好的平面内刚度与整体性，以能确保框架与核心筒的协同工作。

（2）核心筒外缘楼板不宜开设较大的洞口。

（3）核心筒内部的楼板由于设置楼、电梯及设备管道间，开洞多，为加强其整体性，使其能有效约束墙肢（开口薄壁杆体）的扭转与翘曲及传递地震作用，楼板厚度不宜小于 120mm，宜双层配筋。

（4）楼面结构的梁不宜支承在核心筒外围的连梁上。

4. 二道防线的控制与设计对策

理论上，框架-核心筒结构体系属于双重抗侧力体系，核心筒是第一道防线，是结构的主要抗侧力构件，外围框架为第二道防线，二者通过楼屋盖体系的横隔板作用协调工作，共同承担地震剪力。为了避免外围框架太弱，核心筒相对过强，造成结构抗侧力体系变成事实上的单一体系，进而导致地震时核心筒很快进入严重破坏状态，《建筑抗震设计标准》GB/T 50011—2010 及《高层建筑混凝土结构技术规程》JGJ 3—2010 对框架-核心筒外围框架的相对刚度提出了控制要求，即除加强层及其相邻上下层外，框架部分按刚度分配的计算地震剪力的最大值不宜小于结构底部总地震剪力的 10%，当上述相对刚度要求不满足时，应采取针对性的设计措施。表 5.6-1 为框架-核心筒结构外框计算剪力与总剪力比值不同时的处理对策。

框架-核心筒结构外框计算剪力与总剪力比值不同时的处理对策　　　　表 5.6-1

外框的计算剪力	存在问题	处理对策
$V_{fmax}/V_0 < 0.08$	外框刚度过小，内筒迅速损坏，结构很快丧失承载能力	调整外框和内筒的结构布局，尽量增大外框的刚度，适当减小或削弱内筒的刚度，使外框的计算剪力最大值 V_{fmax} 不小于 $0.08V_0$ 或 $0.10V_0$，并按相应的对策进行设计
$0.08 \leqslant V_{fmax}/V_0 < 0.10$	外框刚度偏小，内筒快速进入破坏状态，外框较早进入二道防线状态	（1）加强第一道防线： ①各层核心筒的设计用地震剪力标准值取计算值的 1.1 倍和底部总剪力计算值的较小值； ②核心筒墙体的抗震构造措施应提高一级采用，已为特一级的可不再提高。 （2）特别加强第二道防线： 　框架部分各层的设计用地震剪力标准值统一调整为 $0.15V_0$
$0.10 \leqslant V_{fmax}/V_0 < 0.20$	外框刚度合适，内筒先进入破坏状态，充分发展后，外框进入二道防线状态	框架部分各层的设计用地震剪力标准值取 $1.5V_{fmax}$ 和 $0.20V_0$ 二者的较小值； 核心筒地震剪力不调整
$0.20 \leqslant V_{fmax}/V_0$	外框刚度偏大，按规范要求，外框剪力无法调整，可能会出现外框与内筒同时破坏，甚至早于内筒先坏的情况	调整外框和内筒的结构布局，增大内筒刚度，适当减小或削弱外框刚度，使外框的计算剪力最大值 V_{fmax} 不大于 $0.20V_0$，并按相应的对策进行设计

5.6.3　筒中筒结构的基本要求

1. 平面布置

（1）平面外形宜选用圆形、正多边形、椭圆形或矩形等，内筒宜居中。

三角形平面宜切角，外筒的切角长度不宜小于相应边长的 1/8，其切角部位可设置刚度较大的角柱或角筒；内筒的切角长度不宜小于相应边长的 1/10，切角处的筒壁宜适当加厚。

（2）平面的长宽比（或长短轴比）不宜大于 2（不包括另加抗震墙情况）；内筒至框筒的轴距不宜大于 12m。

（3）内筒的宽度可为高度的 1/15～1/12，当有另外的角筒或剪力墙时，内筒的平面尺寸可适当减小。

（4）内筒的内部墙肢布置宜均匀、对称；内筒的外墙不宜在水平方向连续开洞，洞间墙肢的截面高度不宜小于 1.2m；当洞间墙肢的截面高度与厚度之比小于 4 时，宜按框架柱进行截面设计。筒体角部附近不宜开洞，当难避免时，筒角内壁至洞边的距离不小于 500mm 和墙厚的较大值。

（5）为有效提高框筒的侧向刚度，框筒柱截面形状宜选用矩形（对圆形、椭圆形框筒平面为长弧形），如有需要可在其平面外方向另加壁柱成为 T 形截面。矩形框筒柱的截面宜符合以下要求：截面宽度不宜小于 300mm 和层高的 1/12（取较大值）；截面高宽比不宜大于 3 和小于 2；轴压比限值为 0.75（一级）、0.85（二级）；当带有壁柱时，对截面宽度的要求可放宽；当截面高宽比大于 3 时，尚应满足抗震墙设置约束边缘构件的要求。

（6）框筒的柱中距不宜大于 4m，宜沿框筒的周边均匀布置。

（7）角柱是保证框筒结构整体侧向刚度的重要构件，在侧向荷载作用下，角柱轴向变形时通过与其连接的裙梁在翼缘框架柱中产生竖向轴力并提供较大的抗倾覆弯矩，因此角柱的截面选择与框筒结构抗倾覆能力发挥有直接关系；从框筒结构的内力分布规律看，角柱在侧向荷载作用下的平均剪力要小于中部柱，在楼面荷载作用下的轴向压力也小于中部柱，（楼盖结构设计时，应注意楼面荷载向角柱的传递，以避免在地震作用下角柱出现偏心受拉的不利情况）；但从角柱所处位置与其重要性考虑，应使角柱比中部柱具有更强的承载能力，但又不宜将角柱截面设计得太大，一般宜取中柱截面的 1～2 倍。

（8）框筒裙梁的截面高度可取其净跨的 1/4，梁宜与柱等宽或两侧各收进 50mm。

2. 竖向布置

（1）框筒及内筒宜贯通建筑物全高；

内筒的墙体厚度应满足稳定性验算的要求，且外墙厚度不应小于 200mm，内墙厚度不应小于 160mm，必要时可设置扶壁柱或扶壁墙；

底部加强部位在重力荷载代表值作用下的墙肢轴压比不宜超过 0.4（一级，9 度）、0.5（一级，6、7、8 度）、0.6（二，三级）。

（2）筒中筒结构的外框筒及内筒的外圈墙厚在底部加强部位及以上一层范围内不宜变化。

（3）内筒外围墙上的较大门洞宜竖向连续布置（逐层布置）。

（4）钢筋混凝土高层建筑，筒中筒结构的最大适用高度为 180m（6 度）、150m（7 度）、120m（8 度）、1000m（8 度 0.3g）、80m（9 度），其适用的最大高宽比不宜超过 8（6、7 度）、7（8 度）、5（9 度）；从技术经济合理性考虑，筒中筒结构高度不宜低于 80m，高宽比不宜小于 3；从筒中筒结构的抗侧向力作用的能力考虑，当结构设计有可靠依据且采取合理有效的抗震措施后，其最大适用高度与适用的最大高宽比可有较大幅度的提高（必要时需经超限审查）。

（5）框筒立面的开洞率不宜大于 0.6，洞口高宽比宜与层高和柱距之比值接近。

（6）内筒外围墙的门洞口连梁的跨高比宜大于 3，且连梁截面高度不宜小于 400mm，以使内筒具有较强的整体刚度与抗弯能力。

3. 楼盖结构

（1）应采用现浇钢筋混凝土楼盖结构。

（2）楼盖结构的选择须考虑以下因素的影响：抗震设防烈度、楼盖结构的高度对层高的影响、建筑物竖向温度变化受楼盖约束的影响，楼盖结构的材料、楼盖结构的翘曲等，应通过技术经济的合理性综合分析选定楼盖结构的形式。一般可考虑以下两种形式：

无梁楼盖体系，在外框筒和内筒之间采用钢筋混凝土平板或配置后张预应力钢筋的平板，其结构高度最小，可降低层高，对建筑物外墙的竖向温度变化的约束也较小，采取适当构造措施后可假定楼盖与外框筒的连接为铰接，其适用跨度一般不大于 10m，但在地震作用下，楼盖对外框筒柱的约束较小会对其抗震性能、稳定有影响，宜在抗震设防烈度不高的地区采用。

有梁楼盖体系，在外框筒和内筒之间布置钢筋混凝土或后张预应力钢筋混凝土肋形梁或密肋楼盖，肋形梁的中距应与外框筒柱的中距相同，密肋的中距除按技术经济合理性确定外，尚应使外框筒柱中布置有密肋与其联结（肋宽适当加宽），密肋的高度宜取外框筒至内筒中距，并沿外框筒周边设置与密肋高度相同的边肋以加强楼盖与外框筒的联结，有梁体系的适用跨度可大于 10m。框筒柱受肋形梁的约束，在侧向荷载与楼面荷载的作用下，在其平面内与平面外均会产生较大的弯矩，应按双向偏心受压杆件验算其承载能力。

（3）在侧向荷载作用下，与框筒的角柱相邻的中柱由于剪切滞后的影响会有轴向变形差，其反映在楼盖结构中即为楼板角部的翘曲，对结构内力影响不大，但对角部的楼板会有影响，且顶部比底部影响大，需采取适当的构造措施。

（4）内筒的外围楼板不宜开设较大的洞口。

（5）钢筋混凝土平板或密肋楼板（普通混凝土或预应力混凝土）在内筒处的支承可考虑刚接。

（6）内筒内部的楼板厚度不宜小于 120mm，宜双层配筋，以使其能有效约束内筒墙肢（开口薄壁杆件）的扭转与翘曲。

（7）内筒的外围墙肢上的连梁不宜支承楼面结构的主梁。

5.6.4　带加强层筒体结构的基本要求

1. 简述

（1）在框架-核心筒结构的顶层及中间层（常利用设备层，避难层的空间）设置若干道具有较强刚度的水平加强构件与周边加强构件，并与建筑的外柱联结而组成加强层，在侧向力（风荷载，地震作用）作用下，水平加强构件使与其联结的外柱产生附加轴向变形，周边加强构件则使相邻的柱共同分担附加轴向变形，由外柱的附加轴向变形产生的拉、压轴向力所组成的反力矩能减小侧向力作用下结构的水平变形，以满足设计的要求，其机理见图 5.6-8。

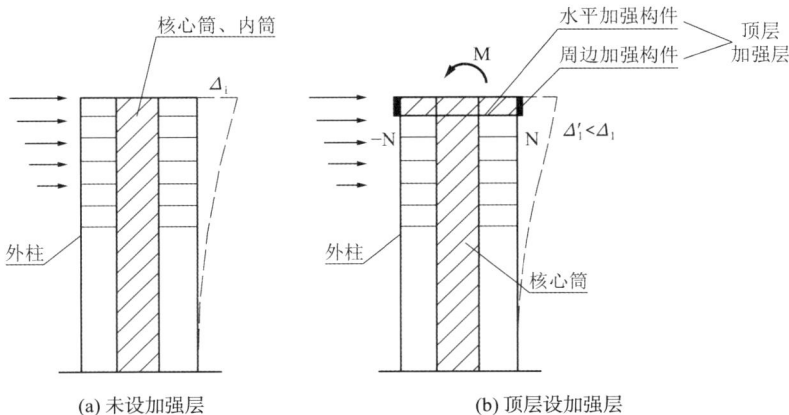

（a）未设加强层　　　　（b）顶层设加强层

图 5.6-8　加强层的作用机理

（2）筒中筒结构的侧向刚度大，为提高其侧向刚度，还可在角部设置角筒（结合平面使用功能）、加大裙梁断面（利用窗台高度设置带水平缝的裙梁）等；框架-核心筒结构的侧向刚度主要由核心筒提供，为解决其在侧向力作用下不能满足变形要求的问题，通过设置加强层减小变形。

（3）加强层使结构的刚度沿竖向发生突变，在重力荷载和地震作用下的内力也产生突变，中间楼层也设置加强层时，其内力变化将更复杂；因受加强层的约束，环境温度的变化也会在结构构件中产生很大的温度应力；由于这类结构经受地震作用检验的实例还未见报道，结构设计时应采取有效的抗震措施与构造加强措施。

（4）周边加强构件的设置能使外围相邻柱的轴向变形接近，其内力变化也相对平缓；其设置效果与要求提供的刚度则需通过分析比较。

（5）水平加强构件的结构形式有：实体梁、斜腹杆桁架、整层高的箱形梁、空腹桁架等，均须以核心筒为依托外伸或贯通核心筒向两侧外伸。

（6）周边加强构件的结构形式有：实体梁、斜腹杆桁架、交叉腹杆桁架、空腹桁架等，直接与外柱联结，可沿周边贯通或按需要在某两对边设置。

2. 设计原则

（1）9度设防时不应采用加强层。

（2）应进行细致的分析与优化比较，综合评价设置效果，合理选定加强层设置数量及位置；当设置一个加强层时，从加强层设置的地震响应考虑，宜设置在顶层（楼层地震剪力最小，内力突变的范围较小并在顶部）。

（3）根据控制侧向变形的需要，宜沿建筑物两个主轴方向同时布置水平加强构件。

（4）水平加强构件在平面上的布置应均匀对称（对建筑物的主轴），在每个加强方向不应少于3道；应充分利用核心筒的同一方向外墙、内墙外伸贯通建筑物全宽（实体梁），或从核心筒外伸并有效地连接支承、锚固于核心筒的外墙及同一方向的内墙上（桁架类），尽量避免外伸的水平加强构件对核心筒墙肢产生平面外弯曲变形，水平加强构件与外框架柱的联结宜采用铰接或半刚接，实体梁不宜全截面与柱联结。

（5）采用三维空间分析方法进行整体结构分析，计算模型应合理反映水平加强构件与周边加强构件的实际工作状况；宜进行弹性或弹塑性时程分析作补充校核。

（6）加强层及其上下相邻层的框架柱、核心筒的抗震等级应提高一级，原为一级的应采取特殊的加强措施，如强柱系数η_c、剪力增大系数η_{vc}增大20%，柱端加密区箍筋特征值λ_v增大10%，增大柱纵向钢筋构造配筋百分率为1.4%（中柱）、1.6%（角柱），核心筒墙肢竖向、水平分布筋最小配筋率提高为0.35%，墙肢约束边缘构件的构造配筋率取1.41%，配箍特征值增大20%等。

（7）加强层及其上下相邻层的柱箍筋全高度加密，轴压比限值降低0.05，柱截面配筋宜采用核芯柱。

3. 构造要求

（1）加强层及其上下楼层的相关外柱有可能在地震组合作用下产生小偏心受拉，柱内纵向钢筋面积应比计算值增加25%；柱纵向钢筋的连接应采用机械连接或焊接。

（2）加强层及其上下楼层的相关外梁受相邻柱的轴向变形差的影响，其纵向钢筋及箍筋宜适当加强。

（3）加强层及其上下相邻楼层的楼板刚度、配筋宜适当加强。

（4）水平加强构件、周边加强构件为实体梁时，由于其跨高比较小，配筋方式及分布筋的配筋率宜采用深受弯构件的要求。

（5）在施工程序及联结构造上应采取措施减小结构竖向温度变形及轴向压缩对加强层的影响。

（6）加强层的水平加强构件与边柱之间宜留后浇缝，待主体结构完工后补浇筑，以减小其对核心筒与外柱在重力荷载作用下的竖向变形的影响，尽量减小重力荷载作用下的内力调整与转移。

5.6.5　带转换层筒中筒结构的基本要求

1. 简述

（1）筒中筒结构的外框筒柱距较小（≤4m），在底部常难满足建筑使用功能的要求，为此需在底层或底部几层抽柱以扩大柱距，一般做法为保留角柱隔一抽一，由于底层（底部）抽柱，会使底层（底部）的侧向刚度降低，其内力也会变化。一般是框筒柱在重力荷载下的内力（轴力为主）做局部调整，地震作用下的内力（地震剪力为主）会有少量转移（通过楼盖结构转移到内筒），因而抽柱的楼层成为转换层。

（2）筒中筒结构的外框筒底层（底部）抽柱的工程实例在国外的同类建筑中较早出现，国内也对其进行过有关的试验与内力分析研究，基本的结论是技术上可行，不构成竖向刚度的突变与结构动力特性的变化。根据以往筒中筒有机玻璃模型底层抽柱在侧向外力作用下的试验结果，其侧向变形与不抽柱的相近，模型的动力特性（周期、振型）也变化很小，内力分析研究也得到相近的结果。这是因为筒中筒结构的侧向刚度由内筒与外框筒组成，外框筒又是高次超静定结构，少量杆件的缺省不会造成其内力特性构变化，在确保底层（底部）所保留的柱子具有足够的承载能力的前提下，底层（底部）抽柱的筒中筒结构在重力荷载与地震作用下的性能可以得到保证。

（3）筒中筒结构的外框筒底层（底部）抽柱应结合建筑使用功能与建筑立面设计进行，可以整层抽柱（保留角柱、隔一抽一），也可局部抽柱（但应注意抽柱位置的均匀对称，一般是位置在中部比靠近角柱有利）。

（4）筒中筒结构的外框筒底层（底部）抽柱后，可采取以下转换结构形式：梁转换、空腹桁架转换、斜撑转换、拱转换，见图 5.6-9。

需要说明的是，梁转换、空腹桁架转换图中的 N 值已非抽柱前的柱轴力，N 作用点处的附加竖向变形受其上部几层裙梁约束，抽柱前的柱轴力通过其上部有限层裙梁的竖向变形的协调而转移到相邻的柱上，因而梁与空腹桁架的实际受力不会很大，结构三维空间分析的结果能恰当地反映其实际受力状态，这与框支结构中框支梁的受力状态有较大不同，而斜撑转换、拱转换图中所示的 N 值与抽柱前的柱轴力值不会有变化，因其作用点处不产生附加竖向变形，转换层以上的框筒内力也不会产生变化，但需注意斜撑、拱产生的水平推力的传递与对角柱的影响。

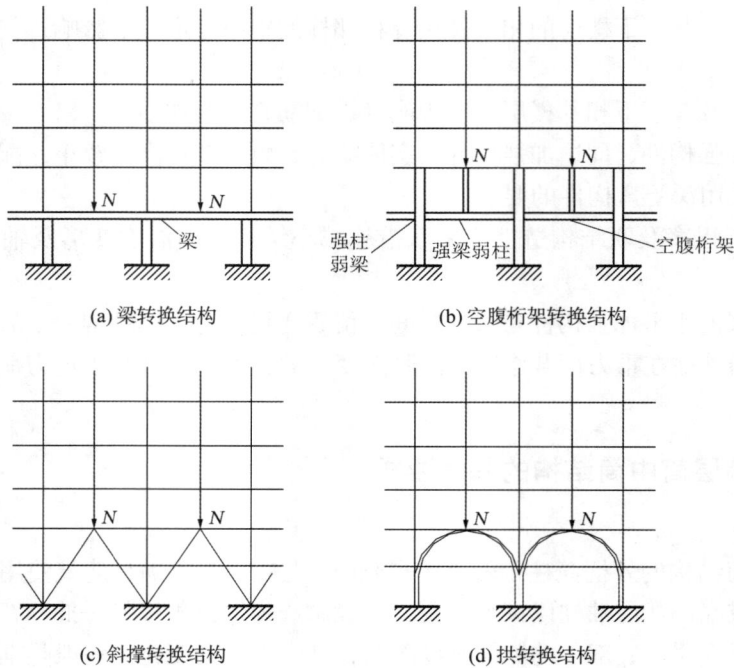

(a) 梁转换结构　　　　　　　　　　(b) 空腹桁架转换结构

(c) 斜撑转换结构　　　　　　　　　　(d) 拱转换结构

图 5.6-9　框筒抽柱转换结构形式

2. 设计原则

（1）9 度设防时不应采用转换层，转换层结构应考虑竖向地震作用，竖向地震作用代表值可取其重力荷载代表值的 10%（8 度）。

（2）抽柱位置应均匀对称，从角柱对筒中筒结构的重要性考虑，整层抽柱时，应遵守"保留角柱（8 度宜保留角柱与相邻柱）、隔一抽一"的原则；局部抽柱时，不应连续抽 2 根以上的柱，且其位置应在建筑物中部（对称主轴附近）。

（3）框筒的转换层高度，一般不应超过 2 层（8 度）或 3 层（7 度）。

（4）带转换层的筒中筒结构，其计算模型应能反映转换层的实际工作状态，一般应进行抽柱前与抽柱后两种三维空间模型计算，对侧向变形与主要杆件的内力进行比较。

（5）采用斜撑转换、拱转换层结构时，宜采用抽柱前最大组合轴力设计值对其进行简化补充计算，并与整体空间三维计算结果相比较。

（6）框筒转换层结构以下的柱轴压比不宜大于 0.70（一级）、0.80（二级），截面调整时宜使其与转换层以上的柱的轴压比值接近，柱的剪压比值不宜大于 0.10。

（7）框筒转换层结构采用梁、空腹桁架转换时，其截面高度不宜加大，因其内力与梁、弦杆的刚度成正比，宽度宜取 b_c（柱宽）+100mm 以方便上部柱纵向钢筋锚固；采用斜撑、拱转换时，宽度不宜小于 b_c + 100mm；其截面尺寸宜取与框筒柱相同的轴压比控制确定。

（8）框筒转换层及以下层柱的强柱系数 η_c、剪力增大系数 η_{vc} 宜增大 20%，柱箍筋特征值 λ_v 增大 10%，柱纵向钢筋构造配筋率为 1.4%（中柱）、1.6%（角柱）。

（9）斜撑转换、拱转换结构杆件不应出现小偏心受拉状况。

（10）框筒转换层以下结构构件的内力乘以增大系数 1.5（一级）、1.3（二级）。

（11）采用空腹桁架转换、拱转换、斜撑转换时，应加强节点的配筋与连接锚固构造措施，防止应力集中的不利影响，空腹桁架的竖腹杆应按强剪弱弯进行配筋设计；梁转换时转换梁及其上 3 层的裙梁应按偏心受拉杆件进行配筋设计与构造处理。

3. 构造要求

（1）转换层楼板（空腹桁架转换层的楼板为上、下弦杆所在的楼层的楼板）厚度不应小于 150mm，应采用双层双向配筋，除满足受弯承载力要求外，每层每个方向的配筋率不应小于 0.25%。

（2）转换层在内筒与外框筒之间的楼板不应开设洞口边长>0.2 倍内外筒间距的洞口，当洞口边长大于 1000mm 时，应采用边梁或暗梁（平板楼盖、宽度取 2 倍板厚）对洞口进行加强，开洞楼板除满足承载力要求外，边梁或暗梁的纵向钢筋配筋率不应小于 1%。

（3）开设少量洞口的转换层楼板在对洞口周边采取加强措施后，一般可不进行转换层楼板的抗震验算（楼板剪力设计值及其受剪承载力的验算）。

（4）转换层及其以下各层的框筒柱及其他杆件（裙梁、斜撑、拱、弦杆等）的箍筋直径应不小于 12mm（一级）、10mm（二级），箍距不大于 100mm（沿杆长不变），箍筋肢距不大于 200mm，纵向钢筋连接应采用机械连接或焊接。

（5）采用梁转换、空腹桁架转换结构时，转换层以上 3 层的梁的纵向钢筋连接应采用机械连接或焊接，箍筋间距不变；转换梁及桁架下弦杆应按偏心受拉杆件设计。

5.7　板柱-抗震墙结构房屋

5.7.1　适用范围及结构特点

板柱-抗震墙结构，由于无楼层梁便于机电管道通行，增加了房屋的净高，有利于建筑物减小层高，在城市规划限制房屋总高度的条件下能增加层数，可多得到建筑面积以取得更好的经济效益，因此广泛应用于商场、图书馆的阅览室和书库，仓储楼、饭店、公寓、高层写字楼及综合楼等建筑。

此类结构采用现浇钢筋混凝土，水平构件以板为主，仅在外圈采用梁柱框架，竖向构件有柱和抗震墙或核心筒，水平地震作用主要靠抗震墙或核心筒抵抗，板柱结构侧向刚度较小。楼板对杆的约束较弱，不像框架梁为杆形构件，既对梁柱节点有较好的约束作用，形成强节点，又能使塑性铰出现在梁端，达到强柱弱梁。因此，在水平地震作用下板柱结构侧向变形的控制和延性必须由抗震墙或核心筒来保证。

板柱-抗震墙结构在水平力作用方向的特征与框架-抗震墙相似，属于弯剪型，接近弯曲型，侧向刚度由层间位移与层高的比值（$\Delta u/h$）控制。

板柱-抗震墙结构楼层平面除周边框架柱间、楼梯间有梁外，内部多数柱之间不设梁，主要抗侧力构件为抗震墙或核心筒（图 5.7-1）。

由于此类结构抗震性能较差，板柱节点是抗震的不利部位。因此，抗震设防房屋的最大适用高度，当抗震设防烈度为 6 度、7 度时，分别为 80m、70m；8 度（0.2g）时为 55m，8 度（0.3g）时为 40m。抗震设防烈度为 9 度的房屋，不应采用板柱-抗震墙结构。

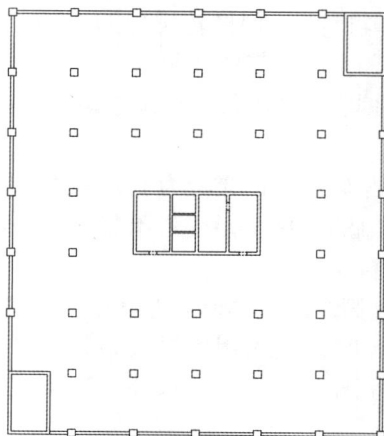

图 5.7-1 板柱-抗震墙结构

5.7.2 结构布置

应布置成双向抗侧力体系，两主轴力向均应设置抗震墙。

抗震设计时，房屋的地下一层顶板宜采用梁板结构。

横向及纵向抗震墙应能承担该方向全部地震作用，需设置能满足层间位移限值和抗侧力承载力的足够抗震墙。抗震墙布置宜避免偏心扭转。

抗震设计时，房屋的周边应采用有梁框架。有楼、电梯间等较大开洞时，洞口周围宜设置框架梁，洞边设边梁。抗震墙之间的楼、屋盖长宽比，6、7 度不宜大于 3，8 度不宜大于 2。

无梁板可采用无柱帽板，当板不满足冲切承载力要求时可采用平托板式柱帽，平托板的长度和厚度按计算要求确定，且每方向长度不宜小于板跨度的 1/6，其厚度不宜小于板厚度的 1/4。8 度时宜采用有托板或柱帽的板柱节点，此时托板或柱帽的边长不宜小于 4 倍板厚和柱截面对应边长之和，托板或柱帽根部厚度（包括板厚）不宜小于柱纵筋直径的 16 倍。当无托板的平板受冲切承载力不足时，可采用型钢剪力架（键），此时板的厚度应满足型钢剪力架的构造要求，且不应小于 200mm。

抗震设计时，无平托板的板柱-抗震墙结构应沿纵横柱轴线设置暗梁，暗梁宽度可取与柱宽度相同或柱宽加上柱宽度以外各不大于 1.5 倍板厚。

双向无梁板厚度与长跨之比不宜小于表 5.7-1 的规定。

双向无梁板厚度与长跨的最小比值　　　　　　　　　　　　　　表 5.7-1

非预应力楼板		预应力楼板	
无柱托板	有柱托板	无柱托板	有柱托板
1/30	1/35	1/40	1/45

边缘梁截面的抗弯刚度 E_cI_b 可考虑部分翼缘，其翼缘宽度如图 5.7-2（a）所示。板截面的抗弯刚度 $E_cI_s = E_c\left(板宽 \times \dfrac{h^3}{12}\right)$，板宽取值如图 5.7-2（b）所示。梁、板刚度比 $\alpha = E_cI_b/E_cI_s$。

无梁板允许开局部洞口，但应验算满足承载力及刚度要求。当未作专门分析时，在板的不同部位单个开洞的大小应符合图 5.7-3 的要求。若在同一部位开多个洞时，则在同一截面上各个洞宽之和不能大于相应单个洞的宽度。所有洞边均应设置补强钢筋。

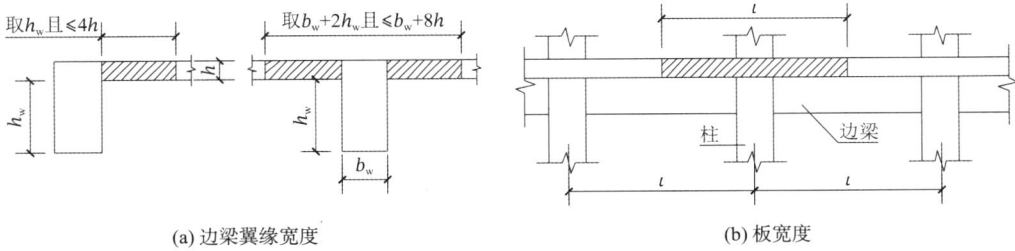

(a) 边梁翼缘宽度　　　　　　　　　　　　(b) 板宽度

图 5.7-2　边缘梁翼缘及板宽取值

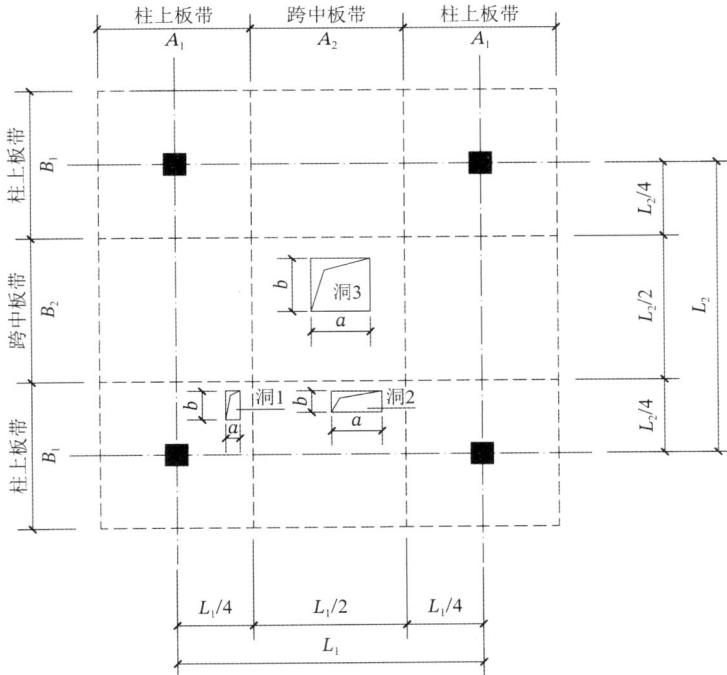

图 5.7-3　无梁楼板开洞要求

洞 1：$a \leqslant a_c/4$ 且 $a \leqslant t/2$，$b \leqslant b_c/4$ 且 $b \leqslant t/2$；其中，a 为洞口短边尺寸，b 为洞口长边尺寸，a_c 为相应于洞口短边方向的柱宽，b_c 为相应于洞口长边方向的柱宽，t 为板厚；

洞 2：$a \leqslant A_2/4$ 且 $b \leqslant B_1/4$；

洞 3：$a \leqslant A_2/4$ 且 $b \leqslant B_2/4$

5.7.3　计算分析要点

1. 结构分析模型

对板柱-抗震墙结构进行计算分析时，应根据结构的不同规则性选择相应的计算模型：

（1）对于质量和侧向刚度分布接近对称且楼、屋盖可视为刚性横隔板的规则板柱-抗震墙结构，可用等代平面框架模型进行分析，等代梁的宽度宜采用垂直于等代框架方向两侧各 1/4 柱距之和。

（2）其他板柱-抗震墙结构宜采用连续体有限元空间模型进行计算分析。

2. 第一道防线的强度要求

板柱-抗震墙结构中，抗震墙是主要的抗侧力构件，规范要求其应能承担结构的全部地震作用。考虑到工程实践的需要以及低矮房屋建筑抗震性能相对较好的情况，GB/T 50011—2010 以房屋高度 12m 为界对抗震墙提出不同的强度要求：房屋高度大于 12m 时，抗震墙应承担结构的全部地震作用；房屋高度不大于 12m 时，抗震墙宜承担结构的全部地震作用。

3. 第二道防线的强度要求

根据多道抗震防线的理念，作为第二道防线的各层板柱和框架也应具备足够的强度，以保证整个建筑的抗侧力体系在第一道防线，即抗震墙遭遇破坏导致刚度退化甚至逐步退出工作后，仍然具备足够的抗震能力，进而保证建筑在预期的大地震作用下不至于发生倒塌破坏。因此，规范规定，各层板柱和框架部分应具备承担不少于本层地震剪力 20% 的抗震能力。

4. 板柱节点的冲切验算和应力控制

板柱节点应进行冲切承载力的抗震验算。验算时，应考虑不平衡地震组合弯矩的影响，由地震组合的不平衡弯矩在板柱节点处引起的等效集中反力设计值应乘以增大系数，对一、二、三级的节点，该增大系数可分别取 1.7、1.5、1.3。

楼板在柱周边临界截面的冲切应力不宜超过 $0.7f_t$，超过时应配置抗冲切钢筋（尽可能采用高效能抗剪栓钉以提高抗冲切能力）。

5. 防连续倒塌设计

为了防止强震作用下楼板在柱边开裂后脱落导致的连续倒塌，在柱周边产生冲切破坏以后，必须具有必要的竖向承载能力。研究表明，在冲切破坏后，板顶钢筋会掀起上部板面的混凝土保护层，进而失去承载能力，此时，若无合理锚固的板底连续钢筋，则将不具备冲切破坏后的二次承载能力，从而导致楼板跌落，造成连续倒塌（图 5.7-4a）。相反地，若配置板底连续钢筋，则由于板底钢筋的销键效应，节点的抗冲切承载力会明显提高，而且对于冲切破坏后楼板，板底连续钢筋会具有明显受拉膜作用（图 5.7-4b）。

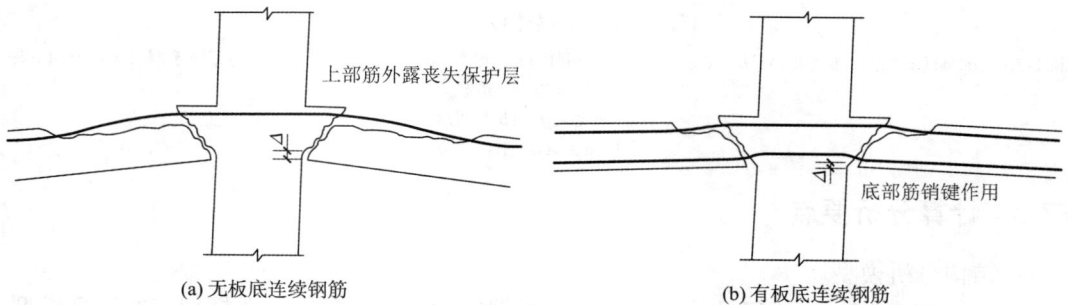

(a) 无板底连续钢筋　　　　　　　　(b) 有板底连续钢筋

图 5.7-4　板柱节点冲切破坏后的变形状态

为此，规范要求穿过柱截面的板底两个方向钢筋的受拉承载力，应不小于该层楼板重力荷载代表值作用下的柱轴压力设计值。

需要注意的是：①规范的这一规定，仅针对于无柱帽的平板结构，对有柱帽的平板不要求；②这里的重力荷载代表值，不包含消防车荷载。对于建筑抗震设计来说，消防车荷载属于另一种偶然荷载，计算建筑的重力荷载代表值时，可不予以考虑。实际工程设计时，等效均布的楼面消防车荷载可按楼面活荷载对待，参与结构设计计算，但不参与地震作用效应组合。

第6章 钢结构房屋

【简介与导读】

钢结构发展与震害
- 发展历程：19世纪末兴起，经历多次变革，构件和连接方式不断演变
- 震害概述：多次地震中钢结构有不同程度损坏，推动设计标准修订
- 震害形式：包括结构倒塌、构件破坏和连接破坏三种类型

抗震设计基本概念
- 结构体系选型：多种体系各有特点和适用范围，选型需综合考虑
- 高度与高宽比：有最大适用高度和高宽比限值，超限需特殊处理
- 抗震等级：依多因素确定，体现不同延性要求，指导设计
- 规则性要求：保证规则性，处理材料变更、刚度突变等问题
- 底部嵌固设计：涉及建筑埋深和柱脚嵌固，不同情况有不同要求
- 楼盖选型要点：选型应保证整体性和刚度，不同情况有不同选择
- 加强层设置：设置可增强刚度，有位置、作用和实施注意事项
- 构件连接要求：连接型式选取有原则，不同连接有不同基本要求

地震作用计算规定
- 阻尼比取值：多遇地震时依高度等取值，罕遇地震取0.05
- 周期修正系数：考虑非结构构件影响，一般取0.9，可适当调整
- 计算模型选择：依结构规则性选择平面或空间模型，考虑多种因素

抗震分析内容
- 弹性分析方法：依结构情况选择底部剪力法等计算方法，有二道防线设计
- 弹塑性验算要求：特定建筑需进行验算，验算方法有相关规定
- 重力二阶效应：高层钢结构需检验，有判断方法和计算方法

构件抗震设计
- 抗震变形验算：分多遇和罕遇地震进行，有层间位移角限值
- 承载力验算：有表达式和内力调整规定，体现强柱弱梁等概念
- 构造措施要求：控制构件长细比和板件宽厚比，节点连接有构造要求

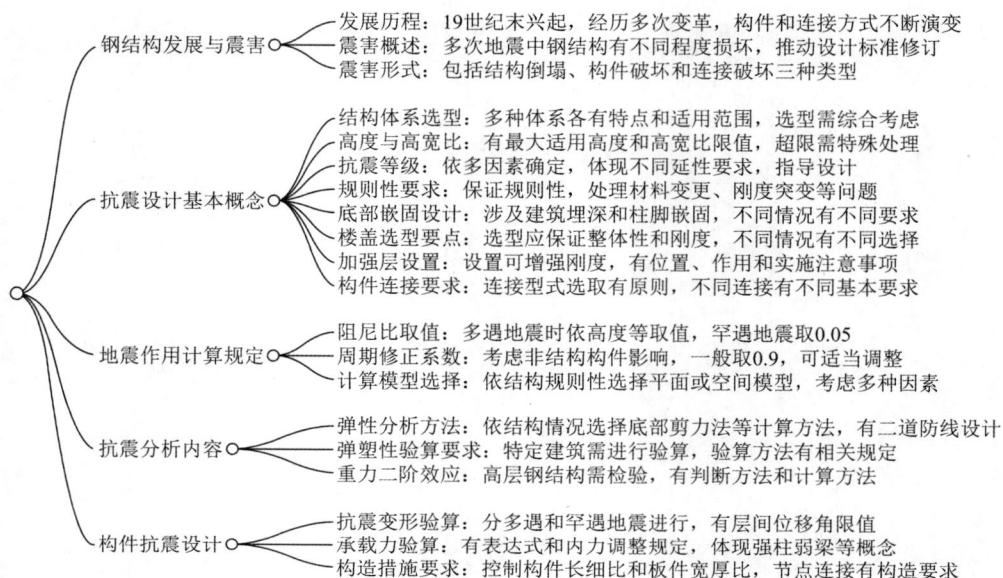

本章系统介绍了钢结构房屋抗震设计的相关知识。先阐述钢结构的发展历程，从19世纪末电梯发明推动其兴起，到20世纪不断变革，同时介绍了不同时期的震害情况，如1906年旧金山地震、1994年北岭地震等，总结出结构倒塌、构件破坏和连接破坏等震害表现形式。接着深入讲解抗震设计的基本概念与原则，包括结构体系选型、适用高度与高宽比、抗震等级等规定。然后针对地震作用计算，补充了阻尼比取值、自振周期修正系数等内容。还介绍了抗震分析的主要内容，如弹性分析、弹塑性变形验算等。最后，对构件抗震验算和抗震构造措施进行说明，涵盖变形、承载力验算以及构件长细比、板件宽厚比等构造要求，为钢结构房屋抗震设计提供全面指导。

6.1 钢结构发展历程与震害概述

6.1.1 钢结构的发展历程

在19世纪末之前，木材和砖石是最常见的建筑材料。木结构的高度受到材料强度的限制，通常不超过三层或四层。相比之下，砖石建筑可以建得更高；然而，在六层或更高的建筑中，承重墙必须非常厚，达到30英寸（约为76.2cm）或更厚。在电梯出现之前，这并不是建筑的限制因素，因为居住在四层或五层以上的建筑是不切实际的。然而，随着电梯的发明，建造十层或更高的建筑变得可行。电梯的出现，加上钢材强度约为砖石的10倍，使得高层钢结构这种建筑形式成为可能。

1885 年在芝加哥建造的 9 层家庭保险大楼，后来在 1891 年扩建到 11 层，是第一座摩天大楼，采用钢框架作为主要承重结构，是现代高层建筑诞生的标志。虽然钢框架是主要的承重结构，但建筑的外围护墙仍然使用了砖石材料，同时，钢框架防火保护采用了当时非常常见的外包砖石和混凝土的做法。这些砖石墙体以及钢框架的刚性外壳保护层的存在，实质上构成了整个建筑结构的第一道防线。

在此之后的一段时间内，即 19 世纪 90 年代和 20 世纪初，世界各工业化国家的主要城市开始建造高层钢结构建筑。钢材作为建筑材料的使用也迅速应用于大跨度工业结构中，其高强度和轻质的特性在一些跨越大型制造作业区的大跨度桁架结构中得到了实际应用。

在整个 20 世纪早期，建筑钢结构主要应用于高层建筑和工业建筑。到了 20 世纪后期，随着工业化国家劳动力成本的上升，建筑钢结构逐渐在低层和中层建筑中使用，部分取代劳动密集型的混凝土和砖石砌体房屋。与其他建筑材料相比，钢结构需要大量的工业基础设施和熟练的劳动力，因此，主要在工业化程度比较发达的国家中作为建筑材料使用。

钢结构建筑通常有两种基本类型：支撑框架或无支撑框架（通常也称为抗弯框架），或这两种类型的组合。在 20 世纪 20 年代之前，钢框架构件通常是构造复杂的格构式构件（图 6.1-1）。这些构件和连接构件通过铆钉连接，整个钢框架通常会包裹上一层厚厚的砌体或混凝土防火保护层，同时，建筑还设有砌体围护墙和隔墙。在这一时期，钢结构一般均未进行抗震设计，结构工程师主要依赖建筑中的刚性砌体墙和隔墙来抵抗侧向荷载，但并未对刚性墙体的附加刚度和强度进行定量计算。

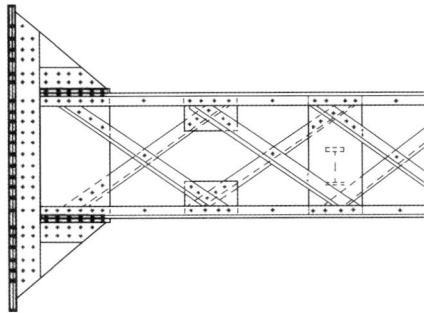

图 6.1-1　早期钢结构中典型的格构式构件

钢结构建筑的第一次变革大约始于 1920 年。当时，格构式组合构件的劳动力成本逐渐上升，采用标准热轧型钢作为梁和柱构件逐渐成为常规做法。这些轧制型钢通常通过铆接的角钢和 T 型钢进行连接（图 6.1-2），构件和连接仍然被包裹在混凝土中，以提供防火保护。这种框架结构的做法最终成为行业标准，并在接下来的 20～30 年中通过相对简单的计算进行设计。无筋砌体围护墙和隔墙仍然被广泛使用，这些墙体所提供的额外强度和刚度，以及由于包裹层而产生的组合作用，构成了结构抗侧刚度和强度的主体。这些早期的钢结构房屋往往具有较高的冗余度，因为梁柱节点的半刚性抗弯连接的刚度并未在计算中得到充分考虑。此外，非结构构件（如建筑砌体墙和防火保护的混凝土包裹层）也提供了额外的抗力。这种钢结构建筑方式一直延续到 20 世纪 50 年代中期或 60 年代初。

大约在 1960 年之后，高强度螺栓开始取代 T 型钢和双角钢连接中的铆钉，但连接的细部构造与几何形状基本保持不变。这期间的另一个变化是钢构件外的混凝土包裹层被轻质防火材料取代。然而，需要说明的是，20 世纪 50 年代和 60 年代的钢结构建筑，虽然构件的硬质包裹"外衣"（混凝土包裹层）逐渐退出历史舞台，但砌体外墙和隔墙附加的额外强度和刚度依然存在，再加上梁柱节点普遍采用抗弯连接，仍然具有很高的冗余度。钢结构的这种建造方式一直延续到 20 世纪 70 年代初。在当时，抗弯连接开始出现现场焊接替代螺栓连接的情况，而非抗弯连接则开始采用单腹板抗剪连接替代双角钢连接或 T 型钢连接。

在 1970—1994 年期间，建筑钢框架的主要特点是，抗侧力构件的数量越来越少、但尺寸越来越大，结构的冗余度逐渐减少。这一时期，梁柱节点抗弯连接通常采用翼缘焊接、腹板栓接的做法（图 6.1-3）。1994 年北岭（Northridge）地震中，这种连接失效破坏的案例比较普遍，推动了后续设计标准的进一步修订。

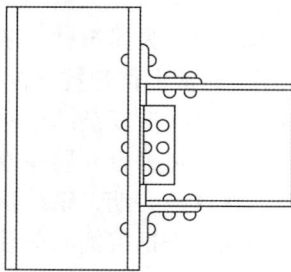

图 6.1-2　典型轧制型钢梁柱节点的半刚性连接　图 6.1-3　1970—1994 年普遍采用翼缘焊接-腹板栓接做法

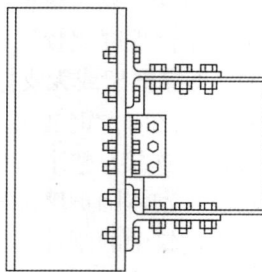

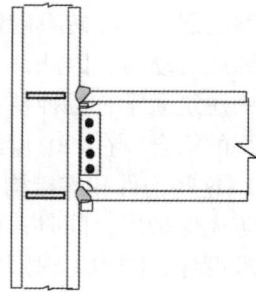

6.1.2　钢结构震害概述

由于钢结构建筑的发展历程相对较短且仅在工业化国家使用，因此，其地震灾害的历史资料也并不多见。

近现代钢结构建筑地震经验可追溯到 1906 年旧金山地震（7.9 级）及随后的火灾。在旧金山地震时，该市的建筑主要为低层的木结构房屋、砖石砌体房屋以及带有无筋砌体填充墙的高层钢结构建筑。地震和火灾后的灾害调查表明，高层钢结构建筑的损坏比其他结构轻得多，而且其中的一些建筑至今仍在使用（图 6.1-4）。

1906 年旧金山地震中，钢结构房屋的优越表现在工程界引发了一种普遍的看法，即钢结构建筑抗震性能优良，在地震中几乎不会受到破坏。这一看法直到 20 世纪 90 年代中期仍是工程界的一种共识。然而，1994 年北岭地震和 1995 年阪神地震中现代钢结构房屋的大量损坏，让人们意识到，事实的真相并非如此！

Reis 和 Bonowitz 等人研究后指出，上述关于钢结构抗震性能的认知与看法，主要是基于不太充分的强震经验得出的，并不是依据真实的抗震性能数据归纳提炼的。这种看法的形成，相当一部分原因应归结为早期钢结构房屋大量使用刚性砌体填充墙和隔墙，加之钢构件外的刚性防火保护层以及半刚性抗弯连接做法，使当时的钢结构房屋具有很高的抗震冗余度，地震时普遍比纯砌体或钢筋混凝土结构表现得更为出色。例如，1923 年日本关东大地震时，钢结构建筑在日本仅使用了大约 5 年，已建成 4 栋大型钢结构建筑，另外 2 栋接近完工，由于使用了大量的砌体填充墙和隔墙，尽管砌体填充部分遭受了严重破坏，但钢框架几乎没有受到任何损坏，与此形成鲜明对比的是，数百座砌体结构建筑倒塌。同样，

1925 年圣巴巴拉（Santa Barbara）地震中，17 座混凝土和砌体建筑因被摧毁或严重破坏而拆除，但更靠近震中的两座带砌体填充墙的钢框架建筑几乎没有受到损伤。

图 6.1-4　1906 年 4 月的旧金山三街的市场街照片，右侧高层钢结构建筑目前仍在服役

1971 年的圣费尔南多（San Fernando）地震（M6.6），是第一次对现代钢结构建筑产生较大影响的地震。Steinbrugge 等对洛杉矶地区 30 座已建成钢结构建筑的震害情况调查研究后指出，楼梯、混凝土墙和非结构构件受到了一定程度的损坏，但钢结构本身并未出现明显的结构性损坏。但洛杉矶市中心两座在建的 52 层 ARCO 塔楼出现了结构性损坏，梁柱焊接节点和转换桁架的焊接节点出现开裂现象。由于正在施工过程中，裂缝被归因于焊接质量差，相应的损坏作为施工工作的一部分进行了修复。

第一次对现代钢结构建筑产生严峻考验的地震，是 1985 年墨西哥城 M8.1 级地震。Osteraas 和 Krawinkler 等调查研究了此次地震中 79 栋钢结构建筑的震损数据，包括 41 栋抗弯框架结构、17 栋支撑框架结构和 21 栋带有混凝土剪力墙的结构，结果显示，其中的 12 栋钢结构建筑中度至严重损坏，而 Piño Suarez 综合建筑群中的两栋钢结构房屋更是完全倒塌（图 6.1-5）。Piño Suarez 是一个建在地铁站上的五栋建筑群。一座 21 层的支撑框架结构倒塌到相邻的 14 层建筑上，也导致其倒塌。Osteraas 和 Krawinkler 将这次倒塌归因于钢支撑的超强强度，地震时由于支撑效应导致组合柱局部屈曲失效，最终引发建筑整体倒塌。这一研究成果促使建筑规范引入了新的要求，即钢结构中框架柱的抗震设计必须考虑支撑杆件潜在的超强强度。

图 6.1-5　1985 年墨西哥城地震中倒塌的 Piño Suarez 综合楼

总结各地震中支撑框架结构震害资料可发现，支撑框架的典型震害主要包括受压支撑屈曲、支撑在薄弱净截面处断裂、薄壁支撑局部屈曲附近断裂以及支撑端部螺栓连接失效等。图 6.1-6 为 1987 年 Whittier Narrows（M5.9）地震后，加利福尼亚州罗斯米德市三层加州联邦储蓄银行数据中心的支撑屈曲，一般来说，这种损坏是比较容易修复的。

1994 年美国北岭（Northridge）M6.7 级地震，钢结构焊接抗弯节点出现了大量破坏，主要表现为梁底翼缘与柱之间的全熔透焊接接头根部断裂。这种断裂一旦开始，就会沿着不同路径扩展，甚至会贯穿柱体（图 6.1-7）。尽管只有一栋钢结构建筑（即两层的加州汽车协会）以这样的方式遭受到严重破坏且无法修复，但这种始料未及的破坏模式还是引起了设计界的极大关注。鉴于这种情况，在 FEMA 的资助下，一项名为 SAC 钢结构计划专项正式启动，为期 6 年，耗资 1200 万美元，目的在于确定此类破坏模式的原因，并给出针对性的设计、施工方法建议。

图 6.1-6　加州联邦储蓄银
行屈曲的支撑

图 6.1-7　抗弯连接处贯通柱翼缘与腹板的断裂

FEMA/SAC 的研究结论认为，这类破坏模式是传统连接方式（注：翼缘焊接、腹板栓接）诱发应力和应变集中、焊缝中经常出现较大的缺陷或瑕疵、以及普遍使用低韧性焊接材料等原因所致。随后，FEMA/SAC 项目发布了一系列有关设计、施工与质量保证的推荐条文，并逐渐被相关的标准规范纳入。同时，FEMA/SAC 项目还研发了钢结构抗震性能评估方法、提出了震后损坏评估标准，积累了大量背景技术文件。

1995 年 1 月 17 日，即美国北岭地震整整一年后，日本神户市兵库县发生 M6.9 级地震。这次地震也对钢结构造成了普遍的脆性断裂破坏（图 6.1-8）。Nakashima 等对 988 栋受损钢结构建筑，包括 432 栋抗弯框架、168 栋支撑框架和 388 栋体系不明的结构，进行了调查研究。图 6.1-9 为此次地震中建筑破坏程度按高度（层数）的分类统计结果。在阪神（Kobe）地震中，50 多栋钢结构房屋倒塌，但均未超过七层。大多数倒塌建筑是采用钢管柱的老旧房屋。许多这类建筑结构的高宽比极大，体型细高，钢管立柱的接头处发生脆性断裂，导致倾覆性破坏。由于倒塌和严重破坏的建筑数量众多，日本研究人员也进行了一项类似于美国 SAC 钢结构计划的专项研究，但研究出结论为倒塌或严重破坏主要是由于老旧建筑所致，因此，并未对钢结构的设计或施工方法提出重大修改建议。

图 6.1-8　阪神地震中大型支撑框架中的脆性断裂

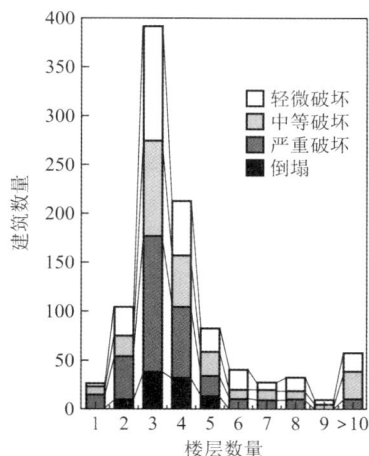

图 6.1-9　阪神地震中钢结构损伤按震害程度与房屋高度的分类统计

2001 年 9 月 11 日，美国发生了恐怖袭击事件，原世贸中心（WTC）的北楼和南楼分别受到两架遭到劫持的波音 967 飞机的撞击，随后在飞机燃料长时间燃烧的情况下发生连续性坍塌，并殃及周边其他建筑。"9·11"事件后，美国的 FEMA 对世贸中心倒塌进行了详细的技术调查，并给出了 15 条防范措施和建议，其中位列第 1 条的是，结构应具有鲁棒性和足够的冗余度。

与此同时，日本钢结构协会成立了一个新的"高层钢结构房屋冗余度委员会"，在日本钢铁联盟（JISF）的指导和美国高层建筑和城市住宅理事会（Council on Tall Buildings and Urban Habitat，CTBUH）协助下，对如何应对高层建筑钢结构防止连续性倒塌问题进行了两年的专项研究工作，并 2005 年出版了《高冗余度钢结构倒塌控制设计指南》（注：2007 年同济大学陈以一、赵宪忠等翻译出版了本书的中文版）。本书共分"设计"和"研究"两篇，其中，设计篇对结构防止倒塌的设计提出了具体建议，研究篇则对倒塌机理、分析方法进行了详细阐述。本书对冗余度在结构防倒塌设计中的重要性、连续性倒塌发生与否的关键、连续性倒塌分析的力学模型和计算方法、火灾高温下钢框架结构的稳定性分析以及结构抗震设计和防止倒塌设计的关联性等，都有非常精到的论述，有兴趣的读者建议进一步研读。

6.1.3　钢结构震害的表现形式

总的来说，钢结构的震害表现形式主要有三种：结构倒塌，构件破坏和连接破坏。

（1）结构倒塌

高层钢结构倒塌的震害很少，其中典型的是 1985 年墨西哥地震中墨西哥城 Pino Suarez 综合楼的 D 楼倒塌（图 5.1-5）。该综合楼由 5 栋坐落在一个大底盘上的高层钢结构组成，3 栋高 21 层，2 栋高 14 层，都是框架-支撑框架结构。D 楼高 21 层，由于支撑超强，且布置不对称产生大的扭转以及柱的承载力不足等原因，使 D 楼倒塌；另外两栋 21 层的高楼（B 楼和C 楼）严重破坏。

（2）构件破坏

构件破坏的形式有支撑杆件屈曲，连接板破坏，梁柱翼缘板件局部失稳破坏，柱的板件水平开裂甚至脆性断裂等。

（3）连接破坏

连接破坏主要是支撑的连接破坏和梁与柱的连接破坏。在钢结构的震害中，影响最大的是 1994 年美国北岭地震和 1995 年日本阪神地震中钢框架梁柱连接破坏。

美国房屋建筑的钢框架梁柱通常采用宽翼缘 H 形截面，梁翼缘用全熔透坡口焊缝、梁腹板用螺栓通过剪切板与柱连接，这种翼缘焊接、腹板栓接的混合连接方式也为许多国家的钢框架所采用。20 世纪 60 年代后期至 70 年代，美国对栓焊混合连接进行了大量试验研究，一直认为焊接连接构造简单、施工方便、具有良好的塑性变形能力和抗震性能，是一种可靠的连接方式。但绝大部分试验采用单调加载，往复加载的试验很少，而且多为小比例试件。北岭地震中没有钢结构房屋倒塌，但在随后检查的 1000 幢左右的低层和高层钢结构中，有 100 多幢（比例约为 1/10）建筑的梁柱连接脆性断裂。脆性裂缝一般始于梁下翼缘的焊缝，而且一般是由焊缝根部萌生的脆性裂纹引起。裂纹扩展的途径是由焊根进入母材热影响区，进而沿着一条与应力和材料韧性相关的路线发展，穿过柱翼缘扩展至柱腹板，有的甚至还穿透柱全宽，导致产生多种多样的断裂模式。一旦梁翼缘破坏，由螺栓或者焊缝连接的连接板就会被拉开，沿连接线由下向上扩展。

图 6.1-10 归纳了北岭地震中钢框架梁-柱连接破坏的形式。焊缝断裂大致有 3 种情况，其一是焊缝-柱交界处完全或部分断开，其二是焊缝趾部区域因应力集中导致梁翼缘完全裂开，其三是柱翼缘在焊接热影响区出现分层断裂或直接贯穿翼缘全截面。而裂缝的发展路径主要包括：①沿柱翼缘向上扩展，即裂缝从焊缝区域沿柱翼缘向上延伸，导致完全或部分断开；②裂缝穿过柱翼缘和腹板，部分破坏案例中裂缝贯穿柱翼缘并延伸至腹板区域；③焊接引弧板边缘引发裂缝，扩展至热影响区或母材内部。

北岭地震后，对梁柱连接脆性破坏的原因进行了试验研究和计算分析，最后归纳为下述几方面的原因：其一，柱对梁翼缘有较强的约束作用，限制了由剪切变形引起的梁翼缘的翘曲，使梁翼缘根部处于三向应力状态，在焊缝的高度、宽度和长度方向上存在不同程度的正应力，三向应力严重降低了此处焊材和钢材的韧性和变形能力；其二，衬板与柱翼缘之间有一道人工缝，成为梁下翼缘焊缝开裂的起始点；其三，焊缝存在较大缺陷。

北岭地震虽然没有造成钢结构房屋倒塌，但带来了巨额的经济损失，更重要的是使人们对过去长期沿用的钢梁柱连接在强烈地震中的安全产生了质疑。北岭地震中钢梁柱连接脆性破坏说明，延性材料制作构件也会发生脆性断裂，连接的性能是钢结构抗震的关键。

与美国的柱贯通做法不同，日本钢框架主要采用梁贯通型连接，箱形柱的横隔板伸出柱面，与梁翼缘焊接。1995 年阪神地震后，检查了 988 幢钢结构建筑，其中 332 幢建筑严重破坏，90 幢倒塌，113 幢建筑的梁柱连接破坏。倒塌的钢结构都是 2~5 层的老建筑，采用冷轧成型的薄壁构件，抗震设计标准很低。阪神地震中钢框架节点的破坏主要出现在扇形切角工艺孔部位，如图 6.1-11 所示。梁形成塑性铰，翼缘局部屈曲，也有裂缝向柱翼缘发展的情况。

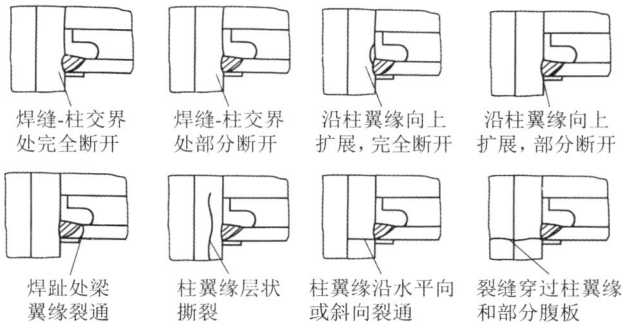

焊缝-柱交界处完全断开　焊缝-柱交界处部分断开　沿柱翼缘向上扩展，完全断开　沿柱翼缘向上扩展，部分断开

焊趾处梁翼缘裂通　柱翼缘层状撕裂　柱翼缘沿水平向或斜向裂通　裂缝穿过柱翼缘和部分腹板

图 6.1-10　北岭地震中钢框架梁-柱连接破坏的形式

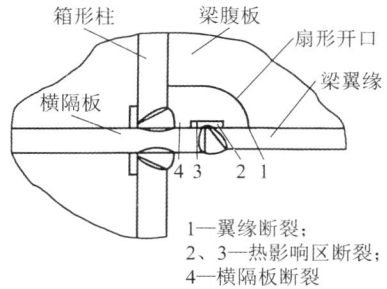

箱形柱　梁腹板　扇形开口　梁翼缘　横隔板

1—翼缘断裂；
2、3—热影响区断裂；
4—横隔板断裂

图 6.1-11　阪神地震中钢框架节点连接破坏形式

6.2　钢结构房屋抗震设计的基本概念与原则

6.2.1　结构体系选型

钢结构房屋的抗侧力体系通常可分为三类，即无支撑框架体系、支撑框架体系、双重体系。无支撑框架结构体系，在国内通常称为框架结构或纯框架结构，在国外通常称为抗弯框架结构（moment-resisting frame structure）；双重体系，指的是由两种基本体系通过协同工作而形成的组合体系。钢结构房屋的结构体系不仅包含上述抗侧力体系，还包括必要的承重体系，进而构成建筑物的完整骨架系统。因此，实践中的钢结构体系有多种类型，比如框架结构、框架-支撑结构、框架-剪力墙结构、筒体结构等，每种结构体系都有其独特的优点和适用范围。

框架结构是最常见的钢结构体系之一，主要由钢柱和钢梁组成，形成一个刚性的空间框架。这种结构体系具有较高的刚度和强度，适用于高层建筑和大跨度建筑。框架结构的优点在于其灵活性和可扩展性，可以根据建筑功能的需求进行调整和修改。然而，框架结构在地震作用下的表现较为复杂，需要通过合理的设计和构造措施来提高其抗震性能。

框架-支撑结构、框架-剪力墙结构是在框架结构的基础上增加支撑构件或剪力墙，形成框架-支撑体系、框架-剪力墙结构。支撑构件可以是交叉支撑、K 形支撑或偏心支撑等；剪力墙可以是钢筋混凝土剪力墙或钢板剪力墙等。框架-支撑（剪力墙）结构具有较高的刚度和稳定性，能够有效地抵抗水平荷载，适用于高层建筑和地震频发地区。其优点在于能够显著提高结构的抗侧刚度，减小结构在地震作用下的变形和损伤。然而，框架-支撑（剪力墙）结构的构造较为复杂，施工难度较大，需要精准的设计和施工技术。

筒体结构是由多个钢制构件组成的空间结构，包括框筒结构、筒中筒结构、桁架筒结构、束筒结构等，具有较高的刚度和稳定性。筒体结构通常用于超高层建筑，如摩天大楼和电视塔等。其优点在于能够有效地分散荷载，减少材料的使用量，从而降低建筑成本。然而，筒体结构的构造较为复杂，施工难度较大，需要精准的设计和施工技术。

从各类钢结构体系的构成来看，基本抗侧力构件可分为无支撑框架、支撑框架以及带剪力墙板框架三大类，但在我国的工程习惯中，通常将延性剪力墙板和偏心支撑归为同一类构件。

6.2.1.1 无支撑框架

无支撑框架（unbraced frames），也就是通常所谓的纯框架，在国外一般称为抗弯框架（moment-resisting frames），钢梁与钢柱之间刚性连接形成刚性构架，依靠梁、柱以及梁柱节点的抗弯刚度来抵抗侧向力和荷载，并保持稳定性。图 6.2-1 为弹性范围内无支撑框架典型的侧向变形模式，当框架产生侧向变形时，梁与柱之间的夹角会有发生变化的趋势，而梁柱节点的刚度便会使得梁、柱产生弯矩、剪力等相应的内力来抵抗这种变化趋势。

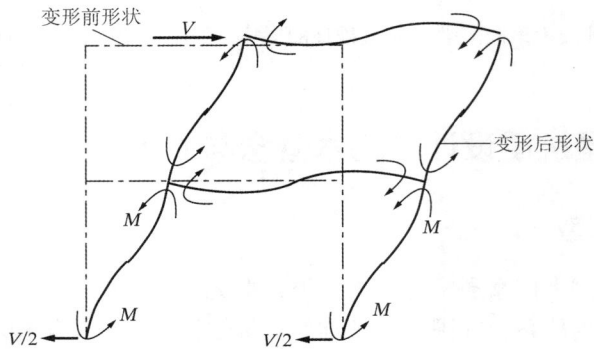

图 6.2-1 无支撑框架的侧向变形

一般来说，合理配置并详细构造的无支撑框架具有良好的延性变形能力与弹塑性耗能能力，抗震性能优良。然而，需要注意的是，即便是配置优良、构造完善的无支撑框架也无法回避其柔性的一面，而这一柔性特征往往会导致强震下填充墙、隔墙等非结构构件大面积破坏。因此，采用无支撑框架组建或构建结构抗侧力体系时，应充分考虑其延性变形能力强、抗变形能力弱（柔性）正反两方面的特点，合理配置，恰当使用。

在我国，钢框架通常均应为刚接，延性构造措施因抗震等级不同而不同，通常，不同抗震等级框架的设计理念和设计方法并无不同，只是技术措施与要求的严格程度不同而已。在美国，无支撑框架进一步细分为 5 类，按延性要求从高低分别为特殊抗弯框架（special moment-resisting frames）、中等抗弯框架（intermediate moment-resisting frames）、普通抗弯框架（ordinary moment-resisting frames）、特殊桁架抗弯框架（special-truss moment-resisting frames）以及无细部构造抗弯框架（nondetailed moment-resisting frames）。通常，延性要求高的构造措施严格；延性要求低的强度储备要求越高。

逻辑上讲，无支撑筒体也属于纯框架范畴，不同的是，密柱筒体具有良好的空间整体性作用，可以形成较强的侧向刚度以承担地震作用，且具有较好的延性。

此外，无支撑框架的使用，还需注意单跨框架的限制性条件。鉴于 1999 年台湾集集地震和 2008 年四川汶川地震中单跨框架结构的震害现象，GB/T 50011—2010 的规定，甲、乙类建筑和高层丙类建筑不应采用单跨框架结构，多层的丙类建筑不宜采用单跨框架结构。需要提醒读者注意的是，这里的单跨框架结构指的是结构抗侧力体系，不是单独的框架构件，工程实施时要注意二者的区别与联系，相关解释参见本书 5.3.4.2 节。

6.2.1.2　支撑框架

在支撑框架（braced frames）中，结构的横向稳定性主要由框架竖向平面内的对角支撑保证。支撑框架通常可分为中心支撑框架（Concentric Braced Frames，CBFs）、偏心支撑框架（Eccentrically Braced Frames，EBFs）。在中心支撑框架中，支撑杆件的计算端点和其他杆件计算端点是重合或几近重合的，这使得中心支撑框架类似于竖向悬臂桁架，水平力作用下各杆件以产生轴力响应为主（图 6.2-2）。至于偏心支撑框架的侧向抗力，则是在竖向悬臂桁架效应的基础上，进一步叠加梁、柱抗弯能力所构成的。图 6.2-3 为常见的支撑框架布置示意图。一般来说，单杆斜撑框架、交叉支撑框架、人字支撑框架、V 形支撑框架和拉链支撑框架可归类为中心支撑框架。

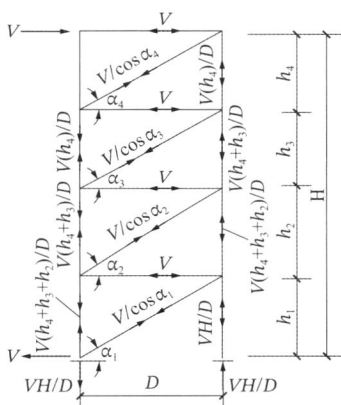

图 6.2-2　支撑框架的竖向桁架效应

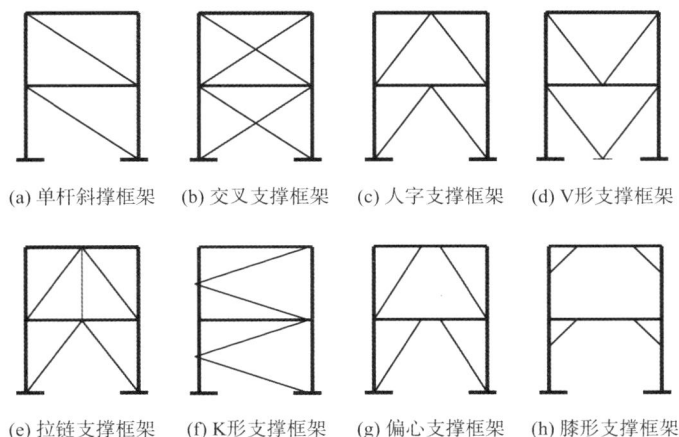

(a) 单杆斜撑框架　　(b) 交叉支撑框架　　(c) 人字支撑框架　　(d) V形支撑框架

(e) 拉链支撑框架　　(f) K形支撑框架　　(g) 偏心支撑框架　　(h) 膝形支撑框架

图 6.2-3　常见支撑框架布置示意图

1. 支撑框架抗震设计的基本原则

在我国的工程实践以及设计习惯中，支撑框架中的支撑构件除包括中心支撑、偏心支撑等公认的杆件形式外，还包括带竖缝钢筋混凝土抗震墙板、内藏钢支撑外包钢筋混凝土抗震墙板以及屈曲约束支撑等特殊形式。

按 GB/T 50011—2010 等标准的规定：①对于抗震等级一、二级的钢结构房屋，其结构体系宜优先采用偏心支撑框架、带竖缝钢筋混凝土抗震墙板的框架、内藏钢支撑外包钢筋混凝土抗震墙板框架及屈曲约束支撑框架等延性较好的抗侧力体系；②房屋高度不超过50m 时，宜优先采用中心支撑框架，必要时也可采用偏心支撑框架、屈曲约束支撑框架等。

关于支撑框架的布置，在平面上，宜均匀、对称、双向设置，支撑框架之间楼盖的长宽比不宜大于 3；沿竖向时，应连续，避免刚度突变，向下应延伸到地下室或基础，不可随意变动支撑在地下室位置。

中心支撑框架宜采用交叉支撑、人字支撑、V 形支撑、单杆斜撑，不宜采用 K 形支撑；支撑的轴线宜交汇于梁柱构件轴线的交点，若偏离交点，其偏心距不应超过支撑杆件宽度，并应计入由此产生的附加弯矩。当中心支撑采用只能受拉的单斜杆体系时，应同时设置不同倾斜方向的两组斜杆，且每组中不同方向单斜杆的截面面积在水平方向的投影面积之差不得大于 10%。

2. 偏心支撑框架

偏心支撑框架的特点是每对支撑与梁的交点间形成消能梁段，或是支撑与梁的交点和柱之间形成消能梁段，而每根支撑应至少有一端与框架梁相连。

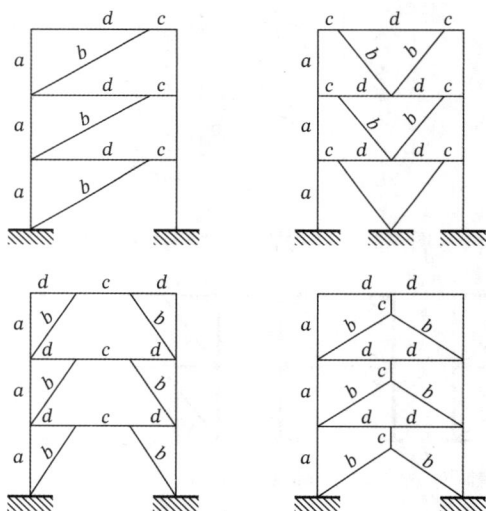

图 6.2-4　偏心支撑结构示意图（图中 c 为消能梁段）

偏心支撑的消能原理：偏心支撑框架体系是由较强的柱、横梁及支撑与较弱的消能梁段组成，在多遇地震时，它们都处于弹性状态，罕遇地震时消能梁段屈服形成塑性铰，且具有稳定的滞回性能。当消能梁段由于较大的地震作用进入了应变硬化阶段时，其余构件（如支撑斜杆、柱和梁的其他梁段）仍应保持弹性工作状态。

偏心支撑在弹性阶段的水平刚度接近中心支撑，在弹塑性阶段的延性接近延性框架。在同一结构中可以全部使用偏心支撑，也可以部分采用偏心支撑。在同一竖向连续的支撑框架中可以部分层采用偏心支撑，部分层采用中心支撑，以适应建筑使用要求、荷载或结构刚度变化等情况，取得整体刚度尽可能均匀的效果。一般顶层可以不设偏心支撑。如果底层采用中心支撑，上层为偏心支撑，则要求底层的弹性承载力大于以上各层承载力的 1.5 倍。

偏心支撑耗能梁段的设置部位取决于支撑的布置形式。图 6.2-4 为常用的偏心支撑形式，根据美国有关震害经验，偏心支撑宜优先采用消能梁段位于横梁中部的布置形式，因为与柱相连的消能梁段地震时易过早损坏。

3. 带竖缝混凝土剪力墙板填充框架

带竖缝钢筋混凝土剪力墙板通常为预制墙板，采用嵌入方式安装于钢框架之内，形成竖缝钢筋混凝土墙板-钢框架组合抗侧力构件，其特点如下：

（1）带竖缝钢筋混凝土剪力墙板只承受水平荷载产生的剪力，不考虑承担竖向荷载产生的轴力。

（2）嵌在梁与柱区格内的预制墙板上设置数条竖缝。一般缝长取墙板高度的 1/2，缝间距取缝长的 1/2，缝宽一般可为 10mm。

（3）预制墙板与钢框架柱没有任何连接，仅与梁连接。

（4）预制墙板上端与钢框架梁下翼缘通过连接板用高强度螺栓连接。预制墙板下端设齿槽，将下部钢框架梁上翼缘的焊接栓钉嵌入齿槽中，并埋入钢筋混凝土墙板内，预制墙板通过楼板及梁传递水平力。

（5）预制墙板的耗能机理：弹性阶段由各缝间及其范围内的实体墙共同构成的"并联壁式框架"承担水平力，可具有较高的侧向刚度。在弹塑性阶段，各缝间墙肢弯曲屈服，同时产生裂缝，侧向刚度变小，使整体结构能量消耗，起到减震耗能的作用。

（6）竖缝钢筋混凝土剪力墙板可以与其他抗侧力构件在同一结构上使用。

4. 内藏钢支撑钢筋混凝土剪力墙板填充框架

内藏钢支撑钢筋混凝土剪力墙板主要以其中的钢板支撑承担水平力，起抗震作用，外包钢筋混凝土在弹性阶段可以提高水平刚度。优点是内藏钢板支撑可以不考虑受压屈曲；所形成的预制墙板易于现场安装。

内藏的钢支撑可以采用中心支撑，也可以采用偏心支撑（可用于高烈度地震区）。

内藏钢板支撑剪力墙只承担水平荷载产生的剪力，不考虑承担竖向荷载产生的内力。因此在构造上墙板外露的支撑斜杆和框架上下梁通过连接板用高强度螺栓相连。墙板与框架柱不连接且留空隙。施工时，墙板与上端框架梁在现场组合后吊装，然后与下端梁连接。

内藏钢板支撑剪力墙板的耗能机理是：弹性阶段墙板的钢支撑与钢筋混凝土形成刚度较大的抗侧力构件，支撑不受稳定控制，弹塑性阶段混凝土开裂，刚度减小，由支撑单独承担刚度变化后的水平力，仍可保证结构的安全，结构刚度减小的过程即完成抗震耗能的作用。

5. 钢板剪力墙填充框架

钢板剪力墙以钢板作为抗侧力构件，有较大的侧向刚度，比钢筋混凝土剪力墙有更好的延性，与钢框架同一材料，有较好的协调性。

非抗震设计及四级抗震等级时钢板剪力墙可以不设加劲肋，三级及以上时宜采用带竖向加劲肋和/或水平加劲肋的钢板剪力墙。竖向加劲肋宜两面设置或交替两面设置，横向加劲肋可单面或双面或交替双面设置。钢板墙的四周与框架梁柱直接用高强度螺栓或焊缝连接。因此，钢板剪力墙承担框架梁柱周边传递的剪力。但不考虑由梁承担的竖向荷载。在抗震设防区，应采用尽量使竖向加劲肋不参与承担竖向荷载的构造和布置（图 6.2-5）。

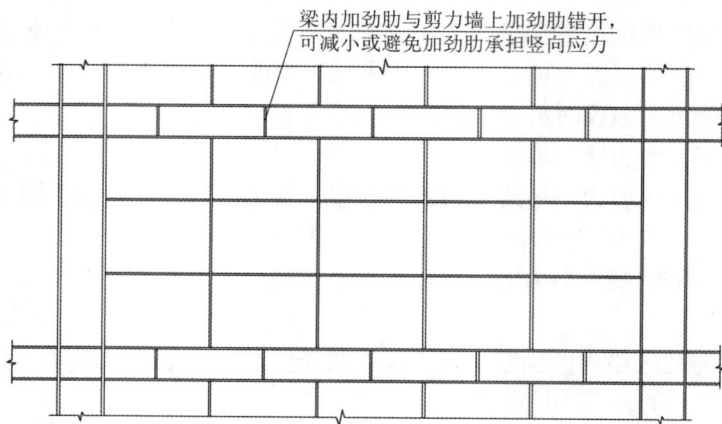

图 6.2-5　钢板剪力墙加劲肋的布置示意图

6. 带缝钢板剪力墙的填充框架

带缝钢板剪力墙类似带竖缝钢筋混凝土剪力墙，在钢板上开多条竖缝，使墙板由受剪控制变为板条受弯控制，板面不需设置加劲肋；它具有良好的延性和稳定性；可使结构水平刚度显著提高，如图 6.2-6 所示。

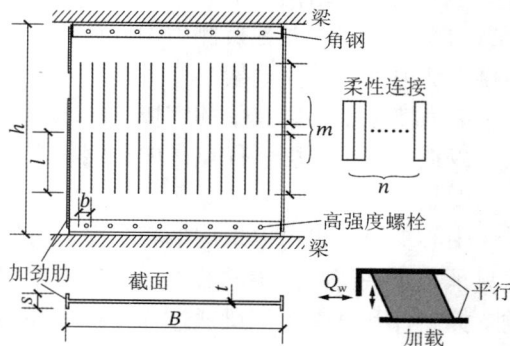

图 6.2-6　带缝钢墙板示意图

带缝钢板剪力墙在构造上的特点是：①缝区沿墙板高度可设为 2 段或 3 段，相邻缝区间留有一定间隔，通过改变钢板条的段数、宽厚比和长宽比，可以调节墙板的侧向刚度和承载力；②仅墙板上下边与上下框架梁连接，左右与框架柱不连接；为了防止钢墙板平面外变形，在墙板的两个侧边垂直于墙板方向需设置加劲肋。

在建筑上，与支撑相比不需占用开间内的全部空间，便于在墙上布置门、窗。此外，墙板厚度较薄，可设置较薄的装修材料。这种墙板安装简单，大大减少了焊接作业量，也不需特殊材料和制作方法。建议用于 15 层以下多层钢结构建筑。鉴于钢板条的抗扭刚度较弱，采用这种剪力墙的房屋宜具有较好的平面和竖向规则性。

7. 内藏无粘结钢板支撑剪力墙的填充框架

内藏无粘结钢板支撑剪力墙（图 6.2-7）是一种以钢板为基本受力单元，外包钢筋混凝土墙板作为约束机构的板式约束屈曲支撑构件。内藏钢板支撑的形式宜采用人字形支撑、V 形支撑或单斜杆支撑。若采用单斜杆支撑，应在相应柱间成对对称布置。内藏钢板支撑的净截面面积，应根据内藏无粘结钢板支撑剪力墙所承受的楼层剪力按强度条件选择，不考虑屈曲。

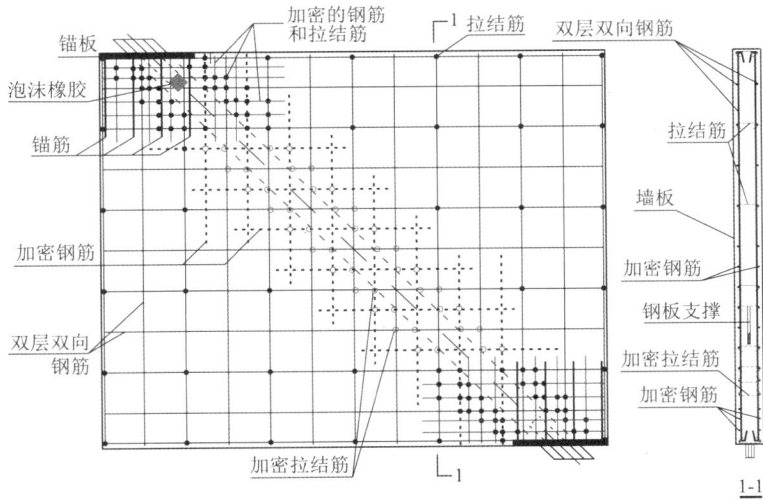

(a) 单斜无粘结内藏钢板支撑剪力墙

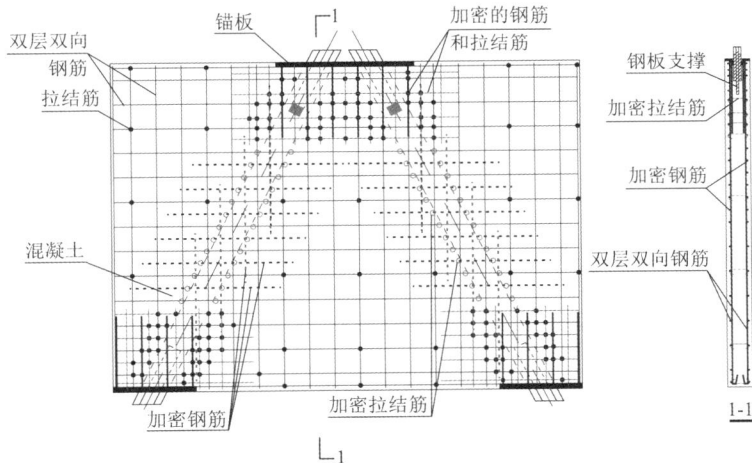

(b) 人字形无粘结内藏钢板支撑剪力墙

图 6.2-7　墙板内钢筋布置

　　制作内藏无粘结钢板支撑剪力墙时，应对内藏钢板表面的无粘结材料的性能和敷设工艺进行专门的验证。无粘结材料应沿支撑轴向均匀地设置在支撑钢板与墙板孔壁之间。钢板支撑的材性应满足下列要求：钢材拉伸应有明显屈服台阶，且同一批钢材屈服强度的波动范围不宜过大；屈强比不大于 0.8；伸长率不小于 20%；具有良好的可焊性。

　　内藏钢板支撑剪力墙只承担水平荷载产生的剪力，不考虑承担竖向荷载产生的内力。因此在构造上墙板外露的支撑斜杆和框架上下梁通过连接板用高强度螺栓相连。墙板与框架柱不连接且留空隙。施工时，墙板与上端框架梁在现场组合后吊装，然后与下端梁连接。

内藏钢板支撑剪力墙板的耗能机理是：弹性阶段墙板的钢支撑与钢筋混凝土形成刚度较大的抗侧力构件，支撑不受稳定控制，弹塑性阶段混凝土开裂，刚度减小，由支撑单独承担刚度变化后的水平力，仍可保证结构的安全，结构刚度减小的过程即完成抗震耗能的作用。

8. 屈曲约束支撑

屈曲约束支撑一般由核心钢支撑、约束单元和两者之间的无粘结构造层三部分组成（图 6.2-8）。核心钢支撑由工作段、过渡段和连接段组成（图 6.2-9）。约束单元可采用钢、钢管混凝土或钢筋混凝土等材料制作。

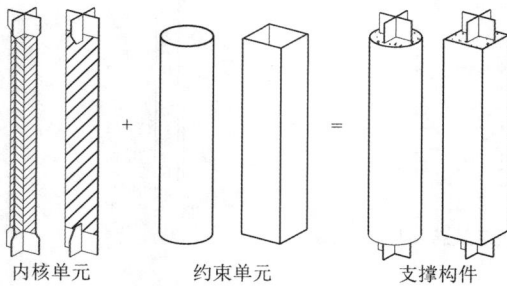

图 6.2-8　屈曲约束支撑的典型构成

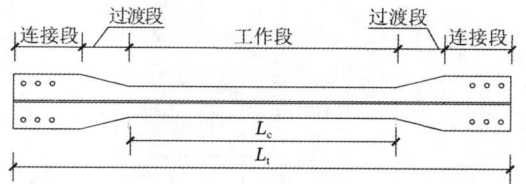

图 6.2-9　核心钢支撑

屈曲约束支撑框架设计时宜符合下列原则：

（1）屈曲约束支撑宜设计为仅承受轴心力作用。

（2）多遇地震作用下，屈曲约束支撑宜保持在弹性状态。

（3）耗能型屈曲约束支撑在设防地震和罕遇地震作用下应显著屈服和耗能；承载型屈曲约束支撑在设防地震作用下应保持弹性，在罕遇地震作用下可以进入屈服，但不能用作结构体系的主要耗能构件。

（4）在罕遇地震作用下，屈曲约束支撑连接部分不应发生损坏。

6.2.2　钢结构房屋的最大适用高度与高宽比

钢材作为一种结构的材料，理论上可以满足任何高度、跨度或各种形式的结构，但是由于各种外部条件（如地震作用、风荷载、温度变化等）以及人为的因素（计算手段、材料性能、对结构性能研究和了解的程度等），目前仍将建造的高度和高宽比限制在一定范围之内，以达到安全经济的目的，因此，《建筑抗震设计标准》GB/T 50011—2010（2024 年版）提出了最大适用高度与高宽比的要求（表 6.2-1）。

钢结构房屋的最大适用高度（单位：m）　　　　　　　　　表 6.2-1

结构类型	6、7 度（0.10g）	7 度（0.15g）	8 度		9 度（0.40g）
			（0.20g）	（0.30g）	
框架	110	90	90	70	50
框架-中心支撑	220	200	180	150	120
框架-偏心支撑（延性墙板）	240	220	200	180	160

续表

结构类型	6、7 度（0.10g）	7 度（0.15g）	8 度		9 度（0.40g）
			（0.20g）	（0.30g）	
筒体（框筒，筒中筒，桁架筒，束筒）和巨型框架	300	280	260	240	180

注：1. 房屋高度指室外地面到主要屋面板板顶的高度（不包括局部突出屋顶部分）；
　　2. 超过表内高度的房屋，应进行专门研究和论证，采取有效的加强措施；
　　3. 表内的筒体不包括混凝土筒。

建筑物的高宽比对结构的整体稳定，构件的受力与变形性能都有较大影响。作为高层钢结构的设计限制要求，高宽比比高度的限值意义更为重要（表 6.2-2）。

钢结构房屋的高宽比限值　　　　　　　　　　表 6.2-2

烈度	6、7	8	9
最大高宽比	6.5	6.0	5.5

注：1. 计算高宽比的高度从室外地面算起；
　　2. 当塔形建筑的底部有大底盘时，计算高宽比采用的高度从大底盘顶部算起。

6.2.3　抗震等级

钢结构房屋应根据设防分类、烈度和房屋高度采用不同的抗震等级，并应符合相应的计算和构造措施要求。丙类建筑的抗震等级应按表 6.2-3 确定。

钢结构房屋的抗震等级　　　　　　　　　　表 6.2-3

房屋高度	烈度			
	6	7	8	9
≤50m	一	四	三	二
>50m	四	三	二	一

注：1. 高度接近或等于高度分界时，应允许结合房屋不规则程度和场地、地基条件确定抗震等级；
　　2. 一般情况，构件的抗震等级应与结构相同；当某个部位各构件的承载力均满足 2 倍地震作用组合下的内力要求时，7～9 度的构件抗震等级应允许按降低一度确定。

抗震等级的不同体现了不同的延性要求。借鉴国外相应的抗震规范，如欧洲 Eurocode8、美国 AISC、日本 BCJ 的高、中、低的延性规定，当构件的承载力明显提高，能满足烈度高一度的地震作用要求时，延性要求可适当降低，允许降低其抗震等级。

还需注意，对于抗震等级一、二级的钢结构房屋，宜采用含偏心支撑、带竖缝钢筋混凝土抗震墙板、内藏钢支撑钢筋混凝土墙板或屈曲约束支撑等消能支撑的框架-支撑结构或筒体结构。

6.2.4　关于钢结构的规则性

结构规则性是保证房屋建筑抗震性能的重要因素，钢结构与其他结构形式的相关要求是一致的，均应符合 GB/T 50011—2010 第 3.4 节的相关规定。

高层钢结构沿竖向常常会出现结构材料的变化，例如，底部（或地下室）是钢筋混凝土，上部（包括裙房）是钢骨混凝土，再以上是钢结构。钢骨混凝土结构的刚度比钢结构大，如果在变更构件材料处再有其他变更的条件，有可能造成层间侧向刚度突变。因此在设计时要考虑构件材料变更时层间侧向刚度的变化，可采用设置刚度过渡层的方法加以解决。按《钢骨混凝土结构技术规程》YB 9082—2006 规定，过渡层柱侧向刚度宜取$(0.4\sim0.6)[(EI)_{SRC}+(EI)_S]$，其中，$(EI)_{SRC}$为过渡层以下钢骨混凝土柱的抗弯刚度，$(EI)_S$过渡层以上钢结构柱的抗弯刚度。

钢结构的侧向刚度较混凝土结构小，一般为柔性结构，楼屋盖的横隔板作用更为明显。楼板局部不连续或楼面开设大洞口等均显著削弱楼盖水平刚度，因此，对于钢结构房屋而言，相应的平面不规则性指标应从严控制，必要时，应设置楼面水平支撑以增强楼盖平面内刚度。

对于钢结构房屋，抗侧力构件沿竖向不连续带来的不利影响，会因抗侧力构件自身刚度的不同而差异较大。采用混凝土剪力墙填充框架作为主要抗侧力构件时，由于墙体自身刚度很大，分担水平剪力的比例也会很大，一旦剪力墙沿竖向不连续，对整体结构侧向刚度沿竖向的分布会造成非常不利的影响，对转换层或间断部位的处理与计算也会很复杂。因此，设计中应避免剪力墙沿竖向不连续。另一方面，采用支撑框架作为主要抗侧力构件时，由于支撑本身的刚度不算太大，支撑沿竖向不连续对整体刚度分布的影响相对较小，采用常规的工程措施即可解决。因此，对于钢结构，应尽可能采用支撑框架作为抗侧力构件。

6.2.5 底部嵌固

钢结构房屋的底部嵌固包括整体建筑在地下部分埋深及钢框架柱的嵌固两个方面。

1. 建筑埋深与嵌固

（1）超过 50m 的钢结构房屋应设置地下室，其基础埋置深度，当采用天然地基时不宜小于房屋总高度的 1/15；当采用桩基时，桩承台埋深不宜小于房屋总高度的 1/20。

（2）设置地下室时，框架-支撑（剪力墙板）结构中的支撑（剪力墙板）应延伸至地下室的基础，使地震力有效地传递至基础。

2. 柱脚嵌固与设计

1995 年日本阪神地震后相关机构对有损伤的 993 幢钢结构房屋进行了调查统计（表 6.2-4），结果显示柱脚破坏的房屋有 211 幢，占总数的 21%。因此，应充分重视钢框架底层柱的嵌固程度对结构抗震性能的影响。

阪神地震柱脚破坏的建筑物统计表　　　　　　表 6.2-4

破坏情况	倒塌	大破坏	中破坏	小破坏	合计
柱脚损坏的结构	41（19.4%）	91（43.1%）	55（26.1%）	24（11.4%）	211（100%）
全部被调查的结构	90（9.1%）	333（33.5%）	270（27.2%）	300（30.2%）	993（100%）

总体上，钢结构柱脚有外露式、外包式及埋入式三种形式。外露式柱脚，一般用于单层工业厂房、低层框架结构房屋、高层建筑的裙房部分等，可以按铰接或刚接设计。根据日本阪神地震的调查结果，受损的柱脚主要为外露式和外包式两种形式。外露式柱脚的震害现象主要是，柱与底板的焊缝完全开裂，柱脚螺栓断开。外包式柱脚的震害表现主要是，外包混凝土破裂，钢箍脱开，柱脚锚固螺栓被拔出，因此，外包式柱脚设计时要注意加强箍筋，特别是外包层顶部箍筋的配置，并保证混凝土的厚度与强度。

关于高层建筑钢结构主楼部分的柱脚设计，应注意把握以下几点：

（1）由于要满足嵌固要求，主楼柱脚应按刚接设计，抗震构造措施严格，一般不宜采用外露式柱脚。

（2）通常情况下，高层钢结构房屋会带有地下室，采用筏板或桩筏基础，采用埋入式柱脚，在桩承台内或筏板内施工有难度，实例不多。

（3）工程实践中，多数做法是与地下室结构布局相结合采用外包式柱脚，将钢柱向下伸入至地下室全部深度或部分深度形成钢骨混凝土柱。注意，按 GB/T 50011—2010 要求，钢柱至少延伸到地下一层，同时，与框架柱相连的支撑（剪力墙）应继续延伸到基础部位。

6.2.6　楼盖选型

1. 楼盖选型的基本原则

（1）保证楼盖的整体性，具有适当刚度以保证有效的传递水平力；当楼盖孔口较大，如中庭、电梯间等，对楼盖平面内刚度削弱较大时，应洞口旁设水平支撑予以加强。

（2）楼盖应与钢结构同步安装，以创造必要的工作平台。对于高层钢结构，要及时浇筑楼板混凝土，以保证施工过程中楼板的刚度。

（3）板厚的取值对楼盖的经济性和自重至关重要。因此，在满足板的刚度和构造要求前提下，尽可能遵循"最小板厚原则"。

2. 楼盖结构的形式

（1）压型钢板组合楼板

组合楼板用压型钢板代替一部分受力钢筋与混凝土共同承受楼面荷载及自重，同时也作混凝土的模板。对这种压型钢板防火要求较高，形状较复杂，造价也较高。

通常，钢梁上需设置焊接栓钉以加强钢梁与楼板的整体性连接。

（2）压型钢板非组合楼板

非组合楼板是将压型钢板只作为模板，不考虑受力，形状简单，对压型钢板没有防火要求，造价较低。本质上，非组合楼板仍然属于普通现浇混凝土楼板范畴。

通常，钢梁上需设置焊接栓钉以加强钢梁与楼板的整体性连接。对于普通现浇钢筋混凝土楼板，可采用板筋焊接、钢梁设置栓钉等方式加强梁、板共同作用。

（3）装配整体式钢筋混凝土楼板

装配整体式钢筋混凝土楼板是在预制板上现浇钢筋混凝土板，二者形成组合构件共同工作，其预制板可以是预应力板，板厚较小，也可以用非预应力板，一般现浇钢筋混凝土板要比预应力板厚。

（4）装配式楼板

装配式楼板是指仅使用预制楼板构件在现场组装而形成的楼板体系，预制板之上除必要拉结措施外，不设现浇钢筋混凝土层，其预制板通常是预应力板，板厚较大。楼板上的预埋件应与钢梁焊接或采取其他措施保证楼盖整体性。

（5）轻型楼盖

轻型楼盖以密肋钢梁或轻钢龙骨为骨架，铺设各种宜于作地面的板材，重量较轻，防火要求较高，要有严格的防火措施。板材上的预埋件应与钢梁焊接或采取其他措施保证楼盖整体性。

8、9 度设防及超过 50m 的高层钢结构房屋，楼盖结构均应采用前两种形式；6、7 度设防、且高度不超过 50m 时，可采用后三种楼盖形式。

6.2.7 高层钢结构的加强层设置

1. 加强层的设置

钢框架-支撑（钢框架-核心支撑框架）体系，在层数较多、高度较高时，侧向刚度较弱，设计要求增强刚度、减小位移，而又不能增加支撑数量时，可设置水平加强层，即在结构的某些层柱间设垂直桁架（伸臂桁架和周边桁架）与支撑框架构成侧向刚度较大的结构层，水平加强层的位置选择一般与设备层、避难层结合。从结构增加刚度效果看，宜设在房屋总高度的中部和顶层。可根据计算比较选择设置的楼层。

2. 加强层的作用

由垂直桁架（外框与内筒的伸臂桁架及周边桁架）构成竖向刚度很大的楼层，使垂直桁架与所连接的柱子（如外框架柱）增加共同抗弯作用的效果，相对减小了支撑框架（内筒）所承担的倾覆力矩。同时，由于加强层的刚度较大，减小了结构整体侧向位移。

在加强层设置的垂直桁架数量以及该桁架的竖向刚度对加强层的效果有很大影响。同时，与结构用钢量及造价也相关，应综合考虑。

全钢结构设置水平加强层的效果明显，一般顶点位移可减小 10%～15%。

钢框架-钢筋混凝土核心筒结构中，由于核心筒分担的水平荷载很大，外框架水平刚度较弱，外框架柱基本上只承担竖向荷载。水平加强层对内筒外框所形成的共同弯矩作用较小，对结构整体侧向刚度的提高幅度很小，一般顶点位移减小幅度为 5%～10%。

3. 实施注意事项

（1）水平加强层的刚度大大超过上下各层，属于竖向不规则结构，造成在水平加强层的邻近上下层相交的柱子受力很复杂，处于应力集中状态。在设计中需加强该部位的计算及构造，必要时应进行弹塑性时程分析，检验该处薄弱部位的受力性能。

（2）由于上述原因，一般水平加强层用于非抗震结构，减小风荷载作用下的水平位移。美国在地震高烈度区不使用水平加强层，我国在 8 度及以上抗震设防地区也不宜采用。

（3）支撑框架的斜撑与伸臂桁架及周边桁架要有很好的连续性，能有效地传递弯矩及剪力。

钢框架-钢筋混凝土筒体结构设置的伸臂桁架要与筒体形成刚接，最好在筒体内设置贯通式钢梁柱或桁架，与内筒外框间的伸臂桁架形成连续性较好的连接。

对于钢框架-钢筋混凝土核心筒混合结构，施工过程中内筒外框有竖向变形差，在设计伸臂桁架与外框柱的连接节点时，要考虑以上变形等的影响。

6.2.8 构件连接形式

根据结构体系、层数、抗震设防类别及标准等因素，确定采用柱、梁、支撑间的连接形式。

1. 连接形式选取的基本原则

（1）结构体的各计算单元均不能成为可变的机构。

（2）地震作用时结构具有多道防线，以保证结构的延性，对设防烈度低或层数较少的结构要求可以适当降低。

（3）要综合考虑造价及施工速度。

2. 各类连接的基本要求

（1）高层钢框架结构的梁柱节点均应采用刚接。

房屋高度不超过 50m 的钢框架结构，对于设防烈度不超过 7 度的，当框架在计算方向的柱数量较多或设计有特殊要求时，梁柱节点可以用部分铰接部分刚接，但应用支撑作为抗侧力构件。

（2）由于连接双方刚度相差太大，钢框架-混凝土剪力墙体系中钢框架与混凝土剪力墙一般采用铰接连接。

（3）柱脚的连接

多高层钢结构的框架柱延伸到地下一层或基础，当地下部分为钢骨混凝土柱时，则采用刚接。当地下部分为钢柱而伸到基础时，则可为刚接也可为铰接。

地层钢结构建筑无地下室时，当地上钢框架有较强的侧向刚度，柱脚也可以采用铰接。

（4）支撑框架中的支撑杆件与框架梁柱的连接，一般采用铰接，但实际有次弯矩，在构件验算中要考虑其影响。

（5）多高层钢结构中大跨度的高梁或屋架、顶层大跨度空间屋架或屋面梁与柱的连接节点，根据实际情况可优先考虑铰接，铰接可以不考虑强柱弱梁的问题，施工也较简单，若结构整体侧向刚度不足，也可采用刚接，但对刚度较弱的柱要加强构造措施。

（6）高层钢结构加强层的伸臂桁架的杆件宜采用刚接连接，伸臂桁架宜贯穿核心区。转换层或巨型框架的斜撑等重要构件均应采用刚接，在构造设计上要保证刚接的实现。伸臂桁架与外框架柱的连接宜采用铰接。

6.3 地震作用计算的补充规定

多层和高层钢结构的地震作用，除应遵守 GB/T 50011—2010 第 5 章有关规定外，还应按钢结构的实际情况，考虑以下一些问题。

1. 阻尼比取值

钢结构在多遇地震计算时，阻尼比宜按下列规定采用：

（1）高度不大于 50m 时，可取 0.04；高度大于 50m 且小于 200m 时，可取 0.03；高度不小于 200m 时，宜取 0.02；

（2）当偏心支撑框架部分承担的地震倾覆力矩大于结构总地震倾覆力矩的 50% 时，其阻尼比可比（1）款相应增加 0.005。

（3）在罕遇地震下的弹塑性分析，阻尼比可取 0.05。

2. 自振周期修正系数

钢结构的自振周期计算值，采用按主体结构（包括结构连为一体的裙房）的弹性刚度计算所得的周期，再乘以考虑非结构构件影响的修正系数。由于钢结构多为轻质装配式墙体，提高结构刚度作用较小，一般修正系数可取 0.9。对于周期很长的重要结构，根据设计者的判断也可适当减小周期以提高地震作用。

3. 结构计算模型

1）弹性分析计算模型

当结构布置规则、质量及刚度沿高度分布均匀、不计算扭转效应时，可采用平面结构计算模型。

如结构平面或立面不规则、体型复杂、无法划分成平面抗侧力单元的结构，或为筒体结构，应采用空间结构计算模型，考虑扭转效应。

2）横隔板

在进行结构抗震分析时，应按照楼盖、屋盖的平面形状和平面内变形情况确定为刚性、分块刚性、半刚性、局部弹性和柔性的横隔板，再按抗侧力系统的布置确定抗侧力构件间的共同工作并进行构件间的地震内力分析。

刚性、半刚性、柔性横隔板分别指在平面内不考虑变形、考虑变形、不考虑刚度的楼、屋盖。

3）在结构分析中构件变形影响

一般多、高层钢结构梁柱构件的截面（相对于跨度与层高）较小，因此在结构分析时作为杆件体系中的构件除了应计算梁柱的弯曲变形和柱的轴向变形外，尚应计算梁柱剪切变形的影响。一般不考虑梁的轴向变形，但是当梁在结构中明显承受较大的拉（压）力时，例如梁同时作为腰桁架或支撑桁架的弦杆，应考虑轴力的影响。

4）钢结构梁柱节点域剪切变形对结构侧移的影响

（1）对箱形截面柱框架、中心支撑框架和不超过 50m 的钢结构，其层间位移计算时可不计入梁柱节点域剪切变形的影响，近似按框架轴线进行分析。

（2）对工字形截面柱框架，宜计入梁柱节点域剪切变形对结构侧移的影响。

考虑节点域剪切变形对层间位移角的影响，可近似将所得房间位移角与节点域在相应楼层设计弯矩下的剪切变形角平均值相加求得。节点域剪切变形角的楼层平均值可按下式计算：

$$\Delta \gamma_i = \frac{1}{n} \sum \sum \frac{M_{j,i}}{GV_{\mathrm{pe},ji}}, (j = 1, 2, \cdots\cdots n) \tag{6.3-1}$$

式中：$\Delta \gamma_i$——第 i 层钢框架在所考虑的受弯平面内节点域剪切变形引起的变形角平均值；

$M_{j,i}$——第 i 层框架的第 j 个节点域在所考虑的受弯平面内不平衡弯矩，由框架分析得出，即 $M_{j,i} = M_{\mathrm{b1}} + M_{\mathrm{b2}}$；$M_{\mathrm{b1}}$、$M_{\mathrm{b2}}$ 分别为受弯平面内第 i 层第 j 个节点左、右梁端同方向的地震作用组合下的弯矩设计值，对箱形截面柱节点域变形较小，其对框架位移的影响可以忽略不计；

$V_{\mathrm{pe},ji}$——第 i 层框架的第 j 个节点域的有效体积。

5）楼板与钢梁的共同作用

进行结构弹性分析时，可考虑现浇钢筋混凝土楼板与钢梁的共同作用，以提高共同工作的框架梁的抗弯刚度，也就是加大梁惯性矩。对两侧有楼板的梁取 $1.5I_{\mathrm{b}}$（I_{b} 为钢梁的惯性矩），对一侧有楼板的梁取 $1.2I_{\mathrm{b}}$。

在罕遇地震作用时，由于楼板受拉区开裂，钢梁与梁板的连接得不到保证；所以，进行弹塑性分析时的计算模型不能考虑钢梁与楼板的共同工作。

6.4 抗震分析的主要内容

根据 GB/T 50011—2010 的规定，抗震设防的多、高层钢结构应进行多遇地震作用下弹性分析。此时，可假设结构及构件均于弹性工作状态，验算构件的承载力及稳定、结构的层间变形和总体稳定。

对于高度、高宽比、平面及竖向规则性超过 GB/T 50011—2010 等标准规定的结构，或有明显薄弱部位，有可能导致严重破坏的结构，尚应进行罕遇地震作用下的弹塑性变形分析，即第二阶段抗震设计所需的计算分析工作，以验算结构的弹塑性层间变形。

6.4.1　结构弹性分析——第一阶段设计的结构抗震分析

1. 计算分析方法

（1）不超过 50m 的钢结构，平面与竖向较规则时，可按 GB/T 50011—2011 规定的地震作用，用底部剪力法计算。

（2）平面与竖向不规则的钢结构房屋，以及高度超过 50m 的高层钢结构房屋，应采用振型分解反应谱法计算。

（3）平面或竖向不规则的钢结构或体系较特殊的钢结构（如巨型结构，带有转换层或伸臂桁架的结构），宜采用时程分析方法作为补充校核计算。在弹性阶段进行内力与变形分析时，应采用不少于两个不同的力学模型或者计算程序进行计算分析比较。

2. 双重体系的二道防线设计

钢框架-支撑（剪力墙）体系中，侧向力由钢框架及支撑（剪力墙）框架共同承担，一般认为支撑框架为主要抗侧力构件，承担较大的侧向力，为抗震的第一道防线。当发生罕遇地震时，支撑框架受损不能正常工作，刚度退化，随着整体结构变形的逐渐增大，无支撑框架部分开始承担越来越多的地震作用，成为结构的第二道抗震防线。要形成可靠的第二道防线，无支撑框架部分就要具有一定抗侧能力。对此，GB/T 50011—2010 第 8.2.3 条第 3 款作了如下规定："框架部分按刚度分配计算得到的地震层剪力应乘以调整系数，达到不小于结构底部总地震剪力的 25% 和框架部分地震最大层地震剪力 1.8 倍二者的较小值。"

框架-支撑结构体系的支撑数量，（即承担水平力的比率）与结构的延性有密切关系。GB/T 50011—2010 第 8.2.3 条第 3 款根据国外有关资料提出的对支撑数量控制的量化限值，有两个控制指标，可根据结构情况选用适合的限值。

第一个指标是框架部分的地震剪力不小于结构底部总地震剪力的 25%。设计中具体操作时，可对去掉支撑的框架进行弹性阶段地震作用分析，在所有构件均满足承载力要求时，得到的底层地震剪力与原结构底部总地震剪力比较，不小于其 25%，这个指标限值对于多层或不太高的高层建筑比较容易满足。

对于高层及超高层，上述第一个指标较难满足，可用第二指标要求，即框架各层地震剪力中的最大值的 1.8 倍作为原结构框架部分任一层地震剪力的控制限值。用各楼层之间的受剪承载能力相对比值进行控制，与总底部地震剪力无关，对于高层结构比较容易满足。

6.4.2　结构弹塑性变形验算——第二阶段设计的结构抗震分析

按《建筑抗震设计标准》GB/T 50011—2010（2024 年版）的规定，高度超过 150m 的建筑、甲类建筑和 9 度设防时乙类建筑以及采用隔震及消能减震的建筑，应进行弹塑性分析。

此外，鉴于罕遇地震时结构受力复杂，为避免薄弱部位的破损而造成较大损失，符合下列情况之一的建筑宜进行弹塑性变形验算：

（1）房屋高度不超过 GB/T 50011—2010 表 5.1.2-1 的规定，但具有至少一项竖向不规则的高层建筑结构；

（2）设防烈度 7 度Ⅲ、Ⅳ类场地和设防烈度 8 度的乙类建筑；

（3）高度不大于 150m 的其他高层钢结构建筑。

罕遇地震下钢结构弹塑性变形验算方法详见本书 3.8 节的相关内容。

6.4.3 高层钢结构的重力二阶效应的影响

1. 结构的整体稳定

高层钢结构的侧向整体刚度较小，一般高宽比又较大，在风荷载或地震作用下产生水平位移，致使竖向荷载作用下产生重力二阶效应，就必须对整体稳定进行检验，也就是考虑水平位移产生附加弯矩对结构的影响。

超高层或高宽比大的钢结构，重力二阶效应更为明显，50～60 层的高层钢结构，二阶效应产生的附加内力及位移，所占的比例有可能达到或超过 10%～15%，可能使一些构件所承担的内力大于本身的承载能力，导致构件损坏。因此，对于超高层钢结构应重视整体稳定的检验。

2. 结构整体稳定的判断

GB/T 50011—2010 第 3.6.3 条规定：当结构在地震作用下的重力附加弯矩大于初始弯矩的 10%时，应计入重力二阶效应的影响，即：

$$\theta_i = \frac{\sum G_i \cdot \Delta u_i}{V_i h_i} > 0.1 \tag{6.4-1}$$

式中：θ_i——稳定系数；

$\sum G_i$——i层以上全部重力荷载计算值；

Δu_i——第i层楼层质心处的弹性或弹塑性层间位移；

V_i——第i层地震剪力计算值；

h_i——第i层楼层高度。

由上式可以看出，决定重力二阶效应影响的主要因素是Δu_i，其上限由弹性层间位移角限值控制。高层钢结构的层间位移角限值较大，更应重视二阶效应的影响。

3. 二阶效应（P-Δ效应）的计算方法

（1）数值迭代法

通常采用较为精确及便捷的数值分析法进行迭代计算。如图 6.4-1 所示，将第i层竖向荷载P_i产生的二阶弯矩$P_i\delta_i$转换为第i层柱底的等效剪力增量δQ_i：

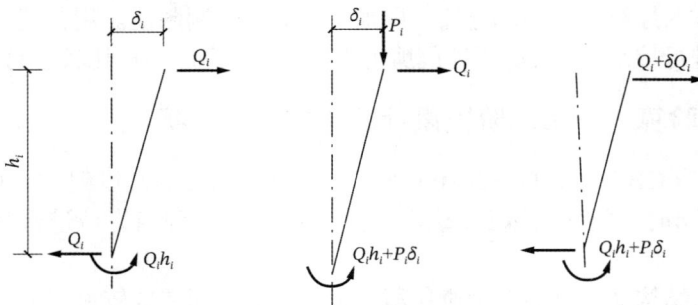

图 6.4-1 将P-Δ效应等效为水平荷载增量

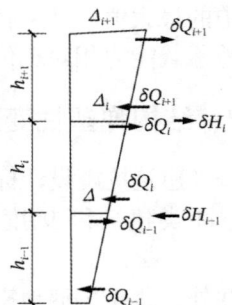

图 6.4-2 附加水平荷载示意图

$$\delta Q_i h_i = P_i \delta_i \tag{6.4-2}$$

式中：δQ_i——第i层的水平荷载Q_i的增量；

δ_i——Q_i荷载作用而产生的层间位移；

P_i——第i层竖向荷载；

$P_i \delta_i$——竖向荷载在柱底产生的附加弯矩。

取附加水平荷载增量：

$$\delta H_i = \delta Q_i - \delta Q_{i+1} \tag{6.4-3}$$

将上式的一组附加的水平荷载增量作用于结构，即可得到考虑P-Δ效应的水平位移计算结果。当结果不满足精度要求时，再进行下一轮计算。如在等效剪力增量上乘一因子β，可以加快迭代的收敛速度。

$$\delta Q_i = \beta \frac{P_i \delta_i}{h_i} \tag{6.4-4}$$

式中：β一般可取 1.1～1.2。

（2）其他简化计算

简化方法：在弹性分析时，二阶效应的内力增大系数可取$1/(1-\theta)$，θ为稳定系数。

放大系数法：将高层建筑假定为一竖直悬臂构件，端头作用竖向集中力，用简化方法求出一阶与二阶位移、内力的对比关系，并根据结构变形形式求出临界荷载值，以及P-Δ效应时的位移增大系数。这种方法精确度较低，可用于方案阶段估算。

6.5　抗震验算

6.5.1　抗震变形验算

钢结构房屋，应按规定进行多遇地震下的弹性变形验算和罕遇地震下的弹塑性变形验算。弹性变形验算时，层间位移角限值为 1/250；弹塑性层间位移角不得超过 1/50。

对于钢框架-混凝土剪力墙结构，当剪力墙作为主要抗侧力构件时，其地震作用下的层间位移角限值应按钢筋混凝土框架-抗震墙结构取值。对于钢框架-混凝土筒体混合结构，地震作用下的层间位移角限值，一般应按混凝土框架-核心筒结构采用。

6.5.2　抗震承载力验算

1. 验算表达式

钢结构构件截面及连接的抗震承载力应符合下式的要求：

$$S \leqslant R/\gamma_{RE} \tag{6.5-1}$$

式中：S——钢结构构件内力组合的设计值，包括组合弯矩、轴向力和剪力设计值等；

γ_{RE}——承载力抗震调整系数，除有规定外，按表 6.5-1 取值；

R——钢结构承力设计值。

承载力抗震调整系数 γ_{RE}　　　　　　　　　　　　　　表 6.5-1

结构构件（连接）	γ_{RE}
柱、梁、支撑、节点板件，螺栓、焊缝	0.75（强度）
柱、支撑	0.80（稳定）

2. 内力调整

在地震作用效应基本组合中，包含了考虑抗震概念设计的若干效应调整的内容。对于钢结构而言，主要包含以下内容：

1）偏心支撑框架中，与消能梁段相连构件的内力设计值，应按下列要求调整：

（1）支撑斜杆的轴力设计值，应取与支撑斜杆相连的消能梁段达到受剪承载力时支撑斜杆轴力与增大系数的乘积；其增大系数，一级不应小于1.4，二级不应小于1.3，三级不应小于1.2。

（2）位于消能梁段同一跨的框架梁内力设计值，应取消能梁段达到受剪承载力时框架梁内力与增大系数的乘积；其增大系数，一级不应小于1.3，二级不应小于1.2，三级不应小于1.1。

（3）框架柱的内力设计值，应取消能梁段达到受剪承载力时柱内力与增大系数的乘积；其增大系数，一级不应小于1.3，二级不应小于1.2，三级不应小于1.1。

2）钢结构转换层下的钢框架柱，地震内力应乘以内力增大系数1.5。

3）承托钢筋混凝土抗震墙的钢框架柱，地震内力应乘以内力增大系数1.5。水平转换构件的地震内力应根据烈度高低和水平转换构件的类型、受力情况、几何尺寸乘以1.25～2.0的增大系数。

4）在地震作用效应验算中，对两个主轴方向分别计算水平地震作用时，建筑的角柱或由两个方向支撑（剪力墙版）所共有的柱，其地震内力应乘以内力增大系数1.3。

5）当采用带有消能装置的中心支撑体系，支撑斜杆的承载力应为消能装置滑动或屈服时承载力的1.5倍。

6）支撑框架中，柱、梁及其连接点的内力：

（1）支撑框架在承受水平荷载时，斜杆中的轴力将通过连接点传到梁、柱中，在设计时，柱、梁内力应包含支撑所传来的力。

（2）人字形及V形支撑框架梁的竖向承载能力，应满足跨中集中荷载和支撑屈曲不平衡力作用下的简支梁要求。不平衡力应按受拉支撑的最小屈服承载力和受压支撑最大屈曲承载力的0.3倍计算。必要时，人字支撑和V形支撑可沿竖向交替设置或采用拉链柱（图6.5-1）。

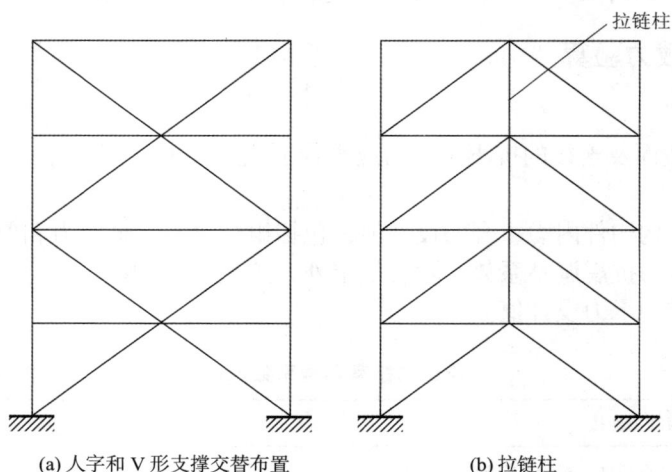

(a) 人字和V形支撑交替布置　　　　　　(b) 拉链柱

图 6.5-1　人字支撑的加强

7）支撑框架中，支撑杆件的设计内力应考虑以下附加效应：

（1）在地震作用或风荷载和垂直荷载作用下，支撑斜杆除要承受以上荷载引起的水平剪力外，还应承受垂直荷载与水平位移所致附加弯矩作用下的附加剪力。通常，二次弯矩下楼层附加剪力可按下式计算：

$$V_i = 1.2 \frac{\Delta u_i}{h_i} \sum G_i \tag{6.5-2}$$

式中：h_i——所计算楼层的高度；

$\sum G_i$——所计算楼层以上的全部重力；

Δu_i——所计算楼层的层间位移。

（2）人字形和 V 形支撑内力，应考虑由支撑跨的梁传来的楼面垂直荷载。

（3）支撑内力还应考虑由于垂直荷载作用下框架柱弹性压缩变形引起的附加应力：

交叉支撑
$$\Delta \sigma_{br} = \frac{\sigma_c}{\left(\frac{l_{br}}{h}\right)^2 + \frac{h}{l_{br}} \cdot \frac{A_{br}}{A_c} + 2\frac{b^3}{l_{br}} \cdot \frac{A_{br}}{A_b}} \tag{6.5-3}$$

人字形和 V 形支撑
$$\Delta \sigma_{br} = \frac{\sigma_c}{\left(\frac{l_{br}}{h}\right)^2 + \frac{b^3}{24 l_{br}} \cdot \frac{A_{br}}{I_b}} \tag{6.5-4}$$

式中：σ_c——斜杆端部连接固定后，该楼层以上各层增加的恒荷载和活荷载产生的柱中压应力；

l_{br}——支撑斜杆长度；

b、I_b、h——分别为支撑跨梁的长度、绕水平主轴的惯性矩和楼层高度；

A_{br}、A_c、A_b——分别为计算楼层的支撑斜杆、支撑跨的柱和梁的截面面积。

8）在地基基础设计时应考虑水平力作用下结构整体倾覆力矩的影响，并应符合以下规定：

（1）验算多遇地震作用下整体基础（筏形或箱形基础）对地基的作用时，可采用底部剪力法计算作用于地基的倾覆力矩，其折减系数可取 0.8。

（2）计算倾覆力矩对地基的作用时，不应考虑基础侧面回填土部分的约束作用。

3. 强柱弱梁设计概念与验算要求

钢框架的柱与梁的承载能力应符合强柱弱梁的原则，使框架在地震作用下梁先于柱产生塑性铰。在抗震验算中以柱梁构件的全塑性受弯承载力的比较作为判断强柱弱梁的关系式。

按 GB/T 50011—2010 的规定，符合以下情况之一时，可不考虑强柱弱梁的设计要求：

（1）柱所在楼层的受剪承载力比相邻上一层的受剪承载力高出 25%；

（2）柱轴压比不超过 0.4 或 $N_2 \leqslant \phi A_c f$（N_2 为 2 倍地震作用下组合轴力设计值）；

（3）与支撑斜杆相连的节点。

除以上情况外，框架梁柱节点处的左右梁端和上下柱端全塑性承载力应符合下式要求：

等截面梁
$$\Sigma W_{pc}(f_{yc} - N/A_c) \geqslant \eta \Sigma W_{pb} f_{yb} \tag{6.5-5}$$

变截面梁
$$\Sigma W_{pc}(f_{yc} - N/A_c) \geqslant \Sigma (\eta W'_{pb} f_{yb} + M_V) \tag{6.5-6}$$

式中：　W_{pc}、W_{pb}——分别为计算平面内交汇于节点的柱和梁的塑性截面模量；

$\qquad\qquad W'_{pb}$——框架梁塑性铰所在截面的梁塑性截面模量；

$\qquad f_{yc}$、f_{yb}——分别为柱和梁的钢材屈服强度；

$\qquad\qquad N$——按设计地震作用组合得出的柱轴力；

$\qquad\qquad A_c$——框架柱的截面面积；

$\qquad\qquad \eta$——强柱系数，一级取 1.15，二级取 1.10，三级取 1.05；

$\qquad\qquad M_V$——梁塑性铰剪力对柱面产生的附加弯矩，$M_V = V_p x$。V_p 为梁塑性铰剪力；x 为塑性铰至柱面的距离，RBS（狗骨式）连接取 $(0.5 \sim 0.75)b_f + (0.65 \sim 0.85)h_b/2$（其中，$b_f$ 和 h_b 分别为梁翼缘宽度和梁截面高度）；梁端扩大型和加盖板时取净跨的 1/10 和梁高二者的较大值。

4. 梁柱节点域的验算要求

钢结构柱梁刚接时，柱翼缘与梁翼缘对应柱加劲肋所包围区域为节点域。柱梁节点域对整个钢框架的变形及承载力都有较大影响，因此，在钢框架结构的抗震验算中，节点域验算历来是十分重要的内容之一。

1）节点域的屈服承载力应符合下列要求：

$$\psi(M_{pb1} + M_{pb2})/V_p \leqslant (4/3)f_{yv} \tag{6.5-7}$$

式中：　M_{pb1}、M_{pb2}——分别为节点域两侧梁的全塑性受弯承载力；

$\qquad\qquad V_p$——节点域的体积；

$\qquad\qquad$工字形截面柱　$V_p = h_{b1}h_{c1}t_w$

$\qquad\qquad$箱形截面柱　$V_p = 1.8h_{b1}h_{c1}t_w$

$\qquad\qquad$圆管截面柱　$V_p = (\pi/2)h_{b1}h_{c1}t_w$

$\qquad\qquad f_{yv}$——钢材的屈服抗剪强度，取钢材屈服强度 f_y 的 0.58 倍；

$\qquad\qquad \psi$——折减系数，三、四级取 0.6，一、二级取 0.7；

2）工字形截面柱和箱形截面柱的节点域尚应符合下列要求：

$$t_w \geqslant (h_b + h_c)/90 \tag{6.5-8}$$

$$(M_{b1} + M_{b2})/V_p \leqslant (4/3)f_V/\gamma_{RE} \tag{6.5-9}$$

式中：　t_w——节点域内柱腹板厚度；

$\qquad h_b$、h_c——分别为梁翼缘厚度中点间的距离，和柱翼缘（或钢管直径线上管壁）厚度中点间的距离；

$\qquad\qquad V_p$——节点域的体积，按式(6.5-8)。或式(6.5-9)。计算；

M_{b1}、M_{b2}——分别为节点域两侧梁的弯矩设计值；

$\qquad\qquad f_V$——钢材的抗剪强度设计值；

$\qquad\qquad \gamma_{RE}$——节点域承载力抗震调整系数，取 0.75。

需要注意的是，钢框架采用柱贯通形式时，节点域即为柱腹板的一部分，考虑到要适应框架的受力变形能力，节点域既不能太厚也不能太薄。太厚，则节点域刚度太大，不能保证梁出现塑性铰之前节点域达到屈服状态；太薄，则可能导致框架侧向位移过大。

当柱腹板厚度不能满足以上公式条件时，宜适当加厚。对于 H 型钢柱，可在柱腹板上贴焊补强板，补强板的厚度及其焊缝应按所需分担的剪力要求设计，与节点域采用塞焊连接，以避免在平面外受力时被拉脱。

5. 中心支撑的验算要求

中心支撑框架中，支撑杆件的受压承载力应符合以下要求：

$$N/(\varphi A_{br}) \leqslant \psi f/\gamma_{RE} \tag{6.5-10}$$

$$\psi = 1/(1 + 0.35\lambda_n) \tag{6.5-11}$$

$$\lambda_n = (\lambda/\pi)\sqrt{f_{ay}/E} \tag{6.5-12}$$

式中：N——支撑斜杆的轴向力设计值；

$\quad A_{br}$——支撑斜杆的截面面积；

$\quad \varphi$——轴心受压构件的稳定系数；

$\quad \psi$——受循环荷载时的强度降低系数；

λ、λ_n——分别为支撑斜杆的长细比和正则化长细比；

$\quad E$——支撑斜杆钢材的弹性模量；

f、f_{ay}——分别为钢材强度设计值和屈服强度；

$\quad \gamma_{RE}$——支撑稳定破坏承载力的抗震调整系数。

需要注意的是，罕遇地震作用下支撑杆件会反复拉压，大变形后，受拉不能完全拉直，继续受压时，承载力会急剧降低。杆件的长细比越大，这种承载力的降低幅度就越大，因此，强度降低系数 ψ 值主要与构件长细比有关。

6. 偏心支撑-框架的验算要求

1）消能梁段验算

（1）消能梁段的受剪承载力应符合下列要求：

当 $N \leqslant 0.15Af$ 时

$$V \leqslant \varphi V_l/\gamma_{RE} \tag{6.5-13}$$

$$V_l = \min(0.58A_w f_{ay}, 2M_{lp}/a) \tag{6.5-14}$$

$$A_w = (h - 2t_f)t_w \tag{6.5-15}$$

$$M_{lp} = fW_p \tag{6.5-16}$$

当 $N > 0.15Af$ 时

$$V \leqslant \phi V_{lc}/\gamma_{RE} \tag{6.5-17}$$

$$V_{lc} = \min\left\{0.58A_w f_{ay}\sqrt{1 - [N/(Af)]^2}, 2.4M_{lp}[1 - N/(Af)]/a\right\} \tag{6.5-18}$$

式中：N、V——分别为消能梁段的轴力设计值和剪力设计值；

V_l、V_{lc}——分别为消能梁段受剪承载力和计入轴力影响的受剪承载力；

$\quad M_{lp}$——消能梁段的全塑性受弯承载力；

A、A_w——分别为消能梁段的截面面积和腹板截面面积；

$\quad W_p$——消能梁段的塑性截面模量；

a、h——分别为消能梁段的净长和截面高度；

t_w、t_f——分别为消能梁段的腹板厚度和翼缘厚度；

f、f_{ay}——消能梁段钢材的抗压强度设计值和屈服强度；

$\quad \phi$——系数，可取 0.9；

γ_{RE}——消能梁段承载力抗震调整系数，取 0.75。

（2）消能梁段的受弯承载力应符合下列要求：

$$当 N \leqslant 0.15Af 时， \frac{M}{W} + \frac{N}{A} \leqslant f/\gamma_{RE} \qquad (6.5\text{-}19)$$

$$当 N > 0.15Af 时， \left(\frac{M}{h} + \frac{N}{2}\right)\frac{1}{b_f t_f} \leqslant f/\gamma_{RE} \qquad (6.5\text{-}20)$$

式中：M——消能梁段的弯矩设计值；

      N——消能梁段的轴力设计值；

      W——消能梁段的截面模量；

      A——消能梁段的截面面积；

h、b_f、t_f——分别为消能梁段的截面高度、翼缘宽度和翼缘厚度；

    γ_{RE}——消能梁段受弯承载力抗震调整系数，可取 0.75。

2）其他构件内力设计值的调整

抗震设计时，偏心支撑框架中除消能梁段外的构件内力设计值应按下列规定进行调整。

支撑轴力设计值 $\qquad N_{br} = \eta_{br}\dfrac{V_l}{V}N_{br,com} \qquad (6.5\text{-}21)$

非消能梁段的弯矩设计值 $\qquad M_b = \eta_b\dfrac{V_l}{V}M_{b,com} \qquad (6.5\text{-}22)$

柱端弯矩设计值 $\qquad M_c = \eta_c\dfrac{V_l}{V}M_{c,com} \qquad (6.5\text{-}23)$

柱轴力设计值 $\qquad N_c = \eta_c\dfrac{V_l}{V}N_{c,com} \qquad (6.5\text{-}24)$

式中： N_{br}——支撑的轴力设计值；

       M_b——位于消能梁段同一跨的框架梁的弯矩设计值；

M_c、N_c——分别为柱的弯矩、轴力设计值；

       V_l——消能梁段不计入轴力影响的受剪承载力，取 $0.58A_w f_{ay}$ 或 $2M_{lp}/a$ 的较大值；

       V——消能梁段的剪力设计值；

$N_{br,com}$——对应于消能梁段剪力设计值 V 的支撑组合的轴力计算值；

 $M_{b,com}$——对应于消能梁段剪力设计值 V 的位于消能梁段同一跨框架梁组合的弯矩计算值；

$M_{c,com}$、$N_{c,com}$——分别为对应于消能梁段剪力设计值 V 的柱组合的弯矩、轴力计算值；

     η_{br}——偏心支撑框架支撑内力设计值增大系数，其值在一级时不应小于 1.4，二级时不应小于 1.3，三级时不应小于 1.2；

 η_b、η_c——分别为位于消能梁段同一跨的框架梁的弯矩设计值增大系数和柱的内力设计值增大系数，其值在一级时不应小于 1.3，二级及以下时不应小于 1.2。

3）偏心支撑的轴向承载力抗震验算

$$N_{br} \leqslant \phi f A_{br}/\gamma_{RE} \qquad (6.5\text{-}25)$$

式中：N_{br}——支撑的轴力设计值；

A_{br}——支撑截面面积；

ϕ——由支撑长细比确定的轴心受压构件稳定系数；

f——钢材的抗拉、抗压强度设计值；

γ_{RE}——支撑轴向承载力抗震调整系数，取 0.80。

4）其他要求

偏心支撑框架梁和柱的承载力，应按现行国家标准《钢结构设计标准》GB 50017—2017 的规定进行验算；有地震作用组合时，钢材强度设计值应除以承载力抗震调整系数γ_{RE}。

支撑斜杆与消能梁段连接的承载力不得小于支撑的承载力。若支撑需抵抗弯矩，支撑与梁的连接应按抗压弯连接设计。

7. 连接的验算要求

钢结构构件的连接设计应符合强连接、弱构件的基本原则：

（1）钢结构抗侧力构件连接的承载力设计值，不应小于被连接构件的承载力设计值；高强度螺栓不得滑移。

（2）钢结构抗侧力构件连接的极限承载力应大于相连构件的屈服承载力。

（3）梁与柱刚性连接的极限承载力，应按下列公式验算：

$$M_u^j \geqslant \alpha M_p \tag{6.5-26}$$

$$V_u^j \geqslant 1.2(2M_p/l_n) + V_{Gb} \tag{6.5-27}$$

（4）支撑与框架连接和梁、柱、支撑的拼接承载力，应按下列公式验算：

支撑连接和拼接

$$N_{ubr}^j \geqslant \alpha A_{br} f_y \tag{6.5-28}$$

梁的拼接

$$M_{ub,sp}^j \geqslant \alpha M_p \tag{6.5-29}$$

柱的拼接

$$M_{uc,sp}^j \geqslant \alpha M_{pc} \tag{6.5-30}$$

（5）柱脚与基础的连接承载力，应按下列公式验算：

$$M_{u,base}^j \geqslant \alpha M_{pc} \tag{6.5-31}$$

式中：　　M_p、M_{pc}——分别为梁的塑性受弯承载力和考虑轴力影响时柱的塑性受弯承载力；

V_{Gb}——重力荷载代表值（9 度尚应包括地震作用标准值）作用下，按简支梁分析的梁端截面剪力设计值；

l_n——梁的净跨；

A_{br}——支撑杆件的截面面积；

M_u^j、V_u^j——分别为连接的极限受弯、受压（拉）、受剪承载力；

$M_{ub,sp}^j$、$M_{ub,sp}^j$、$M_{uc,sp}^j$——分别为支撑、梁、柱拼接的极限受弯承载力；

$M_{u,base}^j$——柱脚的极限受弯承载力。

α——连接系数，可按表 6.5-2 采用。

钢结构抗震设计的连接系数

表 6.5-2

母材牌号	梁柱连接时		支撑连接/构件拼接		柱脚	
	焊接	螺栓连接	焊接	螺栓连接		
Q235	1.40	1.45	1.25	1.30	埋入式	1.2
Q345	1.30	1.35	1.20	1.25	外包式	1.2
Q345GJ	1.25	1.30	1.15	1.20	外露式	1.1

注：1. 屈服强度高于 Q345 的钢材，按 Q345 的规定采用；
2. 屈服强度高于 Q345GJ 的 GJ 钢材，按 Q345GJ 的规定采用；
3. 外露式柱脚是指刚接柱脚，只适用于高度 50m 以下房屋；
4. 翼缘焊接腹板栓接时，连接系数分别按表中连接形式取用。

6.6　抗震构造措施

鉴于地震以及地震作用的种种不确定性，抗震措施历来是建筑抗震设计的重要组成部分。按《建筑抗震设计标准》GB/T 50011—2010（2024 年版）规定，钢结构的抗震构造措施主要有以下几方面。

6.6.1　构件长细比控制

1. 框架柱长细比控制

框架柱的长细比，一级不应大于 $60\sqrt{235/f_{ay}}$，二级不应大于 $80\sqrt{235/f_{ay}}$，三级不应大于 $100\sqrt{235/f_{ay}}$，四级时不应大于 $120\sqrt{235/f_{ay}}$。

需要注意的是，在长细比控制中，框架柱计算长度是非常重要的技术指标。对于框架-支撑（剪力墙）的结构，在保障结构整体稳定的前提下，当地震作用下结构层间位移角满足相应限值要求时，框架柱计算长度系数可取 1.0；当层间位移角小于 1/1000 时，可按无侧移柱确定计算长度系数 μ 值。对于无支撑框架体系，当层间位移角 $\Delta u/h \leqslant 1/1000$ 时，可以按无侧移框架的公式计算 μ，当 $\Delta u/h > 1/1000$ 时，应按有侧移框架确定计算长度系数。

2. 支撑杆件的长细比控制

中心支撑杆件的长细比，按压杆设计时，不宜大于 $120\sqrt{235/f_{ay}}$；抗震等级为一、二、三级的中心支撑不得采用拉杆，四级时可采用拉杆，但其长细比不宜大于 $180\sqrt{235/f_{ay}}$。

偏心支撑长细比不应小于 $120\sqrt{235/f_{ay}}$，在地震作用时，不希望支撑斜杆屈曲。因此，支撑内力应乘以增大系数。

当支撑采用双肢组合结构，填板间单肢的长细比不应大于构件最大长细比的 1/2，且不小于 40。

6.6.2　构件板件宽厚比控制

1. 框架梁、柱板的宽厚比控制

钢结构构件中板件的宽厚比直接影响构件的局部稳定性。很多钢结构工程由于板件的宽厚比过大，造成构件失稳以致破坏，尤其在荷载突然变化（如突发地震时），非常容易导致构件破坏。这种震害实例在唐山、日本阪神地震中很多。由于某些原因板件宽厚比不满足规定限值时，应按照《钢结构设计标准》GB 50017—2017 的规定设置纵向加劲肋，或设置梁的侧向支承。主梁上的次梁以及次梁的楼板（与钢梁有可靠连接）也可以起到侧向支撑的作用。表 6.6-1 为 GB/T 50011—2010 关于框架梁、柱板件宽厚比限值的规定。

GB/T 50011—2010 关于框架梁、柱的板件宽厚比限值的规定　　　　表 6.6-1

板件名称		抗震等级			
		一级	二级	三级	四级
柱	工字形截面翼缘外伸部分	10	11	12	13
	工字形截面腹板	43	45	48	52
	箱形截面壁板	33	36	38	40
梁	工字形截面和箱形截面翼缘外伸部分	9	9	10	11
	箱形截面翼缘在两腹板之间部分	30	30	32	36
	工字形截面和箱形截面腹板	$72 - 120\dfrac{N_b}{Af}$	$72 - 100\dfrac{N_b}{Af}$	$80 - 110\dfrac{N_b}{Af}$	$85 - 120\dfrac{N_b}{Af}$

注：1. 表列数值适用于 Q235 钢，采用其他牌号钢材时，应乘以 $\sqrt{235/f_{ay}}$，f_{ay} 为钢材的名义屈服强度。

　　2. 工字形梁和箱形梁的腹板宽厚比，对一、二、三、四级分别不宜大于（60、65、70、75）$\sqrt{235/f_{ay}}$。

通常情况下，梁、柱构件的侧向支承应符合下列要求：①梁柱构件受压翼缘应根据需要设置侧向支承；②梁柱构件出现塑性铰的截面，上下翼缘均应设置侧向支承；③相邻两支承点间的构件长细比，应符合现行国家标准《钢结构设计标准》GB 50017—2017 的有关规定。

2. 支撑板件宽厚比

（1）中心支撑斜杆板件宽厚比限值见表 6.6-2。

钢结构中心支撑板件宽厚比限值　　　　表 6.6-2

板件名称	抗震等级			
	一级	二级	三级	四级
翼缘外伸部分	8	9	10	13
工字形截面腹板	25	26	27	33
箱形截面壁板	18	20	25	30
圆管外径与壁厚比	38	40	40	42

注：表列数值适用于 Q235 钢，采用其他牌号钢材应乘以 $\sqrt{\dfrac{235}{f_{ay}}}$，圆管应乘以 $235/f_{ay}$。

（2）偏心支撑的消能梁段应符合规定的设计要求，其宽厚比应比同跨非消能梁段从严把握。在偏心支撑框架范围内，消能梁段以外部位不允许出现屈服或屈曲现象。消能梁段要有很好的延性，通常，其钢材屈服强度不应大于 345MPa。消能梁段及其同跨非消能梁段的板件宽厚不应大于表 6.6-3 所列限值。

偏心支撑框架梁的板件宽厚比限值　　　　表 6.6-3

板件名称	宽厚比限值
翼缘外伸部分	8

板件名称		宽厚比限值
腹板	当 $N/Af \leqslant 0.14$ 时	$90\left(1-1.65\dfrac{N}{Af}\right)$
	当 $N/Af > 0.14$ 时	$33\left(2.3-\dfrac{N}{Af}\right)$

注：表列数值适用于 Q235 钢，当材料为其他钢号时应乘以 $\sqrt{235/f_{\mathrm{ay}}}$。

需要注意的是，偏心支撑框架的支撑杆件在消能梁段屈服时应保持弹性状态，因此，其板件宽厚比不应超过轴心受压的弹性限值（参见《钢结构设计标准》GB 50017—2017）。

6.6.3 节点与连接的构造要求

1. 梁柱刚性连接

梁与柱刚性（抗弯）连接时，应符合下列要求：

1）梁与柱的连接宜采用柱贯通型。

2）柱在两个互相垂直的方向都与梁刚接时宜采用箱形截面，在梁翼缘连接处设置隔板。隔板采用电渣焊时，壁板厚度不应小于 16mm，小于此限值时可改用工字形柱或采用贯通式隔板。当柱仅在一个方向与梁刚接时，宜采用工字形截面，并将柱腹板置于刚接框架平面内。

3）工字形柱（绕强轴）和箱形柱与梁刚接时（图 6.6-1），应符合下列要求：

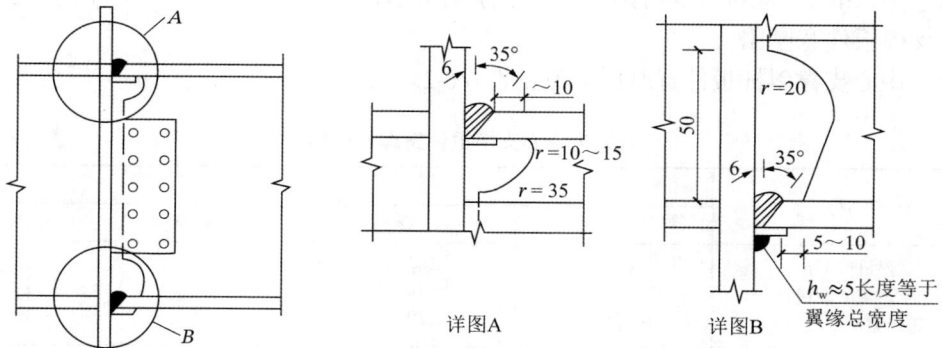

图 6.6-1 框架梁、柱刚性连接的现场做法

（1）梁翼缘与柱翼缘间应采用全熔透坡口焊缝；一级抗震时，应检验焊缝的 V 形切口冲击韧性，其夏比冲击韧性在 $-20^{\circ}\mathrm{C}$ 时不低于 27J。

（2）柱在梁翼缘对应位置应设置横向加劲肋（隔板），加劲肋（隔板）厚度不应小于梁翼缘厚度，强度与梁翼缘相同。

（3）梁腹板宜采用摩擦型高强度螺栓与柱连接板连接（经工艺试验合格能确保现场焊接质量时，可用气体保护焊进行焊接）；腹板角部应设置焊接孔，孔形应使其端部与梁翼缘全焊透焊缝完全隔开。

（4）腹板连接板与柱的焊接，当板厚不大于 16mm 时应采用双面角焊缝，焊缝有效厚度应满足等强度要求，且不小于 5mm；板厚大于 16mm 时采用 K 形坡口对接焊缝。该焊缝宜采用气体保护焊，且板端应绕焊。

（5）一级和二级抗震时，宜采用能将塑性铰自梁端外移的端部扩大形连接、梁端加盖板或骨形连接。

4）框架梁采用悬臂梁段与柱刚性连接时（图 6.6-2），应符合下列要求：

（1）悬臂梁段与柱应采用全焊接连接，上下翼缘焊接孔的形式宜相同。

（2）梁的现场拼接可采用翼缘焊接腹板螺栓连接或全部螺栓连接。

（3）箱形柱在与梁翼缘对应位置设置的隔板，应采用全熔透对接焊缝与壁板相连。工字形柱的横向加劲肋与柱翼缘应采用全熔透对接焊缝连接，与腹板可采用角焊缝连接。

（4）梁与柱刚性连接时，柱在梁翼缘上下各 500mm 的范围内，柱翼缘与柱腹板间或箱形柱壁板间的连接焊缝应采用坡口全焊透焊缝。

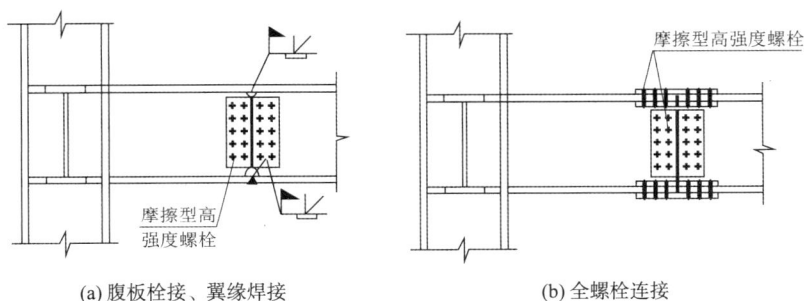

(a) 腹板栓接、翼缘焊接　　　　　　　(b) 全螺栓连接

图 6.6-2　框架柱与梁悬臂段的连接

5）梁腹板与柱的连接

梁腹板通常通过连接板用高强度螺栓与柱相连。当梁翼缘的塑性截面模量小于梁全截面塑性截面模量的 70%时，梁腹板与柱连接的高强度螺栓不应少于 2 列。

2. 柱的对接与拼接

上下柱的对接接头应采用全熔透焊缝，柱拼接接头上下各 100mm 范围内，工字形柱翼缘与腹板间及箱形柱角部壁板间的焊缝，应采用全熔透焊缝。

H 形柱的拼接接头宜设置在梁上翼缘 1.3m 左右，或柱净高的一半，取二者较小值。该处弯矩应由翼缘和腹板共同承受，剪力应由腹板承受，轴力应由翼缘与腹板分担。因此，柱翼缘应采用坡口全熔透焊缝，或按等强度要求计算，用高强度螺栓通过拼接板连接；柱腹板可采用部分熔透焊缝或高强度螺栓连接。

箱形柱的拼接宜全部采用坡口全熔透焊缝。

6.6.4　中心支撑节点的构造要求

中心支撑节点的构造应符合下列要求：

（1）房屋高度超过 50m 时，支撑宜采用 H 型钢制作，两端与框架可采用刚接构造，梁、柱与支撑连接处应设置加劲肋；一级和二级采用焊接工字形截面的支撑时，其翼缘与腹板的连接宜采用全熔透连续焊缝。

（2）支撑与框架连接处，支撑杆端宜做成圆弧。

（3）梁在其与 V 形支撑或人字支撑相交处，应设置侧向支承；该支承点与梁端支承点间的侧向长细比（λ_y）以及支承力应符合现行国家标准《钢结构设计标准》GB 50017—2017关于塑性设计的规定。

（4）若支撑和框架采用节点板连接，应符合现行国家标准《钢结构设计标准》GB 50017—2017 关于节点板在连接杆件每侧有不小于30°夹角的规定；一、二级时，支撑端部至节点板最近嵌固点（节点板与框架构件连接焊缝的端部）垂直于支撑杆件轴线方向的直线，不应小于节点板厚度的 2 倍。

6.6.5　偏心支撑-框架结构的构造要求

1. 消能梁段

消能梁段的构造应符合下列要求：

（1）当$N > 0.16Af$时，消能梁段的长度应符合下列规定：

$$当 \rho(A_{\rm w}/A) < 0.3 \text{ 时}, \quad a < 1.6M_{\rm lp}/V_l \tag{6.6-1}$$

$$当 \rho(A_{\rm w}/A) \geqslant 0.3 \text{ 时}, \quad a \leqslant [1.15 - 0.5\rho(A_{\rm w}/A)]1.6M_{\rm lp}/V_l \tag{6.6-2}$$

$$\rho = N/V \tag{6.6-3}$$

式中：　a——消能梁段的长度；

　　　　ρ——消能梁段轴向力设计值N与剪力设计值V之比。

A、$A_{\rm w}$——分别为消能梁段的截面面积和腹板截面面积；

　　　　V_l——消能梁段受剪承载力；

　　　　$M_{\rm lp}$——消能梁段全塑性受弯承载力；

（2）消能梁段的腹板不得贴焊补强板，也不得开洞。

（3）消能梁段与支撑连接处，应在其腹板两侧配置加劲肋，加劲肋的高度应为梁腹板高度，一侧的加劲肋宽度不应小于$(b_{\rm f}/2 - t_{\rm w})$，厚度不应小于 $0.75t_{\rm w}$ 和 10mm 的较大值。

（4）消能梁段应按下列要求在其腹板上设置中间加劲肋（表 6.6-4）：

加劲肋设置要求　　　　　　　　　　　　　　　　　　　　　表 6.6-4

当$a \leqslant 1.6M_{\rm lp}/V_l$时	加劲肋间距不大于$(30t_{\rm w} - h/5)$
当$2.6M_{\rm lp}/V_l < a \leqslant 5M_{\rm lp}/V_l$时	应在距消能梁段端部 $1.5b_{\rm f}$处配置中间加劲肋，且中间加劲肋间距不应大于$(52t_{\rm w} - h/5)$
当$1.6M_{\rm lp}/V_l < a \leqslant 2.6M_{\rm lp}/V_l$时	中间加劲肋的间距宜在上述二者间线性插入
当$a > 5M_{\rm lp}/V_l$时	可不配置中间加劲肋

中间加劲肋应与消能梁段的腹板等高，当消能梁段截面高度不大于 640mm 时，可配置单侧加劲肋，消能梁段截面高度大于 640mm 时，应在两侧配置加劲肋，一侧加劲肋的宽度不应小于$(b_{\rm f}/2 - t_{\rm w})$，厚度不应小于$t_{\rm w}$和 10mm 的较大者。

2. 消能梁段与柱的连接

消能梁段与柱的连接应符合下列要求：

（1）消能梁段与柱连接时，其长度不得大于$1.6M_{lp}/V_l$，且应满足相关标准的规定。

（2）消能梁段翼缘与柱翼缘之间应采用坡口全熔透对接焊缝连接，消能梁段腹板与柱之间应采用角焊缝（气体保护焊）连接；角焊缝的承载力不得小于消能梁段腹板的轴向力、剪力和弯矩同时作用时的承载力。

（3）消能梁段与柱腹板连接时，消能梁段翼缘与横向加劲板间应采用坡口全熔透焊缝，其腹板与柱连接板间应采用角焊缝（气体保护焊）；角焊缝的承载力不得小于消能梁段腹板的轴力、剪力和弯矩同时作用时的承载力。

3. 消能梁段的侧向支撑

（1）消能梁段两端上下翼缘应设置侧向支撑，支撑的轴力设计值不得小于消能梁段翼缘轴向承载力的 6%，即 $0.06b_f t_f f$。

（2）偏心支撑框架梁的非消能梁段上下翼缘，应设置侧向支撑，支撑的轴力设计值不得小于梁翼缘轴向承载力的 2%，即 $0.02b_f t_f f$。

第7章 大跨屋盖建筑

【简介与导读】

```
                          ┌─ 适用结构形式：包括拱、桁架等，不适用于悬索等结构
                          ├─ 专门研究范围：非常用结构形式、大跨度等需专门论证
                   一般规定 ┤─ 选型布置要求：确保传力合理，布置对称，避免薄弱部位
                          ├─ 体系分类特点：分单向和空间传力体系，各有抗震重点
                          ├─ 防震缝设置：特定情况设置，缝宽有规定和建议
                          └─ 非结构件要求：应与结构可靠连接，符合相关规定

                          ┌─ 计算验算范围：不同结构在不同烈度下有不同计算要求
                          ├─ 分析模型要点：符合实际，计入上下部结构协同作用
                          ├─ 几何刚度考虑：张弦结构等需考虑几何刚度影响
                   计算要点 ┤─ 振型数确定：按参与质量确定，有处理竖向振型的方法
                          ├─ 阻尼比取值：依下部支承结构类型取值，有计算方法
                          ├─ 计算方法选择：常用有限元法，鼓励采用补充方法
                          ├─ 计算方向确定：单向和空间传力体系计算方向不同
                          └─ 地震效应组合：单向和其他体系组合方式不同

                          ┌─ 内力调整规定：定义关键杆件和节点，有放大系数
                          ├─ 变形验算要求：重力和多遇竖向地震组合下有挠度限值
               抗震验算与构造 ┤─ 长细比限值：区分一般和关键杆件，8、9度关键杆件从严
                          ├─ 节点构造要点：对常用节点板件厚度有要求，选型有原则
                          └─ 支座构造要求：加强支座节点，不同情况有不同构造规定
```

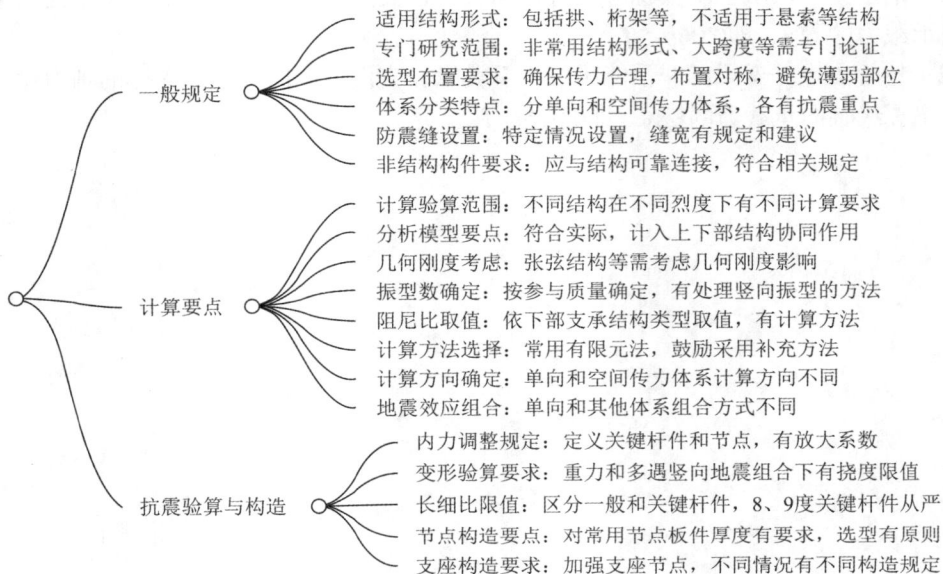

本章全面介绍了大跨屋盖建筑抗震设计的相关知识。开篇明确大跨屋盖结构定义及应用场景，指出规范适用的结构形式，说明超出范围需专门研究论证。接着阐述结构选型和布置的概念要求，如确保传力合理、布置对称等。在计算要点方面，涵盖地震作用计算范围、结构分析模型、几何刚度等内容，针对不同结构形式给出具体计算方法和参数取值建议。抗震验算和构造部分，规定了内力调整、变形验算的要求，对杆件长细比、节点和支座构造也提出相应标准。文章为大跨屋盖建筑抗震设计提供了全面的指导，有助于保障大跨屋盖建筑在地震中的安全性。

7.1 一般规定

7.1.1 适用的屋盖结构形式

大跨度屋盖结构形式众多，GB/T 50011—2010 第 10.2 节仅适用于采用常用结构形式的大跨屋盖建筑的抗震设计，包括拱、平面桁架、立体桁架、网架、网壳、张弦梁、弦支穹顶等基本形式（图 7.1-1）及由这些基本形式组合而成的屋盖结构形式。

对于悬索结构、膜结构、索杆张力结构等柔性屋盖体系，由于几何非线性效应，其地震作用计算方法和抗震设计理论目前尚不成熟，因此，GB/T 50011—2010 第 10.2 节并不适用于这些结构体系。此外，大跨屋盖结构基本以钢结构为主，故 GB/T 50011—2010 第 10.2 节也未对混凝土薄壳、组合网架、组合网壳等屋盖结构形式作具体规定。

(a) 拱   (b) 平面桁架   (c) 立体桁架   (d) 网架

(e) 网壳   (f) 张弦梁   (g) 弦支穹顶

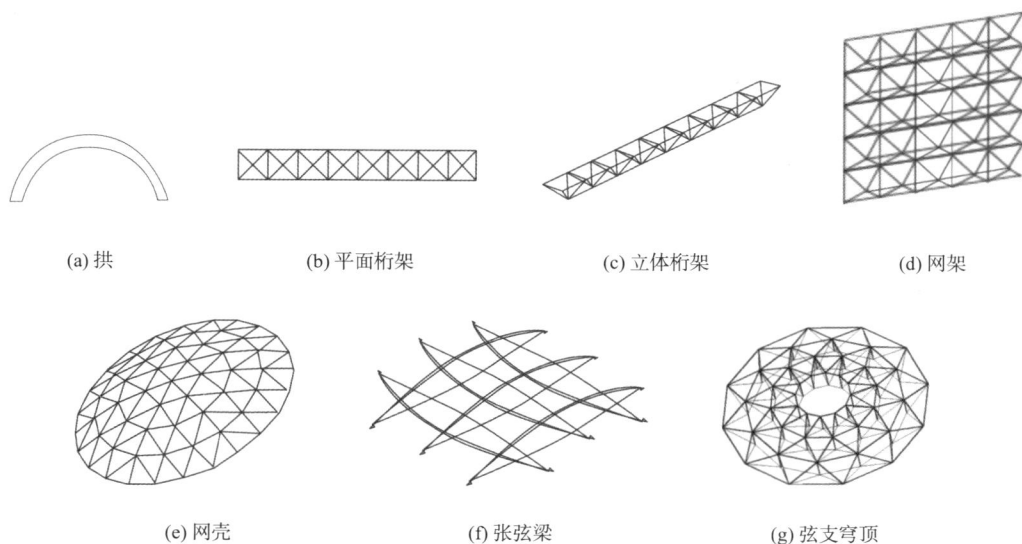

图 7.1-1 GB/T 50011—2010 适用的大跨屋盖结构基本形式

7.1.2 应进行专门研究和论证的大跨屋盖建筑范围

考虑到大跨屋盖的结构新形式不断出现、体型复杂化、跨度极限不断突破的特点，为保证结构的安全，避免抗震性能差、受力极不合理的结构形式被采用，有必要对超出适用范围的大型建筑屋盖结构进行专门的抗震性能研究和论证。

GB/T 50011—2010 规定，对于采用非常用结构形式以及跨度大于 120m、结构单元长度大于 300m 或悬挑长度大于 40m 的大跨钢屋盖建筑的抗震设计，应进行专门研究和论证，采取有效的加强措施。

可开启屋盖，也属于非常用形式之一，其抗震设计除满足 GB/T 50011—2010 第 10.2 节的规定外，与开闭功能有关的设计也需要另行研究和论证。

7.1.3 屋盖结构选型和布置的概念要求

1. 确保地震作用传递路径的合理性与有效性。屋盖结构应能将地震作用有效地传递到下部支承结构，为此，在实际工程设计时，应重点关注水平地震力的传递路径及承受水平力的支座布置。对于单向传力屋盖结构体系，应重视纵向支撑系统的布置，并应根据屋盖竖向和水平地震作用分布情况均衡布置支座。

2. 屋盖及其下部支承结构的布置宜均匀对称，具有合理的刚度和承载力分布。

3. 屋盖结构宜优先采用两个水平方向刚度均衡的空间传力体系，如网架、网壳、双向立体桁架、双向张弦梁或弦支穹顶等。

4. 大跨屋盖建筑的结构布置宜避免因局部削弱或突变形成薄弱部位，产生过大的内力、变形集中。对于可能出现的薄弱部位，应采取措施提高其抗震能力。

5. 宜采用轻型屋面系统，减轻屋盖的重力荷载，减小大跨屋盖结构的地震作用。

6. 下部支承结构应合理布置，避免使屋盖产生过大的地震扭转效应。屋盖结构的地震作用不仅与屋盖结构自身相关，而且还与下部结构的动力性能密切相关，是整体结构的反应。因此，下部结构设计也应充分考虑屋盖结构地震响应的特点，避免采用很不规则的结构布置而造成屋盖结构产生过大的地震扭转效应。

7.1.4 各类屋盖结构体系

GB/T 50011—2010 第 10.2 节将屋盖结构体系划分为单向传力体系和空间传力体系。单向传力体系指平面拱、单向平面桁架、单向立体桁架、单向张弦梁等结构形式；空间传力体系指网架、网壳、双向立体桁架、双向张弦梁和弦支穹顶等结构形式。

7.1.4.1 单向传力体系

对于单向平面拱、单向桁架、单向张弦梁等单向传力体系，主结构（桁架、拱、张弦梁）一般抵抗竖向和主结构方向的水平地震作用，而垂直于主结构方向的水平地震作用靠支撑系统承担。一般情况下，单向传力体系的主要抗震措施是保证垂直于主结构方向的水平地震力传递以及主结构的平面外稳定性。因此，屋盖支撑系统的合理布置是非常重要的。在单榀立体桁架中，与屋面支撑同层的两（多）根主弦杆间也应设置斜杆（图 7.1-2）。这样既可提高桁架的平面外刚度，也使得纵向水平地震内力在同层主弦杆中分布均匀，避免出现薄弱区域。

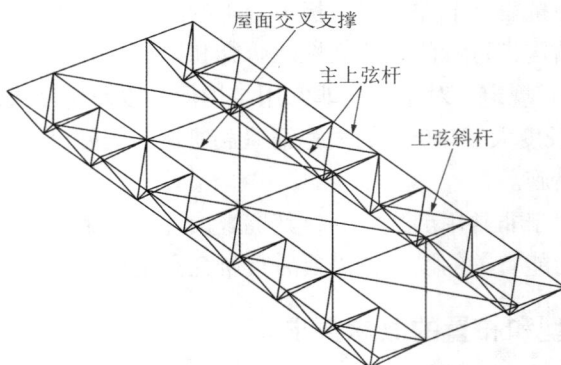

图 7.1-2 立体桁架的主弦杆间设置斜杆

当桁架支座采用下弦节点支承时，必须采取有效措施确保支座处桁架不发生平面外扭转。设置纵向桁架是一种有效的做法，同时还可保证纵向水平地震力的有效传递。

7.1.4.2 空间传力体系

对于网架、网壳、双向立体桁架、双向张弦梁和弦支穹顶等空间传力体系，一般具有良好的整体性和空间受力特点，抗震性能优于单向传力体系。结构布置的重点是保证结构的刚度均匀和整体性，避免出现薄弱环节。

对平面形状为矩形且三边支承一边开口的屋盖结构，应提高开口边的刚度和加强结构整体性，如可在开口边局部增加层数来形成边桁架。

对于两向正交正放网架和双向张弦梁，由于屋盖平面的水平刚度较弱，为保证结构的整体性及水平地震作用的有效传递与分配，应沿上弦周边网格设置封闭的水平支撑（图 7.1-3）。当结构跨度较大或下弦周边支承时，下弦周边网格也应设置封闭的水平支撑。

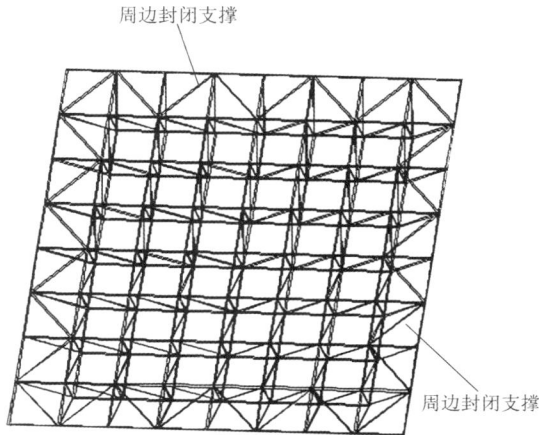

图 7.1-3 两向正交类结构的周边封闭支撑

单层网壳应采用刚接节点，这是确保屋盖结构整体稳定性的要求。

7.1.5 防震缝

当大跨屋盖分区域采用不同抗震性能的结构形式、或屋盖支承于不同的下部结构上时，在结构交界区域通常会产生复杂的地震响应，对构件和节点的设计带来困难。此时在建筑设计和下部支承条件允许时，设置防震缝往往是有效的。当屋盖分区域采用不同的结构形式时，交界区域的杆件和节点应加强；也可设置防震缝，缝宽不宜小于 150mm。

由于实际工程情况复杂，为避免其两侧结构在强烈地震中碰撞，GB/T 50011—2010 所规定的最小防震缝宽度可能不足。建议最好按设防烈度下两侧独立结构在交界线上的相对位移最大值来复核。对于规则结构，为了方便计算，设防烈度下的相对位移最大值也可将多遇地震下的最大相对变形值乘以不小于 3 的放大系数近似估计。

7.1.6 非结构构件

屋面围护系统、吊顶及悬吊物等非结构构件应与结构可靠连接，其抗震措施应符合 GB/T 50011—2010 第 13 章的有关规定。

7.2 计算要点

7.2.1 地震作用计算与抗震验算的范围

1. 对于矢跨比小于 1/5 的单向平面桁架和单向立体桁架，7 度时可不进行沿桁架的水平向和竖向地震作用计算。但 7 度及以上时，均应进行垂直于桁架方向的水平地震作用计算并对支撑构件进行验算。这也说明，单向传力体系抗震计算的重点更主要的是屋面支撑系统的计算。

2. 对于 7 度时的网架结构，设计往往由非地震作用工况控制，因此可不进行地震作用计算，但应满足相应的抗震措施的要求。

7.2.2 结构分析模型

1. 结构分析模型应符合实际情况，屋盖与主要支承部位的连接假定应与构造相符。

2. 结构分析模型应计入屋盖结构与下部结构的协同作用。屋盖结构自身的地震效应是与下部结构协同工作的结果。研究表明，不考虑屋盖结构与下部结构的协同工作，会对屋盖结构的地震作用，特别是水平地震作用计算产生显著影响，甚至得出错误结果。即便在竖向地震作用计算时，当下部结构给屋盖提供的竖向刚度较弱或分布不均匀时，仅按屋盖结构模型所计算的结果也会产生较大的误差。因此，考虑上下部结构的协同作用是屋盖结构地震作用计算的基本原则。

考虑上下部结构协同工作的最合理方法是按整体结构模型进行地震作用计算。特别是对于不规则的结构，抗震计算应采用整体结构模型。当下部结构比较规则时，设计人员也可以采用一些简化方法（譬如等效为支座弹性约束）来计入下部结构的影响。但是，这种简化必须依据可靠且符合动力学原理，即应综合考虑刚度和质量等效后的有效性。

单向传力体系支撑构件的地震作用，宜按屋盖结构整体模型计算。

7.2.3 几何刚度

当前的大跨屋盖结构中有较多包含拉索的预张拉体系，总体可分为三类：预应力结构，如预应力桁架、网架或网壳等；悬挂（斜拉）结构，如悬挂（斜拉）桁架、网架或网壳等；张弦结构，主要指张弦梁结构和弦支穹顶结构。根据几何非线性理论，一般会关心初应力产生的几何刚度对结构动力性能的影响。

研究表明，对于预应力桁架和网格结构、悬挂（斜拉）结构，几何刚度对结构动力特性的影响非常小，完全可以忽略。但是，对于跨度较大的张弦梁和弦支穹顶结构，预张力引起的几何刚度对结构动力特性有一定的影响。此外，对于某些布索方案（譬如肋环型布索）的弦支穹顶结构（图 7.2-1），撑杆和下弦拉索系统实际上是需要依靠预张力来保证体系稳定性的几何可变体系，且不计入几何刚度也将导致结构总刚矩阵奇异。因此，这些形式的张弦结构计算模型就必须计入几何刚度。几何刚度一般可取重力荷载代表值作用下结构平衡态的内力（包括预张力）贡献。

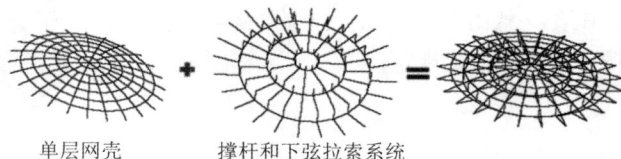

单层网壳　　　　　撑杆和下弦拉索系统

图 7.2-1　存在机构位移模态的弦支穹顶

7.2.4 组合振型数

在振型分解反应谱法计算时,组合振型数也可按所取振型的参与质量是否达到总质量90%来确定。研究表明，在不按上下部结构整体模型进行计算时，网架结构的组合振型数宜至少取前 10～15 阶，网壳结构宜至少取前 25～30 阶。当结构规模较大或下部结构比较复杂时，按整体模型计算时的组合振型数有时可能需要数百阶，但目前的计算机性能一般都可以满足相应的计算要求。

通常，按整体模型计算时两个水平方向的振型参与质量容易达到占总质量 90% 的要求。但有时即便是取数百阶振型，其竖向振型参与质量系数却较难达到 90%，也许可能还到不了 50%。其主要的原因是下部结构竖向刚度较大，即使取数百阶振型，竖向振型也基本上是屋盖结构变形为主，下部结构的竖向振型还没能激发出来。一般有两种处理办法，一是如果仅设计屋盖结构，那么能够确保计算结果随组合振型数增加而收敛，便可不拘泥参与质量系数达到 90% 的要求；二是可以采用里兹振型法，即组合振型采用里兹振型而不用自然振型，在 SAP2000 和 ETABS 软件中均提供这种功能。

还应该强调，对于存在明显扭转效应的屋盖结构，振型间效应的组合应采用完全二次型方根（CQC）法，这对于大跨屋盖结构尤为重要。

7.2.5　阻尼比的取值

GB/T 50011—2010 第 10.2.8 条规定：当下部支承结构为钢结构或屋盖直接支承在地面时，阻尼比可取 0.02；当下部支承结构为混凝土结构时，阻尼比可取 0.025～0.035。

当钢屋盖的下部支承结构为混凝土结构时，按整体模型进行抗震计算时如何确定阻尼比，相关的研究工作非常少，一般认为与屋盖钢结构和下部混凝土支承结构的组成比例有关。GB/T 50011—2010 条文说明中根据位能等效原则建议了两种计算整体结构阻尼比的方法，可在实际设计中采用。

1. 振型阻尼比法。振型阻尼比是指针对各阶振型所定义的阻尼比。组合结构中，不同材料的能量耗散机理不同，因此相应构件的阻尼比也不相同，一般钢构件取 0.02，混凝土构件取 0.05。对于每一阶振型，不同构件单元对于振型阻尼比的贡献与单元变形能有关，变形能大的单元对该振型阻尼比的贡献较大，反之则较小。所以，可根据该阶振型下的单元变形能，采用加权平均的方法计算出振型阻尼比 ζ_i：

$$\zeta_i = \sum_{s=1}^{n} \zeta_s W_{si} \Big/ \sum_{s=1}^{n} W_{si} \tag{7.2-1}$$

式中：ζ_i——结构第 i 阶振型的阻尼比；

　　　ζ_s——第 s 个单元阻尼比，对钢构件取 0.02，对混凝土构件取 0.05；

　　　n——结构的单元总数；

　　　W_{si}——第 s 个单元对应于第 i 阶振型的单元变形能。

2. 统一阻尼比法。依然采用方法一的公式，但并不针对各振型 i 分别计算单元变形能 W_{si}，而是取各单元在重力荷载代表值作用下的变形能 W_{si}，这样便求得对应于整体结构的一个阻尼比。

在罕遇地震作用下，一些实际工程的计算结果表明，屋盖钢结构也仅有少量构件能进入塑性屈服状态，所以阻尼比仍建议与多遇地震下的结构阻尼比取值相同。

7.2.6　计算方法

大跨屋盖结构通常均有较多的结构自由度，结构分析一般需采用电算，主要方法是有限元法。由于 GB/T 50011—2010 所适用的大跨屋盖结构为满足小变形假定的刚性体系，属于线性结构，因此振型分解反应谱法依然可作为结构弹性地震效应计算的基本方法。

近年来，随着结构动力学理论和计算技术的发展，一些更为精确的动力学计算方法逐步被接受和应用，包括多向地震反应谱法、时程分析法甚至多向随机振动分析方法。对于结构动力响应复杂和跨度较大的结构，鼓励采用这些方法进行地震作用计算，以作为振型分解反应谱法的补充。

GB/T 50011—2010 依然对一些规则结构保留了其竖向地震作用的简化算法。对于周边支承或周边支承和多点支承相结合且规则的网架、平面桁架和立体桁架结构，其竖向地震作用可按 GB/T 50011—2010 第 5.3.2 条规定进行简化计算。但对于需要计算水平地震作用的屋盖结构，采用简化算法的意义就不大。因此简化算法多应用于屋盖结构的初步设计。

GB/T 50011—2010 没有规定需进行罕遇地震变形验算的大跨屋盖结构范围。但是对于需进行特别研究和论证的屋盖结构，或进行性能化设计的屋盖结构，一般也可采用时程法进行弹塑性地震作用计算。

7.2.7 水平地震作用的计算方向

1. 对于单向传力体系，可取主结构方向和垂直主结构方向分别计算水平地震作用。

2. 对于空间传力体系，应至少取两个主轴方向同时计算水平地震作用；对于有两个以上主轴或质量、刚度明显不对称的屋盖结构，应增加水平地震作用的计算方向。

7.2.8 多向地震效应的组合

对于大跨屋盖结构中的空间传力体系，通常并没有明确的抗侧力系统。也就是说，构件承受的地震力来自各向地震动分量的共同作用，结构的地震效应必须考虑多向地震效应的组合，因此地震作用也就不能仅计算水平或竖向作用。同时由于目前大跨屋盖结构的地震作用计算基本是电算，既然计算了水平地震作用，那么竖向地震作用计算就不会有太大问题。故 GB/T 50011—2010 弱化了屋盖结构的地震效应按水平和竖向区分的概念。关于多向地震效应组合的具体规定是：

1. 对于单向传力体系，结构的抗侧力构件通常是明确的。桁架（主结构）构件抵抗其面内的水平地震作用和竖向地震作用，垂直桁架方向的水平地震作用则由屋盖支撑承担。因此，可针对各向抗侧力构件分别进行地震作用计算。

2. 除单向传力体系外，一般屋盖结构的构件难以明确划分为沿某个方向的抗侧力构件，即构件的地震效应往往包含三向地震作用的结果，因此其构件验算应考虑三向（两个水平向和竖向）地震作用效应的组合。结构构件的地震作用效应和其他荷载效应的基本组合，应按下式计算：

$$S = \gamma_G S_{GE} + \gamma_{Eh} S_{Ehk} + \gamma_{Ev} S_{Evk} + \psi_w \gamma_w S_{wk} \tag{7.2-2}$$

式中：S——结构构件内力组合的设计值，包括组合的弯矩、轴向力和剪力设计值等；

γ_G——重力荷载分项系数，一般情况应采用 1.3，当重力荷载效应对构件承载能力有利时，不应大于 1.0；

γ_{Eh}、γ_{Ev}——分别为水平、竖向地震作用分项系数，应按表 7.2-1 采用；当同时输入水平和竖向地震进行时程分析时，均应按 1.4 采用；

γ_w——风荷载分项系数，应采用 1.5；

S_{GE}——重力荷载代表值的效应；

S_{Ehk}——水平地震作用标准值的效应，尚应乘以相应的增大系数或调整系数；

S_{Evk}——竖向地震作用标准值的效应，尚应乘以相应的增大系数或调整系数；

S_{wk}——风荷载标准值的效应；

ψ_w——风荷载组合值系数，一般结构取 0.0，风荷载起控制作用的建筑应采用 0.2。

式(7.2-2)中，S_{Ehk} 应考虑双向水平地震作用下的共同效应，按下面的公式计算：

$$S_{Ehk} = \sqrt{S_x^2 + (0.85S_y)^2} \tag{7.2-3}$$

式中：S_x、S_y——分别为所验算的主方向及其垂直方向的水平地震作用效应。

地震作用分项系数		表 7.2-1
地震作用	γ_{Eh}	γ_{Ev}
同时计算水平与竖向地震作用（水平地震为主）	1.4	0.5
同时计算水平与竖向地震作用（竖向地震为主）	0.5	1.4

7.3　抗震验算和构造

7.3.1　内力调整

1）关键杆件和关键节点

考虑到大跨屋盖结构支座及其邻近构件发生较多破坏的情况，GB/T 50011—2010 通过放大地震作用效应的方法来提高该区域杆件和节点的承载力，这是重要的抗震措施。GB/T 50011—2010 中通过定义关键构件和关键节点来确定需要提高承载能力的构件的范围。

（1）关键杆件

对于空间传力体系，关键杆件指临支座杆件，即：临支座 2 个区（网）格内的弦杆、腹杆；临支座 1/10 跨度范围内的弦杆、腹杆，两者取较小的范围。对于单向传力体系，关键构件指与支座直接相邻间的弦杆和腹杆。

（2）关键节点

关键节点为与关键构件连接的节点。

2）内力放大系数

根据设防烈度，通过其地震作用效应组合设计值乘以相应的放大系数来提高构件承载能力。放大系数的取值见表 7.3-1。

地震作用效应组合设计值放大系数			表 7.3-1
设防烈度	7 度	8 度	9 度
关键杆件	1.1	1.15	1.2
关键节点	1.15	1.2	1.25

3）拉索

拉索是预张拉结构的重要构件。在多遇地震作用下，应保证拉索不发生松弛而退出工作。在设防烈度下，也宜保证拉索在各地震作用参与的工况组合下不出现松弛。

7.3.2 变形验算

大跨屋盖结构在重力荷载代表值和多遇竖向地震作用标准值下的组合挠度值不宜超过表 7.3-2 的限值。

大跨屋盖结构的挠度限值   表 7.3-2

结构体系	屋盖结构（短向跨度l_1）	悬挑结构（悬挑跨度l_2）
平面桁架、立体桁架、网架、张弦梁	$l_1/250$	$l_2/125$
拱、单层网壳	$l_1/400$	—
双层网壳、弦支穹顶	$l_1/300$	$l_2/150$

7.3.3 杆件的长细比限值

屋盖钢杆件的长细比，宜符合规范表 7.3-3 的规定：

钢杆件的长细比限值   表 7.3-3

杆件形式	受拉	受压	压弯	拉弯
一般杆件	250	180	150	250
关键杆件	200	150（120）	150（120）	200

注：1. 括号内数值用于 8、9 度；
    2. 表列数据不适用于拉索等柔性构件。

表中杆件长细比限值参考了《钢结构设计标准》GB 50017—2017 和《空间网格结构技术规程》JGJ 7—2010 的相关规定，但对关键杆件的长细比限制更严，特别是 8、9 度设防的关键杆件。

7.3.4 节点的构造要求

GB/T 50011—2010 第 10.2 节仅对常用节点板连接、相贯节点和焊接球节点的板件厚度提出了一定的要求，主要是保证节点不出现过小的承载力和刚度，具体要求为：

（1）采用节点板连接各杆件时，其节点板的厚度不宜小于连接杆件最大壁厚的 1.2 倍。

（2）采用相贯节点时，应将内力较大方向的杆件直通。直通杆件的壁厚不应小于焊于其上各杆件的壁厚。

（3）采用焊接球节点时，球体的壁厚不应小于相连杆件最大壁厚的 1.3 倍。

（4）杆件宜相交于节点中心。

实际上大跨屋盖钢结构的节点形式众多，抗震设计时节点选型要与屋盖结构的类型及整体刚度等因素结合起来，采用的节点要便于加工、制作、焊接。设计中，结构杆件内力的正确计算，必须用有效的构造措施来保证，且节点构造应符合计算假定。在地震作用下，节点应不先于杆件破坏，也不产生不可恢复的变形，所以要求节点具有足够的强度和刚度。杆件相交于节点中心将不产生附加弯矩，也使模型计算假定更加符合实际情况。

7.3.5 支座的构造要求

支座节点属于前面定义的关键节点的范畴，应予加强。在节点验算方面，已经对地震作用效应进行了必要的提高。此外，支座节点是将屋盖地震作用传递给下部结构的关键部件，其构造应与结构分析所取的边界条件相符，否则将使结构实际内力与计算内力出现较大差异，并可能危及结构的整体安全。GB/T 50011—2010 的具体规定如下：

（1）应具有足够的强度和刚度，在荷载作用下不应先于杆件和其他节点而破坏，也不得产生不可忽略的变形。支座节点构造形式应传力可靠、连接简单，并符合计算假定。

（2）对于水平可滑动的支座，应保证屋盖在罕遇地震下的滑移不超出支承面，并应采取限位措施。设计时，也可将设防烈度计算值作为可滑动支座的位移限值（确定支承面的大小）。

（3）对于 8、9 度设防，当按多遇地震验算时考虑到在强烈地震作用（如中震、大震）下可能出现受拉，在竖向仅受压的支座节点建议采用构造上也能承受拉力的拉压型支座，且预埋锚筋、锚栓也按受拉情况进行构造配置。

（4）屋盖结构采用隔震及减震支座时，其性能参数、耐久性及相关构造应符合 GB/T 50011—2010 第 12 章的有关规定。

第8章 房屋建筑隔震设计

【简介与导读】

```
                          ┌─ 隔震概念：基于震害经验提出，有多种类型，软垫式应用最广
         隔震设计基础 ──────┤
                          └─ 发展历程：国际有概念萌芽等阶段，我国从摩擦滑移隔震发展而来

                          ┌─ 设计方案：综合多因素确定，对比传统方案
                          ├─ 设防目标：高于基本设防目标，可进行性能化设计
         隔震设计要点 ──────┤
                          ├─ 适用范围：适用于多种建筑，有一定限制条件
                          └─ 装置要求：需检验维护，安装位置应便于检查替换

                          ┌─ 设计方法：主要采用分部设计法，有特定设计步骤
                          ├─ 上部结构：基于减震系数设计，计算水平、竖向地震作用
         隔震结构设计 ──────┤
                          ├─ 隔震层设计：包括布置、承载力、位移等方面验算
                          └─ 下部结构设计：保证罕遇地震下安全，涉及构件和地基处理
```

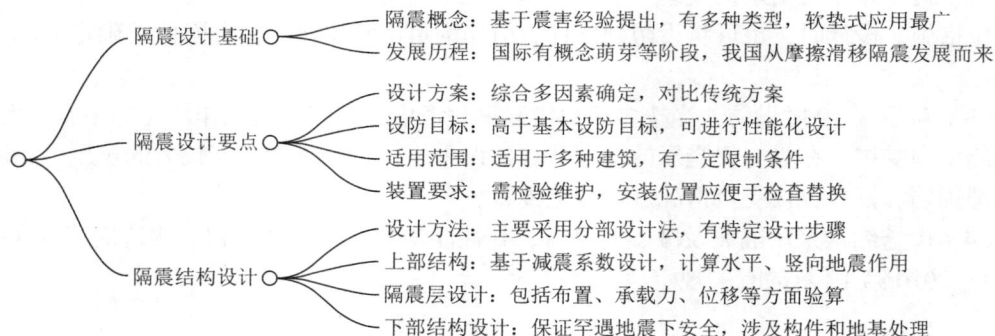

本章全面阐述了房屋建筑隔震设计的相关知识。先介绍隔震概念，其源于震害经验，分为软垫式、滑移式等多种类型，目前软垫式以橡胶隔震支座为代表，应用最广。介绍国际和我国隔震技术发展历程，国际历经概念萌芽、工程试用、成熟推广阶段，我国从早期以摩擦滑移隔震为主逐步发展为橡胶支座隔震占主导。隔震设计基本概念涵盖设计方案确定、设防目标设定、适用范围界定及装置检验维护，设计方案需综合多因素确定并对比传统方案，设防目标高于基本设防目标，适用范围涉及多种建筑但有一定限制条件。隔震结构设计主要采用分部设计法，包括选择部件、确定减震系数等步骤。上部结构基于水平向减震系数进行设计，需计算水平和竖向地震作用，抗震措施适度降低；隔震层设计涉及布置、承载力、位移等多方面验算；隔震层以下结构需保证在罕遇地震下安全工作，包括构件承载力验算、控制位移角限值及按要求进行地基处理。

8.1 背景知识

8.1.1 隔震的概念

8.1.1.1 引言

地震对建筑的破坏作用，是由于地面运动激发引起建筑的强烈振动所造成的，也就是说，破坏能量来自于地面，通过基础向上部结构传递。人们总结地震经验后发现，地震时结构底部的有限滑动，能大幅度地减轻上部结构的破坏程度，比如，①1966年邢台地震，极震区大量民房倒塌，但其中也有几栋土坯民房几无破坏。经考察，土坯民房基墙处铺设厚约30mm的芦苇秆防潮层，起了隔震效果；②1966年东川地震，一座筒仓沿底部油毡防潮层产生了水平滑动，因而整个筒壁未见明显裂缝；③1976年唐山地震，10度区房屋几乎全部倒塌，但文化路的一幢三层砖房，在近地面处水平错动约100mm，从而保全了上部结构；④1976年唐山地震中，唐山陡河电站，两台 400t/h 锅炉悬吊在多层钢筋混凝土框架

上，震后主体结构破坏很轻，而附近其他结构破坏严重等。类似的震害示例在 2008 年汶川等地震中不断出现。

在梳理和总结上述震害资料时不难发现，各案例中的上部结构或主体结构之所以破坏程度相对较轻，关键在于地震时其与地面之间的相对位移变化，即地震时上部结构与地面之间是相对"可动"的。从能量耗散的角度看，这种可动性使得上部结构可以利用其与地面（基础）之间的位移差进行做功，以消耗地震的输入能量，进而减少对上部结构的能量输入，减轻上部结构的损伤与破坏。基于这种"可动"的概念与思想，人们开展了大量隔震技术的探索与研究，提出了一系列隔震技术方案，总体上看，大致可以分为 4 类：

（1）软垫式隔震：在房屋建筑的底部设置若干水平刚度小、变形能力大的软垫装置（比如橡胶支座等），使得整个房屋建筑坐落于软垫层之上。地震时，房屋建筑与地面（基础）之间产生相对水平位移，自振周期加长，软垫层会产生较大变形，上部结构仅产生很小的侧向变形，从而使上部结构免遭破坏。目前，这一类隔震技术因理论成熟度高、技术可操作性好、工程应用广泛等原因，已成为国内外工程隔震领域的主流技术。

（2）滑移式隔震：在房屋建筑的基础底面设置钢珠、钢球、石墨、聚四氟乙烯、砂粒等材料，形成滑移层或滚动层。地震时，上部建筑在滑移层或滚动层产生大位移滑动（或滚动），达到隔震目的。这一类隔震技术主要是通过不同材料界面的摩擦进行能量消耗，通常又称为摩擦滑移隔震。由于摩擦材料的耐久性和可靠性差、施工复杂以及震后结构复位难度大等问题，虽然这一类隔震技术的研究起步较早，但目前的工程应用并不多见。

（3）摇摆式隔震：这是一种基于柔性底层概念改进和演化的隔震技术方案，将上部房屋建筑坐落于一系列按规定布置的、可在一定限度范围内摆动移位的短柱之上，地震时，通过短柱的摆动移位与变形，使上部结构与地面（基础）之间产生差动位移，达到隔震的目的。目前这一类技术仅限于理论研究和探索，国内外仅个别工程尝试性使用。

（4）悬吊式隔震：这一隔震技术的概念，是将整体建筑悬吊在巨型支架下面，避免建筑物遭受地震地面运动的直接冲击，大幅度减小建筑物的惯性地震作用。目前，这一类隔震技术在巨型结构中使用较多。

从目前的工程实践来看，以橡胶隔震支座为代表的软垫式隔震技术应用最广泛，已成为隔震领域的技术主流。单纯的滑移式隔震技术或摇摆式隔震技术在工程中的应用并不多见，但融合两类技术之长的摩擦摆支座隔震技术日渐成熟，在工程中的应用逐渐增多，呈现出普及之势。悬吊式隔震技术，由于悬吊结构与支承主结构存在着不可回避的耦合作用，严格意义上，从悬吊结构-主结构的整体系统看，称之为悬挂质量减震体系似乎更为合适，因此，工程实践中的隔震技术一般主要指前三类隔震技术或其组合技术。

8.1.1.2　现阶段的隔震概念

目前，工程实践中所谓的隔震，主要是指在建筑物基础、底部或下部与上部结构之间设置由专用材料、元器件或装置等组成的隔震层，使上部结构、隔震层、下部结构形成一套完整的隔震结构体系。

从能量平衡的原理看，地震作用下，隔震结构体系产生的变形中，绝大部分都集中在隔震层，而上部结构只产生很小的变形；同时，隔震元件还具有很好的耗能能力。因此，隔震层可以通过大变形的高耗能能力大幅度消耗地震地面运动的输入能量，减少上部结构的地震能量输入，降低上部结构的地震响应，达到保障上部结构安全、维护建筑基本功能的目的（图 8.1-1）。

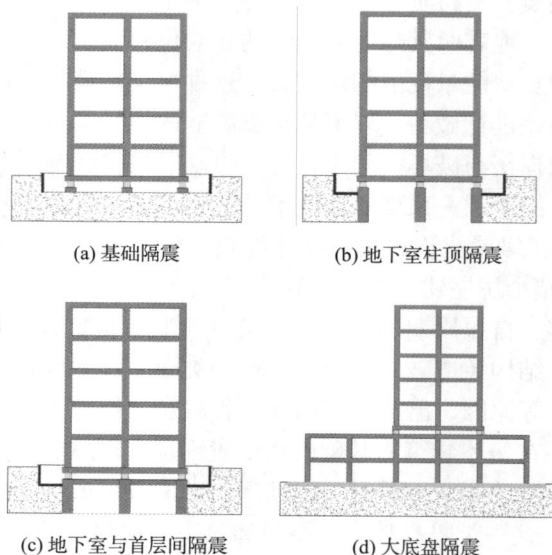

(a) 基础隔震　　　　　　　　　　　(b) 地下室柱顶隔震

(c) 地下室与首层间隔震　　　　　　　(d) 大底盘隔震

图 8.1-1　常见隔震结构体系简图

从反应谱理论的角度看，隔震技术的减震效果主要表现为结构自振周期的大幅度增加。图 8.1-2 为 9 度区某刚性建筑物的基底隔震体系和非隔震体系的性能曲线，从中可以看出，示例隔震结构体系（包括隔震层）的自振周期为 1.72s，较非隔震体系的 0.67s 大大增加，结构变柔，地震作用下降，同时，整个结构体系的阻尼比也会适当增大。与非隔震体系相比，隔震体系的上部结构，比较容易实现保持弹性工作状态的目标。

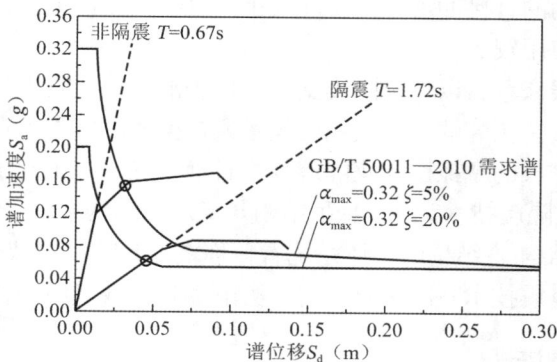

图 8.1-2　隔震和非隔震体系的性能曲线

值得注意的是，从上述隔震的概念表述中可以看出，目前隔震技术还远未达到"隔离地震"或"免除上部结构震动"的程度，因此，需要引起各位读者重视和注意的概念是，隔震是一项有效性和先进性十分突出的抗震防灾技术，但其有效性和先进性是相对的。采用隔震措施后，上部结构仍然会在一定程度上受到地震地面运动的影响，甚至在某些特殊的情况下反而会进一步加剧上部结构的地震响应。另一方面，从整体系统的抗震概念看，隔震层是天然的薄弱楼层或薄弱部位，其变形集中程度的控制是隔震成败的关键环节。从橡胶支座等隔震产品的性能与质量，到工程设计、施工、维护等全过程的技术质量保障措施，乃至强震极震区的超强滑冲效应或脉冲效应等极端灾害条件，均会对隔震效果构成严峻的考验。对于隔震技术，需要在科学认知的基础上，严格把控隔震产品的质量关，同时做到合理设计、精心施工、正常维护，确保隔震意图与目标的实现。

当然，隔震技术作为一种相对较新的抗震防灾技术，工程实践中应用的数量还相对有限，没有经历过大范围极端地震灾害的检验，难免会存在不完善之处。但这些问题，是需要在不断的工程实践中去发现和解决的。

8.1.2　国际隔震概念的起源与发展

国际上，隔震技术的发展大致经历了概念萌芽、工程试用、成熟推广等几个阶段：

1. 早期的概念萌芽阶段

国外最早提出基础隔震概念的学者是日本的河合浩藏，1881 年针对放有天平等对振动敏感的设备的建筑，提出了"要盖一种在地震时也不震动的房屋"，其做法是先在地基上横竖交错地卧放几层圆木，圆木上作混凝土基础，再在混凝土基础上盖房，以削弱地震向建筑物的传递。1909 年英国医生 J. A. Calantarients 提出了在基础与建筑物铺设滑石或云母作隔震层的想法。1921 年，被冠以最早的隔震建筑名称的帝国饭店在东京建成，采用密集短桩穿过表层硬土插到软泥土层底部，利用软泥土层作为"防止灾难性冲击的隔震垫"，当时引起了极大的争论和关注。在 1923 年的关东大地震中，该建筑保持完好，经受了地震的考验，而其他建筑物普遍破坏严重。1924 年日本人鬼头健三郎提出在建筑物的柱脚和基础之间插入轴承的隔震方案。1927 年中村太郎提出了吸收地震能量的必要性和增加消能器的做法，这正是以前各种隔震方案所忽略的。虽然限于当时的理论和技术水平，这些隔震方案大多没有实施，但隔震思想已经逐渐有了清晰的轮廓，所提出的概念已具备了现代隔震机构和系统的基本要素。

2. 现代技术诞生与工程试用阶段

20 世纪 60 年代以来，新西兰、日本、美国等多地震国家对隔震系统投入相当多的人力、物力，开展了深入、系统的理论和试验研究，取得了卓有成效的成果。现代最早的隔震建筑可能是南斯拉夫 1969 年建成的贝斯特洛奇小学，采用纯天然橡胶隔震支座，但由于变形过大，且水平刚度和竖向刚度接近，地震时可能产生摇摆振动。20 世纪 70 年代起，新西兰学者 W. H. Robinson 等率先开发出了可靠、经济、实用的隔震元件——铅芯橡胶支座，大大推动了隔震技术的实用化进程。1981 年在新西兰完成的 William Clayton 政府办公大楼，是世界上首座采用铅芯橡胶垫的隔震建筑。1982 年日本一座二层隔震民宅落成，成为日本第一座现代隔震建筑。1985 年，美国第一座隔震建筑——加州圣丁司法事务中心建成投入使用，该建筑也是世界上第一座采用高阻尼橡胶隔震支座的建筑。与此同时，美国、法国等还建造了一些摩擦隔震的建筑。

随着以性能可靠的橡胶隔震支座为代表的隔震元件的诞生，隔震技术越来越多地应用在建筑物和桥梁上。发展中国家，如印度尼西亚、智利、亚美尼亚等在联合国工业发展组织（UNIDO）的支持下，对低造价隔震元件的应用进行探索，建造了一些试点工程，马来西亚橡胶研究所研制开发了自己的橡胶隔震支座。

到 20 世纪 70 年代中期，美、日、新、法、意等国采用橡胶支座建造了 400 座左右隔震建筑和桥梁。隔震技术由研究阶段逐渐进入了推广应用阶段。

3. 技术成熟与推广应用阶段

在 1994 年美国的 Northbridge 地震和 1995 年日本的 Kobe 地震中，采用橡胶支座的隔震建筑表现出令人惊叹的隔震效果。国际上兴起一股隔震应用热。同时，各国相继推出自己的更加详尽与严格的隔震建筑设计规范和隔震支座质量验收标准，以保证其在大规模应用时的可靠性。隔震元件，特别是橡胶支座的生产开始向工业化方向发展。隔震橡胶支座的尺寸和应用的范围越来越大。大型试验和检测设备也不断发展，使得大型隔震支座的足尺试验成为可能。

从国外隔震研究和应用的历程来看，以橡胶隔震支座为主流的现代隔震技术从系统研究到广泛应用大致经历了 30 年左右的时间。这期间，通过大量的研究、试验、实际工程建设，特别是强震的考验，不断完善和配套，使隔震技术在世界范围内得到广泛的应用。

8.1.3　我国隔震技术的发展与应用

我国隔震技术起源于地震经验的宏观启示，先后经历了以摩擦滑移隔震为主的早期（1960—1980 年代）研究阶段、摩擦滑移隔震与橡胶支座隔震并举的中期（1980 年代—2000 年）研究以及橡胶支座隔震占据主导地位的近期（2000 年以来）研究阶段。

1. 早期探索阶段（1960—1980 年代）：摩擦滑移隔震为主

1966 年邢台地震及此后的一些强震的震后调查中，发现极震区部分房屋沿基础顶部防潮层产生明显的滑移错动，但上部结构几乎没有破坏，这与周围建筑大面积倒塌或严重破坏形成鲜明对比。受此启发，我国学者李立等开始关注现代基础隔震理论，提出建筑隔震思想，并以砂砾层为摩擦材料进行了试验研究和理论分析。

关于隔震技术的工程应用，李立等在 1970 年代中期—1980 年代初期采用砂砾层隔震的方法建造了几座土坯和砖砌体的单层隔震房屋，并在北京中关村建造了一栋四层砖混隔震房屋，这是我国现代以来第一批主动设计建造的隔震建筑。

2. 中期研究与应用试点阶段（1980 年代—2000 年）：摩擦滑移隔震与橡胶支座隔震并举

（1）摩擦滑移隔震技术的研究与试点应用

进入 20 世纪 80 年代，隔震研究逐渐在国内得到重视。由于我国的经济尚不发达，相当长时间内，低造价的砌体结构仍将在整个建筑行业占主体地位。针对这一实际国情，国内的研究重点集中在以砖混结构为主要应用对象的价格较低的摩擦滑移隔震机构，并且在摩擦材料选择、分析方法探讨、参数优化、模型试验研究和试点工程方面取得一系列成果。

1980 年冶金部建筑科学研究总院的刘德馨、李立发展了多层房屋滑移隔震机构的分析模型及其非线性地震反应分析方法，并用双质点体系计算了隔震体系的非线性反应谱。几乎与此同时，清华大学的陈聃教授在美国加州大学伯克利地震工程研究中心也提出了滑动摩擦隔震体系的分析模型和非线性反应谱。

1987 年，国家地震局工程力学研究所的高云学、杨玉成等采用模拟地震振动台输入地震动进行多层砖房模型的隔震试验，证实了隔震效果和结构反应加速度沿结构高度的分布规律。同年，天津大学的张晓临和宋秉泽教授研究了多层隔震结构的滑移和摇摆问题，并进行了输入正弦波的振动台模型试验。中国建筑科学研究院的郭春雨、龚思礼对基底滑动摩擦隔震建筑在同时受到水平和竖直双向地震作用时的结构反应进行了分析，张作运对该结构的水平摇摆及水平-扭转耦连的振动情况进行了分析。

1990 年前后，刘德馨等对水平地震作用下，滑动摩擦和限位消能元件相结合的基础隔震体系进行了理论分析，并提出了实用设计方法。与此同时，税国斌、姚谦峰和李树信等对带有限位耗能元件的摩擦滑移隔震体系和大开间体系进行了理论分析研究和模型试验，根据试验对分析结果进行了验证，结合试点工程应用，提出了实用化的设计要点和相关的配套措施，并对摩擦滑移隔震元件的产品定型作了深化研究。

1993 年前后，中国建筑科学研究院的周锡元等对低造价的摩擦材料进行了试验，发展了变摩擦的隔震概念和摩擦与橡胶支座结合的复合隔震体系，同时较为系统地研究了聚四氟乙烯板加钢消能器的隔震机构的计算方法，对其参数优化进行了分析和研究，并于 1994 年进行了摩擦隔震体系的振动台试验。同期，李大望等对 FPS 隔震体系进行了较深入的分析和研究。1990 年代中后期，东南大学的程文瀼、李爱群等对多层砖房应用滑移隔震进行了一系列研究。华中理工大学的樊剑等对滑移隔震机构的动态特性进行了新的理论探索。

总体看来，1980 年代摩擦滑移隔震研究的特点是以应用低造价材料的摩擦滑移隔震为研究重点，主要内容涉及材料选择、分析方法探讨、模型试验等内容。1980 年代后期至 1990 年代则采用摩擦元件与阻尼限位元件或复位元件复合体系为主导地位的研究，研究重点是解决增加消能器，抑制高振型影响，增加限位或复位元件以限制滑移量，提高隔震建筑的可靠性。

摩擦滑移隔震体系虽然造价较低，但由于摩擦材料的耐久性和可靠性差、施工复杂、地震后结构不能复位等问题，其应用受到了一定的限制，仅在少数工程中进行试验性应用：1990 年前后，刘德馨等在西昌主持建了两幢五层单元式住宅；1993 年，周锡元等在新疆独山子主持建造的一栋五层砖混结构，采用聚四氟乙烯板和钢消能器的并联隔震机构，并在建造至二层时进行了现场静推试验，证明了其摩擦可动性和摩擦系数值；1992—1996 年税国斌等、姚谦峰等先后在云南大理，宁夏银川，甘肃兰州，河北唐山，陕西西安，山西太原，介休等地建造了近 4.5 万 m² 的摩擦滑移隔震砖混房屋，层数由六层到九层，包括大开间和小开间等结构体系，并对其中 3 栋成功进行了现场试推，整体摩擦滑移系数均在 0.07～0.09 之间；1995—1999 年楼永林等在辽宁的沈阳、丹东、海城等地建造了一批摩擦隔震房屋；1997 年太原建成一栋九层摩擦滑移隔震房屋，并于 1998 年进行了成功试推。

（2）橡胶支座隔震技术的研究与推广应用

1980 年代后期，我国学者开始关注橡胶支座隔震技术。进入 1990 年代后，橡胶支座隔震技术的研究逐渐趋于成熟，随着隔震橡胶支座的国产化生产，此项技术已成为工程应用的主流。

1990 年代以来，国家自然科学基金会、国家科委、建设部、教委等先后立项，中国建筑科学研究院、华中理工大学、华南建设学院西院等单位先后承接科技攻关课题。这一时期进行了橡胶隔震支座研制、隔震结构分析和设计方法、结构模型振动台试验、橡胶支座产品性能检验、检消技术、施工技术等全方位的系统研究工作，提出了橡胶支座隔震建筑的成套技术。

1980 年代末到 1990 年代初期，华中理工大学唐家祥等在国家自然科学基金会的支持下，对橡胶支座隔震元件和体系进行了系统的理论、试验和应用研究，并率先自主开发了橡胶支座产品。1993 年，编著出版了国内第一部建筑隔震专著《建筑结构基础隔震》。1995 年，首次对橡胶支座的耐久性机理进行了试验对比研究提出了科学解释。接着，又对竖向隔震进行了系统研究，提出了一些有价值的成果。1996 年以来，配合规范（程）、标准的编制和工程应用的需要，对橡胶支座进行了大量的性能试验。同期，周福霖等对橡胶支座隔震技术在国内的应用进行了探索，特别是在工程应用和标准编制方面，对于推动我国隔震技术应用起了积极作用。1995 年，周福霖等做了橡胶支座隔震框架的振动台模型试验。1995—1997 年，华南建设学院西院与日本藤田株式会社合作，对常用的橡胶隔震支座的性能进行了大量试验研究。1997 年，周福霖编著出版了《工程结构减震控制》一书。1999 年，华南建设学院西院的刘文光等对大直径橡胶支座的足尺试验进行了研究。1993 年，湖南大学的益为坚、黄为明等对橡胶支座的性能进行了试验研究。1995 年，国家地震局工程力学研究所的张敏政等对铅芯橡胶支座的性能做了试验研究。

1990 年代初期，周锡元与哈尔滨建筑大学的刘季等联合承担了国家"八五"重大攻关课题"砌体结构隔震减震方法及其工程应用"，开展了从理论到应用的系统研究，并进行了橡胶支座动力响应试验和实际工程的动力测试。该课题 1995 年底通过鉴定和验收，并被列为建设部重点推广项目。这是国内各研究机构、研究人员联合攻关的成果，也是橡胶支座隔震技术的研究已经初步系统化、实用化的一个标志。1995 年，周锡元等针对工程应用，对橡胶支座的稳定性和临界荷载、橡胶支座及其与柱串联系统的水平刚度计算方法、橡胶支座的限位与保护、简化计算设计方法等进行了深入的理论和试验研究。1996 年后，同济大学的施卫星、吕西林等进行了橡胶支座的试验和研制工作。同期，地震灾害严重的地区（如山西、云南、陕西、江苏、甘肃和广东等）都相继开展了橡胶支座的开发和应用研究，并取得了一大批成果。

这一时期，橡胶支座隔震技术在工程中应用的推进速度很快，从 1993 年左右的小规模试点开始，至 2000 年左右的大规模推广应用，仅仅用了 7 年左右的时间。1993 年华中理工大学唐家祥等在河南安阳采用自主开发的铅芯橡胶支座建造了一座底框住宅楼，1994 年，在四川冕宁建成一座八层框架隔震综合楼。同期，在联合国工业发展组织（UNIDO）资助下，周福霖等在汕头主持建设一栋示范性八层隔震框架工程，并召开了汕头国际隔震技术研讨会，取得了很大成功。1993—1994 年，周锡元等与华南建设学院西院、西昌市建筑勘察设计院合作，在西昌市建造了若干幢六层砖混结构住宅。之后，在广东、云南、四川、陕西等地陆续兴建了一批隔震建筑。至 1990 年代中后期，随着国产橡胶垫的批量生产以及相关技术标准的不断编制与发布，进一步推动了橡胶支座隔震技术在国内的应用。

3. 近期的全面推广应用阶段（2000 年至今）：橡胶支座隔震技术的全面推广应用

到 20 世纪末，国内关于橡胶支座隔震结构相关科学与技术问题的研究已经取得了大量成果，基本形成了橡胶支座隔震建筑的成套技术。随着价格低廉的国产橡胶垫的批量生产，与橡胶支座相关的规范（程）、产品标准的编制工作随之开展，客观上推动了橡胶支座隔震技术的研究和应用。到 21 世纪初，我国相继颁布了隔震技术相关的规范、规程和标准图集，标志着国内的隔震技术也进入了成熟应用的阶段。2008 年汶川地震后，建筑隔震技术又引起人们的高度重视，在国内的应用又达到了一个新的高度，汶川地震后建成的隔震建筑面积已大大超过之前隔震建筑的总和。

隔震技术，尤其是橡胶支座隔震技术，之所以能够在国内工程实践中得到快速的推广应用，除了其具有相对于传统抗震技术的独特优势外，还与政府主管部门的重视和支持密切相关。在隔震技术前期研究阶段，政府相关部门投入了大量的物力、财力和人力予以支持，自 1989 年开始，在国家自然科学基金会、教育部、建设部、部分省市科委的支持下，各高校、科研院所、设计院、施工单位等联合攻关，取得了丰硕的成果，并进行了多批工程试点，积累了大量的工程技术经验。在隔震技术相对成熟阶段，建设部、中国工程建设标准化协会等及时组织相关单位编制了《建筑隔震橡胶支座》JG/T 118—2000 和《叠层橡胶支座隔震技术规程》CECS 126：2001 等技术标准，并将隔震技术纳入了国家标准《建筑抗震设计规范》GB 50011—2001，为隔震技术的工程应用提供了重要的技术支撑。

2013 年芦山地震后，住房和城乡建设部及时发布了《关于房屋建筑工程推广应用减隔震技术的若干意见（暂行）》（建质〔2014〕25 号），对全面推进减隔震技术在房屋建筑工程中的应用作出了明确规定，并将相关的管理规定纳入了制定中的国家行政法规《建设工程抗震管理条例》中，进一步将减隔震技术的应用上升到了法律法规层面。这一系列措施的出台，极大地推动了隔震技术在工程中的应用，据不完全统计，至 2023 年底，我国已建成隔震建筑约 2 万栋，是世界上隔震建筑最多的国家。

8.2　隔震设计的基本概念

8.2.1　隔震设计方案的确定

隔震设计的建筑结构体系，应满足现行国家标准 GB/T 50011—2010 有关非隔震建筑中结构体系选型的要求，即根据建筑抗震设防类别、抗震设防烈度、建筑高度、场地条件、地基、结构材料和施工等因素，经技术、经济和使用条件综合比较确定。

此外，在确定隔震设计方案时，尚应与传统抗震设计方案进行对比分析，以确定水平向减震系数等技术指标，同时表明隔震设计在提高结构抗震能力上的优势。进行方案比较时，需从安全和经济两方面对建筑的抗震设防分类、抗震设防烈度、场地条件、使用功能及建筑、结构的方案等进行综合分析对比。

8.2.2　隔震建筑的设防目标

现行国家标准 GB/T 50011—2010 在第 3.8.2 条对建筑结构隔震设计的设防目标提出了原则要求，采用隔震设计的建筑可按高于第 1.0.1 条基本设防目标进行设计。

一般来说，隔震设计的建筑具有较高抗震性能的优势，因此，自 GB 50011—2001 规范开始均推荐采用较高的设防目标进行设计。在 GB/T 50011—2010 第 12.1.6 条中，明确提出可采用隔震技术进行结构的抗震性能化设计。在水平地震方面，GB/T 50011—2010 第 12.2.5、12.2.7 条等保证了隔震结构具有比非隔震结构至少提高半度（设防烈度）的安全储备。

8.2.3 隔震技术的适用范围

一般来说，隔震技术作为一种有效性和先进性十分突出的抗震防灾技术，可广泛应用于医院、学校、住宅、办公、生命线工程等不同功能需求的建筑，但从技术的经济性考虑，目前多数用于对抗震安全性和使用功能有较高要求或专门要求的建筑。

与 GB 50011—2001 相比，现行的 GB/T 50011—2010 不再对隔震设计的结构类型进行限制，但在隔震设计的方案比较和选择时仍应注意：

1）隔震技术对低层和多层建筑比较合适。日本和美国的经验表明，非隔震时基本周期小于 1.0s 的建筑结构，隔震效果最佳；而建筑结构基本周期的估计，普通的砌体房屋可取 0.4s，钢筋混凝土框架按 $T_1 = 0.075H^{3/4}$ 采用，钢筋混凝土抗震墙结构按 $T_1 = 0.05H^{3/4}$ 采用。但是，国内外大量隔震建筑的经验表明，自振周期超过 1s 的结构采用隔震技术同样有效，故 GB/T 50011—2010 取消了有关非隔震结构周期小于 1s 的限制。

2）隔震结构应具有足够的抗倾覆能力。由于橡胶隔震支座等元件的抗拉屈服强度低，工程设计时需要根据所采用隔震装置（元件）的性能，采取限制水平荷载、控制高宽比等措施确保整体建筑的抗震倾覆能力：

（1）风荷载和其他非地震作用的水平荷载标准值产生的水平力不宜超过结构的总重力的 10%；

（2）结构的变形特点需符合剪切变形为主且房屋高宽比小于 4 或有关规范、规程对非隔震结构的高宽比限制要求；高宽比大于 4 的结构小震下基础不应出现拉应力，罕遇地震下需进行整体倾覆验算，防止支座压屈或拉应力超过 1MPa。

3）建筑场地宜为Ⅰ、Ⅱ、Ⅲ类，并应选用稳定性较好的基础类型。国外对隔震工程的许多考察发现：硬土场地较适合于隔震房屋；软弱场地滤掉了地震波的中高频分量，延长结构的周期将增大而不是减小其地震反应，墨西哥地震就是一个典型的例子。当在Ⅳ类场地建造隔震房屋时，应进行专门研究，并采取有效措施。

4）穿过隔震层的设备配管、配线，应采用柔性连接或其他有效措施以适应隔震层在罕遇地震下的水平位移。2008 年汶川地震中，位于 7～8 度区的隔震建筑，上部结构完好，但隔震层管线受损的情况比较常见，需注意改进。

8.2.4 隔震装置的检验和维护

隔震装置在长期使用过程中需要检查和维护。因此，其安装位置除按计算确定外，应采取便于检查和替换的措施。

为了确保隔震效果，设计文件上应注明对隔震装置的性能要求，且隔震装置的性能参数应通过试验严格检验。按照国家产品标准《橡胶支座 第 3 部分：建筑隔震橡胶支座》GB 20688.3—2006 的规定，橡胶支座产品在安装前应对工程中所用的各种类型和规格的原型装置进行随机抽样检验，其检测方法及数量应严格按相应的标准执行。

8.3 隔震结构的分部设计方法

隔震结构，一般包括上部结构、隔震层、下部结构及基础。目前，国内关于隔震结构的设计方法，主要分为基于水平向减震系数的分部设计法和基于整体协同分析的直接设计法。前者是我国《建筑抗震设计规范》自 GB 50011—2001 以来一直采用的方法，具有概念清晰、简单易懂、可操作性强等特点，为隔震技术在我国的快速推广和应用作出突出贡献；而后者基于上部结构、隔震层以及下部结构（基础）三者的整体协同分析结果，直接进行各部分的工程设计，具有理论逻辑性强、分析结果的直观性强以及设计措施的针对性强等特点，是《建筑隔震设计标准》GB/T 51408—2021 主要采用的设计方法。

严格来说，以上两种设计方法均有其优势的一面，也有其不足的地方。从工程实践中的应用情况来看，目前隔震结构设计主要采用的仍然是分部设计法，因此，本章主要基于分部设计法对建筑隔震设计进行阐述。关于基于整体协同分析的直接设计法，有兴趣的读者可进一步阅读相关参考文献。

我国自 2001 年开始，正式将隔震技术纳入国家标准《建筑抗震设计规范》GB 50011—2001 中，对推动隔震技术的工程应用发挥了巨大作用。与传统的抗震技术相比，隔震技术在基础理论、分析方法、设计对策等方面均存在显著不同，对于熟练掌握传统抗震技术的普通工程设计人员来说，全面掌握并灵活应用隔震技术并不是一件容易的事情。因此，为了方便我国设计人员掌握隔震设计方法，GB 50011—2001 提出了"水平向减震系数"的概念，采用分部设计法来进行隔震结构的设计，试图在传统的抗震设计和隔震设计之间构建起联系的桥梁，使设计人员已经熟悉的抗震设计知识、抗震技术在隔震设计中得到应用。GB/T 50011—2010 继续沿用水平向减震系数的概念以及分部设计的技术对策。

在 GB 50011—2001 中，隔震层位置仅限于基础与上部结构之间，GB/T 50011—2010 标准不再局限于基础隔震，隔震层的位置可以在建筑下部的某一位置。于是，整个隔震结构体系可划为上部结构（隔震层以上结构）、隔震层、隔震层以下结构和基础四个部分，分别进行设计。对变形特征为剪切型的结构可采用剪切模型隔震体系的计算简图，如图 8.3-1 所示。

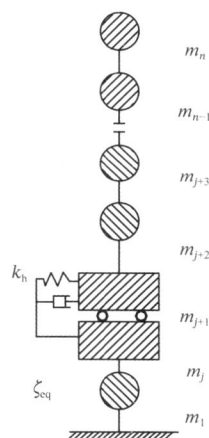

图 8.3-1 隔震结构计算简图

分部设计法的主要步骤是：选择隔震部件（包括隔震垫和消能器）、确定水平向减震系数、验算罕遇地震下隔震层的位移，按水平向减震系数进行上部结构的计算和构造、设计隔震层梁板和支墩，对隔震层下部结构和基础进行设计（图 8.3-2）。

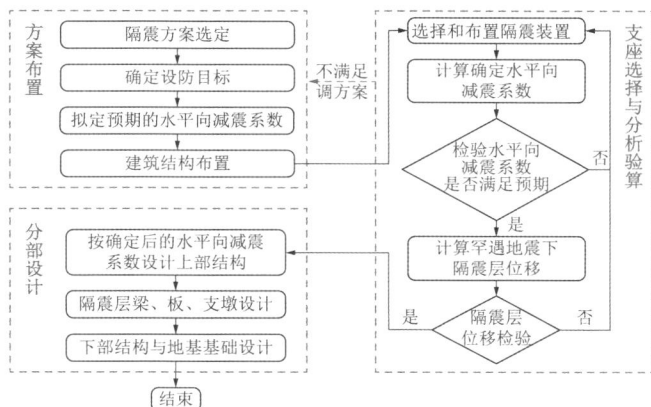

图 8.3-2 隔震结构分部设计的基本流程简图

8.4 上部结构设计

8.4.1 水平向减震系数概念

隔震层上部结构应基于"水平向减震系数"来进行抗震设计。水平减震系数的计算和取值涉及上部结构的安全，涉及隔震结构抗震设防目标的实现。

在 2001 年版《建筑抗震设计规范》中，水平向减震系数 β 定义为结构隔震与非隔震两种情况下各层层间剪力的最大比值的（1/0.70）倍，即 $\beta = (V_隔/V_{非隔})_{max}/0.70$，其目的是使隔震后上部结构具有适当的安全储备，设计地震作用取为对应非隔震体系的 0.70。

《建筑抗震设计标准》GB/T 50011—2010（2024 年版）对水平向减震系数 β 的概念作了调整：对于多层建筑，为按弹性计算所得的隔震与非隔震各层层间剪力的最大比值；对于高层建筑，则为隔震结构与非隔震结构最大水平剪力或倾覆力矩的比值，即

$$\beta = \begin{cases} (V_隔/V_{非隔})_{max} & \text{多层建筑} \\ \max[(V_隔/V_{非隔})_{max}, (M_{ov,隔}/M_{ov,非隔})_{max}] & \text{高层建筑} \end{cases} \quad (8.4\text{-}1)$$

式中：$V_隔$、$V_{非隔}$——分别为隔震体系与对应非隔震体系的楼层地震剪力；

$M_{ov,隔}$、$M_{ov,非隔}$——分别为隔震体系与对应非隔震体系的楼层倾覆力矩。

GB/T 50011—2010 标准对水平向减震系数 β 作上述修订的目的，一方面是使水平向减震系数的意义更明确，方便设计人员理解和操作；另一方面是取消对上部结构强制预留安全储备的硬性规定，有利于发挥隔震技术的减震效率。

1）关于上部结构安全储备的考虑

至于上部结构的安全性储备问题，则根据隔震层橡胶支座剪切性能偏差等情况的不同，对式(8.4-1)确定的水平向减震系数 β 进行调整，用于上部结构地震作用的计算，即

$$\alpha_{max1} = (\beta\alpha_{max})/\psi \quad (8.4\text{-}2)$$

式中：β——水平向减震系数；

α_{max1}——隔震后的水平地震影响系数最大值；

α_{max}——非隔震的水平地震影响系数最大值；

ψ——调整系数；一般橡胶支座，取 0.80；支座剪切性能偏差为 S-A 类，取 0.85；隔震装置带有消能器时，相应减小 0.05。

关于调整系数 ψ 的不同取值，是考虑到国家产品标准《橡胶支座 第 3 部分：建筑隔震橡胶支座》GB 20688.3—2006 中，橡胶支座按剪切性能允许偏差分为 S-A 和 S-B 两类，其中 S-A 类的允许偏差为 ±15%，S-B 类的允许偏差为 ±25%。按照《建筑结构可靠性设计统一标准》GB 50068—2018 的要求，确定设计用的水平地震作用的降低程度，需根据概率可靠度分析提供一定的概率保证，一般考虑 1.645 倍变异系数。据此，GB/T 50011—2010 根据支座剪切刚度与隔震后体系周期及对应地震总剪力的关系，由支座刚度的变异导出地震总剪力的变异，再乘以 1.645，得到不同性能偏差类型支座的 ψ 值：S-A 类为 0.85，S-B 类为 0.80；当设置消能器时还需要附加与消能器有关的变异系数，ψ 值相应减小，对于 S-A 类，取 0.80，对于 S-B 类，取 0.75。

2）水平向减震系数的计算

按 GB/T 50011—2010 的规定，水平向减震系数的计算可采用时程分析法、振型分解反应谱法或附录 L 提供的简化计算方法。

反应谱法和简化计算方法按照弹性假定，上、下部结构采用弹性刚度和相关性能参数，隔震层采用隔震支座水平剪切变形 100%时的等效性能参数（等效刚度和等效黏滞阻尼比）进行计算。

时程分析法是 GB/T 50011—2010 优先推荐的方法，也是目前工程实践中主要采用的方法，具体实施时应注意以下几点事项：

（1）上、下部结构可采用弹性刚度和相关性能参数进行计算，隔震支座应以试验所得滞回曲线作为计算依据；

（2）输入地震波的反应谱特性和数量，应符合 GB/T 50011—2010 第 5.1.2 条的规定，且计算结果宜取其包络值；

（3）输入地震波的峰值加速度应按设计基本地震加速度值进行调整；

（4）当处于发震断层 10km 以内时，输入地震波应考虑近场影响系数，各个设防类别的房屋均应计入。

8.4.2　上部结构水平地震作用计算

隔震层上部结构的水平地震作用计算应符合以下要求：

（1）隔震后上部结构水平地震作用计算用的地震影响系数按 GB/T 50011—2010 第 5.1.4、5.1.5 条的规定采用，其中，水平地震由系数最大值按式(8.4-2)确定；

（2）隔震后上部结构的总水平地震作用不得低于非隔震时 6 度设防的总水平地震作用；

（3）抗震验算时，上部结构各楼层的水平地震剪力标准值应符合《建筑与市政工程抗震通用规范》GB 55002—2021 第 4.2.3 条与本地区设防烈度对应的最小地震剪力系数规定；

（4）水平地震作用沿结构高度，按重力荷载代表值分布。

8.4.3　上部结构竖向地震作用计算

目前的橡胶隔震支座主要是隔离水平地震作用,尚不能有效隔离结构的竖向地震作用,导致隔震后结构的竖向地震力有可能会大于水平地震力,因此竖向地震的影响不可忽略。

9 度时和 8 度且水平向减震系数不大于 0.3 时，隔震层上部结构应按设防烈度进行竖向地震作用的计算。

隔震层以上结构竖向地震作用标准值计算时，各楼层可视为质点，沿高度方向按重力荷载代表值分布。

竖向总地震作用标准值F_{Evk}，8 度（0.20g）、8 度（0.30g）和 9 度时分别不应小于隔震层以上结构总重力荷载代表值的 20%、30%和 40%。

8.4.4　上部结构的抗震措施

从宏观的角度，隔震后上部结构的水平地震作用大致归纳为比非隔震时降低半度、一度和一度半三个档次，如表 8.4-1 所示（对于一般橡胶支座）。

水平向减震系数与隔震后结构水平地震作用所对应烈度的分档　　　表 8.4-1

本地区设防烈度 （设计基本地震加速度）	水平向减震系数β		
	0.53 ≥ β ≥ 0.40	0.40 > β > 0.27	β ≤ 0.27
9(0.40g)	8(0.30g)	8(0.20g)	7(0.15g)
8(0.30g)	8(0.20g)	7(0.15g)	7(0.10g)
8(0.20g)	7(0.15g)	7(0.10g)	7(0.10g)
7(0.15g)	7(0.10g)	7(0.10g)	6(0.05g)
7(0.10g)	7(0.10g)	6(0.05g)	6(0.05g)

但上部结构的抗震构造措施，只能适度降低，且降低幅度不得超过低一度。因此，GB/T 50011—2010 按水平向减震系数 0.40（设置消能器时为 0.38）作为降低隔震层上部结构抗震措施的分界，并明确降低的要求不得超过一度，对于不同的设防烈度如表 8.4-2 所示。

水平向减震系数与隔震后上部结构抗震措施所对应烈度的分档　　　表 8.4-2

本地区设防烈度（设计基本地震加速度）	水平向减震系数	
	β ≥ 0.40	β < 0.40
9(0.40g)	8(0.30g)	8(0.20g)
8(0.30g)	8(0.20g)	7(0.15g)
8(0.20g)	7(0.15g)	7(0.10g)
7(0.15g)	7(0.10g)	低于 7(0.10g)
7(0.10g)	7(0.10g)	6(0.05g)

需注意，规范的抗震措施，一般没有 8 度（0.30g）和 7 度（0.15g）的具体规定。因此，当β ≥ 0.40 时抗震措施不降低，对于 7 度（0.15g）设防时，即使β < 0.40，隔震后的抗震措施基本上不降低。

砌体结构隔震后的抗震措施，在 GB/T 50011—2010 附录 L 中有专门规定，对混凝土结构的具体要求，可直接按降低后的烈度确定按 GB/T 50011—2010 中混凝土房屋抗震设计的相关要求采用。

考虑到隔震层对竖向地震作用没有隔震效果，隔震层以上结构中与抵抗竖向地震作用有关的抗震构造措施不应降低。

8.5　隔震层设计

隔震层设计需解决的主要问题包括：隔震层位置的确定，隔震装置的数量、规格和布置，隔震层在罕遇地震下的承载力和变形控制以及连接构造等。

8.5.1　隔震层布置

在建筑结构中依据隔震层布置位置的不同可以将隔震结构分为：基础隔震和层间隔震（图 8.1-1）。基础隔震，是将隔震支座直接与基础连接；层间隔震，是隔震支座布置在建筑的某一层，如在地下室与首层之间、首层柱底、大底盘顶部等部位设置隔震层。

隔震层宜设置在结构的底部或者下部，通常位于第一层以下。当隔震层位于第一层以上或结构上部时，结构体系的特点与普通隔震结构可能有较大差异，隔震层以下的结构设计计算也更复杂，需作专门研究。

隔震层设计应根据预期的水平向减震系数和位移控制要求，选择适当的隔震支座、消能器以及抗风装置组成结构的隔震层。隔震支座的平面布置应力求具有良好的对称性，以提高分析计算结果的可靠性。一般地，隔震层的布置应符合下列的要求：

（1）隔震层可由隔震支座、阻尼装置和抗风装置组成。阻尼装置和抗风装置可与隔震支座合为一体，亦可单独设置。必要时可设置限位装置。

（2）隔震层刚度中心宜与上部结构的质量中心重合，宜控制其偏心率。隔震结构的偏心率是隔震层设计中的一个重要指标，按如下方法计算：

$$\rho_x = \frac{e_y}{R_x}, \quad \rho_y = \frac{e_x}{R_y} \tag{8.5-1}$$

$$e_x = |Y_g - Y_k|, \quad e_y = |X_g - X_k| \tag{8.5-2}$$

$$R_x = \sqrt{\frac{K_t}{\sum K_{ex,i}}}, \quad R_y = \sqrt{\frac{K_t}{\sum K_{ey,i}}} \tag{8.5-3}$$

$$X_g = \frac{\sum N_i \cdot X_i}{\sum N_i}, \quad Y_g = \frac{\sum N_i \cdot Y_i}{\sum N_i} \tag{8.5-4}$$

$$X_k = \frac{\sum K_{ey,i} \cdot X_i}{\sum K_{ey,i}}, \quad Y_k = \frac{\sum K_{ex,i} \cdot Y_i}{\sum K_{ex,i}} \tag{8.5-5}$$

$$K_t = \sum \left[K_{ex,i}(Y_i - Y_k)^2 + K_{ey,i}(X_i - X_k)^2 \right] \tag{8.5-6}$$

式中：ρ_x、ρ_y——分别为隔震层 x、y 向的扭转偏心率；

e_y、e_x——分别为隔震层质心与刚心在 x、y 向地震作用垂直方向上的偏心距；

R_x、R_y——分别为隔震层在 x、y 向的回转半径；

X_g、Y_g——分别为隔震层质心的 x、y 坐标值；

X_k、Y_k——分别为隔震层刚心的 x、y 坐标值；

N_i——第 i 个隔震支座承受的重力荷载；

X_i、Y_i——分别为第 i 个隔震支座中心位置 x 方向和 y 方向坐标；

$K_{ex,i}$、$K_{ey,i}$——第 i 个隔震支座在 x 方向和 y 方向的等效刚度。

（3）隔震支座的平面布置宜与上部结构和下部结构的竖向受力构件的平面位置相对应。

（4）同一房屋选用多种规格的隔震支座时，应注意充分发挥每个橡胶支座的承载力和水平变形能力。

（5）同一支承处选用多个隔震支座时，隔震支座之间的净距应大于安装操作所需要的空间要求。

（6）设置在隔震层的抗风装置宜对称、分散地布置在建筑物的周边或周边附近。确定完隔震支座的直径和布置图之后，需考虑在隔震层安装抗风装置，确保隔震层在风荷载作用下不会产生过大的变形，根据规程的要求对抗风装置的数量进行了计算，其计算公式为：

$$\gamma_w V_{wk} \leq V_{Rw} \tag{8.5-7}$$

式中：V_{Rw}——抗风装置的水平承载力设计值，当抗风装置是隔震支座的组成部分时，取隔震支座的水平屈服荷载设计值；当抗风装置单独设置时，取抗风装置的水平承载力，可按材料屈服强度设计值确定；

γ_w——风荷载分项系数，按现行相关标准规定采用；

V_{wk}——风荷载作用下隔震层的水平剪力标准值。

当结构风荷载较大需要布置较多的铅芯橡胶支座或消能器时，其减震效果可能会降低，为了得到更好的减震效果，常需要在结构中减少铅芯橡胶支座或消能器的数量，单独布置抗风装置来抵抗风荷载，抗风装置在正常使用时参与工作，提供水平抵抗力，满足风荷载作用下结构变形要求，当结构遭遇地震作用时，抗风装置退出工作，不影响上部结构的隔震效果。

8.5.2 隔震支座竖向承载力验算

橡胶隔震支座的压应力既是确保橡胶隔震支座在无地震时正常使用的重要指标，也是直接影响橡胶隔震支座在地震作用时其他各种力学性能的重要指标，是设计或选用隔震支座的关键因素之一。隔震支座的竖向承载力验算，应着重控制以下几个应力。

1）平均压应力

隔震支座的基本性能之一是"稳定地支承建筑物重力"，因此，隔震支座平均压应力限值和拉应力规定是隔震层承载力设计的关键。隔震支座的竖向平均压应力设计值应按永久荷载和可变荷载组合计算，且不应超过表 8.5-1 的限值。此平均压应力限值可保证隔震层在罕遇地震时的强度及稳定性，并以此初步选取隔震支座的直径。

隔震支座压应力限值（单位：N/mm²）　　　　　　表 8.5-1

支座类型	甲类建筑	乙类建筑	丙类建筑
橡胶隔震支座	10	12	15
弹性滑板支座	12	15	20
摩擦摆隔震支座	20	25	30

注：1. 压应力设计值应按永久荷载和可变荷载的组合计算；其中楼面活荷载应按现行国家标准《建筑结构荷载规范》GB 50009 的规定乘以折减系数；
2. 对需验算倾覆的结构，压应力应包括水平地震作用效应组合；
3. 对需进行竖向地震作用计算的结构，压应力设计值尚应包括竖向地震作用效应组合；
4. 当橡胶支座的第二形状系数（有效直径与各橡胶层总厚度之比）小于 5.0 时，应降低压应力限值；小于 5 不小于 4 时降低 20%，小于 4 不小于 3 时降低 40%；
5. 外径小于 300mm 的橡胶支座，丙类建筑的压应力限值为 10MPa。

2）最大压应力

橡胶支座随着水平剪切变形的增大，其容许竖向承载能力将逐渐减小，为防止隔震支座在大变形的情况下失去承载能力，故要求支座的剪切变形应满足式(8.5-8)要求：

$$\sigma \leqslant \sigma_{cr}(1 - \gamma/S_2) \tag{8.5-8}$$

式中：γ——水平剪切变形，

S_2——支座第二形状系数，

σ——支座竖向面压，

σ_{cr}——支座极限抗压强度。

一般地，橡胶隔震支座的最大竖向压应力不应大于 30MPa，同时，支座产生的水平变形不大于 0.55D 和 3 倍橡胶厚度的较小值。

3）最大拉应力

在罕遇地震作用下，隔震支座不宜出现拉应力。为便于工程实践与应用，GB/T 50011—2010 修订时，明确拉应力不应大于 1MPa。主要考虑了下列因素：

（1）橡胶受拉后内部出现损伤，降低了支座的弹性性能。

（2）隔震层中支座出现拉应力，意味着上部结构存在倾覆危险。

（3）广州大学工程抗震研究中心所作的橡胶垫的抗拉试验中，其极限抗拉强度为 2.0～2.5MPa；美国 UBC 规范采用的容许抗拉强度为 1.5MPa。

8.5.3 隔震支座的水平位移验算

隔震支座在罕遇地震作用下的水平位移，应符合下列要求：

$$u_i \leqslant [u_i] \tag{8.5-9}$$

$$u_i = \eta_i u_c \tag{8.5-10}$$

式中：u_i——罕遇地震作用下，第 i 个隔震支座考虑扭转的水平位移；

$[u_i]$——第 i 个隔震支座的水平位移限值；对橡胶隔震支座，不应超过该支座有效直径的 0.55 倍和支座内部橡胶总厚度 3.0 倍二者的较小值；

u_c——罕遇地震下隔震层质心处或不考虑扭转的水平位移；

η_i——第 i 个隔震支座的扭转影响系数，应取考虑扭转和不考虑扭转时第 i 个支座计算位移的比值；当隔震层以上结构的质心与隔震层刚度中心在两个主轴方向均无偏心时，边支座的扭转影响系数不应小于 1.15。

8.5.4 隔震层刚度和阻尼等力学性能计算

隔震层水平刚度和等效黏滞阻尼比的计算方法，系根据振动方程的复阻尼理论得到的。其实部为水平刚度，虚部为等效黏滞阻尼比。

由单质点系复阻尼理论，按隔震层特性，有

$$\ddot{m} + (1 + 2\zeta_{eq}i)k_h u = 0 \tag{8.5-11}$$

按隔震支座特性，有

$$\ddot{m} + \sum_{j=1}^{n}(1 + 2\zeta_j i)k_j u = 0 \tag{8.5-12}$$

等价条件

$$(1 + 2\zeta_{eq}i)k_h = \sum_{j=1}^{n}(1 + 2\zeta_j i)k_j \tag{8.5-13}$$

令实部相等，得隔震层等效水平刚度：

$$k_h = \sum_{j=1}^{n}k_j \tag{8.5-14}$$

令虚部相等，得隔震层等效阻尼比：

$$\zeta_{eq} = \frac{\sum\limits_{j=1}^{n}k_j\zeta_j}{k_h} \tag{8.5-15}$$

以上即为 GB/T 50011—2010 关于隔震层等效刚度与等效阻尼比规定的理论推导过程，其中，单个隔震支座的力学特性需通过橡胶隔震支座产品的性能试验来确定。试验时，隔震支座的竖向荷载应小于表 8.5-1 的压应力限值。

需要注意的是，橡胶材料是非线性弹性体，橡胶隔震支座的有效刚度与振动周期有关，动静刚度的差别甚大。因此，为了保证隔震的有效性，最好取相应于隔震体系基本周期的刚度进行计算。GB/T 50011—2010 修订时，为与系列国家标准《橡胶支座》GB 20688 接轨，将 GB 50011—2001 规范隐含加载频率影响的"动刚度"改为"等效刚度"。

当隔震支座直径较大时，如直径不小于 600mm，考虑实际工程隔震后的位移和现有试验设备的条件，罕遇地震位移验算的支座设计参数，可取水平剪切变形 100%的等效刚度和等效阻尼。

8.5.5　隔震部件的性能要求

（1）隔震支座承载力、极限变形与耐久性能应符合要求；

（2）隔震支座在表 8.5-1 所列压力下的极限水平变位应大于有效直径的 0.55 倍和支座橡胶总厚度 3 倍二者的较大值；

（3）经历相应设计基准期的耐久试验后，刚度、阻尼特性变化不超过初期值的±20%；徐变量不超过支座橡胶总厚度的 5%倍且小于 10.0mm。

（4）隔震支座的设计参数应通过试验确定。在竖向荷载小于表 8.5-1 所列压应力限值的条件下，对水平减震系数计算，宜取剪切变形 100%的等效刚度和等效黏滞阻尼比；对罕遇地震验算，宜采用剪切变形 250%时的等效刚度和等效黏滞阻尼比，当隔震支座直径较大时可采用剪切变形 100%时的等效刚度和等效黏滞阻尼比。当采用时程分析时，应以实验所得滞回曲线作为计算依据。

8.5.6　隔震层与上、下部结构的连接

为了保证隔震层能够整体协调工作，隔震层顶部应设置平面内刚度足够大的梁板体系，板厚不宜小于 160mm。当采用装配整体式钢筋混凝土楼盖时，为使纵横梁体系能传递竖向荷载并协调横向剪力在每个隔震支座的分配，支座上方的纵横梁体系应现浇。隔震支座附近的梁、柱受力状态复杂，地震时还会受到冲切，应加密箍筋，必要时配置网状钢筋。

上部结构的底部剪力需通过隔震支座传给基础结构。因此，上部结构与隔震支座的连接件、隔震支座与基础的连接件应能传递罕遇地震下支座的最大水平剪力和弯矩。

隔震支座和消能器应安装在便于维护人员接近的部位。外露的预埋件应有可靠的防锈措施。锚固钢筋应与钢板牢固连接，宜采用钻孔塞焊，锚固钢筋的锚固长度应满足《混凝土结构设计标准》GB/T 50010—2010（2024 年版）的相关要求，且不应小于 250mm。

砌体结构的隔震层位于地下室顶部时，隔震支座不宜直接放置在砌体墙上，并应验算砌体的局部承压，隔震层顶部的纵、横梁的构造尚应符合《建筑抗震设计标准》GB/T 50011—2010（2024 年版）有关托墙梁的要求。

8.6 隔震层以下结构设计

《建筑与市政工程抗震通用规范》GB 55002—2021 第 5.1.8 条规定，隔震层以下结构应能保证隔震层在罕遇地震下安全工作，并应符合下列规定：

（1）直接支承隔震装置的支墩、支柱及相连构件，应采用隔震结构罕遇地震下的作用效应组合进行承载力验算；

（2）隔震层以下、地面以上的结构，在罕遇地震下的层间位移角不应大于表 8.6-1 的限值要求。

隔震层以下、地面以上结构在罕遇地震作用下层间位移角限值　　　表 8.6-1

下部结构类型	$[\theta_p]$
钢筋混凝土框架结构和钢结构	1/100
钢筋混凝土框架-抗震墙	1/200
钢筋混凝土抗震墙	1/250

隔震建筑地基基础的抗震验算和地基处理仍应按本地区抗震设防烈度进行，甲、乙类建筑的抗液化措施应按提高一个液化等级确定，直至全部消除液化沉陷。

第9章　房屋建筑消能减震设计

【简介与导读】

```
                    ┌── 设计概念：设置消能部件减小结构地震响应
        消能减震设计基础 ┤── 技术特点：利用非结构部件保护主体结构
                    ├── 适用范围：适用于多种结构，宜用于延性结构
                    └── 设计规定：分析方案、控制目标、检验部件

                    ┌── 黏弹性消能器：通过材料剪切变形耗能，有附加刚度和阻尼
        消能部件类型与参数 ┤── 黏滞消能器：利用活塞运动产生阻尼力，分线性和非线性
                    ├── 金属屈服消能器：通过金属塑性变形耗能，有多种类型
                    └── 摩擦消能器：基于摩擦消耗能量，用库仑摩擦力表示

                    ┌── 设计流程：确定目标、设计主体、布置部件等
        消能减震设计与分析 ┤── 速度相关型设计：以黏滞消能器为例进行设计分析
                    └── 位移相关型设计：分小震弹性和小震耗能需求设计

        消能减震结构构造 ┌── 与消能器相关构件：连接构造、连接部件及附加内力要求
                    └── 其他结构构件：可适当降低抗震构造要求

        消能器性能检验 ┌── 检验规定：不同类型消能器抽检数量和合格率要求不同
                    └── 检验指标：速度和位移相关型消能器有不同检验指标
```

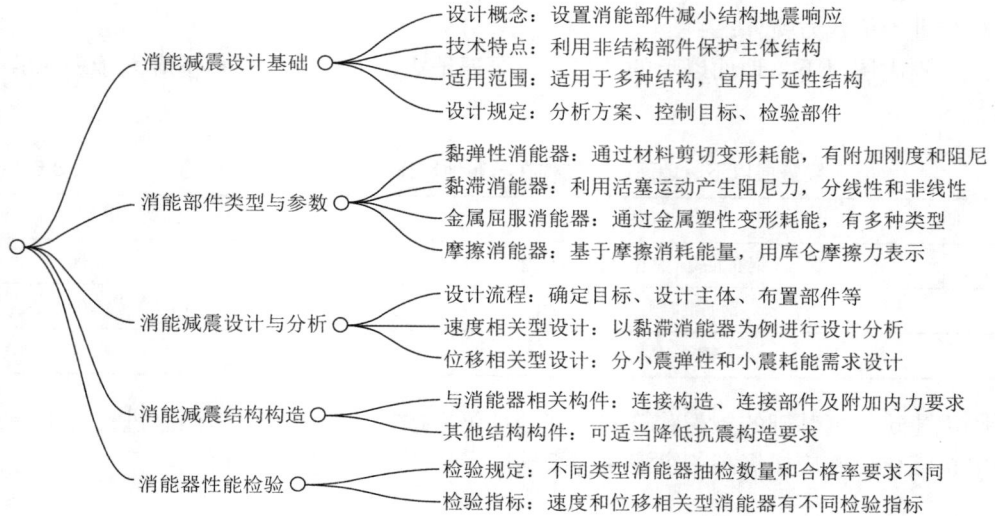

　　本章全面介绍了房屋建筑消能减震设计的相关知识。先阐述消能减震设计概念，通过设置消能部件消耗地震能量，减小结构地震响应。接着介绍其技术特点与适用范围，可用于多种结构类型，在延性结构中效果更佳。消能部件主要有速度相关型和位移相关型，如黏弹性、黏滞、金属屈服、摩擦消能器等，各有不同耗能原理和特征参数。设计流程包括确定设防目标、设计主体结构、设定性能水准、布置消能部件、分析减震效果和进行抗震验算。针对不同类型消能器，有相应设计与分析方法，如附加速度相关型消能器需估算附加阻尼比等，位移相关型消能器根据工作特点有不同设计流程。此外，消能减震结构还有构造要求，消能器安装前也需进行性能检验。

9.1　消能减震设计的基本概念

9.1.1　消能减震设计的概念

　　在建筑物的抗侧力体系中设置消能部件(由消能器、连接支撑或其他连接构件等组成)，通过消能器吸收、消耗地震能量，为主体结构提供附加阻尼，减小结构的地震响应，提高结构抗震能力，这种措施称为"消能减震技术"。对附加消能部件的结构进行抗震设计称为"消能减震设计"。

　　从式(9.1-1)的能量平衡原理看，消能减震设计时，地震地面运动作用下输入到建筑物中的能量，相当一部分会被消能器所消耗，剩余的一部分才转换为结构动能和变形能（势能），从而实现降低结构地震反应的目的。

$$W_e + W_p + W_h = E \tag{9.1-1}$$

式中：W_e——结构的弹性振动能量，包括弹性动能W_{ek}和弹性势能W_{es}，即$W_e = W_{ek} + W_{es}$；

　　　　W_p——结构累积塑性变形能，即结构受迫振动过程中累积损伤所消耗的能量；

　　　　W_h——结构阻尼消耗的能量，包括结构自身固有阻尼耗能W_{hn}和附加阻尼耗能W_{ha}；

　　　　E——地震地面运动输入结构中的总能量。

式(9.1-1)可进一步改写为

$$W_{ek} + W_{es} + W_p + W_{hn} = E - W_{ha} \tag{9.1-2}$$

因此，消能减震设计的核心在于消能器消耗能量在总输入能量中占比(W_{ha}/E)的控制，也就是通常所说的减震效果控制。

建筑结构消能减震设计，主要包括消能器的选型、设置（位置与数量）和性能参数（阻尼系数、最大出力等）控制、结构分析与减震效果检验、设计与构造等内容。

9.1.2　消能减震技术的特点与适用范围

消能减震通过附加阻尼或消能器的非线性滞变耗能，减小结构的地震反应，从而保护主体建筑结构不发生损伤或仅发生小的地震损伤。消能部件不承受结构重力，因此，地震后即使消能部件发生了塑性变形，也不会影响结构的承重，相当于采用非结构构件来保护主体结构；地震后消能减震部件易于更换。采用消能减震方案可以有效减小结构在风荷载作用下的位移和加速度响应已经得到实际工程验证；而大量实验室研究结果和数值计算结果表明，消能减震技术对减小结构水平地震反应也是十分有效的。

消能减震技术可以应用于多种结构，一般不受结构类型、结构动力特性、结构高度等的限制，可以在新建和抗震加固建筑中应用。

由于一般消能减震部件发挥耗能作用需要一定的变形，因此，实际消能减震技术应尽量应用于延性结构（钢结构、钢筋混凝土结构、钢-混凝土组合结构等），其应用于脆性变形较小结构时，耗能减震作用不能得到充分发挥。

9.1.3　消能减震设计的一般规定

1. 关于设计方案的分析与控制要求

确定建筑结构消能减震设计方案时，除应符合规范相关的规定外，还需要与仅采用抗震设计的方案进行对比分析，通过结构抗震性能、经济性和施工性能等的综合比较，确定合理的设计方案。

消能部件可根据需要，沿结构的两个主轴方向分别设置；若结构地震反应明显存在扭转效应，则消能部件的布置位置宜尽量减小结构质量中心和刚度中心的不重合程度，在减小结构两个主轴方向的水平地震的同时，尚需要兼顾扭转效应的控制。

消能部件宜设置在变形较大的位置，其数量和分布应通过综合分析合理确定，并有利于提高整个结构的消能减震能力，形成均匀合理的受力体系。

2. 关于设防目标与变形控制要求

建筑结构的消能减震设计，应符合相关专门标准的规定；也可按抗震性能目标的要求进行性能化设计。

消能减震结构的层间弹塑性位移角应符合预期的变形控制要求，一般宜比非消能减震结构适当从严控制，以体现消能减震结构具有更好的抗震性能。

3. 关于消能减震部件的检验和维护要求

消能减震部件的性能参数需要通过相应的试验确定；消能减震部件的安装位置应尽可能不影响结构的使用功能，尽可能降低结构的造价，应便于检查和替换。

设计文件上应注明消能减震部件的性能要求，安装前应按规范或相应的国家标准进行检测，检测的性能及误差应在规范规定的范围之内。

9.2　消能部件的主要类型与特征参数

消能减震设计时，应根据多遇地震下的预期减震要求及罕遇地震下的预期结构位移控制要求，选择并设置适当的消能部件。

消能部件可由消能器及斜撑、墙体、梁等支承构件组成。在《建筑抗震设计标准》GB/T 50011—2010 中，消能减震用消能器主要指的是被动消能器，分为速度相关型消能器和位移相关型消能器两大类。速度相关型消能器主要包括黏弹性消能器和线性及非线性黏滞消能器，位移相关型消能器主要包括各类金属消能器和摩擦消能器。

9.2.1　黏弹性消能器

黏弹性消能器主要是通过黏弹性材料的剪切变形消耗地震能量，典型构造和与结构的连接如图 9.2-1 所示。

图 9.2-1　黏弹性消能器的构造及其与结构的连接

黏弹性消能器既给结构附加阻尼，也给结构附加刚度，其力学模型一般可以表示为图 9.2-2 的形式，阻尼力为：

$$F_d = c_d(\omega)\dot{x} + k_d(\omega)x \tag{9.2-1}$$

式中：F_d——阻尼力；

　　　c_d——阻尼系数；

　　　$\dot{x}$——消能器的响应速度；

　　　k_d——消能器的附加刚度；

　　　x——消能器的响应位移。

黏弹性材料的损耗因子和杨氏模量是温度和激励频率的函数，在结构抗震设计中，一般可以取为结构的第一自振频率。

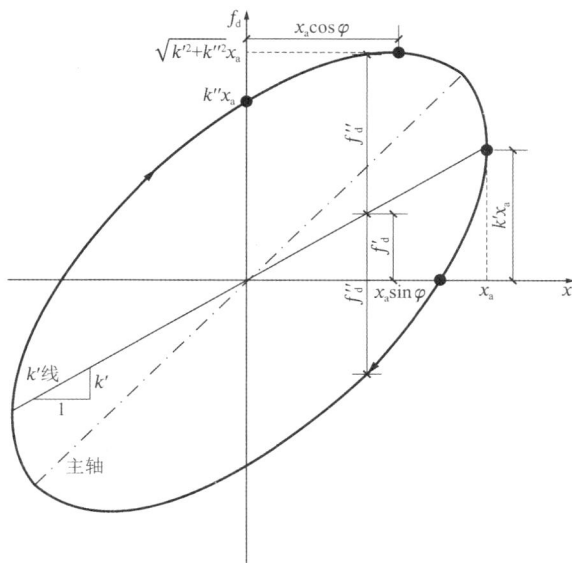

图 9.2-2　黏弹性消能器的力-位移关系曲线

9.2.2　黏滞消能器

黏滞消能器通过活塞运动导致油腔内产生压力差，从而产生阻尼力，消耗结构的地震能量，其典型构造如图 9.2-3 所示。黏滞消能器分为线性黏滞消能器和非线性黏滞消能器，其力学模型如图 9.2-4 所示，黏滞消能器可以统一表示为：

$$F = C|\dot{x}|^{\alpha} \tag{9.2-2}$$

式中：F——阻尼力；

C——阻尼系数；

$\dot{x}$——黏滞消能器的速度；

α——幂指数，代表黏滞消能器的非线性程度，$\alpha = 1$ 时表示线性黏滞消能器，$\alpha = 0$ 代表黏滞消能器的阻尼力与位移之间的关系曲线为矩形，类似库仑摩擦力。

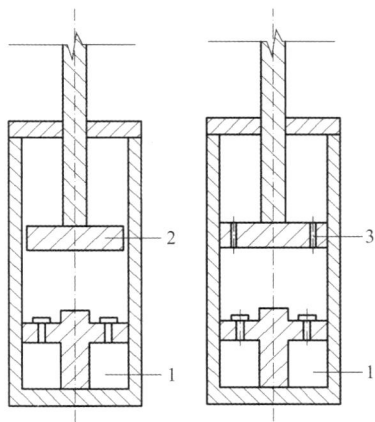

图 9.2-3　3 气囊式单出杆油缸消能器

1—气囊；2—活塞；3—活塞孔

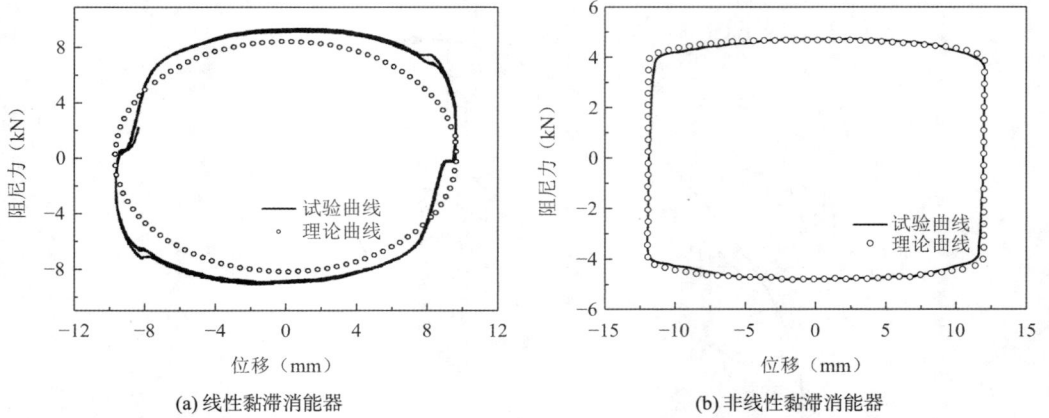

(a) 线性黏滞消能器　　　　　　　　　　　　　　　(b) 非线性黏滞消能器

图 9.2-4　黏滞消能器的阻尼力-位移关系曲线

9.2.3　金属消能器

金属消能器通过消能器的金属材料的塑性变形滞回耗能，消耗结构的地震能量。常用的金属屈服消能器有三角形钢板、X 形钢板消能器和屈曲约束支撑，它们的典型构造和与结构的连接如图 9.2-5 所示，其力-位移滞回曲线如图 9.2-6 所示，这里需要指出的是，对三角形板和 X 形板消能器，当消能器变形较大时，出现几何非线性-薄膜效应，薄膜效应将影响消能器的力学模型，相关对比如图 9.2-6（a）和图 9.2-6（b）所示，在进行结构的节点设计时，需要注意薄膜效应导致消能器的极限阻尼力增大。

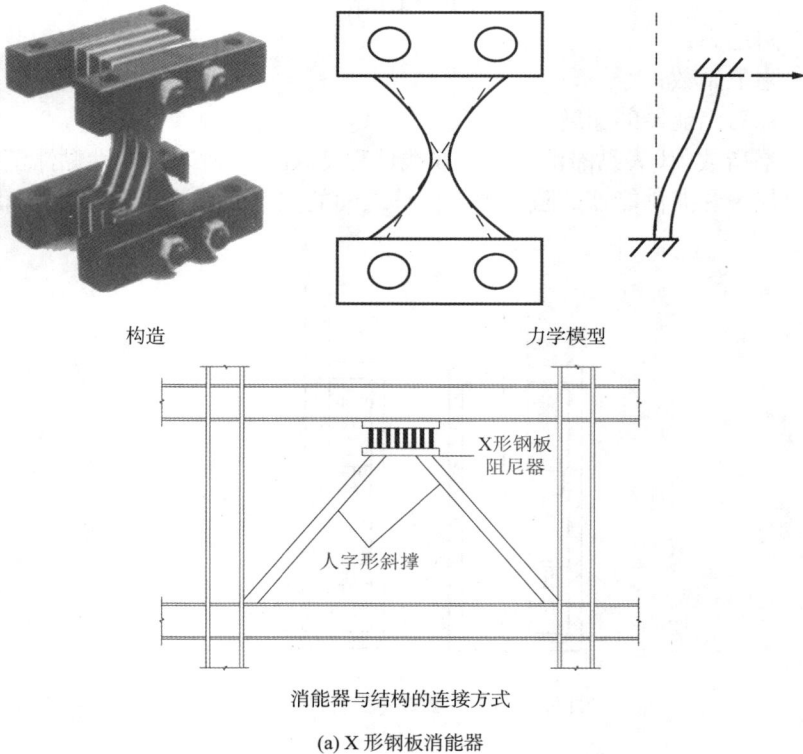

构造　　　　　　　　　　　　　　　力学模型

消能器与结构的连接方式

(a) X 形钢板消能器

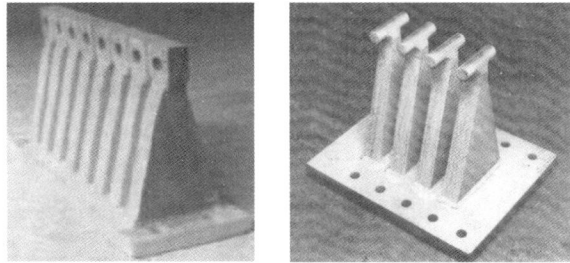

(b) 三角形钢板消能器

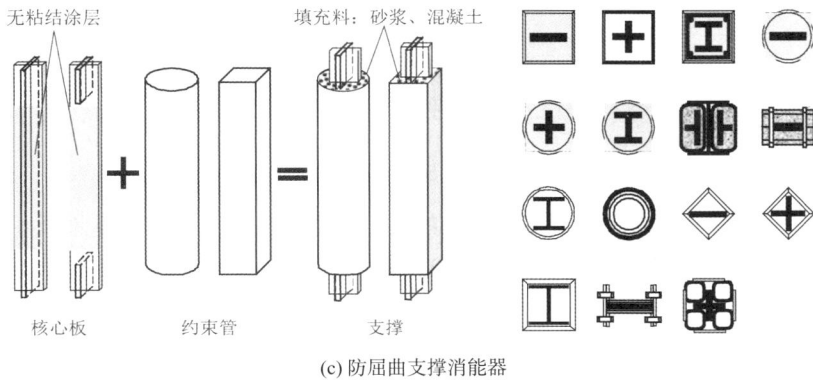

无粘结涂层　　　　　　填充料：砂浆、混凝土

核心板　　　　约束管　　　　支撑

(c) 防屈曲支撑消能器

图 9.2-5　金属消能器的典型构造及其与结构的连接

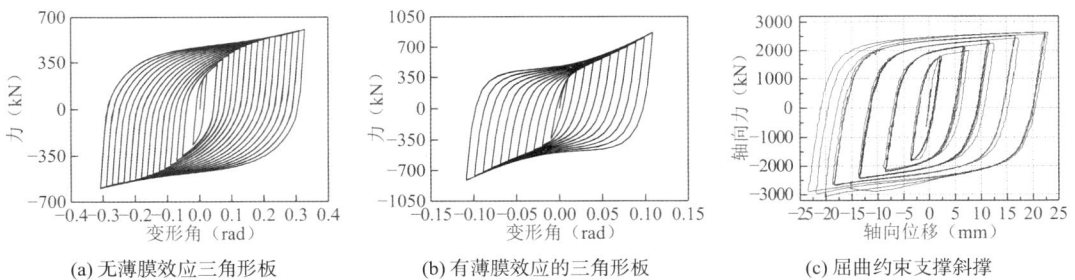

(a) 无薄膜效应三角形板　　　(b) 有薄膜效应的三角形板　　　(c) 屈曲约束支撑斜撑

图 9.2-6　金属屈服消能器的阻尼力-位移滞回曲线

金属消能器的参数包括初始刚度、屈服位移、屈服力和极限变形。对三角形钢板消能器，其计算力学分析模型如图 9.2-7 所示，它们的计算公式为：

三角形板消能器的屈服位移Δ_y为：

$$\Delta_y = \frac{\varepsilon_y L^2}{t} \tag{9.2-3}$$

式中：Δ_y——三角形钢板面内外层纤维首先屈服时，阻尼力作用点的位移。

对应的屈服强度P_y为：

$$P_y = \frac{E_e b t^2 \varepsilon_y}{6L} = \frac{b t^2 \sigma_y}{6L} \tag{9.2-4}$$

式中：ε_y、σ_y——分别为钢材的屈服应变和屈服应力；

E_e——钢材的弹性模量。

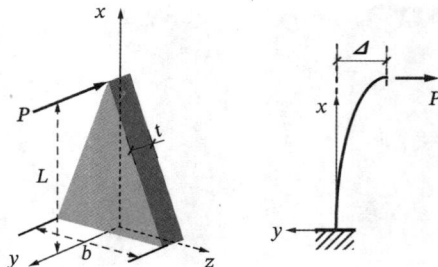

图 9.2-7　三角形钢板金属消能器几何尺寸和受力图

其他符号参见图 9.2-7。

当三角形板横截面上的应力全部发生屈服时，若不考虑金属材料进入硬化阶段和滞回变形过程中的随动强化和各向同性强化特性，则极限强度 P_u 为：

$$P_u = 1.5 P_y = \frac{bt^2 \sigma_y}{4L} \tag{9.2-5}$$

实际上，由于三角形钢板屈服消能器在滞回加载过程中，不可避免地发生应变硬化现象，因此，其实际的极限强度一般会比式(9.2-5)大。

对其他类型的金属消能器，可以参考有关专业书籍计算。金属消能器还包括形状记忆合金消能器等，由于该类消能器应用较少，有兴趣的读者可以参考相关书籍和学术论文。

9.2.4　摩擦消能器

摩擦消能器通过摩擦来消耗输入结构的地震能量，摩擦往往是两种摩擦材料之间的干摩擦。因此，摩擦力可以采用库仑摩擦力来表示，即：

$$F = F_y \operatorname{sgn}(\dot{x}) = \mu N \operatorname{sgn}(\dot{x}) \tag{9.2-6}$$

式中：F——摩擦阻尼力；

$\quad\ x$——消能器滑动位移；

$\quad F_y$——消能器滑动摩擦力；

$\quad\ \mu$——摩擦系数；

$\quad\ N$——正压力；

$\operatorname{sgn}(\dot{x})$——符号函数，表示摩擦力总是与摩擦消能器滑动的速度反向。

典型摩擦消能器（如改进 Pall 型摩擦消能器）如图 9.2-8 所示，阻尼力学模型如图 9.2-9 所示。

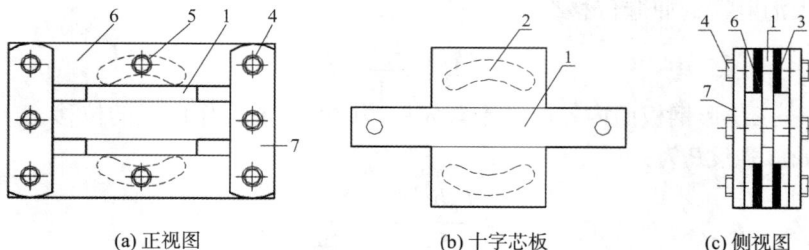

(a) 正视图　　　　　　　(b) 十字芯板　　　　　　(c) 侧视图

图 9.2-8　改进 Pall 型摩擦消能器构造

1—十字芯板；2—滑槽；3—摩擦片；4—角螺栓；5—滑动螺栓；6—横连板；7—竖连板

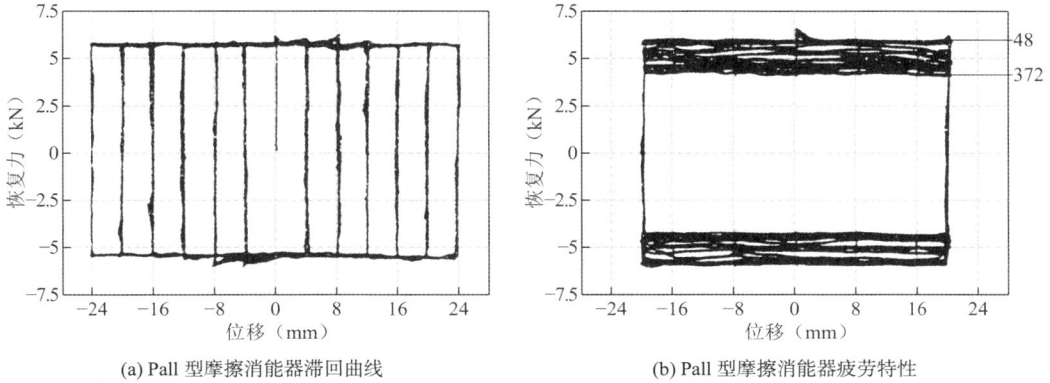

(a) Pall 型摩擦消能器滞回曲线　　　　　　　(b) Pall 型摩擦消能器疲劳特性

图 9.2-9　Pall 型摩擦消能器的力学模型

9.3　消能减震设计与分析

　　消能减震结构由主体结构和消能部件（包括消能器和支撑等）组成，其分析模型可采用与普通结构相同的分析模型，唯一的差别就是必须考虑消能部件对结构的作用和影响。由于消能部件相对于主体结构而言为附加体系，因此在实际设计中通常将消能部件与主体结构分开设计。这种分部设计思路对于既有结构的消能减震加固是易于理解的，而对于新建结构亦是如此，即先完成主体结构设计，其后再进行附加消能部件设计。当采用层间模型时，消能减震结构的分析模型可分别由主体结构模型和消能部件模型叠加而成，如图 9.3-1 所示。

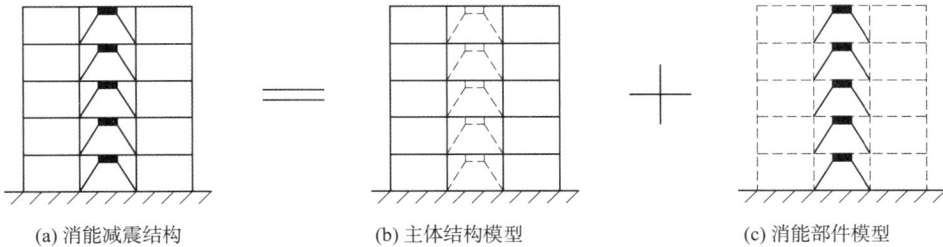

(a) 消能减震结构　　　　　　(b) 主体结构模型　　　　　　(c) 消能部件模型

图 9.3-1　消能减震结构分析模型

9.3.1　消能减震结构设计流程

　　随着消能减震技术在工程应用中的不断普及，针向消能减震结构的设计方法也不断推陈出新，其中基于性能的抗震设计方法（Performance-Based Seismic Design，PBSD）对于旨在获得更优抗震性能的消能减震结构而言无疑更加契合，近年来提出的诸如按延性系数设计的方法、能力谱方法和直接基于位移的方法等设计理念和方法在美国、欧洲、日本、中国等许多国家和地区设计规范中得以体现，如 ATC-33、FEMA-273/274、NEHRP 2000（FEMA-368/369）、NEHRP 2003（FEMA-450）、ASCE 7-05，Eurocode 8（Part 1），JSSI Manual，以及我国《建筑消能减震技术规程》和《建筑抗震设计规范》等标准。综合而言，目前在实用设计流程上，消能减震结构设计的基本步骤可概括如下，如图 9.3-2 所示。

```
                        ┌──────────┐
                        │   开始    │
                        └────┬─────┘
                             ↓
              ┌──────────────────┐        ┌──────────┐
              │  确定抗震设防新目标  │←───────│  设计地震  │
              └──────────┬───────┘        └──────────┘
       新建结构 │                   │ 结构加固
        ┌──────────────┐    ┌──────────────────┐
        │  主体结构初步设计 │    │  主体结构有限元分析  │←──┐
        └──────┬───────┘    └──────────┬───────┘   │
               │                       │      ┌──────────┐
               │                       └──────│ 结合抗震鉴定 │
               │                              └──────────┘
               ↓
       ┌──────────────────┐        ┌──────────┐
       │ 设定消能减震结构的性能水准 │←───────│ 兼顾业主要求 │
       └──────────┬───────┘        └──────────┘
                  ↓
       ┌──────────────────┐ ┄┄┄┄┄┄┄┄┐
       │ 消能减震方案布置与参数设计 │ ┄┄┄┄┄ ┆
       └──────────┬───────┘        ┆
                  ↓           不满意  ┆
       ┌──────────────────┐ ┄┄┄┄┄┄  ┆
       │   减震控制效果分析   │        ┆
       └──────────┬───────┘        ┆
              满意 │           不满意  ┆
       ┌──────────────────┐ ┄┄┄┄┄┄┄┄┘
       │  抗震验算与安全性评价  │
       └──────────┬───────┘
              满意 │
              ┌────────┐
              │  完成   │
              └────────┘
```

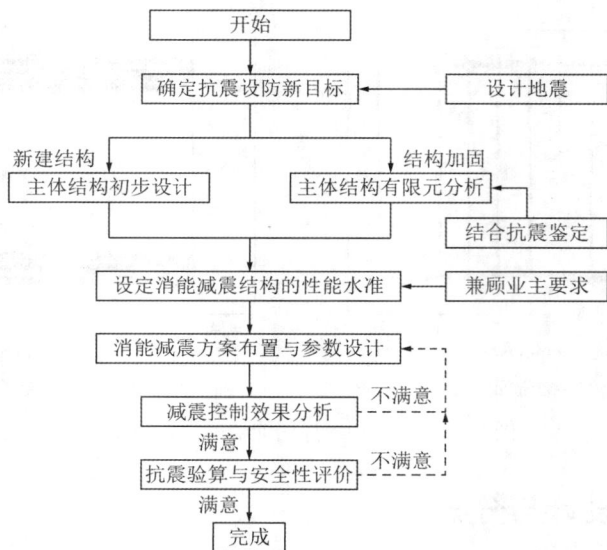

图 9.3-2　消能减震结构设计流程

（1）确定抗震设防新目标

在设计地震下，依据国家现行标准《建筑与市政工程抗震通用规范》GB 55002—2021、《建筑抗震设计标准》GB/T 50011—2011（2024 年版）和《建筑工程抗震设防分类标准》GB 50223，确定建筑结构的抗震设防等级和抗震设防类别，并由此明确抗震设防新目标。

（2）主体结构设计分析

对于新建结构，可结合设防目标和减震目标进行主体结构初步设计，在此基础上再进行附加消能部件设计；对于既有结构加固，则须依据抗震鉴定结果，建立待加固原结构的三维有限元模型（快速设计时也可建立串联刚片的简化层模型）。

（3）设定消能减震结构的性能水准

在满足步骤（1）所确定抗震设防目标的前提下，兼顾业主要求，设定消能减震结构的性能水准。设计中一般可结合我国现行规范"小震不坏、中震可修、大震不倒"的三水准设防目标，依据建筑功能及其重要程度来确定相应的减震结构性能水准。

（4）消能减震方案布置与参数设计

根据建筑功能和结构布置情况，选择消能器类型，并确定附加消能器的支撑形式和安装位置。实际设计中应结合所选用消能器的特点确定消能减震方案的初步设计和优化，目前消能器大致可分为速度相关型消能器（如黏滞消能器、黏弹性消能器等）、位移相关型消能器（如金属消能器、摩擦消能器、屈曲约束支撑等）和复合型消能器（如铅黏弹性消能器等），根据消能器在各地震工况中的工作特点也可进行划分，见表 9.3-1。

（5）减震控制效果分析

采用时程分析方法对原结构和消能减震结构进行多遇地震、设防地震和罕遇地震作用下的减震控制效果分析。分析内容包括计算附加等效阻尼比，对比原结构和消能减震结构的层间位移角与层间剪力，校验预设的消能减震结构性能水准是否满足要求等。若减震分析所得的控制效果不理想，则返回步骤（4）重新进行设计计算。其中，在不计附加等效阻尼比及结构扭转影响的情况下，可按照抗震设计规范中的计算方法进行计算。

常用消能器在各地震工况中的工作特点　表 9.3-1

消能器类型		多遇地震	设防地震	罕遇地震	工作特点
速度相关型消能器	黏滞消能器	开始耗能	大量耗能	大量耗能	忽略其附加刚度作用，仅提供附加阻尼
位移相关型消能器	屈曲约束支撑	不屈服，同普通支撑	开始屈服耗能	大量耗能	多遇地震作用下仅提供附加刚度，设防地震及罕遇地震作用下考虑其附加阻尼
	金属消能器、铅黏弹性消能器等	开始屈服耗能	大量耗能	大量耗能	多遇地震下同时附加阻尼和附加刚度

注：多遇地震下开始屈服耗能的耗能型屈曲约束支撑不在本表讨论范围。

（6）抗震验算与安全性评价

完成步骤（5）后，若对减震控制效果满意，则还需对消能子结构进行抗震强度验算和安全性评价。主要内容包括对消能子结构构件的内力分析和截面抗震验算，对消能器连接支撑、连接板和梁柱节点稳定性和强度的校核，以及对结构在罕遇地震作用下薄弱层（部位）的弹塑性变形验算等。对于罕遇地震验算，通常可采用静力弹塑性分析方法（即依据计算阻尼比推覆本体结构来评估抗倒塌能力）或弹塑性时程分析方法等，若达不到相关安全要求则需返回步骤（4）进行重新设计计算。

综上可见，对于采用不同消能器的消能减震结构设计而言，其设计区别在于"消能减震方案布置与参数设计"环节的内容有所不同。一般来说，多遇地震下，附加黏滞消能器减震结构可通过"附加阻尼比"项来控制；附加屈曲约束支撑减震结构可通过"附加刚度"项来调整；而采用其他金属消能器或铅黏弹性消能器等的消能减震结构，由于同时存在有一定耦合关系的附加阻尼和附加刚度项，参数关系存在多种可能组合，故实际设计中一般采用"试设计"或"设计迭代"的方法。

9.3.2　附加速度相关型消能器减震结构的设计与分析

速度相关型消能器主要有黏滞消能器和黏弹性消能器，严格说来，黏弹性消能器兼具速度相关和位移相关的特点，目前国内黏弹性消能器存在载荷较小且其受力性能受温度、频率影响较大等缺点，很少得到工程应用，而黏滞消能器则可同时减小结构楼层位移和加速度，在工程设计领域广受青睐。为此，以下将以黏滞消能器为代表介绍附加速度相关型消能器减震结构的设计与分析过程。

附加黏滞消能器减震结构设计的核心是黏滞消能部件方案布置及参数设计，而黏滞消能部件通常包括黏滞消能器和附加支撑体系，设计中一般根据建筑结构的平面布置确定附加黏滞消能器的支撑形式和安装位置，附加黏滞消能部件的设计步骤可概括如下：

（1）依据主体结构的现有性能（楼层剪力和位移等）和预期的减震结构性能水准，可转化为等效单自由度体系，其后基于能量方法或者反应谱法初步估算结构减震设计的需求阻尼比；

（2）基于需求阻尼比计算结构所需设计期望阻尼力，并分配至多层结构的相应楼层；

（3）根据设计阻尼力确定结构相应楼层的附加消能器数量，以及阻尼系数、速度指数、支撑刚度等设计参数；

（4）验算消能器支撑附加给结构的实际等效阻尼比，并与此前预估的需求阻尼比进行对比，如不满足要求，还需进行设计循环迭代。

黏滞消能器的恢复力特性可通过线性模型、Maxwell 模型等来描述，其基本的力学特性是黏滞阻尼力与消能器相对速度的指数幂成正比。图 9.3-3 为黏滞消能器（考虑支撑影响）往复一周的力-位移滞回曲线，图中 F_d 为设计阻尼力，K_{d0} 为黏滞消能器考虑支撑影响的初始内部刚度，Δ_{d0} 为初始内部刚度 K_{d0} 下对应于设计阻尼力的消能器位移，Δ_d 为黏滞消能器两端的相对位移。

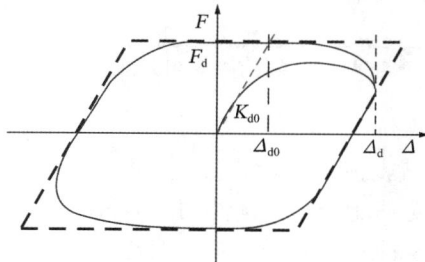

图 9.3-3　黏滞消能器的滞回曲线

1）关于附加需求阻尼比的估算

在初步设计阶段，为方便估算结构减震设计所需的附加阻尼比，通常假定黏滞消能器及支撑所提供的附加刚度可以忽略不计，即通过调整附加阻尼比的大小来控制结构地震响应，并以此来计算消能减震结构的设计期望阻尼力。在不计结构扭转影响的情况下，一般可通过能量法或者规范反应谱法按式(9.3-1)初步估算结构减震设计所需的附加阻尼比：

$$\Delta_t/\Delta_{max} = \alpha_{(\zeta_r+0.05)}/\alpha_{0.05}, \text{或} u_t/u_{eff} = \alpha_{(\zeta_r+0.05)}/\alpha_{0.05} \tag{9.3-1}$$

式中：Δ_{max}——原结构的最大层间位移值（或取等效单自由度体系的等效位移 u_{eff}）；

Δ_t——消能减震结构预设的目标层间位移（或取等效单自由度体系的目标位移 u_t）；

$\alpha_{0.05}$——5%阻尼比设计反应谱的地震影响系数值；

$\alpha_{(\zeta_r+0.05)}$——阻尼比（$\zeta_r + 0.05$）时设计反应谱的地震影响系数值，ζ_r 为结构消能减震的附加需求阻尼比。

另需要说明的是，现行《建筑抗震设计标准》GB/T 50011—2010（2024 年版）规定：消能部件附加给结构的有效阻尼比超过 25%时，宜按 25%计算。因而此处预估的结构减震所需的附加阻尼比一般也不应超过 25%，当计算超过 25%时，则说明原结构本身还过于薄弱，需要调整设计方案或做加强设计。

2）关于设计期望阻尼力的估算

依据估算的附加需求阻尼比，可以由等效单自由度体系计算出结构总的设计期望阻尼力，再按结构控制需求及相关的设计准则（比如可按楼层刚度分配阻尼力、按楼层屈服承载力分配阻尼力、按楼层应变能分配阻尼力等）将结构总的设计期望阻尼力分配至多层结构各楼层，并以此配置相应的消能器及其设计参数。此外，实际设计中也可采用基于概念设计和经验设计的"试设计"方法进行多次设计迭代，直至达到设计预期目标。

3）关于消能器支撑刚度的确定

对于采用支撑型黏滞消能器的减震结构而言，消能器支撑刚度的大小不同无疑会对黏滞消能部件的耗能能力产生影响，因而，无论对线性还是非线性黏滞消能器，配套支撑刚度的设计都是值得注意的问题。一般而言，为最大程度发挥消能器的耗能效果，支撑刚度应越大越好，但过大的支撑截面会导致过高的成本，同时，也会对相邻主体结构构件和支撑节点设计带来不利影响，有时甚至会影响建筑内部的空间使用功能。因此，实际工程实践中消能器的支撑刚度宜有所限定。

对线性黏滞消能器的支撑刚度，现行《建筑抗震设计标准》GB/T 50011—2010（2024年版）有明确的计算规定，见式(9.3-2)；

$$K_{\mathrm{b}} \geqslant \left(\frac{6\pi}{T_1}\right) \cdot C_{\mathrm{v}} \tag{9.3-2}$$

式中：K_{b}——支撑构件沿消能器受力方向的刚度；

T_1——黏滞阻尼减震结构的基本自振周期；

C_{v}——消能器由试验确定的相应于结构基本自振周期的线性阻尼系数。

对于工程中广泛应用的非线性黏滞消能器，并未给出相应的支撑刚度计算公式，工程中的习惯做法是，在非线性黏滞消能器的支撑刚度取值中考虑消能器本身的动力柔度影响（一般在设计前通过构件试验来考察），并按式(9.3-3)进行计算：

$$K_{\mathrm{b}} \geqslant 3K_{\mathrm{c}} = \frac{|F_{\mathrm{d}}|_{\max}}{|\varDelta_{\mathrm{d}}|_{\max}} \tag{9.3-3}$$

式中：K_{b}——支撑构件沿消能器受力方向的刚度；

K_{c}——消能器的损失刚度（工程应用可近似取消能部件的最大阻尼力与最大相对位移之比）；

$|F_{\mathrm{d}}|_{\max}$——设防地震（中震）下非线性黏滞消能器设计阻尼力绝对值的最大值；

$|\varDelta_{\mathrm{d}}|_{\max}$——设防地震（中震）下，相应于$|F_{\mathrm{d}}|_{\max}$的最大相对位移。

4）关于实际附加阻尼比的验算

尽管在设计中通过预估结构减震的需求阻尼比来设计黏滞消能部件，然而实配黏滞消能器消能支撑在地震中所提供的实际减震效果和耗能能力仍然有待验证。为此，需计算黏滞消能部件附加给结构的实际等效阻尼比，并比照此前的估算值进行设计修正，同时也为后续结构静力弹塑性分析（Pushover）所需要的结构阻尼比提供数值参考。

在不计扭转影响的情况下，结构附加等效阻尼比计算可采用现行《建筑抗震设计标准》GB/T 50011—2010（2024年版）给出的近似方法，其中，黏滞消能器的耗能滞回环可近似假定为平行四边形，并忽略主体结构与消能部件地震响应的峰值相位差。此时，附加等效阻尼比、黏滞消能部件耗能及结构总弹性应变能可按式(9.3-4)～式(9.3-6)计算：

$$\zeta_{\mathrm{a}} = W_{\mathrm{c}}/(4\pi \cdot W_{\mathrm{s}}) \tag{9.3-4}$$

$$W_{\mathrm{c}} = \sum_{i=1}^{m} W_{\mathrm{c}i} = \sum_{i=1}^{m}\sum_{j=1}^{N_{\mathrm{d}i}} E_{\mathrm{d}(ij),\max} = 4\sum_{i=1}^{m}\sum_{j=1}^{N_{\mathrm{d}i}} \left[\psi_{ij} \cdot |F_{\mathrm{d}(ij),\max} \cdot \varDelta_{\mathrm{d}(ij),\max}|\right] \tag{9.3-5}$$

$$W_{\mathrm{s}} = \frac{1}{2\sum(F_i \cdot u_i)} = \frac{1}{2}\sum_{j=1}^{n}\left(M_j \cdot |\ddot{u}_j(t) + \ddot{u}_{\mathrm{g}}(t)|_{\max} \cdot |u_j(t)|_{\max}\right) \tag{9.3-6}$$

式中：ζ_a——黏滞消能部件附加给结构的实际等效阻尼比；

  W_{ci}——第i层消能部件在结构预期位移下往复一周所消耗的能量；

  N_{di}——第i层所安装消能器的总数目；

$E_{d(ij),max}$——第i层第j个消能器往复一周做功的最大值；

  ψ_{ij}——第i层第j个消能器耗能曲线对应于平行四边形面积的折减系数，根据滞回环的饱满程度取值；

$F_{d(ij),max}$——第i层第j个消能器的最大阻尼力；

$\Delta_{d(ij),max}$——第i层第j个消能器在阻尼力为零时的最大位移；

  F_i——质点i的水平地震作用标准值；

  u_i——质点i对应于水平地震作用标准值的位移；

  M_j——结构第j层的质量；

 $u_j(t)$——结构第j层质心t时刻的位移峰值；

 $\ddot{u}_j(t)$——结构第j层质心t时刻的加速度峰值；

 $\ddot{u}_g(t)$——t时刻的地面绝对加速度。

9.3.3　附加位移相关型消能器减震结构的设计与分析

目前工程界对位移相关型消能器，存在两种不同的认知和态度：

其一，要确保位移型消能器在多遇地震作用下不发生屈服，设防地震作用下开始屈服耗能，并在罕遇地震作用下提升结构的抗震安全度。这一类位移型阻尼器的工作特点是：小震弹性，典型代表是屈曲约束支撑。

其二，使位移型消能器在多遇地震作用下开始屈服耗能，给结构提供一定的附加阻尼比，有利于多遇地震下主体结构的抗震验算。这一类位移型阻尼器的工作特点是：小震耗能，主要代表包括：剪切型软钢消能器、弯曲型软钢消能器、铅黏弹性消能器等。

由于两类位移型消能器工作特点的不同，其相应的消能减震设计流程及分析要点也略有不同，以下将分别展开介绍。

1. 基于小震弹性需求的位移型消能器减震结构设计与分析：以屈曲约束支撑为例

屈曲约束支撑如同任何其他位移相关型消能器一样，用于结构减震设计的关键点在于如何对附加刚度(K_a)和附加阻尼(C_a)这两个不确定项进行解耦求值。

出于材料疲劳性能和构件延性控制的考虑，屈曲约束支撑用于结构设计的普遍观点倾向于多遇地震下不发生屈服，依据该设计期望，可认为屈曲约束支撑在多遇地震作用下仅提供附加刚度，而在设防地震（或罕遇地震）作用下可基于附加刚度影响考虑附加阻尼的作用。如此按照"多遇地震下附加刚度、设防地震下附加阻尼"的设计理念，可以提出含屈曲约束支撑结构的设计步骤：

（1）依据目标位移比由位移反应谱初步估计多遇地震下附加消能器的初始刚度，其后通过预设延性系数μ和屈服刚度比α近似确定设防地震下消能器的附加刚度；

（2）依据目标剪力比及消能器附加刚度由加速度反应谱估算设防地震下结构减震的需求阻尼比；

（3）基于需求阻尼比计算设防地震下结构相应楼层附加屈曲约束支撑的屈服力，并验算或调整前面预设的延性系数μ（依据设计目的考虑是否进行设计循环迭代）；

（4）根据设计屈服阻尼力确定结构相应楼层的附加消能器数量，以及消能器初始刚度、屈服后刚度与初始弹性刚度比、支撑刚度等设计参数；

（5）验算消能器支撑附加给结构的实际等效阻尼比，并与此前预估的需求阻尼比进行对比，如不满足要求，还需进行设计循环迭代。

屈曲约束支撑的恢复力特性可通过直线型滞回模型（如理想弹塑性模型、弹性线性应变强化模型等）或曲线型滞回模型（如 Ramberg-Osgood 模型、Bouc-Wen 模型等）来表现。以双线性滞回模型（即弹性线性应变强化模型）为例，其关键的力学参数包括：初始刚度 k_{d0}、屈服力 F_{dy}、屈服后刚度与初始刚度比 α_d 和屈服位移 Δ_{dy}，如图 9.3-4 所示。

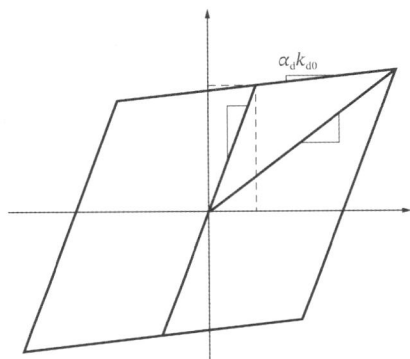

图 9.3-4　屈曲约束支撑的双线性滞回模型

显然，当采用双线性滞回模型来模拟屈曲约束支撑的恢复力特性时，可得屈曲约束支撑 i 在一个滞回循环中所耗散的能量 E_{di}、有效刚度 k_{dei} 及等效阻尼比 ξ_{ddi} 的表达式：

$$E_{di} = 4k_{d0i} \cdot \Delta_{dyi}^2 \cdot (1 - \alpha_{di})(\mu_{di} - 1) \tag{9.3-7}$$

$$k_{dei} = k_{d0i}(1 + \alpha_{di} \cdot \mu_{di} - \alpha_{di})/\mu_{di} \tag{9.3-8}$$

$$\xi_{ddi} = \frac{E_{di}}{4\pi \cdot E_{pdi}} = \frac{E_{di}}{2\pi \cdot k_{dei} \cdot \Delta_{di}^2} = \frac{2(1 - \alpha_{di})(\mu_{di} - 1)}{\pi \cdot \mu_{di} \cdot (1 + \alpha_{di}\mu_{di} - \alpha_{di})} \tag{9.3-9}$$

式中：k_{d0i}——屈曲约束支撑 i 的初始（弹性）刚度；

$\quad\quad \Delta_{dyi}$——屈曲约束支撑 i 的屈服位移；

$\quad\quad \Delta_{di}$——屈曲约束支撑 i 的最大变形；

$\quad\quad \alpha_{di}$——屈曲约束支撑 i 的屈服刚度比；

$\quad\quad \mu_{di}$——屈曲约束支撑 i 的位移延性系数（$\mu_{di} = \Delta_{di}/\Delta_{dyi}$）；

$\quad\quad E_{pdi}$——屈曲约束支撑应变能。

上述公式表明，当给定初始刚度后，单个屈曲约束支撑的有效刚度和等效阻尼比只与其屈服刚度比 α_{di} 和延性系数 μ_{di} 有关。然而 α_{di} 因金属材料不同而变化，其取值通常很小（如软钢取 $\alpha_{di} = 0.02$），因此，屈曲约束支撑自身的有效刚度和等效阻尼比主要取决于其延性系数值。

1）关于需求初始刚度的估算

对于多层结构，依据等效周期和等效阻尼比不变原则，可将其转化为等效单自由度体系，并得到相应的等效位移 u_{eff}、等效质量 M_{eff} 和等效刚度 K_{eff} 等；其后根据"屈曲约束支撑在多遇地震下仅提供附加刚度"的设定，由结构减震的目标位移控制比 λ_u，按式(9.3-10)

确定减震结构的周期，进而由式(9.3-11)初步估计需要屈曲约束支撑提供的附加弹性初始刚度：

$$\lambda_u = u_t/u_{eff} = S_d(T, \zeta_0)/S_d(T_0, \zeta_0) \tag{9.3-10}$$

$$K_{d0} = \left[(T_0/T)^2 - 1\right] \cdot K_{eff} \tag{9.3-11}$$

式中：T_0、ζ_0——原结构的基本周期和弹性阻尼比；

T、u_t——附加屈曲约束支撑结构的等效周期和目标层间位移（多遇地震下）；

K_{d0}——附加屈曲约束支撑的弹性初始刚度。

2）关于附加需求阻尼比的确定

基于选用的屈曲约束支撑产品，得到屈服刚度比α_d；同时根据设防地震下消能减震结构的目标性能，预设屈曲约束支撑延性系数μ，如此通过K_{d0}按式(9.3-8)可得附加屈曲约束支撑在设防地震下的等效刚度K_{de}，将其代入式(9.3-11)中可得设防地震下消能减震结构的等效周期T_1。同理，由设防地震下结构减震的目标剪力控制比λ_Q，按式(9.3-12)可确定结构需要附加的阻尼比。

$$\lambda_Q = Q_1/Q_0 = S_a(T_1, \zeta_0 + \zeta_r)/S_a(T_0, \zeta_0) = \alpha(T_1, \zeta_0 + \zeta_r)/\alpha(T_0, \zeta_0) \tag{9.3-12}$$

式中：Q_0、Q_1——分别为设防地震下原结构的楼层剪力及消能减震结构的目标楼层剪力；

α——地震影响系数，可由相应的阻尼比和周期值确定；

ζ_r——结构减震的附加需求阻尼比，由附加的屈曲约束支撑提供且最大不超过25%。

3）关于设计屈服阻尼力的计算

依据需求初始刚度和附加需求阻尼比，可以确定结构减震所需屈曲约束支撑的总附加刚度和总的设计屈服阻尼力，在此基础上，参考9.2.3.2节中有关设计期望阻尼力在多层结构层间的分配准则，比如按楼层屈服承载力或楼层应变能成比例原则进行附加屈曲约束支撑减震结构中设计屈服阻尼力（即屈曲约束支撑数量和设计参数）的层间分配。

4）设定屈曲约束支撑的设计参数

国家现行标准《建筑抗震设计标准》GB/T 50011—2010（2024年版）和《建筑消能减震技术规程》JGJ 297—2013均规定：位移相关型消能器与斜撑、墙体或梁等支承构件组成消能部件时，消能部件的恢复力模型参数宜符合式(9.3-13)的要求，则屈曲约束支撑设计同样需要满足该要求：

$$\Delta_{py}/\Delta_{sy} \leqslant 2/3 \tag{9.3-13}$$

式中：Δ_{py}——消能部件在水平方向的屈服位移；

Δ_{sy}——设置消能部件结构的层间屈服位移。

此外，参照位移相关型消能器设计要求，屈曲约束支撑设计还应符合式(9.3-14)的要求：

$$0 \leqslant F_{py}/F_{sy} \leqslant 0.6 \tag{9.3-14}$$

式中：F_{py}——消能部件在水平方向的屈服强度；

F_{sy}——设置消能部件结构的层间屈服强度。

实际设计中，综合式(9.3-13)和式(9.3-14)的要求可完成屈曲约束支撑刚度设计。

5）验算实际附加阻尼比

屈曲约束支撑附加给结构的等效阻尼比可按应变能法计算，见式(9.3-4)。当不计其扭转影响时，附加屈曲约束支撑减震结构在水平地震作用下的总应变能可按现行国家标准《建筑抗震设计标准》GB/T 50011—2010（2024 年版）第 12.3.4 条款估算，或参照式(9.3-6)确定。对于附加屈曲约束支撑减震结构而言，其总应变能可拆分为主体结构的应变能和屈曲约束支撑的应变能，因而对于屈曲约束支撑实际附加的等效阻尼比ζ_a可按式(9.3-15)～式(9.3-18)验算：

$$\zeta_a = \frac{W_c}{4\pi \cdot W_s} = \frac{W_c}{4\pi \cdot (W_{fs} + W_{ds})} \tag{9.3-15}$$

$$W_c = \sum_{i=1}^{m} W_{ci} = \sum_{i=1}^{m} \sum_{j=1}^{N_{di}} E_{d(ij),\max} = 4 \sum_{i=1}^{m} \sum_{j=1}^{N_{di}} \left[\frac{\left(1-\alpha_{ij}\right)\left(1-\dfrac{1}{\mu_{ij}}\right)}{1 + \mu_{ij} \cdot \alpha_{ij} - \alpha_{ij}} \cdot F_{d,ij} \cdot \Delta_{d,ij} \right] \tag{9.3-16}$$

$$W_{fs} = \frac{1}{2} \sum_{i=1}^{m} (Q_{1i} \cdot \Delta_{1i}) \tag{9.3-17}$$

$$W_{ds} = \frac{1}{2} \sum_{i=1}^{m} \sum_{j=1}^{N_{di}} \left(F_{d,ij} \cdot \Delta_{d,ij} \right) \tag{9.3-18}$$

式中：W_{ci}——第 i 层消能部件在结构预期位移下往复一周所消耗的能量；

$\quad\quad m$——结构楼层总数；

$\quad\quad N_{di}$——第 i 层安装屈曲约束支撑的总数目；

$E_{d(ij),\max}$——第 i 层第 j 个屈曲约束支撑往复一周做功的最大值；

$\quad\quad \alpha_{ij}$——第 i 层第 j 个屈曲约束支撑的屈服后刚度比；

$\quad\quad \mu_{ij}$——第 i 层第 j 个屈曲约束支撑的位移延性系数；

$\quad\quad F_{d,ij}$——第 i 层第 j 个屈曲约束支撑的最大阻尼力；

$\quad\quad \Delta_{d,ij}$——第 i 层第 j 个屈曲约束支撑的最大位移；

$\quad\quad W_{fs}$——主体结构的应变能；

$\quad\quad W_{ds}$——附加屈曲约束支撑的应变能。

2. 基于小震耗能需求的位移型消能器减震结构设计与分析：以铅黏弹性消能器为例

铅黏弹性消能器在多遇地震下开始屈服耗能，第一阶段抗震设计可同时提供有附加刚度和附加阻尼。由于双参数的影响，在消能减震方案初步设计中难以相对准确配置消能器数量和参数，因此，在实际设计中一般采用迭代方法进行试算。当采用振型分解反应谱法分析时，可按下述步骤确定算结构等效阻尼比和消能器参数：

（1）根据经验进行铅黏弹性消能器减震方案初步设计，包括消能器数量、位置、性能参数及连接支撑部件设计。假定结构层间位移为设计水准下（一般为多遇地震）的层间位移限值，并据此计算各消能器在该层间位移下的等效刚度K_{eff}。

（2）根据消能器等效刚度和连接支撑部件信息计算消能部件的等效刚度，进而计算等代构件（一般为等代斜撑）的尺寸，并将等代斜撑布置于计算模型中相应的消能器位置。按照式(9.3-15)～式(9.3-18)计算此状态下铅黏弹性消能器为结构提供的附加等效阻尼比，附加等效阻尼比ζ_{eff}与主体结构阻尼比ζ_0之和即为消能减震结构的总阻尼比ζ。

（3）采用振型分解反应谱法对含等代斜撑的消能减震结构进行计算分析，可得到各楼层的水平剪力F_i、水平位移Δ_i、各铅黏弹性消能器的阻尼力F_{di}及相对变形Δ_{di}。

（4）基于第（3）步的F_i、Δ_i、F_{di}及Δ_{di}，重新计算消能器等效刚度和附加给结构的等效阻尼比，并计算得到结构总阻尼比。

（5）重复步骤（2）～（4），通过反复迭代，直至步骤（2）计算所得结构等效阻尼比与步骤（4）所得阻尼比值基本相同。

（6）检查是否满足设计要求。如果满足，则结束设计；如果不满足，则返回步骤（1）重新布置消能器。

一般来说，上述反应谱分析结果尚需采用弹塑性时程分析进行验证。弹塑性时程分析时，铅黏弹性消能器可采用合适的双线性模型进行模拟。值得注意的是，铅黏弹性消能器的附加阻尼比与位移幅值相关，因此，多遇地震、设防地震与罕遇地震应分别计算，且尚应保证消能器能够满足罕遇地震下的变形要求。

9.4 消能减震结构的构造要求

9.4.1 与消能器相关结构构件的构造要求

（1）消能器与支承构件的连接构造，应符合规范和有关规程对相关构件连接的要求。

（2）在消能器施加给主结构最大阻尼力作用下，消能器与主结构之间的连接部件应在弹性范围内工作。

（3）与消能部件相连的结构构件设计时，应计入消能部件传递的附加内力。例如，消能部件给与其连接的构件附加了轴力，需要考虑附加轴压比后的总轴压比，总轴压比应满足结构抗震设计对轴压比限制的相关要求。

9.4.2 其他结构构件的构造要求

除应满足结构抗震设计构造要求外，当消能减震结构的抗震性能明显提高时，主体结构的抗震构造要求可适当降低。降低程度可根据消能减震结构地震影响系数与不设置消能减震装置结构的地震影响系数之比确定，降低程度应控制在1度以内。

9.5 消能器性能检验

消能器安装前，需要对消能器的性能进行检测，消能器的检测应由第三方完成。

对黏滞流体消能器，应进行抽样检验，其数量为同一工程同一类型同一规格数量的20%，但不少于2个，检测合格率为100%，检测后的消能器可用于主体结构；对其他类型消能器，抽检数量为同一类型同一规格数量的3%，当同一类型同一规格的消能器数量较少时，可以在同一类型消能器中抽检总数量的3%，但不应少于2个，检测合格率为100%，检测后的消能器不能用于主体结构。

对速度相关型消能器，在消能器设计位移和设计速度幅值下，以结构基本频率往复循环30圈后，消能器的主要设计指标误差和衰减量不应超过15%；对位移相关型消能器，在消能器设计位移幅值下往复循环30圈后，消能器的主要设计指标误差和衰减量不应超过15%，且不应有明显的低周疲劳现象。

对速度相关型消能器，受试验机加载速度的限制，可能不能满足结构极限加载速度的要求，对此情况，需要保证在罕遇地震作用下消能器的最大阻尼力满足规范的要求。

第10章　非结构构件抗震设计

【简介与导读】

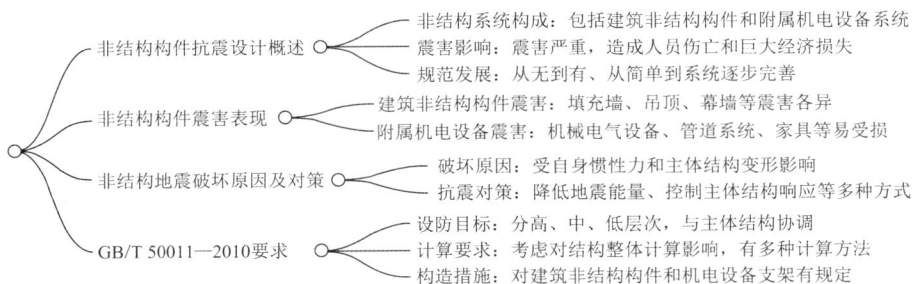

本章全面介绍了房屋建筑非结构构件抗震设计的相关知识。开篇指出非结构系统是房屋建筑的重要部分，但其抗震常被忽视，震害损失严重。接着阐述非结构构件震害表现，建筑非结构构件如填充墙、吊顶、幕墙等和附属机电设备在地震中易遭破坏，造成人员伤亡和经济损失。其破坏原因主要是自身惯性力和主体结构变形影响。随后介绍中国规范关于非结构抗震技术规定的发展历程，从早期简单规定到如今形成系统标准。GB/T 50011—2010对非结构抗震设防目标、计算、构造措施等做出规定，设防目标分层次，计算有多种方法，建筑非结构构件和附属机电设备支架也有相应构造措施要求。本章旨在强调非结构构件抗震设计的重要性，为工程设计提供指导。

10.1　引言

从工程系统论的角度看，房屋建筑是一个庞大、复杂的工程系统，主要包括构成房屋建筑基本骨架和支承体系、并承担各种荷载与作用的结构系统，以及为保障或实现建筑预期功能、性能目标而设置的非结构系统。非结构系统又可进一步分为建筑非结构构件系统和附属机电设备、设施系统。前者是为保障建筑预期功能、性能目标的实现而设置的，通常称为建筑非结构构件，指建筑构件中除结构系统以外的构件或部件，主要包括非承重的隔墙或填充墙，附着于楼面和屋面的顶棚、吊顶、女儿墙、阳台栏板、小烟囱等、附着于主体结构的幕墙或装饰构件（架）以及固定于楼面的大型储物架等；后者主要指与建筑使用功能有关的附属机械、电气设施、设备以及相关的构件、部件和系统，通常简称为建筑附属机电设备，主要包括电梯、照明和应急电源及线路（强电系统）、通信设备及线路（弱电系统）、管道系统（给水、排水、燃气、热力系统）、空气调节系统、烟火监测与排放（防排烟系统）和消防系统等。

建筑非结构系统，是房屋建筑的重要组成部分，也是建筑功能、性能的主要载体和重要标识，其抗震能力对于房屋建筑抗震防灾的重要性是不言而喻的。然而，在我国的工程实践中，抗震防灾的工作重心和焦点是保障人员生命安全上的，因此，建筑抗震设防规定的实践落实主要是由结构工程师来完成，工程抗震设防管理、监督的对象也主要是结构专业的技术资料及相关从业人员，对建筑师、设备工程师并没有在管理层面提出明确要求；而在技术标准的管理和实施监督层面上，历来也将《建筑抗震设计规范》等抗震标准作为结构类技术规范对待。凡此种种，造就了我国房屋建筑抗震领域不太协调的局面——重结构轻非结构。

然而，从国内外历次强震震害资料可以看出，地震时非结构系统往往比结构系统更容易遭到破坏，而且其后果也会造成人员伤亡：在医院病房、中小学校校舍、影剧院、宴会厅等人员密集场所，顶棚、吊顶、非结构墙体等非结构构件的破坏会直接威胁到生命安全；而在户外与街区，屋顶女儿墙、外阳台栏板、幕墙等非结构构件在地震中跌落造成的人员伤亡也屡见不鲜。非结构地震破坏造成的财产与直接经济损失非常巨大，往往是结构系统损失的数倍、数十倍乃至数百倍之多；而非结构破坏造成建筑功能丧失带来的间接经济损失，也往往会远远超出业主和设计师的估计，甚至会达到难以承受的地步。

鉴于非结构系统地震破坏的严重灾害后果，世界各国的抗震技术标准在着重解决结构抗震问题的基础上，也都或多或少地对非结构抗震的技术问题给出了对策。不同的是，由于不同国家和地区、不同历史时期房屋建筑功能系统的复杂程度不同、其震害后果及损失程度也存在显著差别，因此，对非结构抗震问题的认知和态度也是因地而异、因时而异的。在我国，随着不同历史时期房屋建筑功能、性能品质的不断提升，非结构系统的重要性不断强化，其在房屋建筑中的造价比重不断攀升，相关震害造成的后果也越来越重。与此对应的是，我国抗震技术标准有关非结构抗震的规定，也经历了一个由无到有、由点到面、由定性原则规定到定量具体要求的过程。

10.2 非结构构件的震害表现

10.2.1 概述

如前所述，房屋建筑的非结构系统遭遇地震破坏后，除了可能会导致重大人员伤亡外，由此产生的直接和间接经济损失非常巨大，是非结构地震灾害后果的重要标志。早在 1971 年美国的圣费尔南多地震中就发现，非结构构件地震破坏造成的损失非常巨大。对 5 栋商业建筑调查发现，总损失中，结构破坏仅占 3%，而非结构破坏的损失占比却高达 97%（电气与机械破坏占 7%、外饰面破坏占 34%、内饰面破坏占 56%）。据估计，在 1971 年的圣费尔南多地震中，由于非结构破坏及其功能丧失而造成的损失，可能高达房屋造价的 10 倍之上。类似的情况，在国内外的强震中不断重演。1972 年尼加拉瓜的马那瓜地震中非结构构件的破坏损失占总损失的 70%；1976 年危地马拉地震中，非结构构件的破坏损失占全部损失的 72%；2003 年阿尔及利亚地震，超过 73% 的医疗保健设施遭受家具和非结构性损坏，其余的约 27% 的结构受到轻微或严重的损害；在 2010 年的智利地震中，大量的吊顶、管道、机电设备、砌体隔墙等严重破坏，导致两大机场关闭了几个星期，同时还有大量的医疗机构、工厂等因功能丧失而关闭，造成严重的经济损失。在国内，2008 年汶川地震的震害分析表明，框架结构较好地实现了预期的抗震目标，但其围护结构、建筑装饰等非结构构件损坏严重，造成严重的人员伤亡和经济损失；2013 年台湾南投县发生里氏 6.1 级地震，填充墙破坏、水管破裂、天花板掉落、设备损坏等非结构构件的震害成了人员伤亡和经济损失的主要原因；2013 年芦山地震中，多家医疗机构出现填充墙破坏、医疗设备破坏、吊顶坠落、药品柜倾倒等非结构性破坏，不仅导致人员受伤，而且对震后的应急医疗救治也造成不利影响，无法正常发挥其医疗作用。

近些年，随着社会和经济的快速发展，现代建筑中非结构构件的造价在总造价中的比例越来越大，其破坏造成的直接经济损失已超过了主体结构破坏造成的损失，而建筑物因功能丧失导致的间接损失则更大，甚至可能引发严重的次生灾害。近十几年来，国内外大震震害显示，按现行抗震规范设计和建造的建筑物，在地震中没有倒塌、保障了生命安全，但是其破坏却造成了严重的直接和间接的经济损失，甚至影响到了社会的发展，而且这种破坏和损失往往超出了设计者、建造者和业主原先的估计。1994 年 Northridge 地震，震级仅为 6.7 级，死亡 57 人，而由于建筑物损坏（主要是非结构系统功能的丧失）造成 1.5 万人无家可归，经济损失达 170 亿美元；1995 年日本阪神（Kobe）地震，震级 7.2 级，直接经济损失高达 1000 亿美元，死亡 5438 人，震后的重建工作花费了两年多时间，耗资近 1000 亿美元。鉴于近期地震中非结构系统破坏、建筑正常使用功能丧失的严重后果，国际地震工程界在 1990 年代中后期提出了基于性能的建筑抗震设计（Performance-Based Seismic Design，PBSD）思想，特别强调非结构的性能水准要求在建筑抗震性能目标中的决策作用。

10.2.2　非结构地震破坏的典型现象

10.2.2.1　建筑非结构构件的震害

建筑非结构构件包括填充墙（含围护墙）、隔墙、天花板、吊顶、外墙饰面、幕墙、烟囱、其他建筑装饰物等。历次地震中，以填充墙、隔墙为代表、沿竖向安装的非结构墙体以及以天花板、吊顶为代表、沿水平安装的吊顶系统的震害较为普遍，且严重。

（1）填充墙、隔墙

震害调查发现，黏土砖和普通混凝土砌块砌筑的隔墙、围护墙和填充墙等刚性非结构墙体，当无可靠拉结措施时在地震中极易破坏。在一些中等地震下，当主体结构保持完好或轻微破坏时，填充墙已经遭受严重破坏，严重影响建筑结构的使用功能，降低建筑整体的性能水平。填充墙的倒塌会导致人员伤亡，同时也会堵塞紧急疏散通道，成为抗震救援工作的障碍，造成严重的经济损失（图 10.2-1）。

刚性填充墙除了自身的震害情况严重外，其不利布置还会对建筑结构的整体抗震性能带来不利影响。一般来说，填充墙对结构抗震的不利影响大致有以下震害现象：其一，是沿建筑竖向填充墙布置不均匀，形成薄弱楼层，地震中结构变形集中而破坏或倒塌（图 10.2-2）；其二是刚性填充墙在平面上布置不均匀，造成结构地震中扭转破坏（图 10.2-3）；其三是填充墙局部砌筑不到顶，导致短柱破坏（图 10.2-4）；其四是单侧布置填充墙的框架柱，其上端极易产生冲剪破坏（图 10.2-5）。

(a) 都江堰公安局大楼，填充墙与主体结构无拉结，
地震时填充墙倒塌，堵塞了疏散通道

(b) 填充墙材料大多使用多孔空心砖，由于孔隙率大，
地震时空心砖劈裂破坏

图 10.2-1　2008 年汶川地震，填充墙或围护墙大量破坏，损失严重

图 10.2-2　1999 年台湾地震，南投县埔里大饭店，底层无填充墙，地震中底层破坏严重

(a) 南立面

(c) 东立面，墙体完好无损

(b) 底层平面简图

(d) 西立面，底层墙体损坏严重

图 10.2-3　2008 年汶川地震，安县某办公楼，填充墙不当布置导致扭转破坏

图 10.2-4　1999 年台湾地震，某加油站，由于墙体约束形成短柱破坏

图 10.2-5　单侧布置填充墙的楼层柱，其上端的冲剪破坏

（2）吊顶系统

吊顶是一种重要的建筑非结构构件，在历次地震中破坏较为突出。在机场、商场、体育馆等大跨空间建筑中，吊顶比较容易发生大面积的坍塌。吊顶的大面积坍塌会砸坏重要设备，造成重大经济损失和建筑功能中断，有时还会引起人员伤亡，阻塞救援通道，如表 10.2-1 所示。典型的吊顶系统主要由轻钢网格骨架、面板、连接件、侧向支撑、边界部件等组成（图 10.2-6）。根据已有的震害破坏规律，吊顶系统通常在与墙、柱交界处发生破坏，同时，面板和轻钢网格骨架的破坏也是比较典型的失效模式（图 10.2-6）。

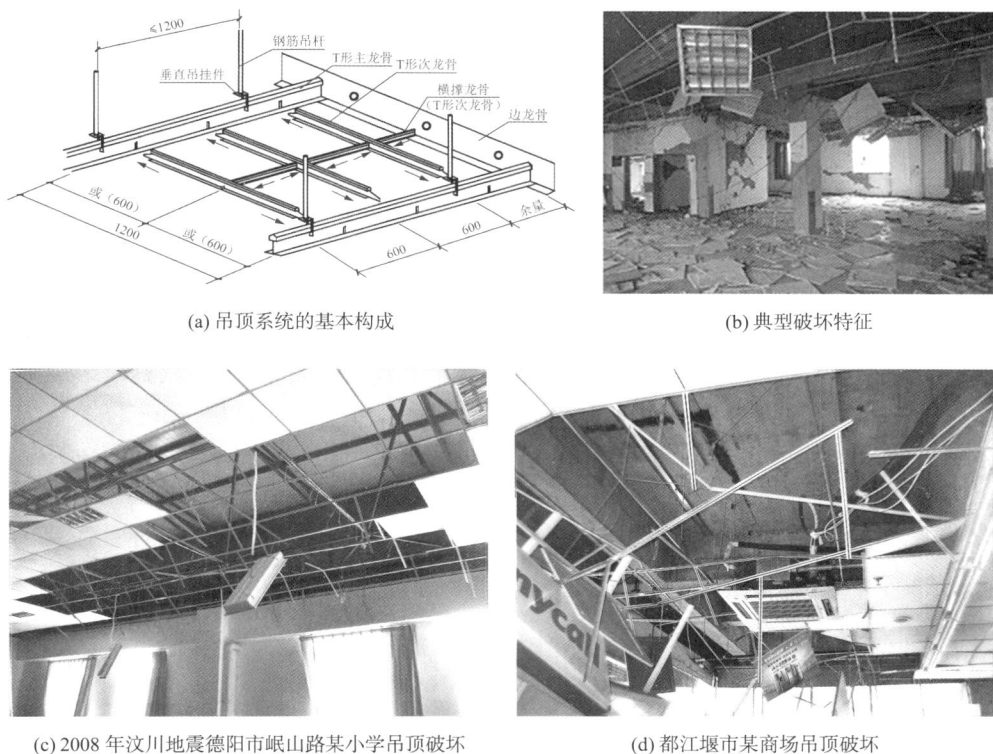

(a) 吊顶系统的基本构成

(b) 典型破坏特征

(c) 2008 年汶川地震德阳市岷山路某小学吊顶破坏

(d) 都江堰市某商场吊顶破坏

图 10.2-6　公共建筑的吊顶系统的基本构成与典型震害特征

吊顶的地震破坏情况统计　　　　　　　　　　　　　　　表 10.2-1

地震	年份	破坏情况
Northridge	1994	吊顶面板严重掉落，周边构件破坏，部分钢网格骨架破坏
El Salvador	2001	机场吊顶面板普遍掉落
Denali(Alaska)	2002	学校吊顶面板和钢网格骨架破坏
Kiholo Bay	2006	吊顶面板掉落，洒水装置破坏
Hengchun	2006	学校大面积面板掉落
Niigata	2007	体育馆、发电厂的吊顶大面积坍塌
汶川	2008	广元机场航站楼、绵阳机场航站楼等大跨建筑的吊顶局部或大面积脱落
Chile	2010	两大机场的吊顶大面积坍塌

地震	年份	破坏情况
Tohoku	2011	体育馆、商场的吊顶破坏严重
台湾南投	2013	医院、办公楼的吊顶局部掉落
芦山	2013	医院、商场的吊顶严重破坏

（3）幕墙

幕墙是较早引入到抗震设计中的非结构构件，各国也多对幕墙的控制指标做出了约束。幕墙的震害主要分为支撑结构破坏和面板失效破坏两类。而其表现多为面板材料失效，主要原因是面板材料直接受到地震时的惯性力和支撑结构传递的力，因连接不牢靠或是变形超过了设计变形导致的面板材料破碎和脱落。

如图 10.2-7～图 10.2-9 所示，在汶川地震中，各类非结构构件大量破坏，有的造成人员伤亡，更多的是造成财产损失。令人意外的是玻璃幕墙在地震时并没有大量脱落伤人，大部分表现良好。某些地区的实际地震影响烈度达到"大震作用"水准，主体结构已有损坏，隔墙和吊顶也大量破坏，玻璃幕墙却完好无损。究其原因，可以从规范中找到答案。《玻璃幕墙工程技术规范》JGJ 102—2003 第 4.2.6 条规定，"玻璃幕墙平面内变形性能，……；抗震设计时，应按主体结构的弹性层间位移角限值的 3 倍进行设计，"该规范第 9.5.2 条和 9.5.3 条对明框幕墙的玻璃与槽口的配合尺寸作了具体规定。主体结构的弹性层间位移角限值的 3 倍相当于"中震"作用下，主体结构保持弹性的最大层间位移角限值以及"大震"作用时结构的弹塑性位移值。玻璃幕墙本身较轻，变形要求高于主体结构。说明只要按照该规范设计，就可以达到"中震不坏"和"大震可修"的目标。各类玻璃幕墙中，尤以点支承玻璃幕墙最佳。

(a) 玻璃幕墙完好

(b) 围护墙严重破坏

图 10.2-7 2008 年汶川地震，江油市某营业楼围护墙严重破坏，而明框式玻璃幕墙完好

图 10.2-8　2008 年汶川地震，都江堰市某营业楼，单跨框架结构一半倒塌，但是玻璃幕墙保留完好

(a) 绵竹市汉旺镇某大厦　　　　　(b) 北川县某茶楼玻璃幕墙大部分损坏
　　玻璃幕墙损坏

图 10.2-9　2008 年汶川地震，少量损坏的玻璃幕墙

10.2.2.2　附属机电设备的震害

（1）机械和电气设备

建筑中的机械和电气设备主要包括电梯、照明和应急电源、空调机组、通信设备等，是维持建筑功能的重要构件，一般具有自重大、安装精度要求高、对位移或变形响应敏感等特点。如图 10.2-10、图 10.2-11 所示，地震中，未采取固定安装措施或固定措施不到位的设备，往往会发生滑动或侧翻，设备自身会受到一定程度损坏，而且与之相连的管线系统也会受到波及；固定安装良好的设备，其震害多是由于连接强度不足所致；悬吊设备则由于摆动幅度过大导致安装连接破坏，甚至与相邻构件或设备碰撞破坏。

图 10.2-10　2010 年智利地震　　　图 10.2-11　2011 年东日本大地震
空调设备破坏　　　　　　　　　自动扶梯破坏

（2）管道系统

建筑中的管道系统，包括供暖、通风、燃气、给水、排水以及消防等系统的管道，它们是维持建筑功能的重要非结构构件。如图 10.2-12～图 10.2-15 所示，在历次地震中，管道系统发生的破坏较为严重，且不易恢复，甚至会产生次生灾害。一般来说，建筑中的管道系统是依附于主体结构或非承重墙体等二次结构上的，结构或二次结构变形是管道破坏的主要诱导因素。

图 10.2-12　1978 年日本宫城地震
中福岛县政府电脑设备倒塌破坏

图 10.2-13　2017 年九寨沟地震中藏迷大剧院
剧场吊顶与悬挂设备破坏

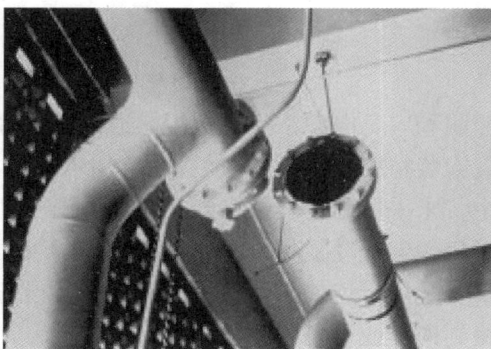

图 10.2-14　1971 年圣费尔南多地震中
大直径管道的破坏

图 10.2-15　2010 年智利地震中
管线破坏

（3）建筑内部家具

建筑内部家具是根据使用功能灵活布置的，比如文件柜、药柜、电视、台式电脑等，但它们又有各自不同的特点和安装形式，如柜子的高度、是否固定等，这些都影响其震害表现。通过对历次地震的震害调查发现，建筑内部家具的破坏非常普遍，造成的震害程度也各不相同。究其原因主要是文件柜、电脑等自由放置，未与主体结构有可靠的连接，致使其在地震作用下发生倾倒。1989 年美国 Loma Perita 地震中，旧金山的两个图书馆由于书架的破坏而损失一百多万美元；2011 年土耳其地震中，Yüzüncü Yil 大学医学院建筑内部的家具破坏较为严重，从而致使医疗服务无法进行；汶川地震中建筑内部家具等物品的破坏较为普遍和严重（图 10.2-16）。

图 10.2-16　汶川地震中家具的破坏

10.3　非结构地震破坏原因及抗震防灾的概念对策

10.3.1　非结构地震破坏原因

从地震作用的传播途径看，影响非结构构件地震响应及其性能状态的因素主要有：地震动特性、主体结构动力特性、非结构构件在主体结构中的位置、非结构构件与主体结构的连接、非结构构件自身的动力特性、设备自身的功能特性等。但从非结构地震破坏的直接原因看，主要是由以下两个因素之一或共同控制：其一是地震作用下非结构构件自身的惯性力作用，其二是主体结构的变形对非结构构件的影响。

一般地，对于放置于楼面上的家具、设备等非结构构件，在主体结构楼面加速度激励下，如果无锚固连接，则地震时会滑动或倾倒；如果锚固连接措施不当，承受不了非结构产生的地震作用（惯性力），则会出现连接破坏以及相关非结构构件损伤。而对于门窗、隔墙、填充墙等嵌于结构构件之内的非结构构件等，除了承受其本身产生的面内和面外的惯性力作用外，还会承受主体结构构件变形产生的附加作用，而后者往往是此类构件地震破坏的主要原因。

10.3.2　非结构构件抗震设防的概念与对策

至于非结构抗震防灾的对策与措施，从地震作用传递的途径上看，可有以下几种：

其一，是总体上削减输入主体结构的地震能量，以减小主体结构的地震响应，进而达到减轻非结构地震破坏的目的，此类措施主要指基础隔震这一类技术；

其二，是控制主体结构的地震响应，以达到保护非结构构件的目的，此类措施主要包括传统的抗震技术、消能减震技术、TLD 技术、TMD 技术等；

其三，是加强非结构与主体结构的连接与锚固，以避免非结构构件因安装、连接、锚固措施不当产生的损伤，此类措施主要为 GB/T 50011—2010 中有关非结构抗震的技术规定；

其四是改善和提高非结构自身的抗震性能，适应主体结构的地震响应（加速度、变形等），以减轻地震灾害损失，如非结构的延性安装与锚固技术、设备减震与隔震技术等。

10.4　中国规范关于非结构抗震技术规定的历史沿革

与结构抗震技术的发展历程类似，中国规范关于非结构抗震的技术要求，也经历了一个从无到有、从点到面、从简单到系统的发展过程。

在《工业与民用建筑抗震设计规范（试行）》TJ 11—74 中，有关非结构抗震要求的条文共有 4 条，主要涉及门脸、装饰物、女儿墙、挑檐、围护墙、填充墙等建筑非结构的布局、局部尺寸以及细部构造等规定。

在《工业与民用建筑抗震设计规范》TJ 11—78 中，有关非结构抗震要求的条文增加为 6 条，主要涉及门脸、装饰物、女儿墙、挑檐、附属烟囱、风道、垃圾道、围护墙、填充墙等建筑非结构的布局、局部尺寸以及细部构造等规定。

《建筑抗震设计规范》GBJ 11—89 中，有关非结构抗震的技术条文共 10 条。在第二章抗震设计的基本要求中专门增设了"非结构构件"一节，对非结构构件的抗震设计作出原则性规定。此外，对砌体房屋中的门脸、装饰物、女儿墙、挑檐、附属烟囱、风道、垃圾道等建筑非结构的布局、局部尺寸以及细部构造，混凝土房屋、工业厂房等建筑中围护墙、填充墙的布局与构造措施等还专门提出了要求。

《建筑抗震设计规范》GB 50011—2001 在 GBJ 11—89 的基础上，进一步扩充了有关非结构抗震的技术要求，除在抗震设计的基本要求一章中继续保留"3.7 非结构构件"一节外，还专门增设一章"13 非结构构件"对非结构构件抗震设计的基本要求、计算要点、建筑非结构构件和建筑附属机电设备支架的基本抗震措施等作出系统规定。该规范中，涉及非结构抗震的条文共计 32 条。

《建筑抗震设计规范》GB 50011—2010 继续保持了 GB 50011—2001 有关非结构抗震规定，并在非结构抗震设防目标、基本计算要求、基本构造措施、抗震性能化设计方法以及非结构计算的楼面反应谱法等方面进行了补充和完善。该规范中涉及非结构抗震的条文共计 40 条。

鉴于近期大地震中非结构损伤破坏造成的严重损失，在《建筑抗震设计规范》GB 50011—2010 的基础之上，我国又先后发布了《建筑机电工程抗震设计规范》GB 50981—2014、《非结构构件抗震设计规范》JGJ 339—2015 等专用标准，对非结构抗震设计作出全面、系统的技术规定。

《建筑抗震设计标准》GB/T 50011—2010（2024 年版）继续保持相关规定。

10.5　GB/T 50011—2010 有关非结构抗震的技术措施

非结构构件的抗震设计所涉及的设计领域较多，一般由相应的建筑设计、室内装修设计、建筑设备专业等有关工种的设计人员分别完成。目前已有玻璃幕墙、金属幕墙、石材幕墙、复合墙板、加气混凝土条板、电梯、管道等的设计规程，一些相关专业的设计标准也将陆续编制和发布。因此，在《建筑抗震设计标准》GB/T 50011—2010（2024 年版）中主要规定了主体结构体系设计中与非结构构件有关的要求。

10.5.1　非结构构件的抗震设防目标

非结构构件的抗震设防目标，要与主体结构体系的三水准设防目标相协调，通常容许建筑非结构构件的损坏程度略大于主体结构，但不得危及生命。在 GB/T 50011—2010 中，非结构构件的抗震设防要求，大致分为高、中、低三个层次：①高要求时，外观可能损坏而不影响使用功能和防火能力，安全玻璃可能产生裂缝；②中等要求时，使用功能基本正常或可很快恢复，耐火时间减少 1/4，强化玻璃破碎，其他玻璃无下落；③一般要求，多数构件基本处于原位，但系统可能损坏，需修理才能恢复功能，耐火时间明显降低，容许玻璃破碎下落，但应有防止掉落伤人的防护措施。

10.5.2　非结构抗震计算的基本要求

GB/T 50011—2010 在第 5 章对出屋面结构构件（含女儿墙）、长悬臂附属构件（如雨篷等）的抗震计算做了规定，在第 13 章对非结构构件的抗震计算进一步作了规定，尽可能反映各种必需的计算，包括结构体系计算时如何计入非结构的影响，非结构构件地震作用的基本计算方法，非结构构件地震作用效应的组合，以及抗震验算的基本要求。

1. 非结构构件对结构整体计算的影响

关于非结构构件对结构整体计算的影响，GB/T 50011—2010 有如下规定：

（1）结构体系计算地震作用时，应计入支承于结构构件的建筑构件和建筑附属机电设备的重力。

（2）对建筑构件，与主体结构柔性连接时可不计入其自身刚度对结构体系的影响；当嵌入抗侧力构件平面内时，应计入其刚度影响，可采用周期调整系数等简化方法估计；当满足专门的构造措施时，尚可按规定计入其抗震承载力。

周期折减系数的取值，与结构中非承重墙体的材料性质、多寡、连接构造方式等有关，应由设计人员根据实际情况确定。表 10.5-1 提供了一些参考数据。

普通砖填充墙的周期折减系数　　　　　　　　　　表 10.5-1

	ψ_c	0.8~1.0	0.6~0.7	0.4~0.5	0.2~0.3
ψ_T	无门窗洞	0.5(0.55)	0.55(0.60)	0.60(0.65)	0.70(0.75)
	有门窗洞	0.65(0.70)	0.70(0.75)	0.75(0.80)	0.85(0.90)

注：1. ψ_c 为有填充墙框架榀数与框架总榀数之比；
　　2. 无括号的数值用于一片填充墙长 6m 左右时；括号内的数值用于一片填充墙长为 5m 左右时；
　　3. 填充墙为轻质材料或外挂墙板时，周期折减系数 ψ_T 取 0.8~0.9。

需要注意填充墙嵌砌且与框架刚性连接时，其强度和刚度对框架结构的影响，尤其要考虑到填充墙不满砌时，由于墙体的约束使框架柱有效长度减小，可能出现短柱，框架出现剪切破坏。

（3）对自身重力较大的建筑附属机电设备或高大的建筑装饰构架，需要考虑非结构构件与结构体系的相互作用。

（4）主体结构中支承非结构构件的部位，应计入非结构构件地震作用效应所产生的附加作用。

2. 非结构构件自身的抗震计算要求

非结构构件自身抗震设计时，GB/T 50011—2010 的有关计算规定有：

（1）非结构构件自身的地震力应施加于其重心，其水平地震力可能沿任一水平方向，因此需要考虑最不利的方向。

（2）非结构构件自身重力产生的地震作用，一般情况只考虑水平方向并采用等效侧力法计算；当建筑附属设备（含支架）的体系自振周期大于 0.1s 且其重力超过所在楼层重力的 1%，或建筑附属设备的重力超过所在楼层重力的 10% 时，如巨大的高位水箱、出屋面的大型塔架等，则需要采用合适的简化计算模型加入到整体结构体系的计算模型中或采用楼面谱方法进行计算。

值得注意的是，与楼盖非弹性连接的设备，可直接将设备与楼盖作为一个质点计入整个结构的分析模型，进而得到设备所受的地震作用；而对于一些建筑结构顶部采用钢结构加层，由于上下材料不同，材料自身的阻尼比不同，地震下加层部分的结构受力状态类似于出屋面的钢结构塔架，也需要采用楼面谱方法计算。

（3）非结构构件的地震作用，除了自身质量产生的惯性力外，还有地震时构件支座间相对位移——层间位移或抗震缝两侧的相对位移所产生的附加作用，二者需同时组合计算。

非结构构件因支承点相对水平位移产生的内力，可按该构件在位移方向的刚度乘以规定的支承点相对水平位移计算。非结构构件在位移方向的刚度，除自身材料性质外，应根据其支承点的实际连接状态，分别采用刚接、铰接、弹性连接或滑动连接等简化的力学模型。

上下相邻楼层的相对水平位移，可按 GB/T 50011—2010 第 5 章对各类结构所规定的位移限值采用；防震缝两侧的相对水平位移，宜根据使用性能的要求——对应于多遇地震还是设防地震予以确定。

3. 等效侧力法计算

等效侧力法是在第一代"楼面谱"基础上简化形成的，类似于结构地震作用计算的"底部剪力法"。当采用等效侧力法时，非结构构件自身的水平地震作用标准值按下列公式计算：

$$F = \gamma \eta \zeta_1 \zeta_2 \alpha_{\max} G \tag{10.5-1}$$

式中：F——沿最不利方向施加于非结构构件重心处的水平地震作用标准值；

γ——非结构构件功能系数，取决于建筑抗震设防类别和使用要求；一般分为 1.4、1.0、0.6 三档；

η——非结构构件类别系数，取决于构件材料性能等因素，一般在 0.6～1.2 范围内取值；

ζ_1——状态系数，对预制建筑构件、悬臂类构件、支承点低于质心的任何设备和柔性体系宜取 2.0，其余情况可取 1.0；当分别计算出非结构体系自身的自振周期 T_a 和主体结构的基本周期 T_1 时，也可按 $2/[1 + (1 - T_a/T_1)2]$ 确定；

ζ_2——位置系数，建筑的顶点宜取 2.0，底部宜取 1.0，沿高度按线性分布；对于规范要求采用时程分析法补充计算的结构，应按时程法计算结果（顶部与底部地震绝对加速度反应的比值）调整顶点的取值；

$\alpha_{\max}$——地震影响系数最大值，一般可按规范对多遇地震的规定采用；使用上有专门要求时，也可按相应的设计地震动对应的地震影响系数取值；

G——非结构构件的重力，对于设备应包括运行时有关的人员、容器和管道中的介质及储物柜中物品的重力。

非结构构件采用抗震性能设计时，表 10.5-2、表 10.5-3 所列类别系数和功能系数可供参考。

建筑非结构构件的类别系数和功能系数　表 10.5-2

构件、部件名称	类别系数	功能系数	
		乙类建筑	丙类建筑
非承重外墙： 围护墙 玻璃幕墙等	0.9 0.9	1.4 1.4	1.0 1.4
连接： 墙体连接件 饰面连接件 防火顶棚连接件 非防火顶棚连接件	1.0 1.0 0.9 0.6	1.4 1.0 1.0 1.0	1.0 0.6 1.0 0.6
附属构件： 标志或广告牌等	1.2	1.0	1.0
高于 2.4m 储物柜支架： 货架（柜）、文件柜 文物柜	0.6 1.0	1.0 1.4	0.6 1.0

建筑附属设备构件的类别系数和功能系数　表 10.5-3

构件、部件所属系统	类别系数	功能系数	
		乙类	丙类
应急电源的主控系统、发电机、冷冻机等	1.0	1.4	1.4
电梯的支承结构，导轨、支架，轿箱导向构件等	1.0	1.0	1.0
悬挂式或摇摆式灯具	0.9	1.0	0.6
其他灯具	0.6	1.0	0.6
柜式设备支座	0.6	1.0	0.6
水箱、冷却塔支座	1.2	1.0	1.0
锅炉、压力容器支座	1.0	1.0	1.0
公用天线支座	1.2	1.0	1.0

4. 楼面谱计算

"楼面谱"对应于结构设计所用"地面反应谱"，即从具体的结构及非结构构件所在的楼层在地震下的运动（如实际加速度记录或模拟加速度时程）得到具体的加速度谱，体现非结构构件动力特性对所处环境（场地条件、结构特性、非结构构件相对于地面的位置等）地震反应的再次放大效果。对不同的结构、或同一结构的不同楼层，其楼面谱均不相同；而且在与结构体系的所有主要振动周期相近的若干周期段，楼面谱均可能有明显的放大效果；非结构体系的阻尼比不同，楼面谱值也不相同。

当采用楼面反应谱法时，非结构通常采用单质点模型，其水平地震作用标准值按下列公式计算：

$$F = \gamma \eta \beta_s G \qquad (10.5\text{-}2)$$

式中：β_s——非结构构件的楼面反应谱值，取决于设防烈度、场地条件、非结构构件与结构体系之间的周期比、质量比和阻尼，以及非结构构件在结构的支承位置、连接节点的数量和性质。

对支座间有相对位移的非结构构件则采用多支点体系，按专门方法计算。

计算楼面谱的基本方法是随机振动法和时程分析法，当非结构构件的材料与结构体系相同时，可直接利用一般的时程分析软件得到；当非结构构件的重力很大，或其材料阻尼特性与主体结构明显不同，或在不同楼层上有支点，需采用能考虑这些因素的软件进行计算。

通过楼面谱，可考虑非结构与主体结构的相互作用，包括非结构构件对主体结构的"吸振效应"，计算结果比"等效侧力法"更加可靠。

以北京长富宫作为楼面谱的示例，其地上共 25 层，采用钢结构，前 6 阶自振周期为 3.45s、1.15s、0.66s、0.48s、0.46s、0.35s。采用随机振动法计算的顶层楼面反应谱如图 10.5-1 所示，可以看到当设备自身的自振周期与结构体系的某个振型周期相近时，设备的地震作用明显增大。

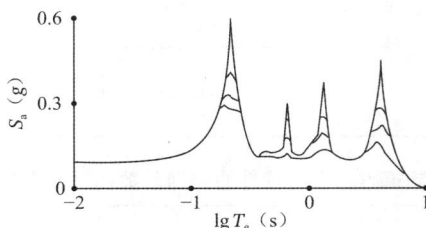

图 10.5-1　长富宫顶楼面反应谱

5. 非结构构件地震作用效应组合和抗震验算

非结构构件的地震作用效应（包括自身重力产生的效应和支座相对位移产生的效应）和其他荷载效应的基本组合，一般应按 GB 50011—2010 对于结构构件的规定计算；幕墙尚需计算地震作用效应与风荷载效应的组合；容器类尚应考虑设备运转时的温度、工作压力等产生的作用效应。

非结构构件抗震验算时，摩擦力不得作为抵抗地震作用的抗力；承载力抗震调整系数，连接件可采用 1.0，其余可按非结构构件相关标准的规定采用。

建筑装修的非结构构件，其变形能力相差较大。砌体材料的非结构构件，由于变形能力较差而限制在要求高的场所使用，国外的规范也只有构造要求而不要求进行抗震计算；金属幕墙和高级装修材料可具有较大的变形能力，国外通常根据生产厂家按结构体系设计的变形要求提供相应的材料，而不是根据非结构的材料决定结构体系的变形要求；对玻璃幕墙，我国《建筑幕墙》GB/T 21086—2007 标准中已规定其平面内变形分为五个等级，最大为 1/100，最小为 1/400。

对于建筑附属设备支座间的位移限制，则与设防的性能要求有关。例如，要求在设防烈度地震下保持使用功能（如管道不破碎等），取设防烈度下的变形，约为多遇地震结构对应位置变形的 3～4 倍；要求在罕遇地震下不造成次生灾害，宜取罕遇地震下的变形限值。

10.5.3　建筑非结构构件的基本抗震措施

GB/T 50011—2010 对建筑非结构构件的布置、选型和抗震构造做了基本规定。

1. 关于主体结构相关部位

GB/T 50011—2010 要求设置连接建筑构件的预埋件、锚固件的部位，应采取加强措施，以承受建筑构件传给结构体系的地震作用。

2. 关于非承重墙体的材料、选型和布置

GB/T 50011—2010 要求应根据抗震设防烈度、房屋高度、建筑形体、结构层间变形、非承重墙体抗侧力性能的利用等因素，经综合分析后确定。应优先采用轻质墙体材料，采用刚性非承重墙体时，其布置应避免使结构形成刚度和强度分布上的突变。对于框架结构，其填充墙和隔墙的上述布置要求，GB/T 50011—2010 明确为强制性要求，必须严格执行。

楼梯间和公共建筑的人流通道，其墙体的饰面材料要有限制，避免地震时塌落堵塞疏散通道。天然的或人造的石料和石板，仅当嵌砌于墙体或用钢锚件固定于墙体，才可作为外墙体的饰面。

GB/T 50011—2010 进一步明确，厂房围护墙的设置应注意下列问题：①纵向不宜采用嵌砌墙体；②高低跨封墙和纵横向厂房交接处的悬墙，宜采用轻质墙板，当需要采用砖砌体时，应加强与主体结构的锚拉，且不得直接砌在低跨屋面板上；③不宜采用不同的墙体材料。

3. 关于墙体与结构体系的拉结

GB/T 50011—2010 要求墙体应与结构体系有可靠的拉结措施，应能适应不同方向的层间位移；8、9 度时结构体系有较大的变形，墙体的拉结构造应有满足层间变位的变形能力或适应结构构件转动变形的能力。

4. 关于非结构砌体墙的构造措施

非结构砌体墙主要包括砌体结构的后砌隔墙、框架结构中的砌体填充墙、单层钢筋混凝土柱厂房的砌体围护墙和隔墙、多层钢结构房屋的砌体隔墙以及砌体女儿墙等。

对砌体墙的基本构造要求是：应采取措施（如柔性连接等）减小对结构体系的不利影响；设置拉结筋、水平系梁、圈梁、构造柱等，一方面加强自身的稳定性，同时加强与结构体系的可靠拉结。

有关的具体要求，GB/T 50011—2010 继续保持了 GBJ 11—89 规范、GB 50011—2001 规范的规定，并新增下列内容：①将砌体房屋中关于烟道、垃圾道的规定，由第 7 章移入第 13 章；②增加了框架楼梯间等处的填充墙设置钢丝网面层加强的构造要求；③厂房的砌体女儿墙应严格控制其高度。

5. 关于顶棚和活动地板的构造措施

GB/T 50011—2010 要求各类顶棚、活动地板自身的构造应满足整体性的要求，顶棚、活动地板与主体结构的连接件应有满足要求的连接承载力，足以承担相关非结构构件自身重力和附加地震作用，包括 8、9 度时的竖向地震作用。

6. 关于幕墙的构造措施

GB/T 50011—2010 要求玻璃幕墙、金属幕墙、石材幕墙、预制墙板等的抗震构造，包括相关的支承构架、连接件、预埋件等的构造，应符合有关专门规程的规定。

10.5.4　建筑附属机电设备支架的基本抗震措施

附属于建筑的机电设备和设施与结构体系的连接构件和部件，在地震时造成破坏的原因主要是：①电梯配重脱离导轨；②支架间相对位移导致管道接头损坏；③后浇基础与主体结构连接不牢或固定螺栓强度不足造成设备移位或从支架上脱落；④悬挂构件强度不足导致电气、灯具坠落；⑤隔振装置设计不当，加大了设备的振动或发生共振，反而降低了抗震性能等。

机电设备和设施的抗震措施，应根据抗震设防烈度、建筑使用功能、房屋的高度、结构类型和变形特征、附属设备所处的位置和运转要求等，经综合分析后确定。

1. 小型设备可不考虑抗震设防要求

参照美国《统一建筑规范 UBC97》的规定，下列附属机电设备的支架可不考虑抗震设防要求：

（1）重力不超过 1.5kN 的小型设备；

（2）内径小于 25mm 的煤气管道和内径小于 60mm 的电气配管；

（3）矩形截面面积小于 $0.38m^2$ 和圆形直径小于 0.70m 的风管；

（4）吊杆计算长度不超过 300mm 的吊杆悬挂管道。

2. 建筑附属设备的布置

附属设备，特别是应急系统的备用电源、储存有害物质的容器等，不应设置在容易导致使用功能发生障碍等二次灾害的部位，包括房门、人流出入口和通道附近。由于建筑顶部的地震加速度明显大于底部，重型的设备尽可能低位布置。

对于有隔振装置的设备，如空调用冷却塔、风机或水泵，隔振后设备基础的地震作用减小，锚固要求降低，但设备与楼板之间的相对位移加大，应注意强烈震动对连接件的影响。选择隔振体系的周期时，还应防止隔振后的设备和建筑结构体系的某个自振周期发生共振现象（参见上述楼面谱的实例）。

3. 电梯

电梯作为服务于上下楼层垂直交通的工具，分为乘客电梯、载货电梯、客货电梯和各种专用电梯。其轿箱需要在至少两列刚性轨道上运行，钢索电梯的对重也需要在刚性导轨上运行。

液压电梯的震害较少。钢索电梯的主要震害是：在地震中轿箱和对重均类似悬挂单摆，对运行导轨产生面外和面内的水平冲击，可能使导轨发生翘曲而无法使用，甚至对重脱轨；控制室内马达和牵引机械移位或倾覆；以及吊索损坏或控制器失灵等。

电梯的主要抗震措施是：

（1）设置地震应急措施，包括应急电源、触发开关、运行指示器和操纵装置。

（2）每根导轨至少应有 2 个导轨支架，应有措施保证导轨满足规定的刚度和强度要求。导轨应用压板固定在导轨架上，不应采用焊接或螺栓直接连接。

（3）设置对重脱轨监测器。当对重装有对重块时，应采取措施防止它们移位；当对重装置上装有滑轮，应采取措施避免悬挂钢绳松弛时脱离绳槽。

（4）地震触发装置应定期例行检查，检修人员在震后应立即对电梯进行检查。

4. 管道

地震时各种管道自身的损坏并不多见，主要是管道支架之间或支架与设备相对移动造成接头损坏。合理设计各种支架、支座及其连接，除了增设斜杆提高支架的刚度、整体性和承载力外，采取增加接头变形能力的措施也是有效的。

管道和设备穿越结构体系的连接处，宜允许二者间有一定的相对变位：室内管道穿越楼板、梁和墙时，管道不得产生作用在结构上的荷载。管道穿越混凝土、砌体等承重构件时，应设置保护套管。当管道、电缆、通风管和设备的大洞口布置不合理时，将削弱主要承重结构构件的抗震能力，必须予以防止；对一般的洞口，承重结构在洞口边缘应有补强措施。管道接头不得埋设在承重墙、梁、板、柱内；穿越楼板、梁、墙的套管内管道不得有接头。

附着于顶棚的送风口、回风口，其构架应与金属管道或顶棚支架等有可靠的连接；对于柔性管道，送风、回风口应像灯具一样有独立的支承。

5. 机座和连接件

建筑附属机电设备的支架应具有足够的刚度和强度，可采用设置斜杆等方式加强；设备与支架、支座间应有可靠的锚固措施或采取允许滑动的限位装置；支架与结构体系之间应有可靠的连接和锚固；建筑附属机电设备的基座或连接件应能将设备承受的地震作用全部传递到结构上。

结构体系中，用以固定建筑附属机电设备预埋件、锚固件的部位，应采取加强措施，以承受附属机电设备传给结构体系的地震作用。

6. 高位水箱

建筑内的高位水箱应与所在结构可靠连接，高烈度时尚应考虑其对结构体系产生的附加地震作用效应。当水箱刚性固定于主体结构时，通常直接参与整体结构的抗震计算分析，从而确定相应的地震内力和构造。

必要时，水箱还可作为被动减震装置，按减震设计的有关规定进行计算分析。

7. 重要设施

一般情况，丙类建筑中的设备在遭遇设防烈度地震影响后应能迅速恢复运转。

在设防地震下需要连续工作的建筑附属设备，包括烟火检测和消防系统，其支架应能保证在设防地震时正常工作，重量较大时宜设置在结构地震反应较小的部位；相关部位的结构构件应采取相应的加强措施。

参考文献

[1]   American Society of Civil Engineers. Minimum Design Loads for Buildings and Other Structures: ASCE/SEI 7-05[S]. 2006.

[2]   American Society of Civil Engineers. Minimum Design Loads for Buildings and Other Structures: ASCE/SEI 7-10[S]. 2010.

[3]   BERTERO R D, BERTERO V V. Redundancy in earthquake-resistant design[J]. Journal of Structural Engineering, 1999(1): 81-88.

[4]   BACHMANN, H. Seismic Conceptual Design of Buildings-Basic principles for engineers, architects, building owners, and authorities[M]. Source Swiss Federal Office for the Environment, 2002.

[5]   袁艺, 王理, 白海玲. 中国的地震灾情及其区域分异[J]. 自然灾害学报, 2001(1): 59-64.

[6]   保海娥, 刘培, 左琼, 等. 震损 RC 框架结构抗震冗余度加固及振动台试验研究[J]. 工程抗震与加固改造, 2018, 40(2): 71-78.

[7]   陈国兴. 中国建筑抗震设计规范的演变与展望[J]. 防灾减灾工程学报, 2003(1): 102-113.

[8]   陈寿梁, 魏琏. 抗震防灾对策[M]. 郑州: 河南科学技术出版社, 1988.

[9]   COMMITTEE P U, MEMBERSHIP T B. 2009 NEHRP Recommended Seismic Provisions for New Buildings and Other Structures:PART 3, RESOURCE PAPERS (RP) ON SPECIAL TOPICS IN SEISMIC DESIGN[J].

[10]   CHEN W F, SCAWTHORN C. Earthquake Engineering Handbook[M]. CRC Press, 2003.

[11]   CHEN W F, LUI E M. Earthquake Engineering for Structural Design[M]. CRC Press, 2006.

[12]   《建筑抗震设计规范》场地地基修订小组. 场地分类和抗震设计反应谱的修订方案[J]. 建筑结构, 1984(1): 20-24.

[13]   戴国莹. 非结构构件抗震设计规定——《建筑抗震设计规范》修订简介 (十)[J]. 工程抗震, 2000(2): 9-11.

[14]   戴国莹, 王亚勇. 房屋建筑抗震设计《建筑抗震设计规范》GB 50011—2001 背景材料[M]. 北京: 中国建筑工业出版社, 2005.

[15]   邓起东, 张裕明, 环文林, 等. 中国地震烈度区划图编制的原则和方法[J]. 地震学报, 1980(1): 90-110.

[16]   董津城. 饱和砂土与轻亚粘土液化初步判别分析研究[J]. 工程抗震, 1986(4):19-23.

[17]   杜修力, 韩强, 李忠献, 等. 5.12 汶川地震中山区公路桥梁震害及启示[J]. 北京工业大学学报, 2008(12): 1270-1279.

[18]   FARDIS M, PLUMIER E C A E. Designers' Guide to EN 1998-1 and EN 1998-5 EC8:Design of structures for earthquake resistance[M]. 2005.

[19]   范琢宇. 嵌套式高冗余度剪力墙的抗震性能研究[D]. 长沙: 湖南大学, 2011.

[20] 符圣聪, 江静贝. 简化的液化判别概率法[J]. 工程抗震与加固改造, 2008(3): 93-98.

[21] FEMA P-750. NEHRP Recommended Seismic Provisions for New Buildings and Other Structures[R]. Washington, D.C.: Building Seismic Safety Council, 2009.

[22] 国家建委抗震办公室. 京津地区业与民用建筑抗震设计暂行规定 (草案)[S]. 北京:中国工业出版社, 1969.

[23] 国家基本建设委员会建筑科学研究院. 工业与民用建筑抗震设计规范 (试行): TJ 11—74[S]. 北京: 中国建筑工业出版社, 1974.

[24] 国家基本建设委员会建筑科学研究院. 工业与民用建筑抗震设计规范: TJ 11—78[S]. 北京: 中国建筑工业出版社, 1979.

[25] 建设部. 建筑抗震设计规范: GBJ 11—89[S]. 北京: 中国建筑工业出版社, 1990.

[26] 建设部. 建筑抗震设计规范: GB 50011—2001[S]. 中国建筑工业出版社, 2006.

[27] 住房和城乡建设部. 建筑抗震设计规范: GB 50011—2010[S]. 北京: 中国建筑工业出版社, 2010.

[28] 住房和城乡建设部. 建筑与市政工程抗震通用规范: GB 55002—2021[S]. 北京: 中国建筑工业出版社.

[29] 建设部. 建筑抗震设防分类标准: GB 50223—95[S]. 北京: 中国建筑工业出版社, 1995.

[30] 建设部. 建筑工程抗震设防分类标准: GB 50223—2004 [S]. 北京: 中国建筑工业出版社, 2005.

[31] 住房和城乡建设部. 建筑工程抗震设防分类标准: GB 50223—2008[S]. 北京: 中国建筑工业出版社, 2008.

[32] 卢寿德. GB 17741—2005《工程场地地震安全性评价》宣贯教材[M]. 北京:中国标准出版社, 2006.

[33] 全国地震标准化技术委员会. 中国地震动参数区划图: GB 18306—2001[S]. 北京: 中国标准出版社, 2001.

[34] 全国地震标准化技术委员会. 中国地震动参数区划图: GB 18306—2015[S]. 北京: 中国标准出版社, 2015.

[35] 建设部抗震办公室. 建筑抗震设计规范 GBJ 11—89 统一培训教材[M]. 北京: 地震出版社, 1990.

[36] 国家标准建筑抗震设计规范管理组.《建筑工程抗震设防分类标准》和《建筑抗震设计规范》2008 年修订统一培训教材[M]. 北京: 中国建筑工业出版社, 2008.

[37] 国家标准建筑抗震设计规范管理组. 建筑抗震设计规范 (GB 50011—2010) 统一培训教材[M]. 北京: 地震出版社, 2010.

[38] 高孟潭. GB 18306—2015《中国地震动参数区划图》宣贯教材[M]. 北京: 中国标准出版社, 2015.

[39] 高小旺, 魏琏, 韦承基. 以概率为基础的抗震设计方法若干问题[J]. 世界地震工程, 1986(3): 17-21.

[40] 高小旺, 鲍霭斌. 用概率方法确定抗震设防标准[J]. 建筑结构学报, 1986(2): 55-63.

[41] 高小旺, 鲍霭斌. 地震作用的概率模型及其统计参数[J]. 地震工程与工程振动,

1985(1): 13-22.

[42] 龚思礼. 建筑抗震设计手册[M]. 北京: 中国建筑工业出版社, 1994.

[43] 顾海涛, 蔡荫林. 冗余结构基于可靠性的模糊优化设计[J]. 哈尔滨船舶工程学院学报, 1991(3): 285-296.

[44] 韩庆华, 赵一峰, 芦燕. 大型公共建筑非结构构件抗震性能及韧性提升研究综述[J]. 土木工程学报, 2020, 53(12): 1-10.

[45] HAYES G P, SMOCZYK G M, VILLASEÑOR A H,et al. Geological Survey Scientific Investigations Map 3446//Seismicity of the Earth 1900—2018[Z/OL]. scale 1: 22, 500,000. https://doi.org/10.3133/sim3446.

[46] HUSAIN M M, TSOPELAS P. Measures of Structural Redundancy in Reinforced Concrete Buildings. I: Redundancy Indices[J]. Journal of Structural Engineering-asce, 2004, 130(11): 1651-1658.

[47] 洪垠. 漫谈地震及我国地震灾害的特点[J]. 地球, 1998(3): 6-8.

[48] 胡聿贤. 地震安全性评价技术教程[M]. 北京: 地震出版社, 1999.

[49] 胡聿贤. 地震工程学[M]. 2 版. 北京:地震出版社, 2006.

[50] 胡聿贤, 王光远. 对 "在非平稳强地震作用下结构反应的分析方法" 的讨论 (一) 及答复[J]. 土木工程学报, 1965(2): 78-87.

[51] 胡聿贤, 周锡元. 弹性体系地震反应的振型遇合问题[J]. 土木工程学报, 1964(1): 23-30.

[52] 胡聿贤, 周锡元. 对 "对我国地震区建筑规范草案中工业与民用建筑地震荷载的意见" 的讨论[J]. 土木工程学报, 1964(1): 97.

[53] 黄世敏, 王亚勇, 戴国莹. 建筑工程抗震领域的研究与实践[J]. 建筑科学, 2013,29(11):47-56.

[54] 黄世敏, 杨沈. 建筑震害与设计对策[M]. 北京:中国计划出版社, 2009.

[55] ICBO. Uniform Building Code Volume 2: Structural Engineering Design Provisions[S]. 1997.

[56] International Code Council. International building code[M]. 2000.

[57] ISO. General principles on reliability for structures: ISO 2394: 2015[S]. 2015.

[58] 建设部. 建筑桩基技术规范: JGJ 94—94 [S]. 北京: 中国建筑工业出版社, 1995.

[59] 住房和城乡建设部. 高层建筑混凝土结构技术规程: JGJ 3—2010[S]. 北京: 中国建筑工业出版社, 2010.

[60] 靳超宇. 基于性能的非结构构件抗震设计理论与方法研究[D]. 西安: 西安建筑科技大学, 2015.

[61] 李善邦. 中国地震区域划分图及其说明 I. 总的说明[J]. 地球物理学报, 1957(2): 127-158.

[62] 李楠. 地震危险性分析方法研究及系统开发应用[D]. 西安: 西安建筑科技大学, 2016.

[63] 李戚齐, 曲哲, 解全才, 等. 我国公共建筑中吊顶的震害特征及其易损性分析[J]. 工程力学, 2019, 36(7): 207-215.

[64] 刘大海, 杨翠如, 钟锡根. 高层建筑抗震设计[M]. 北京: 中国建筑工业出版社, 1993.

[65] 刘恢先. 工业与民用建筑地震荷载的计算[J]. 建筑学报, 1961(8): 20-26.

[66] 刘恢先. 论地震力[J]. 土木工程学报, 1958(2): 86-106.

[67] 刘恢先. 关于力矩分配、剪力分配和桁架次应力[J]. 土木工程学报, 1956(1): 69-93.

[68] 刘恢先, 胡聿贤. 地震工程学的发展趋势[J]. 科学通报, 1963(3): 36-49.

[69] 刘恢先. 地震工程研究报告集 第 2 集[M]. 北京: 科学出版社, 1965.

[70] 吕大刚, 宋鹏彦, 崔双双, 等. 结构鲁棒性及其评价指标[J]. 建筑结构学报, 2011(11): 44-54.

[71] 罗开海, 毋剑平. 建筑工程常用抗震规范应用详解[M]. 北京: 中国建筑工业出版社, 2014.

[72] 罗开海, 黄世敏, 毋剑平.《建筑与市政工程抗震通用规范》(GB 55002—2021) 条文解析与应用[M]. 地震出版社, 2022.

[73] 刘磊, 赵东升, 朱瑜, 等. 1993—2017 年我国大陆地震灾害损失的时空特征[J]. 自然灾害学报, 2021, 30(3): 14-23.

[74] 刘艳晖, 郝进锋, 李艳秋, 等. 基于建筑性能的非结构构件抗震设计研究[J]. 地震工程与工程振动, 2006(3): 63-66.

[75] 刘影, 罗华春, 任志林. 中国地震区划图发展历程简介[J]. 城市与减灾, 2016(3): 12-17.

[76] 刘小娟, 蒋欢军. 非结构构件基于性能的抗震研究进展[J]. 地震工程与工程振动, 2013, 33(6): 53-62.

[77] 刘琦璇. 考虑隔震结构塑性的楼层设计反应谱研究[D]. 北京: 北京建筑大学, 2023.

[78] B. B. 别洛乌索夫, 王耀文, 梅世蓉, 等. 地震区域划分的任务与方法[J]. 地球物理学报, 1955(1): 17-24.

[79] 牛亚运, 金波. 16WCEE 非结构构件抗震热点研究综述[J]. 地震工程与工程振动, 2017, 37(3): 93-102.

[80] PANDEY P C, BARAI S V. Structural Sensitivity as a Measure of Redundancy[J]. Journal of Structural Engineering, 1997, 123(3): 360-364.

[81] 彭利英. 非结构构件抗震设计理论综述[J]. 山西建筑, 2009, 35(10): 52-53.

[82] 秦丽, 郭声波, 李业学. 单点支撑非结构构件抗震减震研究综述[J]. 世界地震工程, 2011, 27(3): 163-168.

[83] 贺思维, 曲哲, 周惠蒙, 等. 非结构构件抗震性能试验方法综述[J]. 土木工程学报, 2017, 50(9): 16-27.

[84] 日本钢结构协会, 美国高层建筑和城市住宅理事会, 陈以一, 等. 高冗余度钢结构倒塌控制设计指南[M]. 上海: 同济大学出版社, 2007.

[85] SATTAR S, HULSEY A, HAGEN G, et al. Implementing the performance-based seismic design for new reinforced concrete structures:Comparison among ASCE/SEI 41, TBI, and LATBSDC:[J]. Earthquake Spectra, 2021, 37(3): 2150-2173.

[86] STANDARD A. Minimum Design Loads for Buildings and Other Structures :ASCE/SEI 7-10:ASCE/SEI 7-10[S]. Virginia:American Society of Civil Engineers, 2010.

[87] 时振梁, 李裕彻. 我国地震烈度和地震区域划分的研究[J]. 中国地震, 1985(1): 15-19.

[88] 时振梁, 李裕彻. 地震区划和工程抗震[J]. 东北地震研究, 1991(1): 53-58.

[89] 时振梁, 李裕澈. 中国地震区划[J]. 中国工程科学, 2001(6): 65-68.

[90] 时振梁, 李裕澈, 张晓东. 中国地震区划图应用和工程抗震[J]. 中国工程科学, 2002(8): 20-25.

[91] 时振梁, 环文林. 板内地震综述[J]. 国际地震动态, 1984(10): 5-7.

[92] 孙鸿玲. 地震工程学与工程场地地震安全性评价[M]. 成都:四川大学出版社, 2018.

[93] 陶夏新. 我国新的地震区划编图和中国地震烈度区划图 (1990)[J]. 自然灾害学报, 1992(1): 99-109.

[94] 陶夏新. 地震区划方法的新进展[J]. 世界地震工程, 1987(2): 16-24.

[95] TSOPELAS P, HUSAIN M M. Measures of Structural Redundancy in Reinforced Concrete Buildings. II: Redundancy Response Modification Factor RR[J]. Journal of Structural Engineering-asce, 2004, 130(11): 1659-1666.

[96] 王光远. 在非平稳强地震作用下结构反应的分析方法[J]. 土木工程学报, 1964(1): 14-22.

[97] 王理, 徐伟, 王静爱. 中国历史地震活动时空分异[J]. 北京师范大学学报 (自然科学版), 2003(4): 544-551.

[98] 王恕铭, B. B. 别洛乌索夫. 关于地震区域划分方法的问题[J]. 地球物理学报, 1954(2): 175-190.

[99] 王亚勇, 戴国莹. 建筑抗震设计规范疑问解答[M]. 北京: 中国建筑工业出版社, 2006.

[100] 王亚勇, 黄卫. 汶川地震建筑震害启示录[M]. 北京: 地震出版社, 2009.

[101] 王亚勇, 高孟潭, 叶列平, 等. 基于大震和特大震下倒塌率目标的建筑抗震设计方法研究方案[C]//第八届全国地震工程学术会议. 2010.

[102] 魏琏, 谢君斐. 中国工程抗震研究四十年 1949—1989[M]. 北京: 地震出版社, 1989.

[103] 吴巧云, 朱宏平, 陈少华. 非结构构件抗震性能研究进展[J]. 华中科技大学学报 (城市科学版), 2005(S1): 1-4.

[104] WEN Y K, SONG S H. Structural Reliability/Redundancy under Earthquakes[J]. Journal of Structural Engineering, 2003(1): 56-67.

[105] 鄢家全. 基本烈度的由来和发展[J]. 国际地震动态, 1991(11): 13-15.

[106] 鄢家全. 我国地震区划工作回顾与展望[J]. 国际地震动态, 1986(12): 8-11.

[107] 杨强, 李丽, 王运动, 等. 1935—2010 年中国人口分布空间格局及其演变特征[J]. 地理研究, 2016, 35(8): 1547-1560.

[108] 叶列平, 程光煜, 陆新征, 等. 论结构抗震的鲁棒性[J]. 建筑结构, 2008(6):11-15.

[109] 袁一凡. 日本阪神大地震的震害特点及其对我国建筑抗震工作的启示[J]. 工程抗震, 1996(1):34-38.

[110] 张令心, 张明远, 陈永盛, 等. 基于性态的非结构构件抗震设计初探[J]. 世界地震工程, 2016, 32(4): 293-302.

[111] 张培震. 中国地震灾害与防震减灾[J]. 地震地质, 2008(3): 577-583.

[112] 张一鸣, 芦燕, 张晓龙. 单层网壳吊顶系统抗震韧性研究[J]. 地震工程与工程振动,

2021, 41(6): 105-113.

[113] 赵洪涛, 罗开海, 焦赞, 等. 建筑抗震冗余度理论的研究与实践进展综述[J]. 工程抗震与加固改造, 2018, 40(2): 43-49.

[114] 赵荣国, 李卫平, 陈锦标. 世界地震灾害损失的统计[J]. 国际地震动态, 1996(12): 10-19.

[115] 周航. 我国地震区域划分图编制完成[J]. 科学通报, 1957(S1): 95.

[116] 周锡元, 王广军, 苏经宇. 场地·地基·设计地震[M]. 北京: 地震出版社, 1990.

[117] 周云, 陈章彦, 李定斌. 抗震韧性非结构构件研究与应用[J]. 土木工程学报, 2022, 55(6): 15-25.